普通高等教育“十一五”国家级规划教材

电磁场与电磁波

（第5版）

谢处方　饶克谨　杨显清　赵家升　原著
杨显清　王　园　等　修　订

高等教育出版社·北京

内容简介

《电磁场与电磁波》第4版，是2007年度普通高等教育精品教材和普通高等教育“十一五”国家级规划教材。自出版以来，深受广大读者的好评和喜爱，被普遍认为是一本非常适合教学的优秀教材。

《电磁场与电磁波》第5版保持了第4版的主要特色和体系，首先以三大实验定律和两个基本假说为基础，归纳总结出麦克斯韦方程，然后分析静态电磁场、时变电磁场、电磁波的传播与辐射特性。对部分章节进行了改写与补充、调整和合并，内容更加充实和丰富，叙述更清楚，阐述更深刻。书中引入了多媒体素材，利用动画形象地演示电磁场的分布，能够帮助读者更形象地理解电磁现象。

全书仍分为8章，即矢量分析、电磁场的基本规律、静态电磁场及其边值问题的解、时变电磁场、均匀平面波在无界空间中的传播、均匀平面波的反射与透射、导行电磁波、电磁辐射。每章末配备思考题和习题，并附有习题答案，书末有附录和索引。

本书可供普通高等学校电子科学与技术、电子信息工程与通信工程等专业作为电磁场与电磁波课程的教材使用，也可供工程技术人员参考。

图书在版编目(CIP)数据

电磁场与电磁波/谢处方等著.--5版.--北京：高等教育出版社，2019.10（2020.1重印）

ISBN 978-7-04-052518-2

Ⅰ.①电… Ⅱ.①谢… Ⅲ.①电磁场-高等学校-教材②电磁波-高等学校-教材 Ⅳ.①O441.4

中国版本图书馆CIP数据核字(2019)第181596号

策划编辑 张江漫　　责任编辑 张江漫　　封面设计 王 琰　　版式设计 马 云
插图绘制 于 博　　责任校对 吕红颖　　责任印制 韩 刚

出版发行 高等教育出版社
社　　址 北京市西城区德外大街4号
邮政编码 100120
印　　刷 河北新华第一印刷有限责任公司
开　　本 787mm×960mm 1/16
印　　张 27
字　　数 480千字
购书热线 010-58581118
咨询电话 400-810-0598
网　　址 http://www.hep.edu.cn
　　　　 http://www.hep.com.cn
网上订购 http://www.hepmall.com.cn
　　　　 http://www.hepmall.com
　　　　 http://www.hepmall.cn
版　　次 1979年1月第1版
　　　　 2019年10月第5版
印　　次 2020年1月第2次印刷
定　　价 51.00元

物 料 号 52518-00

电磁场与电磁波

（第5版）

谢处方　饶克谨

杨显清　赵家升　原　著

杨显清　王　园　等　修　订

1　计算机访问 http://abook.hep.com.cn/1241601，或手机扫描二维码、下载并安装 Abook 应用。

2　注册并登录，进入“我的课程”。

3　输入封底数字课程账号（20位密码，刮开涂层可见），或通过 Abook 应用扫描封底数字课程账号二维码，完成课程绑定。

4　单击“进入课程”按钮，开始本数字课程的学习。

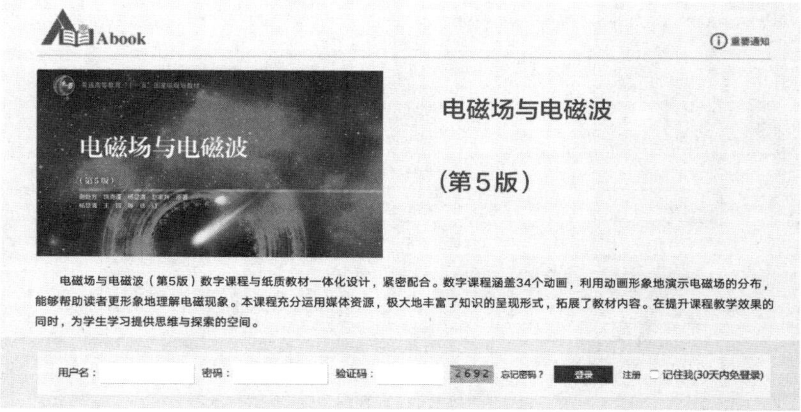

课程绑定后一年为数字课程使用有效期。受硬件限制，部分内容无法在手机端显示，请按提示通过计算机访问学习。

如有使用问题，请发邮件至 abook@hep.com.cn。

http://abook.hep.com.cn/1241601

序 言

由谢处方教授和饶克谨教授编著、杨显清、王园和赵家升修订的《电磁场与电磁波》(第4版),是2007年度普通高等教育精品教材和普通高等教育“十一五”国家级规划教材。自出版以来,深受广大读者的好评和喜爱。本书是《电磁场与电磁波》(第4版)的修订本。

本次修订仍然保持了第4版的主要特色和体系,对部分章节进行了改写与补充、调整和合并,内容更加充实和丰富,叙述更清楚,阐述更深刻。将电磁波的极化调整到均匀平面波在导电媒质中的传播之后,并把色散与群速合并到均匀平面波在导电媒质中的传播中;增加了均匀平面波在负折射率媒质表面上的反射和透射。插入了多媒体资源,可以通过使用Abook手机APP或扫描书中二维码使用多媒体资源对书中的内容做进一步的理解。利用动画形象地演示电磁形象,附加的彩色场分布图,能够帮助读者更形象地了解电磁场的分布。

全书仍分为8章,即矢量分析、电磁场的基本规律、静态电磁场及其边值问题的解、时变电磁场、均匀平面波在无界空间中的传播、均匀平面波的反射与透射、导行电磁波、电磁辐射。每章末配备思考题和习题,并附有部分习题答案,书末有附录和部分习题答案。

第1、2章由杨显清修订,第3、4章由包永芳修订,第5、6章由王园修订,第7、8章由胡皓全修订。全书由杨显清统稿。

本书完稿后,承蒙电子科技大学高正平教授详细审阅了全部书稿,提出了不少宝贵的意见,作者在此表示衷心的感谢。

高等教育出版社的编辑做了大量的策划和编审工作,作者对此表示深切的谢意。

对本书中的缺点和不足之处,敬请广大读者不吝指正,来函请发至xqyang@uestc.edu.cn。

作 者

2019年春于电子科技大学

第 4 版序言

本书是谢处方教授和饶克谨教授编著、赵家升教授和袁敬闳教授修订的《电磁场与电磁波》第 3 版的修订本，是“全国高等教育百门精品课程教材建设计划”的精品项目。

与第 3 版相比，本次修订在教学内容和体系结构上做了较大的调整。(1) 首先基于物理电磁学，以三大实验定律（库仑定律、安培定律和法拉第电磁感应定律）和两个基本假说（有旋电场的假说和位移电流的假说）为基础，归纳总结出宏观电磁现象的普遍规律——麦克斯韦方程组，然后再讨论静态场、时变电磁场以及电磁波的传播与辐射特性。这种处理吸收了以实验定律为基础的传统体系和以麦克斯韦方程组为起点的公理化体系的优点，突出电磁场的普遍规律，有利于建立电磁场与电磁波的整体概念，并且既能与物理电磁学有机衔接，又避免简单重复；(2) 减少了静态场部分内容，加强了电磁波部分内容，以满足电子信息类专业教学改革的需要。将原书的“静电场分析”“静态场边值问题的解法”和“恒定磁场分析”三章合并为“静态电磁场及其边值问题的解”，使学生能更集中理解和掌握静态场及其求解方法；将原书“正弦平面电磁波”一章改写为“均匀平面波在无界空间中的传播”与“均匀平面波的反射与折射”两章，增加了“均匀平面波在各向异性媒质中的传播”和“均匀平面波对多层媒质分界面的垂直入射”的内容；(3) 精选例题和习题，类型多样化，注意与正文内容的衔接与配合。每章末配备思考题和不同层次并具有知识综合性应用的习题，培养学生分析和解决电磁场问题的能力。

本书共分 8 章，即矢量分析、电磁场的基本规律、静态电磁场及其边值问题的解、时变电磁场、均匀平面波在无界空间中的传播、均匀平面波的反射与透射、导行电磁波和电磁辐射。书末有附录和部分习题答案。

本书第 1、4、5、6 章由杨显清执笔，第 2、3 章由赵家升执笔，第 7、8 章由王园执笔。全书由杨显清统稿。

谢处方教授生前十分关心本书的修订工作。饶克谨教授对修订工作进行了指导，详细审阅了全部书稿，并提出了许多改进意见。

本书承西南交通大学杨儒贵教授审阅，并提出了不少宝贵的意见，修订者在此表示衷心感谢。

对本书中的缺点和不足之处，希望读者不吝批评指正。

杨显清　王园　赵家升

2005年7月于电子科技大学

第3版序言

本书是谢处方教授和饶克谨教授编著、高等教育出版社1987年7月出版的《电磁场与电磁波》第2版的修订本。因谢、饶两位教授年事已高，修订工作由赵家升教授、袁敬闳教授共同完成。修订过程中参照了全国普通高等学校工科电磁场理论课程教学指导小组1993年制订、并由原国家教委颁布的教学基本要求，吸收了部分高等院校教师使用该教材后提出的意见和建议，同时也融入了修订者长期使用该教材进行教学的体会。

与上一版相比，本次修订在教学内容和体系结构上主要做了以下调整：

(1) 保留原书的编写体系，按静电场、恒定磁场、麦克斯韦方程、正弦电磁场与波的顺序组织教材内容，但在写法上和章节安排上都做了较大的调整。譬如，把静电场和恒定磁场中的电场强度 $\boldsymbol{E}$ 和磁感应强度 $\boldsymbol{B}$ 的定义、两个基本实验定律和矢量积分公式以及洛仑兹力公式集中编写为新的一章“电磁场中的基本物理量和基本实验定律”。

(2) 撤销原书“恒定电场”一章，部分内容并入“静电场分析”。

(3) 撤销原书“带电粒子与场的相互作用”一章，有关内容编入“静电场分析”“恒定磁场分析”等章中，不强调相互作用的概念，只讨论带电粒子在外场中的运动。

(4) 将原书“静态场的解”一章改为“静态场边值问题的解法”并紧接在“静电场分析”之后，目的是使学生能更集中理解和掌握位场求解的一般方法。另外，该章还删去了原有的复变函数法和许瓦兹-克利斯多菲变换。

(5) 将原书的“波导与谐振腔”一章改为“导行电磁波”，增加传输线的内容。

(6) 将书后习题重新编排和增补，并给出部分答案。

本书共分9章，即矢量分析、电磁场中的基本物理量和基本实验定律、静电场分析、静态场边值问题的解法、恒定磁场分析、时变电磁场、正弦平面电磁波、导行电磁波、电磁波辐射。每章末均附有小结。书末附有附录和部分习题答案。

本书第1、2、3、4、5章由袁敬闳执笔；第6、7、8、9章由赵家升执笔。王园副教授选编了第6章至第9章的习题，并做了解答。全书由赵家升统稿。

本书修订工作得到了原编者电子科技大学谢处方、饶克谨教授的关心、指导并提出不少宝贵意见。全书承北京理工大学卢荣章教授审阅，修订者在此表示衷心感谢。

对本书尚存的缺点和不足之处，欢迎读者批评指正。

赵家升　袁敬闳

1997 年 10 月于电子科技大学

第2版序言

本书第1版于1979年出版,供工科院校无线电技术类专业作为试用教材,迄今已五年。在各高等院校的教学中,教师和学生提出不少使用经验和意见;同时,编者也感到在第一版中有一些章节不能适应迅速发展的高校教学的需要。因此,在广泛吸收意见的基础上进行了第2版的编写。

在编写中我们力求使内容结合教学需要,特别是适应近年来学生的数学和物理基础有所提高的状况;尽量使理论体系更为完整和合理;并尽量注意同前后课程的衔接,注意加强对学生解题能力的训练。

与第1版相比,本书较大的改进有下列诸方面:(1) 增加了矢量分析作为第一章,以便集中学习场的分析方法,和更好地建立场的概念;(2) 删去了同普通物理学重复过多的地方,以及删去了极化和磁化的微观机理的分析,这样,使电磁场部分篇幅有所减少,而内容有所深化;(3) 加强了电磁波部分,加深了概念,增加了一些深入的内容和结合工程的内容;(4) 部分内容经过改写,在讲述方法上吸取了使用者的经验和意见以及一些国内外教材的优点;(5) 精选并增添了例题和习题,习题并附有答案。

本书共分11章,即矢量分析、静电场、恒定电场、恒定磁场、静态场的解、时变电磁场、平面电磁波、波导和谐振腔、辐射与绕射、带电粒子与场的相互作用、狭义相对论。每章附有小结和习题;书末有附录。正文中用小体字排印的是较深入的内容或补充说明。有*号的习题是较深的习题。本书的一些章节在教学中可以根据各自的需要决定取舍。

本书前六章由饶克谨执笔,后五章由谢处方执笔。

本书承黄席椿教授审阅,提出不少宝贵意见。在第1版使用过程中各高等院校的教师也提出许多宝贵的意见和建议,对本书的编写起了促进作用。编者对此表示衷心的感谢。

编者衷心希望广大的读者对本书中的缺点和不足之处提出批评和指正。

谢处方　饶克谨

1985年9月于成都电讯工程学院

第1版序言

本书是为高等院校无线电技术及器件类专业编写的教学用书。编者希望学生在学完本书后能掌握电磁场与电磁波两个方面的基本概念与基本理论，为今后学习其他后续课或在电磁场与电磁波方面进一步深入学习打下必要的基础。

全书是按学生已学完《高等数学》《普通物理学》和一部分电路课程（包括长线理论）的基础上编写的。内容可供一学期教学，各校可根据各自的需要确定取舍的内容。

全书采用国际单位制。

为了帮助学生掌握所学内容，提高分析问题和解决问题的能力，书中每章末均附有习题。

书末有矢量代数、正交曲线坐标系和单位换算等附录，以备参考。

全书共分十章。前面五章由饶克谨执笔，后面五章由谢处方执笔。

本书在编写和出版过程中得到各级领导、兄弟院校和校内各单位许多同志的支持与协助；并承黄席椿教授对全书进行审阅，提出不少宝贵意见，谨在此表示衷心的感谢。

由于编写时间较仓促，加上编者水平所限，书中错误和不当之处在所难免，欢迎广大读者提出批评指正。

谢处方　饶克谨

1979年1月于成都电讯工程学院

目录

第 1 章
矢量分析

在电磁理论中，要研究某些物理量（如电位、电场强度、磁场强度等）在空间的分布和变化规律。为此，引入了场的概念。如果每一时刻，一个物理量在空间中的每一点都有一个确定的值，则称在此空间中确定了该物理量的场。

电磁场是分布在三维空间的矢量场，矢量分析是研究电磁场在空间的分布和变化规律的基本数学工具之一。标量场在空间的变化规律由其梯度来描述，而矢量场在空间的变化规律则通过场的散度和旋度来描述。本章首先介绍标量场和矢量场的概念，然后着重讨论标量场的梯度、矢量场的散度和旋度的概念及其运算规律，在此基础上介绍亥姆霍兹定理。

1.1 矢量代数

1.1.1 标量和矢量

数学上，任一代数量 a 都可称为标量。在物理学中，任一代数量一旦被赋予“物理单位”，则称为一个具有物理意义的标量，即所谓的物理量，如电压 u、电荷量 Q、质量 m、能量 W 等都是标量。

一般的三维空间内某一点 P 处存在的一个既有大小又有方向特性的量称为矢量。本书中用黑体字母表示矢量，例如 $\boldsymbol{A}$，而用 A 来表示矢量 $\boldsymbol{A}$ 的大小（或 $\boldsymbol{A}$ 的模）。矢量一旦被赋予“物理单位”，则称为一个具有物理意义的矢量，如电场强度矢量 $\boldsymbol{E}$、磁场强度矢量 $\boldsymbol{H}$、作用力矢量 $\boldsymbol{F}$、速度矢量 $\boldsymbol{v}$ 等。

一个矢量 $\boldsymbol{A}$ 可用一条有方向的线段来表示，线段的长度表示矢量 $\boldsymbol{A}$ 的模 A，箭头指向表示矢量 $\boldsymbol{A}$ 的方向，如图 1.1.1 所示。

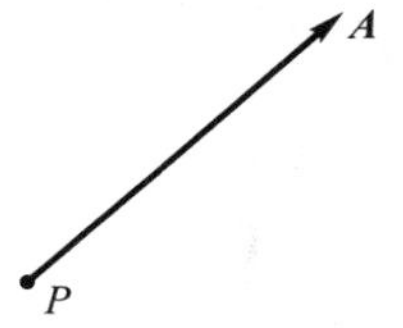

图 1.1.1 P 点处的矢量

一个模为 1 的矢量称为单位矢量。本书中用 $\boldsymbol{e}_A$ 表示与矢量 $\boldsymbol{A}$ 同方向的单位矢量,显然

$$\boldsymbol{e}_A=\frac{\boldsymbol{A}}{A} \tag{1.1.1}$$

而矢量 $\boldsymbol{A}$ 则可表示为

$$\boldsymbol{A}=\boldsymbol{e}_A A \tag{1.1.2}$$

1.1.2 矢量的加法和减法

两个矢量 $\boldsymbol{A}$ 与 $\boldsymbol{B}$ 相加,其和是另一个矢量 $\boldsymbol{D}$。矢量 $\boldsymbol{D}=\boldsymbol{A}+\boldsymbol{B}$ 可按平行四边形法则得到:从同一点画出矢量 $\boldsymbol{A}$ 与 $\boldsymbol{B}$,构成一个平行四边形,其对角线矢量即为矢量 $\boldsymbol{D}$,如图 1.1.2 所示。

矢量的加法服从交换律和结合律

$$\boldsymbol{A}+\boldsymbol{B}=\boldsymbol{B}+\boldsymbol{A} \quad (交换律) \tag{1.1.3}$$

$$(\boldsymbol{A}+\boldsymbol{B})+\boldsymbol{C}=\boldsymbol{A}+(\boldsymbol{B}+\boldsymbol{C}) \quad (结合律) \tag{1.1.4}$$

矢量的减法定义为

$$\boldsymbol{A}-\boldsymbol{B}=\boldsymbol{A}+(-\boldsymbol{B}) \tag{1.1.5}$$

式中 $-\boldsymbol{B}$ 的大小与 $\boldsymbol{B}$ 的大小相等,但方向与 $\boldsymbol{B}$ 相反,如图 1.1.3 所示。

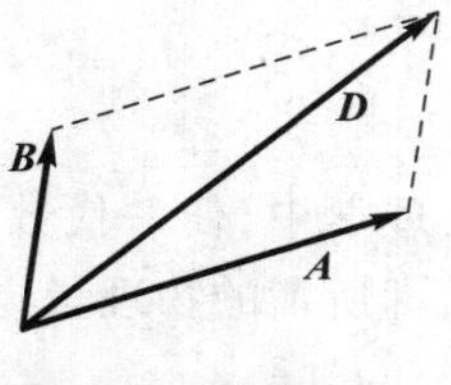

图 1.1.2 矢量的加法

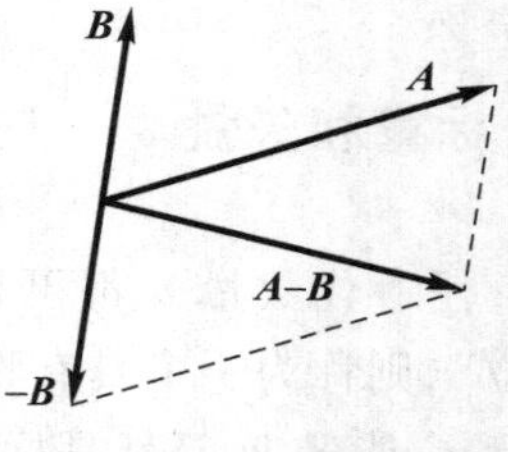

图 1.1.3 矢量的减法

1.1.3 矢量的乘法

一个标量 k 与一个矢量 $\boldsymbol{A}$ 的乘积 $k\boldsymbol{A}$ 仍为一个矢量,其大小为 $|k|A$。若 $k>0$,则 $k\boldsymbol{A}$ 与 $\boldsymbol{A}$ 同方向;若 $k<0$,则 $k\boldsymbol{A}$ 与 $\boldsymbol{A}$ 反方向。

两个矢量 $\boldsymbol{A}$ 与 $\boldsymbol{B}$ 的乘法有两种:点积(或标积)$\boldsymbol{A}\cdot\boldsymbol{B}$ 和叉积(或矢积)$\boldsymbol{A}\times\boldsymbol{B}$。

两个矢量 $\boldsymbol{A}$ 与 $\boldsymbol{B}$ 的点积 $\boldsymbol{A}\cdot\boldsymbol{B}$ 是一个标量,定义为矢量 $\boldsymbol{A}$ 和 $\boldsymbol{B}$ 的大小与它们之间较小的夹角 $\theta(0\leqslant\theta\leqslant\pi)$ 的余弦之积,如图 1.1.4 所示,即

$$\boldsymbol{A}\cdot\boldsymbol{B}=AB\cos\theta \tag{1.1.6}$$

矢量的点积服从交互律和分配律

$$\boldsymbol{A}\cdot\boldsymbol{B}=\boldsymbol{B}\cdot\boldsymbol{A} \quad \text{（交换律）} \tag{1.1.7}$$

$$\boldsymbol{A}\cdot(\boldsymbol{B}+\boldsymbol{C})=\boldsymbol{A}\cdot\boldsymbol{B}+\boldsymbol{A}\cdot\boldsymbol{C} \quad \text{（分配律）} \tag{1.1.8}$$

两个矢量 $\boldsymbol{A}$ 与 $\boldsymbol{B}$ 的叉积 $\boldsymbol{A}\times\boldsymbol{B}$ 是一个矢量，它垂直于包含矢量 $\boldsymbol{A}$ 和 $\boldsymbol{B}$ 的平面，其大小定义为 $AB\sin\theta$，方向 $\boldsymbol{e}_n$ 为当右手四个手指从矢量 $\boldsymbol{A}$ 到 $\boldsymbol{B}$ 旋转 θ 时大拇指的方向，如图 1.1.5 所示，即

$$\boldsymbol{A}\times\boldsymbol{B}=\boldsymbol{e}_n AB\sin\theta \tag{1.1.9}$$

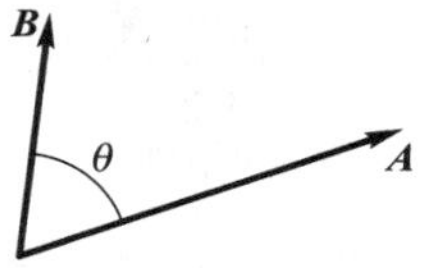

图 1.1.4 矢量 $\boldsymbol{A}$ 与 $\boldsymbol{B}$ 的夹角

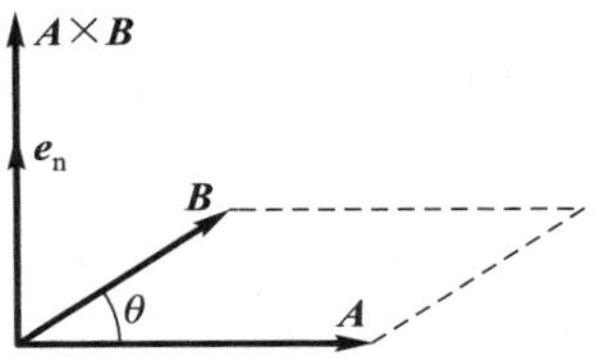

图 1.1.5 矢量 $\boldsymbol{A}$ 与 $\boldsymbol{B}$ 的叉积

根据叉积的定义，显然有

$$\boldsymbol{A}\times\boldsymbol{B}=-\boldsymbol{B}\times\boldsymbol{A} \tag{1.1.10}$$

因此，叉积不服从交换律，但叉积服从分配律

$$\boldsymbol{A}\times(\boldsymbol{B}+\boldsymbol{C})=\boldsymbol{A}\times\boldsymbol{B}+\boldsymbol{A}\times\boldsymbol{C} \quad \text{（分配律）} \tag{1.1.11}$$

矢量 $\boldsymbol{A}$ 与矢量 $\boldsymbol{B}\times\boldsymbol{C}$ 的点积 $\boldsymbol{A}\cdot(\boldsymbol{B}\times\boldsymbol{C})$ 称为标量三重积，它具有如下运算性质：

$$\boldsymbol{A}\cdot(\boldsymbol{B}\times\boldsymbol{C})=\boldsymbol{B}\cdot(\boldsymbol{C}\times\boldsymbol{A})=\boldsymbol{C}\cdot(\boldsymbol{A}\times\boldsymbol{B}) \tag{1.1.12}$$

矢量 $\boldsymbol{A}$ 与矢量 $\boldsymbol{B}\times\boldsymbol{C}$ 的叉积 $\boldsymbol{A}\times(\boldsymbol{B}\times\boldsymbol{C})$ 称为矢量三重积，它具有如下运算性质：

$$\boldsymbol{A}\times(\boldsymbol{B}\times\boldsymbol{C})=\boldsymbol{B}(\boldsymbol{A}\cdot\boldsymbol{C})-\boldsymbol{C}(\boldsymbol{A}\cdot\boldsymbol{B}) \tag{1.1.13}$$

— 1.2 三种常用的正交曲线坐标系 —

为了考察物理量在空间的分布和变化规律，必须引入坐标系。在电磁场理论中，最常用的坐标系为直角坐标系、圆柱坐标系和球坐标系。

1.2.1　直角坐标系

如图 1.2.1 所示,直角坐标系中的三个坐标变量是 x、y 和 z,它们的变化范围分别是

$$-\infty<x<\infty,\ -\infty<y<\infty,\ -\infty<z<\infty$$

空间任一点 $P(x_0,y_0,z_0)$ 是三个坐标曲面 $x=x_0$、$y=y_0$ 和 $z=z_0$ 的交点。

在直角坐标系中,过空间任一点 $P(x_0,y_0,z_0)$ 的三个相互正交的坐标单位矢量 $\boldsymbol{e}_x$、$\boldsymbol{e}_y$ 和 $\boldsymbol{e}_z$ 分别是 x、y 和 z 增加的方向,且遵循右手螺旋法则:

$$\boldsymbol{e}_x\times\boldsymbol{e}_y=\boldsymbol{e}_z、\boldsymbol{e}_y\times\boldsymbol{e}_z=\boldsymbol{e}_x、\boldsymbol{e}_z\times\boldsymbol{e}_x=\boldsymbol{e}_y \quad (1.2.1)$$

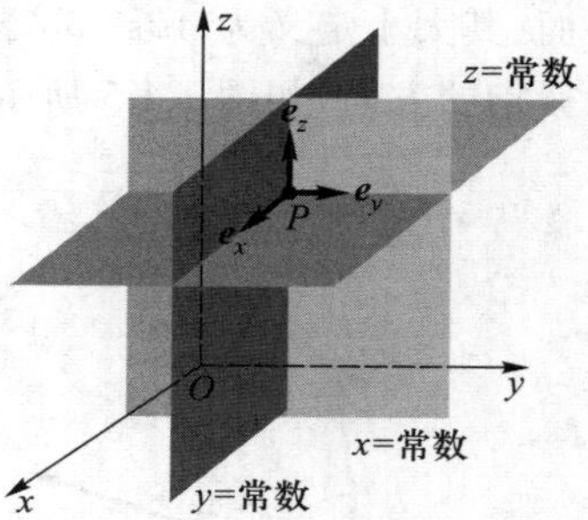

图 1.2.1　直角坐标系的坐标曲面与单位矢量

任一矢量 $\boldsymbol{A}$ 在直角坐标系中可表示为

$$\boldsymbol{A}=\boldsymbol{e}_xA_x+\boldsymbol{e}_yA_y+\boldsymbol{e}_zA_z \quad (1.2.2)$$

其中 A_x、A_y 和 A_z 分别是矢量 $\boldsymbol{A}$ 在 $\boldsymbol{e}_x$、$\boldsymbol{e}_y$ 和 $\boldsymbol{e}_z$ 方向上的投影。

两个矢量 $\boldsymbol{A}=\boldsymbol{e}_xA_x+\boldsymbol{e}_yA_y+\boldsymbol{e}_zA_z$ 与 $\boldsymbol{B}=\boldsymbol{e}_xB_x+\boldsymbol{e}_yB_y+\boldsymbol{e}_zB_z$ 的和等于对应分量之和,即

$$\boldsymbol{A}+\boldsymbol{B}=\boldsymbol{e}_x(A_x+B_x)+\boldsymbol{e}_y(A_y+B_y)+\boldsymbol{e}_z(A_z+B_z) \quad (1.2.3)$$

$\boldsymbol{A}$ 与 $\boldsymbol{B}$ 的点积为

$$\begin{aligned}\boldsymbol{A}\cdot\boldsymbol{B}&=(\boldsymbol{e}_xA_x+\boldsymbol{e}_yA_y+\boldsymbol{e}_zA_z)\cdot(\boldsymbol{e}_xB_x+\boldsymbol{e}_yB_y+\boldsymbol{e}_zB_z)\\&=A_xB_x+A_yB_y+A_zB_z\end{aligned} \quad (1.2.4)$$

$\boldsymbol{A}$ 与 $\boldsymbol{B}$ 的叉积为

$$\begin{aligned}\boldsymbol{A}\times\boldsymbol{B}&=(\boldsymbol{e}_xA_x+\boldsymbol{e}_yA_y+\boldsymbol{e}_zA_z)\times(\boldsymbol{e}_xB_x+\boldsymbol{e}_yB_y+\boldsymbol{e}_zB_z)\\&=\boldsymbol{e}_x(A_yB_z-A_zB_y)+\boldsymbol{e}_y(A_zB_x-A_xB_z)+\boldsymbol{e}_z(A_xB_y-A_yB_x)\\&=\begin{vmatrix}\boldsymbol{e}_x & \boldsymbol{e}_y & \boldsymbol{e}_z\\ A_x & A_y & A_z\\ B_x & B_y & B_z\end{vmatrix}\end{aligned} \quad (1.2.5)$$

从坐标原点出发的矢量 $\boldsymbol{r}$ 表示空间任一点的位置,称为位置矢量。在直角坐标系中,位置矢量

$$\boldsymbol{r}=\boldsymbol{e}_x x+\boldsymbol{e}_y y+\boldsymbol{e}_z z \tag{1.2.6}$$

其微分元矢量为

$$\mathrm{d}\boldsymbol{r}=\boldsymbol{e}_x \mathrm{d}x+\boldsymbol{e}_y \mathrm{d}y+\boldsymbol{e}_z \mathrm{d}z \tag{1.2.7}$$

如图 1.2.2 所示，与三个坐标单位矢量相垂直的三个面积元分别为

$$\mathrm{d}S_x=\mathrm{d}y\mathrm{d}z,\mathrm{d}S_y=\mathrm{d}x\mathrm{d}z,\mathrm{d}S_z=\mathrm{d}x\mathrm{d}y \tag{1.2.8}$$

体积元为

$$\mathrm{d}V=\mathrm{d}x\mathrm{d}y\mathrm{d}z \tag{1.2.9}$$

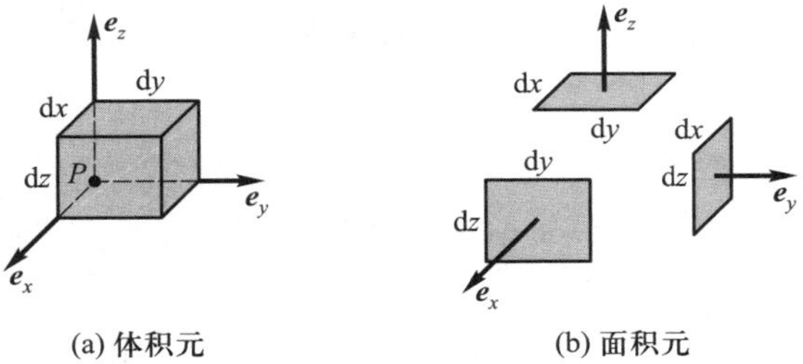

图 1.2.2 直角坐标系的体积元和面积元

1.2.2 圆柱坐标系

如图 1.2.3 所示，圆柱坐标系中的三个坐标变量是 ρ、ϕ 和 z，它们的变化范围分别是

$$0\leqslant\rho<\infty,0\leqslant\phi\leqslant2\pi,-\infty<z<\infty$$

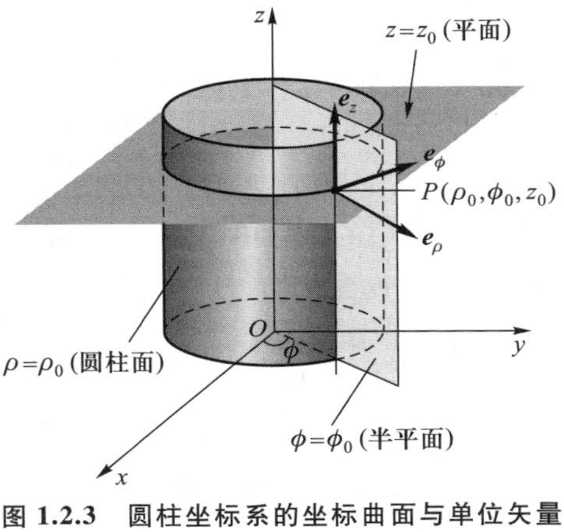

图 1.2.3 圆柱坐标系的坐标曲面与单位矢量

空间任一点 $P(\rho_0,\phi_0,z_0)$ 是如下三个坐标曲面的交点：$\rho=\rho_0$ 的圆柱面、包含 z 轴并与 xz 平面构成夹角为 $\phi=\phi_0$ 的半平面、$z=z_0$ 的平面。

圆柱坐标系与直角坐标系之间的变换关系为

$$\rho=\sqrt{x^2+y^2},\phi=\arctan(y/x),z=z \tag{1.2.10}$$

或

$$x=\rho\cos\phi,y=\rho\sin\phi,z=z \tag{1.2.11}$$

在圆柱坐标系中，过空间任一点 $P(\rho,\phi,z)$ 的三个相互正交的坐标单位矢量 $\boldsymbol{e}_\rho$、$\boldsymbol{e}_\phi$ 和 $\boldsymbol{e}_z$ 分别是该点的 ρ、ϕ 和 z 增加的方向，且遵循右手螺旋法则，即

$$\boldsymbol{e}_\rho\times\boldsymbol{e}_\phi=\boldsymbol{e}_z、\boldsymbol{e}_\phi\times\boldsymbol{e}_z=\boldsymbol{e}_\rho、\boldsymbol{e}_z\times\boldsymbol{e}_\rho=\boldsymbol{e}_\phi \tag{1.2.12}$$

由图 1.2.4 可得到 $\boldsymbol{e}_\rho$、$\boldsymbol{e}_\phi$ 与 $\boldsymbol{e}_x$、$\boldsymbol{e}_y$ 之间的变换关系为

$$\boldsymbol{e}_\rho=\boldsymbol{e}_x\cos\phi+\boldsymbol{e}_y\sin\phi,\boldsymbol{e}_\phi=-\boldsymbol{e}_x\sin\phi+\boldsymbol{e}_y\cos\phi \tag{1.2.13}$$

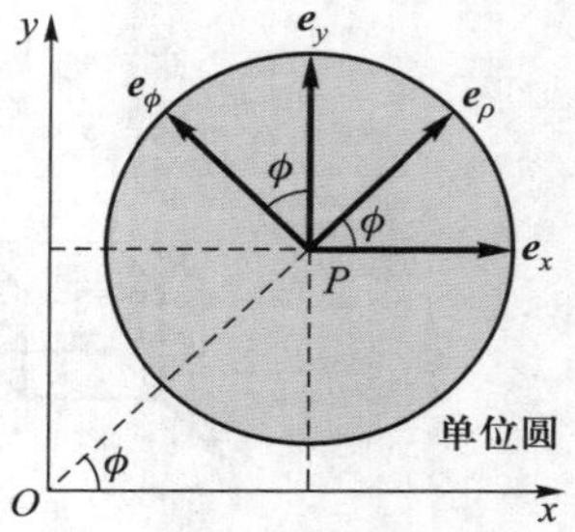

图 1.2.4 直角坐标系与圆柱坐标系的坐标单位矢量的关系

或

$$\boldsymbol{e}_x=\boldsymbol{e}_\rho\cos\phi-\boldsymbol{e}_\phi\sin\phi,\boldsymbol{e}_y=\boldsymbol{e}_\rho\sin\phi+\boldsymbol{e}_\phi\cos\phi \tag{1.2.14}$$

上述单位矢量间的变换能写成矩阵形式

$$\begin{bmatrix}\boldsymbol{e}_\rho\\\boldsymbol{e}_\phi\\\boldsymbol{e}_z\end{bmatrix}=\begin{bmatrix}\cos\phi & \sin\phi & 0\\-\sin\phi & \cos\phi & 0\\0 & 0 & 1\end{bmatrix}\begin{bmatrix}\boldsymbol{e}_x\\\boldsymbol{e}_y\\\boldsymbol{e}_z\end{bmatrix} \tag{1.2.15}$$

或

$$\begin{bmatrix}\boldsymbol{e}_x\\\boldsymbol{e}_y\\\boldsymbol{e}_z\end{bmatrix}=\begin{bmatrix}\cos\phi & -\sin\phi & 0\\\sin\phi & \cos\phi & 0\\0 & 0 & 1\end{bmatrix}\begin{bmatrix}\boldsymbol{e}_\rho\\\boldsymbol{e}_\phi\\\boldsymbol{e}_z\end{bmatrix} \tag{1.2.16}$$

必须强调指出，圆柱坐标系中的坐标单位矢量 $\boldsymbol{e}_\rho$ 和 $\boldsymbol{e}_\phi$ 都不是常矢量，由式(1.2.13)可以看出 $\boldsymbol{e}_\rho$ 和 $\boldsymbol{e}_\phi$ 是随 ϕ 变化的，且

$$\begin{cases}\dfrac{\partial\boldsymbol{e}_\rho}{\partial\phi}=-\boldsymbol{e}_x\sin\phi+\boldsymbol{e}_y\cos\phi=\boldsymbol{e}_\phi\\[2ex]\dfrac{\partial\boldsymbol{e}_\phi}{\partial\phi}=-\boldsymbol{e}_x\cos\phi-\boldsymbol{e}_y\sin\phi=-\boldsymbol{e}_\rho\end{cases} \tag{1.2.17}$$

在圆柱坐标系中,位于点 $P(\rho,\phi,z)$ 的矢量 $\boldsymbol{A}$ 可以表示为

$$\boldsymbol{A}=\boldsymbol{e}_\rho A_\rho+\boldsymbol{e}_\phi A_\phi+\boldsymbol{e}_z A_z \tag{1.2.18}$$

其中 A_ρ、A_ϕ 和 A_z 分别是矢量 $\boldsymbol{A}$ 在 $\boldsymbol{e}_\rho$、$\boldsymbol{e}_\phi$ 和 $\boldsymbol{e}_z$ 方向上的投影。

矢量 $\boldsymbol{A}$ 在圆柱坐标系中的表达式与在直角坐标系中的表达式之间的变换关系为

$$\begin{bmatrix}A_\rho\\A_\phi\\A_z\end{bmatrix}=\begin{bmatrix}\cos\phi & \sin\phi & 0\\-\sin\phi & \cos\phi & 0\\0 & 0 & 1\end{bmatrix}\begin{bmatrix}A_x\\A_y\\A_z\end{bmatrix} \tag{1.2.19}$$

或

$$\begin{bmatrix}A_x\\A_y\\A_z\end{bmatrix}=\begin{bmatrix}\cos\phi & -\sin\phi & 0\\\sin\phi & \cos\phi & 0\\0 & 0 & 1\end{bmatrix}\begin{bmatrix}A_\rho\\A_\phi\\A_z\end{bmatrix} \tag{1.2.20}$$

在圆柱坐标系中,由于 $\boldsymbol{e}_\rho$ 和 $\boldsymbol{e}_\phi$ 都是随 ϕ 变化的,不同点的 $\boldsymbol{e}_\rho$、$\boldsymbol{e}_\phi$ 一般是不同的。因此,位于不同点的两个矢量一般不能像直角坐标系那样直接用对应分量进行加法和乘法运算,但对位于同一个点的两个矢量可以用对应分量进行加法和乘法运算。

对位于同一点 $P(\rho,\phi,z)$ 或在同一个 ϕ=常数的平面上的矢量 $\boldsymbol{A}=\boldsymbol{e}_\rho A_\rho+\boldsymbol{e}_\phi A_\phi+\boldsymbol{e}_z A_z$ 与 $\boldsymbol{B}=\boldsymbol{e}_\rho B_\rho+\boldsymbol{e}_\phi B_\phi+\boldsymbol{e}_z B_z$,则有

$$\boldsymbol{A}+\boldsymbol{B}=\boldsymbol{e}_\rho(A_\rho+B_\rho)+\boldsymbol{e}_\phi(A_\phi+B_\phi)+\boldsymbol{e}_z(A_z+B_z) \tag{1.2.21}$$

$$\begin{aligned}\boldsymbol{A}\cdot\boldsymbol{B}&=(\boldsymbol{e}_\rho A_\rho+\boldsymbol{e}_\phi A_\phi+\boldsymbol{e}_z A_z)\cdot(\boldsymbol{e}_\rho B_\rho+\boldsymbol{e}_\phi B_\phi+\boldsymbol{e}_z B_z)\\&=A_\rho B_\rho+A_\phi B_\phi+A_z B_z\end{aligned} \tag{1.2.22}$$

$$\begin{aligned}\boldsymbol{A}\times\boldsymbol{B}&=(\boldsymbol{e}_\rho A_\rho+\boldsymbol{e}_\phi A_\phi+\boldsymbol{e}_z A_z)\times(\boldsymbol{e}_\rho B_\rho+\boldsymbol{e}_\phi B_\phi+\boldsymbol{e}_z B_z)\\&=\boldsymbol{e}_\rho(A_\phi B_z-A_z B_\phi)+\boldsymbol{e}_\phi(A_z B_\rho-A_\rho B_z)+\boldsymbol{e}_z(A_\rho B_\phi-A_\phi B_\rho)\\&=\begin{vmatrix}\boldsymbol{e}_\rho & \boldsymbol{e}_\phi & \boldsymbol{e}_z\\A_\rho & A_\phi & A_z\\B_\rho & B_\phi & B_z\end{vmatrix}\end{aligned} \tag{1.2.23}$$

例 1.2.1 已知在点 $P(2,\pi/6,5)$ 的矢量 $\boldsymbol{A}=2\boldsymbol{e}_\rho+4\boldsymbol{e}_\phi+5\boldsymbol{e}_z$ 和点 $Q(3,\pi/3,3)$ 的矢量 $\boldsymbol{B}=-\boldsymbol{e}_\rho 4+\boldsymbol{e}_\phi 2-\boldsymbol{e}_z$,求在点 $M(4,\pi/4,2)$ 的矢量 $\boldsymbol{C}=\boldsymbol{A}+\boldsymbol{B}$。

解: 矢量 $\boldsymbol{A}$ 和 $\boldsymbol{B}$ 不是定义在同一个 $\boldsymbol{\phi}$=常数的平面上,所以在圆柱坐标系中不能直接用分量求和,应该先变换到直角坐标系。根据式(1.2.20),对于点 $P(2,\pi/6,5)$ 的矢量 $\boldsymbol{A}$,变换后为

$$\begin{bmatrix} A_x \\ A_y \\ A_z \end{bmatrix} = \begin{bmatrix} \sqrt{3}/2 & -1/2 & 0 \\ 1/2 & \sqrt{3}/2 & 0 \\ 0 & 0 & 1 \end{bmatrix} \begin{bmatrix} 2 \\ 4 \\ 5 \end{bmatrix} = \begin{bmatrix} \sqrt{3}-2 \\ 2\sqrt{3}+1 \\ 5 \end{bmatrix}$$

对于点 $Q(4,\pi/3,3)$ 的矢量 $\boldsymbol{B}$,变换后为

$$\begin{bmatrix} B_x \\ B_y \\ B_z \end{bmatrix} = \begin{bmatrix} 1/2 & -\sqrt{3}/2 & 0 \\ \sqrt{3}/2 & 1/2 & 0 \\ 0 & 0 & 1 \end{bmatrix} \begin{bmatrix} -4 \\ 2 \\ -1 \end{bmatrix} = \begin{bmatrix} -2-\sqrt{3} \\ 1-2\sqrt{3} \\ -1 \end{bmatrix}$$

于是在直角坐标系中得到

$$\boldsymbol{C} = \boldsymbol{A}+\boldsymbol{B} = -4\boldsymbol{e}_x + 2\boldsymbol{e}_y + 4\boldsymbol{e}_z$$

由式(1.2.19),变换到圆柱坐标系的点 $M(2,\pi/4,4)$,得

$$\begin{bmatrix} C_\rho \\ C_\phi \\ C_z \end{bmatrix} = \begin{bmatrix} \sqrt{2}/2 & \sqrt{2}/2 & 0 \\ -\sqrt{2}/2 & \sqrt{2}/2 & 0 \\ 0 & 0 & 1 \end{bmatrix} \begin{bmatrix} -4 \\ 2 \\ 4 \end{bmatrix} = \begin{bmatrix} -\sqrt{2} \\ 3\sqrt{2} \\ 4 \end{bmatrix}$$

在圆柱坐标系中,位置矢量为

$$\boldsymbol{r} = \boldsymbol{e}_\rho \rho + \boldsymbol{e}_z z \tag{1.2.24}$$

其微分元矢量是

$$\begin{aligned} \mathrm{d}\boldsymbol{r} &= \mathrm{d}(\boldsymbol{e}_\rho \rho) + \mathrm{d}(\boldsymbol{e}_z z) = \boldsymbol{e}_\rho \mathrm{d}\rho + \rho \mathrm{d}\boldsymbol{e}_\rho + \boldsymbol{e}_z \mathrm{d}z \\ &= \boldsymbol{e}_\rho \mathrm{d}\rho + \boldsymbol{e}_\phi \rho \mathrm{d}\phi + \boldsymbol{e}_z \mathrm{d}z \end{aligned} \tag{1.2.25}$$

由此可见,在圆柱坐标系中沿三个坐标的长度元分别是 $\mathrm{d}l_\rho = \mathrm{d}\rho$、$\mathrm{d}l_\phi = \rho\mathrm{d}\phi$ 和 $\mathrm{d}l_z = \mathrm{d}z$,如图 1.2.5 所示。$\mathrm{d}l_\rho$、$\mathrm{d}l_\phi$ 和 $\mathrm{d}l_z$ 与各自坐标变量的微分之比称为度量系数(或拉梅系数),分别用 h_ρ、h_ϕ 和 h_z 表示,则

$$h_\rho = \frac{\mathrm{d}l_\rho}{\mathrm{d}\rho} = 1, h_\phi = \frac{\mathrm{d}l_\phi}{\mathrm{d}\phi} = \rho, h_z = \frac{\mathrm{d}l_z}{\mathrm{d}z} = 1 \tag{1.2.26}$$

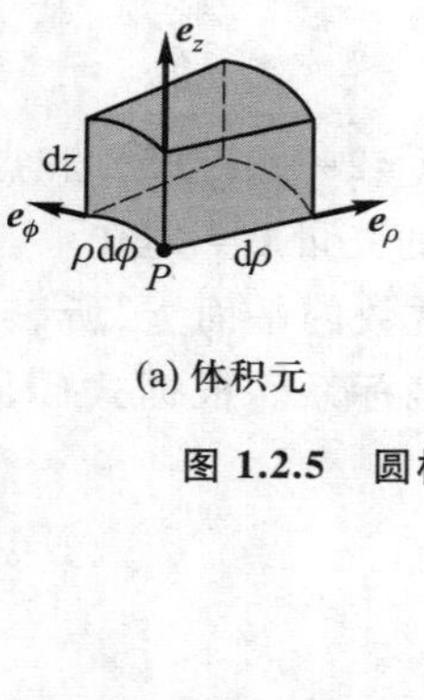

(a) 体积元

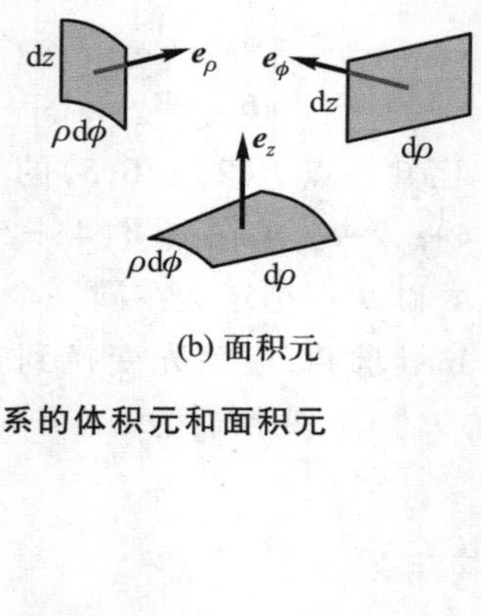

(b) 面积元

图 1.2.5 圆柱坐标系的体积元和面积元

在圆柱坐标系中，与三个坐标单位矢量相垂直的三个面积元分别为

$$\mathrm{d}S_\rho=\rho\mathrm{d}\phi\mathrm{d}z,\mathrm{d}S_\phi=\mathrm{d}\rho\mathrm{d}z,\mathrm{d}S_z=\rho\mathrm{d}\rho\mathrm{d}\phi \tag{1.2.27}$$

体积元则为

$$\mathrm{d}V=\rho\mathrm{d}\rho\mathrm{d}\phi\mathrm{d}z \tag{1.2.28}$$

1.2.3 球坐标系

如图 1.2.6 所示，球坐标系中的三个坐标变量是 r、θ 和 ϕ，它们的变化范围分别是

$$0\leqslant r<\infty\ ,0\leqslant\theta\leqslant\pi,0\leqslant\phi\leqslant2\pi$$

空间任一点 $P(r_0,\theta_0,\phi_0)$ 是如下三个坐标曲面的交点：球心在原点、半径 $r=r_0$ 的球面；顶点在原点、轴线与 z 轴重合且半顶角 $\theta=\theta_0$ 的正圆锥面；包含 z 轴并与 xz 平面构成夹角为 $\phi=\phi_0$ 的半平面。

球坐标系与直角坐标系之间的变换关系为

$$r=\sqrt{x^2+y^2+z^2},\theta=\arccos(z/\sqrt{x^2+y^2+z^2}),\phi=\arctan(y/x) \tag{1.2.29}$$

或

$$x=r\sin\theta\cos\phi,y=r\sin\theta\sin\phi,z=r\cos\theta \tag{1.2.30}$$

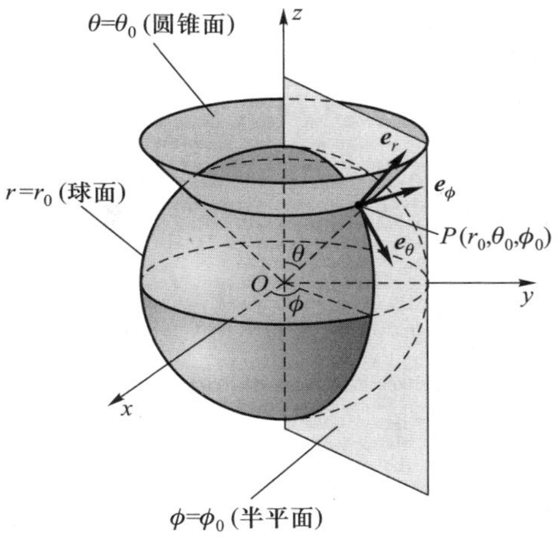

图 1.2.6 球坐标系的坐标曲面与单位矢量

在球坐标系中，过空间任一点 $P(r,\theta,\phi)$ 的三个相互正交的坐标单位矢量 $\boldsymbol{e}_r$、$\boldsymbol{e}_\theta$ 和 $\boldsymbol{e}_\phi$ 分别是该点的 r、θ 和 ϕ 增加的方向，且遵循右手螺旋法则，即

$$\boldsymbol{e}_r\times\boldsymbol{e}_\theta=\boldsymbol{e}_\phi、\boldsymbol{e}_\theta\times\boldsymbol{e}_\phi=\boldsymbol{e}_r、\boldsymbol{e}_\phi\times\boldsymbol{e}_r=\boldsymbol{e}_\theta \tag{1.2.31}$$

$\boldsymbol{e}_r$、$\boldsymbol{e}_\theta$、$\boldsymbol{e}_\phi$ 与 $\boldsymbol{e}_x$、$\boldsymbol{e}_y$、$\boldsymbol{e}_z$ 之间的变换关系为

$$\begin{bmatrix}\boldsymbol{e}_r\\ \boldsymbol{e}_\theta\\ \boldsymbol{e}_\phi\end{bmatrix}=\begin{bmatrix}\sin\theta\cos\phi & \sin\theta\sin\phi & \cos\theta\\ \cos\theta\cos\phi & \cos\theta\sin\phi & -\sin\theta\\ -\sin\phi & \cos\phi & 0\end{bmatrix}\begin{bmatrix}\boldsymbol{e}_x\\ \boldsymbol{e}_y\\ \boldsymbol{e}_z\end{bmatrix} \tag{1.2.32}$$

或

$$\begin{bmatrix}\boldsymbol{e}_x\\ \boldsymbol{e}_y\\ \boldsymbol{e}_z\end{bmatrix}=\begin{bmatrix}\sin\theta\cos\phi & \cos\theta\cos\phi & -\sin\phi\\ \sin\theta\sin\phi & \cos\theta\sin\phi & \cos\phi\\ \cos\theta & -\sin\theta & 0\end{bmatrix}\begin{bmatrix}\boldsymbol{e}_r\\ \boldsymbol{e}_\theta\\ \boldsymbol{e}_\phi\end{bmatrix} \tag{1.2.33}$$

球坐标系中的坐标单位矢量 $\boldsymbol{e}_r$、$\boldsymbol{e}_\theta$ 和 $\boldsymbol{e}_\phi$ 都不是常矢量,且

$$\begin{cases}\dfrac{\partial\boldsymbol{e}_r}{\partial\theta}=\boldsymbol{e}_\theta, & \dfrac{\partial\boldsymbol{e}_r}{\partial\phi}=\boldsymbol{e}_\phi\sin\theta\\[2ex] \dfrac{\partial\boldsymbol{e}_\theta}{\partial\theta}=-\boldsymbol{e}_r, & \dfrac{\partial\boldsymbol{e}_\theta}{\partial\phi}=\boldsymbol{e}_\phi\cos\theta\\[2ex] \dfrac{\partial\boldsymbol{e}_\phi}{\partial\theta}=0, & \dfrac{\partial\boldsymbol{e}_\phi}{\partial\phi}=-\boldsymbol{e}_r\sin\theta-\boldsymbol{e}_\phi\cos\theta\end{cases} \tag{1.2.34}$$

在球坐标系中,位于点 $P(r,\theta,\phi)$ 的矢量 $\boldsymbol{A}$ 可表示为

$$\boldsymbol{A}=\boldsymbol{e}_rA_r+\boldsymbol{e}_\theta A_\theta+\boldsymbol{e}_\phi A_\phi \tag{1.2.35}$$

其中 A_r、A_θ 和 A_ϕ 分别是矢量 $\boldsymbol{A}$ 在 $\boldsymbol{e}_r$、$\boldsymbol{e}_\theta$ 和 $\boldsymbol{e}_\phi$ 方向上的投影。

矢量 $\boldsymbol{A}$ 在球坐标系中的表达式与在直角坐标系中的表达式之间的变换关系为

$$\begin{bmatrix}A_r\\ A_\theta\\ A_\phi\end{bmatrix}=\begin{bmatrix}\sin\theta\cos\phi & \sin\theta\sin\phi & \cos\theta\\ \cos\theta\cos\phi & \cos\theta\sin\phi & -\sin\theta\\ -\sin\phi & \cos\phi & 0\end{bmatrix}\begin{bmatrix}A_x\\ A_y\\ A_z\end{bmatrix} \tag{1.2.36}$$

或

$$\begin{bmatrix}A_x\\ A_y\\ A_z\end{bmatrix}=\begin{bmatrix}\sin\theta\cos\phi & \cos\theta\cos\phi & -\sin\phi\\ \sin\theta\sin\phi & \cos\theta\sin\phi & \cos\phi\\ \cos\theta & -\sin\theta & 0\end{bmatrix}\begin{bmatrix}A_r\\ A_\theta\\ A_\phi\end{bmatrix} \tag{1.2.37}$$

对位于同一点 $P(r,\theta,\phi)$ 或在沿同一条半径线上的两个矢量 $\boldsymbol{A}=\boldsymbol{e}_rA_r+\boldsymbol{e}_\theta A_\theta+\boldsymbol{e}_\phi A_\phi$ 与 $\boldsymbol{B}=\boldsymbol{e}_rB_r+\boldsymbol{e}_\theta B_\theta+\boldsymbol{e}_\phi B_\phi$，则有

$$\boldsymbol{A}+\boldsymbol{B}=\boldsymbol{e}_r(A_r+B_r)+\boldsymbol{e}_\theta(A_\theta+B_\theta)+\boldsymbol{e}_\phi(A_\phi+B_\phi) \tag{1.2.38}$$

$$\boldsymbol{A}\cdot\boldsymbol{B}=A_rB_r+A_\theta B_\theta+A_\phi B_\phi \tag{1.2.39}$$

$$\boldsymbol{A}\times\boldsymbol{B}=\boldsymbol{e}_r(A_\theta B_\phi-A_\phi B_\theta)+\boldsymbol{e}_\theta(A_\phi B_r-A_rB_\phi)+\boldsymbol{e}_\phi(A_rB_\theta-A_\theta B_r)$$

$$=\begin{vmatrix}\boldsymbol{e}_r & \boldsymbol{e}_\theta & \boldsymbol{e}_\phi\\ A_r & A_\theta & A_\phi\\ B_r & B_\theta & B_\phi\end{vmatrix} \tag{1.2.40}$$

在球坐标系中，位置矢量

$$\boldsymbol{r}=\boldsymbol{e}_rr \tag{1.2.41}$$

其微分元矢量是

$$\mathrm{d}\boldsymbol{r}=\mathrm{d}(\boldsymbol{e}_rr)=\boldsymbol{e}_r\mathrm{d}r+r\mathrm{d}\boldsymbol{e}_r=\boldsymbol{e}_r\mathrm{d}r+\boldsymbol{e}_\theta r\mathrm{d}\theta+\boldsymbol{e}_\phi r\sin\theta\mathrm{d}\phi \tag{1.2.42}$$

所以，在球坐标系中沿三个坐标的长度元分别为 $\mathrm{d}l_r=\mathrm{d}r$、$\mathrm{d}l_\theta=r\mathrm{d}\theta$ 和 $\mathrm{d}l_\phi=r\sin\theta\mathrm{d}\phi$，如图 1.2.7 所示。度量系数分别为

$$h_r=1,h_\theta=r,h_\phi=r\sin\theta \tag{1.2.43}$$

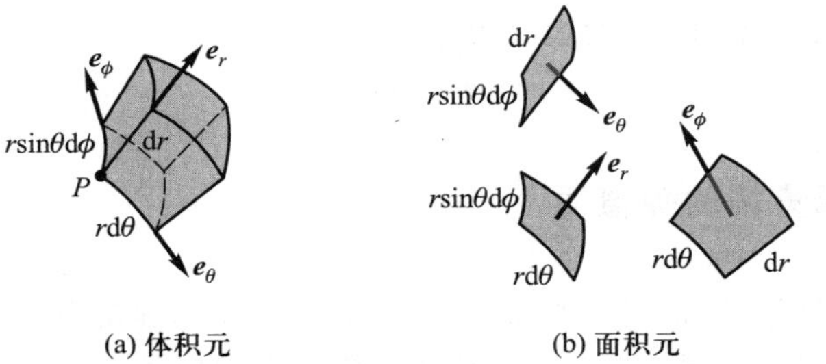

图 1.2.7 球坐标系的体积元和面积元

在球坐标系中，三个面积元分别为

$$\mathrm{d}S_r=r^2\sin\theta\mathrm{d}\theta\mathrm{d}\phi,\mathrm{d}S_\theta=r\sin\theta\mathrm{d}r\mathrm{d}\phi,\mathrm{d}S_\phi=r\mathrm{d}r\mathrm{d}\theta \tag{1.2.44}$$

体积元

$$\mathrm{d}V=r^2\sin\theta\mathrm{d}r\mathrm{d}\theta\mathrm{d}\phi \tag{1.2.45}$$

1.3 标量场的方向导数与梯度

如果在一个空间区域中,某物理系统的状态可以用一个空间位置和时间的函数来描述,即每一时刻在区域中每一点它都有一个确定值,则在此区域中就确立了该物理系统的一种场。例如,物体的温度分布即为一个温度场,流体中的压力分布即为一个压力场。场的一个重要属性是它占有一个空间,它把物理状态作为空间和时间的函数来描述,而且,在此空间区域中,除了有限个点或某些表面外,该函数是处处连续的。若物理状态与时间无关,则为静态场;反之,则为动态场或时变场。下面主要针对静态场进行讨论,但所得到的结果也适合于时变场的每一瞬时时刻的情形。

若所研究的物理量是一个标量,则该物理量所确定的场称为标量场。例如,温度场、密度场、电位场等都是标量场。在标量场中,各点的场量是随空间位置和时间变化的标量。因此,一个标量场 u 可以用一个标量函数来表示。例如,在直角坐标系中,可表示为

$$u=u(x,y,z,t) \tag{1.3.1}$$

或用位置矢量来表示为

$$u=u(\boldsymbol{r},t) \tag{1.3.2}$$

对于与时间无关的标量场,则表示为

$$u=u(\boldsymbol{r}) \tag{1.3.3}$$

1.3.1 标量场的等值面

在研究标量场时,常用等值面形象、直观地描述物理量在空间的分布状况。在标量场中,使标量函数 $u(\boldsymbol{r})$ 取得相同数值的点构成的空间曲面,称为标量场的等值面。例如,在温度场中,由温度相同的点构成等温面;在电位场中,由电位相同的点构成等位面。

对任意给定的常数 c,方程

$$u(\boldsymbol{r})=c \tag{1.3.4}$$

就是等值面方程。

不难看出,标量场的等值面具有如下特点:

① 常数 c 取一系列不同的值,就得到一系列不同的等值面,因而形成等值面族;

② 若 $M_0(\boldsymbol{r}_0)$ 是标量场中的任一点,显然,曲面 $u(\boldsymbol{r})=u(\boldsymbol{r}_0)$ 是通过该点的等值面,因此标量场的等值面族充满场所在的整个空间;

③ 由于标量函数 $u(\boldsymbol{r})$ 是单值的,一个点只能在一个等值面上,因此标量场的等值面互不相交,如图 1.3.1 所示。

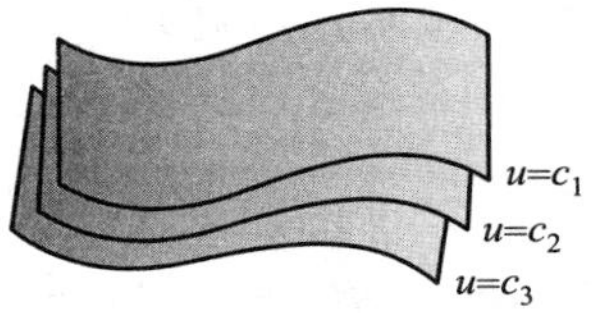

图 1.3.1 标量场的等值面族

1.3.2 标量场的方向导数

标量场的等值面只描述了场量的分布状况,而研究标量场的另一个重要方面,就是还要研究标场量在场中任一点的邻域内沿各个方向的变化规律。为此,引入了标量场的方向导数和梯度的概念。

设 M_0 为标量场 $u(M)$ 中的一点,从点 M_0 出发引一条射线 $\boldsymbol{l}$,点 M 是射线$\boldsymbol{l}$ 上的动点,到点 M_0 的距离为 Δl,如图 1.3.2 所示。当点 M 沿射线 $\boldsymbol{l}$ 趋近于 M_0(即 $\Delta l\to 0$)时,比值$\dfrac{u(M)-u(M_0)}{\Delta l}$的极限称为标量场 $u(M)$ 在点 M_0 处沿 $\boldsymbol{l}$ 方向的方向导数,记作$\left.\dfrac{\partial u}{\partial l}\right|_{M_0}$,即

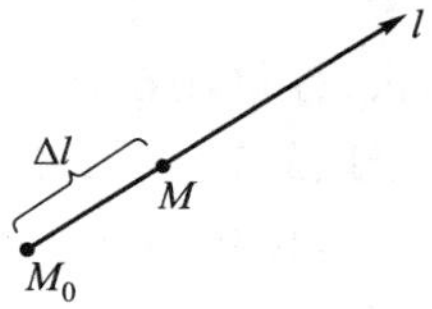

图 1.3.2 从点 M_0 发出的射线 $\boldsymbol{l}$

$$\left.\frac{\partial u}{\partial l}\right|_{M_0}=\lim_{\Delta l\to 0}\frac{u(M)-u(M_0)}{\Delta l} \tag{1.3.5}$$

从以上定义可知,方向导数$\dfrac{\partial u}{\partial l}$是标量场 $u(M)$ 在点 M_0 处沿 $\boldsymbol{l}$ 方向对距离的变化率。当$\dfrac{\partial u}{\partial l}>0$ 时,标量场 $u(M)$ 沿 $\boldsymbol{l}$ 方向是增加的;当$\dfrac{\partial u}{\partial l}<0$ 时,标量场 $u(M)$沿$\boldsymbol{l}$ 方向是减小的;当$\dfrac{\partial u}{\partial l}=0$ 时,标量场 $u(M)$沿 $\boldsymbol{l}$ 方向无变化。

方向导数值既与点 M_0 有关,也与 $\boldsymbol{l}$ 方向有关。因此,标量场中,在一个给定点M_0 处沿不同的 $\boldsymbol{l}$ 方向,其方向导数一般是不同的。

方向导数的定义是与坐标系无关的,但方向导数的具体计算公式与坐标系有关。根据复合函数求导法则,在直角坐标系中

$$\frac{\partial u}{\partial l}=\frac{\partial u}{\partial x}\frac{\mathrm{d}x}{\mathrm{d}l}+\frac{\partial u}{\partial y}\frac{\mathrm{d}y}{\mathrm{d}l}+\frac{\partial u}{\partial z}\frac{\mathrm{d}z}{\mathrm{d}l}$$

若射线 $\boldsymbol{l}$ 与 x、y、z 轴的夹角分别为 α、β、γ，则有

$$\frac{\mathrm{d}x}{\mathrm{d}l}=\cos\alpha,\frac{\mathrm{d}y}{\mathrm{d}l}=\cos\beta,\frac{\mathrm{d}z}{\mathrm{d}l}=\cos\gamma$$

式中 $\cos\alpha$、$\cos\beta$、$\cos\gamma$ 为 $\boldsymbol{l}$ 的方向余弦。于是，得到直角坐标系中方向导数的计算公式为

$$\frac{\partial u}{\partial l}=\frac{\partial u}{\partial x}\cos\alpha+\frac{\partial u}{\partial y}\cos\beta+\frac{\partial u}{\partial z}\cos\gamma \tag{1.3.6}$$

1.3.3 标量场的梯度

在标量场中，从一个给定点出发有无穷多个方向。一般说来，标量场在同一点 M 处沿不同的方向上的变化率是不同的，在某个方向上，变化率可能最大。那么，标量场在什么方向上的变化率最大、其最大的变化率又是多少？为了描述这个问题，引入了梯度的概念。

将标量场 u 在点 M 处的梯度定义为一个矢量，以符号 grad u 来表示，它在点 M 处沿方向 $\boldsymbol{e}_l$ 的分量等于标量场 u 在点 M 处沿方向 $\boldsymbol{e}_l$ 的方向导数，即

$$\boldsymbol{e}_l\cdot\mathrm{grad}\ u=\frac{\partial u}{\partial l} \tag{1.3.7}$$

由此定义可知，当方向 $\boldsymbol{e}_l$ 与 grad u 的方向相同时，$\boldsymbol{e}_l\cdot$ grad u 的值最大，且 $\boldsymbol{e}_l\cdot$ grad $u=|\mathrm{grad}\ u|$。因此，grad u 的方向即为标量场 u 在点 M 处变化率最大的方向，其模即为最大的变化率。若以 $\boldsymbol{e}_\mathrm{n}$ 表示变化率最大的方向的单位矢量，则

$$\mathrm{grad}\ u=\boldsymbol{e}_\mathrm{n}\left.\frac{\partial u}{\partial l}\right|_{\max} \tag{1.3.8}$$

由于 $\left.\frac{\partial u}{\partial l}\right|_{\max}=|\mathrm{grad}\ u|\geqslant 0$，所以标量场 u 梯度总是指向标量函数 u 增加的方向。

为了理解梯度的意义，设 $u=u_0$ 和 $u=u_0+\mathrm{d}u$（$\mathrm{d}u>0$）是标量函数 u 的值相差很小的两个等值面，如图 1.3.3 所示。在等值面 $u=u_0$ 上的一个点沿不同方向 $\boldsymbol{l}$ 移动到等值面 $u=u_0+\mathrm{d}u$ 上时，引起的函数值改变量 $\mathrm{d}u$ 是相同的，但路径的长度不同。显然，沿等值面 $u=u_0$ 的法向 $\boldsymbol{e}_\mathrm{n}$ 的路径 l_n

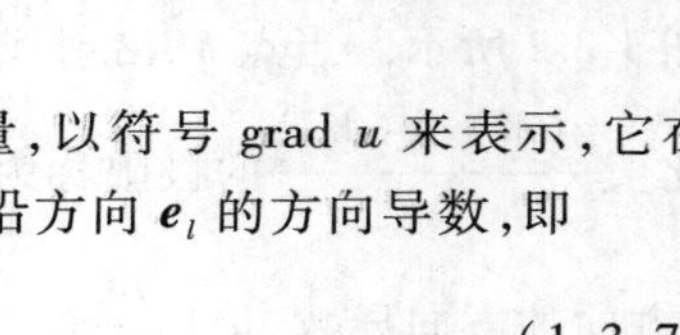

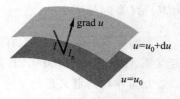

图 1.3.3 梯度垂直于等值面

最短，u 的增加率 $\partial u/\partial l_n$ 为最大值。由此可见，标量场在点 M 处的梯度垂直于过该点的等值面，并指向 u 增加的方向。

虽然梯度的定义与坐标系无关，但梯度的具体表达式与坐标系有关。在直角坐标系中

$$\begin{aligned}\mathrm{grad}\ u &= \boldsymbol{e}_x(\boldsymbol{e}_x\cdot \mathrm{grad}\ u)+\boldsymbol{e}_y(\boldsymbol{e}_y\cdot \mathrm{grad}\ u)+\boldsymbol{e}_z(\boldsymbol{e}_z\cdot \mathrm{grad}\ u)\\ &= \boldsymbol{e}_x\frac{\partial u}{\partial x}+\boldsymbol{e}_y\frac{\partial u}{\partial y}+\boldsymbol{e}_z\frac{\partial u}{\partial z}\end{aligned} \tag{1.3.9}$$

在矢量分析中，经常用到哈密顿算符“∇”（读作“del”或“Nabla”），在直角坐标系中

$$\nabla=\boldsymbol{e}_x\frac{\partial}{\partial x}+\boldsymbol{e}_y\frac{\partial}{\partial y}+\boldsymbol{e}_z\frac{\partial}{\partial z} \tag{1.3.10}$$

算符 ∇ 具有矢量和微分的双重性质，故又称为矢性微分算符。因此，标量场 u 的梯度可用哈密顿算符 ∇ 表示为

$$\mathrm{grad}\ u=\left(\boldsymbol{e}_x\frac{\partial}{\partial x}+\boldsymbol{e}_y\frac{\partial}{\partial y}+\boldsymbol{e}_z\frac{\partial}{\partial z}\right)u=\nabla u \tag{1.3.11}$$

这表明，标量场 u 的梯度可认为是算符 ∇ 作用于标量函数 u 的一种运算。

在圆柱坐标系和球坐标系中，利用式(1.3.7)，可以得到梯度的计算式分别为

$$\nabla u=\boldsymbol{e}_\rho\frac{\partial u}{\partial \rho}+\boldsymbol{e}_\phi\frac{\partial u}{\rho\partial \phi}+\boldsymbol{e}_z\frac{\partial u}{\partial z} \tag{1.3.12}$$

$$\nabla u=\boldsymbol{e}_r\frac{\partial u}{\partial r}+\boldsymbol{e}_\theta\frac{\partial u}{r\partial \theta}+\boldsymbol{e}_\phi\frac{\partial u}{r\sin\theta\partial \phi} \tag{1.3.13}$$

从以上分析可知，标量场的梯度具有以下特点：

(1) 标量场 u 的梯度是一个矢量场，通常称 ∇u 为标量场 u 所产生的梯度场；

(2) 标量场 u 在给定点 M 处沿任意方向 $\boldsymbol{e}_l$ 的方向导数等于该点的梯度 ∇u 在方向 $\boldsymbol{e}_l$ 上的投影；

(3) 标量场 u 在点 M 处的梯度垂直于过该点的等值面，且指向 $u(M)$ 增加的方向。

标量场的梯度运算符合下列规则：

$$\nabla(cu)=c\nabla u\ (c\ 为常数) \tag{1.3.14}$$

$$\nabla(u\pm v)=\nabla u\pm\nabla v \tag{1.3.15}$$

$$\nabla(uv)=v\ \nabla u+u\ \nabla v \tag{1.3.16}$$

$$\nabla\left(\frac{u}{v}\right)=\frac{1}{v^2}(v\ \nabla u-u\ \nabla v) \tag{1.3.17}$$

$$\nabla f(u)=f'(u)\ \nabla u \tag{1.3.18}$$

例 1.3.1 已知 $\boldsymbol{R}=\boldsymbol{e}_x(x-x')+\boldsymbol{e}_y(y-y')+\boldsymbol{e}_z(z-z')$，$R=|\boldsymbol{R}|$。证明：

(1) $\nabla R=\dfrac{\boldsymbol{R}}{R}$；(2) $\nabla\left(\dfrac{1}{R}\right)=-\dfrac{\boldsymbol{R}}{R^3}$；(3) $\nabla f(R)=-\nabla' f(R)$。

其中：$\nabla=\boldsymbol{e}_x\dfrac{\partial}{\partial x}+\boldsymbol{e}_y\dfrac{\partial}{\partial y}+\boldsymbol{e}_z\dfrac{\partial}{\partial z}$表示对 x、y、z 的运算，$\nabla'=\boldsymbol{e}_x\dfrac{\partial}{\partial x'}+\boldsymbol{e}_y\dfrac{\partial}{\partial y'}+\boldsymbol{e}_z\dfrac{\partial}{\partial z'}$表示对 x'、y'、z'的运算。

解：(1) 将 $R=|\boldsymbol{R}|=\sqrt{(x-x')^2+(y-y')^2+(z-z')^2}$ 代入式(1.3.11)，得

$$\begin{aligned}\nabla R&=\boldsymbol{e}_x\frac{\partial R}{\partial x}+\boldsymbol{e}_y\frac{\partial R}{\partial y}+\boldsymbol{e}_z\frac{\partial R}{\partial z}\\&=\frac{\boldsymbol{e}_x(x-x')+\boldsymbol{e}_y(y-y')+\boldsymbol{e}_z(z-z')}{\sqrt{(x-x')^2+(y-y')^2+(z-z')^2}}=\frac{\boldsymbol{R}}{R}\end{aligned}$$

(2) 将$\dfrac{1}{R}=\dfrac{1}{\sqrt{(x-x')^2+(y-y')^2+(z-z')^2}}$代入式(1.3.11)，得

$$\begin{aligned}\nabla\left(\frac{1}{R}\right)&=\boldsymbol{e}_x\frac{\partial}{\partial x}\left(\frac{1}{R}\right)+\boldsymbol{e}_y\frac{\partial}{\partial y}\left(\frac{1}{R}\right)+\boldsymbol{e}_z\frac{\partial}{\partial z}\left(\frac{1}{R}\right)\\&=-\frac{\boldsymbol{e}_x(x-x')+\boldsymbol{e}_y(y-y')+\boldsymbol{e}_z(z-z')}{\left[\sqrt{(x-x')^2+(y-y')^2+(z-z')^2}\right]^3}=-\frac{\boldsymbol{R}}{R^3}\end{aligned}$$

(3) 根据梯度的运算公式(1.3.11)，得到

$$\begin{aligned}\nabla f(R)&=\boldsymbol{e}_x\frac{\partial f(R)}{\partial x}+\boldsymbol{e}_y\frac{\partial f(R)}{\partial y}+\boldsymbol{e}_z\frac{\partial f(R)}{\partial z}\\&=\boldsymbol{e}_x\frac{\mathrm{d}f(R)}{\mathrm{d}R}\frac{\partial R}{\partial x}+\boldsymbol{e}_y\frac{\mathrm{d}f(R)}{\mathrm{d}R}\frac{\partial R}{\partial y}+\boldsymbol{e}_z\frac{\mathrm{d}f(R)}{\mathrm{d}R}\frac{\partial R}{\partial z}\\&=\frac{\mathrm{d}f(R)}{\mathrm{d}R}\nabla R=\frac{\mathrm{d}f(R)}{\mathrm{d}R}\frac{\boldsymbol{R}}{R}\end{aligned}$$

同理

$$\nabla' f(R)=\frac{\mathrm{d}f(R)}{\mathrm{d}R}\nabla' R$$

$$=\frac{\mathrm{d}f(R)}{\mathrm{d}R}\frac{-\boldsymbol{e}_x(x-x')-\boldsymbol{e}_y(y-y')-\boldsymbol{e}_z(z-z')}{\sqrt{(x-x')^2+(y-y')^2+(z-z')^2}}$$

$$=-\frac{\mathrm{d}f(R)}{\mathrm{d}R}\frac{\boldsymbol{R}}{R}$$

故得

$$\nabla f(R)=-\nabla' f(R)$$

在电磁场中，通常以(x',y',z')表示源分布的位置（称为源点）坐标，以(x,y,z)表示场分布的位置（称为场点）坐标，因此上述运算结果在电磁场中非常有用。

1.4 矢量场的通量与散度

若研究的物理量是一个矢量，则该物理量所确定的场称为矢量场。例如，力场、速度场、电场等都是矢量场。在矢量场中，各点的场量是随空间位置变化的矢量。因此，一个矢量场 $\boldsymbol{F}$ 可以用一个矢量函数来表示。在直角坐标系中可表示为

$$\boldsymbol{F}=\boldsymbol{F}(x,y,z,t) \tag{1.4.1}$$

或用位置矢量表示为

$$\boldsymbol{F}=\boldsymbol{F}(\boldsymbol{r},t) \tag{1.4.2}$$

对于与时间无关的矢量场，则表示为

$$\boldsymbol{F}=\boldsymbol{F}(\boldsymbol{r}) \tag{1.4.3}$$

一个矢量场 $\boldsymbol{F}$ 可以分解为三个分量场，在直角坐标系中

$$\boldsymbol{F}(x,y,z)=\boldsymbol{e}_xF_x(x,y,z)+\boldsymbol{e}_yF_y(x,y,z)+\boldsymbol{e}_zF_z(x,y,z) \tag{1.4.4}$$

式中 $F_x(x,y,z)$、$F_y(x,y,z)$和 $F_z(x,y,z)$是 $\boldsymbol{F}(x,y,z)$分别沿 x、y 和 z 方向的三个分量。

1.4.1 矢量场的矢量线

对于矢量场 $\boldsymbol{F}(\boldsymbol{r})$，可用一些有向曲线来形象地描述矢量在空间的分布。如

图 1.4.1 所示，如果有向曲线上任一点的切线方向都与矢量场 $\boldsymbol{F}(\boldsymbol{r})$ 在该点的方向相同，则将此有向曲线定义为矢量场 $\boldsymbol{F}(\boldsymbol{r})$ 的矢量线。例如，静电场中的电场线、磁场中的磁场线等，都是矢量线的例子。

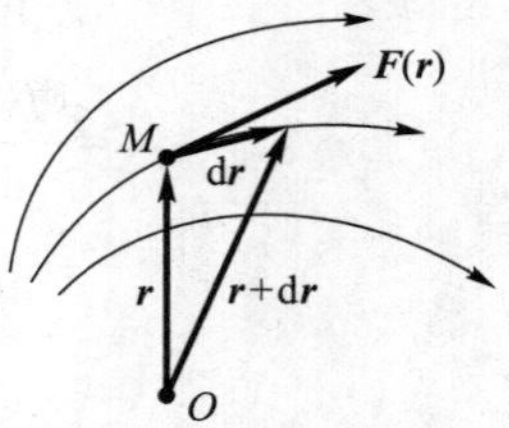

图 1.4.1 矢量场的矢量线

一般地，矢量场中的每一点都有矢量线通过，所以矢量线也充满矢量场所在的空间。按照定义绘制出矢量线，既能根据矢量线确定矢量场中各点矢量的方向，又可根据各处矢量线的疏密程度，判别出各处矢量的大小及变化趋势。

设 M 是矢量线上任一点，位置矢量为 $\boldsymbol{r}$，则其微分矢量 $\mathrm{d}\boldsymbol{r}$ 在点 M 处与矢量线相切。根据矢量线的定义可知，在点 M 处 $\mathrm{d}\boldsymbol{r}$ 与 $\boldsymbol{F}$ 共线，故

$$\mathrm{d}\boldsymbol{r}\times\boldsymbol{F}=0 \tag{1.4.5}$$

这就是矢量线的微分方程。解此微分方程组，即可得到矢量线方程，从而绘制出矢量线。

在直角坐标系中，$\boldsymbol{F}=\boldsymbol{e}_xF_x+\boldsymbol{e}_yF_y+\boldsymbol{e}_zF_z$、$\mathrm{d}\boldsymbol{r}=\boldsymbol{e}_x\mathrm{d}x+\boldsymbol{e}_y\mathrm{d}y+\boldsymbol{e}_z\mathrm{d}z$，则式(1.4.5)可写成

$$\frac{\mathrm{d}x}{F_x}=\frac{\mathrm{d}y}{F_y}=\frac{\mathrm{d}z}{F_z} \tag{1.4.6}$$

例 1.4.1 设点电荷 q 位于坐标原点，在周围空间任一点 $M(x,y,z)$ 处产生的电场强度矢量

$$\boldsymbol{E}=\frac{q}{4\pi\varepsilon r^3}\boldsymbol{r}$$

式中，ε 为介电常数，$\boldsymbol{r}=\boldsymbol{e}_xx+\boldsymbol{e}_yy+\boldsymbol{e}_zz$，$r=|\boldsymbol{r}|$，求电场强度矢量 $\boldsymbol{E}$ 的矢量线。

解： $\boldsymbol{E}=\dfrac{q}{4\pi\varepsilon r^3}\boldsymbol{r}=\dfrac{q}{4\pi\varepsilon r^3}(\boldsymbol{e}_xx+\boldsymbol{e}_yy+\boldsymbol{e}_zz)$，由式(1.4.6)可得到矢量线的微分方程组为

$$\begin{cases}\dfrac{\mathrm{d}x}{x}=\dfrac{\mathrm{d}z}{z}\\[2mm]\dfrac{\mathrm{d}y}{y}=\dfrac{\mathrm{d}z}{z}\end{cases}$$

由此方程组可解得

$$\begin{cases}x=c_1z\\y=c_2z\end{cases}\qquad(c_1、c_2\text{ 为任意常数})$$

这是从点电荷 q 所在处（坐标原点）发出的射线束，如图 1.4.2 所示。

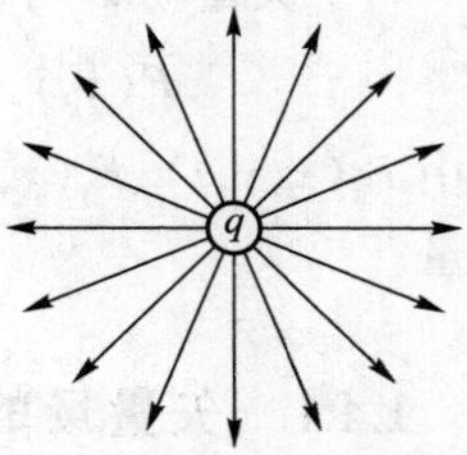

图 1.4.2 点电荷的电场矢量线

1.4.2 矢量场的通量

在分析和描绘矢量场的性质时，矢量场穿过一个曲面的通量是一个重要的基本概念。设 S 为一空间曲面，$\mathrm{d}S$ 为曲面 S 上的面元，取一个与此面元相垂直的单位矢量 $\boldsymbol{e}_{\mathrm{n}}$，则称矢量

$$\mathrm{d}\boldsymbol{S}=\boldsymbol{e}_{\mathrm{n}}\mathrm{d}S \tag{1.4.7}$$

为面元矢量。$\boldsymbol{e}_{\mathrm{n}}$ 的取法有两种情形：一是 $\mathrm{d}S$ 为开曲面 S 上的一个面元，这个开曲面由一条闭合曲线 C 围成，选择闭合曲线 C 的绕行方向后，按右螺旋法则规定 $\boldsymbol{e}_{\mathrm{n}}$ 的方向，如图 1.4.3 所示；另一种情形是 $\mathrm{d}S$ 为闭合曲面上的一个面元，则一般取 $\boldsymbol{e}_{\mathrm{n}}$ 的方向为闭曲面的外法线方向。

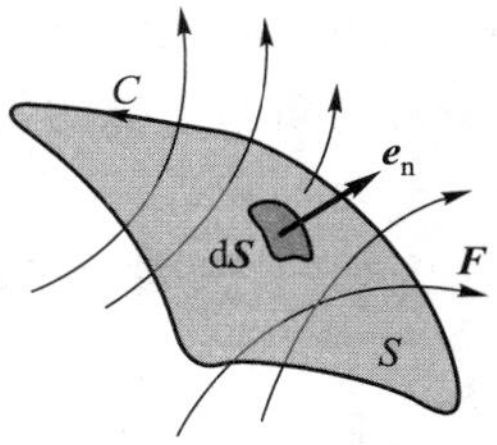

图 1.4.3 矢量 $\boldsymbol{F}$ 穿过曲面 S 的通量

在矢量场 $\boldsymbol{F}$ 中，任取一面元矢量 $\mathrm{d}\boldsymbol{S}$，矢量 $\boldsymbol{F}$ 与面元矢量 $\mathrm{d}\boldsymbol{S}$ 的标量积 $\boldsymbol{F}\cdot\mathrm{d}\boldsymbol{S}$ 定义为矢量 $\boldsymbol{F}$ 穿过面元矢量 $\mathrm{d}\boldsymbol{S}$ 的通量。将曲面 S 上各面元的 $\boldsymbol{F}\cdot\mathrm{d}\boldsymbol{S}$ 相加，则得到矢量 $\boldsymbol{F}$ 穿过曲面 S 的通量，即

$$\Phi=\int_S \boldsymbol{F}\cdot\mathrm{d}\boldsymbol{S}=\int_S \boldsymbol{F}\cdot\boldsymbol{e}_{\mathrm{n}}\mathrm{d}S \tag{1.4.8}$$

例如，在电场中，电位移矢量 $\boldsymbol{D}$ 在某一曲面 S 上的面积分 $\int_S \boldsymbol{D}\cdot\mathrm{d}\boldsymbol{S}$ 就是矢量 $\boldsymbol{D}$ 通过该曲面的电通量；在磁场中，磁感应强度 $\boldsymbol{B}$ 在某一曲面 S 上的面积分 $\int_S \boldsymbol{B}\cdot\mathrm{d}\boldsymbol{S}$ 就是矢量 $\boldsymbol{B}$ 通过该曲面的磁通量。

在直角坐标系中，$\mathrm{d}\boldsymbol{S}=\boldsymbol{e}_x\mathrm{d}S_x+\boldsymbol{e}_y\mathrm{d}S_y+\boldsymbol{e}_z\mathrm{d}S_z$，于是式(1.4.8)可表示为

$$\begin{aligned}\Phi&=\int_S(\boldsymbol{e}_xF_x+\boldsymbol{e}_yF_y+\boldsymbol{e}_zF_z)\cdot(\boldsymbol{e}_x\mathrm{d}S_x+\boldsymbol{e}_y\mathrm{d}S_y+\boldsymbol{e}_z\mathrm{d}S_z)\\&=\int_S(F_x\mathrm{d}S_x+F_y\mathrm{d}S_y+F_z\mathrm{d}S_z)\end{aligned} \tag{1.4.9}$$

由通量的定义不难看出，若 $\boldsymbol{F}$ 从面元矢量 $\mathrm{d}\boldsymbol{S}$ 的负侧穿到 $\mathrm{d}\boldsymbol{S}$ 的正侧时，$\boldsymbol{F}$ 与 $\boldsymbol{e}_{\mathrm{n}}$ 相交成锐角，则通过面积元 $\mathrm{d}\boldsymbol{S}$ 的通量为正值；反之，若 $\boldsymbol{F}$ 从面积元 $\mathrm{d}\boldsymbol{S}$ 的正侧穿到 $\mathrm{d}\boldsymbol{S}$ 的负侧时，$\boldsymbol{F}$ 与 $\boldsymbol{e}_{\mathrm{n}}$ 相交成钝角，则通过面积元 $\mathrm{d}\boldsymbol{S}$ 的通量为负值。

如果 S 是一闭合曲面，则通过闭合曲面的总通量表示为

$$\Phi=\oint_S \boldsymbol{F}\cdot\mathrm{d}\boldsymbol{S}=\oint_S \boldsymbol{F}\cdot\boldsymbol{e}_{\mathrm{n}}\mathrm{d}S \tag{1.4.10}$$

式中的 Φ 则表示穿出闭曲面 S 内的正通量与进入闭曲面 S 的负通量的代数和，即穿出曲面 S 的净通量。当 $\oint_S \boldsymbol{F}\cdot\mathrm{d}\boldsymbol{S}>0$ 时，则表示穿出闭合曲面 S 的通量多于进入的通量，此时闭合曲面 S 内必有发出矢量线的源，称之为正通量源。例如，静电场中的正电荷就是发出电场线的正通量源；当 $\oint_S \boldsymbol{F}\cdot\mathrm{d}\boldsymbol{S}<0$ 时，则表示穿出闭合曲面 S 的通量少于进入的通量，此时闭合曲面 S 内必有汇集矢量线的源，称之为负通量源。例如，静电场中的负电荷就是汇聚电场线的负通量源；当 $\oint_S \boldsymbol{F}\cdot\mathrm{d}\boldsymbol{S}=0$ 时，则表示穿出闭合曲面 S 的通量等于进入的通量，此时闭合曲面 S 内正通量源与负通量源的代数和为 0，或闭合曲面 S 内无通量源。

1.4.3 矢量场的散度

矢量场穿过闭合曲面的通量是一个积分量，不能反映场域内的每一点的通量特性。为了研究矢量场在一个点附近的通量特性，需要引入矢量场的散度。

在矢量场 $\boldsymbol{F}$ 中的任一点 M 处作一个包围该点的任意闭合曲面 S，当曲面 S 以任意方式收缩至点 M 时，所限定的体积 ΔV 将趋近于 0，若比值 $\dfrac{\oint_S \boldsymbol{F}\cdot\mathrm{d}\boldsymbol{S}}{\Delta V}$ 的极限存在，则将此极限称为矢量场 $\boldsymbol{F}$ 在点 M 处的散度，并记作 $\mathrm{div}\,\boldsymbol{F}$，即

$$\mathrm{div}\,\boldsymbol{F}=\lim_{\Delta V\to 0}\frac{\oint_S \boldsymbol{F}\cdot\mathrm{d}\boldsymbol{S}}{\Delta V} \tag{1.4.11}$$

由散度的定义可知，$\mathrm{div}\,\boldsymbol{F}$ 表示在点 M 处的单位体积内散发出来的矢量 $\boldsymbol{F}$ 的通量，所以 $\mathrm{div}\,\boldsymbol{F}$ 描述了通量源的密度。若 $\mathrm{div}\,\boldsymbol{F}>0$，则该点有发出矢量线的正通量源，如图 1.4.4(a)所示。若 $\mathrm{div}\,\boldsymbol{F}<0$，则该点有汇聚矢量线的负通量源，如图 1.4.4(b)所示；若 $\mathrm{div}\,\boldsymbol{F}=0$，则该点无通量源，如图 1.4.4(c)所示。

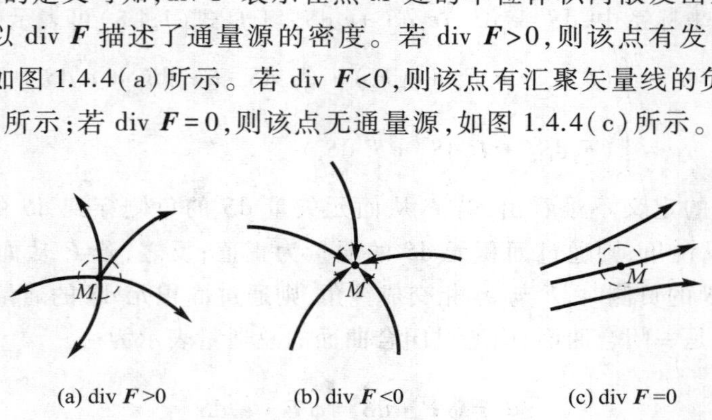

图 1.4.4 散度的意义

根据散度的定义，div $\boldsymbol{F}$ 与体积元 ΔV 的形状无关，只要在取极限过程中，所有尺寸都趋于 0 即可。在直角坐标系中，以点 $M(x,y,z)$ 为中心作一个很小的直角六面体，各边的长度分别为 Δx、Δy、Δz，各面分别与各坐标面平行，如图 1.4.5 所示。矢量场 $\boldsymbol{F}$ 穿出该六面体的表面 S 的通量

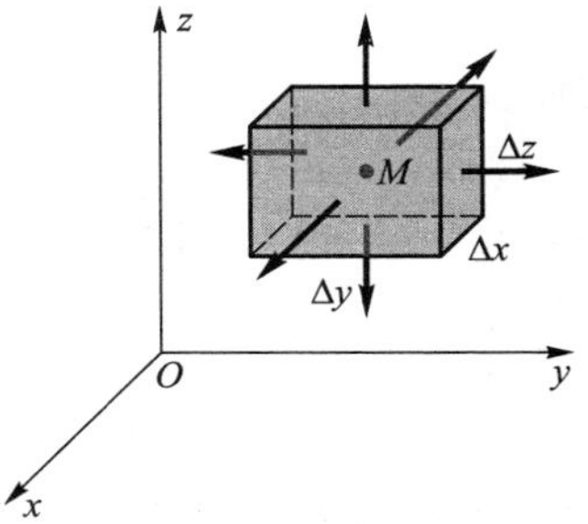

图 1.4.5 直角坐标系中的小直角六面体

$$\Phi=\oint_S \boldsymbol{F}\cdot \mathrm{d}\boldsymbol{S}=\left[\int_{前}+\int_{后}+\int_{左}+\int_{右}+\int_{上}+\int_{下}\right]\boldsymbol{F}\cdot \mathrm{d}\boldsymbol{S}$$

在计算前、后两个面上的面积分时，F_y、F_z 对积分没有贡献，并且由于六个面均很小，所以

$$\int_{前}\boldsymbol{F}\cdot \mathrm{d}\boldsymbol{S}\approx F_x(x+\Delta x/2,y,z)\Delta y\Delta z$$

$$\int_{后}\boldsymbol{F}\cdot \mathrm{d}\boldsymbol{S}\approx -F_x(x-\Delta x/2,y,z)\Delta y\Delta z$$

根据泰勒定理

$$F_x\left(x+\frac{\Delta x}{2},y,z\right)=F_x(x,y,z)+\frac{\partial F_x(x,y,z)}{\partial x}\frac{\Delta x}{2}+\frac{1}{2}\frac{\partial^2 F_x(x,y,z)}{\partial x^2}\left(\frac{\Delta x}{2}\right)^2+\cdots$$

$$\approx F_x(x,y,z)+\frac{\partial F_x(x,y,z)}{\partial x}\frac{\Delta x}{2}$$

$$F_x\left(x-\frac{\Delta x}{2},y,z\right)=F_x(x,y,z)-\frac{\partial F_x(x,y,z)}{\partial x}\frac{\Delta x}{2}+\frac{1}{2}\frac{\partial^2 F_x(x,y,z)}{\partial x^2}\left(\frac{\Delta x}{2}\right)^2+\cdots$$

$$\approx F_x(x,y,z)-\frac{\partial F_x(x,y,z)}{\partial x}\frac{\Delta x}{2}$$

所以

$$\int_{前}\boldsymbol{F}\cdot \mathrm{d}\boldsymbol{S}\approx F_x(x,y,z)\Delta y\Delta z+\frac{\partial F_x(x,y,z)}{\partial x}\frac{\Delta x\Delta y\Delta z}{2}$$

$$\int_{后}\boldsymbol{F}\cdot \mathrm{d}\boldsymbol{S}\approx -F_x(x,y,z)\Delta y\Delta z+\frac{\partial F_x(x,y,z)}{\partial x}\frac{\Delta x\Delta y\Delta z}{2}$$

于是得到

$$\left[\int_{前}+\int_{后}\right]\boldsymbol{F}\cdot\mathrm{d}\boldsymbol{S}\approx\frac{\partial F_x(x,y,z)}{\partial x}\Delta x\Delta y\Delta z$$

同理,可得

$$\left[\int_{左}+\int_{右}\right]\boldsymbol{F}\cdot\mathrm{d}\boldsymbol{S}\approx\frac{\partial F_y(x,y,z)}{\partial y}\Delta x\Delta y\Delta z$$

$$\left[\int_{上}+\int_{下}\right]\boldsymbol{F}\cdot\mathrm{d}\boldsymbol{S}\approx\frac{\partial F_z(x,y,z)}{\partial z}\Delta x\Delta y\Delta z$$

因此,矢量场 $\boldsymbol{F}$ 穿出六面体的表面 S 的通量

$$\boldsymbol{\Phi}=\oint_S\boldsymbol{F}\cdot\mathrm{d}\boldsymbol{S}\approx\left(\frac{\partial F_x}{\partial x}+\frac{\partial F_y}{\partial y}+\frac{\partial F_z}{\partial z}\right)\Delta x\Delta y\Delta z$$

根据式(1.4.11),得到散度在直角坐标系中的表达式

$$\operatorname{div}\boldsymbol{F}=\lim_{\Delta V\to 0}\frac{\oint_S\boldsymbol{F}\cdot\mathrm{d}\boldsymbol{S}}{\Delta V}=\frac{\partial F_x}{\partial x}+\frac{\partial F_y}{\partial y}+\frac{\partial F_z}{\partial z}\tag{1.4.12}$$

利用算符 ∇,可将 $\operatorname{div}\boldsymbol{F}$ 表示为

$$\begin{aligned}\operatorname{div}\boldsymbol{F}&=\left(\boldsymbol{e}_x\frac{\partial}{\partial x}+\boldsymbol{e}_y\frac{\partial}{\partial y}+\boldsymbol{e}_z\frac{\partial}{\partial z}\right)\cdot(\boldsymbol{e}_xF_x+\boldsymbol{e}_yF_y+\boldsymbol{e}_zF_z)\\&=\nabla\cdot\boldsymbol{F}\end{aligned}\tag{1.4.13}$$

类似地,可推出圆柱坐标系和球坐标系中的散度计算式,分别为

$$\nabla\cdot\boldsymbol{F}=\frac{1}{\rho}\frac{\partial}{\partial\rho}(\rho F_\rho)+\frac{1}{\rho}\frac{\partial F_\phi}{\partial\phi}+\frac{\partial F_z}{\partial z}\tag{1.4.14}$$

$$\nabla\cdot\boldsymbol{F}=\frac{1}{r^2}\frac{\partial}{\partial r}(r^2F_r)+\frac{1}{r\sin\theta}\frac{\partial}{\partial\theta}(\sin\theta F_\theta)+\frac{1}{r\sin\theta}\frac{\partial F_\phi}{\partial\phi}\tag{1.4.15}$$

散度运算符合下列规则:

$$\nabla\cdot(c\boldsymbol{F})=c\nabla\cdot\boldsymbol{F}\ (c\ 为常数)\tag{1.4.16}$$

$$\nabla\cdot(\boldsymbol{F}\pm\boldsymbol{G})=\nabla\cdot\boldsymbol{F}\pm\nabla\cdot\boldsymbol{G}\tag{1.4.17}$$

$$\nabla\cdot(u\boldsymbol{F})=u\nabla\cdot\boldsymbol{F}+\boldsymbol{F}\cdot\nabla u\tag{1.4.18}$$

1.4.4 散度定理

矢量分析中的一个重要定理是

$$\int_V \nabla\cdot \boldsymbol{F}\mathrm{d}V = \oint_S \boldsymbol{F}\cdot \mathrm{d}\boldsymbol{S} \tag{1.4.19}$$

称为散度定理(或高斯定理),它表明矢量场的散度在任意体积 $\boldsymbol{V}$ 上的体积分等于矢量场穿出限定该体积的闭合曲面 $\boldsymbol{S}$ 的通量。散度定理是矢量的散度的体积分与该矢量在闭合曲面上的法向分量的曲面积分之间的一个变换关系,在电磁理论中非常有用。

现在来证明这个定理。如图 1.4.6 所示,将闭合面 S 包围的体积 V 分成许多体积元:$\mathrm{d}V_1$、$\mathrm{d}V_2$、…,计算每个体积元的小闭合面 $S_i(i=1,2,\cdots)$ 上穿出的$\boldsymbol{F}$ 的通量,然后叠加。由于相邻两体积元有一个公共表面,这个公共表面上的通量对这两个体积元来说恰好等值异号,求和时就互相抵消了。除了邻近 S 面的那些体积元外,所有体积元都是由几个与相邻体积元间的公共表面包围而成的,这些体积元的通量的总和为 0。而邻近 S 面的那些体积元,它们有部分表面是 S 面上的面元,这部分表面的通量没有被抵消,其总和恰好等于从闭合面 S 穿出的通量,因此有

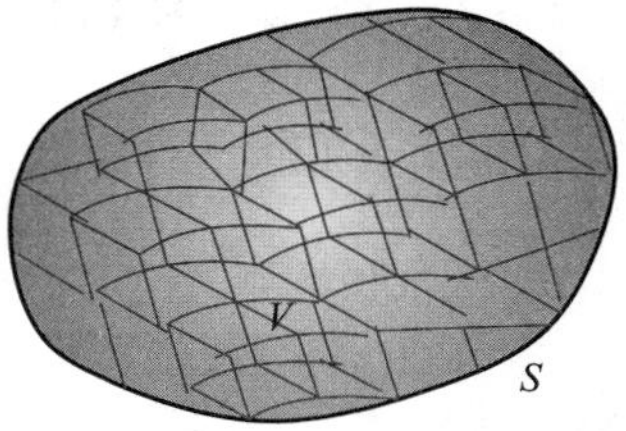

图 1.4.6 体积 V 的剖分

$$\oint_S \boldsymbol{F}\cdot \mathrm{d}\boldsymbol{S} = \oint_{S_1} \boldsymbol{F}\cdot \mathrm{d}\boldsymbol{S} + \oint_{S_2} \boldsymbol{F}\cdot \mathrm{d}\boldsymbol{S} + \cdots$$

由式(1.4.11),得

$$\oint_{S_i} \boldsymbol{F}\cdot \mathrm{d}\boldsymbol{S} = \nabla\cdot \boldsymbol{F}\mathrm{d}V_i,(i=1,2,\cdots)$$

故得到

$$\oint_S \boldsymbol{F}\cdot \mathrm{d}\boldsymbol{S} = \nabla\cdot \boldsymbol{F}\mathrm{d}V_1 + \nabla\cdot \boldsymbol{F}\mathrm{d}V_2 + \cdots = \int_V \nabla\cdot \boldsymbol{F}\mathrm{d}V$$

这就证明了式(1.4.19)。

例 1.4.2 已知 $\boldsymbol{R}=\boldsymbol{e}_x(x-x')+\boldsymbol{e}_y(y-y')+\boldsymbol{e}_z(z-z')$,$R=|\boldsymbol{R}|$。求矢量 $\boldsymbol{D}=\dfrac{\boldsymbol{R}}{R^3}$ 在 $R\neq 0$ 处的散度。

解: 根据散度的计算公式(1.4.12),有

$$\begin{aligned}\nabla\cdot \boldsymbol{D} &= \frac{\partial}{\partial x}\left(\frac{x-x'}{R^3}\right)+\frac{\partial}{\partial y}\left(\frac{y-y'}{R^3}\right)+\frac{\partial}{\partial z}\left(\frac{z-z'}{R^3}\right)\\ &= \frac{1}{R^3}-\frac{3(x-x')^2}{R^5}+\frac{1}{R^3}-\frac{3(y-y')^2}{R^5}+\frac{1}{R^3}-\frac{3(z-z')^2}{R^5}\\ &= 0\end{aligned}$$

— 1.5 矢量场的环流与旋度 —

矢量场的散度描述了通量源的分布情况,反映了矢量场的一个重要性质。反映矢量场的空间变化规律的另一个重要性质是矢量场的旋度。

1.5.1 环流与环流面密度

矢量场 $\boldsymbol{F}$ 沿场中的一条有向闭合路径 C 的曲线积分

$$\Gamma = \oint_C \boldsymbol{F} \cdot \mathrm{d}\boldsymbol{l} \tag{1.5.1}$$

称为矢量场 $\boldsymbol{F}$ 沿闭合路径 C 的环流,其中 $\mathrm{d}\boldsymbol{l}$ 是路径上的线元矢量,其大小为 $\mathrm{d}l$、方向沿路径 C 的切线方向,如图 1.5.1 所示。

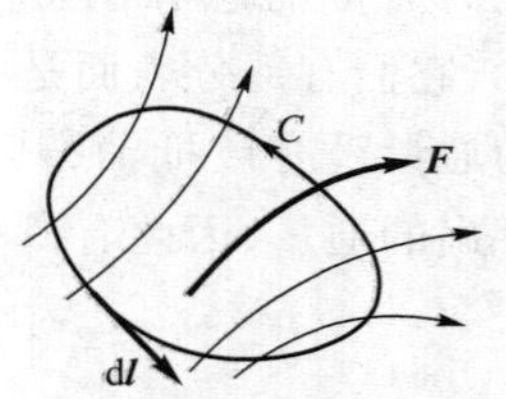

图 1.5.1 有向闭合路径

与矢量场穿过闭合曲面的通量一样,矢量场沿闭合路径的环流也是描述矢量场性质的一个重要概念。例如:在电磁学中,根据安培环路定理 $\oint_C \boldsymbol{H} \cdot \mathrm{d}\boldsymbol{l} = \int_S \boldsymbol{J} \cdot \mathrm{d}\boldsymbol{S}$ 可知,磁场强度 $\boldsymbol{H}$ 沿闭合路径 C 的环流等于穿过以路径 C 为边界的曲面 S 的电流。因此,可以认为矢量场的环流也描述了矢量场的一种源,但这种源与通量源不同,它既不发出矢量线也不汇聚矢量线。也就是说,这种源产生的矢量场的矢量线是闭合曲线,通常将这种源称为涡旋源。

从矢量分析的要求来看,希望知道在每一点附近的环流状态。为此,在矢量场 $\boldsymbol{F}$ 中的点 M 处选取一个方向 $\boldsymbol{e}_n$,并以 $\boldsymbol{e}_n$ 为法向矢量作一面元矢量 $\Delta\boldsymbol{S}$,其边界为有向闭合路径 C,且 C 的方向与面元 $\Delta\boldsymbol{S}$ 的法向矢量 $\boldsymbol{e}_n$ 成右螺旋关系,如图 1.5.2 所示。当面元 $\Delta\boldsymbol{S}$ 保持以 $\boldsymbol{e}_n$ 为法线方向以任意方式收缩至点 M 处时,若极限 $\lim\limits_{\Delta S\to 0} \dfrac{\oint_C \boldsymbol{F} \cdot \mathrm{d}\boldsymbol{l}}{\Delta S}$ 存在,则称 $\lim\limits_{\Delta S\to 0} \dfrac{\oint_C \boldsymbol{F} \cdot \mathrm{d}\boldsymbol{l}}{\Delta S}$ 为矢量场 $\boldsymbol{F}$ 在点 M 处沿方向 $\boldsymbol{e}_n$ 的环流面密度,并记作 $\mathrm{rot}_n\boldsymbol{F}$,即

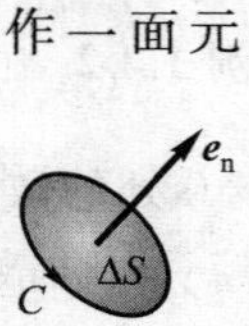

图 1.5.2 面元矢量

$$\mathrm{rot}_{\mathrm{n}}\boldsymbol{F} = \lim_{\Delta S\to 0}\frac{\oint_C \boldsymbol{F}\cdot \mathrm{d}\boldsymbol{l}}{\Delta S} \tag{1.5.2}$$

由此定义可知，环流面密度不仅与点 M 的位置有关，而且与面元矢量 $\Delta\boldsymbol{S}$ 的法向 $\boldsymbol{e}_{\mathrm{n}}$ 有关。例如：在磁场中，由安培环路定理 $\oint_C \boldsymbol{H}\cdot \mathrm{d}\boldsymbol{l}=\int_{\Delta S}\boldsymbol{J}\cdot \mathbf{d}\boldsymbol{S}$ 可知，当面元矢量 $\Delta\boldsymbol{S}$ 的法向 $\boldsymbol{e}_{\mathrm{n}}$ 与电流密度矢量 $\boldsymbol{J}$ 的方向一致时，磁场强度 $\boldsymbol{H}$ 的环流面密度等于该点的电流密度；当面元矢量的方向与电流密度矢量方向垂直时，磁场强度 $\boldsymbol{H}$ 的环流面密度等于零；当面元矢量 $\Delta\boldsymbol{S}$ 的方向 $\boldsymbol{e}_{\mathrm{n}}$ 与电流密度矢量 $\boldsymbol{J}$ 的方向有一夹角 θ 时，磁场强度 $\boldsymbol{H}$ 的环流面密度就等于该点的电流密度矢量 $\boldsymbol{J}$ 在面元矢量 $\Delta\boldsymbol{S}$ 的方向 $\boldsymbol{e}_{\mathrm{n}}$ 上的投影。这些结果表明，矢量场在点 M 处沿方向 $\boldsymbol{e}_{\mathrm{n}}$ 的环流面密度就是该点的涡旋源密度（即通过单位横截面积的涡旋源）在方向 $\boldsymbol{e}_{\mathrm{n}}$ 上的投影。

1.5.2 矢量场的旋度

由于矢量场在点 M 处的环流面密度与面元 ΔS 的法线方向 $\boldsymbol{e}_{\mathrm{n}}$ 有关，因此，在矢量场中，一个给定点 M 处沿不同方向 $\boldsymbol{e}_{\mathrm{n}}$，其环流面密度的值一般是不同的。在某一个确定的方向上，环流面密度可能取得最大值。为了描述这个问题，引入了旋度的概念。

矢量场 $\boldsymbol{F}$ 在点 M 处的旋度定义为一个矢量，以符号 rot $\boldsymbol{F}$（或 curl $\boldsymbol{F}$）来表示，它在点 M 处沿方向 $\boldsymbol{e}_{\mathrm{n}}$ 的分量等于矢量场 $\boldsymbol{F}$ 在点 M 处沿方向 $\boldsymbol{e}_{\mathrm{n}}$ 的环流面密度，即

$$\boldsymbol{e}_{\mathrm{n}}\cdot \mathrm{rot}\,\boldsymbol{F}=\mathrm{rot}_{\mathrm{n}}\,\boldsymbol{F} \tag{1.5.3}$$

由此定义可知，当方向 $\boldsymbol{e}_{\mathrm{n}}$ 与 rot $\boldsymbol{F}$ 的方向相同时，$\boldsymbol{e}_{\mathrm{n}}\cdot \mathrm{rot}\,\boldsymbol{F}$ 的值最大且 $\boldsymbol{e}_{\mathrm{n}}\cdot \mathrm{rot}\,\boldsymbol{F}=|\mathrm{rot}\,\boldsymbol{F}|$。因此，rot $\boldsymbol{F}$ 的方向是使矢量场 $\boldsymbol{F}$ 在点 M 处取得最大环流面密度的方向，其模 $|\mathrm{rot}\,\boldsymbol{F}|$ 等于该最大环流面密度，即

$$\mathrm{rot}\,\boldsymbol{F}=\boldsymbol{e}_{\mathrm{nm}}\left(\lim_{\Delta S\to 0}\frac{1}{\Delta S}\oint_C \boldsymbol{F}\cdot \mathrm{d}\boldsymbol{l}\right)_{\max} \tag{1.5.4}$$

这里 $\boldsymbol{e}_{\mathrm{nm}}$ 是矢量场 $\boldsymbol{F}$ 在点 M 处取得最大环流面密度的方向的单位矢量。

由旋度的定义可知，矢量场 $\boldsymbol{F}$ 在点 M 处的旋度就是在该点的旋涡源密度。例如，在磁场中，磁场强度 $\boldsymbol{H}$ 在点 M 处的旋度就是在该点的电流密度 $\boldsymbol{J}$。

旋度的定义与坐标系无关，但旋度的具体表达式与坐标系有关。下面推导在直角坐标系中旋度的表达式。

根据式(1.5.3),在直角坐标系中,rot $\boldsymbol{F}$ 可以表示为

$$\begin{aligned}\text{rot}\,\boldsymbol{F} &= \boldsymbol{e}_x(\boldsymbol{e}_x\cdot\text{rot}\,\boldsymbol{F})+\boldsymbol{e}_y(\boldsymbol{e}_y\cdot\text{rot}\,\boldsymbol{F})\\&\quad+\boldsymbol{e}_z(\boldsymbol{e}_z\cdot\text{rot}\,\boldsymbol{F})\\&=\boldsymbol{e}_x\text{rot}_x\,\boldsymbol{F}+\boldsymbol{e}_y\text{rot}_y\,\boldsymbol{F}+\boldsymbol{e}_z\text{rot}_z\,\boldsymbol{F}\end{aligned}$$

在计算 $\text{rot}_x\,\boldsymbol{F}$ 时,可围绕点 M 取一个平行于 yOz 平面的小矩形回路 C,则面元矢量为 $\boldsymbol{e}_x\Delta S_x=\boldsymbol{e}_x\Delta y\Delta z$,如图 1.5.3 所示。在点 M 处的矢量 $\boldsymbol{F}=\boldsymbol{e}_xF_x+\boldsymbol{e}_yF_y+\boldsymbol{e}_zF_z$ 沿回路 C 的积分为

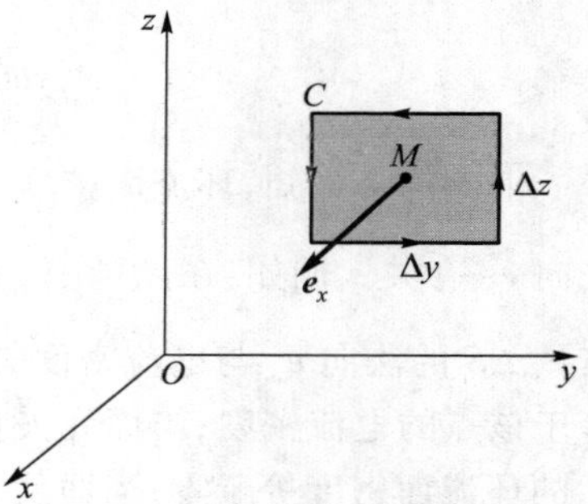

图 1.5.3 直角坐标系中用于计算 $\text{rot}_x\,\boldsymbol{F}$ 的小矩形回路

$$\begin{aligned}\oint_C\boldsymbol{F}\cdot\mathrm{d}\boldsymbol{l}&=\int_{y-\Delta y/2}^{y+\Delta y/2}\boldsymbol{F}\left(x,y,z-\frac{\Delta z}{2}\right)\cdot\boldsymbol{e}_y\mathrm{d}y+\int_{z-\Delta z/2}^{z+\Delta z/2}\boldsymbol{F}\left(x,y+\frac{\Delta y}{2},z\right)\cdot\boldsymbol{e}_z\mathrm{d}z\\&\quad+\int_{y-\Delta y/2}^{y+\Delta y}\boldsymbol{F}\left(x,y,z+\frac{\Delta z}{2}\right)\cdot(-\boldsymbol{e}_y)\mathrm{d}y+\int_{z-\Delta z/2}^{z+\Delta z/2}\boldsymbol{F}\left(x,y-\frac{\Delta y}{2},z\right)\cdot(-\boldsymbol{e}_z)\mathrm{d}z\\&\approx F_y\left(x,y,z-\frac{\Delta z}{2}\right)\Delta y+F_z\left(x,y+\frac{\Delta y}{2},z\right)\Delta z-F_y\left(x,y,z+\frac{\Delta z}{2}\right)\Delta y-\\&\quad F_z\left(x,y-\frac{\Delta y}{2},z\right)\Delta z\end{aligned}$$

利用泰勒定理,可得到

$$F_y\left(x,y,z-\frac{\Delta z}{2}\right)\approx F_y(x,y,z)-\frac{\partial F_y}{\partial z}\frac{\Delta z}{2}$$

$$F_y\left(x,y,z+\frac{\Delta z}{2}\right)\approx F_y(x,y,z)+\frac{\partial F_y}{\partial z}\frac{\Delta z}{2}$$

$$F_z\left(x,y-\frac{\Delta y}{2},z\right)\approx F_z(x,y,z)-\frac{\partial F_z}{\partial y}\frac{\Delta y}{2}$$

$$F_z\left(x,y+\frac{\Delta y}{2},z\right)\approx F_z(x,y,z)+\frac{\partial F_z}{\partial y}\frac{\Delta y}{2}$$

所以

$$\oint_C\boldsymbol{F}\cdot\mathrm{d}\boldsymbol{l}\approx\frac{\partial F_z}{\partial y}\Delta y\Delta z-\frac{\partial F_y}{\partial z}\Delta y\Delta z$$

故得到

$$\mathrm{rot}_x \boldsymbol{F} = \lim_{\Delta S_x \to 0} \frac{1}{\Delta S_x} \oint_C \boldsymbol{F} \cdot \mathrm{d}\boldsymbol{l} = \frac{\partial F_z}{\partial y} - \frac{\partial F_y}{\partial z}$$

相似地，分别取面元矢量 $\boldsymbol{e}_y \Delta S_y = \boldsymbol{e}_y \Delta x \Delta z$、$\boldsymbol{e}_z \Delta S_z = \boldsymbol{e}_z \Delta x \Delta y$，用与上面相同的运算，可得到 rot $\boldsymbol{F}$ 分别在 $\boldsymbol{e}_y$ 和 $\boldsymbol{e}_z$ 方向上的投影为

$$\mathrm{rot}_y \boldsymbol{F} = \lim_{\Delta S_y \to 0} \frac{1}{\Delta S_y} \oint_C \boldsymbol{F} \cdot \mathrm{d}\boldsymbol{l} = \frac{\partial F_x}{\partial z} - \frac{\partial F_z}{\partial x}$$

$$\mathrm{rot}_z \boldsymbol{F} = \lim_{\Delta S_z \to 0} \frac{1}{\Delta S_z} \oint_C \boldsymbol{F} \cdot \mathrm{d}\boldsymbol{l} = \frac{\partial F_y}{\partial x} - \frac{\partial F_x}{\partial y}$$

因此，得到直角坐标系中旋度的计算公式

$$\mathrm{rot}\,\boldsymbol{F} = \boldsymbol{e}_x \left(\frac{\partial F_z}{\partial y} - \frac{\partial F_y}{\partial z} \right) + \boldsymbol{e}_y \left(\frac{\partial F_x}{\partial z} - \frac{\partial F_z}{\partial x} \right) + \boldsymbol{e}_z \left(\frac{\partial F_y}{\partial x} - \frac{\partial F_x}{\partial y} \right) \tag{1.5.5}$$

利用算符 ∇，可将 rot $\boldsymbol{F}$ 表示为

$$\begin{aligned} \mathrm{rot}\,\boldsymbol{F} &= \left(\boldsymbol{e}_x \frac{\partial}{\partial x} + \boldsymbol{e}_y \frac{\partial}{\partial y} + \boldsymbol{e}_z \frac{\partial}{\partial z} \right) \times (\boldsymbol{e}_x F_x + \boldsymbol{e}_y F_y + \boldsymbol{e}_z F_z) \\ &= \nabla \times \boldsymbol{F} \end{aligned} \tag{1.5.6}$$

上式亦可写成行列式形式

$$\nabla \times \boldsymbol{F} = \begin{vmatrix} \boldsymbol{e}_x & \boldsymbol{e}_y & \boldsymbol{e}_z \\ \dfrac{\partial}{\partial x} & \dfrac{\partial}{\partial y} & \dfrac{\partial}{\partial z} \\ F_x & F_y & F_z \end{vmatrix} \tag{1.5.7}$$

采用同样的方法，可导出 $\nabla \times \boldsymbol{F}$ 在圆柱坐标系中的表达式为

$$\nabla \times \boldsymbol{F} = \boldsymbol{e}_\rho \left(\frac{1}{\rho} \frac{\partial F_z}{\partial \phi} - \frac{\partial F_\phi}{\partial z} \right) + \boldsymbol{e}_\phi \left(\frac{\partial F_\rho}{\partial z} - \frac{\partial F_z}{\partial \rho} \right) + \boldsymbol{e}_z \frac{1}{\rho} \left[\frac{\partial (\rho F_\phi)}{\partial \rho} - \frac{\partial F_\rho}{\partial \phi} \right] \tag{1.5.8}$$

或写成行列式形式

$$\nabla\times\boldsymbol{F}=\frac{1}{\rho}\begin{vmatrix}\boldsymbol{e}_\rho & \rho\boldsymbol{e}_\phi & \boldsymbol{e}_z\\ \dfrac{\partial}{\partial\rho} & \dfrac{\partial}{\partial\phi} & \dfrac{\partial}{\partial z}\\ F_\rho & \rho F_\phi & F_z\end{vmatrix} \tag{1.5.9}$$

在球坐标系中，$\nabla\times\boldsymbol{F}$ 的表达式为

$$\nabla\times\boldsymbol{F}=\boldsymbol{e}_r\frac{1}{r\sin\theta}\left[\frac{\partial}{\partial\theta}(\sin\theta F_\phi)-\frac{\partial F_\theta}{\partial\phi}\right]+\boldsymbol{e}_\theta\frac{1}{r}\left[\frac{1}{\sin\theta}\frac{\partial F_r}{\partial\phi}-\frac{\partial(rF_\phi)}{\partial r}\right]+$$
$$\boldsymbol{e}_\phi\frac{1}{r}\left[\frac{\partial(rF_\theta)}{\partial r}-\frac{\partial F_r}{\partial\theta}\right] \tag{1.5.10}$$

或写成行列式形式

$$\nabla\times\boldsymbol{F}=\frac{1}{r^2\sin\theta}\begin{vmatrix}\boldsymbol{e}_r & r\boldsymbol{e}_\theta & r\sin\theta\boldsymbol{e}_\phi\\ \dfrac{\partial}{\partial r} & \dfrac{\partial}{\partial\theta} & \dfrac{\partial}{\partial\phi}\\ F_r & rF_\theta & r\sin\theta F_\phi\end{vmatrix} \tag{1.5.11}$$

矢量场的旋度运算符合下列规则：

$$\nabla\times(c\boldsymbol{F})=c\nabla\times\boldsymbol{F}\ (c\text{ 为常数}) \tag{1.5.12}$$

$$\nabla\times(\boldsymbol{F}\pm\boldsymbol{G})=\nabla\times\boldsymbol{F}\pm\nabla\times\boldsymbol{G} \tag{1.5.13}$$

$$\nabla\times(u\boldsymbol{F})=u\nabla\times\boldsymbol{F}-\boldsymbol{F}\times\nabla u \tag{1.5.14}$$

旋度与散度的比较：

(1) 一个矢量场的旋度是一个矢量函数，而一个矢量场的散度是一个标量函数。

(2) 矢量场散度和旋度描述了产生矢量场的两种不同性质的源，散度描述的是标量源，即散度源；而旋度描述的是矢量源，即涡旋源。不同性质的源产生的矢量场也具有不同的性质，仅由散度源产生的矢量场的旋度处处为0，是无旋场，其矢量线起、止于散度源，是非闭合曲线；而仅由涡旋源产生的矢量场的散度处处为0，是无散场，其矢量线是闭合曲线。

(3) 在旋度公式(1.5.5)中，矢量场 $\boldsymbol{F}$ 的场分量 F_x、F_y、F_z 分别只对与其垂直方向的坐标变量求偏导数，所以矢量场的旋度描述了场分量在与其垂直的方向上的变化情况；而在散度公式(1.4.12)中，矢量场 $\boldsymbol{F}$ 的场分量 F_x、F_y、F_z 分别只对 x、y、z 求偏导数，所以矢量场的散度描述了场分量沿着各自方向上的变化情况。

1.5.3 斯托克斯定理

在矢量场 $\boldsymbol{F}$ 所在的空间中,对于任一个以曲线 C 为周界的曲面 S,存在如下重要关系式:

$$\int_S \nabla\times\boldsymbol{F}\cdot \mathrm{d}\boldsymbol{S}=\oint_C \boldsymbol{F}\cdot \mathrm{d}\boldsymbol{l} \tag{1.5.15}$$

上式称为斯托克斯定理,又称为旋度定理。它表明矢量场 $\boldsymbol{F}$ 的旋度 $\nabla\times\boldsymbol{F}$ 在曲面 S 上的面积分等于矢量场 $\boldsymbol{F}$ 在限定曲面的闭合曲线 C 上的线积分,是矢量旋度的曲面积分与该矢量沿闭合曲线积分之间的一个变换关系,也是矢量分析中的一个重要的恒等式,在电磁理论中也是很有用的。

为了证明式(1.5.15),将曲面 S 划分成许多小面元,如图 1.5.4 所示。对每一个小面元,沿包围它的闭合路径取 $\boldsymbol{F}$ 的环流,路径的方向与大回路 C 一致,并将所有这些积分相加。可以看出,各个小回路在公共边界上的那部分积分都相互抵消,因为相邻小回路在公共边界上积分的方向是相反的,只有没有公共边界的部分积分没有抵消,结果所有沿小回路积分的总和等于沿大回路 C 的积分,即

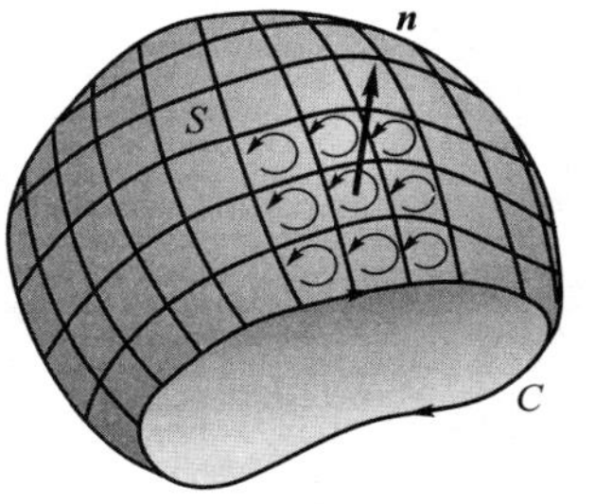

图 1.5.4 曲面的划分

$$\oint_C \boldsymbol{F}\cdot \mathrm{d}\boldsymbol{l}=\oint_{C_1}\boldsymbol{F}\cdot \mathrm{d}\boldsymbol{l}+\oint_{C_2}\boldsymbol{F}\cdot \mathrm{d}\boldsymbol{l}+\cdots$$

对沿每一个小回路的积分应用式(1.5.2),得

$$\oint_{C_1}\boldsymbol{F}\cdot \mathrm{d}\boldsymbol{l}=\mathrm{rot}_1\boldsymbol{F}\mathrm{d}S_1=\nabla\times\boldsymbol{F}\cdot \mathrm{d}\boldsymbol{S}_1$$

$$\oint_{C_2}\boldsymbol{F}\cdot \mathrm{d}\boldsymbol{l}=\mathrm{rot}_2\boldsymbol{F}\mathrm{d}S_2=\nabla\times\boldsymbol{F}\cdot \mathrm{d}\boldsymbol{S}_2$$

$$\cdots\cdots$$

这样

$$\oint_C \boldsymbol{F}\cdot \mathrm{d}\boldsymbol{l}=\nabla\times\boldsymbol{F}\cdot \mathrm{d}\boldsymbol{S}_1+\nabla\times\boldsymbol{F}\cdot \mathrm{d}\boldsymbol{S}_2+\cdots$$

上式右边的总和就是 $\nabla\times\boldsymbol{F}$ 在曲面 S 上的面积分,即 $\int_S \nabla\times\boldsymbol{F}\cdot \mathrm{d}\boldsymbol{S}$,从而证明了式(1.5.15)。

例 1.5.1 已知 $\boldsymbol{R}=\boldsymbol{e}_x(x-x')+\boldsymbol{e}_y(y-y')+\boldsymbol{e}_z(z-z')$,$R=|\boldsymbol{R}|$。求矢量 $\boldsymbol{D}=\dfrac{\boldsymbol{R}}{R^3}$

在 $R\neq 0$ 处的旋度。

解：根据旋度的计算公式(1.5.7)，有

$$\nabla\times\boldsymbol{D}=\begin{vmatrix}\boldsymbol{e}_x & \boldsymbol{e}_y & \boldsymbol{e}_z\\ \dfrac{\partial}{\partial x} & \dfrac{\partial}{\partial y} & \dfrac{\partial}{\partial z}\\ (x-x')/R^3 & (y-y')/R^3 & (z-z')/R^3\end{vmatrix}$$

$$=\boldsymbol{e}_x\frac{3[(z-z')(y-y')-(z-z')(y-y')]}{R^5}+$$

$$\boldsymbol{e}_y\frac{3[(z-z')(x-x')-(z-z')(x-x')]}{R^5}+$$

$$\boldsymbol{e}_z\frac{3[(y-y')(x-x')-(y-y')(x-x')]}{R^5}$$

$$=0$$

1.6 无旋场的标量位

如果一个矢量场 $\boldsymbol{F}$ 的旋度处处为 0，即

$$\nabla\times\boldsymbol{F}\equiv 0 \tag{1.6.1}$$

则称该矢量场为无旋场，它是由散度源所产生的。例如，静电场就是旋度处处为 0 的无旋场。

利用斯托克斯定理，可得到无旋场 $\boldsymbol{F}$ 沿闭合路径 C 的环流等于 0，即

$$\oint_C \boldsymbol{F}\cdot\mathrm{d}\boldsymbol{l}=\int_S \nabla\times\boldsymbol{F}\cdot\mathrm{d}\boldsymbol{S}=0 \tag{1.6.2}$$

这一结果表明，无旋场 $\boldsymbol{F}$ 从点 P 到点 Q 的曲线积分 $\int_P^Q \boldsymbol{F}\cdot\mathrm{d}\boldsymbol{l}$ 与路径无关，只与起点 P 和终点 Q 有关。

标量场的梯度有一个重要性质，就是它的旋度恒等于 0，即

$$\nabla\times(\nabla u)\equiv 0 \tag{1.6.3}$$

也就是说，任何标量场的梯度场一定是无旋场。

为了证明式(1.6.3)，任取一个以闭合曲线 C 为边界的曲面 S，将 $\nabla\times\nabla u$ 对

此曲面进行积分，并利用斯托克斯定理，可得

$$\int_S(\nabla\times\nabla u)\cdot \mathrm{d}\boldsymbol{S}=\oint_C\nabla u\cdot \mathrm{d}\boldsymbol{l}$$

再根据梯度与方向导数的关系，得

$$\oint_C\nabla u\cdot \mathrm{d}\boldsymbol{l}=\oint_C\nabla u\cdot \boldsymbol{e}_l\mathrm{d}l=\oint_C\frac{\partial u}{\partial l}\mathrm{d}l=\oint_C\mathrm{d}u=0$$

由此得到

$$\int_S(\nabla\times\nabla u)\cdot \mathrm{d}\boldsymbol{S}=0$$

由于曲面 S 是任意的，因此只有当 $\nabla\times\nabla u$ 恒等于 0 时，该曲面积分才等于 0，这就证明了式(1.6.3)。

根据式(1.6.3)，对于一个旋度处处为 0 的矢量场 $\boldsymbol{F}$，总可以把它表示为某一标量场的梯度，即如果 $\nabla\times\boldsymbol{F}\equiv 0$，存在标量函数 u，使得

$$\boldsymbol{F}=-\nabla u \tag{1.6.4}$$

函数 u 称为无旋场 $\boldsymbol{F}$ 的标量位函数，简称标量位。式(1.6.4)中有一负号，为的是使其与电磁场中电场强度 $\boldsymbol{E}$ 和标量电位 φ 的关系相一致。

将式(1.6.4)从点 P 到点 Q 积分，得到

$$\int_P^Q\boldsymbol{F}\cdot \mathrm{d}\boldsymbol{l}=-\int_P^Q\nabla u\cdot \mathrm{d}\boldsymbol{l}=-\int_P^Q\frac{\partial u}{\partial l}\mathrm{d}l=-\int_P^Q\mathrm{d}u=u(P)-u(Q)$$

若选定点 Q 为不动的固定点，则上式可看做是点 P 的函数，即

$$u(P)=\int_P^Q\boldsymbol{F}\cdot \mathrm{d}\boldsymbol{l}+c \tag{1.6.5}$$

这就是标量位 u 的积分表达式，任意常数 c 取决于固定点 Q 的选择。

将式(1.6.4)代入式(1.6.5)，有

$$u(P)=-\int_P^Q\nabla u\cdot \mathrm{d}\boldsymbol{l}+c \tag{1.6.6}$$

这表明，一个标量场可由它的梯度完全确定。

设无旋场 $\boldsymbol{F}$ 的散度为

$$\nabla\cdot\boldsymbol{F}=g \tag{1.6.7}$$

式中 g 为已知的标量函数。将式(1.6.4)代入式(1.6.7)，有

$$\nabla\cdot(\nabla u)=-g \tag{1.6.8}$$

其中 $\nabla\cdot(\nabla u)$ 是对标量场 u 的二阶微分运算，称为标量场 u 的拉普拉斯运算，

记为

$$\nabla \cdot (\nabla u) = \nabla^2 u$$

这里 $\nabla^2 = \nabla \cdot \nabla$ 称为拉普拉斯算符，于是将式(1.6.8)写为

$$\nabla^2 u = -g \tag{1.6.9}$$

称为标量泊松方程。在 $\rho=0$ 的区域，则有

$$\nabla^2 u = 0 \tag{1.6.10}$$

称为拉普拉斯方程。

由式(1.3.11)和式(1.4.12)，可得到直角坐标系中对标量函数 u 的拉普拉斯运算

$$\nabla^2 u = \nabla \cdot \left(\boldsymbol{e}_x \frac{\partial u}{\partial x} + \boldsymbol{e}_y \frac{\partial u}{\partial y} + \boldsymbol{e}_z \frac{\partial u}{\partial z} \right) = \frac{\partial^2 u}{\partial x^2} + \frac{\partial^2 u}{\partial y^2} + \frac{\partial^2 u}{\partial z^2} \tag{1.6.11}$$

由式(1.3.12)和(1.4.14)，可得到圆柱坐标系中对标量函数 u 的拉普拉斯运算

$$\nabla^2 u = \frac{1}{\rho} \frac{\partial}{\partial \rho} \left(\rho \frac{\partial u}{\partial \rho} \right) + \frac{1}{\rho^2} \frac{\partial^2 u}{\partial \phi^2} + \frac{\partial^2 u}{\partial z^2} \tag{1.6.12}$$

由式(1.3.13)和(1.4.15)，可得到球坐标系中对标量函数 u 的拉普拉斯运算

$$\nabla^2 u = \frac{1}{r^2} \frac{\partial}{\partial r} \left(r^2 \frac{\partial u}{\partial r} \right) + \frac{1}{r^2 \sin\theta} \frac{\partial}{\partial \theta} \left(\sin\theta \frac{\partial u}{\partial \theta} \right) + \frac{1}{r^2 \sin^2 \theta} \frac{\partial^2 u}{\partial \phi^2} \tag{1.6.13}$$

— 1.7 无散场的矢量位 —

如果一个矢量场 $\boldsymbol{F}$ 的散度处处为 0，即

$$\nabla \cdot \boldsymbol{F} \equiv 0 \tag{1.7.1}$$

则称该矢量场为无散场，它是由旋涡源所产生的。例如，恒定磁场就是散度处处为 0 的无散场。

由散度定理可知，无散场 $\boldsymbol{F}$ 通过任何闭合曲面 S 的通量等于 0，即

$$\oint_S \boldsymbol{F} \cdot \mathrm{d}\boldsymbol{S} = \int_V \nabla \cdot \boldsymbol{F} \mathrm{d}V = 0 \tag{1.7.2}$$

矢量场的旋度有一个重要性质，就是旋度的散度恒等于 0，即

$$\nabla \cdot (\nabla \times \boldsymbol{A}) = 0 \tag{1.7.3}$$

也就是说,任何矢量场的旋度场一定是无散场。

为了证明式(1.7.3),任取一个以闭合曲面 S 为边界的体积 V,将 $\nabla\cdot(\nabla\times\boldsymbol{A})$ 在此体积上进行积分,并利用散度定理,可得

$$\int_V \nabla\cdot(\nabla\times\boldsymbol{A})\,\mathrm{d}V=\oint_S(\nabla\times\boldsymbol{A})\cdot\mathrm{d}\boldsymbol{S} \tag{1.7.4}$$

如图 1.7.1 所示,在闭合曲面 S 上作一条有向闭合曲线 C,将闭合曲面 S 分为两个曲面 S_1 和 S_2,由此可得

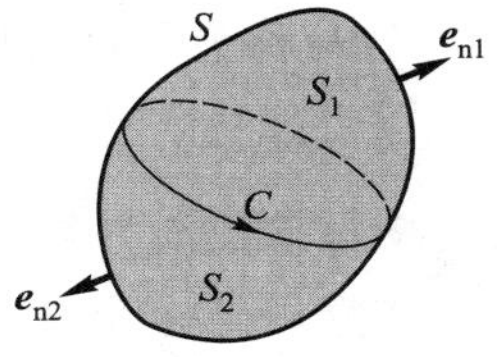

图 1.7.1 闭合曲面 S 分为两个曲面 S_1 和 S_2

$$\oint_S(\nabla\times\boldsymbol{A})\cdot\mathrm{d}\boldsymbol{S}=\int_{S_1}(\nabla\times\boldsymbol{A})\cdot\mathrm{d}\boldsymbol{S}+\int_{S_2}(\nabla\times\boldsymbol{A})\cdot\mathrm{d}\boldsymbol{S}$$

由旋度定理得

$$\int_{S_1}(\nabla\times\boldsymbol{A})\cdot\mathrm{d}\boldsymbol{S}=\oint_C\boldsymbol{A}\cdot\mathrm{d}\boldsymbol{l}_1=\oint_C\boldsymbol{A}\cdot\mathrm{d}\boldsymbol{l}$$

$$\int_{S_2}(\nabla\times\boldsymbol{A})\cdot\mathrm{d}\boldsymbol{S}=\oint_{C^-}\boldsymbol{A}\cdot\mathrm{d}\boldsymbol{l}_2=-\oint_C\boldsymbol{A}\cdot\mathrm{d}\boldsymbol{l}$$

这里 C^- 是与闭合曲线 C 的方向相反的闭合曲线。

将上述结果代入式(1.7.4),得到

$$\int_V \nabla\cdot(\nabla\times\boldsymbol{A})\,\mathrm{d}V=0$$

由于体积 V 是任意的,因此只有当 $\nabla\cdot(\nabla\times\boldsymbol{A})$ 恒等于 0 时,该体积分才等于 0,即证明了式(1.7.3)。

式(1.7.3)表明,对于一个散度处处为 0 的矢量场 $\boldsymbol{F}$,总可以把它表示为某一矢量场的旋度,即如果 $\nabla\cdot\boldsymbol{F}\equiv 0$,则存在矢量函数 $\boldsymbol{A}$,使得

$$\boldsymbol{F}=\nabla\times\boldsymbol{A} \tag{1.7.5}$$

函数 $\boldsymbol{A}$ 称为无散场 $\boldsymbol{F}$ 的矢量位函数,简称矢量位。

设无散场 $\boldsymbol{F}$ 的旋度为

$$\nabla\times\boldsymbol{F}=\boldsymbol{G} \tag{1.7.6}$$

式中 $\boldsymbol{G}$ 为已知的矢量函数。将式(1.7.5)代入式(1.7.6),有

$$\nabla\times(\nabla\times\boldsymbol{A})=\boldsymbol{G} \tag{1.7.7}$$

根据矢量三重积运算关系式(1.1.13),可得

$$\nabla\times(\nabla\times\boldsymbol{A})=\nabla(\nabla\cdot\boldsymbol{A})-(\nabla\cdot\nabla)\boldsymbol{A}$$

据此,定义矢量场 $\boldsymbol{A}$ 的拉普拉斯运算 $\nabla^2\boldsymbol{A}$ 为

$$\nabla^2 \boldsymbol{A} = \nabla(\nabla \cdot \boldsymbol{A}) - \nabla \times (\nabla \times \boldsymbol{A}) \tag{1.7.8}$$

于是,可将式(1.7.7)写为

$$\nabla(\nabla \cdot \boldsymbol{A}) - \nabla^2 \boldsymbol{A} = \boldsymbol{G}$$

在上式中若令 $\nabla \cdot \boldsymbol{A}=0$,则得到

$$\nabla^2 \boldsymbol{A} = -\boldsymbol{G} \tag{1.7.9}$$

式(1.7.9)称为矢量泊松方程。在 $\boldsymbol{G}=0$ 的区域,则有

$$\nabla^2 \boldsymbol{A} = 0 \tag{1.7.10}$$

为矢量拉普拉斯方程。

在直角坐标系中

$$[\nabla(\nabla \cdot \boldsymbol{A})]_x = \frac{\partial}{\partial x}(\nabla \cdot \boldsymbol{A}) = \frac{\partial}{\partial x}\left(\frac{\partial A_x}{\partial x} + \frac{\partial A_y}{\partial y} + \frac{\partial A_z}{\partial z}\right)$$

$$= \frac{\partial^2 A_x}{\partial x^2} + \frac{\partial^2 A_y}{\partial x \partial y} + \frac{\partial^2 A_z}{\partial x \partial z}$$

$$[\nabla \times (\nabla \times \boldsymbol{A})]_x = \frac{\partial}{\partial y}[(\nabla \times \boldsymbol{A})_z] - \frac{\partial}{\partial z}[(\nabla \times \boldsymbol{A})_y]$$

$$= \frac{\partial}{\partial y}\left(\frac{\partial A_y}{\partial x} - \frac{\partial A_x}{\partial y}\right) - \frac{\partial}{\partial z}\left(\frac{\partial A_x}{\partial z} - \frac{\partial A_z}{\partial x}\right)$$

$$= \frac{\partial^2 A_y}{\partial y \partial x} - \frac{\partial^2 A_x}{\partial y^2} - \frac{\partial^2 A_x}{\partial z^2} + \frac{\partial^2 A_z}{\partial z \partial x}$$

将以上两式代入式(1.7.8),可求得

$$(\nabla^2 \boldsymbol{A})_x = [\nabla(\nabla \cdot \boldsymbol{A})]_x - [\nabla \times (\nabla \times \boldsymbol{A})]_x$$

$$= \frac{\partial^2 A_x}{\partial x^2} + \frac{\partial^2 A_x}{\partial y^2} + \frac{\partial^2 A_x}{\partial z^2} = \nabla^2 A_x$$

同理,可得

$$(\nabla^2 \boldsymbol{A})_y = \nabla^2 A_y \text{ 和 } (\nabla^2 \boldsymbol{A})_z = \nabla^2 A_z$$

于是得到

$$\nabla^2 \boldsymbol{A} = \boldsymbol{e}_x \nabla^2 A_x + \boldsymbol{e}_y \nabla^2 A_y + \boldsymbol{e}_z \nabla^2 A_z \tag{1.7.11}$$

将式(1.7.11)代入式(1.7.9),可将矢量泊松方程分解为三个分量的标量泊松方程,即

$$\begin{cases} \nabla^2 A_x = -G_x \\ \nabla^2 A_y = -G_y \\ \nabla^2 A_z = -G_z \end{cases} \tag{1.7.12}$$

必须注意,只有对直角分量才有$(\nabla^2 \boldsymbol{A})_i = \nabla^2 A_i (i=x,y,z)$。在圆柱坐标系中,$(\nabla^2 \boldsymbol{A})_\rho \neq \nabla^2 A_\rho$、$(\nabla^2 \boldsymbol{A})_\phi \neq \nabla^2 \boldsymbol{A}_\phi$;在球坐标系中,$(\nabla^2 \boldsymbol{A})_r \neq \nabla^2 A_r$、$(\nabla^2 \boldsymbol{A})_\theta \neq \nabla^2 A_\theta$、$(\nabla^2 \boldsymbol{A})_\phi \neq \nabla^2 A_\phi$。

1.8 格林定理

格林定理又称为格林恒等式,是由散度定理导出的重要数学恒等式。设 u 和 v 是体积 V 内具有连续二阶偏导数的两个任意标量函数,对矢量 $u \nabla v$ 应用散度定理,有

$$\int_V \nabla \cdot (u \nabla v) \mathrm{d}V = \oint_S u \nabla v \cdot \boldsymbol{e}_\mathrm{n} \mathrm{d}S \tag{1.8.1}$$

式中,S 是体积 V 的边界面,$\boldsymbol{e}_\mathrm{n}$ 为曲面 S 的外法向单位矢量。由于

$$\nabla \cdot (u \nabla v) = u \nabla^2 v + \nabla u \cdot \nabla v$$

代入式(1.8.1),得到

$$\int_V (u \nabla^2 v + \nabla u \cdot \nabla v) \mathrm{d}V = \oint_S u \nabla v \cdot \boldsymbol{e}_\mathrm{n} \mathrm{d}S \tag{1.8.2}$$

此式称为格林第一恒等式。

根据方向导数与梯度的关系,有

$$u \nabla v \cdot \boldsymbol{e}_\mathrm{n} = u \frac{\partial v}{\partial n}$$

式中$\frac{\partial v}{\partial n}$是标量函数 v 在闭曲面 S 上的外法向导数。于是式(1.8.2)又可写成

$$\int_V (u \nabla^2 v + \nabla u \cdot \nabla v) \mathrm{d}V = \oint_S u \frac{\partial v}{\partial n} \mathrm{d}S \tag{1.8.3}$$

将式(1.8.2)中的 u 与 v 对调,则有

$$\int_V (v \nabla^2 u + \nabla v \cdot \nabla u) \mathrm{d}V = \oint_S v \nabla u \cdot \boldsymbol{e}_\mathrm{n} \mathrm{d}S \tag{1.8.4}$$

由式(1.8.2)减去式(1.8.4),得到

$$\int_V (u\nabla^2 v - v\nabla^2 u)\mathrm{d}V = \oint_S (u\nabla v - v\nabla u)\cdot \boldsymbol{e}_\mathrm{n}\mathrm{d}S \tag{1.8.5}$$

此式也可写成

$$\int_V (u\nabla^2 v - v\nabla^2 u)\mathrm{d}V = \oint_S \left(u\frac{\partial v}{\partial n} - v\frac{\partial u}{\partial n}\right)\mathrm{d}S \tag{1.8.6}$$

式(1.8.5)或式(1.8.6)称为格林第二恒等式。

格林定理描述了两个标量场之间满足的关系,如果已知其中一个场的分布,可以利用格林定理求解另一个场的分布。因此,格林定理在电磁场中有着广泛的应用。

— 1.9 亥姆霍兹定理 —

矢量场的散度和旋度都是表示矢量场的性质的量度,一个矢量场所具有的性质,可由它的散度和旋度来说明。而且,可以证明:在有限的区域 V 内,任一矢量场由它的散度、旋度和边界条件(即限定区域 V 的闭合面 S 上的矢量场的分布)唯一地确定,且可表示为

$$\boldsymbol{F}(\boldsymbol{r}) = -\nabla u(\boldsymbol{r}) + \nabla\times\boldsymbol{A}(\boldsymbol{r}) \tag{1.9.1}$$

其中

$$u(\boldsymbol{r}) = \frac{1}{4\pi}\int_V \frac{\nabla'\cdot\boldsymbol{F}(\boldsymbol{r}')}{|\boldsymbol{r}-\boldsymbol{r}'|}\mathrm{d}V' - \frac{1}{4\pi}\oint_S \frac{\boldsymbol{e}'_\mathrm{n}\cdot\boldsymbol{F}(\boldsymbol{r}')}{|\boldsymbol{r}-\boldsymbol{r}'|}\mathrm{d}S' \tag{1.9.2}$$

$$\boldsymbol{A}(\boldsymbol{r}) = \frac{1}{4\pi}\int_V \frac{\nabla'\times\boldsymbol{F}(\boldsymbol{r}')}{|\boldsymbol{r}-\boldsymbol{r}'|}\mathrm{d}V' - \frac{1}{4\pi}\oint_S \frac{\boldsymbol{e}'_\mathrm{n}\times\boldsymbol{F}(\boldsymbol{r}')}{|\boldsymbol{r}-\boldsymbol{r}'|}\mathrm{d}S' \tag{1.9.3}$$

这就是亥姆霍兹定理。它表明:

(1) 矢量场 $\boldsymbol{F}$ 可以用一个标量函数的梯度和一个矢量函数的旋度之和来表示。此标量函数由 $\boldsymbol{F}$ 的散度和 $\boldsymbol{F}$ 在边界 S 上的法向分量完全确定;而矢量函数则由 $\boldsymbol{F}$ 的旋度和 $\boldsymbol{F}$ 在边界面 S 上的切向分量完全确定;

(2) 由于 $\nabla\times[\nabla u(\boldsymbol{r})]\equiv 0$、$\nabla\cdot[\nabla\times\boldsymbol{A}(\boldsymbol{r})]\equiv 0$,因而一个矢量场可以表示为一个无旋场与无散场之和,即

$$\boldsymbol{F} = \boldsymbol{F}_l + \boldsymbol{F}_C \tag{1.9.4}$$

其中

$$\begin{cases}\nabla\cdot\boldsymbol{F}_l=\nabla\cdot\boldsymbol{F}\\ \nabla\times\boldsymbol{F}_l=0,\end{cases}\quad\begin{cases}\nabla\cdot\boldsymbol{F}_C=0\\ \nabla\times\boldsymbol{F}_C=\nabla\times\boldsymbol{F}\end{cases}\tag{1.9.5}$$

（3）如果在区域 V 内矢量场 $\boldsymbol{F}$ 的散度与旋度均处处为 0，则 $\boldsymbol{F}$ 由其在边界面 S 上的场分布完全确定；

（4）对于无界空间，只要矢量场满足

$$|\boldsymbol{F}|\propto 1/|\boldsymbol{r}-\boldsymbol{r}'|^{1+\delta}\quad(\delta>0)\tag{1.9.6}$$

则式(1.9.2)和式(1.9.3)中的面积分项为 0。此时，矢量场由其散度和旋度完全确定。因此，在无界空间中，散度与旋度均处处为 0 的矢量场是不存在的，因为任何一个物理场都必须有源，场是同源一起出现的，源是产生场的起因。

必须指出，只有在 $\boldsymbol{F}$ 连续的区域内，$\nabla\cdot\boldsymbol{F}$ 和 $\nabla\times\boldsymbol{F}$ 才有意义，因为它们都包含着对空间坐标的导数。在区域内如果存在 $\boldsymbol{F}$ 不连续的表面，则在这些表面上就不存在 $\boldsymbol{F}$ 的导数，因而也就不能使用散度和旋度来分析表面附近的场的性质。

亥姆霍兹定理总结了矢量场的基本性质，其意义是非常重要的。分析矢量场时，总是从研究它的散度和旋度着手，得到的散度方程和旋度方程组成了矢量场的基本方程的微分形式；或者从矢量场沿闭合曲面的通量和沿闭合路径的环流着手，得到矢量场的基本方程的积分形式。

一 思　考　题 一

1.1　如果 $\boldsymbol{A}\cdot\boldsymbol{B}=\boldsymbol{A}\cdot\boldsymbol{C}$，是否意味着 $\boldsymbol{B}=\boldsymbol{C}$？为什么？

1.2　如果 $\boldsymbol{A}\times\boldsymbol{B}=\boldsymbol{A}\times\boldsymbol{C}$ 是否意味着 $\boldsymbol{B}=\boldsymbol{C}$？为什么？

1.3　两个矢量的点积能是负的吗？如果是，必须是什么情况？

1.4　什么是单位矢量？什么是常矢量？单位矢量是否为常矢量？

1.5　在圆柱坐标系中，矢量 $\boldsymbol{A}=\boldsymbol{e}_\rho a+\boldsymbol{e}_\phi b+\boldsymbol{e}_z c$，其中 a、b、c 为常数，则 $\boldsymbol{A}$ 是常矢量吗？为什么？

1.6　在球坐标系中，矢量 $\boldsymbol{A}=\boldsymbol{e}_r a\cos\theta-\boldsymbol{e}_\theta a\sin\theta$，其中 a 为常数，则 $\boldsymbol{A}$ 能是常矢量吗？为什么？

1.7　什么是矢量场的通量？通量的值为正、负或 0 分别表示什么意义？

1.8　什么是散度定理？它的意义是什么？

1.9 什么是矢量场的环流？环流的值为正、负或 0 分别表示什么意义？

1.10 什么是斯托克斯定理？它的意义是什么？斯托克斯定理能用于闭合曲面吗？

1.11 如果矢量场 $\boldsymbol{F}$ 能够表示为一个矢量函数的旋度，这个矢量场具有什么特性？

1.12 如果矢量场 $\boldsymbol{F}$ 能够表示为一个标量函数的梯度，这个矢量场具有什么特性？

1.13 只有直矢量线的矢量场一定是无旋场，这种说法对吗？为什么？

1.14 无旋场与无散场的区别是什么？

习 题

1.1 给定三个矢量 $\boldsymbol{A}$、$\boldsymbol{B}$ 和 $\boldsymbol{C}$ 如下：

$$\boldsymbol{A}=\boldsymbol{e}_x+\boldsymbol{e}_y 2-\boldsymbol{e}_z 3$$

$$\boldsymbol{B}=-\boldsymbol{e}_y 4+\boldsymbol{e}_z$$

$$\boldsymbol{C}=\boldsymbol{e}_x 5-\boldsymbol{e}_z 2$$

求：(1) $\boldsymbol{e}_A$；(2) $|\boldsymbol{A}-\boldsymbol{B}|$；(3) $\boldsymbol{A}\cdot\boldsymbol{B}$；(4) θ_{AB}；(5) $\boldsymbol{A}$ 在 $\boldsymbol{B}$ 上的分量；(6) $\boldsymbol{A}\times\boldsymbol{C}$；(7) $\boldsymbol{A}\cdot(\boldsymbol{B}\times\boldsymbol{C})$ 和 $(\boldsymbol{A}\times\boldsymbol{B})\cdot\boldsymbol{C}$；(8) $(\boldsymbol{A}\times\boldsymbol{B})\times\boldsymbol{C}$ 和 $\boldsymbol{A}\times(\boldsymbol{B}\times\boldsymbol{C})$。

1.2 三角形的三个顶点为 $P_1(0,1,-2)$、$P_2(4,1,-3)$ 和 $P_3(6,2,5)$。

(1) 判断 $\triangle P_1P_2P_3$ 是否为一直角三角形；

(2) 求三角形的面积。

1.3 求点 $P'(-3,1,4)$ 到点 $P(2,-2,3)$ 的距离矢量 $\boldsymbol{R}$ 及 $\boldsymbol{R}$ 的方向。

1.4 给定两矢量 $\boldsymbol{A}=\boldsymbol{e}_x 2+\boldsymbol{e}_y 3-\boldsymbol{e}_z 4$ 和 $\boldsymbol{B}=\boldsymbol{e}_x 4-\boldsymbol{e}_y 5+\boldsymbol{e}_z 6$，求它们之间的夹角和 $\boldsymbol{A}$ 在 $\boldsymbol{B}$ 上的分量。

1.5 给定两矢量 $\boldsymbol{A}=\boldsymbol{e}_x 2+\boldsymbol{e}_y 3-\boldsymbol{e}_z 4$ 和 $\boldsymbol{B}=-\boldsymbol{e}_x 6-\boldsymbol{e}_y 4+\boldsymbol{e}_z$，求 $\boldsymbol{A}\times\boldsymbol{B}$ 在 $\boldsymbol{C}=\boldsymbol{e}_x-\boldsymbol{e}_y+\boldsymbol{e}_z$ 上的分量。

1.6 证明：如果 $\boldsymbol{A}\cdot\boldsymbol{B}=\boldsymbol{A}\cdot\boldsymbol{C}$ 和 $\boldsymbol{A}\times\boldsymbol{B}=\boldsymbol{A}\times\boldsymbol{C}$，则 $\boldsymbol{B}=\boldsymbol{C}$。

1.7 如果给定一未知矢量与一已知矢量的标量积和矢量积，那么便可以确定该未知矢量。设 $\boldsymbol{A}$ 为一已知矢量，$p=\boldsymbol{A}\cdot\boldsymbol{X}$ 而 $\boldsymbol{P}=\boldsymbol{A}\times\boldsymbol{X}$，$p$ 和 $\boldsymbol{P}$ 已知，试求 $\boldsymbol{X}$。

1.8 在圆柱坐标中，一点的位置由 $\left(4,\dfrac{2\pi}{3},3\right)$ 定出，求该点在：(1) 直角坐标

中的坐标;(2) 球坐标中的坐标。

1.9 用球坐标表示的场 $\boldsymbol{E}=\boldsymbol{e}_r\dfrac{25}{r^2}$。

(1) 求在直角坐标中点(-3,4,-5)处的 $|\boldsymbol{E}|$ 和 E_x;

(2) 求在直角坐标中点(-3,4,-5)处 $\boldsymbol{E}$ 与矢量 $\boldsymbol{B}=\boldsymbol{e}_x 2-\boldsymbol{e}_y 2+\boldsymbol{e}_z$ 构成的夹角。

1.10 球坐标中两个点(r_1,θ_1,ϕ_1)和(r_2,θ_2,ϕ_2)定出两个位置矢量 $\boldsymbol{R}_1$ 和 $\boldsymbol{R}_2$。证明 $\boldsymbol{R}_1$ 和 $\boldsymbol{R}_2$ 间夹角的余弦为

$$\cos\gamma = \cos\theta_1\cos\theta_2 + \sin\theta_1\sin\theta_2\cos(\phi_1 - \phi_2)$$

1.11 已知标量函数 $u=x^2yz$,求 u 在点(2,3,1)处沿指定方向 $\boldsymbol{e}_l=\boldsymbol{e}_x\dfrac{3}{\sqrt{50}}+\boldsymbol{e}_y\dfrac{4}{\sqrt{50}}+\boldsymbol{e}_z\dfrac{5}{\sqrt{50}}$的方向导数。

1.12 已知标量函数 $u=x^2+2y^2+3z^2+3x-2y-6z$。(1) 求 ∇u;(2) 在哪些点上 ∇u 等于 0?

1.13 方程 $u=\dfrac{x^2}{a^2}+\dfrac{y^2}{b^2}+\dfrac{z^2}{c^2}$给出一椭球族。求椭球表面上任意点的单位法向矢量。

1.14 利用直角坐标,证明

$$\nabla(uv)=u\ \nabla v+v\ \nabla u$$

1.15 一球面 S 的半径为 5,球心在原点上,计算 $\oint_S(\boldsymbol{e}_r 3\sin\theta)\cdot \mathrm{d}\boldsymbol{S}$ 的值。

1.16 已知矢量 $\boldsymbol{E}=\boldsymbol{e}_x(x^2+axz)+\boldsymbol{e}_y(xy^2+by)+\boldsymbol{e}_z(z-z^2+czx-2xyz)$,试确定常数 a、b、c 使 $\boldsymbol{E}$为无源场。

1.17 在由 $\rho=5$、$z=0$ 和 $z=4$ 围成的圆柱形区域,对矢量 $\boldsymbol{A}=\boldsymbol{e}_\rho\rho^2+\boldsymbol{e}_z 2z$ 验证散度定理。

1.18 (1) 求矢量 $\boldsymbol{A}=\boldsymbol{e}_x x^2+\boldsymbol{e}_y x^2y^2+\boldsymbol{e}_z 24x^2y^2z^3$ 的散度;(2) 求 $\nabla\cdot\boldsymbol{A}$ 对中心在原点的一个单位立方体的积分;(3) 求 $\boldsymbol{A}$ 对此立方体表面的积分,验证散度定理。

1.19 计算矢量 $\boldsymbol{r}$ 对一个球心在原点、半径为 a 的球表面的积分,并求 $\nabla\cdot\boldsymbol{r}$ 对球体积的积分。

1.20 在球坐标系中,已知矢量 $\boldsymbol{A}=\boldsymbol{e}_r a+\boldsymbol{e}_\theta b+\boldsymbol{e}_\phi c$,其中 a、b 和 c 均为常数。(1) 问矢量 $\boldsymbol{A}$ 是否为常矢量;(2) 求 $\nabla\cdot\boldsymbol{A}$ 和 $\nabla\times\boldsymbol{A}$。

1.21 求矢量 $\boldsymbol{A}=\boldsymbol{e}_x x+\boldsymbol{e}_y x^2+\boldsymbol{e}_z y^2z$ 沿 xy 平面上的一个边长为 2 的正方形回路的线积分,此正方形的两边分别与 x 轴和 y 轴相重合。再求 $\nabla\times\boldsymbol{A}$ 对此回路所包

围的曲面的面积分，验证斯托克斯定理。

1.22 求矢量 $\boldsymbol{A}=\boldsymbol{e}_x x+\boldsymbol{e}_y xy^2$ 沿圆周 $x^2+y^2=a^2$ 的线积分，再计算 $\nabla\times\boldsymbol{A}$ 对此圆面积的积分。

1.23 证明：(1) $\nabla\cdot\boldsymbol{r}=3$；(2) $\nabla\times\boldsymbol{r}=0$；(3) $\nabla(\boldsymbol{k}\cdot\boldsymbol{r})=\boldsymbol{k}$。其中 $\boldsymbol{r}=\boldsymbol{e}_x x+\boldsymbol{e}_y y+\boldsymbol{e}_z z$，$\boldsymbol{k}$ 为一常矢量。

1.24 一径向矢量场用 $\boldsymbol{F}=\boldsymbol{e}_r f(r)$ 表示，如果 $\nabla\cdot\boldsymbol{F}=0$，那么函数 $f(r)$ 会有什么特点？

1.25 给定矢量函数 $\boldsymbol{E}=\boldsymbol{e}_x y+\boldsymbol{e}_y x$，试求从点 $P_1(2,1,-1)$ 到点 $P_2(8,2,-1)$ 的线积分 $\int\boldsymbol{E}\cdot\mathrm{d}\boldsymbol{l}$：(1) 沿抛物线 $x=2y^2$；(2) 沿连接该两点的直线。这个 $\boldsymbol{E}$ 是保守场吗？

1.26 试采用与推导直角坐标中 $\nabla\cdot\boldsymbol{A}=\dfrac{\partial A_x}{\partial x}+\dfrac{\partial A_y}{\partial y}+\dfrac{\partial A_z}{\partial z}$ 相似的方法推导圆柱坐标下的公式 $\nabla\cdot\boldsymbol{A}=\dfrac{1}{\rho}\dfrac{\partial}{\partial\rho}(\rho A_\rho)+\dfrac{\partial A_\phi}{\rho\partial\phi}+\dfrac{\partial A_z}{\partial z}$。

1.27 现有三个矢量 $\boldsymbol{A}$、$\boldsymbol{B}$、$\boldsymbol{C}$ 分别为

$$\boldsymbol{A}=\boldsymbol{e}_r\sin\theta\cos\phi+\boldsymbol{e}_\theta\cos\theta\cos\phi-\boldsymbol{e}_\phi\sin\phi$$

$$\boldsymbol{B}=\boldsymbol{e}_\rho z^2\sin\phi+\boldsymbol{e}_\phi z^2\cos\phi+\boldsymbol{e}_z 2\rho z\sin\phi$$

$$\boldsymbol{C}=\boldsymbol{e}_x(3y^2-2x)+\boldsymbol{e}_y x^2+\boldsymbol{e}_z 2z$$

(1) 哪些矢量可以由一个标量函数的梯度表示？哪些矢量可以由一个矢量函数的旋度表示？

(2) 求出这些矢量的源分布。

1.28 利用直角坐标，证明

$$\nabla\cdot(f\boldsymbol{A})=f\,\nabla\cdot\boldsymbol{A}+\boldsymbol{A}\cdot\nabla f$$

1.29 证明

$$\nabla\cdot(\boldsymbol{A}\times\boldsymbol{H})=\boldsymbol{H}\cdot\nabla\times\boldsymbol{A}-\boldsymbol{A}\cdot\nabla\times\boldsymbol{H}$$

1.30 利用直角坐标，证明

$$\nabla\times(f\boldsymbol{G})=f\,\nabla\times\boldsymbol{G}+\nabla f\times\boldsymbol{G}$$

第 1 章部分
习题答案

第 2 章
电磁场的基本规律

电磁学的三大实验定律(库仑定律、安培力定律和法拉第电磁感应定律)的提出,标志着人类对宏观电磁现象的认识从定性阶段到定量阶段的飞跃。以三大实验定律为基础,麦克斯韦提出两个基本假设(涡旋电场的假设和位移电流的假设),进而归纳总结出描述宏观电磁现象的基本规律——麦克斯韦方程组。

麦克斯韦方程组的建立是对电磁理论、物理学和人类科学技术进步的重大贡献。以麦克斯韦方程组为核心的宏观电磁理论,是研究电磁现象和解决现代工程电磁问题的理论基础。

在本章中,首先介绍产生电磁场的源(电荷和电流),再从实验定律引入描述电磁场的基本物理量(电场强度矢量 $\boldsymbol{E}$ 和磁感应强度矢量 $\boldsymbol{B}$),并讨论其散度和旋度,接着讨论媒质的电磁特性,然后讨论涡旋电场、位移电流和麦克斯韦方程组,最后讨论电磁场的边界条件。

2.1 电荷守恒定律

电荷周围要产生电场,电流周围要产生磁场,电荷和电流是产生电磁场的源量。

2.1.1 电荷与电荷密度

自然界中存在两种电荷:正电荷和负电荷。带电体所带电量的多少称为电荷量。迄今为止能检测到的最小电荷量是质子和电子的电荷量,称为基本电荷的电量,其值为 $e=1.602\times10^{-19}$ C(库仑)。质子带正电,其电荷量为 e;电子带负电,其电荷量为 $-e$。任何带电体的电荷量都只能是一个基本电荷量的整数倍,也就是说,带电体上的电荷是以离散的方式分布的。

在研究宏观电磁现象时，人们所观察到的是带电体上大量微观带电粒子的总体效应，而带电粒子的尺寸远小于带电体的尺寸。因此，可以认为电荷是以一定形式连续分布在带电体上，并用电荷密度来描述这种分布。

1. 电荷体密度

连续分布在体积 V 内的电荷称为体分布电荷，用电荷体密度 $\rho(\boldsymbol{r},t)$ 描述其分布。如图 2.1.1 所示，在电荷分布的区域 V 内任意一点 $\boldsymbol{r}$ 处，取一体积元 ΔV，设 ΔV 内的电荷量为 $\Delta q(\boldsymbol{r},t)$，则该点的电荷体密度为

$$\rho(\boldsymbol{r},t)=\lim_{\Delta V\to 0}\frac{\Delta q(\boldsymbol{r},t)}{\Delta V}=\frac{\mathrm{d}q(\boldsymbol{r},t)}{\mathrm{d}V} \tag{2.1.1}$$

电荷体密度的电位为 $\mathrm{C/m^3}$。利用电荷体密度 $\rho(\boldsymbol{r},t)$ 可求出体积内 V 的总电荷量

$$q(t)=\int_V \rho(\boldsymbol{r},t)\,\mathrm{d}V \tag{2.1.2}$$

2. 电荷面密度

虽然宏观电荷的真实分布是在一定的体积内的，但在实际问题中会存在电荷集中分布在靠近物体表面的一个薄层内的情况，此时可以认为电荷分布区域的厚度趋近于零，从而将这种电荷分布看作是面分布电荷。例如，在静电场中，导体内部没有电荷分布，电荷只分布在导体表面很薄的一层内。

对于面分布电荷，由于电荷分布区域的厚度趋近于零，若仍用电荷体密度 $\rho(\boldsymbol{r},t)$ 来描述电荷分布，$\rho(\boldsymbol{r},t)$ 的值将趋于无穷大。因此，用电荷面密度 $\rho_S(\boldsymbol{r},t)$ 来描述其分布。如图 2.1.2 所示，在电荷分布的曲面 S 上任意一点 $\boldsymbol{r}$ 处，取一面积元 ΔS，设 ΔS 内的电荷量为 $\Delta q(\boldsymbol{r},t)$，则该点的电荷面密度定义为

$$\rho_S(\boldsymbol{r},t)=\lim_{\Delta S\to 0}\frac{\Delta q(\boldsymbol{r},t)}{\Delta S}=\frac{\mathrm{d}q(\boldsymbol{r},t)}{\mathrm{d}S} \tag{2.1.3}$$

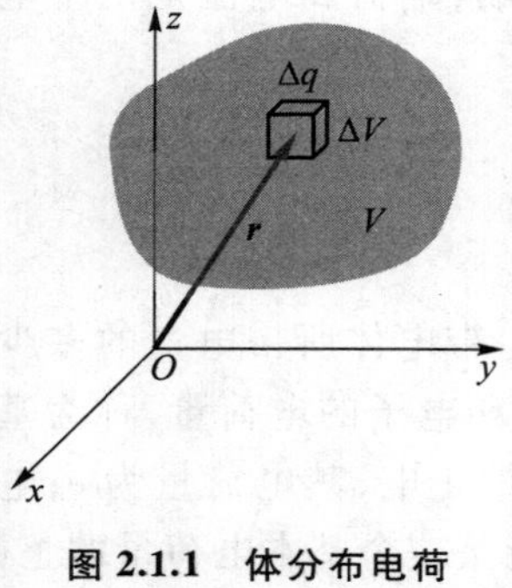

图 2.1.1　体分布电荷

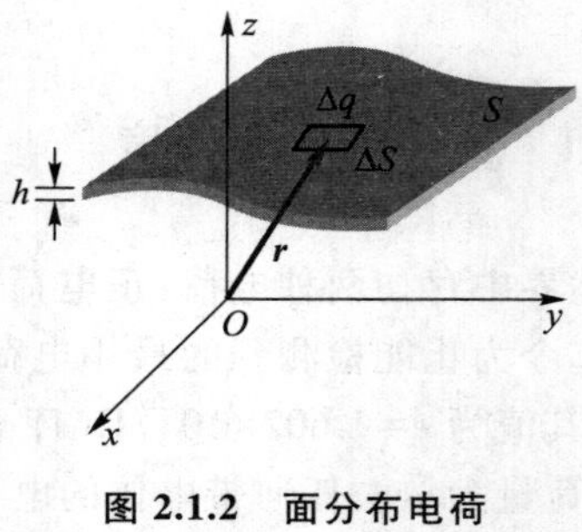

图 2.1.2　面分布电荷

电荷面密度的电位为C/m^2。曲面 S 上总电荷量为

$$q(t)=\int_S \rho_S(\boldsymbol{r},t)\,\mathrm{d}S \tag{2.1.4}$$

在实际应用中,需要注意面分布电荷与体分布电荷的概念区别。当体积中有电荷分布时,不要误认为表面上的电荷一定就是面分布电荷。因为面分布电荷是指厚度为零的曲面上分布的电荷,所占的体积为零,是一种理想的概念。设电荷分布区域的厚度为 h,由式(2.1.1)与式(2.1.3)可得到电荷面密度与电荷体密度的关系为

$$\rho(\boldsymbol{r},t)=\lim_{\Delta V\to 0}\frac{\Delta q(\boldsymbol{r},t)}{\Delta V}=\lim_{h\to 0}\left[\frac{1}{h}\lim_{\Delta S\to 0}\frac{\Delta q(\boldsymbol{r},t)}{\Delta S}\right]=\rho_S(\boldsymbol{r},t)\lim_{h\to 0}\frac{1}{h}$$

或

$$\rho_S(\boldsymbol{r},t)=\rho(\boldsymbol{r},t)\lim_{h\to 0}h$$

可见,在电荷体密度为有限值的表面上,其电荷面密度必然为零,而在电荷面密度不为零的表面上,其电荷体密度的值则为无穷大。

例如,总电荷量为 q 的电荷均匀分布在半径为 a 的球形区域时,在球的表面上的电荷体密度为 $\rho=q/(4\pi a^3/3)$,因而电荷面密度 $\rho_S=0$;若电荷 q 只均匀分布在球的表面上,则表面上的电荷面密度 $\rho_S=q/(4\pi a^2)$,因而表面上的电荷体密度的值则为无穷大。

3. 电荷线密度

当电荷连续分布于横截面积可以忽略的细线 l 上时,电荷体密度 $\rho(\boldsymbol{r},t)$ 的值和电荷面密度 $\rho_S(\boldsymbol{r},t)$ 的值都将趋于无限大。因此,用电荷线密度 $\rho_l(\boldsymbol{r},t)$ 描述其分布。如图 2.1.3 所示,在电荷分布的曲线 l 上任意一点 $\boldsymbol{r}$ 处,取一长度元 Δl,如果 Δl 上的电荷量为 $\Delta q(\boldsymbol{r},t)$,则该点的电荷线密度为

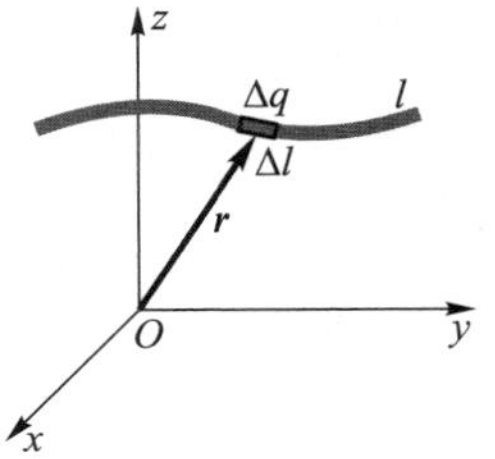

图 2.1.3 线分布电荷

$$\rho_l(\boldsymbol{r},t)=\lim_{\Delta l'\to 0}\frac{\Delta q(\boldsymbol{r},t)}{\Delta l}=\frac{\mathrm{d}q(\boldsymbol{r},t)}{\mathrm{d}l} \tag{2.1.5}$$

电荷线密度的电位为 C/m。细线 l 上的总电荷量为

$$q(t)=\int_l \rho_l(\boldsymbol{r},t)\,\mathrm{d}l \tag{2.1.6}$$

4. 点电荷

当带电体的尺寸远小于观察点至带电体的距离时,带电体的形状及其中的电荷分布已无关紧要,就可将带电体所带电荷看成是集中在带电体的中心上,即

将带电体抽象为一个几何点模型，称为点电荷。点电荷的概念在电磁理论中占有很重要的地位。

点电荷是电荷分布的一种极限情况，可将其视为一个体积很小而电荷体密度很大的带电小球的极限。设电荷 $q(t)$ 分布在中心位于坐标原点、半径 a 很小的球体内。因此在 $r>a$ 的球外区域，电荷密度为零，而在 $r<a$ 的球内区域，电荷体密度为很大的数值。当 a 趋于 0 时，坐标原点处的电荷密度趋于无穷大，其余地方的电荷密度均为零，但对整个空间而言，电荷的总电量仍为 q。点电荷的这种密度分布可用数学上的 δ 函数来描述。位于坐标原点的点电荷 $q(t)$ 的电荷体密度可用 $\delta(\boldsymbol{r})$ 函数表示为

$$\rho(\boldsymbol{r},t)=q(t)\delta(\boldsymbol{r}) \tag{2.1.7}$$

式中的 $\boldsymbol{r}$ 是位置矢量，而

$$\delta(\boldsymbol{r})=\begin{cases}0, & \boldsymbol{r}\neq 0\\ \infty, & \boldsymbol{r}=0\end{cases}$$

且

$$\int_V \delta(\boldsymbol{r})\,\mathrm{d}V=\begin{cases}0, & \text{积分区域不包含 } \boldsymbol{r}=0 \text{ 的点}\\ 1, & \text{积分区域包含 } \boldsymbol{r}=0 \text{ 的点}\end{cases}$$

若点电荷 $q(t)$ 的位置矢量为 $\boldsymbol{r}'$，其电荷密度则为

$$\rho(\boldsymbol{r},t)=q(t)\delta(\boldsymbol{r}-\boldsymbol{r}') \tag{2.1.8}$$

式中

$$\delta(\boldsymbol{r}-\boldsymbol{r}')=\begin{cases}0, & \boldsymbol{r}\neq \boldsymbol{r}'\\ \infty, & \boldsymbol{r}=\boldsymbol{r}'\end{cases}$$

且

$$\int_V \delta(\boldsymbol{r}-\boldsymbol{r}')\,\mathrm{d}V=\begin{cases}0, & \text{积分区域不包含 } \boldsymbol{r}=\boldsymbol{r}' \text{ 的点}\\ 1, & \text{积分区域包含 } \boldsymbol{r}=\boldsymbol{r}' \text{ 的点}\end{cases}$$

2.1.2 电流与电流密度

电流是由电荷运动形成的，用单位时间内通过某一曲面 S 的电荷量来描述，表示为 $i(t)$。如果在 Δt 时间内通过某一曲面 S 的电荷量为 $\Delta q(t)$，则通过该曲面 S 的电流 $i(t)$ 为

$$i(t)=\lim_{\Delta t\to 0}\frac{\Delta q(t)}{\Delta t}=\frac{\mathrm{d}q(t)}{\mathrm{d}t} \tag{2.1.9}$$

电流单位为 A(安)。一般情况下电流 $i(t)$ 是随时间变化的,当电荷的运动不随时间改变时,形成的电流则为恒定电流、用 I 表示。

1. 电流密度矢量 $\boldsymbol{J}(\boldsymbol{r},t)$

电流 $i(t)$ 描述的是通过某一曲面 S 的电荷数量,在一般情况下,在曲面 S 上不同的点,电荷量的大小与电荷运动的方向往往是不同的。为了描述电流分布情况,引入了电流密度矢量 $\boldsymbol{J}(\boldsymbol{r},t)$。如图 2.1.4 所示,在垂直于电荷运动的方向上取一个面积元 $\Delta\boldsymbol{S}=\boldsymbol{e}_n\Delta S$,$\boldsymbol{e}_n$ 取为正电荷运动的方向,如果流过 ΔS 的电流为 $\Delta i(t)$,则定义电流密度矢量 $\boldsymbol{J}(\boldsymbol{r},t)$ 为

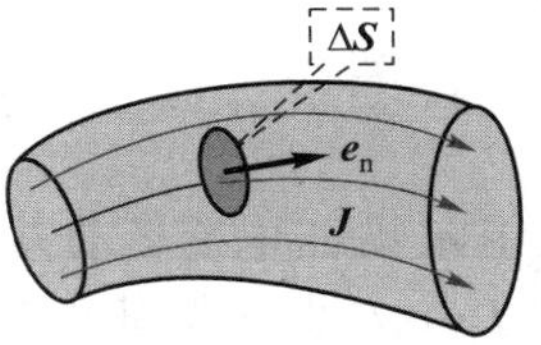

图 2.1.4 体电流密度矢量

$$\boldsymbol{J}(\boldsymbol{r},t)=\boldsymbol{e}_n\lim_{\Delta S\to 0}\frac{\Delta i(\boldsymbol{r}t)}{\Delta S}=\boldsymbol{e}_n\frac{\mathrm{d}i(\boldsymbol{r}t)}{\mathrm{d}S} \tag{2.1.10}$$

电流密度的单位是$\mathrm{A/m^2}$(安/米^2)。

由于电荷在一个体积内运动且 $\boldsymbol{J}(\boldsymbol{r},t)$ 的单位是$\mathrm{A/m^2}$,所以 $\boldsymbol{J}(\boldsymbol{r},t)$ 也称为体电流密度或体电流的面密度。通过任意一个曲面 S 的电流为

$$i(t)=\int_S \boldsymbol{J}(\boldsymbol{r},t)\cdot \mathrm{d}\boldsymbol{S} \tag{2.1.11}$$

即电流是电流密度矢量的通量。

空间中某点的电流密度与该点的电荷密度和电荷的运动速度有关。当体密度为 ρ 的电荷以速度$\boldsymbol{v}$ 运动时,在 $\mathrm{d}t$ 时间内流过垂直于速度$\boldsymbol{v}$ 方向的横截面元 $\mathrm{d}S$ 的电荷为 $\mathrm{d}q(t)=\rho v\mathrm{d}S\mathrm{d}t$,于是得到电流密度 $J=\dfrac{\mathrm{d}q(t)}{\mathrm{d}S\mathrm{d}t}=\rho v$,即

$$\boldsymbol{J}=\rho\boldsymbol{v} \tag{2.1.12}$$

如果同时存在多种不同的带电粒子,其电荷体密度分别为 ρ_i,运动速度分别为$\boldsymbol{v}_i$,则该点的电流密度

$$\boldsymbol{J}=\sum_i \boldsymbol{J}_i=\sum_i \rho_i\boldsymbol{v}_i \tag{2.1.13}$$

需要指出,当同时存在多种不同的带电粒子时,可能会出现电荷体密度 $\rho=0$ 而电流密度矢量 $\boldsymbol{J}\neq 0$ 的情况。例如,在均匀导体内,正、负电荷的体密度的大小相同,但正、负电荷的运动速度不同,所以 $\rho=\rho_++\rho_-=0$,但 $\boldsymbol{J}=\rho_+\boldsymbol{v}_++\rho_-\boldsymbol{v}_-=\rho_+(\boldsymbol{v}_+-\boldsymbol{v}_-)\neq 0$。

2. 面电流密度矢量 $\boldsymbol{J}_S(\boldsymbol{r},t)$

若电荷在一个厚度 h 可以忽略的薄层上运动,所形成的电流称为面分布电

流。对于面分布电流，电流密度 J 的数值趋于无限大，因此用面电流密度矢量 $\boldsymbol{J}_S(\boldsymbol{r},t)$ 来描述其分布。如图 2.1.5 所示，在曲面 S 上垂直于电流流动方向取一线元 Δl，如果通过线元 Δl 的电流为 $\Delta i(t)$，则定义面电流密度矢量为

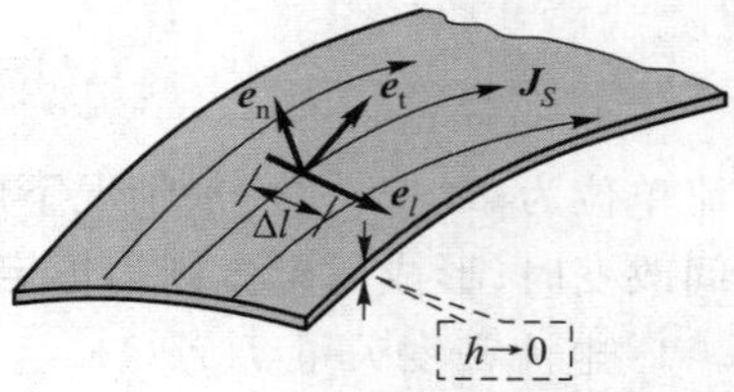

图 2.1.5 面电流密度矢量

$$\boldsymbol{J}_S(\boldsymbol{r},t)=\boldsymbol{e}_n \lim_{\Delta l\to 0}\frac{\Delta i(\boldsymbol{r}t)}{\Delta l}=\boldsymbol{e}_n\frac{\mathrm{d}i(\boldsymbol{r}t)}{\mathrm{d}l} \tag{2.1.14}$$

式中 $\boldsymbol{e}_n$ 为正电荷运动方向的单位矢量。面电流密度的单位是 A/m(安/米)，所以 $\boldsymbol{J}_S(\boldsymbol{r},t)$ 也称为面电流的线密度。

当面密度为 ρ_S 的电荷在曲面 S 上以速度 $\boldsymbol{v}$ 运动时，其面电流密度矢量为

$$\boldsymbol{J}_S=\rho_S\boldsymbol{v} \tag{2.1.15}$$

在曲面 S 上，通过任意有向曲线 l 的电流则为

$$i(t)=\int_l \boldsymbol{J}_S(\boldsymbol{r},t)\cdot\boldsymbol{e}_t\mathrm{d}l \tag{2.1.16}$$

式中 $\boldsymbol{e}_t$ 为曲面 S 上与曲线 l 垂直的方向的单位矢量。若曲面 S 的法向单位矢量为 $\boldsymbol{e}_n$，曲线 l 的切向单位矢量为 $\boldsymbol{e}_l$，则 $\boldsymbol{e}_t=\boldsymbol{e}_n\times\boldsymbol{e}_l$，式(2.1.16)又可写为

$$i(t)=\int_l \boldsymbol{J}_S(\boldsymbol{r},t)\cdot(\boldsymbol{e}_n\times\boldsymbol{e}_l)\mathrm{d}l=\int_l \boldsymbol{J}_S(\boldsymbol{r},t)\cdot(\boldsymbol{e}_n\times\mathrm{d}\boldsymbol{l}) \tag{2.1.17}$$

3. 线电流

当电荷在一个横截面可以忽略的细线中运动，或者电荷束的横截面可以忽略时，可以把电流看作在一根无限细的线上流动，称为线电流。当线电荷密度为 ρ_l 的电荷以速度 v 运动时，形成的线电流为 $i=\rho_l v$。

4. 电流元

在分析电磁场时，经常用到电流元的概念。对于线电流 i，沿电流流动的方向取一个线元矢量 $\mathrm{d}\boldsymbol{l}$，将 $i\mathrm{d}\boldsymbol{l}$ 称为线电流 i 的电流元。对于体分布电流和面分布电流，其电流元分别为 $\boldsymbol{J}\mathrm{d}V$ 和 $\boldsymbol{J}_S\mathrm{d}S$。这里需要指出的是，电流元不是计算电流的基本单元，因为电流元的单位为 A · m 而不是 A。

2.1.3 电荷守恒定律与电流连续性方程

实验表明，电荷是守恒的，它既不能被创造，也不能被消灭，只能从物体的一部分转移到另一部分，或者从一个物体转移到另一个物体。也就是说，在一个与外界没有电荷交换的系统内，正、负电荷的代数和在任何物理过程中始终保持不

变，这就是电荷守恒定律。

在电流密度为 $\boldsymbol{J}$、电荷密度为 ρ 的空间中，任取一个闭合面 S 所限定的体积 V。在单位时间内，通过闭合面 S 流出的电荷量为 $\oint_S \boldsymbol{J}\cdot \mathrm{d}\boldsymbol{S}$，体积 V 内的电荷减少量则为 $-\frac{\mathrm{d}}{\mathrm{d}t}\int_V \rho \mathrm{d}V$，根据电荷守恒定律，单位时间内从闭合面 S 内流出的电荷量应等于闭合面 S 所限定的体积 V 内的电荷减少量，即

$$\oint_S \boldsymbol{J}\cdot \mathrm{d}\boldsymbol{S} = -\frac{\mathrm{d}q}{\mathrm{d}t} = -\frac{\mathrm{d}}{\mathrm{d}t}\int_V \rho \mathrm{d}V \tag{2.1.18}$$

此即电流连续性方程的积分形式。如果闭合面 S 所限定的体积 V 不随时间变化，则可将求导与积分交换顺序，并将全导数写成偏导数，式(2.1.18)变为

$$\oint_S \boldsymbol{J}\cdot \mathrm{d}\boldsymbol{S} = -\int_V \frac{\partial\rho}{\partial t}\mathrm{d}V \tag{2.1.19}$$

根据散度定理，$\oint_S \boldsymbol{J}\cdot \mathrm{d}\boldsymbol{S} = \int_V \nabla\cdot \boldsymbol{J}\mathrm{d}V$，式(2.1.19)可写为

$$\int_V \left(\nabla\cdot \boldsymbol{J} + \frac{\partial\rho}{\partial t}\right)\mathrm{d}V = 0 \tag{2.1.20}$$

因闭合面 S 是任意取的，因此它所限定的体积 V 也是任意的。故式(2.1.20)中的被积函数必定为 0，即

$$\nabla\cdot \boldsymbol{J} + \frac{\partial\rho}{\partial t} = 0 \tag{2.1.21}$$

此式称为电流连续性方程的微分形式。这表明时变电流场是有散场，电流线是由电荷随时间变化的地方发出或终止的，凡是在正电荷随时间减小的地方就会发出电流线，而在正电荷随时间增加的地方就会终止电流线。

对于恒定电流，电荷运动不随时间改变，所以电荷在空间的分布也不随时间改变，即 $\frac{\partial\rho}{\partial t}=0$。因此，由式(2.1.21)得到

$$\nabla\cdot \boldsymbol{J} = 0 \tag{2.1.22}$$

这就是恒定电流的连续性方程。它表明，恒定电流场是一个无散度的场，恒定电流线是闭合曲线，不可能在任何地方中断。

式(2.1.22)的积分形式为

$$\oint_S \boldsymbol{J}\cdot \mathrm{d}\boldsymbol{S} = 0 \tag{2.1.23}$$

这表明从任意闭合曲面穿过的恒定电流为零，这是因为闭合曲面包围的体积内

的电荷不随时间变化，总有部分表面上电荷是从内向外运动，而另一部分表面上电荷则是从外向内运动，这两部分电荷是大小相等的，所以从任意闭合曲面穿过的恒定电流为零。

2.2　真空中静电场的基本规律

近代物理学研究表明，任何电荷的周围空间都存在电场，电场对静止电荷或运动电荷都会产生作用力，称之为电场力，这是电场最基本的特征。描述电场的基本物理量是电场强度矢量 $\boldsymbol{E}$。

空间位置固定、电量不随时间变化的电荷产生的电场，称为静电场。根据亥姆霍兹定理，静电场的性质由其散度和旋度来描述。在这一节中，首先讨论静电场的基本实验定律——库仑定律，在此基础上导出电场强度的表达式，进而讨论电场强度的散度和旋度。

2.2.1　库仑定律　电场强度

在电场中某点放置一个试验电荷 q_0，为了使其引入后不会扰动电场的源电荷状态，q_0 的电荷量须足够小。设 q_0 受到的电场力为 $\boldsymbol{F}$，则定义该点的电场强度矢量 $\boldsymbol{E}$ 为

$$\boldsymbol{E}=\frac{\boldsymbol{F}}{q_0} \tag{2.2.1}$$

其中 $\boldsymbol{F}$ 的单位为 N(牛)，q_0 的单位为 C(库)，$\boldsymbol{E}$ 的单位为 V/m(伏/米)。由此可知，空间中某点的电场强度矢量的大小等于单位正电荷在该点所受电场力的大小，其方向与正电荷在该点所受电场力方向一致。需要指出的是，电场强度矢量 $\boldsymbol{E}$ 的定义式(2.2.1)不仅适用于静电场，也适用于随时间变化的电场。

1785 年，法国科学家库仑通过著名的“扭秤实验”，总结出真空(自由空间)中两个静止点电荷 q_1 和 q_2 之间相互作用力的规律，称为库仑定律。如图 2.2.1 所示，点电荷 q_1 和 q_2 的位置矢量分别为 $\boldsymbol{r}_1$ 和 $\boldsymbol{r}_2$，则 q_1 对 q_2 的作用力为

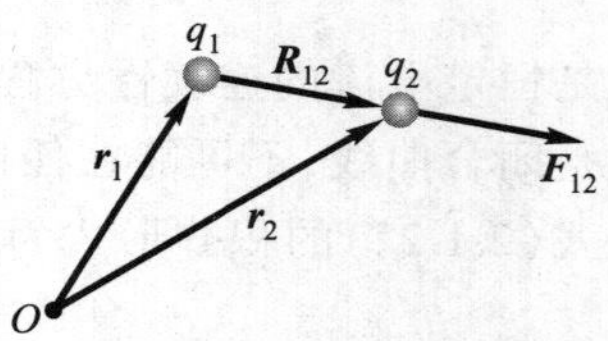

图 2.2.1　点电荷 q_1 对 q_2 的作用力

$$\boldsymbol{F}_{12}=\boldsymbol{e}_{12}\frac{q_1q_2}{4\pi\varepsilon_0R_{12}^2}=\frac{q_1q_2}{4\pi\varepsilon_0R_{12}^3}\boldsymbol{R}_{12} \tag{2.2.2}$$

式中 $\boldsymbol{e}_{12}$是由 q_1 指向 q_2 的单位矢量，$\boldsymbol{R}_{12}=\boldsymbol{r}_2-\boldsymbol{r}_1$ 是由 q_1 到 q_2 的距离矢量，$R_{12}=|\boldsymbol{R}_{12}|$，$\varepsilon_0=\frac{1}{36\pi}\times10^{-9}$ F/m $\approx8.854\times10^{-12}$ F/m 称为真空（自由空间）的介电常数或电容率。

若真空中有 N 个点电荷 q_1、q_2、…、q_N，分别位于 $\boldsymbol{r}_1$、$\boldsymbol{r}_2$、…、$\boldsymbol{r}_N$，则位于 $\boldsymbol{r}$ 处的点电荷 q 受到的作用力等于 N 个点电荷 q_1、q_2、…、q_N 分别对 q 的作用力的矢量和，即

$$\boldsymbol{F}=\frac{q}{4\pi\varepsilon_0}\sum_{i=1}^{N}\frac{q_i\boldsymbol{R}_i}{R_i^3} \tag{2.2.3}$$

式中 $\boldsymbol{R}_i=\boldsymbol{r}-\boldsymbol{r}_i$，$R_i=|\boldsymbol{R}_i|$。这就是静电力的叠加原理。

利用库仑定律和叠加原理，可得到真空中的静止电荷产生的电场强度矢量的表达式。如图 2.2.2 所示，产生电场的源是点电荷 q，它所在的位置称为源点，位置矢量用 $\boldsymbol{r}'$ 表示。观察点 P 称为场点，位置矢量用 $\boldsymbol{r}$ 表示。根据式(2.2.1)和库仑定律，可得到点电荷 q 的电场强度表达式为

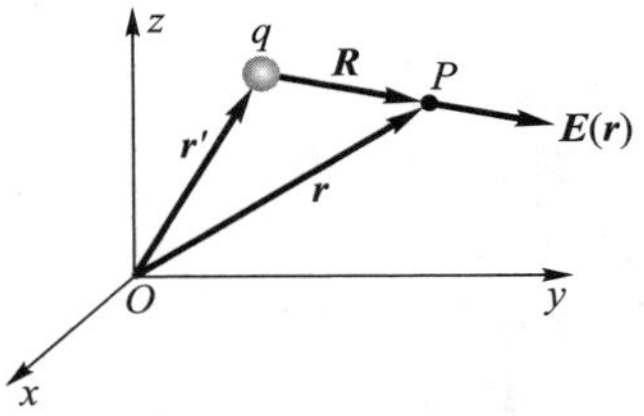

图 2.2.2 点电荷 q 的电场强度

$$\boldsymbol{E}(\boldsymbol{r})=\frac{q}{4\pi\varepsilon_0R^3}\boldsymbol{R} \tag{2.2.4}$$

式中 $\boldsymbol{R}=\boldsymbol{r}-\boldsymbol{r}'$是由源点到场点的距离矢量，$R=|\boldsymbol{R}|$。由式(2.2.4)可见，点电荷的电场强度按距离平方成反比变化，与点电荷的电量成正比。

利用叠加原理，可以计算多个点电荷产生的电场强度。若有 N 个点电荷 q_1、q_2、…、q_N，位置矢量分别为 $\boldsymbol{r}_1'$、$\boldsymbol{r}_2'$、…、$\boldsymbol{r}_N'$，则场点 $\boldsymbol{r}$ 处的电场强度矢量 $\boldsymbol{E}(\boldsymbol{r})$ 等于各点电荷 $\boldsymbol{q}_i(i=1,2,\cdots,N)$ 在场点 $\boldsymbol{r}$ 处产生的电场强度矢量 $\boldsymbol{E}_i(\boldsymbol{r})(i=1,2,\cdots,N)$之和，即

$$\boldsymbol{E}(\boldsymbol{r})=\sum_{i=1}^{N}\boldsymbol{E}_i(\boldsymbol{r})=\frac{1}{4\pi\varepsilon_0}\sum_{i=1}^{N}\frac{q_i\boldsymbol{R}_i}{R_i^3} \tag{2.2.5}$$

式中 $\boldsymbol{R}_i=\boldsymbol{r}-\boldsymbol{r}_i'$，$R_i=|\boldsymbol{R}_i|$。

对于电荷分别以体密度、面密度和线密度连续分布的带电体，可以将带电体分割成很多小带电单元，而每个带电单元可看做一个点电荷，这样就可由式(2.2.5)计算电场强度。

若电荷按体密度 $\rho(\boldsymbol{r}')$ 分布在体积 V 内，则小体积元 $\Delta V'_i$ 所带电荷量 $\Delta q_i=\rho(\boldsymbol{r}')\Delta V'_i$。根据式(2.2.5)，场点 $\boldsymbol{r}$ 的电场强度为

$$\boldsymbol{E}(\boldsymbol{r})=\frac{1}{4\pi\varepsilon_0}\lim_{\substack{\Delta V'_i\to 0\\ N\to\infty}}\sum_{i=1}^{N}\frac{\rho(\boldsymbol{r}')\Delta V'_i}{R_i^3}\boldsymbol{R}_i$$

$$=\frac{1}{4\pi\varepsilon_0}\int_V\frac{\rho(\boldsymbol{r}')\boldsymbol{R}}{R^3}\mathrm{d}V' \tag{2.2.6}$$

式中 $\boldsymbol{R}=\boldsymbol{r}-\boldsymbol{r}'$，$R=|\boldsymbol{R}|$。

同样，当电荷分别按面电荷密度 $\rho_S(\boldsymbol{r}')$ 和线电荷密度 $\rho_l(\boldsymbol{r}')$ 连续分布时，场点 $\boldsymbol{r}$ 处的电场强度分别为

$$\boldsymbol{E}(\boldsymbol{r})=\frac{1}{4\pi\varepsilon_0}\int_S\frac{\boldsymbol{R}}{R^3}\rho_S(\boldsymbol{r}')\mathrm{d}S' \tag{2.2.7}$$

$$\boldsymbol{E}(\boldsymbol{r})=\frac{1}{4\pi\varepsilon_0}\int_l\frac{\boldsymbol{R}}{R^3}\rho_l(\boldsymbol{r}')\mathrm{d}l' \tag{2.2.8}$$

例 2.2.1 电偶极子是相距很小距离 d 的两个等值异号的点电荷组成的电荷系统，如图 2.2.3 所示。计算电偶极子的电场强度。

解：采用球坐标系，使电偶极子的中心与坐标系的原点 O 重合，并使电偶极子轴与 z 轴重合。场点 $P(r,\theta,\phi)$ 的电场强度 $\boldsymbol{E}$ 就是 $+q$ 产生的电场强度 $\boldsymbol{E}_+$ 和 $-q$ 产生的电场强度 $\boldsymbol{E}_-$ 的矢量和。

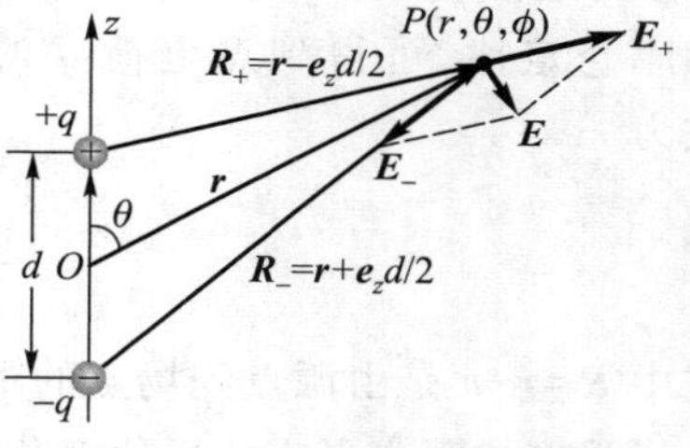

图 2.2.3 电偶极子的电场

在球坐标系中，场点 $P(r,\theta,\phi)$ 的位置矢量为 $\boldsymbol{r}=\boldsymbol{e}_r r$，两个点电荷的位置矢量分别为 $\boldsymbol{r}'_+=\dfrac{\boldsymbol{e}_z d}{2}$ 和 $\boldsymbol{r}'_-=-\dfrac{\boldsymbol{e}_z d}{2}$。根据式(2.2.5)，得

$$\boldsymbol{E}(\boldsymbol{r})=\frac{q}{4\pi\varepsilon_0}\left(\frac{\boldsymbol{R}_+}{R_+^3}-\frac{\boldsymbol{R}_-}{R_-^3}\right)=\frac{q}{4\pi\varepsilon_0}\left(\frac{\boldsymbol{r}-\boldsymbol{e}_z d/2}{|\boldsymbol{r}-\boldsymbol{e}_z d/2|^3}-\frac{\boldsymbol{r}+\boldsymbol{e}_z d/2}{|\boldsymbol{r}+\boldsymbol{e}_z d/2|^3}\right)$$

在电磁理论中，常常感兴趣的是远离电偶极子区域内（即 $r\gg d$）的场。此时

$$\left|\boldsymbol{r}-\boldsymbol{e}_z\frac{d}{2}\right|^{-3}=\left[\left(\boldsymbol{r}-\boldsymbol{e}_z\frac{d}{2}\right)\cdot\left(\boldsymbol{r}-\boldsymbol{e}_z\frac{d}{2}\right)\right]^{-3/2}$$

$$=\left(r^2-\boldsymbol{r}\cdot\boldsymbol{e}_z d+\frac{d^2}{4}\right)^{-3/2}\approx r^{-3}\left(1-\frac{\boldsymbol{r}\cdot\boldsymbol{e}_z d}{r^2}\right)^{-3/2}$$

将上式中的$\left(1-\dfrac{\boldsymbol{r}\cdot\boldsymbol{e}_z d}{r^2}\right)^{-3/2}$应用二项式公式展开,并忽略所有包含 d/r 的二次方和高次方项,则有

$$\left|\boldsymbol{r}-\boldsymbol{e}_z\frac{d}{2}\right|^{-3}\approx r^{-3}\left(1+\frac{3}{2}\frac{\boldsymbol{r}\cdot\boldsymbol{e}_z d}{r^2}\right)$$

同样

$$\left|\boldsymbol{r}+\boldsymbol{e}_z\frac{d}{2}\right|^{-3}\approx r^{-3}\left(1-\frac{3}{2}\frac{\boldsymbol{r}\cdot\boldsymbol{e}_z d}{r^2}\right)$$

这样,当 $r\gg d$ 时,点 $P(\boldsymbol{r})$ 的电场强度近似为

$$\boldsymbol{E}(\boldsymbol{r})\approx\frac{q}{4\pi\varepsilon_0 r^3}\left(3\frac{\boldsymbol{r}\cdot\boldsymbol{e}_z d}{r^2}\boldsymbol{r}-\boldsymbol{e}_z d\right)$$

引入电偶极矩

$$\boldsymbol{p}=\boldsymbol{e}_z p=\boldsymbol{e}_z qd \tag{2.2.9}$$

于是

$$\boldsymbol{E}(\boldsymbol{r})\approx\frac{1}{4\pi\varepsilon_0 r^3}\left(3\frac{\boldsymbol{r}\cdot\boldsymbol{p}}{r^2}\boldsymbol{r}-\boldsymbol{p}\right) \tag{2.2.10}$$

在球坐标系中

$$\boldsymbol{p}=\boldsymbol{e}_z p=p(\boldsymbol{e}_r\cos\theta-\boldsymbol{e}_\theta\sin\theta)$$

则

$$\boldsymbol{r}\cdot\boldsymbol{p}=\boldsymbol{e}_r r\cdot p(\boldsymbol{e}_r\cos\theta-\boldsymbol{e}_\theta\sin\theta)=rp\cos\theta$$

故

$$\boldsymbol{E}(\boldsymbol{r})\approx\frac{p}{4\pi\varepsilon_0 r^3}(\boldsymbol{e}_r 2\cos\theta+\boldsymbol{e}_\theta\sin\theta) \tag{2.2.11}$$

在分析电介质的极化时,电偶极子是一个重要概念。

例 2.2.2 如图 2.2.4 所示,环形薄圆盘的内半径为 a,外半径为 b,电荷面密度为 ρ_{S0}。计算均匀带电的环形薄圆盘轴线上任意点的电场强度。

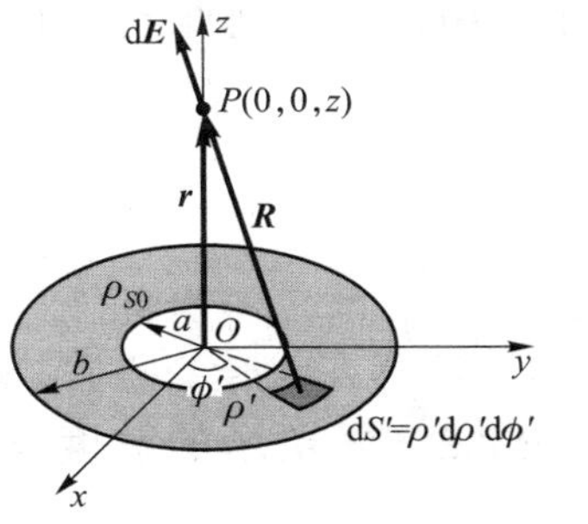

图 2.2.4 均匀带电的环形薄圆盘

解: 在环形薄圆盘上取面积元 $\mathrm{d}S'$,用圆柱坐标系表示为 $\mathrm{d}S'=\rho'\mathrm{d}\rho'\mathrm{d}\phi'$,其位置矢量为 $\boldsymbol{r}'=\boldsymbol{e}_\rho\rho'$,它所带的电量为 $\mathrm{d}q=\rho_{S0}\mathrm{d}S'=$

$\rho_{S0}\rho'\mathrm{d}\rho'\mathrm{d}\phi'$，而薄圆盘轴线上的场点 $P(0,0,z)$ 的位置矢量为 $\boldsymbol{r}=\boldsymbol{e}_z z$。由式(2.2.7)，得

$$\begin{aligned}\boldsymbol{E}(\boldsymbol{r})&=\frac{\rho_{S0}}{4\pi\varepsilon_0}\int_a^b\int_0^{2\pi}\frac{\boldsymbol{e}_z z-\boldsymbol{e}_\rho\rho'}{(z^2+\rho'^2)^{3/2}}\rho'\mathrm{d}\rho'\mathrm{d}\phi'\\&=\frac{\rho_{S0}}{4\pi\varepsilon_0}\left[\int_a^b\frac{\boldsymbol{e}_z z\rho'\mathrm{d}\rho'}{(z^2+\rho'^2)^{3/2}}\int_0^{2\pi}\mathrm{d}\phi'-\int_a^b\frac{\rho'^2\mathrm{d}\rho'}{(z^2+\rho'^2)^{3/2}}\int_0^{2\pi}\boldsymbol{e}_\rho\mathrm{d}\phi'\right]\end{aligned}$$

由于

$$\int_0^{2\pi}\boldsymbol{e}_\rho\mathrm{d}\phi'=\int_0^{2\pi}(\boldsymbol{e}_x\cos\phi'+\boldsymbol{e}_y\sin\phi')\mathrm{d}\phi'=0$$

$$\int_0^{2\pi}\mathrm{d}\phi'=2\pi$$

故

$$\boldsymbol{E}(\boldsymbol{r})=\boldsymbol{e}_z\frac{\rho_{S0}z}{2\varepsilon_0}\int_a^b\frac{\rho'\mathrm{d}\rho'}{(z^2+\rho'^2)^{3/2}}=\boldsymbol{e}_z\frac{\rho_{S0}z}{2\varepsilon_0}\left[\frac{1}{(z^2+a^2)^{1/2}}-\frac{1}{(z^2+b^2)^{1/2}}\right]$$

此结果表明，均匀带电环形薄圆盘轴线上任一点 $P(0,0,z)$ 的电场强度只有轴向分量，这是因为对于轴线上的场点 P，源电荷分布具有轴对称性，因此在 P 点一侧的每一个可以产生电场强度径向分量的电荷元，总是在另一侧有相对应的电荷元产生的电场强度径向分量与它相抵消，故点 P 处没有电场强度的径向分量。

若令 $a=0$，即得到均匀带电环形薄圆盘的轴线上的电场强度

$$\boldsymbol{E}(0,0,z)=\begin{cases}\boldsymbol{e}_z\dfrac{\rho_{S0}z}{2\varepsilon_0}\left[\dfrac{1}{|z|}-\dfrac{1}{(z^2+b^2)^{1/2}}\right] & (z\neq0)\\[2ex]0 & (z=0)\end{cases}$$

若令 $a=0$、$b\to\infty$，则得到无限大均匀带电平面的电场强度

$$\boldsymbol{E}(x,y,z)=\begin{cases}\boldsymbol{e}_z\dfrac{\rho_{S0}z}{2\varepsilon_0|z|} & (z\neq0)\\[2ex]0 & (z=0)\end{cases}$$

2.2.2 静电场的散度与旋度

根据亥姆霍兹定理，矢量场的性质由它的散度和旋度确定。因此，下面讨论

静电场的散度和旋度。

1. 静电场的散度和高斯定理

由于

$$\boldsymbol{E}(\boldsymbol{r})=\frac{1}{4\pi\varepsilon_0}\int_V\frac{\boldsymbol{R}}{R^3}\rho(\boldsymbol{r}')\mathrm{d}V'$$

利用 $\nabla\left(\frac{1}{R}\right)=-\frac{\boldsymbol{R}}{R^3}$,可将 $\boldsymbol{E}(\boldsymbol{r})$ 写为

$$\boldsymbol{E}(\boldsymbol{r})=-\frac{1}{4\pi\varepsilon_0}\int_V\rho(\boldsymbol{r}')\ \nabla\left(\frac{1}{R}\right)\mathrm{d}V' \tag{2.2.12}$$

对式(2.2.12)两边取散度,得

$$\nabla\cdot\boldsymbol{E}(\boldsymbol{r})=\nabla\cdot\left[-\frac{1}{4\pi\varepsilon_0}\int_V\rho(\boldsymbol{r}')\ \nabla\left(\frac{1}{R}\right)\mathrm{d}V'\right]$$

由于微分算符 ∇是对场点 $\boldsymbol{r}$ 的坐标求导,积分是对源点 $\boldsymbol{r}'$的坐标进行,故微分算符 ∇可与积分运算交换顺序,而 $\rho(\boldsymbol{r}')$ 只与源点 $\boldsymbol{r}'$有关,可直接移到微分算符 ∇ 之外,于是得到

$$\nabla\cdot\boldsymbol{E}(\boldsymbol{r})=-\frac{1}{4\pi\varepsilon_0}\int_V\rho(\boldsymbol{r}')\ \nabla\cdot\ \nabla\left(\frac{1}{R}\right)\mathrm{d}V'=-\frac{1}{4\pi\varepsilon_0}\int_V\rho(\boldsymbol{r}')\ \nabla^2\left(\frac{1}{R}\right)\mathrm{d}V'$$

利用关系式 $\nabla^2\left(\frac{1}{R}\right)=-4\pi\delta(\boldsymbol{r}-\boldsymbol{r}')$,上式变为

$$\nabla\cdot\boldsymbol{E}(\boldsymbol{r})=\frac{1}{\varepsilon_0}\int_V\rho(\boldsymbol{r}')\delta(\boldsymbol{r}-\boldsymbol{r}')\mathrm{d}V' \tag{2.2.13}$$

再利用 δ 函数的挑选性,有

$$\int_V\rho(\boldsymbol{r}')\delta(\boldsymbol{r}-\boldsymbol{r}')\mathrm{d}V'=\begin{cases}0, & \text{积分区域不包含 } \boldsymbol{r}'=\boldsymbol{r} \text{ 的点}\\ \rho(\boldsymbol{r}), & \text{积分区域包含 } \boldsymbol{r}'=\boldsymbol{r} \text{ 的点}\end{cases}$$

则由式(2.2.13)得

$$\nabla\cdot\boldsymbol{E}(\boldsymbol{r})=\begin{cases}0, & \boldsymbol{r} \text{ 位于区域 } V \text{ 外}\\ \dfrac{1}{\varepsilon_0}\rho(\boldsymbol{r}), & \boldsymbol{r} \text{ 位于区域 } V \text{ 内}\end{cases}$$

由于电荷分布在区域 V 内,在区域 V 外 $\rho(\boldsymbol{r})=0$,故可将上式写为

$$\nabla\cdot\boldsymbol{E}=\frac{\rho}{\varepsilon_0} \tag{2.2.14}$$

这就是静电场的高斯定理的微分形式，它表明空间任意一点电场强度的散度与该处的电荷密度有关，静电荷是静电场的通量源（散度源），电场线不是闭合曲线，起始于正电荷，终止于负电荷。

对 $\nabla \cdot \boldsymbol{E}=\dfrac{\rho}{\varepsilon_0}$ 的两边取体积分，则有

$$\int_V \nabla \cdot \boldsymbol{E} \mathrm{d}V=\int_V \frac{\rho}{\varepsilon_0} \mathrm{d}V$$

由于 $\int_V \nabla \cdot \boldsymbol{E} \mathrm{d}V=\oint_S \boldsymbol{E} \cdot \mathrm{d}\boldsymbol{S}$，故得

$$\oint_S \boldsymbol{E} \cdot \mathrm{d}\boldsymbol{S}=\frac{1}{\varepsilon_0} \int_V \rho \mathrm{d}V \tag{2.2.15}$$

这就是静电场的高斯定理的积分形式，它表明电场强度矢量穿过闭合曲面 S 的通量等于该闭合面所包围的总电荷与 ε_0 之比。

当场分布具有平面对称性、轴对称性或球对称性时，利用高斯定理的积分形式能够很容易地计算电场强度。

2. 静电场的旋度

在式(2.2.12)中，微分算符 ∇ 是对场点坐标 $\boldsymbol{r}$ 求导，与源点坐标 $\boldsymbol{r}'$ 无关，故可将算符 ∇ 从积分号中移出，即

$$\boldsymbol{E}(\boldsymbol{r})=-\nabla\left[\frac{1}{4\pi\varepsilon_0}\int_V \frac{\rho(\boldsymbol{r}')}{R} \mathrm{d}V'\right]$$

对上式两边取旋度，有

$$\nabla \times \boldsymbol{E}(\boldsymbol{r})=-\nabla \times \nabla\left[\frac{1}{4\pi\varepsilon_0}\int_V \frac{\rho(\boldsymbol{r}')}{R} \mathrm{d}V'\right]$$

上式右边括号内是一个连续标量函数，由于任何一个标量函数的梯度再求旋度时恒等于 0，故上式右边恒为 0，则得

$$\nabla \times \boldsymbol{E}=0 \tag{2.2.16}$$

此结果表明静电场是无旋场。

将式(2.2.16)对任意曲面 S 求积分，并利用斯托克斯定理 $\int_S \nabla \times \boldsymbol{E} \cdot \mathrm{d}\boldsymbol{S}=\oint_C \boldsymbol{E} \cdot \mathrm{d}\boldsymbol{l}$，得

$$\oint_C \boldsymbol{E} \cdot \mathrm{d}\boldsymbol{l}=0 \tag{2.2.17}$$

上式表明,在静电场 $\boldsymbol{E}$ 中,沿任意闭合路径 C 的积分恒等于 0。其物理含义是将单位正电荷沿静电场中的任一个闭合路径移动一周,电场力不做功。

式(2.2.14)和式(2.2.16)分别给出了电场强度矢量 $\boldsymbol{E}$ 的散度和旋度,它们是真空中静电场基本方程的微分形式。它们表明静电场是有散无旋场,电荷是静电场的散度源,电场线不是闭合曲线,起始于正电荷,终止于负电荷;式(2.2.15)和式(2.2.17)分别给出了电场强度矢量 $\boldsymbol{E}$ 的通量和环量,它们是真空中静电场基本方程的积分形式。

例 2.2.3 半径为 a 的球形区域内充满分布不均匀的体电荷,其体密度为 $\rho(\boldsymbol{r})$。已知电场强度矢量为

$$\boldsymbol{E}(\boldsymbol{r})=\begin{cases}\boldsymbol{e}_r(\boldsymbol{r}^3+Ar^2), & r<a\\ \boldsymbol{e}_r(a^5+Aa^4)r^{-2}, & r>a\end{cases}$$

式中的 A 为常数,试求电荷体密度 $\rho(\boldsymbol{r})$。

解: 在已知电场强度的情况下,由式(2.2.14)即可求得电荷体密度 $\rho(\boldsymbol{r})$ 为

$$\rho(\boldsymbol{r})=\varepsilon_0\ \nabla\cdot\boldsymbol{E}(\boldsymbol{r})$$

由于题中给定的电场强度 $\boldsymbol{E}(\boldsymbol{r})$ 只有 E_r 分量,将 $\nabla\cdot\boldsymbol{E}(\boldsymbol{r})$ 在球坐标系中展开,得

$$\rho(\boldsymbol{r})=\varepsilon_0\frac{1}{r^2}\frac{\mathrm{d}}{\mathrm{d}r}(r^2E_r)$$

在 $r<a$ 的区域内

$$\rho(\boldsymbol{r})=\varepsilon_0\frac{1}{r^2}\frac{\mathrm{d}}{\mathrm{d}r}[r^2(r^3+Ar^2)]=\varepsilon_0(5r^2+4Ar)$$

在 $r>a$ 的区域内

$$\rho(\boldsymbol{r})=\varepsilon_0\frac{1}{r^2}\frac{\mathrm{d}}{\mathrm{d}r}[r^2(a^5+Aa^4)r^{-2}]=0$$

可见,体密度电荷只分布在 $r<a$ 的球形区域内,球外无电荷分布。

— 2.3 真空中恒定磁场的基本规律 —

电流的周围空间存在磁场,磁场对位于场中的电流或运动电荷有作用力,这种作用力称为磁场力。描述磁场的基本物理量是磁感应强度矢量 $\boldsymbol{B}$。

恒定电流产生的磁场称为恒定磁场,或称为静磁场。恒定磁场的性质与静电场完全不同,但基本的分析方法是相同的。在这一节中,首先讨论恒定磁场的基本实验定律——安培力定律,在此基础上导出磁感应强度的表达式,进而讨论磁感应强度的散度和旋度。

2.3.1 安培力定律 磁感应强度

实验表明,若一个电量为 q_0 的电荷以速度 $\boldsymbol{v}$ 在磁场中运动,它所受到的磁场力 $\boldsymbol{F}_m$ 为

$$\boldsymbol{F}_m = q_0\boldsymbol{v}\times\boldsymbol{B} \tag{2.3.1}$$

由式(2.3.1)可见,静止电荷不会受到磁场力的作用,而运动电荷所受到的磁场力 $\boldsymbol{F}_m$ 的大小不仅与乘积 q_0v 成正比,并且随电荷运动方向与磁场方向之间的夹角的变化而变化。当电荷运动方向与磁场方向一致时,电荷所受到的磁场力为零;当电荷运动方向与磁场方向垂直时,电荷受到的磁场力最大。因此,磁感应强度 $\boldsymbol{B}$ 为的大小为

$$B = \lim_{q_0\to 0}\frac{F_m\big|_{\max}}{q_0 v} \tag{2.3.2}$$

磁感应强度 $\boldsymbol{B}$ 的方向与电荷受到的磁场力为零的运动方向一致。磁感应强度的 $\boldsymbol{B}$ 的单位是 T(特斯拉),或 $\mathrm{Wb/m^2}$(韦伯/米^2)。

由于 $I\mathrm{d}\boldsymbol{l}=\dfrac{\mathrm{d}q}{\mathrm{d}t}\mathrm{d}\boldsymbol{l}=\mathrm{d}q\dfrac{\mathrm{d}\boldsymbol{l}}{\mathrm{d}t}=\mathrm{d}q\boldsymbol{v}$,根据式(2.3.1),可得到电流元 $I\mathrm{d}\boldsymbol{l}$ 在磁场中受的磁场力

$$\mathrm{d}\boldsymbol{F}_m = I\mathrm{d}\boldsymbol{l}\times\boldsymbol{B} \tag{2.3.3}$$

法国物理学家安培通过实验于 1820 年总结出两电流回路之间相互作用力的规律,称为安培力定律。如图 2.3.1 所示,真空中的静止细导线回路 C_1 和 C_2,它们分别载有恒定电流 I_1 和 I_2,电流元 $I_1\mathrm{d}\boldsymbol{l}_1$ 的位置矢量为 $\boldsymbol{r}_1$,电流元 $I_2\mathrm{d}\boldsymbol{l}_2$ 的位置矢量为 $\boldsymbol{r}_2$。安培从实验结果总结出回路 C_1 对回路 C_2 的作用力 $\boldsymbol{F}_{12}$ 为

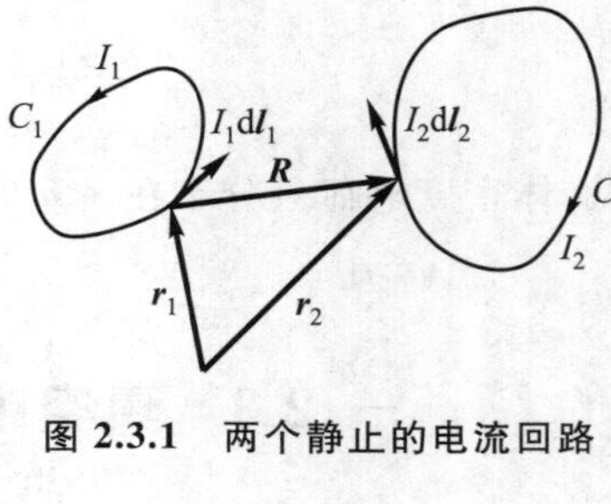

图 2.3.1 两个静止的电流回路

$$\boldsymbol{F}_{12} = \frac{\mu_0}{4\pi}\oint_{C_2}\oint_{C_1}\frac{I_2\mathrm{d}\boldsymbol{l}_2\times(I_1\mathrm{d}\boldsymbol{l}_1\times\boldsymbol{R}_{12})}{R_{12}^3} \tag{2.3.4}$$

式中，$\mu_0=4\pi\times10^{-7}$ H/m(亨/米)为真空的磁导率，$\boldsymbol{R}_{12}=\boldsymbol{r}_2-\boldsymbol{r}_1$，$R_{12}=|\boldsymbol{r}_2-\boldsymbol{r}_1|$。

对于回路 C_2 中的电流 I_2 对回路 C_1 中的电流 I_1 的作用力 $\boldsymbol{F}_{21}$，只需在式(2.3.4)中将下标 1 和 2 互换即可。可以证明，载流回路 C_2 对载流回路 C_1 的作用力 $\boldsymbol{F}_{21}=-\boldsymbol{F}_{12}$，即满足牛顿第三定律。

如果把式(2.3.4)改写成

$$\boldsymbol{F}_{12}=\oint_{C_2}\oint_{C_1}\mathrm{d}\boldsymbol{F}_{12}$$

则被积函数

$$\mathrm{d}\boldsymbol{F}_{12}=\frac{\mu_0}{4\pi}\frac{I_2\mathrm{d}\boldsymbol{l}_2\times(I_1\mathrm{d}\boldsymbol{l}_1\times\boldsymbol{R}_{12})}{R_{12}^3} \tag{2.3.5}$$

可以看作是电流元 $I_1\mathrm{d}\boldsymbol{l}_1$ 对电流元 $I_2\mathrm{d}\boldsymbol{l}_2$ 的作用力。注意这里两电流元之间的作用力一般不满足牛顿第三定律，这是因为实际上并不存在独立的恒定电流元。

由式(2.3.3)和式(2.3.5)，可得到电流元 $I_1\mathrm{d}\boldsymbol{l}_1$ 在 $\boldsymbol{r}_2$ 处产生的磁感应强度

$$\mathrm{d}\boldsymbol{B}_{12}=\frac{\mu_0}{4\pi}\frac{I_1\mathrm{d}\boldsymbol{l}_1\times\boldsymbol{R}_{12}}{R_{12}^3} \tag{2.3.6}$$

由此可见，电流元产生的磁感应强度 $\mathrm{d}\boldsymbol{B}_{12}$垂直于 $I_1\mathrm{d}\boldsymbol{l}_1$ 和 $\boldsymbol{R}_{12}$，方向由电流元矢量 $I_1\mathrm{d}\boldsymbol{l}_1$ 与距离矢量 $\boldsymbol{R}_{12}$的叉乘来确定，也就是当右手四个手指从矢量 $I_1\mathrm{d}\boldsymbol{l}_1$ 旋转到 $\boldsymbol{R}_{12}$时，大拇指所指的方向即为 $\mathrm{d}\boldsymbol{B}_{12}$的方向。

若回路 C 中的电流为 I，则整个回路产生的磁感应强度等于回路上各电流元所产生的磁感应强度的叠加。设回路上的电流元 $I\mathrm{d}\boldsymbol{l}'$的位置矢量为 $\boldsymbol{r}'$，场点的位置矢量为 $\boldsymbol{r}$，则电流 I 所产生的磁感应强度矢量

$$\boldsymbol{B}(\boldsymbol{r})=\frac{\mu_0}{4\pi}\oint_C\frac{I\mathrm{d}\boldsymbol{l}'\times\boldsymbol{R}}{R^3} \tag{2.3.7}$$

式中 $\boldsymbol{R}=\boldsymbol{r}-\boldsymbol{r}'$，$R=|\boldsymbol{r}-\boldsymbol{r}'|$。

式(2.3.6)和式(2.3.7)都称为毕奥-萨伐尔定律，是毕奥、萨伐尔于 1820 年根据闭合回路的实验结果，通过理论上的分析总结出来的。

对于体电流密度为 $\boldsymbol{J}(\boldsymbol{r}')$ 的体分布电流，电流元为 $\boldsymbol{J}(\boldsymbol{r}')\mathrm{d}V'$，则分布于体积 V内的体电流产生的磁感应强度为

$$\boldsymbol{B}(\boldsymbol{r})=\frac{\mu_0}{4\pi}\int_V\frac{\boldsymbol{J}(\boldsymbol{r}')\times\boldsymbol{R}}{R^3}\mathrm{d}V' \tag{2.3.8}$$

同样，对于面电流密度为 $\boldsymbol{J}_S(\boldsymbol{r}')$ 的面分布电流，电流元为 $\boldsymbol{J}_S\mathrm{d}S'$，则分布于

曲面S上的面电流产生的磁感应强度为

$$\boldsymbol{B}(\boldsymbol{r})=\frac{\mu_0}{4\pi}\int_S\frac{\boldsymbol{J}_S(\boldsymbol{r}')\times\boldsymbol{R}}{R^3}\mathrm{d}S' \tag{2.3.9}$$

磁感应强度 $\boldsymbol{B}$ 是描述磁场的基本物理量，它是一个矢量函数。式(2.3.7)、式(2.3.8)和式(2.3.9)都是由已知电流分布计算磁感应强度的公式，它们都是矢量积分，只有形状较简单的电流分布才能利用这些公式得到解析结果。

例 2.3.1 设线电流圆环的半径为 a，流过的电流为 I。计算线电流圆环轴线上任意一点的磁感应强度。

解： 取线电流圆环位于 xy 平面上，并取其轴线为 z 轴，则所求场点为 $P(0,0,z)$，如图 2.3.2 所示。采用圆柱坐标系，圆环上的电流元为 $I\mathrm{d}\boldsymbol{l}'=\boldsymbol{e}_\phi Ia\mathrm{d}\phi'$，其位置矢量为 $\boldsymbol{r}'=\boldsymbol{e}_\rho a$，而场点 P 的位置矢量为 $\boldsymbol{r}=\boldsymbol{e}_z z$，故得

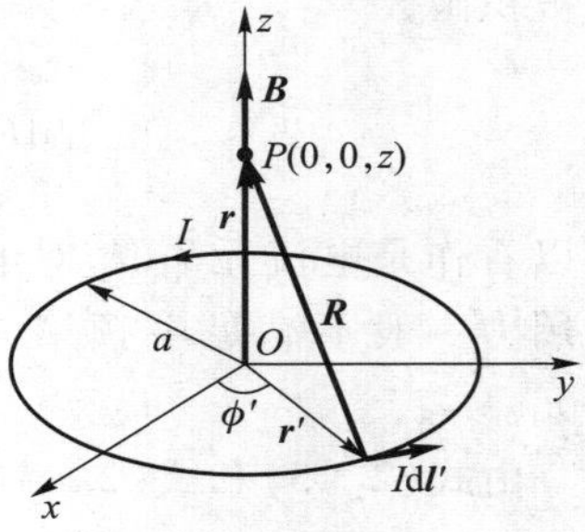

图 2.3.2 线电流圆环在轴线上产生的 B

$$\boldsymbol{r}-\boldsymbol{r}'=\boldsymbol{e}_z z-\boldsymbol{e}_\rho a,\quad |\boldsymbol{r}-\boldsymbol{r}'|=(z^2+a^2)^{1/2}$$

$$I\mathrm{d}\boldsymbol{l}'\times(\boldsymbol{r}-\boldsymbol{r}')=\boldsymbol{e}_\phi Ia\mathrm{d}\phi'\times(\boldsymbol{e}_z z-\boldsymbol{e}_\rho a)=\boldsymbol{e}_\rho Iaz\mathrm{d}\phi'+\boldsymbol{e}_z Ia^2\mathrm{d}\phi'$$

由式(2.3.7)，得轴线上任一点 $P(0,0,z)$ 的磁感应强度为

$$\boldsymbol{B}(z)=\frac{\mu_0 Ia}{4\pi}\int_0^{2\pi}\frac{\boldsymbol{e}_\rho z+\boldsymbol{e}_z a}{(z^2+a^2)^{3/2}}\mathrm{d}\phi'=\boldsymbol{e}_z\frac{\mu_0 Ia^2}{2(z^2+a^2)^{3/2}}$$

可见，线电流圆环轴线上的磁感应强度只有轴向分量，这是因为圆环上各对称点处的电流元在场点 P 产生的磁场强度的径向分量相互抵消。

在圆环的中心点上，$z=0$，磁感应强度最大，即

$$\boldsymbol{B}(0)=\boldsymbol{e}_z\frac{\mu_0 I}{2a}$$

当场点 P 远离圆环，即 $z\gg a$ 时，因 $(z^2+a^2)^{3/2}\approx z^3$，故

$$\boldsymbol{B}(z)=\boldsymbol{e}_z\frac{\mu_0 Ia^2}{2z^3}$$

2.3.2 恒定磁场的散度与旋度

恒定磁场的性质也由它的散度和旋度确定。下面直接根据毕奥-萨伐尔定律来分析恒定磁场的散度和旋度。

1. 恒定磁场的散度和磁通连续性原理

利用$\dfrac{\boldsymbol{R}}{R^3}=-\nabla\left(\dfrac{1}{R}\right)$，将式(2.3.8)改写为

$$\boldsymbol{B}(\boldsymbol{r})=-\frac{\mu_0}{4\pi}\int_V \boldsymbol{J}(\boldsymbol{r}')\times\nabla\left(\frac{1}{R}\right)\mathrm{d}V' \tag{2.3.10}$$

再利用矢量恒等式 $\nabla\times(u\boldsymbol{F})=\nabla u\times\boldsymbol{F}+u\nabla\times\boldsymbol{F}$，上式可写为

$$\boldsymbol{B}(\boldsymbol{r})=\frac{\mu_0}{4\pi}\int_V\left[\nabla\times\frac{\boldsymbol{J}(\boldsymbol{r}')}{R}-\frac{1}{R}\nabla\times\boldsymbol{J}(\boldsymbol{r}')\right]\mathrm{d}V'$$

又因算符"∇"是对场点坐标进行微分，而 $\boldsymbol{J}(\boldsymbol{r}')$ 仅是源点坐标的函数，故有 $\nabla\times\boldsymbol{J}(\boldsymbol{r}')=0$，于是有

$$\boldsymbol{B}(\boldsymbol{r})=\frac{\mu_0}{4\pi}\int_V\nabla\times\frac{\boldsymbol{J}(\boldsymbol{r}')}{R}\mathrm{d}V'=\nabla\times\frac{\mu_0}{4\pi}\int_V\frac{\boldsymbol{J}(\boldsymbol{r}')}{R}\mathrm{d}V' \tag{2.3.11}$$

对上式两端取散度，由于对任意矢量函数 $\boldsymbol{F}$ 有 $\nabla\cdot(\nabla\times\boldsymbol{F})\equiv 0$，故得到

$$\nabla\cdot\boldsymbol{B}(\boldsymbol{r})=0 \tag{2.3.12}$$

此结果表明磁感应强度 $\boldsymbol{B}$ 的散度恒为 0，即磁场是一个无通量源的矢量场。

将式(2.3.12)在体积 V 上积分，并利用散度定理 $\int_S\nabla\cdot\boldsymbol{F}\mathrm{d}V=\oint_S\boldsymbol{F}\cdot\mathrm{d}\boldsymbol{S}$，得

$$\oint_S\boldsymbol{B}(\boldsymbol{r})\cdot\mathrm{d}\boldsymbol{S}=\int_V\nabla\cdot\boldsymbol{B}(\boldsymbol{r})\mathrm{d}V=0 \tag{2.3.13}$$

此结果表明，穿过任意闭合面的磁感应强度的通量等于 0，磁感应线(磁力线)是无头无尾的闭合线。式(2.3.13)称为磁通连续性原理的积分形式，相应地将式(2.3.12)称为磁通连续性原理的微分形式。磁通连续性原理表明自然界中无孤立磁荷存在。

2. 恒定磁场的旋度和安培环路定理

对式(2.3.11)两端取旋度，并利用矢量恒等式 $\nabla\times\nabla\times\boldsymbol{F}=\nabla(\nabla\cdot\boldsymbol{F})-\nabla^2\boldsymbol{F}$，得

$$\begin{aligned}\nabla\times\boldsymbol{B}(\boldsymbol{r})&=\frac{\mu_0}{4\pi}\int_V\nabla\times\nabla\times\frac{\boldsymbol{J}(\boldsymbol{r}')}{R}\mathrm{d}V'\\&=\frac{\mu_0}{4\pi}\nabla\int_V\nabla\cdot\frac{\boldsymbol{J}(\boldsymbol{r}')}{R}\mathrm{d}V'-\frac{\mu_0}{4\pi}\int_V\boldsymbol{J}(\boldsymbol{r}')\nabla^2\left(\frac{1}{R}\right)\mathrm{d}V'\end{aligned} \tag{2.3.14}$$

应用 $\nabla^2\left(\dfrac{1}{R}\right)=-4\pi\delta(\boldsymbol{r}-\boldsymbol{r}')$ 和 δ 函数的挑选性，上式右边第二项可表示为

$$-\frac{\mu_0}{4\pi}\int_V \boldsymbol{J}(\boldsymbol{r}')\ \nabla^2\left(\frac{1}{R}\right)\mathrm{d}V' = \frac{\mu_0}{4\pi}\int_V \boldsymbol{J}(\boldsymbol{r}')\delta(\boldsymbol{r}-\boldsymbol{r}')\mathrm{d}V' = \mu_0\boldsymbol{J}(\boldsymbol{r}) \tag{2.3.15}$$

利用恒等式 $\nabla\times(u\boldsymbol{F})=\nabla u\times\boldsymbol{F}+u\nabla\times\boldsymbol{F}$、$\nabla\left(\frac{1}{R}\right)=-\nabla'\left(\frac{1}{R}\right)$（见例 1.3.1）以及 $\nabla\cdot\boldsymbol{J}(\boldsymbol{r}')=0$、$\nabla'\cdot\boldsymbol{J}(\boldsymbol{r}')=0$，可得到

$$\begin{aligned}
\nabla\cdot\left[\frac{\boldsymbol{J}(\boldsymbol{r}')}{R}\right] &= \boldsymbol{J}(\boldsymbol{r}')\cdot\nabla\left(\frac{1}{R}\right)+\frac{1}{R}\nabla\cdot\boldsymbol{J}(\boldsymbol{r}') \\
&= -\boldsymbol{J}(\boldsymbol{r}')\cdot\nabla'\left(\frac{1}{R}\right) \\
&= \frac{1}{R}\nabla'\cdot\boldsymbol{J}(\boldsymbol{r}')-\nabla'\cdot\left[\frac{\boldsymbol{J}(\boldsymbol{r}')}{R}\right] \\
&= -\nabla'\cdot\left[\frac{\boldsymbol{J}(\boldsymbol{r}')}{R}\right]
\end{aligned} \tag{2.3.16}$$

将式(2.3.16)代入式(2.3.14)右边第一项，并应用散度定理，得

$$\begin{aligned}
\frac{\mu_0}{4\pi}\nabla\int_V \nabla\cdot\left[\frac{\boldsymbol{J}(\boldsymbol{r}')}{R}\right]\mathrm{d}V' &= -\frac{\mu_0}{4\pi}\nabla\int_V \nabla'\cdot\left[\frac{\boldsymbol{J}(\boldsymbol{r}')}{R}\right]\mathrm{d}V' \\
&= -\frac{\mu_0}{4\pi}\nabla\oint_S \frac{\boldsymbol{J}(\boldsymbol{r}')}{R}\cdot\mathrm{d}\boldsymbol{S}' = 0
\end{aligned} \tag{2.3.17}$$

式中的 S 是区域 V 的边界面。由于电流分布在区域 V 内，在边界面 S 上，电流没有法向分量，故 $\boldsymbol{J}(\boldsymbol{r}')\cdot\mathrm{d}\boldsymbol{S}'=0$。

将式(2.3.15)和式(2.3.17)代入式(2.3.14)，得

$$\nabla\times\boldsymbol{B}(\boldsymbol{r})=\mu_0\boldsymbol{J}(\boldsymbol{r}) \tag{2.3.18}$$

此结果表明，恒定磁场是有旋场，恒定电流是产生恒定磁场的涡旋源。式(2.3.18)称为安培环路定理的微分形式。

对式(2.3.18)两端取面积分

$$\int_S \nabla\times\boldsymbol{B}(\boldsymbol{r})\cdot\mathrm{d}\boldsymbol{S}=\mu_0\int_S \boldsymbol{J}(\boldsymbol{r})\cdot\mathrm{d}\boldsymbol{S}=\mu_0 I$$

应用斯托克斯定理 $\int_S \nabla\times\boldsymbol{B}(\boldsymbol{r})\cdot \mathrm{d}\boldsymbol{S}=\oint_C \boldsymbol{B}(\boldsymbol{r})\cdot \mathrm{d}\boldsymbol{l}$，上式为

$$\oint_C \boldsymbol{B}(\boldsymbol{r})\cdot \mathrm{d}\boldsymbol{l}=\mu_0 I \tag{2.3.19}$$

此结果表明，静磁场的磁感应强度在任意闭合曲线上的环量等于闭合曲线交链的恒定电流的代数和与 μ_0 的乘积。式(2.3.19)称为安培环路定理的积分形式。当磁场分布具有平面对称性或轴对称性时，利用安培环路定理的积分形式能够很容易地计算磁感应强度。

2.4 媒质的电磁特性

任何物质都是由分别带正电荷（原子核）和负电荷（电子）的粒子组成，当物质被引入电磁场中时，带电粒子将与电磁场产生相互作用而改变其状态。从宏观效应看，在电磁场的作用下，物质会产生极化、磁化和传导三种现象，并可分别用表征其电磁特性的参数来描述。

一般说来，在电磁场的作用下，任何物质都可能会产生极化、磁化和传导三种效应。但是，由于物质的电粒子之间存在相互作用力，对于不同物质，其带电粒子之间的相互作用力往往差异很大，其电磁特性也不尽相同。导体中，带正电荷的原子核与带负电荷的电子间的相互作用力很小，即使在微弱的电场力作用下，电子也会发生定向移动，形成传导电流。导体中的这种电子通常称为自由电子，其携带的电荷称为自由电荷。在导体中，传导是主要现象。在绝缘介质中，电子与原子核结合得相当紧密，大部分电子被紧紧地束缚在原子核周围，因此将绝缘介质中的这种电荷称为束缚电荷。在电场力的作用下，介质中的束缚电荷只能作微小位移，这种现象称为介质极化，具有极化效应的物质称为电介质。具有磁效应的物质称为磁介质，其主要特征是电子的轨道运动和自旋形成小环形电流，在磁场力作用下，这些小环形电流会转动而有序排列，这种现象称为介质磁化。

2.4.1 电介质的极化特性

1. 电介质的极化

物质分子中的正、负电荷并不集中在一个点，而是分布在一个线度很小的体

积内。但是,在研究宏观电磁现象时,可将分子中的全部负电荷等效为一个单独的负电荷,这个等效负电荷的位置就称为这个分子的“负电荷中心”。同样,该分子中的正电荷也可定义一个“正电荷中心”。根据电介质中束缚电荷的分布特征,电介质的分子可以分为无极分子和有极分子两类。无极分子的正、负电荷中心重合,因此不会呈现出宏观电荷分布。有极分子的正、负电荷中心不重合,构成一个电偶极子,但由于分子无规则地热移动,许许多多电偶极子杂乱无章的排列,使得合成电偶极矩相互抵消,也不会呈现出宏观电荷分布。

在外电场的作用下,无极分子中的正电荷沿电场方向移动,负电荷逆电场方向移动,导致正负电荷中心不再重合形成许多沿外电场方向有序排列的电偶极子,它们对外产生的电场不再为 0。对于有极分子,它的每个电偶极子在外电场的作用下要产生转动,使每个电偶极子沿外电场方向有序排列,它们对外产生的电场也不再为 0。这种电介质中的束缚电荷在外电场作用下发生位移的现象,称为电介质的极化。

动画 2-4-1
电介质极化

电介质极化的结果是电介质内部出现许许多多有序排列的电偶极子,这时在电介质内部和表面上就可能会出现宏观电荷分布。这种由于电介质的极化而出现的电荷称为极化电荷。这些极化电荷也要产生电场,会改变原来的电场分布。因此,空间的电场强度 $\boldsymbol{E}$ 是自由电荷产生的电场强度 $\boldsymbol{E}_0$ 与极化电荷产生的电场强度 $\boldsymbol{E}_P$ 的叠加,即

$$\boldsymbol{E}=\boldsymbol{E}_0+\boldsymbol{E}_P \tag{2.4.1}$$

为了分析计算极化电荷产生的附加电场 $\boldsymbol{E}_P$,需了解电介质的极化特性。不同的电介质的极化程度是不一样的,描述电介质极化程度的物理量称为极化强度矢量,通常用 $\boldsymbol{P}$ 来表示,定义为单位体积中的电偶极矩的矢量和,即

$$\boldsymbol{P}=\lim_{\Delta V\to 0}\frac{\sum\limits_i \boldsymbol{p}_i}{\Delta V} \tag{2.4.2}$$

式中的 $\boldsymbol{p}_i=q_i\boldsymbol{l}_i$ 为体积 ΔV 中第 i 个分子的电偶极矩。极化强度矢量的单位为 $\mathrm{C/m^2}$(库仑/米^2)。一般情况下,极化强度矢量 $\boldsymbol{P}$ 是一个矢量函数。若电介质内各点的 $\boldsymbol{P}$ 相同,则称为均匀极化,否则就是非均匀极化。

图 2.4.1　极化电介质模型

下面来计算极化电荷分布。图 2.4.1 表示一块极化电介质模型,每个分子用一个电偶极子来表示,它的电偶极矩等于分子的平均电偶极矩。

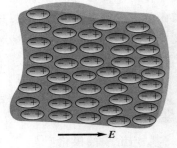

在均匀极化的状态下，电介质内部的电偶极子均匀排列，每一点的净极化电荷都为零，不会出现体分布的极化电荷。对于非均匀极化状态，电介质内部则可能会出现体分布的极化电荷。但是，无论是均匀极化还是非均匀极化，在电介质的表面上都会出现面分布的极化电荷。在图2.4.1中，电介质左边表面上有负的极化电荷，右边表面上有正的极化电荷。

为了计算电介质内部的极化电荷分布，可在电介质中任取一个闭合曲面 S，如图2.4.2所示。电介质极化时，有极化电荷从曲面 S 穿过，所以，S 面内的极化电荷量与从 S 面穿出去的极化电荷量等值异号。在闭合曲面 S 上任取一个面元 $\mathrm{d}\boldsymbol{S}$，其法向单位矢量为 $\boldsymbol{e}_n$，并近似认为 $\mathrm{d}S$ 上的极化强度矢量 $\boldsymbol{P}$ 是均匀的。在电介质极化时，设每个分子的正、负电荷的平均相对位移为 l，则平均分子电偶极矩为 $\boldsymbol{p}=q\boldsymbol{l}$，$\boldsymbol{l}$ 由负电荷指向正电荷。以 $\mathrm{d}\boldsymbol{S}$ 为底、$\boldsymbol{l}$ 为斜高构成一个体积元 $\Delta V=\mathrm{d}\boldsymbol{S}\cdot\boldsymbol{l}$，如图2.4.2所示。显而易见，当电偶极子的负电荷位于 ΔV 内时，对应的正电荷就穿出了面元 $\mathrm{d}\boldsymbol{S}$。设电介质中单位体积的分子数为 N，则穿出面元 $\mathrm{d}\boldsymbol{S}$ 的极化电荷为

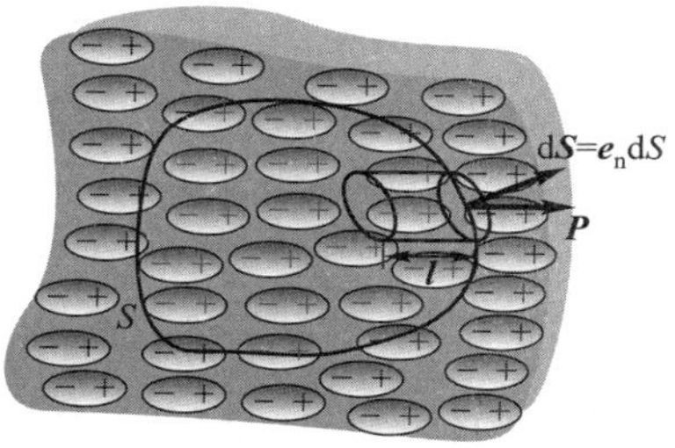

图 2.4.2 闭合面 S 包围的极化电荷

$$Nq\Delta V=Nq\boldsymbol{l}\cdot\mathrm{d}\boldsymbol{S}=\boldsymbol{P}\cdot\mathrm{d}\boldsymbol{S}=\boldsymbol{P}\cdot\boldsymbol{e}_n\mathrm{d}S \tag{2.4.3}$$

因此，从闭合面 S 穿出的极化电荷为 $\oint_S \boldsymbol{P}\cdot\mathrm{d}\boldsymbol{S}$。与之对应，留在闭合面 S 内的极化电荷量为

$$q_P=-\oint_S \boldsymbol{P}\cdot\mathrm{d}\boldsymbol{S}=-\int_V \nabla\cdot\boldsymbol{P}\mathrm{d}V \tag{2.4.4}$$

式中应用了散度定理 $\oint_S \boldsymbol{P}\cdot\mathrm{d}\boldsymbol{S}=\int_V \nabla\cdot\boldsymbol{P}\mathrm{d}V$。因闭合面 S 是任意取的，故 S 限定的体积 V 内的极化电荷体密度应为

$$\rho_P=-\nabla\cdot\boldsymbol{P} \tag{2.4.5}$$

为了计算电介质表面上出现的极化电荷面密度，可在电介质内紧贴表面取一个闭合面，从该闭合面穿出的极化电荷就是电介质表面上的极化电荷。由式(2.4.3)可知，从面积元 $\mathrm{d}\boldsymbol{S}$ 穿过的极化电荷量是 $\boldsymbol{P}\cdot\boldsymbol{e}_n\mathrm{d}S$，故电介质表面上的极化电荷面密度为

$$\rho_{SP}=\boldsymbol{P}\cdot\boldsymbol{e}_n \tag{2.4.6}$$

2. 电介质中的静电场基本方程

前面已提到,将电介质在外电场作用下发生的极化现象归结为电介质内出现极化电荷。有电介质存在的情况下,考虑到极化电荷对电场的影响,电场强度 $\boldsymbol{E}$ 等于自由电荷在真空中产生的电场 $\boldsymbol{E}_0$ 与极化电荷在真空中产生的电场 $\boldsymbol{E}_P$ 的叠加,就可以把真空中的高斯定理应用到有电介质的情况。取一个闭合面 S,则电场强度 $\boldsymbol{E}$ 穿出闭合面 S 的通量为

$$\oint_S \boldsymbol{E} \cdot \mathrm{d}\boldsymbol{S} = \frac{1}{\varepsilon_0}(q + q_P) \tag{2.4.7}$$

其中,q 为闭合面 S 内总的自由电荷,q_P 为闭合面 S 内总的极化电荷。将 $q_P = -\oint_S \boldsymbol{P} \cdot \mathrm{d}\boldsymbol{S}$ 代入式(2.4.7)中,得到

$$\oint_S (\varepsilon_0 \boldsymbol{E} + \boldsymbol{P}) \cdot \mathrm{d}\boldsymbol{S} = q \tag{2.4.8}$$

由此可见,矢量($\varepsilon_0\boldsymbol{E}+\boldsymbol{P}$)的通量仅与所包围的自由电荷 q 有关。为此,引入一个描述电场的辅助矢量 $\boldsymbol{D}$,称之为电位移矢量,定义为

$$\boldsymbol{D} = \varepsilon_0 \boldsymbol{E} + \boldsymbol{P} \tag{2.4.9}$$

于是可将式(2.4.8)写为

$$\oint_S \boldsymbol{D} \cdot \mathrm{d}\boldsymbol{S} = q \tag{2.4.10}$$

这就是电介质中高斯定理的积分形式,它表明电位移矢量穿过任一闭合面的通量等于该闭合面内总的自由电荷,而与极化电荷无关。由式(2.4.10)可知,电位移矢量 $\boldsymbol{D}$ 的单位是 $\mathrm{C/m^2}$(库仑/米^2)。

对于体分布电荷,$q = \int_V \rho \mathrm{d}V$,由式(2.4.10)得到

$$\oint_S \boldsymbol{D} \cdot \mathrm{d}\boldsymbol{S} = \int_V \rho \mathrm{d}V \tag{2.4.11}$$

根据散度定理,$\oint_S \boldsymbol{D} \cdot \mathrm{d}\boldsymbol{S} = \int_V \nabla \cdot \boldsymbol{D} \mathrm{d}V$,可得

$$\int_V \nabla \cdot \boldsymbol{D} \mathrm{d}V = \int_V \rho \mathrm{d}V$$

由于此式对任意体积 V 都成立,故得到

$$\nabla \cdot \boldsymbol{D} = \rho \tag{2.4.12}$$

这就是电介质中高斯定律的微分形式。它表明电介质内任一点的电位移矢量的散度等于该点的自由电荷体密度,即 $\boldsymbol{D}$ 的通量源是自由电荷,电位移矢量线从

正的自由电荷出发而终止于负的自由电荷。

需要指出的是，虽然电位移矢量的通量和散度都只与自由电荷有关，但不能认为电位移矢量只是由自由电荷产生的而与极化电荷无关。实际上，电位移矢量是由自由电荷和极化电荷共同产生的电场强度矢量以及极化强度矢量所决定的。

在静电情况下，自由电荷和介质中的极化电荷都是静止的，所以它们产生的电场仍然是无旋场。也就是说，在电介质中 $\nabla\times\boldsymbol{E}=0$ 和 $\oint_C \boldsymbol{E}\cdot \mathrm{d}\boldsymbol{l}=0$ 仍然成立。因此，电介质中的静电场基本方程的积分形式为

$$\begin{cases}\oint_S \boldsymbol{D}\cdot \mathrm{d}\boldsymbol{S}=q\\ \oint_C \boldsymbol{E}\cdot \mathrm{d}\boldsymbol{l}=0\end{cases} \tag{2.4.13}$$

微分形式为

$$\begin{cases}\nabla\cdot\boldsymbol{D}=\rho\\ \nabla\times\boldsymbol{E}=0\end{cases} \tag{2.4.14}$$

3. 电介质的本构关系

式(2.4.9)适用于任何电介质，其中极化强度矢量 $\boldsymbol{P}$ 不仅与电场强度矢量 $\boldsymbol{E}$ 有关，也与电介质的物理特性有关。也就是说，对于相同的电场强度 $\boldsymbol{E}$，不同电介质的极化情况是不相同的。研究表明，大多数常见的电介质在电场的作用下发生极化时，其极化强度矢量 $\boldsymbol{P}$ 与电场强度矢量 $\boldsymbol{E}$ 成正比，表示为

$$\boldsymbol{P}=\varepsilon_0\chi_e\boldsymbol{E} \tag{2.4.15}$$

式中 χ_e 称为电介质的电极化率，是一个正实数。这类电介质的极化强度矢量 $\boldsymbol{P}$ 与电场强度矢量 $\boldsymbol{E}$ 的方向相同，电极化率 χ_e 与电场强度的方向无关，称为各向同性电介质。

极化强度矢量 $\boldsymbol{P}$ 的方向与电场强度矢量 $\boldsymbol{E}$ 的方向不相同的电介质，称为各向异性电介质，譬如晶体材料就是典型的各向异性电介质。在各向异性电介质中，极化强度矢量 $\boldsymbol{P}$ 在某一方向上的分量不仅与电场强度矢量 $\boldsymbol{E}$ 在该方向分量有关，而且还与电场强度矢量 $\boldsymbol{E}$ 在其他方向上的分量有关，其极化强度矢量 $\boldsymbol{P}$ 与电场强度矢量 $\boldsymbol{E}$ 的关系可表示为

$$\boldsymbol{P}=\varepsilon_0\bar{\bar{\chi}}_e\cdot\boldsymbol{E} \quad 或 \quad \begin{bmatrix}P_x\\P_y\\P_z\end{bmatrix}=\varepsilon_0\begin{bmatrix}\chi_{exx} & \chi_{exy} & \chi_{exz}\\ \chi_{eyx} & \chi_{eyy} & \chi_{eyz}\\ \chi_{ezx} & \chi_{ezy} & \chi_{ezz}\end{bmatrix}\begin{bmatrix}E_x\\E_y\\E_z\end{bmatrix} \tag{2.4.16}$$

其中$\overline{\overline{\chi}}_e$称为电极化率张量，$\chi_{eij}(i、j=x,y,z)$为电极化率张量的分量。

电极化率的值与电场强度的大小无关的电介质称为线性介质，电极化率的值随电场强度的大小的不同而变化的电介质则称为非线性介质。在电场不是很强的情况下，多数介质都是线性的，但是在强电场的作用下就可能呈现出非线性特性。

对于各向同性介质，将式(2.4.15)代入式(2.4.9)得

$$\begin{aligned} \boldsymbol{D} &= \varepsilon_0\boldsymbol{E}+\chi_e\varepsilon_0\boldsymbol{E}=(1+\chi_e)\varepsilon_0\boldsymbol{E} \\ &= \varepsilon_r\varepsilon_0\boldsymbol{E}=\varepsilon\boldsymbol{E} \end{aligned} \tag{2.4.17}$$

式中的$\varepsilon=\varepsilon_0\varepsilon_r$称为电介质的介电常数，单位为 F/m(法拉/米)。$\varepsilon_r=1+\chi_e$称为电介质的相对介电常数，无量纲。表 2.4.1 列出部分电介质的相对介电常数的近似值。

表 2.4.1 部分电介质的相对介电常数

电介质	ε_r	电介质	ε_r
空气	1.000 6	尼龙(固态)	3.8
聚苯乙烯泡沫塑料	1.03	石英	5
干燥木头	2~4	胶木	5
石蜡	2.1	铅玻璃	6
胶合板	2.1	云母	6
聚乙烯	2.26	氯丁橡胶	7
聚苯乙烯	2.6	大理石	8
PVC	2.7	硅	12
琥珀	3	酒精	25
橡胶	3	甘油	50
纸	3	蒸馏水	81
有机玻璃	3.4	二氧化钛	89~173
干燥沙质土壤	3.4	钛酸钡	1 200

式(2.4.17)称为各向同性电介质的本构关系，此关系表明在各向同性电介质中，电位移矢量 $\boldsymbol{D}$ 与电场强度 $\boldsymbol{E}$ 的方向相同。若电介质是线性的，则介电常数与电场强度 $\boldsymbol{E}$ 的大小无关，电位移矢量 $\boldsymbol{D}$ 与电场强度 $\boldsymbol{E}$ 的大小成正比。若电介质是均匀的，则介电常数处处相等，不是空间坐标的函数。若是非均匀电介质，则介电常数是空间坐标的函数。

对于各向异性电介质，由于电极化率为张量，因此介电常数也是一个张量，

表示为 $\overline{\overline{\varepsilon}}$。这时，电位移矢量 $\boldsymbol{D}$ 与电场强度 $\boldsymbol{E}$ 的关系式可写为

$$\boldsymbol{D}=\overline{\overline{\varepsilon}}\cdot\boldsymbol{E}\quad 或\quad \begin{bmatrix}D_x\\D_y\\D_z\end{bmatrix}=\begin{bmatrix}\varepsilon_{xx}&\varepsilon_{xy}&\varepsilon_{xz}\\\varepsilon_{yx}&\varepsilon_{yy}&\varepsilon_{yz}\\\varepsilon_{zx}&\varepsilon_{zy}&\varepsilon_{zz}\end{bmatrix}\begin{bmatrix}E_x\\E_y\\E_z\end{bmatrix}\tag{2.4.18}$$

由此可见，对于各向异性电介质，电位移矢量 $\boldsymbol{D}$ 与电场强度 $\boldsymbol{E}$ 的方向通常是不相同的。

例 2.4.1 半径为 a 、介电常数为 ε 的球形电介质内的极化强度为 $\boldsymbol{P}=\boldsymbol{e}_r\dfrac{k}{r}$，式中的 k 为常数。(1) 计算极化电荷体密度和面密度；(2) 计算电介质球内自由电荷体密度。

解：(1) 电介质球内的极化电荷体密度为

$$\rho_P=-\nabla\cdot\boldsymbol{P}=-\frac{1}{r^2}\frac{\mathrm{d}}{\mathrm{d}r}(r^2P_r)=-\frac{1}{r^2}\frac{\mathrm{d}}{\mathrm{d}r}\left(r^2\frac{k}{r}\right)=-\frac{k}{r^2}\quad (r<a)$$

在 $r=a$ 处的极化电荷面密度为

$$\rho_{SP}=\boldsymbol{P}\cdot\boldsymbol{e}_{\mathrm{n}}=\boldsymbol{e}_r\frac{k}{r}\cdot\boldsymbol{e}_r\Big|_{r=a}=\frac{k}{a}$$

(2) 因 $\boldsymbol{D}=\varepsilon_0\boldsymbol{E}+\boldsymbol{P}$，故

$$\nabla\cdot\boldsymbol{D}=\nabla\cdot(\varepsilon_0\boldsymbol{E}+\boldsymbol{P})=\varepsilon_0\nabla\cdot\boldsymbol{E}+\nabla\cdot\boldsymbol{P}=\varepsilon_0\nabla\cdot\frac{\boldsymbol{D}}{\varepsilon}+\nabla\cdot\boldsymbol{P}$$

即

$$\left(1-\frac{\varepsilon_0}{\varepsilon}\right)\nabla\cdot\boldsymbol{D}=\nabla\cdot\boldsymbol{P}$$

而 $\nabla\cdot\boldsymbol{D}=\rho$，故电介质球内的自由电荷体密度为

$$\rho=\nabla\cdot\boldsymbol{D}=\frac{\varepsilon}{\varepsilon-\varepsilon_0}\nabla\cdot\boldsymbol{P}=-\frac{\varepsilon}{\varepsilon-\varepsilon_0}\frac{k}{r^2}\quad (r<a)$$

例 2.4.2 已知半径为 a_1 的导体球带电荷量为 q，该导体球被内半径为 a_2、外半径为 a_3 的导体球壳所包围，球与球壳间填充介电常数为 ε_1 的均匀电介质，球壳的外表面上敷有一层介电常数为 ε_2 的均匀电介质，介质层的外半径为 a_4，如图 2.4.3 所示。试求：(1) 各区域中的电场强度；(2) 导体表面的自由电荷面密度和介质表面的极化电荷面密度。

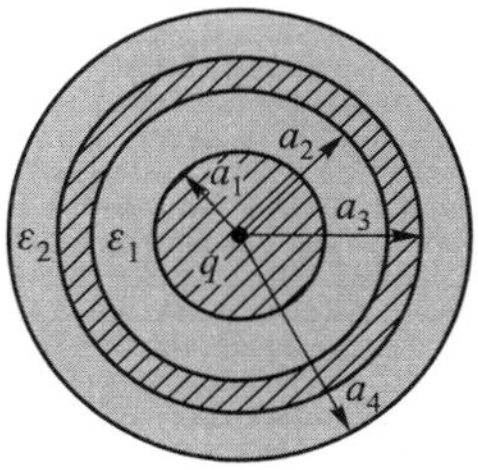

图 2.4.3 同心多层带电球

解：（1）电场垂直于导体表面且成球对称分布，应用高斯定理求解，取半径为 r 的球面 S 为高斯面。

由于导体中不能存在静电场，所以在 $r<a_1$ 和 $a_2<r<a_3$ 的区域中 $\boldsymbol{E}=0$。

在 $a_1<r<a_2$ 的区域中，由 $\oint_S \boldsymbol{D}\cdot \mathrm{d}\boldsymbol{S}=q$，得到

$$\boldsymbol{D}_1=\boldsymbol{e}_r\frac{q}{4\pi r^2},\quad \boldsymbol{E}_1=\frac{\boldsymbol{D}_1}{\varepsilon_1}=\boldsymbol{e}_r\frac{q}{4\pi\varepsilon_1 r^2}$$

同理，在 $a_3<r<a_4$ 的区域中，可得到

$$\boldsymbol{D}_2=\boldsymbol{e}_r\frac{q}{4\pi r^2},\quad \boldsymbol{E}_2=\frac{\boldsymbol{D}_2}{\varepsilon_2}=\boldsymbol{e}_r\frac{q}{4\pi\varepsilon_2 r^2}$$

在 $r>a_4$ 的区域中，可得到

$$\boldsymbol{D}_0=\boldsymbol{e}_r\frac{q}{4\pi r^2},\quad \boldsymbol{E}_0=\frac{\boldsymbol{D}_0}{\varepsilon_0}=\boldsymbol{e}_r\frac{q}{4\pi\varepsilon_0 r^2}$$

（2）在 $r=a_1$ 的导体球面上，$\boldsymbol{e}_\mathrm{n}=\boldsymbol{e}_r$，所以自由电荷面密度为

$$\rho_{S1}=\boldsymbol{e}_\mathrm{n}\cdot\boldsymbol{D}_1\big|_{r=a_1}=\boldsymbol{e}_r\cdot\boldsymbol{D}_1\big|_{r=a_1}=\frac{q}{4\pi a_1^2}$$

在 $r=a_1$ 的介质表面上，$\boldsymbol{e}_\mathrm{n}=-\boldsymbol{e}_r$，所以极化电荷面密度为

$$\rho_{SP1}=\boldsymbol{e}_\mathrm{n}\cdot\boldsymbol{P}_1\big|_{r=a_1}=-\boldsymbol{e}_r\cdot(\varepsilon_1-\varepsilon_0)\boldsymbol{E}_1\big|_{r=a_1}=-\frac{(\varepsilon_1-\varepsilon_0)q}{4\pi\varepsilon_1 a_1^2}$$

在 $r=a_2$ 的导体表面上，$\boldsymbol{e}_\mathrm{n}=-\boldsymbol{e}_r$，所以自由电荷面密度为

$$\rho_{S2}=-\boldsymbol{e}_r\cdot\boldsymbol{D}_1\big|_{r=a_2}=-\frac{q}{4\pi a_2^2}$$

在 $r=a_2$ 的介质表面上，$\boldsymbol{e}_\mathrm{n}=\boldsymbol{e}_r$，所以极化电荷面密度为

$$\rho_{SP2}=\boldsymbol{e}_\mathrm{n}\cdot\boldsymbol{P}_1\big|_{r=a_2}=\boldsymbol{e}_r\cdot(\varepsilon_1-\varepsilon_0)\boldsymbol{E}_2\big|_{r=a_2}=\frac{(\varepsilon_1-\varepsilon_0)q}{4\pi\varepsilon_1 a_2^2}$$

在 $r=a_3$ 的导体表面上，$\boldsymbol{e}_\mathrm{n}=\boldsymbol{e}_r$，所以自由电荷面密度为

$$\rho_{S3}=\boldsymbol{e}_r\cdot\boldsymbol{D}_2\big|_{r=a_3}=\frac{q}{4\pi a_3^2}$$

在 $r=a_3$ 的介质表面上，$\boldsymbol{e}_\mathrm{n}=-\boldsymbol{e}_r$，所以极化电荷面密度为

$$\rho_{SP3}=\boldsymbol{e}_\mathrm{n}\cdot\boldsymbol{P}_2\big|_{r=a_3}=-\boldsymbol{e}_r\cdot(\varepsilon_2-\varepsilon_0)\boldsymbol{E}_2\big|_{r=a_3}=-\frac{(\varepsilon_2-\varepsilon_0)q}{4\pi\varepsilon_2 a_3^2}$$

在 $r=a_4$ 的介质表面上，$\boldsymbol{e}_n=\boldsymbol{e}_r$，所以极化电荷面密度为

$$\rho_{SP4}=\boldsymbol{e}_n\cdot\boldsymbol{P}_2\Big|_{r=a_4}=\boldsymbol{e}_r\cdot(\varepsilon_2-\varepsilon_0)\boldsymbol{E}_2\Big|_{r=a_3}=\frac{(\varepsilon_2-\varepsilon_0)q}{4\pi\varepsilon_2 a_4^2}$$

2.4.2 磁介质的磁化特性

1. 磁介质的磁化

具有磁效应的物质称为磁介质。在物理学中，通常用一个简单的原子模型来解释物质的磁性。电子在自己的轨道上以恒定速度绕原子核运动，形成一个环形电流，它相当于一个磁偶极子，将其磁矩称为轨道磁矩。另外，电子和原子核本身还要自旋，这种自旋形成的电流也相当于一个磁偶极子，将其磁矩称为自旋磁矩。通常可以忽略原子的自旋，将磁介质的每个分子(或原子)等效于一个环形电流，称为分子电流(或称为束缚电流)。分子电流的磁矩称为分子磁矩，用 $\boldsymbol{p}_m$ 表示，定义为

$$\boldsymbol{p}_m=i\Delta\boldsymbol{S} \tag{2.4.19}$$

式中，i 为分子电流；$\Delta\boldsymbol{S}=\boldsymbol{e}_n\Delta S$ 为分子电流所围的面积元矢量，其方向 $\boldsymbol{e}_n$ 与 i 流动的方向成右手螺旋关系，如图 2.4.4 所示。

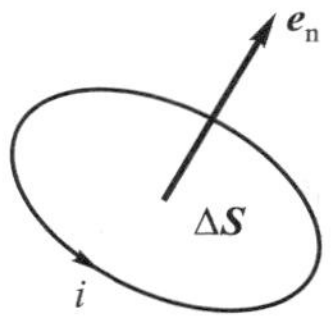

图 2.4.4 分子电流模型

不同磁介质的分子磁矩不同，可能不为零，也可能为零。因此，磁介质可分为抗磁体、顺磁体和铁磁体三种类型。

分子磁矩为零的磁介质称为抗磁体，如金、银、铜等。当外加磁场时，电子除了自旋及轨道运动外还要围绕外加磁场产生运动，这种运动方式称为进动。电子进动会产生与外加磁场方向相反的磁矩，使得介质中的磁场减弱。

动画 2-4-2
磁介质磁化

分子磁矩不为零的磁介质称为顺磁体，如空气、铝、钯等。不存在外磁场时，顺磁体中的各个分子磁矩的取向是杂乱无章的，其合成磁矩几乎为零，即 $\sum\boldsymbol{p}_m=0$，不会产生宏观的磁效应，如图 2.4.5(a)所示。当有外磁场作用时，分子磁矩受到磁场力的作用，沿着磁场方向有序取向，其合成磁矩不再为零，即 $\sum\boldsymbol{p}_m\neq0$，产生宏观的磁效应，使得介质中的磁场增强，如图 2.4.5(b)所示。

铁磁体内许多极小区域中的磁矩方向相同从而形成磁畴。在没有外加磁场时，这些磁畴的磁矩相互抵消，因而不呈现宏观的磁效应。但当铁磁体置于外加磁场中时，每一个磁畴的磁矩都会转动而与外加磁场方向趋于一致，产生很强的磁性。

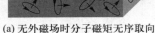

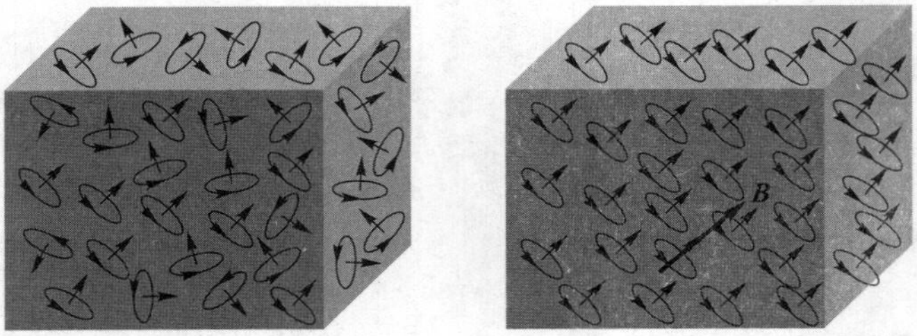

(a) 无外磁场时分子磁矩无序取向 (b) 存在外磁场时分子磁矩有序取向

图 2.4.5 顺磁体的磁化模型

描述磁介质磁化程度的物理量称为磁化强度矢量,用 $\boldsymbol{M}$ 来表示,定义为单位体积中的分子磁矩的矢量和,即

$$\boldsymbol{M}=\lim_{\Delta V\to 0}\frac{\sum_{i}\boldsymbol{p}_{\mathrm{m}i}}{\Delta V} \tag{2.4.20}$$

式中的 $\boldsymbol{p}_{\mathrm{m}i}$ 表示体积 ΔV 内第 i 个分子的磁矩。$\boldsymbol{M}$ 是一个矢量函数,它的单位是 A/m(安培/米)。若磁介质内各点的 $\boldsymbol{M}$ 相同,称之为均匀磁化,否则称为非均匀磁化。

磁介质被磁化后,其内部和表面可能出现宏观电流分布,称为磁化电流。磁介质的磁化电流与磁化强度密切相关。下面就来讨论这种关系。

在磁介质中任意取一个由回路 C 限定的曲面 S,使 S 面的法线方向与回路 C 的绕行方向构成右手螺旋关系,如图 2.4.6(a)所示。现在来计算穿过曲面 S 的磁化电流 I_M,显然,只有那些与回路 C 交链的分子电流才对磁化电流 I_M 有贡献。这是因为未与回路 C 交链的分子电流或者不穿过曲面 S,或者是与曲面 S 沿相反方向穿越两次而使其作用相抵消。为了求得 I_M 与 $\boldsymbol{M}$ 的关系,在回路 C 上取长度元 $\mathrm{d}\boldsymbol{l}$,以分子电流环面积 $\Delta\boldsymbol{S}$ 为底、$\mathrm{d}\boldsymbol{l}$ 为斜高作一个圆柱体,如图 2.4.6(b)所示。此时只有分子电流中心在圆柱体内的分子电流才与回路 C 交链。设磁介质单位体积中的分子数为 N,每个分子的磁矩为 $\boldsymbol{p}_{\mathrm{m}}=i\Delta\boldsymbol{S}$,则与长度元 $\mathrm{d}\boldsymbol{l}$ 交链的磁化电流为

$$\mathrm{d}I_M=Ni\Delta\boldsymbol{S}\cdot\mathrm{d}\boldsymbol{l}=N\boldsymbol{p}_{\mathrm{m}}\cdot\mathrm{d}\boldsymbol{l}=\boldsymbol{M}\cdot\mathrm{d}\boldsymbol{l}$$

穿过整个曲面 S 的磁化电流为

$$I_M=\oint_C\mathrm{d}I_M=\oint_C\boldsymbol{M}\cdot\mathrm{d}\boldsymbol{l}=\int_S\nabla\times\boldsymbol{M}\cdot\mathrm{d}\boldsymbol{S} \tag{2.4.21}$$

式中应用了矢量分析中的斯托克斯定理 $\int_S\nabla\times\boldsymbol{F}\cdot\mathrm{d}\boldsymbol{S}=\oint_C\boldsymbol{F}\cdot\mathrm{d}\boldsymbol{l}$。

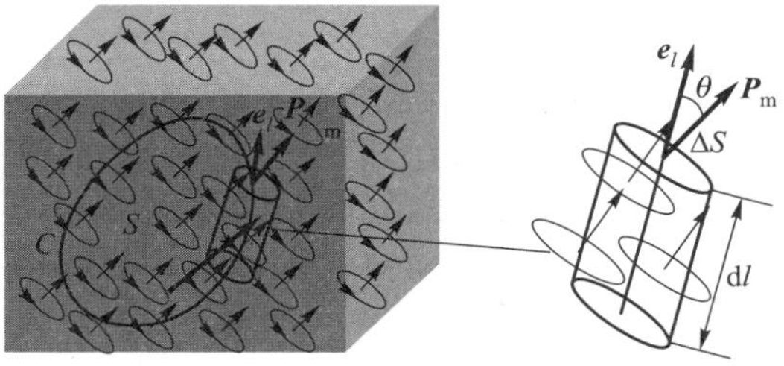

(a) 与闭合曲线C交链的分子电流　(b) 曲线C上的圆柱形体积元

图 2.4.6　穿过 S 面的磁化电流 I_M

将磁化电流 I_M 表示为磁化电流密度 $\boldsymbol{J}_M$ 的积分，即

$$I_M = \int_S \boldsymbol{J}_M \cdot \mathrm{d}\boldsymbol{S} \tag{2.4.22}$$

比较式(2.4.21)和式(2.4.22)，得

$$\boldsymbol{J}_M = \nabla\times\boldsymbol{M} \tag{2.4.23}$$

这就是磁介质内磁化电流密度与磁化强度的关系式，可用来计算磁介质内部的磁化电流分布。

为了求得磁介质表面上的磁化面电流密度，在磁介质内紧贴表面取一长度元 $\mathrm{d}\boldsymbol{l}=\boldsymbol{e}_l\mathrm{d}l$，如图 2.4.7 所示，则与长度元 $\mathrm{d}\boldsymbol{l}$ 交链的磁化电流为 $\mathrm{d}I_M=\boldsymbol{M}\cdot\mathrm{d}\boldsymbol{l}=\boldsymbol{M}\cdot\boldsymbol{e}_l\mathrm{d}l$。设磁介质表面上与 $\mathrm{d}\boldsymbol{l}$ 垂直的切向单位矢量为 $\boldsymbol{e}_t$，则有 $\boldsymbol{e}_l=\boldsymbol{e}_n\times\boldsymbol{e}_t$，所以 $\mathrm{d}I_M=\boldsymbol{M}\cdot(\boldsymbol{e}_n\times\boldsymbol{e}_t)\mathrm{d}l=(\boldsymbol{M}\times\boldsymbol{e}_n)\cdot\boldsymbol{e}_t\mathrm{d}l$，故得到磁化面电流密度矢量为

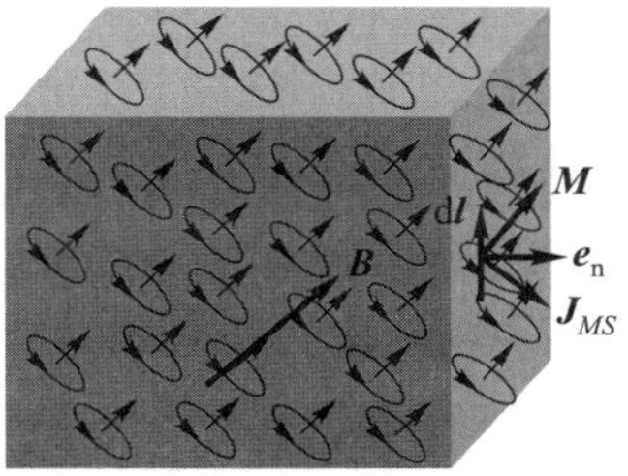

图 2.4.7　磁介质表面的磁化面电流密度

$$\boldsymbol{J}_{SM}=\boldsymbol{M}\times\boldsymbol{e}_n \tag{2.4.24}$$

式中的 $\boldsymbol{e}_n$ 为磁介质表面的法向单位矢量。

2. 磁介质中恒定磁场的基本方程

磁介质被磁化后，磁感应强度 $\boldsymbol{B}$ 等于传导电流 I 在真空中产生的磁感应强

度 $\boldsymbol{B}_0$ 和磁化电流 I_M 在真空中产生的磁感应强度 $\boldsymbol{B}_M$ 的叠加，即

$$\boldsymbol{B}=\boldsymbol{B}_0+\boldsymbol{B}_M$$

因此，将真空中的安培环路定理推广到有磁介质的情况，则有

$$\oint_C \boldsymbol{B}\cdot \mathrm{d}\boldsymbol{l}=\mu_0(I+I_M) \tag{2.4.25}$$

将 $I_M=\oint_C \boldsymbol{M}\cdot \mathrm{d}\boldsymbol{l}$ 代入式(2.4.25)，可得

$$\oint_C\left(\frac{1}{\mu_0}\boldsymbol{B}-\boldsymbol{M}\right)\cdot \mathrm{d}\boldsymbol{l}=I \tag{2.4.26}$$

引入包含磁化效应的物理量——磁场强度 $\boldsymbol{H}$，即令

$$\boldsymbol{H}=\frac{1}{\mu_0}\boldsymbol{B}-\boldsymbol{M} \tag{2.4.27}$$

则式(2.4.26)变为

$$\oint_C \boldsymbol{H}\cdot \mathrm{d}\boldsymbol{l}=I \tag{2.4.28}$$

这就是磁介质中的安培环路定理的积分形式，它表明磁场强度沿任意闭合路径的环量等于与该闭合路径交链的传导电流。磁场强度的单位为 A/m(安/米)。

对于体分布电流，将 $I=\int_S \boldsymbol{J}\cdot \mathrm{d}\boldsymbol{S}$ 代入式(2.4.28)，并利用斯托克斯定理，可得到磁介质中的安培环路定理的微分形式为

$$\nabla\times\boldsymbol{H}=\boldsymbol{J} \tag{2.4.29}$$

由此可见，在磁介质中任一点的磁场强度的旋度等于该点的传导电流密度。

在磁介质中，磁感应强度的散度仍然为零。因此，在存在磁介质的情况下，恒定磁场基本方程的积分形式为

$$\begin{cases}\oint_S \boldsymbol{B}\cdot \mathrm{d}\boldsymbol{S}=0\\ \oint_C \boldsymbol{H}\cdot \mathrm{d}\boldsymbol{l}=I\end{cases} \tag{2.4.30}$$

微分形式则为

$$\begin{cases}\nabla\cdot\boldsymbol{B}=0\\ \nabla\times\boldsymbol{H}=\boldsymbol{J}\end{cases} \tag{2.4.31}$$

3. 磁介质的本构关系

式(2.4.27)适用于任意的磁介质，其中磁化强度矢量 $\boldsymbol{M}$ 与磁场强度矢量 $\boldsymbol{H}$

和磁介质的物理特性有关。实验表明，对于线性和各向同性磁介质，磁化强度 $\boldsymbol{M}$ 与磁场强度 $\boldsymbol{H}$ 成正比，表示为

$$\boldsymbol{M}=\chi_{\mathrm{m}}\boldsymbol{H} \tag{2.4.32}$$

式中的 χ_{m} 称为磁介质的磁化率，是一个无量纲的常数，不同的磁介质有不同的磁化率。

将式(2.4.32)代入式(2.4.27)，得 $\boldsymbol{H}=\dfrac{\boldsymbol{B}}{\mu_0}-\chi_{\mathrm{m}}\boldsymbol{H}$，即

$$\boldsymbol{B}=(1+\chi_{\mathrm{m}})\mu_0\boldsymbol{H}=\mu_{\mathrm{r}}\mu_0\boldsymbol{H}=\mu\boldsymbol{H} \tag{2.4.33}$$

此式称为各向同性磁介质的本构关系。式中，$\mu=\mu_{\mathrm{r}}\mu_0$ 称为磁介质的磁导率，单位为H/m(亨利/米)；$\mu_{\mathrm{r}}=(1+\chi_{\mathrm{m}})$ 称为磁介质的相对磁导率，无量纲。真空中 $\chi_{\mathrm{m}}=0$、$\mu_{\mathrm{r}}=1$，无磁化效应，$\boldsymbol{M}=0$，$\boldsymbol{B}=\mu_0\boldsymbol{H}$。

$\chi_{\mathrm{m}}>0$ 的磁介质为顺磁体，此时 $\mu_{\mathrm{r}}>1$；$\chi_{\mathrm{m}}<0$ 的磁介质为抗磁体，此时 $\mu_{\mathrm{r}}<1$。但无论是顺磁体，还是抗磁体，它们的磁化效应都很弱，通常都将其统称为非铁磁性物质，认为 $\mu_{\mathrm{r}}\approx1$。对于铁磁性物质，B 和 H 的关系是非线性的，μ 是 $\boldsymbol{H}$ 的函数，且与原始的磁化状态有关。μ_{r} 值可达几百、几千，甚至更大。表 2.4.2 列出部分材料的相对磁导率的近似值。

表 2.4.2 部分材料的相对磁导率

材料	种类	μ_{r}	材料	种类	μ_{r}
铋	抗磁体	0.999 83	2-81 坡莫合金	铁磁体	130
金	抗磁体	0.999 96	钴	铁磁体	250
银	抗磁体	0.999 98	镍	铁磁体	600
铜	抗磁体	0.999 99	锰锌铁氧体	铁磁体	1 500
水	抗磁体	0.999 99	低碳钢	铁磁体	2 000
空气	顺磁体	1.000 000 4	坡莫合金 45	铁磁体	2 500
铝	顺磁体	1.000 021	纯铁	铁磁体	4 000
钯	顺磁体	1.000 82	铁镍合金	铁磁体	100 000

对于各向异性磁介质，μ 是张量，表示为 $\bar{\bar{\mu}}$。此时 $\boldsymbol{B}$ 和 $\boldsymbol{H}$ 的关系式可写为

$$\boldsymbol{B}=\bar{\bar{\mu}}\cdot\boldsymbol{H},\quad \begin{bmatrix}B_x\\B_y\\B_z\end{bmatrix}=\begin{bmatrix}\mu_{xx}&\mu_{xy}&\mu_{xz}\\\mu_{yx}&\mu_{yy}&\mu_{yz}\\\mu_{zx}&\mu_{zy}&\mu_{zz}\end{bmatrix}\begin{bmatrix}H_x\\H_y\\H_z\end{bmatrix} \tag{2.4.34}$$

例 2.4.3 半径 $r=a$ 的球形磁介质的磁化强度为 $\boldsymbol{M}=\boldsymbol{e}_z(Az^2+B)$，如图 2.4.8 所示。式中的 A、B 为常数，求磁化电流分布。

解：介质体内的磁化电流密度为

$$\boldsymbol{J}_M = \nabla\times\boldsymbol{M}$$

$$=\left(\boldsymbol{e}_x\frac{\partial}{\partial x}+\boldsymbol{e}_y\frac{\partial}{\partial y}+\boldsymbol{e}_z\frac{\partial}{\partial z}\right)\times\boldsymbol{e}_z(Az^2+B)=0$$

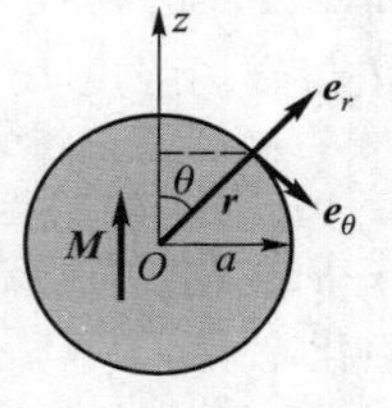

图 2.4.8 球形磁化介质

$r=a$ 处的磁化面电流密度为

$$\boldsymbol{J}_{SM}=\boldsymbol{M}\times\boldsymbol{e}_n\big|_{r=a}$$

式中的 $\boldsymbol{e}_n=\boldsymbol{e}_r$。在球面上任一点，有 $z=a\cos\theta$，而直角坐标系中的单位矢量 $\boldsymbol{e}_z$ 换成球坐标系中的单位矢量表示为

$$\boldsymbol{e}_z=\boldsymbol{e}_r\cos\theta-\boldsymbol{e}_\theta\sin\theta$$

所以题目所给的磁化强度换成球坐标系表示为

$$\boldsymbol{M}=(\boldsymbol{e}_r\cos\theta-\boldsymbol{e}_\theta\sin\theta)(Aa^2\cos^2\theta+B)$$

故

$$\boldsymbol{J}_{SM}=(\boldsymbol{e}_r\cos\theta-\boldsymbol{e}_\theta\sin\theta)(Aa^2\cos^2\theta+B)\times\boldsymbol{e}_r$$

$$=\boldsymbol{e}_\phi(Aa^2\cos^2\theta+B)\sin\theta$$

例 2.4.4 内、外半径分别为 $\rho_{内}=a$ 和 $\rho_{外}=b$ 的无限长圆筒形磁介质中，沿轴向有电流密度为 $\boldsymbol{J}=\boldsymbol{e}_zJ_0$ 的传导电流，如图 2.4.9 所示。设磁介质的磁导率为 μ，求磁化电流分布。

解：由于沿轴向的电流均匀分布，则其磁场分布具有轴对称性，可利用安培环路定理求各个区域内的磁场分布。

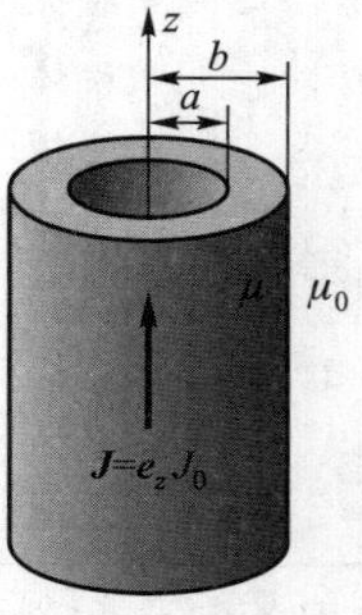

图 2.4.9 无限长圆柱筒磁介质

在 $\rho<a$ 的区域，根据式(2.4.28)，得

$$2\pi\rho H_{1\phi}=0$$

故 $$\boldsymbol{H}_1=0,\quad \boldsymbol{B}_1=0$$

在 $a<\rho<b$ 的区域，得

$$2\pi\rho H_{2\phi}=J_0\pi(\rho^2-a^2)$$

故

$$\boldsymbol{H}_2=\boldsymbol{e}_\phi H_{2\phi}=\boldsymbol{e}_\phi\frac{J_0}{2\rho}(\rho^2-a^2)$$

$$\boldsymbol{B}_2=\mu\boldsymbol{H}_2=\boldsymbol{e}_\phi\frac{\mu J_0}{2\rho}(\rho^2-a^2)$$

在 $\rho>b$ 的区域，得

$$2\pi\rho H_{3\phi}=J_0\pi(b^2-a^2)$$

故

$$\boldsymbol{H}_3=\boldsymbol{e}_\phi H_{3\phi}=\boldsymbol{e}_\phi\frac{J_0}{2\rho}(b^2-a^2)$$

$$\boldsymbol{B}_3=\mu_0\boldsymbol{H}_3=\boldsymbol{e}_\phi\frac{\mu_0 J_0}{2\rho}(b^2-a^2)$$

磁介质的磁化强度

$$\begin{aligned}\boldsymbol{M}&=\frac{\boldsymbol{B}_2}{\mu_0}-\boldsymbol{H}_2\\&=\left(\frac{\mu}{\mu_0}-1\right)\boldsymbol{H}_2\\&=\boldsymbol{e}_\phi\frac{\mu-\mu_0}{2\mu_0\rho}J_0(\rho^2-a^2)\quad(a<\rho<b)\end{aligned}$$

则磁介质圆筒内的磁化电流密度为

$$\begin{aligned}\boldsymbol{J}_M&=\nabla\times\boldsymbol{M}=\frac{1}{\rho}\begin{vmatrix}\boldsymbol{e}_\rho & \boldsymbol{e}_\phi & \boldsymbol{e}_z\\ \dfrac{\partial}{\partial\rho} & \dfrac{\partial}{\partial\phi} & \dfrac{\partial}{\partial z}\\ M_\rho & \rho M_\phi & M_z\end{vmatrix}\\&=\frac{1}{\rho}\boldsymbol{e}_z\frac{\mathrm{d}}{\mathrm{d}\rho}(\rho M_\phi)=\boldsymbol{e}_z\frac{\mu-\mu_0}{\mu_0}J_0\quad(a<\rho<b)\end{aligned}$$

在磁介质圆筒内表面 $\rho=a$ 上

$$\boldsymbol{J}_{SM}=\boldsymbol{M}\times\boldsymbol{e}_\mathrm{n}\big|_{\rho=a}=\boldsymbol{M}\times(-\boldsymbol{e}_\rho)\big|_{\rho=a}=\boldsymbol{e}_z\frac{\mu-\mu_0}{2\mu_0 a}J_0(a^2-a^2)=0$$

在磁介质圆筒外表面 $\rho=b$ 上

$$\boldsymbol{J}_{SM}=\boldsymbol{M}\times\boldsymbol{e}_\mathrm{n}\big|_{\rho=b}=\boldsymbol{M}\times\boldsymbol{e}_\rho\big|_{\rho=b}=-\boldsymbol{e}_z\frac{\mu-\mu_0}{2\mu_0 b}J_0(b^2-a^2)$$

2.4.3 导电媒质的传导特性

导电媒质内部有许许多多能自由运动的带电粒子，它们在外电场的作用下可以做宏观定向运动而形成电流。

在线性和各向同性的导电媒质内,任意一点的电流密度矢量 $\boldsymbol{J}$ 与该点的电场强度 $\boldsymbol{E}$ 成正比,表示为

$$\boldsymbol{J}=\sigma\boldsymbol{E} \tag{2.4.35}$$

动画 2-4-3
导电媒质的
传导特性

式中 σ 称为媒质的电导率,单位是 S/m(西门子/米)或 1/(Ω·m)[1/(欧姆·米)]。式(2.4.35)是线性、各向同性导电媒质的本构关系,也称为欧姆定律的微分形式。满足式(2.4.35)的材料称为欧姆材料。

电导率 σ 的值与媒质有关,而且随温度变化。表 2.4.3 列出部分常见材料的电导率。

表 2.4.3　部分材料的电导率

材料	电导率/(S/m)	材料	电导率/(S/m)
海水	4	铅	5×10^{6}
铁氧体	10^{2}	锡	9×10^{6}
硅	2.6×10^{3}	黄铜	1.46×10^{7}
石墨	10^{5}	锌	1.7×10^{7}
铸铁	10^{6}	钨	1.8×10^{7}
汞	1.04×10^{6}	铝	3.53×10^{7}
不锈钢	10^{6}	金	4.1×10^{7}
康铜	2.04×10^{6}	铜	5.8×10^{7}
硅钢	2×10^{6}	银	6.2×10^{7}

在导电媒质中,电荷受电场力的作用而运动,因此电场要对电荷做功。设体密度为 ρ 的电荷在电场力的作用下以平均速度 $\boldsymbol{v}$ 运动,则作用于体积元 $\mathrm{d}V$ 内的电荷的电场力为 $\mathrm{d}\boldsymbol{F}=\rho\mathrm{d}V\boldsymbol{E}$。若在 $\mathrm{d}t$ 时间内,电荷的移动距离为 $\mathrm{d}\boldsymbol{l}$,则电场力所做的功为

$$\mathrm{d}W=\mathrm{d}\boldsymbol{F}\cdot\mathrm{d}\boldsymbol{l}=\rho\mathrm{d}V\boldsymbol{E}\cdot\boldsymbol{v}\mathrm{d}t=\boldsymbol{J}\cdot\boldsymbol{E}\mathrm{d}V\mathrm{d}t$$

式中的 $\boldsymbol{J}=\rho\boldsymbol{v}$。电场力 $\mathrm{d}\boldsymbol{F}$ 所做的功转换成了热能,称为焦耳损耗。因此,体积元 $\mathrm{d}V$ 内的损耗功率为

$$\mathrm{d}P_{\mathrm{L}}=\frac{\mathrm{d}W}{\mathrm{d}t}=\boldsymbol{J}\cdot\boldsymbol{E}\mathrm{d}V$$

单位体积的损耗功率(即损耗功率密度)为

$$p_L=\frac{dP_L}{dV}=\boldsymbol{J}\cdot\boldsymbol{E} \tag{2.4.36}$$

此式称为焦耳定律的微分形式。

整个体积 V 中的导电媒质消耗的功率为

$$P_L=\int_V p_L dV=\int_V \boldsymbol{J}\cdot\boldsymbol{E}dV \tag{2.4.37}$$

此即称为焦耳定律的积分形式。

对于线性和各向同性的导体,$\boldsymbol{J}$ 和 $\boldsymbol{E}$ 的关系满足式(2.4.35),则式(2.4.36)和式(2.4.37)可分别表示为

$$p_L=\sigma\boldsymbol{E}\cdot\boldsymbol{E}=\sigma E^2 \tag{2.4.38}$$

$$P_L=\int_V \sigma E^2 dV \tag{2.4.39}$$

至此,讨论了媒质的极化特性、磁化特性和导电特性,它们分别用介电常数、磁导率和电导率来描述。

2.5 电磁感应定律和位移电流

前面讨论了静止电荷产生的静电场,恒定电流产生的恒定磁场。静电场和恒定磁场都与时间无关,且电场和磁场是彼此独立的。

当电荷、电流随时间变化时,产生的电场和磁场也要随时间变化,这时电场与磁场不再是相互无关的了。随时间变化的电场要在空间产生磁场,而随时间变化的磁场也要产生电场,电场与磁场相互激励,构成了时变电磁场的两个不可分割的部分。

本节先介绍法拉第电磁感应定律,引出感应电场的概念,表明时变磁场要产生时变电场。然后介绍麦克斯韦关于位移电流的假说,表明时变电场要产生时变磁场。

2.5.1 法拉第电磁感应定律

英国物理学家法拉第等人经过大量的实验探索,终于在 1831 年取得突破,

发现了导体回路所围面积的磁通量发生变化时，回路中就会出现感应电动势，并引起感应电流。法拉第等人的实验表明，感应电动势与穿过回路所围面积的磁通量的时间变化率成正比。若规定回路中感应电动势的参考方向与穿过该回路所围面积的磁通量 $\boldsymbol{\Phi}$ 符合右手螺旋关系，如图 2.5.1 所示，则感应电动势为

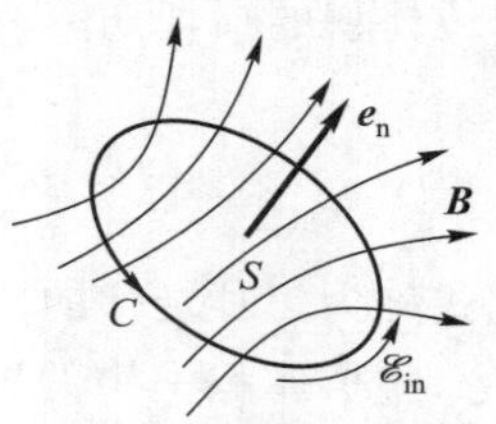

图 2.5.1 穿过导体回路的磁通变化产生感应电动势

$$\mathscr{E}_{in} = -\frac{d\boldsymbol{\Phi}}{dt} = -\frac{d}{dt}\int_S \boldsymbol{B}\cdot d\boldsymbol{S} \qquad (2.5.1)$$

这就是法拉第电磁感应定律。感应电动势的实际方向由 $-\frac{d\boldsymbol{\Phi}}{dt}$ 的符号（正或负）再与规定的电动势的参考方向相比较而定出。若 $\mathscr{E}_{in}<0$（即磁通随时间增加时），表明感应电动势的实际方向与规定的参考方向相反；若 $\mathscr{E}_{in}>0$（即磁通随时间减少时），表明感应电动势的实际方向与规定的参考方向相同。因此，感应电流产生的磁通总是对原磁通的变化起阻碍作用。

导体内存在感应电流表明导体内必然存在感应电场 $\boldsymbol{E}_{in}$，因此，感应电动势可以表示为感应电场的积分，即

$$\mathscr{E}_{in} = \oint_C \boldsymbol{E}_{in}\cdot d\boldsymbol{l}$$

这样，式(2.5.1)可表示为

$$\oint_C \boldsymbol{E}_{in}\cdot d\boldsymbol{l} = -\frac{d}{dt}\int_S \boldsymbol{B}\cdot d\boldsymbol{S} \qquad (2.5.2)$$

由此可见，感应电场的环流不等于 0，这表明感应电场是涡旋电场，感应电场线是闭合曲线。

由式(2.5.2)看出，回路中的感应电动势与构成回路的导体性质无关。也就是说，只要回路所围面积的磁通发生变化，回路中就会产生感应电动势，也就存在感应电场。因此，麦克斯韦认为，感应电场是磁场随时间变化的结果，不仅存在于导体内，在导体周围的空间也存在感应电场。所以，式(2.5.2)不仅适用于磁场中的导体回路，也适用于磁场中任意选取的一个空间回路。

当空间中还有由电荷产生的库仑电场 $\boldsymbol{E}_C$ 时，总电场等于库仑电场 $\boldsymbol{E}_C$ 与感应电场 $\boldsymbol{E}_{in}$ 的叠加，即 $\boldsymbol{E}=\boldsymbol{E}_{in}+\boldsymbol{E}_C$。由于 $\oint_C \boldsymbol{E}_C\cdot d\boldsymbol{l}=0$，故有

$$\oint_C \boldsymbol{E}\cdot d\boldsymbol{l} = -\frac{d}{dt}\int_S \boldsymbol{B}\cdot d\boldsymbol{S} \qquad (2.5.3)$$

这就是推广了的法拉第电磁感应定律的积分形式。在式(2.5.3)中,磁通变化可以是磁场随时间变化而引起,也可以是由于回路移动引起,或者是两者皆存在所引起。

如果回路是静止的,则穿过回路的磁通变化是由于磁场随时间变化引起的。此时,式(2.5.3)右端对时间求导只是时变磁场 $\boldsymbol{B}$ 对时间求偏导,即得

$$\oint_C \boldsymbol{E} \cdot \mathrm{d}\boldsymbol{l} = -\int_S \frac{\partial \boldsymbol{B}}{\partial t} \cdot \mathrm{d}\boldsymbol{S} \tag{2.5.4}$$

这是静止回路位于时变磁场中时,法拉第电磁感应定律的积分形式。利用斯托克斯定理,上式可表示为

$$\int_S (\nabla \times \boldsymbol{E}) \cdot \mathrm{d}\boldsymbol{S} = -\int_S \frac{\partial \boldsymbol{B}}{\partial t} \cdot \mathrm{d}\boldsymbol{S}$$

上式对任意回路所围面积 S 都成立,故必有

$$\nabla \times \boldsymbol{E} = -\frac{\partial \boldsymbol{B}}{\partial t} \tag{2.5.5}$$

这是静止回路位于时变磁场中的法拉第电磁感应定律的微分形式,揭示了时变磁场产生电场这一重要特性,是静止媒质中的电磁场的一个基本方程。

当磁场不随时间变化,而回路以速度 $\boldsymbol{v}$ 在磁场中运动时,穿过回路的磁通变化是由回路运动引起的。如图 2.5.2 所示,在回路 C 上任取一个长度元 $\mathrm{d}\boldsymbol{l}$。在时间 $\mathrm{d}t$ 内,回路上的长度元 $\mathrm{d}\boldsymbol{l}$ 扫过的面积元 $\mathrm{d}\boldsymbol{S}=\boldsymbol{v}\times\mathrm{d}\boldsymbol{l}\mathrm{d}t$,则穿过此面元 $\mathrm{d}\boldsymbol{S}$ 的磁通为 $\boldsymbol{B}\cdot\mathrm{d}\boldsymbol{S}=\boldsymbol{B}\cdot(\boldsymbol{v}\times\mathrm{d}\boldsymbol{l})\mathrm{d}t=-(\boldsymbol{v}\times\boldsymbol{B})\cdot\mathrm{d}\boldsymbol{l}\mathrm{d}t$。根据磁通连续性,在时间 $\mathrm{d}t$ 内穿过回路 C 的磁通的增量 $\mathrm{d}\Phi$ 应等于穿过该回路所扫过的面积的磁通,即

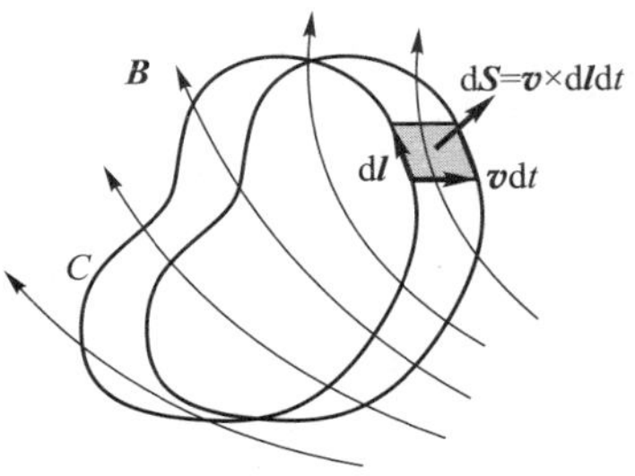

图 2.5.2 回路在恒定磁场中运动

$$\mathrm{d}\Phi = -\oint_C (\boldsymbol{v}\times\boldsymbol{B}) \cdot \mathrm{d}\boldsymbol{l}\mathrm{d}t$$

则回路运动所引起的感应电动势为

$$\mathscr{E}_{\mathrm{in}} = -\frac{\mathrm{d}\Phi}{\mathrm{d}t} = \oint_C (\boldsymbol{v}\times\boldsymbol{B}) \cdot \mathrm{d}\boldsymbol{l}$$

于是得到

$$\oint_C \boldsymbol{E} \cdot \mathrm{d}\boldsymbol{l} = \oint_C (\boldsymbol{v}\times\boldsymbol{B}) \cdot \mathrm{d}\boldsymbol{l} \tag{2.5.6}$$

当回路在时变磁场中运动时，穿过回路的磁通变化既由磁场随时间变化引起，也由回路的运动引起。因此，回路中的感应电动势为

$$\oint_C \boldsymbol{E} \cdot \mathrm{d}\boldsymbol{l} = -\int_S \frac{\partial \boldsymbol{B}}{\partial t} \cdot \mathrm{d}\boldsymbol{S} + \oint_C (\boldsymbol{v} \times \boldsymbol{B}) \cdot \mathrm{d}\boldsymbol{l} \tag{2.5.7}$$

这是法拉第电磁感应定律积分形式的一般形式。利用斯托克斯定理可导出相对应的微分形式为

$$\nabla\times\boldsymbol{E} = -\frac{\partial \boldsymbol{B}}{\partial t} + \nabla\times(\boldsymbol{v}\times\boldsymbol{B}) \tag{2.5.8}$$

这是运动回路位于时变磁场中的法拉第电磁感应定律的微分形式，是运动媒质中的电磁场的一个基本方程。

例 2.5.1　长为 a、宽为 b 的静止矩形回路中有均匀磁场 $\boldsymbol{B}$ 垂直穿过，回路上有可滑动的导体 L，如图 2.5.3 所示。在以下三种情况下，求矩形环内的感应电动势。

（1）$\boldsymbol{B} = \boldsymbol{e}_z B_0 \cos\omega t$，矩形回路上的可滑动导体 L 静止；

（2）$\boldsymbol{B} = \boldsymbol{e}_z B_0$，矩形回路上的可滑动导体 L 以匀速 $\boldsymbol{v} = \boldsymbol{e}_x v$ 运动；

（3）$\boldsymbol{B} = \boldsymbol{e}_z B_0 \cos\omega t$，且矩形回路上的可滑动导体 L 以匀速 $\boldsymbol{v} = \boldsymbol{e}_x v$ 运动。

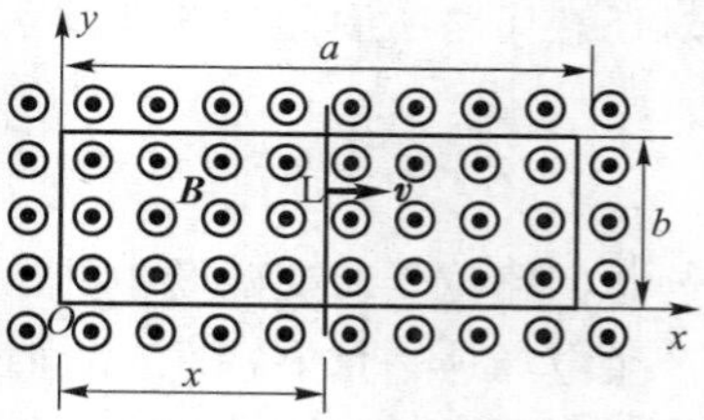

图 2.5.3　带有可滑动导体的矩形回路感

解：（1）均匀磁场 $\boldsymbol{B}$ 随时间做简谐变化，而回路静止，因而回路内的感应电动势是由磁场变化产生的。根据式（2.5.4），得

$$\begin{aligned}\mathscr{E}_{\text{in}} &= \oint_C \boldsymbol{E} \cdot \mathrm{d}\boldsymbol{l} = -\int_S \frac{\partial \boldsymbol{B}}{\partial t} \cdot \mathrm{d}\boldsymbol{S} = -\int_S \frac{\partial}{\partial t}(\boldsymbol{e}_z B_0 \cos\omega t) \cdot \boldsymbol{e}_z \mathrm{d}S \\ &= \omega B_0 ab \sin\omega t\end{aligned}$$

（2）均匀磁场 $\boldsymbol{B}$ 为静态场，而回路上的可滑动导体以匀速运动，因而回路内的感应电动势全部是由导体 L 在磁场中运动产生的。根据式（2.5.6），得

$$\mathscr{E}_{\text{in}} = \oint_C \boldsymbol{E} \cdot \mathrm{d}\boldsymbol{l} = \oint_C (\boldsymbol{v} \times \boldsymbol{B}) \cdot \mathrm{d}\boldsymbol{l} = \oint_C (\boldsymbol{e}_x v \times \boldsymbol{e}_z B_0) \cdot (\boldsymbol{e}_y \mathrm{d}l) = -vB_0 b$$

也可由式（2.5.3）计算

$$\mathscr{E}_{\text{in}} = \oint_C \boldsymbol{E} \cdot \mathrm{d}\boldsymbol{l} = -\frac{\mathrm{d}}{\mathrm{d}t}\int \boldsymbol{B} \cdot \mathrm{d}\boldsymbol{S} = -\frac{\mathrm{d}}{\mathrm{d}t}(\boldsymbol{e}_z B_0 \cdot \boldsymbol{e}_z bx) = -\frac{\mathrm{d}}{\mathrm{d}t}(B_0 bvt) = -B_0 vb$$

（3）矩形回路中的感应电动势是由磁场变化以及可滑动导体 L 在磁场中运动产生的，根据式（2.5.7），得

$$\mathscr{E}_{in}=\oint_C \boldsymbol{E}\cdot d\boldsymbol{l}=-\int_S \frac{\partial \boldsymbol{B}}{\partial t}\cdot d\boldsymbol{S}+\oint_C(\boldsymbol{v}\times\boldsymbol{B})\cdot d\boldsymbol{l}$$

$$=-\int_S \frac{\partial}{\partial t}(\boldsymbol{e}_z B_0\cos\omega t)\cdot \boldsymbol{e}_z dS+\oint_C(\boldsymbol{e}_x v\times \boldsymbol{e}_z B_0\cos\omega t)\cdot(\boldsymbol{e}_y dl)$$

$$=B_0\omega bvt\sin\omega t-B_0bv\cos\omega t$$

例 2.5.2 有一个 $a\times b$ 的矩形线圈放置在时变磁场 $\boldsymbol{B}=\boldsymbol{e}_y B_0\sin\omega t$ 中，初始时刻，线圈平面的法向单位矢量 $\boldsymbol{e}_n$ 与 $\boldsymbol{e}_y$ 成 α 角，如图 2.5.4 所示。试求：

(1) 线圈静止时的感应电动势；

(2) 线圈以角速度 ω 绕 x 轴旋转时的感应电动势。

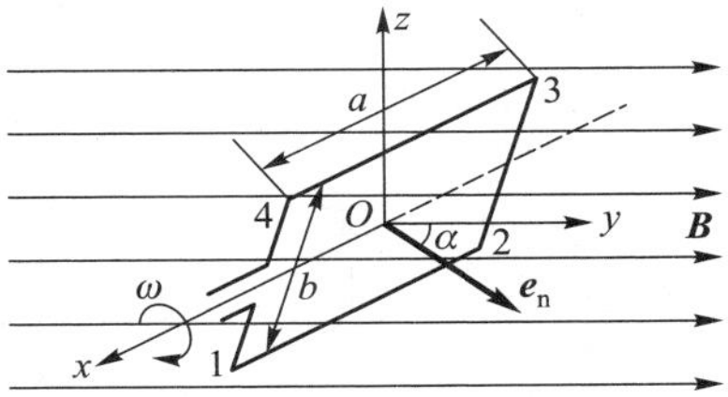

图 2.5.4 均匀时变磁场中的矩形线圈

解：(1) 线圈静止时，感应电动势是由时变磁场引起，用式(2.5.4)计算

$$\mathscr{E}_{in}=\oint_C \boldsymbol{E}\cdot d\boldsymbol{l}=-\int \frac{\partial \boldsymbol{B}}{\partial t}\cdot d\boldsymbol{S}$$

$$=-\int_S \frac{\partial}{\partial t}(\boldsymbol{e}_y B_0\sin\omega t\cdot \boldsymbol{e}_n dS)$$

$$=-\int_S B_0\omega\cos\omega t\cos\alpha\, dS$$

$$=-B_0ab\omega\cos\omega t\cos\alpha$$

(2) 线圈绕 x 轴旋转时，$\boldsymbol{e}_n$ 的指向将随时间变化。线圈内的感应电动势可以用两种方法计算。

方法一：利用式(2.5.3)计算

假定 $t=0$ 时 $\alpha=0$，则在时刻 t 时，$\boldsymbol{e}_n$ 与 y 轴的夹角 $\alpha=\omega t$。故

$$\mathscr{E}_{in}=\oint_C \boldsymbol{E}\cdot d\boldsymbol{l}=-\frac{d}{dt}\int_S \boldsymbol{B}\cdot d\boldsymbol{S}$$

$$=-\frac{d}{dt}\int_S \boldsymbol{e}_y B_0\sin\omega t\cdot \boldsymbol{e}_n dS=-\frac{d}{dt}(B_0\sin\omega t\cos\omega t\times ab)$$

$$=-\frac{d}{dt}\left(\frac{1}{2}B_0ab\sin 2\omega t\right)=-B_0ab\omega\cos 2\omega t$$

方法二：利用式(2.5.7)计算

$$\mathscr{E}_{in}=\oint_C \boldsymbol{E}\cdot d\boldsymbol{l}=-\int_S \frac{\partial \boldsymbol{B}}{\partial t}\cdot d\boldsymbol{S}+\oint_C(\boldsymbol{v}\times\boldsymbol{B})\cdot d\boldsymbol{l}$$

上式右端第一项与(1)相同,第二项

$$\oint_C (\boldsymbol{v}\times\boldsymbol{B})\cdot \mathrm{d}\boldsymbol{l} = \int_{-\frac{a}{2}}^{\frac{a}{2}}\left[\left(-\boldsymbol{e}_{\mathrm{n}}\frac{b}{2}\omega\right)\times \boldsymbol{e}_y B_0 \sin\omega t\right]\cdot(-\boldsymbol{e}_x)\mathrm{d}x$$

$$+\int_{-\frac{a}{2}}^{\frac{a}{2}}\left[\left(\boldsymbol{e}_{\mathrm{n}}\frac{b}{2}\omega\right)\times \boldsymbol{e}_y B_0 \sin\omega t\right]\cdot \boldsymbol{e}_x \mathrm{d}x$$

$$=\omega B_0 ab\sin\omega t\sin\alpha$$

故

$$\begin{aligned}\mathscr{E}_{\mathrm{in}} &= -ab\omega B_0\cos\omega t\cos\alpha + \omega B_0 ab\sin\omega t\sin\alpha\\ &= -B_0 ab\omega\cos^2\omega t + B_0\omega ab\sin^2\omega t\\ &= -B_0 ab\omega\cos 2\omega t\end{aligned}$$

2.5.2 位移电流

法拉第电磁感应定律揭示了随时间变化的磁场产生电场的规律,那么随时间变化的电场是否也会产生磁场呢?麦克斯韦针对将安培环路定理直接应用到时变电磁场时出现的矛盾,提出了位移电流的假说,对安培环路定理进行了修正,从而揭示了随时间变化的电场产生磁场的规律。

在讨论恒定磁场时,得到的安培环路定理的微分形式为

$$\nabla\times\boldsymbol{H}=\boldsymbol{J}$$

对上式两端同时取散度,即

$$\nabla\cdot(\nabla\times\boldsymbol{H})=\nabla\cdot\boldsymbol{J}$$

而 $\nabla\cdot(\nabla\times\boldsymbol{H})=0$,故得 $\nabla\cdot\boldsymbol{J}=0$,这是恒定电流的连续性方程,它与时变情况下的电荷守恒定律 $\nabla\cdot\boldsymbol{J}=-\frac{\partial\rho}{\partial t}$ 相矛盾。因此,$\nabla\times\boldsymbol{H}=\boldsymbol{J}$ 对时变电磁场是不成立的。

用一个电容器与时变电压源相连接的电路来说明这种矛盾现象,如图2.5.5所示。这时,电路中有时变的传导电流 $i(t)$,相应地建立时变磁场。选定以闭合路径 C 为周界的开放曲面 S_1,则由安培环路定理得 $\oint_C \boldsymbol{H}\cdot\mathrm{d}\boldsymbol{l}=i(t)$。但是,当选定以同一个闭合路径

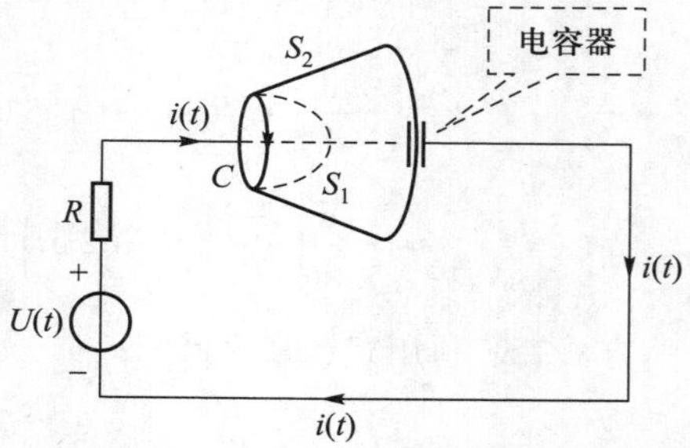

图 2.5.5 连接在时变电压源上的电容器

C 为周界的另一个开放曲面 S_2 时，因穿过曲面 S_2 的传导电流为 0，故得 $\oint_C \boldsymbol{H} \cdot \mathrm{d}\boldsymbol{l} = 0$。同一个磁场强度矢量 $\boldsymbol{H}$ 在同一个闭合路径 C 上的环量得到相矛盾的结果，这说明从恒定磁场中得到的安培环路定理对时变场是不适用的。

针对上述矛盾，麦克斯韦认为电容器的两个极板间必有另一种形式的电流存在。实际上，电容器极板上的电荷分布是随外接的时变电压源而变化的，极板上的时变电荷就在极板间形成时变电场。麦克斯韦认为电容器两极板间存在的另一种形式的电流就是由时变电场引起的，称为位移电流。为考察位移电流，假定静电场中的高斯定理 $\nabla \cdot \boldsymbol{D} = \rho$ 对时变场仍然成立，将其代入电荷守恒定律，得

$$\nabla \cdot \boldsymbol{J} = -\frac{\partial \rho}{\partial t} = -\frac{\partial}{\partial t}(\nabla \cdot \boldsymbol{D}) = -\nabla \cdot \frac{\partial \boldsymbol{D}}{\partial t}$$

即

$$\nabla \cdot \left(\boldsymbol{J} + \frac{\partial \boldsymbol{D}}{\partial t}\right) = 0 \tag{2.5.9}$$

式中的 $\frac{\partial \boldsymbol{D}}{\partial t}$ 是电位移矢量随时间的变化率，它的单位是 $\mathrm{A/m^2}$（安培/米^2），与电流密度的单位相同，故将 $\frac{\partial \boldsymbol{D}}{\partial t}$ 称为位移电流密度，并用 $\boldsymbol{J}_\mathrm{d}$ 来表示，即

$$\boldsymbol{J}_\mathrm{d} = \frac{\partial \boldsymbol{D}}{\partial t} \tag{2.5.10}$$

式(2.5.9)称为时变条件下的电流连续性方程。其意义是：在时变电磁场中，只有传导电流与位移电流之和才是连续的。在图 2.5.5 中，传导电流 $i(t)$ 流入电容器极板，极板间形成时变电场，产生位移电流，到达另一极板，电容器极板间的位移电流正好等于导线中的传导电流，从而形成电流连续。

麦克斯韦认为，位移电流也要产生磁场，而且与传导电流一样，也是磁场的涡旋源。因此，在时变的情况下，应在 $\nabla \times \boldsymbol{H} = \boldsymbol{J}$ 的右边加上位移电流密度，将其修正为

$$\nabla \times \boldsymbol{H} = \boldsymbol{J} + \frac{\partial \boldsymbol{D}}{\partial t} \tag{2.5.11}$$

对上式两端取散度，得

$$\nabla \cdot (\nabla \times \boldsymbol{H}) = \nabla \cdot \left(\boldsymbol{J} + \frac{\partial \boldsymbol{D}}{\partial t}\right) = 0$$

与式(2.5.9)一致,这就解除了前面提到的矛盾现象。式(2.5.11)是时变电磁场中安培环路定理的微分形式,它揭示了随时间变化的电场也要产生磁场这一重要物理规律,也是电磁场的一个基本方程。

将式(2.5.11)在以任意闭合曲线 C 为边界的曲面 S 上积分,由于 $\int_S \nabla\times \boldsymbol{H}\cdot \mathrm{d}\boldsymbol{S}=\oint_C \boldsymbol{H}\cdot \mathrm{d}\boldsymbol{l}$,故得到

$$\oint_C \boldsymbol{H}\cdot \mathrm{d}\boldsymbol{l}=\int_S\left(\boldsymbol{J}+\frac{\partial \boldsymbol{D}}{\partial t}\right)\cdot \mathrm{d}\boldsymbol{S} \tag{2.5.12}$$

这就是时变电磁场中安培环路定理的积分形式。

需要说明的是位移电流没有通常电流的概念,由 $\boldsymbol{D}=\varepsilon_0\boldsymbol{E}+\boldsymbol{P}$ 可知

$$\frac{\partial \boldsymbol{D}}{\partial t}=\varepsilon_0\frac{\partial \boldsymbol{E}}{\partial t}+\frac{\partial \boldsymbol{P}}{\partial t} \tag{2.5.13}$$

其中,$\frac{\partial \boldsymbol{P}}{\partial t}$是由于介质分子的极化电荷随时间变化而引起的,称为极化电流;而 $\varepsilon_0\frac{\partial \boldsymbol{E}}{\partial t}$则仅表示电场随时间的变化,并不对应任何电荷的运动。

例 2.5.3 海水的电导率 $\sigma=4$ S/m、相对介电常数 $\varepsilon_r=81$。已知海水中的电场强度 $\boldsymbol{E}=\boldsymbol{e}_x E_m\cos(2\pi ft)$ V/m,求频率 $f=1$ MHz 时海水中的位移电流与传导电流的振幅之比。

解: 位移电流密度为

$$\begin{aligned}\boldsymbol{J}_d&=\frac{\partial \boldsymbol{D}}{\partial t}=\frac{\partial}{\partial t}[\boldsymbol{e}_x\varepsilon_r\varepsilon_0 E_m\cos(2\pi\times10^6 t)]\\&=-\boldsymbol{e}_x 2\pi\varepsilon_r\varepsilon_0 E_m\times10^6\sin(2\pi\times10^6 t)\end{aligned}$$

而传导电流密度为

$$\boldsymbol{J}=\sigma\boldsymbol{E}=\boldsymbol{e}_x 4E_m\cos(2\pi\times10^6 t)$$

则

$$\frac{J_{dm}}{J_m}=\frac{81\times8.85\times10^{-12}\times2\pi\times10^6 E_m}{4E_m}=1.125\times10^{-3}$$

例 2.5.4 自由空间的磁场强度为 $\boldsymbol{H}=\boldsymbol{e}_x H_m\cos(\omega t-kz)$ A/m,式中的 k 为常数。试求位移电流密度和电场强度。

解: 自由空间的传导电流密度为 0,故由式(2.5.11),得

$$\boldsymbol{J}_{\mathrm{d}}=\frac{\partial \boldsymbol{D}}{\partial t}=\nabla\times\boldsymbol{H}=\begin{vmatrix}\boldsymbol{e}_x & \boldsymbol{e}_y & \boldsymbol{e}_z\\ \frac{\partial}{\partial x} & \frac{\partial}{\partial y} & \frac{\partial}{\partial z}\\ H_x & 0 & 0\end{vmatrix}$$

$$=\boldsymbol{e}_y\frac{\partial H_x}{\partial z}=\boldsymbol{e}_y\frac{\partial}{\partial z}[H_{\mathrm{m}}\cos(\omega t-kz)]$$

$$=\boldsymbol{e}_y kH_{\mathrm{m}}\sin(\omega t-kz)\ \mathrm{A/m^2}$$

而

$$\boldsymbol{E}=\frac{\boldsymbol{D}}{\varepsilon_0}=\frac{1}{\varepsilon_0}\int\frac{\partial \boldsymbol{D}}{\partial t}\mathrm{d}t=\frac{1}{\varepsilon_0}\int\boldsymbol{e}_y kH_{\mathrm{m}}\sin(\omega t-kz)\,\mathrm{d}t$$

$$=-\boldsymbol{e}_y\frac{k}{\omega\varepsilon_0}H_{\mathrm{m}}\cos(\omega t-kz)\ \mathrm{V/m}$$

例 2.5.5 铜的电导率 $\sigma=5.8\times10^7$ S/m，相对介电常数 $\varepsilon_{\mathrm{r}}=1$。设铜中的传导电流密度为 $\boldsymbol{J}=\boldsymbol{e}_x J_{\mathrm{m}}\cos\omega t$ A/m^2。试证明在无线电频率范围内铜中的位移电流与传导电流相比是可以忽略的。

解： 由 $\boldsymbol{J}=\sigma\boldsymbol{E}$，得铜中的电场强度为

$$\boldsymbol{E}=\frac{\boldsymbol{J}}{\sigma}=\boldsymbol{e}_x\frac{J_{\mathrm{m}}}{\sigma}\cos\omega t$$

位移电流密度为

$$\boldsymbol{J}_{\mathrm{d}}=\frac{\partial \boldsymbol{D}}{\partial t}=\varepsilon_{\mathrm{r}}\varepsilon_0\frac{\partial \boldsymbol{E}}{\partial t}=\varepsilon_{\mathrm{r}}\varepsilon_0\frac{\partial}{\partial t}\left(\boldsymbol{e}_x\frac{J_{\mathrm{m}}}{\sigma}\cos\omega t\right)$$

$$=-\boldsymbol{e}_x\frac{\omega\varepsilon_{\mathrm{r}}\varepsilon_0 J_{\mathrm{m}}}{\sigma}\sin\omega t$$

位移电流密度的振幅值为

$$J_{\mathrm{dm}}=\frac{\omega\varepsilon_{\mathrm{r}}\varepsilon_0 J_{\mathrm{m}}}{\sigma}$$

故位移电流的振幅值与传导电流密度的振幅值之比为

$$\frac{J_{\mathrm{dm}}}{J_{\mathrm{m}}}=\frac{\omega\varepsilon_{\mathrm{r}}\varepsilon_0}{\sigma}=\frac{2\pi f\times1\times\frac{1}{36\pi}\times10^{-9}}{5.8\times10^7}=9.58\times10^{-13}f$$

通常所说的无线电频率是指 $f=300$ MHz 以下的频率范围，即使扩展到极高频

段(f=30~300 GHz),从上面的关系式看出比值$\frac{J_{dm}}{J_m}$也是很小的,故可忽略铜中的位移电流。

2.6 麦克斯韦方程组

麦克斯韦电磁理论的基础是电磁学的三大实验定律,即库仑定律、安培力定律和法拉第电磁感应定律。这三个实验定律是在各自的特定条件下总结出来的,但是,这些从实验结果总结出来的规律为麦克斯韦的电磁理论提供了不可缺少的基础。

麦克斯韦在前人得到的实验结果的基础上,考虑随时间变化这一因素,提出科学的假设并经过符合逻辑的分析,于1864年归纳总结出了麦克斯韦方程组。

麦克斯韦在其宏观电磁理论的建立过程中提出了两个基本的科学假设。一个基本假设是随时间变化的磁场要产生感应电场,这个感应电场也像库仑电场一样对电荷有力的作用,但移动电荷一周所做的功不为零,因而它不是位场(无旋场)而是有旋电场(即涡旋电场)。由于时变磁场产生的电场是涡旋电场,其电场线为闭合曲线,因此时变电场的散度源仍然是电荷分布,即高斯定理$\oint_S \boldsymbol{D}\cdot \mathrm{d}\boldsymbol{S}=\int_V \rho \mathrm{d}V$在时变条件下也是成立的。第二个基本假设就是关于位移电流的假设,麦克斯韦提出随时间变化电场也要产生磁场,这个磁场也是涡旋磁场,其磁场线也是闭合曲线,因此磁通连续性原理$\oint_S \boldsymbol{B}\cdot \mathrm{d}\boldsymbol{S}=0$在时变条件下也是成立的。

麦克斯韦方程组是经典电磁理论的基本方程,它用数学形式概括了宏观电磁场的基本规律。麦克斯韦对宏观电磁理论的重大贡献是预言了电磁波的存在,这个伟大的预言后来被著名的"赫兹实验"证实,从而为麦克斯韦的宏观电磁理论的正确性提供了有力的证据。在电磁波获得广泛应用的今天,更能体会法拉第、麦克斯韦、赫兹等科学家对人类社会进步做出的伟大贡献。

2.6.1　麦克斯韦方程组的积分形式

麦克斯韦方程组的积分形式包括以下四个方程

$$\oint_C \boldsymbol{H}\cdot \mathrm{d}\boldsymbol{l}=\int_S \boldsymbol{J}\cdot \mathrm{d}\boldsymbol{S}+\int_S \frac{\partial \boldsymbol{D}}{\partial t}\cdot \mathrm{d}\boldsymbol{S} \tag{2.6.1}$$

$$\oint_C \boldsymbol{E}\cdot \mathrm{d}\boldsymbol{l}=-\int_S \frac{\partial \boldsymbol{B}}{\partial t}\cdot \mathrm{d}\boldsymbol{S} \tag{2.6.2}$$

$$\oint_S \boldsymbol{B}\cdot \mathrm{d}\boldsymbol{S}=0 \tag{2.6.3}$$

$$\oint_S \boldsymbol{D}\cdot \mathrm{d}\boldsymbol{S}=\int_V \rho \mathrm{d}V \tag{2.6.4}$$

式(2.6.1)的含义是磁场强度沿任意闭合曲线的环量,等于穿过以该闭合曲线为周界的任意曲面的传导电流与位移电流之和。

式(2.6.2)的含义是电场强度沿任意闭合曲线的环量,等于穿过以该闭合曲线为周界的任一曲面的磁通量变化率的负值。

式(2.6.3)的含义是穿过任意闭合曲面的磁感应强度的通量恒等于零,即磁通连续性。

式(2.6.4)的含义是穿过任意闭合曲面的电位移的通量等于该闭合面所包围的自由电荷的代数和。

2.6.2 麦克斯韦方程组的微分形式

麦克斯韦方程组的微分形式(又称为点函数形式)描述的是空间任意一点场的变化规律。按前述顺序依次为

$$\nabla\times\boldsymbol{H}=\boldsymbol{J}+\frac{\partial \boldsymbol{D}}{\partial t} \tag{2.6.5}$$

$$\nabla\times\boldsymbol{E}=-\frac{\partial \boldsymbol{B}}{\partial t} \tag{2.6.6}$$

$$\nabla\cdot\boldsymbol{B}=0 \tag{2.6.7}$$

$$\nabla\cdot\boldsymbol{D}=\rho \tag{2.6.8}$$

式(2.6.5)表明传导电流和时变电场要产生磁场,都是磁场的涡旋源;

式(2.6.6)表明时变磁场要产生电场,是电场的涡旋源;

式(2.6.7)表明磁场是无散场,磁感应线是闭合曲线;

式(2.6.8)表明电荷要产生电场,是电场的散度源。

麦克斯韦方程组的微分形式与积分形式在描述宏观电磁场的基本规律上是等价的,但适用范围有所不同。微分形式是关于“点”的方程,它描述的是空间

任意一点处电磁场的局部变化规律与该点的源密度之间的关系，只适用于电磁场量可导的区域。积分形式描述的是电磁场量在空间区域上的规律，适用于任何情况。但就分析和求解电磁场问题而言，应用麦克斯韦方程组的微分形式往往更方便一些，许多电磁场工程问题的求解技术都是基于微分形式的。

在时变的情况下，麦克斯韦方程组中的两个散度方程并不是完全独立的。对式(2.6.5)两边取散度，由于 $\nabla\cdot(\nabla\times\boldsymbol{H})=0$，所以

$$\nabla\cdot\boldsymbol{J}+\frac{\partial}{\partial t}(\nabla\cdot\boldsymbol{D})=\nabla\cdot(\nabla\times\boldsymbol{H})=0$$

由于 $\nabla\cdot\boldsymbol{J}=-\frac{\partial\rho}{\partial t}$，于是得到

$$\frac{\partial}{\partial t}(\nabla\cdot\boldsymbol{D}-\rho)=0$$

即 $\nabla\cdot\boldsymbol{D}-\rho$ 与时间 t 无关，如果初始时刻($t=0$ 时) $\nabla\cdot\boldsymbol{D}-\rho=0$，则在 $t>0$ 的任何时刻都有 $\nabla\cdot\boldsymbol{D}-\rho=0$，由此即得到式(2.6.8)。

对式(2.6.6)两边取散度，由于 $\nabla\cdot(\nabla\times\boldsymbol{E})=0$，所以

$$-\frac{\partial}{\partial t}(\nabla\cdot B)=\nabla\cdot(\nabla\times\boldsymbol{E})=0$$

即 $\nabla\cdot\boldsymbol{B}$ 与时间 t 无关，如果初始时刻($t=0$ 时) $\nabla\cdot\boldsymbol{B}=0$，则在 $t>0$ 的任何时刻都有 $\nabla\cdot\boldsymbol{B}=0$，由此即得到式(2.6.7)。

对于不随时间变化的静态场，则

$$\frac{\partial\boldsymbol{B}}{\partial t}=\frac{\partial\boldsymbol{D}}{\partial t}=0$$

由麦克斯韦方程组，即得到

$$\nabla\times\boldsymbol{H}=\boldsymbol{J}\tag{2.6.9}$$

$$\nabla\cdot\boldsymbol{B}=0\tag{2.6.10}$$

$$\nabla\times\boldsymbol{E}=0\tag{2.6.11}$$

$$\nabla\cdot\boldsymbol{D}=\rho\tag{2.6.12}$$

这正是恒定磁场方程和静电场方程，电场与磁场不再相关，彼此独立。

2.6.3 媒质的本构关系

在麦克斯韦方程(2.6.5)~(2.6.8)中，并没有限定场矢量 $\boldsymbol{D}$、$\boldsymbol{E}$、$\boldsymbol{B}$、$\boldsymbol{H}$ 之间的

关系,所以它们适用于任何媒质。因此,这种用四个场矢量 $\boldsymbol{D}$、$\boldsymbol{E}$、$\boldsymbol{B}$、$\boldsymbol{H}$ 写出的方程又称为非限定形式的麦克斯韦方程。实际上,媒质中的场矢量 $\boldsymbol{D}$、$\boldsymbol{E}$、$\boldsymbol{B}$、$\boldsymbol{H}$ 之间存在限定关系,即媒质的本构关系。当知道 $\boldsymbol{D}$、$\boldsymbol{E}$、$\boldsymbol{B}$、$\boldsymbol{H}$ 之间的本构关系时,代入这些关系,就得到只有两个场矢量的麦克斯韦方程,称为限定形式的麦克斯韦方程。

媒质的本构关系也称为电磁场的辅助方程。在线性、各向同性的导电媒质中,本构关系为

$$\boldsymbol{D}=\varepsilon\boldsymbol{E} \tag{2.6.13}$$

$$\boldsymbol{B}=\mu\boldsymbol{H} \tag{2.6.14}$$

$$\boldsymbol{J}=\sigma\boldsymbol{E} \tag{2.6.15}$$

式(2.6.15)的 $\boldsymbol{J}$ 是指电场作用下在导电媒质中形成的传导电流密度,它不是外加的电流,在求解电磁场分布时,外加的电流是已知的,而导电媒质中的传导电流分布是未知的。譬如,电磁波在导电媒质中的传播时,产生电磁波的外加电流可以不在媒质中,但媒质内存在传导电流。

若媒质是均匀的且参数又不随时间变化,将式(2.6.13)~(2.6.15)代入式(2.6.5)~(2.6.8),可得到用场矢量 $\boldsymbol{E}$、$\boldsymbol{H}$ 表示的麦克斯韦方程组

$$\nabla\times\boldsymbol{H}=\boldsymbol{J}_{\mathrm{e}}+\sigma\boldsymbol{E}+\varepsilon\frac{\partial\boldsymbol{E}}{\partial t} \tag{2.6.16}$$

$$\nabla\times\boldsymbol{E}=-\mu\frac{\partial\boldsymbol{H}}{\partial t} \tag{2.6.17}$$

$$\nabla\cdot\boldsymbol{H}=0 \tag{2.6.18}$$

$$\nabla\cdot\boldsymbol{E}=\frac{\rho}{\varepsilon} \tag{2.6.19}$$

式中 $\boldsymbol{J}_{\mathrm{e}}$ 为外加的电流密度。

麦克斯韦方程组是麦克斯韦宏观电磁理论的一个具有创新的物理概念、严密的逻辑体系、正确的科学推理的数学表示式。利用麦克斯韦方程组,再加上辅助方程,原则上就可以求解各种宏观电磁场问题。

例 2.6.1 在无源($\boldsymbol{J}=0$、$\rho=0$)的理想介质(参数为 ε、μ、$\sigma=0$)中,若已知时变电磁场的电场强度矢量 $\boldsymbol{E}=\boldsymbol{e}_x E_{\mathrm{m}}\cos(\omega t-kz)$ V/m,式中 E_{m}、ω、k 为常数。(1) 求出与 $\boldsymbol{E}$ 相应的电位移矢量 $\boldsymbol{D}$、磁感应强度 $\boldsymbol{B}$ 和磁场强度 $\boldsymbol{H}$;(2) 确定 k 与 ω 之间满足的关系。

解:(1) 利用麦克斯韦方程的微分形式,可由电场强度 $\boldsymbol{E}$ 求出磁感应强度 $\boldsymbol{B}$。

由式(2.6.6),得

$$\frac{\partial \boldsymbol{B}}{\partial t}=-\nabla\times\boldsymbol{E}=-\begin{vmatrix}\boldsymbol{e}_x & \boldsymbol{e}_y & \boldsymbol{e}_z\\ \dfrac{\partial}{\partial x} & \dfrac{\partial}{\partial y} & \dfrac{\partial}{\partial z}\\ E_x & E_y & E_z\end{vmatrix}=-\boldsymbol{e}_y\frac{\partial E_x}{\partial z}$$

$$=-\boldsymbol{e}_y\frac{\partial}{\partial z}[E_{\mathrm{m}}\cos(\omega t-kz)]=-\boldsymbol{e}_y kE_{\mathrm{m}}\sin(\omega t-kz)$$

对上式积分,得

$$\boldsymbol{B}=\boldsymbol{e}_y\frac{kE_{\mathrm{m}}}{\omega}\cos(\omega t-kz)$$

由 $\boldsymbol{B}=\mu\boldsymbol{H}$,得

$$\boldsymbol{H}=\boldsymbol{e}_y\frac{kE_{\mathrm{m}}}{\mu\omega}\cos(\omega t-kz)$$

由 $\boldsymbol{D}=\varepsilon\boldsymbol{E}$,得

$$\boldsymbol{D}=\boldsymbol{e}_x\varepsilon E_{\mathrm{m}}\cos(\omega t-kz)$$

(2) 以上各个场矢量都应满足麦克斯韦方程组,将 $\boldsymbol{H}$ 和 $\boldsymbol{D}$ 代入式(2.6.5),即可得到 k 与 ω 之间满足的关系。由于

$$\nabla\times\boldsymbol{H}=\begin{vmatrix}\boldsymbol{e}_x & \boldsymbol{e}_y & \boldsymbol{e}_z\\ \dfrac{\partial}{\partial x} & \dfrac{\partial}{\partial y} & \dfrac{\partial}{\partial z}\\ H_x & H_y & H_z\end{vmatrix}=-\boldsymbol{e}_x\frac{\partial H_y}{\partial z}$$

$$=-\boldsymbol{e}_x\frac{k^2E_{\mathrm{m}}}{\omega\mu}\sin(\omega t-kz)$$

而

$$\frac{\partial \boldsymbol{D}}{\partial t}=\boldsymbol{e}_x\frac{\partial D_x}{\partial t}=-\boldsymbol{e}_x\varepsilon E_{\mathrm{m}}\omega\sin(\omega t-kz)$$

代入方程 $\nabla\times\boldsymbol{H}=\dfrac{\partial \boldsymbol{D}}{\partial t}$,可得到 k 与 ω 之间满足的关系为

$$k^2=\omega^2\mu\varepsilon$$

2.6.4 准静态电磁场

在时变的情况下，当电磁场随时间的变化很缓慢时，若可以忽略麦克斯韦方程组中的$\frac{\partial \boldsymbol{B}}{\partial t}$或$\frac{\partial \boldsymbol{D}}{\partial t}$，则这种随时间缓慢变化的电磁场称为准静态电磁场，它们的特点是电场和磁场都随时间变化但却具有静态场的一些性质。根据忽略$\frac{\partial \boldsymbol{B}}{\partial t}$或$\frac{\partial \boldsymbol{D}}{\partial t}$的不同，准静态电磁场可分为电准静态电磁场和磁准静态电磁场。

1. 电准静态电磁场

在麦克斯韦方程组中，若$\frac{\partial \boldsymbol{B}}{\partial t}$可以忽略，即感应电场远小于电荷产生的库仑电场时，则得到

$$\nabla\times\boldsymbol{H}=\boldsymbol{J}+\frac{\partial \boldsymbol{D}}{\partial t} \tag{2.6.20}$$

$$\nabla\times\boldsymbol{E}\approx 0 \tag{2.6.21}$$

$$\nabla\cdot\boldsymbol{B}=0 \tag{2.6.22}$$

$$\nabla\cdot\boldsymbol{D}=\rho \tag{2.6.23}$$

由此可见电场满足的方程与静电场方程完全一样，所不同的只是这里的 $\boldsymbol{E}$ 和 $\boldsymbol{D}$ 都是随时间变化的，但磁场的方程与恒定磁场方程不同，因此称为电准静态电磁场。在低频交流情况下，电容器中的电磁场就属于电准静态电磁场。

电准静态电磁场的电场与电荷之间具有瞬时对应关系，即在任一时刻，电场与电荷之间的关系类似于静电场的电场与电荷之间的关系，因此完全可以利用静电场的公式和方法求解 $\boldsymbol{E}$ 和 $\boldsymbol{D}$。

例 2.6.2 如图 2.6.1 所示，缓变的正弦交流电压源 $u=U_{\mathrm{m}}\sin\omega t$，连接到一圆形平行板电容器的两个极板上。设极板面积为 S、两极板的间距为 d，两极板间填充的介电常数为 ε 的电介质，忽略边缘效应。(1) 求电容器中的电场强度和磁场强度；(2) 证明电容器两极板间的位移电流与连接导线中的传导电流相等。

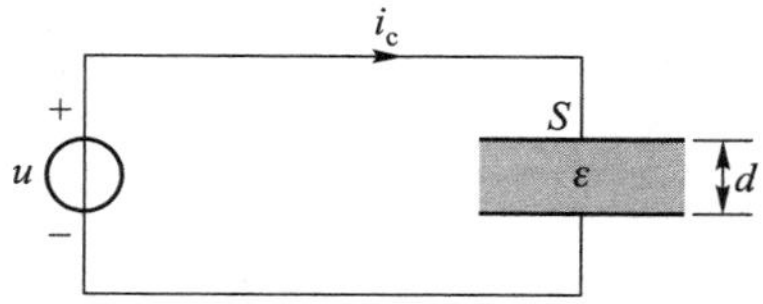

图 2.6.1 与交流电压源连接的平行板电容器

解：(1) 在电压随时间缓变的情况下，忽略边缘效应时，间距为 d 的两平行板之间的电场可以近似为均匀场，故得到电容器中的电场强度

$$E=\frac{u}{d}=\frac{U_{\mathrm{m}}}{d}\sin\omega t$$

由于轴对称性，磁场强度 $\boldsymbol{H}=\boldsymbol{e}_{\phi}H(\rho,t)$。由 $\oint_{C}\boldsymbol{H}\cdot\mathrm{d}\boldsymbol{l}=\int_{S}\frac{\partial\boldsymbol{D}}{\partial t}\cdot\mathrm{d}\boldsymbol{S}$，得到电容器中的磁场强度

$$H(\rho,t)=\frac{\varepsilon\omega U_{\mathrm{m}}}{2d}\rho\cos\omega t$$

(2) 导线中的传导电流

$$i_{\mathrm{c}}=\frac{\mathrm{d}q}{\mathrm{d}t}=\frac{\mathrm{d}(\rho_{S}S)}{\mathrm{d}t}=\frac{\mathrm{d}}{\mathrm{d}t}(\varepsilon SE)=\frac{\omega\varepsilon SU_{\mathrm{m}}}{d}\cos\omega t$$

极板间的位移电流

$$i_{\mathrm{d}}=\int_{S}\boldsymbol{J}_{\mathrm{d}}\cdot\mathrm{d}\boldsymbol{S}=\int_{S}\frac{\partial D}{\partial t}\mathrm{d}S=\frac{\varepsilon\omega SU_{\mathrm{m}}}{d}\cos\omega t=i_{\mathrm{c}}$$

2. 磁准静态电磁场。

在麦克斯韦方程组中，若 $\frac{\partial\boldsymbol{D}}{\partial t}$ 可以忽略，即位移电流密度远小于传导电流密度，则得到

$$\nabla\times\boldsymbol{H}\approx\boldsymbol{J} \tag{2.6.24}$$

$$\nabla\times\boldsymbol{E}=-\frac{\partial\boldsymbol{B}}{\partial t} \tag{2.6.25}$$

$$\nabla\cdot\boldsymbol{B}=0 \tag{2.6.26}$$

$$\nabla\cdot\boldsymbol{D}=\rho \tag{2.6.27}$$

由此可见磁场满足的方程与恒定磁场方程完全一样，完全可以利用恒定磁场的公式和方法求解 $\boldsymbol{B}$ 和 $\boldsymbol{H}$，但电场的方程与静电场方程不同，因此称为磁准静态电磁场。例如，低频交流线圈中的电磁场就属于磁准静态电磁场。

2.7 电磁场的边界条件

在解决实际的电磁场工程问题中，通常要涉及由不同电磁参数的媒质所构成的相邻区域。由于在不同媒质的分界面上，媒质的电磁参数发生了突变，使得

电磁场矢量也会随之发生突变，导致麦克斯韦方程组的微分形式在媒质分界面上失去意义。在这种情况下，为了求解各个区域中的电磁场问题，必须知道在两种不同媒质的分界面上两侧的电磁场量之间的关系。在不同媒质分界面上两侧的电磁场量之间满足的关系称为电磁场的边界条件。

边界条件在求解电磁问题的过程中占据非常重要的地位。这是因为只有使麦克斯韦方程组的通解适合于某个包含给定的区域和相关的边界条件的实际问题，这个解才是有实际意义的解，也才是唯一的解。

由于积分形式的麦克斯韦方程组不受场量连续与否的影响，因此可以从积分形式的麦克斯韦方程组出发，推导出电磁场量在两种不同媒质分界面上满足的边界条件。

2.7.1 边界条件的一般形式

1. 磁场强度矢量 $\boldsymbol{H}$ 的边界条件

设两种媒质的分界面为光滑曲面，分界面上任一点 P 处的法向单位矢量 $\boldsymbol{e}_{\mathrm{n}}$ 由媒质 2 指向媒质 1，如图 2.7.1 所示。

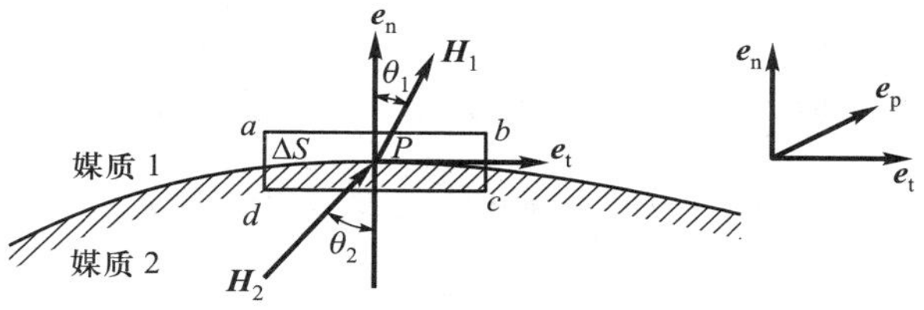

图 2.7.1 两种媒质分界面上的小矩形回路

为了推导磁场强度矢量 $\boldsymbol{H}$ 的边界条件，在点 P 的周围任取一个如图 2.7.1 所示的小矩形回路 $abcda$，其所围面积为 ΔS。矩形回路的 $\overline{ab}$ 和 $\overline{cd}$ 两条边分别位于分界面的两侧并与分界面平行，其长度 $ab=cd=\Delta l$ 很小，且 $\overline{ab}$ 和 $\overline{cd}$ 无限靠近分界面，即 $bc=da=\Delta h\to 0$。ΔS 的法向单位矢量 $\boldsymbol{e}_{\mathrm{p}}$ 与绕行方向 $abcda$ 成右手螺旋关系，$\boldsymbol{e}_{\mathrm{t}}$ 是分界面上沿 $\overline{ab}$ 的切向单位矢量，即 $\boldsymbol{e}_{\mathrm{t}}=\boldsymbol{e}_{\mathrm{p}}\times\boldsymbol{e}_{\mathrm{n}}$。

将方程 $\oint_C \boldsymbol{H}\cdot\mathrm{d}\boldsymbol{l}=\int_S \boldsymbol{J}\cdot\mathrm{d}\boldsymbol{S}+\int_S \frac{\partial \boldsymbol{D}}{\partial t}\cdot\mathrm{d}\boldsymbol{S}$ 应用于矩形回路 $abcda$，得到

$$\oint_C \boldsymbol{H}\cdot\mathrm{d}\boldsymbol{l}=\int_a^b \boldsymbol{H}\cdot\mathrm{d}\boldsymbol{l}+\int_b^c \boldsymbol{H}\cdot\mathrm{d}\boldsymbol{l}+\int_c^d \boldsymbol{H}\cdot\mathrm{d}\boldsymbol{l}+\int_d^a \boldsymbol{H}\cdot\mathrm{d}\boldsymbol{l}$$

$$=\int_{\Delta S} \boldsymbol{J}\cdot\mathrm{d}\boldsymbol{S}+\int_{\Delta S} \frac{\partial \boldsymbol{D}}{\partial t}\cdot\mathrm{d}\boldsymbol{S}$$

当 $bc=da=\Delta h\to 0$ 时，只要分界面附近的 $\boldsymbol{H}$ 为有限值，则有

$$\lim_{\Delta h\to 0}\int_b^c \boldsymbol{H}\cdot \mathrm{d}\boldsymbol{l}=\lim_{\Delta h\to 0}\int_d^a \boldsymbol{H}\cdot \mathrm{d}\boldsymbol{l}=0$$

于是得到

$$\lim_{\Delta h\to 0}\oint_C \boldsymbol{H}\cdot \mathrm{d}\boldsymbol{l}=\int_a^b \boldsymbol{H}_1\cdot \mathrm{d}\boldsymbol{l}+\int_c^d \boldsymbol{H}_2\cdot \mathrm{d}\boldsymbol{l}=\int_{\Delta l}(\boldsymbol{H}_1-\boldsymbol{H}_2)\cdot \boldsymbol{e}_{\mathrm{t}}\mathrm{d}l$$

$$=\lim_{\Delta h\to 0}\left[\int_{\Delta S}\boldsymbol{J}\cdot \mathrm{d}\boldsymbol{S}+\int_{\Delta S}\frac{\partial \boldsymbol{D}}{\partial t}\cdot \mathrm{d}\boldsymbol{S}\right] \tag{2.7.1}$$

如果分界面上存在自由面电流密度 $\boldsymbol{J}_S$，则有

$$\lim_{\Delta h\to 0}\int_{\Delta S}\boldsymbol{J}\cdot \mathrm{d}\boldsymbol{S}=\int_{\Delta l}(\lim_{\Delta h\to 0}\Delta h\boldsymbol{J})\cdot \boldsymbol{e}_{\mathrm{p}}\mathrm{d}l=\int_{\Delta l}\boldsymbol{J}_S\cdot \boldsymbol{e}_{\mathrm{p}}\mathrm{d}l$$

由于 $\boldsymbol{D}$ 随时间是连续变化的，只要 $\boldsymbol{D}$ 为有限值，则 $\dfrac{\partial \boldsymbol{D}}{\partial t}$ 也为有限值，故有 $\lim\limits_{\Delta h\to 0}\int_{\Delta S}\dfrac{\partial \boldsymbol{D}}{\partial t}\cdot \mathrm{d}\boldsymbol{S}=0$。因此，由式(2.7.1)得到

$$\int_{\Delta l}(\boldsymbol{H}_1-\boldsymbol{H}_2)\cdot \boldsymbol{e}_{\mathrm{t}}\mathrm{d}l=\int_{\Delta l}\boldsymbol{J}_S\cdot \boldsymbol{e}_{\mathrm{p}}\mathrm{d}l$$

又因为 Δl 很小时，可以认为 $\boldsymbol{H}$ 和 $\boldsymbol{J}_S$ 在 Δl 上都是均匀的，于是有

$$\int_{\Delta l}(\boldsymbol{H}_1-\boldsymbol{H}_2)\cdot \boldsymbol{e}_{\mathrm{t}}\mathrm{d}l\approx(\boldsymbol{H}_1-\boldsymbol{H}_2)\cdot \boldsymbol{e}_{\mathrm{t}}\Delta l$$

$$\int_{\Delta l}\boldsymbol{J}_S\cdot \boldsymbol{e}_{\mathrm{p}}\mathrm{d}l\approx \boldsymbol{J}_S\cdot \boldsymbol{e}_{\mathrm{p}}\Delta l$$

所以

$$(\boldsymbol{H}_1-\boldsymbol{H}_2)\cdot \boldsymbol{e}_{\mathrm{t}}=\boldsymbol{J}_S\cdot \boldsymbol{e}_{\mathrm{p}}$$

由于 $\boldsymbol{e}_{\mathrm{t}}=\boldsymbol{e}_{\mathrm{p}}\times\boldsymbol{e}_{\mathrm{n}}$，所以

$$(\boldsymbol{H}_1-\boldsymbol{H}_2)\cdot \boldsymbol{e}_{\mathrm{t}}=(\boldsymbol{H}_1-\boldsymbol{H}_2)\cdot(\boldsymbol{e}_{\mathrm{p}}\times\boldsymbol{e}_{\mathrm{n}})=[\boldsymbol{e}_{\mathrm{n}}\times(\boldsymbol{H}_1-\boldsymbol{H}_2)]\cdot \boldsymbol{e}_{\mathrm{p}}$$

于是得到

$$[\boldsymbol{e}_{\mathrm{n}}\times(\boldsymbol{H}_1-\boldsymbol{H}_2)]\cdot \boldsymbol{e}_{\mathrm{p}}=\boldsymbol{J}_S\cdot \boldsymbol{e}_{\mathrm{p}}$$

由于小矩形回路是任取的，所以 $\boldsymbol{e}_{\mathrm{p}}$ 的方向也是任意的，故得

$$\boldsymbol{e}_{\mathrm{n}}\times(\boldsymbol{H}_1-\boldsymbol{H}_2)=\boldsymbol{J}_S \tag{2.7.2}$$

由此可见，当分界面上存在自由面电流时，分界面上两侧的磁场强度矢量的切向分量是不连续的。这是由于传导电流是磁场强度的涡旋源，分界面上的传导面

电流在分界面上两侧产生的磁场强度矢量在切向上是相反的，所以分界面上两侧的磁场强度矢量的切向分量是不连续的。

若两种媒质的电导率均为有限值，则媒质内的传导电流密度 $J=\sigma E$ 也为有限值，于是 $J_S=\lim\limits_{\Delta h\to 0} J\Delta h=0$，即电导率为有限值的两种媒质分界面上不存在面电流分布，因此有

$$\boldsymbol{e}_{\mathrm{n}}\times(\boldsymbol{H}_1-\boldsymbol{H}_2)=0 \quad 或 \quad H_{1\mathrm{t}}-H_{2\mathrm{t}}=0 \tag{2.7.3}$$

这表明，在电导率为有限值的两种媒质分界面上，磁场强度 $\boldsymbol{H}$ 的切向分量是连续的。

2. 电场强度矢量 $\boldsymbol{E}$ 的边界条件

将 $\oint_C \boldsymbol{E}\cdot \mathrm{d}\boldsymbol{l}=-\int_S \frac{\partial \boldsymbol{B}}{\partial t}\cdot \mathrm{d}\boldsymbol{S}$ 应用到如图 2.7.1 所示的矩形闭合路径 $abcda$，当 $\Delta h\to 0$ 时，只要分界面附近的 $\boldsymbol{E}$ 和 $\boldsymbol{B}$ 均为有限值，则有

$$\lim_{\Delta h\to 0}\int_b^c \boldsymbol{E}\cdot \mathrm{d}\boldsymbol{l}=\lim_{\Delta h\to 0}\int_d^a \boldsymbol{E}\cdot \mathrm{d}\boldsymbol{l}=0$$

$$\lim_{\Delta h\to 0}\int_{\Delta S}\frac{\partial \boldsymbol{B}}{\partial t}\cdot \mathrm{d}\boldsymbol{S}=0$$

所以

$$\lim_{\Delta h\to 0}\oint_C \boldsymbol{E}\cdot \mathrm{d}\boldsymbol{l}=\int_a^b \boldsymbol{E}_1\cdot \mathrm{d}\boldsymbol{l}+\int_c^d \boldsymbol{E}_2\cdot \mathrm{d}\boldsymbol{l}=\int_{\Delta l}(\boldsymbol{E}_1-\boldsymbol{E}_2)\cdot e_{\mathrm{t}}\mathrm{d}l$$

$$\approx(\boldsymbol{E}_1-\boldsymbol{E}_2)\cdot \boldsymbol{e}_{\mathrm{t}}\Delta l=-\lim_{\Delta h\to 0}\int_{\Delta S}\frac{\partial \boldsymbol{B}}{\partial t}\cdot \mathrm{d}\boldsymbol{S}=0$$

故得到

$$\boldsymbol{e}_{\mathrm{t}}\cdot(\boldsymbol{E}_1-\boldsymbol{E}_2)=0 \quad 或 \quad E_{1\mathrm{t}}-E_{2\mathrm{t}}=0 \tag{2.7.4}$$

也可表示为矢量叉乘的形式

$$\boldsymbol{e}_{\mathrm{n}}\times(\boldsymbol{E}_1-\boldsymbol{E}_2)=0 \tag{2.7.5}$$

由此可见，无论分界面上是否存在面分布电荷，两侧的电场强度矢量 $\boldsymbol{E}$ 的切向分量总是连续的。事实上，在存在电介质的情况下，电场强度可以看作是自由电荷与极化电荷共同在真空中产生的，而分界面上的面电荷在两侧产生的电场强度矢量在切向方向上是相同的，所以无论分界面上是否存在面分布电荷，电场强度矢量 $\boldsymbol{E}$ 的切向分量总是连续的。

3. 磁感应强度矢量 $\boldsymbol{B}$ 的边界条件

为了推导磁感应强度矢量 $\boldsymbol{B}$ 的边界条件，在两种媒质的分界面上的点 P 处任作一个底面积 ΔS 很小、高为 Δh 且包围点 P 的小圆柱形闭合面，其上、下底面

分别位于分界面的两侧、平行于分界面且无限靠近分界面，即 $\Delta h\to 0$，如图 2.7.2 所示。

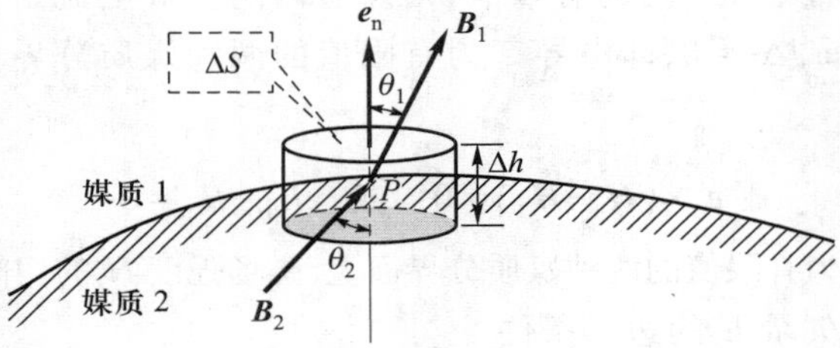

图 2.7.2 两种媒质分界面上的小圆柱形闭合面

将 $\oint_S \boldsymbol{B}\cdot \mathrm{d}\boldsymbol{S}=0$ 应用于此圆柱形闭合面，因 ΔS 足够小，可以认为 $\boldsymbol{B}$ 在 ΔS 上是均匀的。当 $\Delta h\to 0$ 时，只要分界面附近的 $\boldsymbol{B}$ 为有限值，则有 $\lim\limits_{\Delta h\to 0}\int_{侧面}\boldsymbol{B}\cdot \mathrm{d}\boldsymbol{S}=0$，所以

$$\lim_{\Delta h\to 0}\oint_S \boldsymbol{B}\cdot \mathrm{d}\boldsymbol{S}=\int_{上底面}\boldsymbol{B}_1\cdot \mathrm{d}\boldsymbol{S}+\int_{下底面}\boldsymbol{B}_2\cdot \mathrm{d}\boldsymbol{S}$$

$$=\int_{\Delta S}\boldsymbol{B}_1\cdot \boldsymbol{e}_n \mathrm{d}S-\int_{\Delta S}\boldsymbol{B}_2\cdot \boldsymbol{e}_n \mathrm{d}S\approx(\boldsymbol{B}_1-\boldsymbol{B}_2)\cdot \boldsymbol{e}_n\Delta S=0$$

故得到

$$\boldsymbol{e}_n\cdot(\boldsymbol{B}_1-\boldsymbol{B}_2)=0 \quad 或 \quad B_{1n}=B_{2n} \tag{2.7.6}$$

由此可见，无论分界面上是否存在面分布电流，磁感应强度的法向分量在分界面上总是连续的。事实上，在存在磁介质的情况下，磁感应强度可看作是在真空中的传导电流和磁化电流所产生的，对于分界面上任一点 P 处的面分布电流在 P 点两侧产生的磁感应强度矢量只有切向分量，而其余地方的电流在 P 点两侧产生的磁感应强度矢量在法线方向上是相同的，所以无论分界面上是否存在面分布电流，磁感应强度矢量 $\boldsymbol{B}$ 的法向分量总是连续的。

4. 电位移矢量 $\boldsymbol{D}$ 的边界条件

将式 $\oint_S \boldsymbol{D}\cdot \mathrm{d}\boldsymbol{S}=\int_V \rho \mathrm{d}V$ 应用到如图 2.7.2 所示的小圆柱形闭合面。当 $\Delta h\to 0$ 时，只要分界面附近的 $\boldsymbol{D}$ 为有限值，则有

$$\lim_{\Delta h\to 0}\int_{侧面}\boldsymbol{D}\cdot \mathrm{d}\boldsymbol{S}=0$$

所以

$$\lim_{\Delta h\to 0}\oint_S \boldsymbol{D}\cdot \mathrm{d}\boldsymbol{S}=\int_{上底面}\boldsymbol{D}_1\cdot \mathrm{d}\boldsymbol{S}+\int_{下底面}\boldsymbol{D}_2\cdot \mathrm{d}\boldsymbol{S}\approx(\boldsymbol{D}_1-\boldsymbol{D}_2)\cdot \boldsymbol{e}_n\Delta S$$

如果分界面上存在的自由电荷面密度为 ρ_S，则有

$$\lim_{\Delta h\to 0}\int_V \rho\,\mathrm{d}V=\int_{\Delta S}(\lim_{\Delta h\to 0}\Delta h\rho)\,\mathrm{d}S=\int_{\Delta S}\rho_S\mathrm{d}S\approx \rho_S\Delta S$$

于是得到

$$(\boldsymbol{D}_1-\boldsymbol{D}_2)\cdot \boldsymbol{e}_n\Delta S=\rho_S\Delta S$$

故

$$\boldsymbol{e}_n\cdot(\boldsymbol{D}_1-\boldsymbol{D}_2)=\rho_S \quad 或 \quad D_{1n}-D_{2n}=\rho_S \tag{2.7.7}$$

由此可见，分界面上存在自由电荷面密度时，电位移矢量的法向分量在分界面上是不连续的。这是由于电位移矢量线的源是自由电荷，而分界面上的自由面电荷在分界面两侧产生的电位移矢量在法向方向上是相反的，所以电位移矢量的法向分量在分界面上不连续。

当分界面上没有自由电荷面密度时，尽管可能存在面分布的极化电荷，但由于电位移矢量线不会起始和终止于极化电荷，因此分界面两侧的电位移矢量在法向方向上的分量是相同的，即

$$\boldsymbol{e}_n\cdot(\boldsymbol{D}_1-\boldsymbol{D}_2)=0 \quad 或 \quad D_{1n}-D_{2n}=0 \tag{2.7.8}$$

2.7.2 理想导体表面上的边界条件

在电磁场工程实际问题中，经常用到电导率很高的导体（譬如银、铜、铝等金属，其电导率都在10^7 S/m 量级）。为了简化电磁场问题的分析计算，通常将电导率很高的导体视为理想导体，即认为电导率 σ 为无限大。

根据 $\boldsymbol{J}=\sigma\boldsymbol{E}$ 可知，在理想导体内部的电场强度矢量 $\boldsymbol{E}$ 必定为零，否则，理想导体内部将出现电流密度为无限大的电流分布。由于导体内部 $\boldsymbol{D}=\varepsilon\boldsymbol{E}$，所以 $\boldsymbol{D}=0$。再由麦克斯韦方程 $\nabla\times\boldsymbol{E}=-\dfrac{\partial\boldsymbol{B}}{\partial t}$，可得到$\dfrac{\partial\boldsymbol{B}}{\partial t}=0$，这表明在理想导体中不存在随时间变化的磁感应强度 $\boldsymbol{B}$。由于 $\boldsymbol{B}=\mu\boldsymbol{H}$，所以在理想导体中也不存在随时间变化的磁场强度 $\boldsymbol{H}$。由此可知，在理想导体中不存在随时间变化的电场和磁场。

设媒质 2 为理想导体，在时变情况下，理想导体中的 $\boldsymbol{E}_2$、$\boldsymbol{D}_2$、$\boldsymbol{B}_2$ 和 $\boldsymbol{H}_2$ 均为零。因此，在理想导体表面上，时变电磁场边界条件为

$$\boldsymbol{e}_n\times\boldsymbol{H}_1=\boldsymbol{J}_S \tag{2.7.9}$$

$$\boldsymbol{e}_n \times \boldsymbol{E}_1 = 0 \tag{2.7.10}$$

$$\boldsymbol{e}_n \cdot \boldsymbol{B}_1 = 0 \tag{2.7.11}$$

$$\boldsymbol{e}_n \cdot \boldsymbol{D}_1 = \rho_S \tag{2.7.12}$$

式中 $\boldsymbol{e}_n$ 是理想导体表面外法线方向的单位矢量。由此可知：在理想导体表面上，电场强度矢量没有切向分量，表面外侧的电场强度总是垂直于理想导体表面；磁感应强度没有法向分量，表面外侧的磁感应强度总是平行于理想导体表面；在理想导体表面上，通常存在传导面电流密度 $\boldsymbol{J}_S$ 和自由电荷面密度 ρ_S，可分别由式(2.7.9)和式(2.7.12)来确定。

2.7.3　理想介质分界面上的边界条件

在电磁场工程实际问题中，还经常应用到电导率很低的介质(例如聚苯乙烯、陶瓷等，其电导率都在10^{-14} S/m 量级)。为了简化场问题的分析计算，通常将电导率很低的介质视为理想介质，即认为电导率 $\sigma=0$。

设媒质 1 和媒质 2 是两种不同的理想介质，由于理想介质中没有自由电子，所以在理想介质的分界面上不存在自由面电荷(即 $\rho_S=0$)和面电流(即 $\boldsymbol{J}_S=0$)。因此，理想介质分界面上的边界条件为

$$\boldsymbol{e}_n \times (\boldsymbol{H}_1 - \boldsymbol{H}_2) = 0 \quad 或 \quad H_{1t} - H_{2t} = 0 \tag{2.7.13}$$

$$\boldsymbol{e}_n \times (\boldsymbol{E}_1 - \boldsymbol{E}_2) = 0 \quad 或 \quad E_{1t} - E_{2t} = 0 \tag{2.7.14}$$

$$\boldsymbol{e}_n \cdot (\boldsymbol{B}_1 - \boldsymbol{B}_2) = 0 \quad 或 \quad B_{1n} - B_{2n} = 0 \tag{2.7.15}$$

$$\boldsymbol{e}_n \cdot (\boldsymbol{D}_1 - \boldsymbol{D}_2) = 0 \quad 或 \quad D_{1n} - D_{2n} = 0 \tag{2.7.16}$$

至此，把电磁场的边界条件总结归纳如下：

(1) 在两种媒质的分界面上，如果存在面电流，使磁场强度 $\boldsymbol{H}$ 的切向分量不连续，其不连续性由式(2.7.2)确定；若分界面上不存在面电流，则磁场强度 $\boldsymbol{H}$ 的切向分量是连续的。

(2) 在两种媒质的分界面上，电场强度 $\boldsymbol{E}$ 的切向分量是连续的。

(3) 在两种媒质的分界面上，磁感应强度 $\boldsymbol{B}$ 的法向分量是连续的。

(4) 在两种媒质的分界面上，如果存在面电荷，使电位移矢量 $\boldsymbol{D}$ 的法向分量不连续，其不连续性由式(2.7.7)确定。若分界面上不存在面电荷，则电位移矢量 $\boldsymbol{D}$ 的法向分量是连续的。

为方便阅读和记忆，将电磁场的基本方程和边界条件列入表 2.7.1 中。

表 2.7.1 电磁场的基本方程和边界条件

基本方程	边界条件	说明
积分形式：$\oint_C \boldsymbol{H}\cdot \mathrm{d}\boldsymbol{l}=\int_S \boldsymbol{J}\cdot \mathrm{d}\boldsymbol{S}+\int_S \frac{\partial \boldsymbol{D}}{\partial t}\cdot \mathrm{d}\boldsymbol{S}$ 微分形式：$\nabla\times\boldsymbol{H}=\boldsymbol{J}+\frac{\partial \boldsymbol{D}}{\partial t}$	1. $\boldsymbol{e}_n\times(\boldsymbol{H}_1-\boldsymbol{H}_2)=\boldsymbol{J}_S$ 2. $\boldsymbol{e}_n\times(\boldsymbol{H}_1-\boldsymbol{H}_2)=0$ 3. $\boldsymbol{e}_n\times(\boldsymbol{H}_1-\boldsymbol{H}_2)=0$ 4. $\boldsymbol{e}_n\times\boldsymbol{H}_1=\boldsymbol{J}_S$	情况 1 是边界条件的一般形式 情况 2 是电导率为有限值的导电媒质的边界条件 情况 3 是两种媒质为理想介质的边界条件 情况 4 是理想导体表面上的边界条件 单位矢量 $\boldsymbol{e}_n$ 由媒质 2 指向媒质 1
积分形式：$\oint_C \boldsymbol{E}\cdot \mathrm{d}\boldsymbol{l}=-\int_S \frac{\partial \boldsymbol{B}}{\partial t}\cdot \mathrm{d}\boldsymbol{S}$ 微分形式：$\nabla\times\boldsymbol{E}=-\frac{\partial \boldsymbol{B}}{\partial t}$	1. $\boldsymbol{e}_n\times(\boldsymbol{E}_1-\boldsymbol{E}_2)=0$ 2. $\boldsymbol{e}_n\times(\boldsymbol{E}_1-\boldsymbol{E}_2)=0$ 3. $\boldsymbol{e}_n\times(\boldsymbol{E}_1-\boldsymbol{E}_2)=0$ 4. $\boldsymbol{e}_n\times\boldsymbol{E}_1=0$	
积分形式：$\oint_S \boldsymbol{B}\cdot \mathrm{d}\boldsymbol{S}=0$ 微分形式：$\nabla\cdot\boldsymbol{B}=0$	1. $\boldsymbol{e}_n\cdot(\boldsymbol{B}_1-\boldsymbol{B}_2)=0$ 2. $\boldsymbol{e}_n\cdot(\boldsymbol{B}_1-\boldsymbol{B}_2)=0$ 3. $\boldsymbol{e}_n\cdot(\boldsymbol{B}_1-\boldsymbol{B}_2)=0$ 4. $\boldsymbol{e}_n\cdot\boldsymbol{B}_1=0$	
积分形式：$\oint_S \boldsymbol{D}\cdot \mathrm{d}\boldsymbol{S}=\int_V \rho \mathrm{d}V$ 微分形式：$\nabla\cdot\boldsymbol{D}=\rho$	1. $\boldsymbol{e}_n\cdot(\boldsymbol{D}_1-\boldsymbol{D}_2)=\rho_S$ 2. $\boldsymbol{e}_n\cdot(\boldsymbol{D}_1-\boldsymbol{D}_2)=\rho_S$ 3. $\boldsymbol{e}_n\cdot(\boldsymbol{D}_1-\boldsymbol{D}_2)=0$ 4. $\boldsymbol{e}_n\cdot\boldsymbol{D}_1=\rho_S$	

例 2.7.1 $z<0$ 的区域的媒质参数为 $\varepsilon_1=\varepsilon_0$、$\mu_1=\mu_0$、$\sigma_1=0$；$z>0$ 区域的媒质参数为 $\varepsilon_2=5\varepsilon_0$、$\mu_2=20\mu_0$、$\sigma_2=0$。若媒质 1 中的电场强度为

$$\boldsymbol{E}_1(z,t)=\boldsymbol{e}_x[60\cos(15\times10^8 t-5z)+20\cos(15\times10^8 t+5z)]\ \mathrm{V/m}$$

媒质 2 中的电场强度为

$$\boldsymbol{E}_2(z,t)=\boldsymbol{e}_x A\cos(15\times10^8 t-50z)\ \mathrm{V/m}$$

(1) 试确定常数 A 的值；(2) 求磁场强度 $\boldsymbol{H}_1(z,t)$ 和 $\boldsymbol{H}_2(z,t)$；(3) 验证 $\boldsymbol{H}_1(z,t)$ 和 $\boldsymbol{H}_2(z,t)$ 满足边界条件。

解：(1) 这是两种理想介质($\sigma=0$)的分界面，在分界面 $z=0$ 处，有

$$\begin{aligned}\boldsymbol{E}_1(0,t)&=\boldsymbol{e}_x[60\cos(15\times10^8 t)+20\cos(15\times10^8 t)]\ \mathrm{V/m}\\&=\boldsymbol{e}_x 80\cos(15\times10^8 t)\ \mathrm{V/m}\end{aligned}$$

$$\boldsymbol{E}_2(0,t)=\boldsymbol{e}_x A\cos(15\times10^8 t)\ \mathrm{V/m}$$

利用两种理想介质分界面上 $\boldsymbol{E}$ 的切向分量连续的边界条件 $\boldsymbol{E}_{1t}(0,t)=\boldsymbol{E}_{2t}(0,t)$，得

$$A = 80\ \text{V/m}$$

（2）由 $\nabla\times\boldsymbol{E} = -\dfrac{\partial \boldsymbol{B}}{\partial t}$，得

$$\frac{\partial \boldsymbol{H}_1}{\partial t} = -\frac{1}{\mu_1}\nabla\times\boldsymbol{E}_1 = -\frac{1}{\mu_1}\begin{vmatrix} \boldsymbol{e}_x & \boldsymbol{e}_y & \boldsymbol{e}_z \\ \dfrac{\partial}{\partial x} & \dfrac{\partial}{\partial y} & \dfrac{\partial}{\partial z} \\ E_{1x} & E_{1y} & E_{1z} \end{vmatrix} = -\boldsymbol{e}_y \frac{1}{\mu_1}\frac{\partial E_{1x}}{\partial z}$$

$$= -\boldsymbol{e}_y \frac{1}{\mu_0}[300\sin(15\times10^8 t - 5z) - 100\sin(15\times10^8 t + 5z)]$$

将上式对时间 t 积分，得

$$\boldsymbol{H}_1(z,t) = \boldsymbol{e}_y \frac{1}{\mu_0}\left[2\times10^{-7}\cos(15\times10^8 t - 5z) - \frac{2}{3}\times10^{-7}\cos(15\times10^8 t + 5z)\right]\ \text{A/m}$$

同样，由 $\nabla\times\boldsymbol{E}_2 = -\mu_2\dfrac{\partial \boldsymbol{H}_2}{\partial t}$，可得到

$$\boldsymbol{H}_2(z,t) = \boldsymbol{e}_y \frac{4}{3\mu_0}\times10^{-7}\cos(15\times10^8 t - 50z)\ \text{A/m}$$

（3）$z=0$ 时

$$\boldsymbol{H}_1(0,t) = \boldsymbol{e}_y \frac{1}{\mu_0}\left[2\times10^{-7}\cos(15\times10^8 t) - \frac{2}{3}\times10^{-7}\cos(15\times10^8 t)\right]$$

$$= \boldsymbol{e}_y \frac{4}{3\mu_0}\times10^{-7}\cos(15\times10^8 t)\ \text{A/m}$$

$$\boldsymbol{H}_2(0,t) = \boldsymbol{e}_y \frac{4}{3\mu_0}\times10^{-7}\cos(15\times10^8 t)\ \text{A/m}$$

可见，在 $z=0$ 处 $\boldsymbol{H}$ 的切向分量是连续的，因为在分界面上（$z=0$）不存在面电流。

例 2.7.2　如图 2.7.3 所示，1 区（$z<0$）是媒质参数为 $\varepsilon_1 = 5\varepsilon_0$、$\mu_1 = \mu_0$、$\sigma_1 = 0$ 的电介质，2 区（$z>0$）的媒质参数为 $\varepsilon_2 = \varepsilon_0$、$\mu_2 = \mu_0$、$\sigma_2 = 0$。若已知 2 区的电场强度为

$$\boldsymbol{E}_2(x,y,z) = \boldsymbol{e}_x 2y + \boldsymbol{e}_y 2x + \boldsymbol{e}_z(3+z)\quad \text{V/m}$$

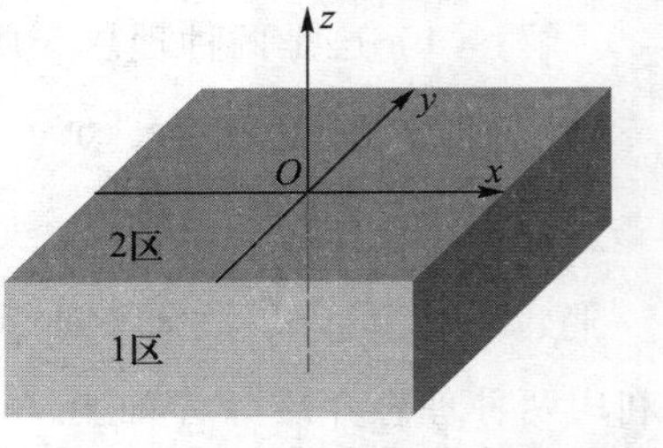

图 2.7.3　电介质与自由空间的分界面

试问能求得出 1 区中的 $\boldsymbol{E}_1(x,y,z)$ 和 $\boldsymbol{D}_1(x,y,z)$ 吗？

解：根据边界条件，可由 $\boldsymbol{E}_2(x,y,0)$ 和 $\boldsymbol{D}_2(x,y,0)$ 求得 1 区中 $z=0$ 处的 $\boldsymbol{E}_1(x,y,0)$ 和 $\boldsymbol{D}_1(x,y,0)$。

由边界条件 $\boldsymbol{e}_n\times(\boldsymbol{E}_1-\boldsymbol{E}_2)\big|_{z=0}=0$，得

$$-\boldsymbol{e}_z\times\{\boldsymbol{e}_xE_{1x}+\boldsymbol{e}_yE_{1y}+\boldsymbol{e}_zE_{1z}-[\boldsymbol{e}_x2y+\boldsymbol{e}_y2x+\boldsymbol{e}_z(3+z)]\}_{z=0}=0$$

即

$$[\boldsymbol{e}_y(E_{1x}-2y)-\boldsymbol{e}_x(E_{1y}-2x)]\big|_{z=0}=0$$

则得

$$E_{1x}\big|_{z=0}=2y,\quad E_{1y}\big|_{z=0}=2x$$

$$D_{1x}\big|_{z=0}=\varepsilon_1E_{1x}\big|_{z=0}=10\varepsilon_0y,\quad D_{1y}\big|_{z=0}=\varepsilon_1E_{1y}\big|_{z=0}=10\varepsilon_0x$$

又由 $\boldsymbol{e}_n\cdot(\boldsymbol{D}_1-\boldsymbol{D}_2)=0$，有

$$\boldsymbol{e}_z\cdot[\boldsymbol{e}_xD_{1x}+\boldsymbol{e}_yD_{1y}+\boldsymbol{e}_zD_{1z}-(\boldsymbol{e}_xD_{2x}+\boldsymbol{e}_yD_{2y}+\boldsymbol{e}_zD_{2z})]\big|_{z=0}=0$$

则得

$$D_{1z}\big|_{z=0}=D_{2z}\big|_{z=0}=\varepsilon_0(3+z)\big|_{z=0}=3\varepsilon_0$$

$$E_{1z}\big|_{z=0}=\frac{D_{1z}\big|_{z=0}}{\varepsilon_1}=\frac{3\varepsilon_0}{5\varepsilon_0}=\frac{3}{5}$$

最后得

$$\boldsymbol{E}_1(z=0)=\boldsymbol{e}_x2y+\boldsymbol{e}_y2x+\boldsymbol{e}_z\frac{3}{5}$$

$$\boldsymbol{D}_1(z=0)=\boldsymbol{e}_x10\varepsilon_0y+\boldsymbol{e}_y10\varepsilon_0x+\boldsymbol{e}_z3\varepsilon_0$$

例 2.7.3 两块无限大的理想导体平板分别置于 $z=0$ 和 $z=d$ 处，如图 2.7.4 所示。若平板之间的电场强度为

$$\boldsymbol{E}(x,z,t)=\boldsymbol{e}_yE_0\sin\left(\frac{\pi z}{d}\right)\cos(\omega t-k_xx)\ \text{V/m}$$

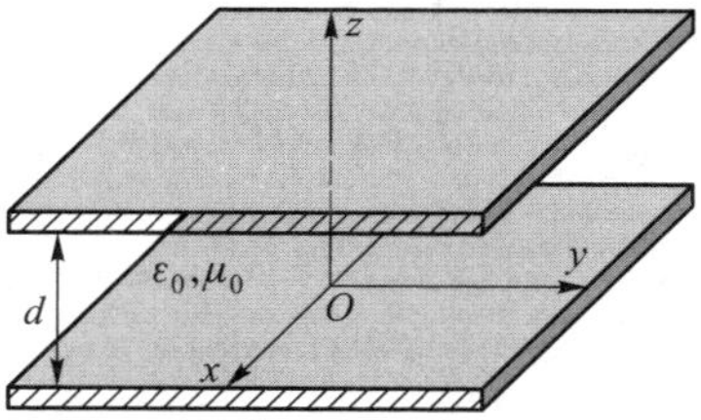

图 2.7.4 两无限大理想导体平板

式中的 E_0、k_x 皆为常数。试求：(1) 与 $\boldsymbol{E}$ 相伴的磁场强度 $\boldsymbol{H}(x,z,t)$；(2) 两导体表面上的面电流密度 $\boldsymbol{J}_S$ 和面电荷密度 ρ_S。

解：(1) 由 $\nabla\times\boldsymbol{E}=-\mu_0\dfrac{\partial\boldsymbol{H}}{\partial t}$，得

$$\frac{\partial \boldsymbol{H}}{\partial t}=-\frac{1}{\mu_0}\nabla\times\boldsymbol{E}=-\frac{1}{\mu_0}\left(-\boldsymbol{e}_x\frac{\partial E}{\partial z}+\boldsymbol{e}_z\frac{\partial E}{\partial x}\right)$$

$$=-\frac{E_0}{\mu_0}\left[-\boldsymbol{e}_x\frac{\pi}{d}\cos\left(\frac{\pi z}{d}\right)\cos(\omega t-k_x x)+\boldsymbol{e}_z k_x\sin\left(\frac{\pi z}{d}\right)\sin(\omega t-k_x x)\right]$$

将上式对时间 t 积分,得

$$\boldsymbol{H}(x,z,t)=-\frac{E_0}{\mu_0}-\boldsymbol{e}_x\int\frac{\pi}{d}\cos\left(\frac{\pi z}{d}\right)\cos(\omega t-k_x x)\mathrm{d}t+\boldsymbol{e}_z\int k_x\sin\left(\frac{\pi z}{d}\right)\sin(\omega t-k_x x)\mathrm{d}t(\mathrm{A/m})$$

$$=\boldsymbol{e}_x\frac{\pi E_0}{\omega\mu_0 d}\cos\left(\frac{\pi z}{d}\right)\sin(\omega t-k_x x)+\boldsymbol{e}_z\frac{k_x E_0}{\omega\mu_0}\sin\left(\frac{\pi z}{d}\right)\cos(\omega t-k_x x)(\mathrm{A/m})$$

(2) 面电流和面电荷出现在两个理想导体板的内表面上,分别为

在 $z=0$ 处的导体板上

$$\boldsymbol{J}_S=\boldsymbol{e}_\mathrm{n}\times\boldsymbol{H}\big|_{z=0}=\boldsymbol{e}_z\times\boldsymbol{H}\big|_{z=0}=\boldsymbol{e}_y\frac{\pi E_0}{\omega\mu_0 d}\sin(\omega t-k_x x)(\mathrm{A/m})$$

$$\rho_S=\boldsymbol{e}_\mathrm{n}\cdot\boldsymbol{D}\big|_{z=0}=\boldsymbol{e}_z\cdot\varepsilon_0\boldsymbol{E}\big|_{z=0}=0$$

在 $z=d$ 处的导体板上

$$\boldsymbol{J}_S=\boldsymbol{e}_\mathrm{n}\times\boldsymbol{H}\big|_{z=d}=-\boldsymbol{e}_z\times\boldsymbol{H}\big|_{z=d}=\boldsymbol{e}_y\frac{\pi E_0}{\omega\mu_0 d}\sin(\omega t-k_x x)(\mathrm{A/m})$$

$$\rho_S=\boldsymbol{e}_\mathrm{n}\cdot\boldsymbol{D}\big|_{z=d}=-\boldsymbol{e}_z\cdot\varepsilon_0\boldsymbol{E}\big|_{z=d}=0$$

—思　考　题—

2.1　什么是自由电荷?什么是束缚电荷?自由电荷与束缚电荷有什么区别?

2.2 研究宏观电磁场时，常用到哪几种电荷分布模型？有哪几种电流分布模型？它们是如何定义的？

2.3 点电荷的电场强度随距离变化的规律是什么？电偶极子的电场强度又如何呢？

2.4 简述 $\nabla \cdot \boldsymbol{E}=\dfrac{\rho}{\varepsilon_0}$ 和 $\nabla\times\boldsymbol{E}=0$ 所表征的静电场特性。

2.5 表述高斯定理，并说明在什么条件下应用高斯定理能够很容易地求解给定电荷分布的电场强度。

2.6 简述 $\nabla \cdot \boldsymbol{B}=0$ 和 $\nabla\times\boldsymbol{B}=\mu_0\boldsymbol{J}$ 所表征的静磁场特性。

2.7 表述安培环路定理，并说明在什么条件下用该定理能够很容易地求解给定电流分布的磁感应强度。

2.8 简述电场与电介质相互作用后发生的现象。

2.9 极化强度是如何定义的？极化电荷密度与极化强度有什么关系？

2.10 电介质均匀极化与均匀电介质的极化是否有区别？

2.11 均匀电介质极化后不会产生体分布的极化电荷，只能在介质的表面上出现面分布的极化电荷，这种说法对吗？试举例加以论述。

2.12 电位移矢量是如何定义的？在国际单位制中它的单位是什么？

2.13 分别说明 $\nabla \cdot \boldsymbol{D}=\rho$、$\nabla \cdot \boldsymbol{E}=(\rho+\rho_{\mathrm{p}})/\varepsilon_0$、$\nabla \cdot \boldsymbol{P}=-\rho_{\mathrm{p}}$ 的物理含义。

2.14 静电场的基本方程 $\nabla \cdot \boldsymbol{D}=\rho$ 表明电位移矢量（$\boldsymbol{D}$）线只起始或终止于自由电荷，因此电位移矢量 $\boldsymbol{D}$ 与极化电荷无关，这种说法对吗？

2.15 简述磁场与磁介质相互作用发生的物理现象。

2.16 磁化强度是如何定义的？磁化电流密度与磁化强度有什么关系？

2.17 磁场强度是如何定义的？在国际单位制中它的单位是什么？

2.18 均匀媒质与非均匀媒质、线性媒质与非线性媒质、各向同性与各向异性媒质的含义是什么？

2.19 什么是时变电磁场？时变电磁场与静态电磁场有什么不同的特点？

2.20 试从产生的原因、存在的区域以及引起的效应等方面比较传导电流和位移电流。

2.21 写出微分形式、积分形式的麦克斯韦方程组，并简要阐述其物理意义。

2.22 麦克斯韦方程组的 4 个方程是相互独立的吗？试简要解释。

2.23 电流连续性方程能由麦克斯韦方程组导出吗？如果能，试推导之；若不能，说明原因。

2.24 什么是电磁场的边界条件？在理想介质分界面上，电磁场具有什么边界条件？在理想导体表面上，电磁场具有什么边界条件？

习　题

2.1　已知半径为 a 的导体球面上分布着面电荷密度为 $\rho_S=\rho_{S0}\cos\theta$ 的电荷，式中的 ρ_{S0} 为常数。试计算球面上的总电荷量。

2.2　已知半径为 a、长为 L 的圆柱体内分布着轴对称的电荷，体电荷密度为 $\rho=\rho_0\dfrac{r}{a}(0\leqslant r\leqslant a)$，式中的 ρ_0 为常数，试求圆柱体内的总电荷量。

2.3　电荷 q 均匀分布在半径为 a 的导体球面上，当导体球以角速度 ω 绕通过球心的 z 轴旋转时，试计算导体球面上的面电流密度。

2.4　宽度为 5 cm 的无限薄导电平面置于 $z=0$ 平面内，若有 10 A 电流沿从原点朝向点 P(2 cm, 3 cm, 0)的方向流动，如图题 2.4 所示。试写出面电流密度的表示式。

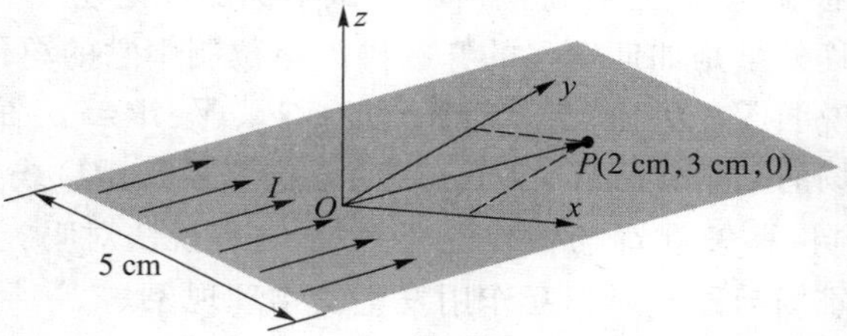

图题 2.4

2.5　一个半径为 a 的球形体积内均匀分布着总电荷量为 q 的电荷，当球体以均匀角速度 ω 绕一条直径旋转时，试计算球内的电流密度。

2.6　在真空中，点电荷 $q_1=-0.3\ \mu\text{C}$ 位于点 $A(25,-30,15)$；点电荷 $q_2=0.5\ \mu\text{C}$ 位于点 $B(-10,8,12)$。求：(1) 坐标原点处的电场强度；(2) 点 $P(15,20,50)$处的电场强度。

2.7　点电荷 $q_1=q$ 位于点 $P_1(-a,0,0)$ 处，另一个点电荷 $q_2=-2q$ 位于 $P_2(a,0,0)$ 处，试问：空间是否存在 $\boldsymbol{E}=0$ 的点？

2.8　半径为 a 的一个半圆环上均匀分布着线电荷 ρ_l，如图题 2.8 所示。试求垂直于半圆环所在平面的轴线上 $z=a$ 处的电场强度 $\boldsymbol{E}(0,0,a)$。

2.9　三根长度均为 L、线电荷密度分别为 ρ_{l1}、ρ_{l2} 和 ρ_{l3} 的线电荷构成一个等边三角形，如图题 2.9 所示，设 $\rho_{l1}=2\rho_{l2}=2\rho_{l3}$，试求三角形中心的电场强度。

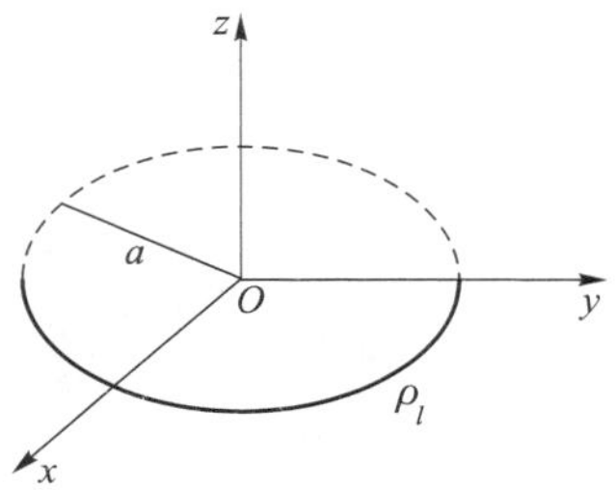

图题 2.8

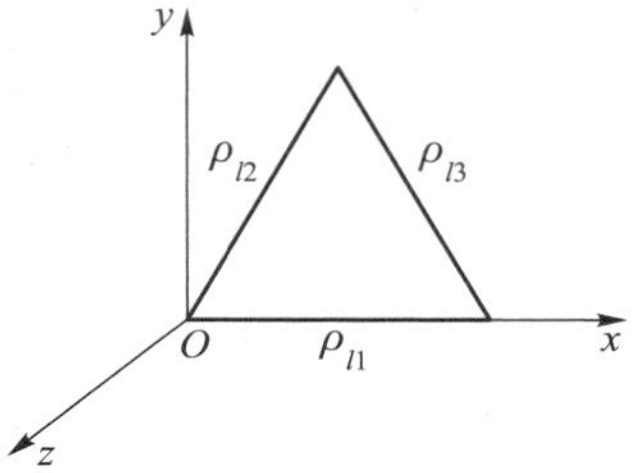

图题 2.9

2.10 一个很薄的无限大均匀带电平面,其上的面电荷密度为 ρ_S。试证明:垂直于平面的 z 轴上 $z=z_0$ 处的电场强度中,有一半是由平面上半径为 $\sqrt{3}z_0$ 的圆内的电荷产生的。

2.11 自由空间有三个无限大的均匀带电平面:位于点(0,0,−4)处的平面上 $\rho_{S1}=3\ \mathrm{nC/m^2}$,位于点(0,0,1)处的平面上 $\rho_{S2}=6\ \mathrm{nC/m^2}$,位于点(0,0,4)处的平面上 $\rho_{S3}=-8\ \mathrm{nC/m^2}$。试求以下各点的 $\boldsymbol{E}$:(1) $P_1(2,5,-5)$;(2) $P_2(-2,4,5)$;(3) $P_3(-1,-5,2)$。

2.12 在下列条件下,对给定点求 $\nabla\cdot\boldsymbol{E}$ 的值:

(1) 直角坐标系中,$\boldsymbol{E}=[\boldsymbol{e}_x(2xyz-y^2)+\boldsymbol{e}_y(x^2z-2xy)+\boldsymbol{e}_z x^2y]$ V/m,求点 $P_1(2,3,-1)$ 处 $\nabla\cdot\boldsymbol{E}$ 的值。

(2) 圆柱坐标系中,$\boldsymbol{E}=[\boldsymbol{e}_\rho 2\rho z^2\sin^2\phi+\boldsymbol{e}_\phi\rho z^2\sin2\phi+\boldsymbol{e}_z 2\rho^2 z\sin^2\phi]$ V/m,求点 $P_2(2,110°,-1)$ 处 $\nabla\cdot\boldsymbol{E}$ 的值。

(3) 球坐标系中,$\boldsymbol{E}=[\boldsymbol{e}_r 2r\sin\theta\cos\phi+\boldsymbol{e}_\theta r\cos\theta\cos\phi-\boldsymbol{e}_\phi\ \boldsymbol{r}\sin\phi]$ V/m,求点 $P(1.5,30°,50°)$ 处 $\nabla\cdot\boldsymbol{E}$ 的值。

2.13 一个半径为 a 的导体球带电荷量为 q,当球体以均匀角速度 ω 绕一个直径旋转时,如图题 2.13 所示,试求球心处的磁感应强度 $\boldsymbol{B}$。

2.14 假设电流 $I=8$ A 从无限远处沿 x 轴流向原点,再离开原点沿 y 轴流向无限远,如图题 2.14 所示。试求 xy 平面上一点 $P(0.4,0.3,0)$ 处的 $\boldsymbol{B}$。

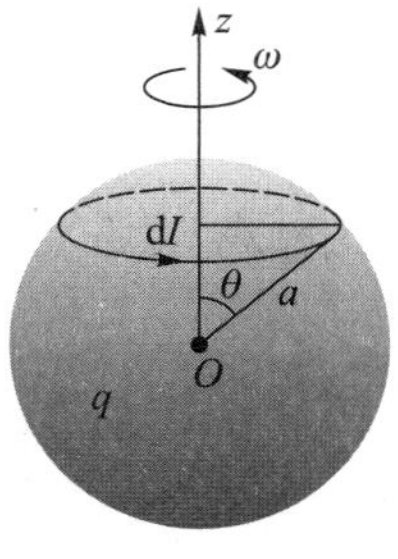

图题 2.13

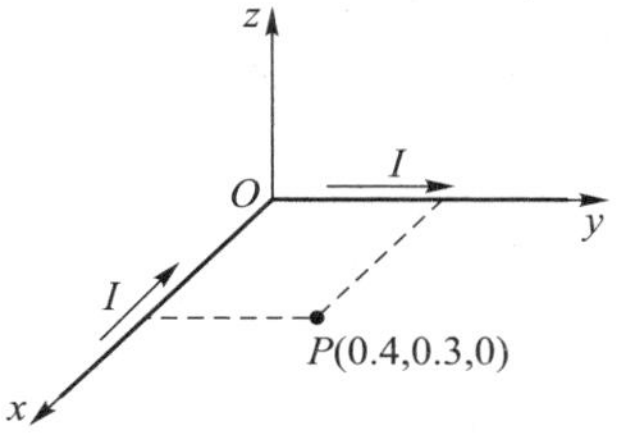

图题 2.14

2.15　一条扁平的直导体带，宽度为 $2a$，中心线与 z 轴重合，通过的电流为 I。试证明在第一象限内任一点 P 的磁感应强度为

$$B_x=-\frac{\mu_0 I}{4\pi a}\alpha,\quad B_y=\frac{\mu_0 I}{4\pi a}\ln\left(\frac{r_2}{r_1}\right)$$

式中的 α、r_1 和 r_2 如图题 2.15 所示。

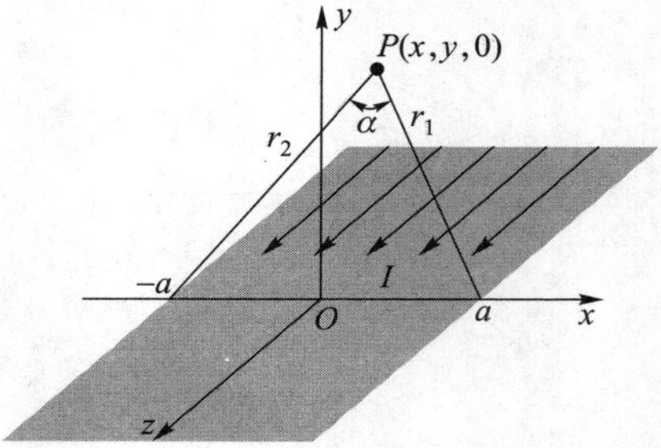

图题 2.15

2.16　两平行无限长直线电流 I_1 和 I_2，间距为 d，试求每根导线单位长度受到的安培力 $\boldsymbol{F}_{\mathrm{m}}$。

2.17　在半径 $a=1$ mm 的非磁性材料圆柱形实心导体内，沿 z 轴方向通过电流 $I=20$ A，试求：(1) $\rho=0.8$ mm 处的 $\boldsymbol{B}$；(2) $\rho=1.2$ mm 处的 $\boldsymbol{B}$；(3) 圆柱内单位长度的总磁通。

2.18　下面的矢量函数中哪些可能是磁场？如果是，求出其源量 $\boldsymbol{J}$。

(1) $\boldsymbol{H}=\boldsymbol{e}_\rho a\rho$，$\boldsymbol{B}=\mu_0\boldsymbol{H}$（圆柱坐标系）

(2) $\boldsymbol{H}=\boldsymbol{e}_x(-ay)+\boldsymbol{e}_y ax$，$\boldsymbol{B}=\mu_0\boldsymbol{H}$

(3) $\boldsymbol{H}=\boldsymbol{e}_x ax-\boldsymbol{e}_y ay$，$\boldsymbol{B}=\mu_0\boldsymbol{H}$

(4) $\boldsymbol{H}=\boldsymbol{e}_\phi ar$，$\boldsymbol{B}=\mu_0\boldsymbol{H}$　（球坐标系）

2.19　通过电流密度为 $\boldsymbol{J}$ 的均匀电流的长圆柱导体中有一平行的圆柱形空腔，其横截面如图题 2.19 所示。试计算各部分的磁感应强度，并证明空腔内的磁场是均匀的。

2.20　无限长直线电流 I 垂直于磁导率分别为 μ_1 和 μ_2 的两种磁介质的分界面，如图题 2.20 所示。试求：(1) 两种磁介质中的磁感应强度 $\boldsymbol{B}_1$ 和 $\boldsymbol{B}_2$；(2) 磁化电流分布。

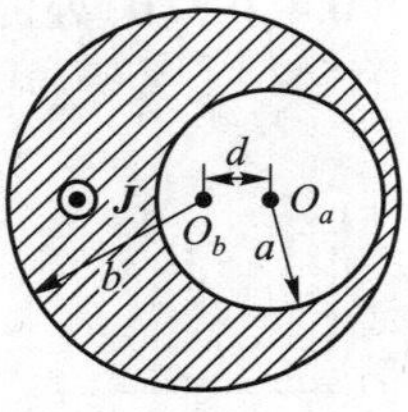

图题 2.19

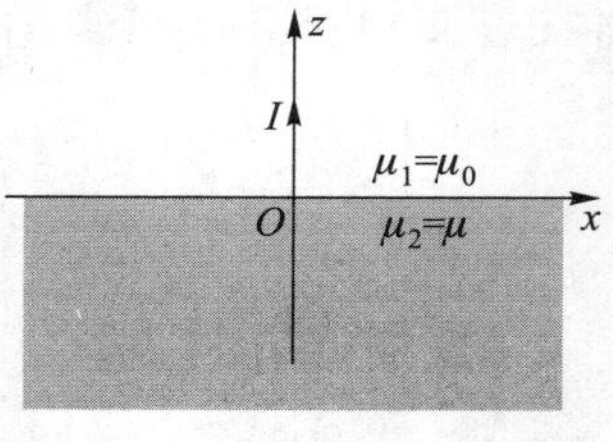

图题 2.20

2.21　如图题 2.21 所示的长螺线管，横截面积为 S，其中填充磁导率分别为 μ_1 和 μ_2 的两种均匀磁介质，螺线管上的面电流密度分别为 $\boldsymbol{J}_{1S}=\boldsymbol{e}_\phi J_{1S}$ 和 $\boldsymbol{J}_{2S}=$

$e_\phi J_{2S}$，在螺线管内产生沿轴线方向的均匀磁感应强度，在螺线管外产生的磁感应强度为零。试确定面电流密度 J_{1S} 与 J_{2S} 的关系以及螺线管内磁感应强度。

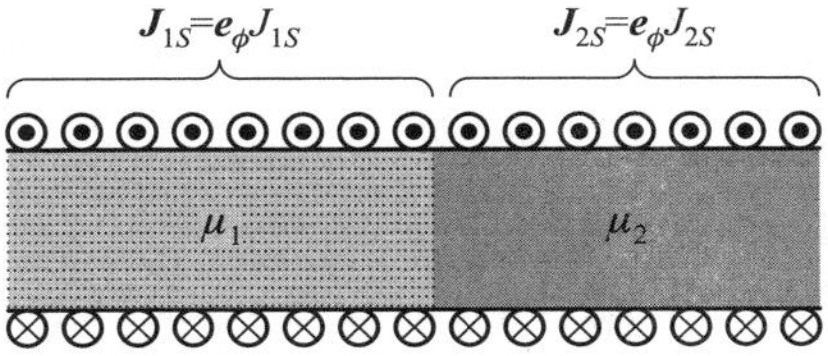

图题 2.21

2.22 一导体滑片在两根平行的轨道上滑动，整个装置位于正弦时变磁场 $B=e_z 5\cos\omega t$ mT 之中，如图题 2.22 所示。滑片的位置由 $x=0.35(1-\cos\omega t)$ m 确定，轨道终端接有电阻 $R=0.2\ \Omega$，试求感应电流 i。

2.23 平行双线与一矩形回路共面，如图题 2.23 所示。设 $a=0.2$ m，$b=c=d=0.1$ m，$i=0.1\cos(2\pi\times10^7 t)$ A，求回路中的感应电动势。

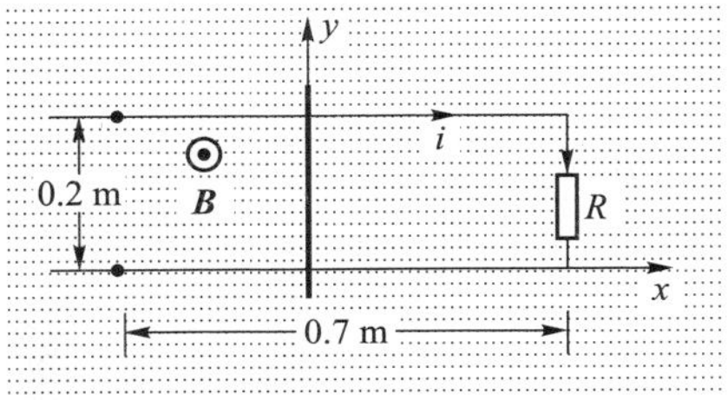

图题 2.22

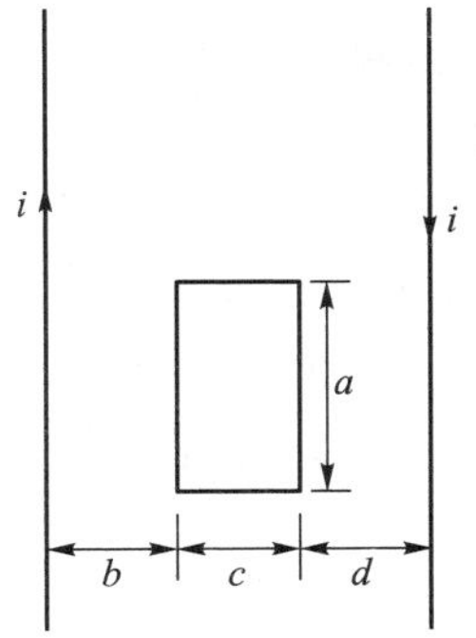

图题 2.23

2.24 求下列情况下的位移电流密度的大小：

(1) 某移动天线发射的电磁波的磁场强度

$$H=e_x 0.15\cos(9.36\times10^8 t-3.12y)\ \text{A/m};$$

(2) 一大功率变压器在空气中产生的磁感应强度

$$B=e_y 0.8\cos(3.77\times10^2 t-1.26\times10^{-6}x)\ \text{T};$$

(3) 一大功率电容器在填充的油中产生的电场强度

$$E=e_x 0.9\cos(3.77\times10^2 t-2.81\times10^{-6}z)\ \text{MV/m}$$

设油的相对介电常数 $\varepsilon_r=5$；

(4) 工频($f=50$ Hz)下的金属导体中，$J=e_x\sin(314t-107z)$ MA/m^2，设金属

导体的 $\varepsilon=\varepsilon_0$、$\mu=\mu_0$、$\sigma=5.8\times10^7$ S/m。

2.25　同轴线的内导体半径 $a=1$ mm，外导体的内半径 $b=4$ mm，内外导体间为空气，如图题 2.25 所示。假设内、外导体间的电场强度为 $\boldsymbol{E}=\boldsymbol{e}_\rho\dfrac{100}{\rho}\cos(10^8t-kz)$ V/m。(1) 求与 $\boldsymbol{E}$ 相伴的 $\boldsymbol{H}$；(2) 确定 k 的值；(3) 求内导体表面的电流密度；(4) 求沿轴线 $0\leqslant z\leqslant1$ m 区域内的位移电流。

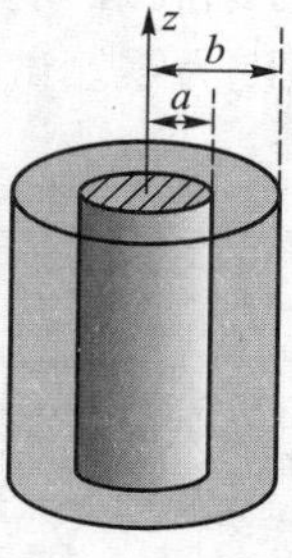

图题 2.25

2.26　由置于 $\rho=3$ mm 和 $\rho=10$ mm 的导体圆柱面和 $z=0$、$z=20$ cm 的导体平面围成的圆柱形空间内充满 $\varepsilon=4\times10^{-11}$ F/m、$\mu=2.5\times10^{-6}$ H/m、$\sigma=0$ 的媒质。若设定媒质中的磁场强度为 $\boldsymbol{H}=\boldsymbol{e}_\phi\dfrac{2}{\rho}\cos10\pi z\cos\omega t$ A/m，利用麦克斯韦方程求：(1) ω；(2) $\boldsymbol{E}$。

2.27　媒质 1 的电参数为 $\varepsilon_1=4\varepsilon_0$、$\mu_1=2\mu_0$、$\sigma_1=0$；媒质 2 的电参数为 $\varepsilon_2=2\varepsilon_0$、$\mu_2=3\mu_0$、$\sigma_2=0$。两种媒质分界面上的法向单位矢量为 $\boldsymbol{e}_n=\boldsymbol{e}_x0.64+\boldsymbol{e}_y0.6-\boldsymbol{e}_z0.48$，由媒质 2 指向媒质 1。若已知媒质 1 内邻近分界面上的点 P 处的磁感应强度 $\boldsymbol{B}_1=(\boldsymbol{e}_x-\boldsymbol{e}_y2+\boldsymbol{e}_z3)\cdot\sin300t$ T，求 P 点处下列量的大小：B_{1n}、B_{1t}、B_{2n}、B_{2t}。

2.28　媒质 1 的电参数为 $\varepsilon_1=5\varepsilon_0$、$\mu_1=3\mu_0$、$\sigma_1=0$；媒质 2 可视为理想导体 ($\sigma_2=\infty$)。设 $y=0$ 为理想导体表面，$y>0$ 的区域内（媒质 1）的电场强度 $\boldsymbol{E}=\boldsymbol{e}_y20\cos(2\times10^8t-2.58z)$ V/m。试计算 $t=6$ ns 时：(1) 点 $P(2,0,0.3)$ 处的面电荷密度 ρ_S；(2) 点 P 处的 $\boldsymbol{H}$；(3) 点 P 处的面电流密度 $\boldsymbol{J}_S$。

第 2 章部分习题答案

第 3 章

静态电磁场及其边值问题的解

当场源(电荷、电流)不随时间变化时,所产生的电场、磁场也不随时间变化,称为静态电磁场。静止电荷产生的静电场、在导电媒质中恒定运动电荷形成的恒定电场以及恒定电流产生的恒定磁场都属于静态电磁场。

静态电磁场是电磁场的特殊形式,当场量不随时间变化时,由麦克斯韦方程组可以得到

$$\begin{cases}\nabla\times\boldsymbol{H}=\boldsymbol{J}\\ \nabla\times\boldsymbol{E}=0\\ \nabla\cdot\boldsymbol{B}=0\\ \nabla\cdot\boldsymbol{D}=\rho\end{cases}\tag{3.0.1}$$

由此可见,电场矢量满足的方程和磁场矢量满足的方程是相互独立的,也就是说在静态情况下,电场和磁场是相互独立存在的。

本章将讨论静态场的位函数、电场能量与磁场能量、静电力与磁场力的计算,并讨论电容与部分电容、电感,最后讨论求解静态场边值问题的镜像法、分离变量法和有限差分法。

3.1 静电场分析

3.1.1 静电场的基本方程和边界条件

考虑到电磁场的源量(静止电荷 q)和场量($\boldsymbol{E}$、$\boldsymbol{D}$)不随时间变化这一特征,由麦克斯韦方程组得出静电场的基本方程的积分形式为

$$\begin{cases}\oint_S\boldsymbol{D}\cdot\mathrm{d}\boldsymbol{S}=\int_V\rho\mathrm{d}V\\ \oint_C\boldsymbol{E}\cdot\mathrm{d}\boldsymbol{l}=0\end{cases}\tag{3.1.1}$$

微分形式为

$$\begin{cases}\nabla \cdot \boldsymbol{D} = \rho \\ \nabla \times \boldsymbol{E} = 0\end{cases} \tag{3.1.2}$$

基本方程表明静电场是有源(通量源)无旋场,静止电荷是产生静电场的通量源;电场线($\boldsymbol{E}$ 线)从正的静止电荷发出,终于负的静止电荷。

在线性、各向同性的电介质中,本构关系为

$$\boldsymbol{D} = \varepsilon \boldsymbol{E} \tag{3.1.3}$$

静电场的边界条件的一般形式为

$$\boldsymbol{e}_n \times (\boldsymbol{E}_1 - \boldsymbol{E}_2) = 0 \quad 或 \quad E_{1t} = E_{2t} \tag{3.1.4}$$

$$\boldsymbol{e}_n \cdot (\boldsymbol{D}_1 - \boldsymbol{D}_2) = \rho_S \quad 或 \quad D_{1n} - D_{2n} = \rho_S \tag{3.1.5}$$

这表明:电场强度的切向分量在分界面上是连续的;当分界面存在自由电荷面密度时,电位移矢量的法向分量是不连续的。

由于电介质中没有自由电荷,所以两种电介质的分界面上 $\rho_S = 0$,则式(3.1.5) 成为

$$\boldsymbol{e}_n \cdot (\boldsymbol{D}_1 - \boldsymbol{D}_2) = 0 \quad 或 \quad D_{1n} = D_{2n} \tag{3.1.6}$$

这表明,在两种电介质的分界面上,电位移矢量的法向分量是连续的。

在两种电介质分界面上,电场的方向会发生改变,如图 3.1.1 所示。由 $E_{1t} = E_{2t}$ 和 $\varepsilon_1 E_{1n} = \varepsilon_2 E_{2n}$,可得到

$$\frac{\tan\theta_1}{\tan\theta_2} = \frac{E_{1t}/E_{1n}}{E_{2t}/E_{2n}} = \frac{\varepsilon_1}{\varepsilon_2} \tag{3.1.7}$$

这表明,电场的方向发生的改变由两种电介质的介电常数确定。

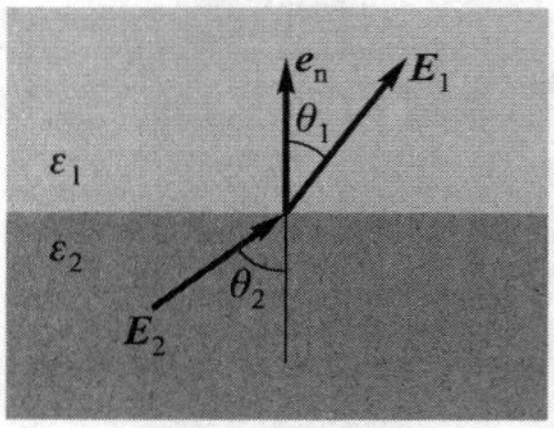

图 3.1.1　两种电介质分界面上电场方向的改变

若媒质 1 为电介质,媒质 2 为导体,则由于静电平衡的情况下导体内部的电场为零,即 $\boldsymbol{D}_2 = \boldsymbol{E}_2 = 0$。因此,可得到导体表面上的边界条件为

$$\boldsymbol{e}_n \times \boldsymbol{E} = 0 \tag{3.1.8}$$

$$\boldsymbol{e}_n \cdot \boldsymbol{D} = \rho_S \tag{3.1.9}$$

式中 $\boldsymbol{e}_n$ 为导体表面的外法向单位矢量。式(3.1.8)表明,在静电场中,导体表面上的电场强度总是垂直于导体表面的。式(3.1.9)表明,导体表面上存在感应电荷,其电荷面密度等于导体表面外侧的电位移矢量的法向分量。

3.1.2 电位函数

1. 电位和电位差

由静电场的基本方程 $\nabla\times\boldsymbol{E}=0$ 和矢量恒等式 $\nabla\times\nabla u=0$ 可知，电场强度矢量 $\boldsymbol{E}$ 可以表示为标量函数 φ 的梯度，即

$$\boldsymbol{E}(\boldsymbol{r})=-\nabla\varphi(\boldsymbol{r}) \tag{3.1.10}$$

式中的标量函数 $\varphi(\boldsymbol{r})$ 称为静电场的电位函数，简称为电位，单位为 V(伏特)。

需要指出的是，由式(3.1.10)定义的电位函数 φ 不是唯一的，可以任意加上一个常数 c，但电场强度 $\boldsymbol{E}$ 仍保持不变，即

$$-\nabla[\varphi(\boldsymbol{r})+c]=-\nabla\varphi(\boldsymbol{r})=\boldsymbol{E}$$

为了使电场中每一点的电位具有一个确定的值，可以选定场中某一固定点为电位的参考点，即规定该固定点的电位为零。

由电场强度的计算公式可以得到电位的计算公式。在线性、各向同性的无界均匀媒质中，点电荷 q 的电场强度为

$$\boldsymbol{E}(\boldsymbol{r})=\frac{q}{4\pi\varepsilon}\frac{\boldsymbol{R}}{R^3}$$

考虑到 $\nabla\left(\dfrac{1}{R}\right)=-\dfrac{\boldsymbol{R}}{R^3}$，则有

$$\boldsymbol{E}(\boldsymbol{r})=-\nabla\left(\frac{q}{4\pi\varepsilon}\cdot\frac{1}{R}\right)$$

与式(3.1.10)比较，可得到点电荷 q 产生的电场的电位函数为

$$\varphi(\boldsymbol{r})=\frac{q}{4\pi\varepsilon R}+c \tag{3.1.11}$$

式中 c 为任意常数。

应用叠加原理，根据式(3.1.11)可得到点电荷系、线电荷、面电荷以及体电荷产生的电场的电位函数分别为

$$\varphi(\boldsymbol{r})=\frac{1}{4\pi\varepsilon}\sum_{i=1}^{N}\frac{q_i}{R_i}+c \tag{3.1.12}$$

$$\varphi(\boldsymbol{r})=\frac{1}{4\pi\varepsilon}\int_l\frac{\rho_l(\boldsymbol{r}')}{R}\mathrm{d}l'+c \tag{3.1.13}$$

$$\varphi(\boldsymbol{r}) = \frac{1}{4\pi\varepsilon}\int_S \frac{\rho_s(\boldsymbol{r}')}{R}\mathrm{d}S' + c \tag{3.1.14}$$

$$\varphi(\boldsymbol{r}) = \frac{1}{4\pi\varepsilon}\int_V \frac{\rho(\boldsymbol{r}')}{R}\mathrm{d}V' + c \tag{3.1.15}$$

若电荷分布在有界区域内,可选择无穷远点为电位参考点,即令 $\varphi(\boldsymbol{r})\big|_{r\to\infty}=0$,这时式(3.1.11)~(3.1.15)中的常数 c 都为零。

通常用等位面形象地描述电位的空间分布。例如,由点电荷的电位表达式(3.1.11)可知,其等位面是同心球面族。根据 $\boldsymbol{E}(\boldsymbol{r})=-\nabla\varphi(\boldsymbol{r})$ 和标量函数梯度的性质可知,$\boldsymbol{E}$ 线垂直于等位面,且总是指向电位下降最快的方向。

场图 3-1-1 几种点电荷系统的场图

若已知电荷分布,则可利用式(3.1.12)~(3.1.15)求得电位函数 $\varphi(\boldsymbol{r})$,再利用 $\boldsymbol{E}(\boldsymbol{r})=-\nabla\varphi(\boldsymbol{r})$ 求得电场强度 $\boldsymbol{E}(\boldsymbol{r})$。这样做通常比直接求 $\boldsymbol{E}(\boldsymbol{r})$ 要简单些。

在 $\boldsymbol{E}(\boldsymbol{r})=-\nabla\varphi(\boldsymbol{r})$ 的两端点乘 $\mathrm{d}\boldsymbol{l}$,得

$$\boldsymbol{E}(\boldsymbol{r})\cdot\mathrm{d}\boldsymbol{l} = -\nabla\varphi(\boldsymbol{r})\cdot\mathrm{d}\boldsymbol{l} = -\frac{\partial\varphi(\boldsymbol{r})}{\partial l}\mathrm{d}l = -\mathrm{d}\varphi(\boldsymbol{r})$$

对上式两端从点 P 到点 Q 沿任意路径进行积分,得

$$\int_P^Q \boldsymbol{E}(\boldsymbol{r})\cdot\mathrm{d}\boldsymbol{l} = -\int_P^Q \mathrm{d}\varphi(\boldsymbol{r}) = \varphi(P) - \varphi(Q) \tag{3.1.16}$$

可见,点 P、Q 之间的电位差 $\varphi(P)-\varphi(Q)$ 的物理意义是:把一个单位正电荷从点 P 沿任意路径移动到点 Q 的过程中,电场力所做的功。

若选定 Q 点为电位参考点,即规定 $\varphi(Q)=0$,则 P 点的电位为

$$\varphi(P) = \int_P^Q \boldsymbol{E}\cdot\mathrm{d}\boldsymbol{l} \tag{3.1.17}$$

若场源电荷分布在有限区域,通常选定无限远处为电位参考点,则

$$\varphi(P) = \int_P^\infty \boldsymbol{E}\cdot\mathrm{d}\boldsymbol{l} \tag{3.1.18}$$

2. 静电位的微分方程与边界条件

在均匀、线性和各向同性的电介质中,ε 是一个常数。因此将 $\boldsymbol{E}(\boldsymbol{r})=-\nabla\varphi(\boldsymbol{r})$ 代入 $\nabla\cdot\boldsymbol{D}(\boldsymbol{r})=\rho(\boldsymbol{r})$ 中,得

$$\nabla\cdot\boldsymbol{D}(\boldsymbol{r}) = \nabla\cdot\varepsilon\boldsymbol{E}(\boldsymbol{r}) = -\varepsilon\,\nabla\cdot\nabla\varphi(\boldsymbol{r}) = \rho(\boldsymbol{r})$$

故得

$$\nabla^2\varphi(\boldsymbol{r})=-\frac{\rho(\boldsymbol{r})}{\varepsilon} \tag{3.1.19}$$

即静电位满足标量泊松方程。在无自由电荷分布的区域中，即 $\rho=0$，则 $\varphi(\boldsymbol{r})$ 满足拉普拉斯方程

$$\nabla^2\varphi(\boldsymbol{r})=0 \tag{3.1.20}$$

在通过解泊松方程或拉普拉斯方程求 $\varphi(\boldsymbol{r})$ 时，需应用边界条件来确定常数。下面介绍电位的边界条件。

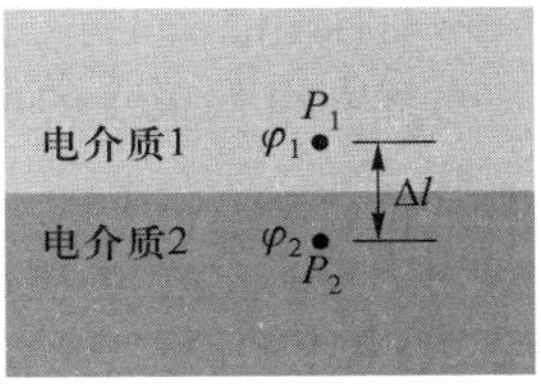

图 3.1.2 不同电介质分界面两侧的电位

设 P_1 和 P_2 是位于不同介质分界面两侧且紧贴分界面的相邻两点，其电位分别为 φ_1 和 φ_2，如图 3.1.2 所示。只要两种介质中的 $\boldsymbol{E}$ 均为有限值，当 P_1 和 P_2 都无限贴近分界面，即其间距 $\Delta l\to 0$ 时，则有

$$\varphi_1-\varphi_2=\lim_{\Delta l\to 0}\int_{P_1}^{P_2}\boldsymbol{E}\cdot \mathrm{d}\boldsymbol{l}=\lim_{\Delta l\to 0}\boldsymbol{E}\cdot\Delta l=0$$

因此，分界面两侧的电位是相等的，即

$$\varphi_1=\varphi_2 \tag{3.1.21}$$

又由 $\boldsymbol{e}_n\cdot(\boldsymbol{D}_1-\boldsymbol{D}_2)=\rho_S$，$\boldsymbol{D}=\varepsilon\boldsymbol{E}=-\varepsilon\nabla\varphi$ 可导出

$$\varepsilon_1\frac{\partial\varphi_1}{\partial n}-\varepsilon_2\frac{\partial\varphi_2}{\partial n}=-\rho_S \tag{3.1.22}$$

式(3.1.21)和式(3.1.22)即为电位在两种介质分界面上的边界条件。

若分界面上不存在自由面电荷，即 $\rho_S=0$，则式(3.1.22)变为

$$\varepsilon_1\frac{\partial\varphi_1}{\partial n}=\varepsilon_2\frac{\partial\varphi_2}{\partial n} \tag{3.1.23}$$

在静电场中，由于导体内部的电场为零，所以导体为等位体，导体表面为等位面。因此，在导体表面上，电位的边界条件为

$$\begin{cases}\varphi=\text{常数}\\ \varepsilon\dfrac{\partial\varphi}{\partial n}=-\rho_S\end{cases} \tag{3.1.24}$$

例 3.1.1 求图 3.1.3 所示电偶极子的电位。

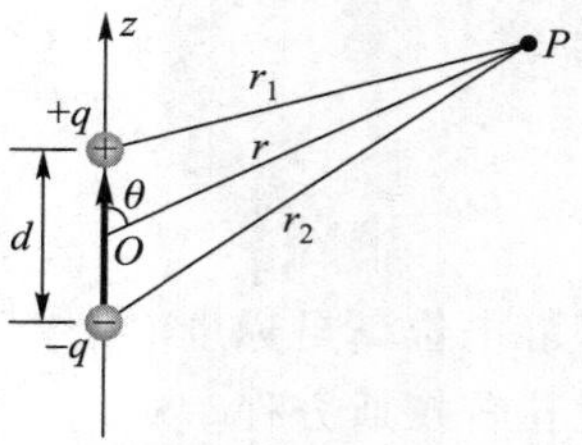

图 3.1.3 电偶极子

解: 空间任意一点 $P(r,\theta,\phi)$ 处的电位等于两个点电荷的电位叠加,即

$$\varphi(\boldsymbol{r})=\frac{q}{4\pi\varepsilon_0}\left(\frac{1}{r_1}-\frac{1}{r_2}\right)=\frac{q}{4\pi\varepsilon_0}\frac{r_2-r_1}{r_1r_2}$$

式中

$$r_1=\sqrt{r^2+(d/2)^2-rd\cos\theta},\quad r_2=\sqrt{r^2+(d/2)^2+rd\cos\theta}$$

对远离电偶极子的场点,$r \gg d$,则

$$r_1\approx r-\frac{d}{2}\cos\theta,\quad r_2\approx r+\frac{d}{2}\cos\theta,$$

$$r_2-r_1\approx d\cos\theta,\quad r_2r_1\approx r^2$$

故得

$$\varphi(\boldsymbol{r})=\frac{qd\cos\theta}{4\pi\varepsilon_0r^2}=\frac{\boldsymbol{p}\cdot\boldsymbol{r}}{4\pi\varepsilon_0r^3}\tag{3.1.25}$$

应用球面坐标系中的梯度公式,可得到电偶极子的远区电场强度

$$\boldsymbol{E}(\boldsymbol{r})=-\nabla\varphi(\boldsymbol{r})=-\left(\boldsymbol{e}_r\frac{\partial\varphi}{\partial r}+\boldsymbol{e}_\theta\frac{1}{r}\frac{\partial\varphi}{\partial\theta}+\boldsymbol{e}_\phi\frac{1}{r\sin\theta}\frac{\partial\varphi}{\partial\phi}\right)$$

$$=\frac{p}{4\pi\varepsilon_0r^3}(\boldsymbol{e}_r2\cos\theta+\boldsymbol{e}_\theta\sin\theta)\tag{3.1.26}$$

显然,此处的运算比例 2.2.1 中直接计算电场强度 $\boldsymbol{E}$ 要简单得多。

例 3.1.2 求均匀电场 $\boldsymbol{E}_0$ 的电位分布。

解: 选定均匀电场空间中的一点 O 为坐标原点,而任意点 P 的位置矢量为 $\boldsymbol{r}$,则

$$\varphi(P)-\varphi(O)=\int_P^O\boldsymbol{E}_0\cdot\mathrm{d}\boldsymbol{l}=-\int_O^P\boldsymbol{E}_0\cdot\mathrm{d}\boldsymbol{r}=-\boldsymbol{E}_0\cdot\boldsymbol{r}$$

场图 3-1-2 电偶极子的场图

若选择点 O 为电位参考点,即 $\varphi(O)=0$,则

$$\varphi(P)=-\boldsymbol{E}_0\cdot\boldsymbol{r}$$

在球坐标系中,若取极轴与 $\boldsymbol{E}_0$ 的方向一致,即 $\boldsymbol{E}_0=\boldsymbol{e}_zE_0$,则有

$$\varphi(P)=-\boldsymbol{E}_0\cdot\boldsymbol{r}=-\boldsymbol{e}_z\cdot\boldsymbol{r}E_0=-E_0r\cos\theta$$

在圆柱坐标系中,若取 $\boldsymbol{E}_0$ 的方向为 x 轴方向,即 $\boldsymbol{E}_0=\boldsymbol{e}_xE_0$,由于 $\boldsymbol{r}=\boldsymbol{e}_\rho\rho+\boldsymbol{e}_zz$,则有

$$\varphi(P)=-\boldsymbol{E}_0\cdot\boldsymbol{r}=-\boldsymbol{e}_x\cdot E_0(\boldsymbol{e}_\rho\rho+\boldsymbol{e}_zz)=-E_0\rho\cos\phi$$

例 3.1.3 两块无限大接地导体平板分别置于 $x=0$ 和 $x=a$ 处,在两板之间的 $x=b$ 处有一面密度为 ρ_{S0} 的均匀电荷分布,如图 3.1.4 所示。求两导体平板之间的电位和电场。

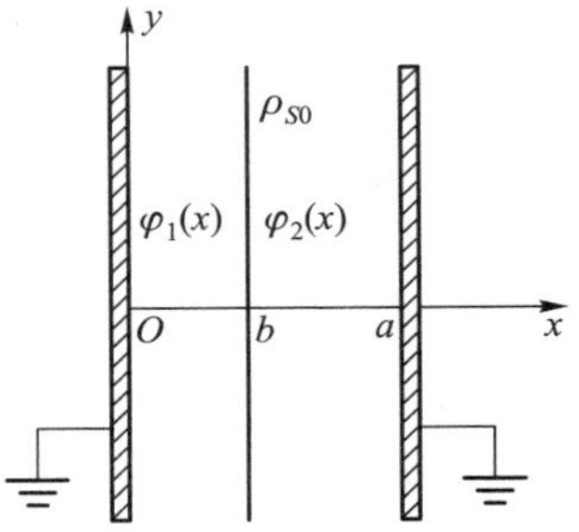

图 3.1.4 两块无限大平行板

解: 在两块无限大接地导体平板之间,除 $x=b$ 处有均匀面电荷分布外,其余空间均无电荷分布,故电位函数满足一维拉普拉斯方程

$$\frac{\mathrm{d}^2\varphi_1(x)}{\mathrm{d}x^2}=0\quad(0<x<b)$$

$$\frac{\mathrm{d}^2\varphi_2(x)}{\mathrm{d}x^2}=0\quad(b<x<a)$$

方程的解为

$$\varphi_1(x)=C_1x+D_1$$

$$\varphi_2(x)=C_2x+D_2$$

利用边界条件,得

$$x=0\text{ 处},\quad\varphi_1(0)=0$$

$$x=a\text{ 处},\quad\varphi_2(a)=0$$

$$x=b\text{ 处},\quad\varphi_1(b)=\varphi_2(b)$$

$$\left[\frac{\partial\varphi_2(x)}{\partial x}-\frac{\partial\varphi_1(x)}{\partial x}\right]_{x=b}=-\frac{\rho_{S0}}{\varepsilon_0}$$

于是有

$$D_1=0,\quad C_2a+D_2=0$$

$$C_1b+D_1=C_2b+D_2,\quad C_2-C_1=-\frac{\rho_{S0}}{\varepsilon_0}$$

由此解得

$$C_1 = -\frac{\rho_{S0}(b-a)}{\varepsilon_0 a}, \quad D_1 = 0$$

$$C_2 = -\frac{\rho_{S0} b}{\varepsilon_0 a}, \qquad D_2 = \frac{\rho_{S0} b}{\varepsilon_0}$$

最后得

$$\varphi_1(x) = \frac{\rho_{S0}(a-b)}{\varepsilon_0 a} x \quad (0 \leqslant x \leqslant b)$$

$$\varphi_2(x) = \frac{\rho_{S0} b}{\varepsilon_0 a}(a-x) \quad (b \leqslant x \leqslant a)$$

$$\boldsymbol{E}_1(x) = -\nabla\varphi_1(x) = -\boldsymbol{e}_x \frac{\mathrm{d}\varphi_1(x)}{\mathrm{d}x} = -\boldsymbol{e}_x \frac{\rho_{S0}(a-b)}{\varepsilon_0 a} \quad (0 < x < b)$$

$$\boldsymbol{E}_2(x) = -\nabla\varphi_2(x) = -\boldsymbol{e}_x \frac{\mathrm{d}\varphi_2(x)}{\mathrm{d}x} = \boldsymbol{e}_x \frac{\rho_{S0} b}{\varepsilon_0 a} \quad (b < x < a)$$

3.1.3　导体系统的电容

电容是导体系统的一种基本属性,它是描述导体系统储存电荷能力的物理量。本节介绍由双导体系统构成的电容器的电容计算以及由三个或更多的导体组成的多导体系统的部分电容的概念。

1. 电容器的电容

电容器是广泛使用的电路元件,它是由两个导体构成的系统。如图 3.1.5 所示,当在两导体间加上电压 U 时,一个导体的电荷量为 $+q$,而另一个导体的电荷量则为 $-q$。电容器的电容 C 定义为电荷量 q 与电压 U 之比,即

$$C = \frac{q}{U} \qquad (3.1.27)$$

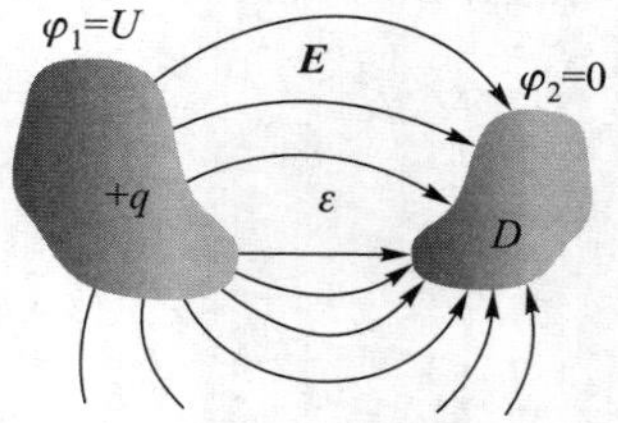

图 3.1.5　两个导体构成的电容器

电容的单位为 F(法拉)。

一个孤立导体可以看作是与无穷远处的另一个导体构成的电容器,其电容为孤立导体的电量 q 与它的电位为 φ 之比,即

$$C = \frac{q}{\varphi} \qquad (3.1.28)$$

电容的大小只与导体的形状、尺寸、相互位置及周围填充的电介质有关,而与导体的电位和所带的电荷量无关。

在计算电容器的电容时,通常采用如下的计算步骤:

(1) 假定两导体上分别带电荷$+q$和$-q$;

(2) 根据假定的电荷求出电场强度$\boldsymbol{E}$;

(3) 由$\int_1^2 \boldsymbol{E}\cdot \mathrm{d}l$求得电位差$U$;

(4) 求出比值$C=\dfrac{q}{U}$。

在电子与电气工程中常用的传输线,例如平行板线、平行双线、同轴线都属于双导体系统。通常,这类传输线的纵向尺寸远大于横向尺寸。因而可作为平行平面电场(二维场)来研究,只需计算传输线单位长度的电容。

例 3.1.4 平行双线传输线的结构如图 3.1.6 所示,导线的半径为a,两导线轴线距离为D,且$D\gg a$,设周围介质为空气。试求传输线单位长度的电容。

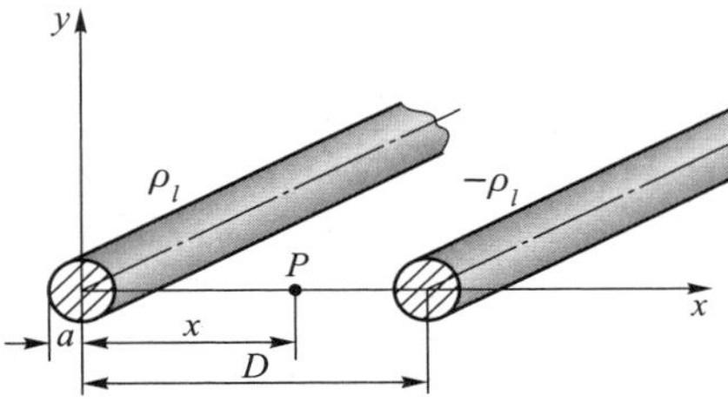

图 3.1.6 平行双线传输线

解: 设两导线单位长度带电量分别为$+\rho_l$和$-\rho_l$。由于$D\gg a$,故可近似地认为电荷分别均匀分布在两导线的表面上。应用高斯定理和叠加原理,可得到两导线之间的平面上任意一点P的电场强度为

$$\boldsymbol{E}(x)=\boldsymbol{e}_x\frac{\rho_l}{2\pi\varepsilon_0}\left(\frac{1}{x}+\frac{1}{D-x}\right)$$

两导线间的电位差为

$$U=\int_1^2\boldsymbol{E}\cdot\mathrm{d}\boldsymbol{l}=\int_a^{D-a}\boldsymbol{E}(x)\cdot\boldsymbol{e}_x\mathrm{d}x=\frac{\rho_l}{2\pi\varepsilon_0}\int_a^{D-a}\left(\frac{1}{x}+\frac{1}{D-x}\right)\mathrm{d}x$$

$$=\frac{\rho_l}{\pi\varepsilon_0}\ln\frac{D-a}{a}\approx\frac{\rho_l}{\pi\varepsilon_0}\ln\frac{D}{a}$$

故得平行双线传输线单位长度的电容为

$$C_1=\frac{\rho_l}{U}\approx\frac{\pi\varepsilon_0}{\ln(D/a)}\quad \mathrm{F/m} \tag{3.1.29}$$

由此可见，平行双线传输线单位长度的电容的大小与 D/a 的值有关，D/a 的值越大，单位长度的电容越小。因此，在导线半径 a 固定的情况下，增加线间距 D，可以减小单位长度的电容。

例 3.1.5 同轴线的内导体半径为 a，外导体的内半径为 b，内外导体间填充介电常数为 ε 的均匀电介质，如图 3.1.7 所示。试求同轴线单位长度的电容。

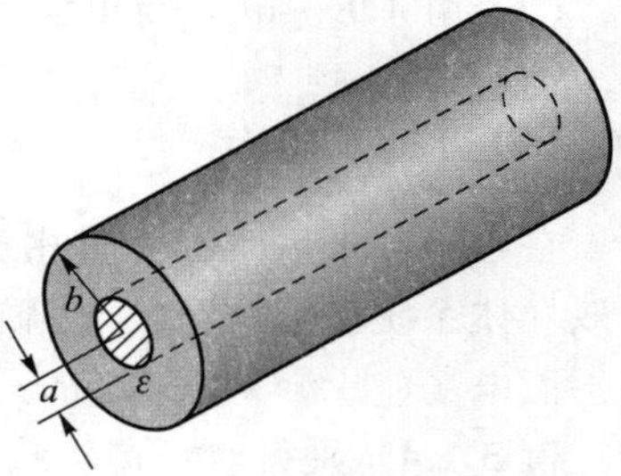

图 3.1.7 同轴线

解： 设同轴线的内、外导体单位长度带电量分别为 ρ_l 和 $-\rho_l$，应用高斯定理求得内外导体间任意点电场强度为

$$\boldsymbol{E}(\rho)=\boldsymbol{e}_\rho\frac{\rho_l}{2\pi\varepsilon\rho}$$

内、外导体间的电压为

$$U=\int_a^b\boldsymbol{E}(\rho)\cdot\boldsymbol{e}_\rho\mathrm{d}\rho=\frac{\rho_l}{2\pi\varepsilon}\int_a^b\frac{1}{\rho}\mathrm{d}\rho=\frac{\rho_l}{2\pi\varepsilon}\ln\frac{b}{a}$$

同轴线单位长度的电容为

$$C_1=\frac{\rho_l}{U}=\frac{2\pi\varepsilon}{\ln(b/a)}\quad \text{F/m} \tag{3.1.30}$$

由此可见，同轴线单位长度的电容的大小与 b/a 的值有关，b/a 的值越大，单位长度的电容越小。因此，在内导体半径 a 固定的情况下，外导体半径 b 越大，单位长度的电容越小。

2. 多导体系统的部分电容

在工程应用中，经常遇到由三个或更多的导体组成的多导体系统。例如，考虑大地作用的架空平行双线传输线、耦合带状线、带屏蔽层的多芯电缆等。在多导体系统中，任何两个导体间的电压不仅要受到这两个导体所带的电荷影响，还要受到其余导体上的电荷的影响，从一个导体上发出的电场线不会全部终止在另一个导体上，如图 3.1.8 所示。因此，对于多导体系统，需要将电容的概念予以扩充，引入部分电容的概念。所谓部分电容，是指多导体系统中，一个导体在其余导体的影响下，与另一个导体构成的电容。

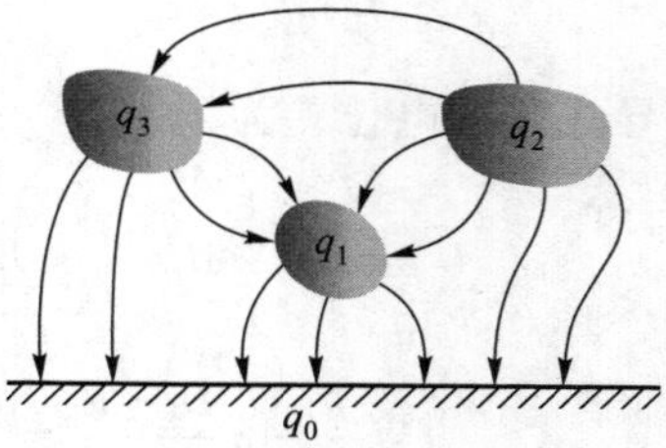

图 3.1.8 多导体系统

(1) 电位系数

设空间中存在 $N+1$ 个导体，各导体所带的电荷量分别为 q_0、q_1、q_2、…、q_N，且

所有导体的电荷量之和为零，即

$$q_0+q_1+\cdots+q_N=0 \tag{3.1.31}$$

称该多导体系统为静电独立系统。若空间中的介质是线性的，则各导体的电位与各导体上的电荷之间也是线性关系。如果把电荷量为 q_0 的导体作为电位参考点，则其余 N 个导体的电位 φ_1、φ_2、…、φ_N 可表示为

$$\begin{cases}\varphi_1=\alpha_{11}q_1+\alpha_{12}q_2+\cdots+\alpha_{1N}q_N\\ \varphi_2=\alpha_{21}q_1+\alpha_{22}q_2+\cdots+\alpha_{2N}q_N\\ \cdots\cdots\cdots\cdots\\ \varphi_N=\alpha_{N1}q_1+\alpha_{N2}q_2+\cdots+\alpha_{NN}q_N\end{cases} \tag{3.1.32}$$

式中 α_{ij}称为电位系数。α_{ii}为自电位系数，$\alpha_{ij}(i\neq j)$为互电位系数。

电位系数只与各导体的形状、尺寸、相互位置以及周围的介质有关，而与各导体的电位和电荷量无关。因此，在计算 α_{ij}时，可令 $q_j\neq0$，而其余导体的电荷都为 0，则由式(3.1.32)可得到 $\varphi_i=\alpha_{ij}q_j$，即

$$\alpha_{ij}=\left.\frac{\varphi_i}{q_j}\right|_{q_1=\cdots=q_{j-1}=q_{j+1}=\cdots=q_N=0} \tag{3.1.33}$$

由此可见，α_{ij}的大小等于第 j 个导体带单位电荷、且其余导体所带的电荷为 0 时，第 i 个导体上的电位。

所有电位系数具有对称性，即 $\alpha_{ij}=\alpha_{ji}$。

（2）电容系数

在多导体系统中，也可以将各导体上的电荷表示为各导体电位的线性组合，即

$$\begin{cases}q_1=\beta_{11}\varphi_1+\beta_{12}\varphi_2+\cdots+\beta_{1N}\varphi_N\\ q_2=\beta_{21}\varphi_1+\beta_{22}\varphi_2+\cdots+\beta_{2N}\varphi_N\\ \cdots\cdots\cdots\cdots\\ q_N=\beta_{N1}\varphi_1+\beta_{N2}\varphi_2+\cdots+\beta_{NN}\varphi_N\end{cases} \tag{3.1.34}$$

式中 β_{ij}称为电容系数。β_{ii}为自电容系数，$\beta_{ij}(i\neq j)$为互电容系数。

电容系数也只与各导体的形状、尺寸、相互位置以及周围的介质有关，而与各导体的电位和带电量无关。因此，在计算电容系数 β_{ij}时，可令 $\varphi_j\neq0$，而其余导体的电位都为 0，则由式(3.1.34)可得到 $q_i=\beta_{ij}\varphi_j$，即

$$\beta_{ij}=\left.\frac{q_i}{\varphi_j}\right|_{\varphi_1=\cdots=\varphi_{j-1}=\varphi_{j+1}\cdots=\varphi_N=0} \tag{3.1.35}$$

由此可见,β_{ij}的大小等于第 j 个导体具有单位电位、且其余导体接地时,第 i 个导体上感应的电量。

电容系数也具有对称性,即 $\beta_{ij}=\beta_{ji}$。

电容系数 β_{ij}与电位系数 α_{ij}之间的关系为

$$\beta_{ij}=(-1)^{i+j}\frac{M_{ij}}{|\alpha_{ij}|_{N\times N}}$$

式中 $|\alpha_{ij}|_{N\times N}$是式(3.1.32)的电位系数 α_{ij}组成的行列式,M_{ij}是行列式 $|\alpha_{ij}|_{N\times N}$的余子式。

(3) 部分电容

引入符号 $C_{ij}=-\beta_{ij}(i\neq j)$ 和 $C_{ii}=\beta_{i1}+\beta_{i2}+\cdots+\beta_{iN}=\sum_{j=1}^{N}\beta_{ij}$,则式(3.1.34)可改写为

$$\begin{cases} q_1=(\beta_{11}+\beta_{12}+\cdots+\beta_{1N})\varphi_1-\beta_{12}(\varphi_1-\varphi_2)-\cdots-\beta_{1N}(\varphi_1-\varphi_N) \\ \quad =C_{11}(\varphi_1-0)+C_{12}(\varphi_1-\varphi_2)+\cdots+C_{1N}(\varphi_1-\varphi_N) \\ q_2=C_{21}(\varphi_2-\varphi_1)+C_{12}(\varphi_2-0)+\cdots+C_{2N}(\varphi_2-\varphi_N) \\ \cdots\cdots\cdots\cdots \\ q_N=C_{N1}(\varphi_N-\varphi_1)+C_{N2}(\varphi_N-\varphi_2)+\cdots+C_{NN}(\varphi_N-0) \end{cases} \tag{3.1.36}$$

这表明,多导体系统中的任何一个导体的电荷量都可以看作是由 N 部分电荷构成,即

$$q_i=\sum_{j=1}^{N}q_{ij}\quad (i=1,2,\cdots,N) \tag{3.1.37}$$

其中,$q_{ii}=C_{ii}(\varphi_i-0)$与第 i 个导体的电位 φ_i(即第 i 个导体与参考导体之间的电压)成比例,所以 C_{ii}就是第 i 个导体与参考导体之间的部分电容,称为第 i 个导体的固有部分电容;$q_{ij}=C_{ij}(\varphi_i-\varphi_j)(i\neq j)$正比于第 i 个导体与第 j 个导体之间的电压,所以 $C_{ij}(i\neq j)$即是第 i 个导体与第 j 个导体之间的部分电容,称为第 i 个导体与第 j 个导体之间的互有部分电容。

部分电容也仅与各导体的形状、尺寸、相互位置以及导体周围的介质有关,而与各导体的电位和带电量无关。因此,在计算 C_{ii}时,可令 $\varphi_1=\varphi_2=\cdots=\varphi_N$,则由式(3.1.36)可得到 $q_{ii}=C_{ii}\varphi_i$,即

$$C_{ii}=\frac{q_i}{\varphi_i}\bigg|_{\varphi_1=\varphi_2=\cdots=\varphi_N} \tag{3.1.38}$$

在计算 C_{ij} 时，可令 $\varphi_j\neq 0$，而其余导体的电位都为 0，则由式(3.1.36)可得到 $q_{ij}=-C_{ij}\varphi_j$，即

$$C_{ij}=-\frac{q_i}{\varphi_j}\bigg|_{\varphi_1=\cdots=\varphi_{j-1}=\varphi_{j+1}=\cdots=\varphi_N=0} \tag{3.1.39}$$

部分电容也具有对称性，即 $C_{ij}=C_{ji}$。

由 $N+1$ 个导体构成的静电独立系统中共有 $N(N+1)/2$ 个部分电容，这些部分电容形成一个电容网络。如图 3.1.9 所示，由 4($N=3$)个导体构成的静电独立系统中，共有 6 个部分电容。

对于多导体系统，如果把其中两个导体作为电容器的两个电极，当在这两个电极间加上电压 U 时，电极所带电荷分别为 $\pm q$，则把 $C=\frac{q}{U}$ 称为这两个导体间的等效电容。在计算两个导体间的等效电容时，必须考虑其他导体的影响，可利用部分电容来计算。例如，如图 3.1.10 所示地面附近的平行双线传输线，有三个部分电容 C_{11}、C_{22}、C_{12}。导线 1 和 2 间的等效电容 C_1 等于 C_{11} 与 C_{22} 串联后再与 C_{12} 并联的电容，即 $C_1=C_{12}+\frac{C_{11}C_{22}}{C_{11}+C_{22}}$，这与没有大地存在时两导线间的电容完全不相同。同样，导线 1 与大地间的等效电容则为 $C_2=C_{11}+\frac{C_{12}C_{22}}{C_{12}+C_{22}}$，导线 2 和大地间的等效电容则为 $C_3=C_{22}+\frac{C_{12}C_{11}}{C_{12}+C_{11}}$。通过实验测得 C_1、C_2 和 C_3，就可计算出各个部分电容。在工程实际中，多数实际的多导体系统的各个部分电容只有通过实验测量得到。

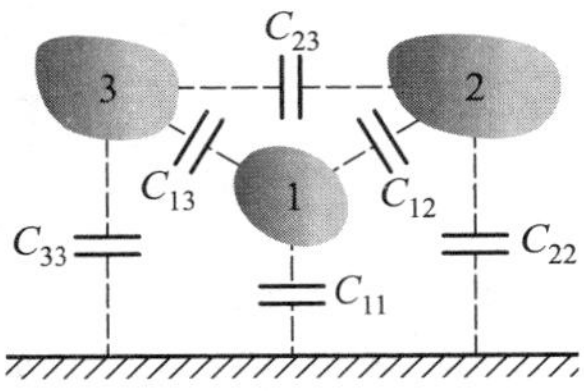

图 3.1.9 多导体系统的部分电容

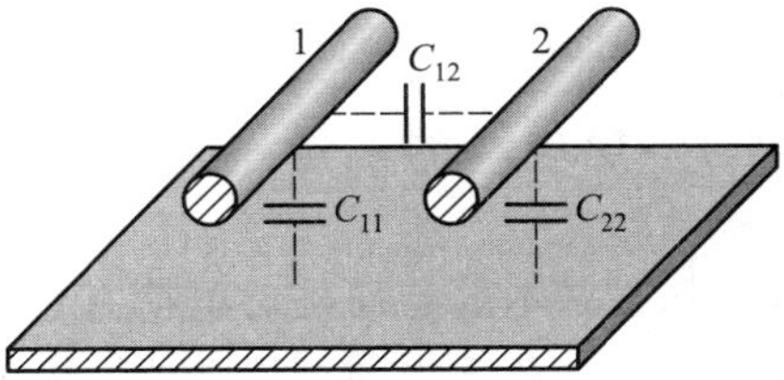

图 3.1.10 地面附近的平行双线传输线

例 3.1.6 如图 3.1.11(a)所示的对称三芯屏蔽电缆,可通过实验测得等效电容,由此计算出各芯线间的部分电容。当三根芯线用细导线连接在一起时,测得它与屏蔽层的等效电容为 0.054 μF;当其中两根芯线与屏蔽层相连接时,测得另一根芯线与屏蔽层的等效电容为 0.036 μF。试求各芯线间的部分电容。

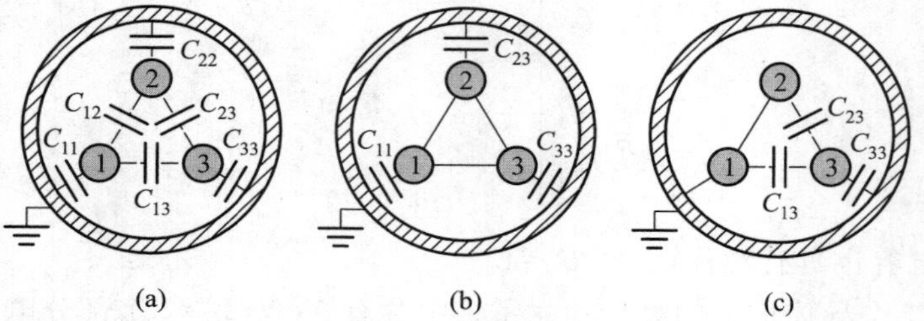

图 3.1.11 三芯屏蔽电缆的部分电容

解: 三芯屏蔽电缆是由四个导体构成的系统,有六个部分电容。由于对称性,有

$$C_{11}=C_{22}=C_{33}, \quad C_{12}=C_{23}=C_{13}$$

当三根芯线用细导线连接在一起时,它们与屏蔽层之间等效为 C_{11}、C_{22} 和 C_{33} 构成的并联电容网络,如图 3.1.11(b)所示,所以

$$C_{11}+C_{22}+C_{33}=0.054\ \mu\text{F}$$

由此得到

$$C_{11}=C_{22}=C_{33}=0.018\ \mu\text{F}$$

当导体 1 和导体 2 与屏蔽层连接在一起时,导体 3 与屏蔽层之间等效为 C_{13}、C_{23} 和 C_{33} 构成的并联电容网络,如图 3.1.11(c)所示,所以

$$C_{13}+C_{23}+C_{33}=0.036\ \mu\text{F}$$

由此得到

$$C_{13}=C_{23}=C_{12}=\frac{0.036-C_{33}}{2}=0.009\ \mu\text{F}$$

3.1.4 静电场的能量

静电场最基本的特征是对电荷有作用力,这表明静电场具有能量。电场能量来源于建立电荷系统的过程中外界提供的能量。例如,给导体充电时,外电源要对电荷做功,提高电荷的电位能,这就构成了电荷系统的能量。

本节要讨论的是静电场的能量，故假设导体和介质都是固定的，且介质是线性和各向同性的。

因为要讨论的是系统被充电并达到稳定后的电场能量，故应与充电过程无关。设电荷分布区域为 V，电荷系统从零开始被充电，充电完毕后的最终电荷分布为 ρ，电位函数为 φ。如果在充电过程中使各点的电荷密度按最终值的同一比例因子 $\alpha(0\leqslant\alpha\leqslant1)$ 增加，则各点的电位也将按同一比例因子 α 增加。也就是说，充电过程中某一时刻的电荷分布为 $\alpha\rho$，其电位分布就为 $\alpha\varphi$。把充电过程看作无数次增加微分电荷的叠加过程，在 α 增加到 $(\alpha+\mathrm{d}\alpha)$ 的过程中，由外电源送入体积元 $\mathrm{d}V$ 的微分电荷 $\mathrm{d}q=(\mathrm{d}\alpha\rho)\mathrm{d}V$，外电源需要做的功为

$$(\alpha\varphi)\mathrm{d}q=(\alpha\varphi)(\mathrm{d}\alpha\rho)\mathrm{d}V$$

根据能量守恒定律，外电源所做的功转换为电场的能量，因此，在 α 增加到 $(\alpha+\mathrm{d}\alpha)$ 的过程中，电荷系统增加的电场能量为

$$\mathrm{d}W_{\mathrm{e}}=\int_V(\alpha\varphi)(\mathrm{d}\alpha\rho)\mathrm{d}V$$

充电过程完成后，电荷系统的总能量为

$$W_{\mathrm{e}}=\int_0^1\alpha\mathrm{d}\alpha\int_V\rho\varphi\mathrm{d}V=\frac{1}{2}\int_V\rho\varphi\mathrm{d}V \tag{3.1.40}$$

电场能量的单位是 J（焦耳）。

如果电荷是以面密度 ρ_S 分布在曲面 S 上，则式（3.1.40）变为

$$W_{\mathrm{e}}=\frac{1}{2}\int_S\rho_S\varphi\mathrm{d}S \tag{3.1.41}$$

注意，式（3.1.40）、式（3.1.41）中，φ 分别是电荷元 $\rho\mathrm{d}V$、$\rho_S\mathrm{d}S$ 所在点的电位，积分遍及整个有电荷的区域。

对于多导体组成的带电系统，因为每个导体上的电位为常数，则式（3.1.41）变为

$$W_{\mathrm{e}}=\frac{1}{2}\sum_{i=1}^{N}\varphi_i\left(\int_{S_i}\rho_{si}\mathrm{d}S\right)=\frac{1}{2}\sum_{i=1}^{N}\varphi_iq_i \tag{3.1.42}$$

例如，双导体系统被充电后，导体 1 带电荷为 $+q$，导体 2 带电荷为 $-q$，电位分别为是 φ_1 和 φ_2，则电场能量为

$$\begin{aligned}W_{\mathrm{e}}&=\frac{1}{2}q\varphi_1+\frac{1}{2}(-q)\varphi_2=\frac{1}{2}q(\varphi_1-\varphi_2)\\&=\frac{1}{2}qU=\frac{1}{2}CU^2\end{aligned} \tag{3.1.43}$$

电场能量存在于整个电场空间。下面导出用电场矢量表示的计算电场能量的公式。将 $\rho=\nabla\cdot\boldsymbol{D}$ 代入式(3.1.40)得

$$W_{e}=\frac{1}{2}\int_{V}(\nabla\cdot\boldsymbol{D})\varphi\mathrm{d}V=\frac{1}{2}\int_{V}[\nabla\cdot(\varphi\boldsymbol{D})-\nabla\varphi\cdot\boldsymbol{D}]\mathrm{d}V$$

$$=\frac{1}{2}\oint_{S}\varphi\boldsymbol{D}\cdot\mathrm{d}\boldsymbol{S}+\frac{1}{2}\int_{V}\boldsymbol{E}\cdot\boldsymbol{D}\mathrm{d}V$$

上式中应用了矢量公式 $\nabla\cdot(\varphi\boldsymbol{D})=\varphi\nabla\cdot\boldsymbol{D}+\boldsymbol{D}\cdot\nabla\varphi$ 和高斯散度定理。

在式(3.1.40)中的体积分可以是对整个空间的积分，因为只有那些存在电荷的空间才对积分有贡献，故把积分区域无限扩大并不会影响积分的结果。当积分的体积无限扩大时，包围该体积的表面积也将无限扩大。只要电荷是分布在有限区域内，当闭合面 S 无限扩大时，有限区域内的电荷就可近似为一个点电荷。这样，就可利用点电荷产生的电位 φ、电位移矢量 $\boldsymbol{D}$ 的以下关系

$$\varphi\propto\frac{1}{r},\quad D\propto\frac{1}{r^{2}}$$

故 $|\varphi\boldsymbol{D}|\propto\frac{1}{r^{3}}$，而闭合面的面积 $S\propto r^{2}$，故当 $r\to\infty$ 时，必有

$$\frac{1}{2}\oint_{S}\varphi\boldsymbol{D}\cdot\mathrm{d}\boldsymbol{S}\propto\frac{1}{r^{3}}r^{2}\propto\frac{1}{r}\bigg|_{r\to\infty}\to 0$$

则得

$$W_{e}=\frac{1}{2}\int_{V}\boldsymbol{E}\cdot\boldsymbol{D}\mathrm{d}V \tag{3.1.44}$$

这表明电场能量储存在电场不为零的空间，能量密度为

$$w_{e}=\frac{1}{2}\boldsymbol{D}\cdot\boldsymbol{E}=\frac{1}{2}\varepsilon E^{2} \tag{3.1.45}$$

能量密度的单位是 $\mathrm{J/m^3}$（焦耳/米^3）。

对于线性和各向同性介质，$\boldsymbol{D}=\varepsilon\boldsymbol{E}$，故式(3.1.44)可表示为

$$W_{e}=\frac{1}{2}\int_{V}\varepsilon\boldsymbol{E}\cdot\boldsymbol{E}\mathrm{d}V=\frac{1}{2}\int_{V}\varepsilon E^{2}\mathrm{d}V \tag{3.1.46}$$

例 3.1.7 半径为 a 的球形空间均匀分布着体电荷密度为 ρ 的电荷，试求电场能量。

解： 方法之一：利用公式(3.1.46)计算。

根据高斯定理求得电场强度

$$\boldsymbol{E}_1=\boldsymbol{e}_r\frac{\rho r}{3\varepsilon_0}\quad(r<a)$$

$$\boldsymbol{E}_2=\boldsymbol{e}_r\frac{\rho a^3}{3\varepsilon_0 r^2}\quad(r>a)$$

故

$$\begin{aligned}W_{\mathrm{e}}&=\frac{1}{2}\int_{V_1}\varepsilon_0E_1^2\mathrm{d}V+\frac{1}{2}\int_{V_2}\varepsilon_0E_2^2\mathrm{d}V\\&=\frac{1}{2}\int_0^{2\pi}\int_0^{\pi}\int_0^{a}\varepsilon_0\left(\frac{\rho r}{3\varepsilon_0}\right)^2r^2\sin\theta\mathrm{d}\theta\mathrm{d}\phi\mathrm{d}r+\frac{1}{2}\int_0^{2\pi}\int_0^{\pi}\int_a^{\infty}\varepsilon_0r^2\left(\frac{\rho a^3}{3\varepsilon_0r^2}\right)^2\sin\theta\mathrm{d}\theta\mathrm{d}\phi\mathrm{d}r\\&=\frac{2\pi\rho^2a^5}{45\varepsilon_0}+\frac{2\pi\rho^2a^5}{9\varepsilon_0}=\frac{4\pi\rho^2a^5}{15\varepsilon_0}\end{aligned}$$

方法之二：利用公式(3.1.40)计算。

先求出电位分布

$$\varphi_1=\int_r^a\boldsymbol{E}_1\cdot\mathrm{d}\boldsymbol{r}+\int_a^{\infty}\boldsymbol{E}_2\cdot\mathrm{d}\boldsymbol{r}=\int_r^a\frac{\rho r}{3\varepsilon_0}\mathrm{d}r+\int_a^{\infty}\frac{\rho a^3}{3\varepsilon_0r^2}\mathrm{d}r=\frac{\rho a^2}{2\varepsilon_0}-\frac{\rho r^2}{6\varepsilon_0}\quad(r\leqslant a)$$

$$\varphi_2=\int_r^{\infty}\boldsymbol{E}_2\cdot\mathrm{d}\boldsymbol{r}=\int_r^{\infty}\frac{\rho a^3}{3\varepsilon_0r^2}\mathrm{d}r=\frac{\rho a^3}{3\varepsilon_0r}\quad(r\geqslant a)$$

故

$$\begin{aligned}W_{\mathrm{e}}&=\frac{1}{2}\int_V\rho\varphi\mathrm{d}V=\frac{1}{2}\int_0^{2\pi}\int_0^{\pi}\int_0^{a}\rho\varphi_1r^2\sin\theta\mathrm{d}\theta\mathrm{d}\phi\mathrm{d}r\\&=\frac{\rho}{2}\int_0^{2\pi}\mathrm{d}\phi\int_0^{\pi}\sin\theta\mathrm{d}\theta\int_0^{a}\left(\frac{\rho a^2}{2\varepsilon_0}-\frac{\rho r^2}{6\varepsilon_0}\right)r^2\mathrm{d}r=\frac{4\pi\rho^2a^5}{15\varepsilon_0}\end{aligned}$$

3.1.5 静电力

在静电场中，各个带电体都要受到电场力的作用。原则上，带电体之间的静电力可用库仑定律来计算，但对于电荷分布较为复杂的带电体，利用库仑定律来计算往往是很困难的。在这种情况下，可采用虚位移法来计算静电力。所谓虚位移法是假定带电体在电场力作用下发生了位移(称为虚位移),并根据这个过程中电场力所做的功与电场能量的变化之间的关系来计算电场力。

在由 N 个导体组成的系统中,当计算第 i 个带电导体受到的电场力 F_i 时,假设只有第 i 个带电导体在电场力 F_i 的作用下发生虚位移 $\mathrm{d}g_i$,则电场力做功 $F_i\mathrm{d}g_i$,且系统的静电能量会发生变化。设其改变量为 $\mathrm{d}W_\mathrm{e}$,根据能量守恒定律,该系统的功能关系为

$$\mathrm{d}W_S = F_i\mathrm{d}g_i + \mathrm{d}W_\mathrm{e} \tag{3.1.47}$$

式中的 $\mathrm{d}W_S$ 是与各带电体相连接的外电源所提供的能量。

利用虚位移法计算静电力时,可以假设各带电体的电荷保持不变,或假设各带电体的电位保持不变。

当第 i 个导体发生虚位移时,如果假设各带电体的电荷保持不变,即所有带电体都不与外电源连接。此时 $\mathrm{d}W_S=0$,则由式(3.1.47)得

$$F_i\mathrm{d}g_i = -\mathrm{d}W_\mathrm{e}\Big|_{q=\text{常数}}$$

故得

$$F_i = -\frac{\partial W_\mathrm{e}}{\partial g_i}\Bigg|_{q=\text{常数}} \tag{3.1.48}$$

式中的"-"号表明此时电场力做功是靠减少系统的电场能量来实现的,因为系统与外电源断开,没有提供能量。

当第 i 个导体发生虚位移时,如果假设所有导体的电位保持不变,即各导体应分别与外部电源相连接。此时外部电压源供给的能量为

$$\mathrm{d}W_S = \sum_{i=1}^{N}\mathrm{d}(q_i\varphi_i) = \sum_{i=1}^{N}\varphi_i\mathrm{d}q_i$$

根据式(3.1.42)得到系统的静电能量增量为

$$\mathrm{d}W_\mathrm{e} = \frac{1}{2}\sum_{i=1}^{N}\varphi_i\mathrm{d}q_i$$

可见,外电压源向系统提供给系统的能量只有一半是用于静电能量的增加,另一半则是用于电场力做功,即电场力做功等于静电能量的增量

$$F_i\mathrm{d}g_i = \mathrm{d}W_\mathrm{e}\Big|_{\varphi=\text{常数}}$$

故得

$$F_i = \left.\frac{\partial W_e}{\partial g_i}\right|_{\varphi=常数} \tag{3.1.49}$$

由式(3.1.48)和式(3.1.49)计算静电力,其结果应该是相同的。因为实际上带电体并没有发生位移,电场分布也没有发生变化,带电体受到的静电力并不会因假设电荷不变或假设电位不变而不同。

例 3.1.8 有一平行板电容器,极板面积为 $l\times b$,板间距离为 d,用一块介电常数为 ε 的介质片填充在两极板之间($x<l$),介质片的厚度为 d、宽度为 b,如图3.1.12所示。设极板间外加电压为 U_0,忽略边缘效应,求介质片所受的静电力。

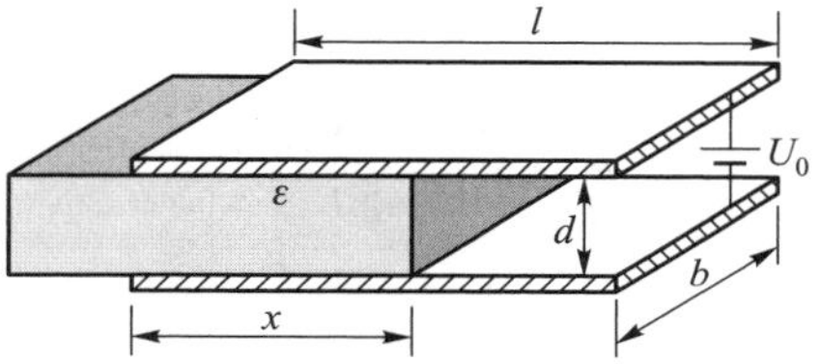

图 3.1.12 部分填充介质的平行板电容器

解: 介质片在电场的作用下极化,形成极化电荷分布。介质片所受的静电力是电容器极板上的自由电荷对极化电荷产生的作用力,可利用虚位移法来计算。

部分填充电介质的平行板电容器的电容为(忽略边缘效应)

$$C = \varepsilon_0 \frac{(l-x)b}{d} + \varepsilon \frac{bx}{d}$$

故电容器储存的电场能量为

$$W_e = \frac{1}{2}CU_0^2 = \frac{bU_0^2}{2d}[\varepsilon_0(l-x) + \varepsilon x]$$

当电容器与电源相连接时,U_0 保持不变,设位移变量为 x,由式(3.1.49),可得介质片受到的静电力为

$$F_x = \left.\frac{\partial W_e}{\partial x}\right|_{\varphi=常数} = \frac{b(\varepsilon-\varepsilon_0)U_0^2}{2d}$$

因为 $\varepsilon>\varepsilon_0$,所以介质片所受到的力有把介质片拉入电容器极板间的趋势。

当电容器被充电后与电源断开,则极板上的电荷 q 保持不变,电容器的储能为

$$W_e = \frac{q^2}{2C} = \frac{dq^2}{2b[\varepsilon_0(l-x)+\varepsilon x]}$$

则由式(3.1.48)求得介质片受到的静电力为

$$F_x = -\left.\frac{\partial W_e}{\partial x}\right|_{q=\text{常数}} = \frac{d(\varepsilon-\varepsilon_0)q^2}{2b[\varepsilon_0(l-x)+\varepsilon x]^2}$$

考虑到下面的关系

$$q = CU_0 = \frac{bU_0}{d}[\varepsilon_0(l-x)+\varepsilon x]$$

同样得到

$$F_x = \frac{b(\varepsilon-\varepsilon_0)U_0^2}{2d}$$

— 3.2 导电媒质中的恒定电场分析 —

在静电场中,电场只存在于导电媒质以外的电介质中,导电媒质内部不存在电场。如果将导电媒质与电源的两极相连接,且维持两电极间的电压不变,则导电媒质内将存在一个不随时间变化的电场,称为恒定电场。本节将讨论恒定电场的基本性质,并将它与静电场比较。

3.2.1 恒定电场的基本方程和边界条件

1. 恒定电场的基本方程

由于恒定电场分布不随时间变化,由麦克斯韦方程组可得到恒定电场满足的方程为

$$\nabla \cdot \boldsymbol{D} = \rho \tag{3.2.1}$$

$$\nabla \times \boldsymbol{E} = 0 \tag{3.2.2}$$

由式(3.2.1)可知,电荷是产生恒定电场的源。与静电场不同,恒定电场是由电荷分布不随时间变化的运动电荷产生的电场,而不是静止电荷产生的电场。

式(3.2.2)表明恒定电场也是保守场,电场强度沿任一闭合路径的线积分恒为零,即

$$\oint_C \boldsymbol{E} \cdot \mathrm{d}\boldsymbol{l} = 0 \tag{3.2.3}$$

导电媒质中的自由电荷在恒定电场的作用下运动,形成恒定电流。由于恒定电场不随时间变化,所以电荷的分布也不随时间变化,即$\frac{\partial \rho}{\partial t}=0$。根据电流连续性方程 $\oint_S \boldsymbol{J} \cdot \mathrm{d}\boldsymbol{S} = -\int_V \frac{\partial \rho}{\partial t}\mathrm{d}V$, 得到

$$\oint_S \boldsymbol{J} \cdot \mathrm{d}\boldsymbol{S} = 0 \tag{3.2.4}$$

相应的微分形式

$$\nabla \cdot \boldsymbol{J}=0 \tag{3.2.5}$$

由式(3.2.5)可知,在导电媒质中,恒定电流密度的散度与电荷分布无关,应用电流密度 $\boldsymbol{J}(\boldsymbol{r})$ 来分析恒定电场问题更方便。由此,通常将电流密度 $\boldsymbol{J}(\boldsymbol{r})$ 和电场强度 $\boldsymbol{E}(\boldsymbol{r})$ 作为恒定电场的基本场矢量,式(3.2.3)和式(3.2.4)则是恒定电场基本方程的积分形式,式(3.2.2)和式(3.2.5)是对应的微分形式。

在线性、各向同性的导电媒质中,本构关系为

$$\boldsymbol{D}=\varepsilon \boldsymbol{E} \tag{3.2.6}$$

$$\boldsymbol{J}=\sigma \boldsymbol{E} \tag{3.2.7}$$

根据式(3.2.2),恒定电场也可用电位梯度表示

$$\boldsymbol{E}=-\nabla \varphi \tag{3.2.8}$$

在均匀导电媒质(σ=常数)中,将 $\boldsymbol{J}=\sigma\boldsymbol{E}=-\sigma\nabla\varphi$ 代入 $\nabla \cdot \boldsymbol{J}=0$,可以得到电位满足拉普拉斯方程,即

$$\nabla^2 \varphi=0 \tag{3.2.9}$$

将式(3.2.6)和式(3.2.7)代入式(3.2.1),则有

$$\rho=\nabla \cdot \boldsymbol{D}=\nabla \cdot (\varepsilon \boldsymbol{E})=\nabla \cdot \left(\frac{\varepsilon}{\sigma}\boldsymbol{J}\right)=\frac{\varepsilon}{\sigma}\nabla \cdot \boldsymbol{J}+\boldsymbol{J} \cdot \nabla\left(\frac{\varepsilon}{\sigma}\right)$$

由于 $\nabla \cdot \boldsymbol{J}=0$,于是导电媒质中的电荷体密度为

$$\rho = \boldsymbol{J} \cdot \nabla\left(\frac{\varepsilon}{\sigma}\right) \tag{3.2.10}$$

由此可见，在恒定电场中，只有非均匀导电媒质内才可能存在电荷分布，而均匀导电媒质内的电荷密度处处为零，电荷只能分布在媒质的分界面上。这是因为，导电媒质中的电荷密度 ρ 是单位体积正电荷与负电荷的代数和，由于均匀导电媒质中任一点的正电荷密度与负电荷密度的大小是相等的，所以均匀导电媒质内没有电荷分布。

当然，导电媒质内 $\rho=0$ 是指电荷分布达到恒定的情形。在开始充电时，是有电荷进入导电媒质内的，电荷密度的初始值 $\rho_0 \neq 0$，但是由于电荷互相排斥，它们会向导电媒质表面扩散。将 $\boldsymbol{J}=\sigma\boldsymbol{E}$、$\boldsymbol{D}=\varepsilon\boldsymbol{E}$ 和 $\nabla \cdot \boldsymbol{D}=\rho$ 代入电流连续性方程 $\nabla \cdot \boldsymbol{J}=-\dfrac{\partial \rho}{\partial t}$，有

$$-\frac{\partial \rho}{\partial t} = \nabla \cdot \boldsymbol{J} = \sigma \ \nabla \cdot \boldsymbol{E} = \frac{\sigma}{\varepsilon} \nabla \cdot \boldsymbol{D} = \frac{\sigma}{\varepsilon}\rho$$

由此可得到

$$\rho = \rho_0 \mathrm{e}^{-\frac{\sigma}{\varepsilon}t} = \rho_0 \mathrm{e}^{-t/\tau} \tag{3.2.11}$$

式中 $\tau=\varepsilon/\sigma$，称为驰豫时间，单位为 s(秒)。这表明导电媒质内的电荷密度按指数规律随时间减小，减小的速度取决于驰豫时间 τ，当从过程开始经过 τ 时，ρ 减小为 ρ_0/e。大多数金属导体的介电常数 $\varepsilon=\varepsilon_0$，$\tau$ 的值非常小。例如铜的电导率 $\sigma=5.8\times10^7$ S/m，则 $\tau=\dfrac{8.854\times10^{-12}}{5.8\times10^7}$ s $\approx 1.53\times10^{-19}$ s，这是一个非常短的时间，所以金属导体内的电荷会迅速扩散到表面上。

2. 恒定电场的边界条件

在不同导电媒质的分界面上，$\boldsymbol{J}$ 和 $\boldsymbol{E}$ 都会发生突变。将恒定电场的基本方程的积分形式(3.2.3)和式(3.2.4)应用到两种不同导电媒质的分界面上，可推导出恒定电场的边界条件为

$$\boldsymbol{e}_{\mathrm{n}} \times (\boldsymbol{E}_1 - \boldsymbol{E}_2) = 0 \quad \text{或} \quad E_{1\mathrm{t}} = E_{2\mathrm{t}} \tag{3.2.12}$$

$$\boldsymbol{e}_{\mathrm{n}} \cdot (\boldsymbol{J}_1 - \boldsymbol{J}_2) = 0 \quad \text{或} \quad J_{1\mathrm{n}} = J_{2\mathrm{n}} \tag{3.2.13}$$

由于 $\boldsymbol{J}=\sigma\boldsymbol{E}=-\sigma \ \nabla\varphi$，因此，电位函数的边界条件为

$$\varphi_1 = \varphi_2 \tag{3.2.14}$$

$$\sigma_1 \frac{\partial \varphi_1}{\partial n} = \sigma_2 \frac{\partial \varphi_2}{\partial n} \tag{3.2.15}$$

在恒定电场中，两种不同导电媒质的分界面上可能存在自由电荷分布，其自

由电荷面密度为

$$\rho_S = \boldsymbol{e}_n \cdot (\boldsymbol{D}_1 - \boldsymbol{D}_2) = \boldsymbol{e}_n \cdot \left(\frac{\varepsilon_1}{\sigma_1}\boldsymbol{J}_1 - \frac{\varepsilon_2}{\sigma_2}\boldsymbol{J}_2 \right) = \left(\frac{\varepsilon_1}{\sigma_1} - \frac{\varepsilon_2}{\sigma_2} \right) \boldsymbol{e}_n \cdot \boldsymbol{J} \qquad (3.2.16)$$

式中 $\boldsymbol{e}_n$ 是由媒质 2 指向媒质 1 的法向单位矢量。

由于导体内存在恒定电场，根据边界条件可知，在导体表面上的电场既有法向分量，又有切向分量，电场矢量 $\boldsymbol{E}$ 并不垂直于导体表面，因而此时的导体表面不是等位面。

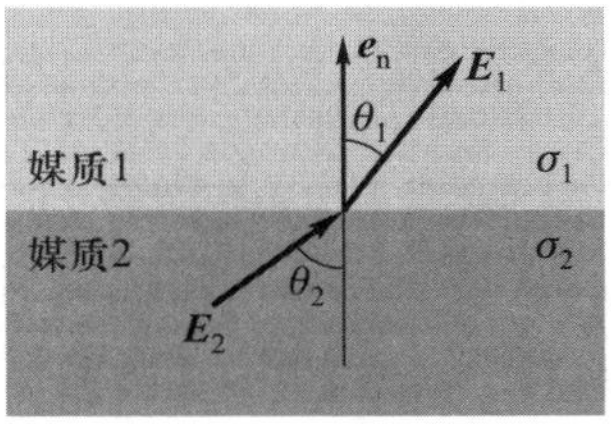

图 3.2.1 不同导电媒质分界面上恒定电场方向的改变

在两种导电媒质的分界面上，恒定电场的方向会发生突变，如图 3.2.1 所示。由 $E_{1t} = E_{2t}$ 和 $\sigma_1 E_{1n} = \sigma_2 E_{2n}$，可得到

$$\frac{\tan\theta_1}{\tan\theta_2} = \frac{E_{1t}/E_{1n}}{E_{2t}/E_{2n}} = \frac{\sigma_1}{\sigma_2} \qquad (3.2.17)$$

若媒质 2 是电导率 σ_2 很大的金属导体（例如铜、铝等），媒质 1 是电导率 σ_1 很小的介质，即 $\sigma_2 \gg \sigma_1$。由式(3.2.17)可以看出，只要 E_{2t} 不是远远大于 E_{2n}，即 θ_2 不接近 90°，则有 $\tan\theta_1 \approx 0$。因此，导体外的电场线近似地垂直于导体表面，这时可将导体表面看作等位面。

场图 3-2-1 同轴线中的电场图

3.2.2 恒定电场与静电场的比拟

纵观前面的讨论，可以看到均匀导电媒质中的恒定电场（电源外部）和均匀电介质中的静电场（电荷密度 $\rho=0$ 的区域）有很多相似之处，表 3.2.1 列出两种场的基本方程和边界条件。

表 3.2.1 恒定电场与静电场的比拟

	均匀导电媒质中的恒定电场（电源外部）	均匀电介质中的静电场（$\rho=0$ 的区域）
基本方程	$\oint_C \boldsymbol{E} \cdot d\boldsymbol{l} = 0$ $\oint_S \boldsymbol{J} \cdot d\boldsymbol{S} = 0$	$\oint_C \boldsymbol{E} \cdot d\boldsymbol{l} = 0$ $\oint_S \boldsymbol{D} \cdot d\boldsymbol{S} = 0$
	$\nabla \times \boldsymbol{E} = 0$ $\nabla \cdot \boldsymbol{J} = 0$	$\nabla \times \boldsymbol{E} = 0$ $\nabla \cdot \boldsymbol{D} = 0$
本构关系	$\boldsymbol{J} = \sigma \boldsymbol{E}$	$\boldsymbol{D} = \varepsilon \boldsymbol{E}$
位函数方程	$\nabla^2 \varphi = 0$	$\nabla^2 \varphi = 0$

续表

均匀导电媒质中的恒定电场(电源外部)		均匀电介质中的静电场($\rho=0$ 的区域)
边界条件	$E_{1t}=E_{2t}$ $J_{1n}=J_{2n}$	$E_{1t}=E_{2t}$ $D_{1n}=D_{2n}$
	$\varphi_1=\varphi_2$ $\sigma_1\dfrac{\partial\varphi_1}{\partial n}=\sigma_2\dfrac{\partial\varphi_2}{\partial n}$	$\varphi_1=\varphi_2$ $\varepsilon_1\dfrac{\partial\varphi_1}{\partial n}=\varepsilon_2\dfrac{\partial\varphi_2}{\partial n}$

从表 3.2.1 可看出,两种场的各个物理量之间有以下一一对应关系:$\boldsymbol{E}_{恒}\leftrightarrow\boldsymbol{E}_{静}$、$\boldsymbol{J}\leftrightarrow\boldsymbol{D}$、$\sigma\leftrightarrow\varepsilon$、$\varphi_{恒}\leftrightarrow\varphi_{静}$。因为两种场的电位都是拉普拉斯方程的解,所以当两种场用电位表示的边界条件相同时,则两种场的解的形式必定是相同的。因此,对于欲求解的恒定电场问题,如果对应的具有相同边界形状的静电场问题的解为已知,则恒定电场的解便可利用上面的对偶关系直接写出,无需重新求解,这个方法也称为静电比拟法。

在静电场中,两导体间充满介电常数为 ε 的均匀电介质时的电容为

$$C=\frac{q}{U}=\frac{\oint_S\boldsymbol{D}\cdot\mathrm{d}\boldsymbol{S}}{\int_1^2\boldsymbol{E}\cdot\mathrm{d}\boldsymbol{l}}=\frac{\varepsilon\oint_S\boldsymbol{E}\cdot\mathrm{d}\boldsymbol{S}}{\int_1^2\boldsymbol{E}\cdot\mathrm{d}\boldsymbol{l}}\tag{3.2.18}$$

式中的 q 是带正电荷的导体 1 上的电量,U 是两导体间的电压,如图 3.2.2(a)所示。

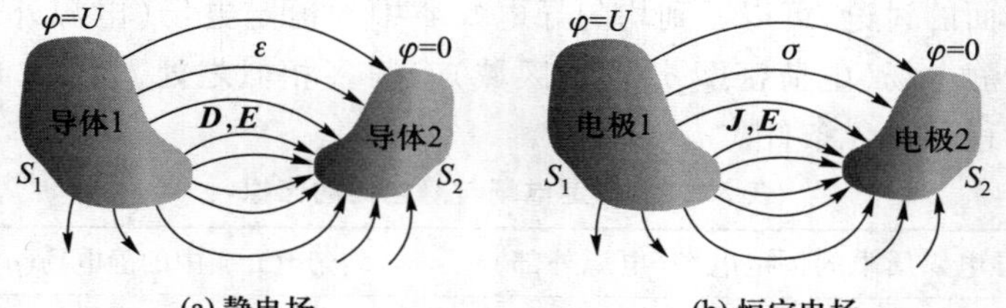

图 3.2.2 恒定电场与静电场的比拟

在恒定电场中两个电极间充满电导率为 σ 的均匀导电媒质时的电导为

$$G=\frac{I}{U}=\frac{\oint_S\boldsymbol{J}\cdot\mathrm{d}\boldsymbol{S}}{\int_1^2\boldsymbol{E}\cdot\mathrm{d}\boldsymbol{l}}=\frac{\sigma\oint_S\boldsymbol{E}\cdot\mathrm{d}\boldsymbol{S}}{\int_1^2\boldsymbol{E}\cdot\mathrm{d}\boldsymbol{l}}\tag{3.2.19}$$

式中的 I 是从导体 1(电极 1)流向导体 2(电极 2)的电流,如图 3.2.2(b)所示。注意,电极是由良导体构成,电极内的电场可视为零,电极表面可视为等位面,从而导出式(3.2.19)。比较式(3.2.18)和式(3.2.19)可看出,如果在静电场中两导体的电容为已知,则用同样的两个导体作电极时,填充均匀导电媒质的电导就可直接从电容的表达式中将 ε 换成 σ 而得到。

静电比拟法也在实验中得到了应用,为了用实验研究静电场,常采用恒定电流来模拟静电场,因为在恒定电场中进行测量要比在静电场中测量容易得多。

例 3.2.1 同轴线的内导体半径为 a,外导体的内半径为 b,内外导体之间填充一种非理想介质(设其介电常数为 ε,电导率为 σ)。试计算同轴线单位长度的绝缘电阻。

解: 方法之一:用恒定电场的基本关系式求解。

假设同轴线的内外导体间加恒定电压 U_0,由于填充介质的 $\sigma \neq 0$,介质中的漏电流沿径向从内导体流到外导体。另外,内外导体中有轴向电流,导体中存在很小的轴向电场 E_z,因而漏电介质中也存在切向电场,但 $E_z \ll E_\rho$,故可忽略 E_z。介质中任一点处的漏电流密度为

$$\boldsymbol{J} = \boldsymbol{e}_\rho \frac{I}{2\pi\rho}$$

式中的 I 是通过半径为 ρ 的单位长度同轴圆柱面的漏电流。电场强度为

$$\boldsymbol{E} = \frac{\boldsymbol{J}}{\sigma} = \boldsymbol{e}_\rho \frac{1}{2\pi\sigma\rho}$$

而内外导体间的电压为

$$U_0 = \int_a^b \boldsymbol{E} \cdot \mathrm{d}\boldsymbol{\rho} = \int_a^b \frac{I}{2\pi\sigma\rho}\mathrm{d}\rho = \frac{I}{2\pi\sigma}\ln\frac{b}{a}$$

则得同轴线单位长度的绝缘电阻(漏电阻)为

$$R_1 = \frac{U_0}{I} = \frac{1}{2\pi\sigma}\ln\frac{b}{a} \quad \Omega/\mathrm{m}$$

方法之二:用静电比拟法求解。

由例 3.1.5 得到同轴线单位长度的电容为

$$C_1 = \frac{2\pi\varepsilon}{\ln(b/a)} \quad \mathrm{F/m}$$

因此,同轴线单位长度的漏电导为

$$G_1 = \frac{2\pi\sigma}{\ln(b/a)} \quad \text{S/m}$$

则得绝缘电阻为

$$R_1 = \frac{1}{G_1} = \frac{1}{2\pi\sigma}\ln\frac{b}{a} \quad \Omega/\text{m}$$

例 3.2.2　计算半球形接地器的接地电阻。

解：通常要求电子、电气设备与大地有良好的连接，将金属物体埋入地内，并将需接地的设备与该物体连接就构成接地器。当接地器埋藏不深时可近似用半球形接地器代替，如图 3.2.3 所示。

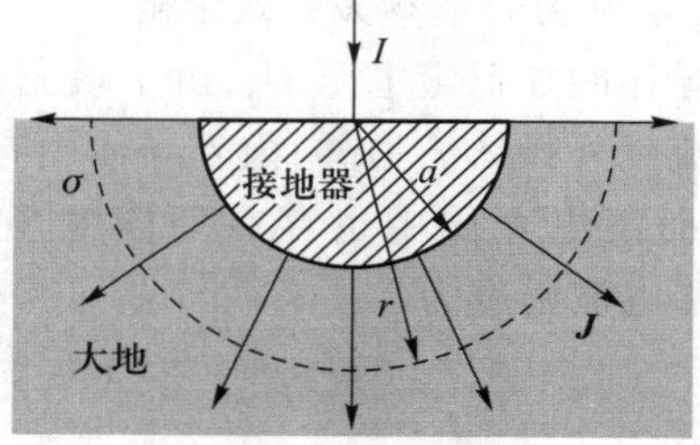

图 3.2.3　半球形接地器

接地电阻是指电流由接地器流入大地再向无限远处扩散所遇到的电阻，主要是接地器附近的大地电阻。

设大地的电导率为 σ，流过接地器的电流为 I，则大地中的电流密度为

$$\boldsymbol{J} = \boldsymbol{e}_r \frac{I}{2\pi r^2}$$

故

$$\boldsymbol{E} = \frac{\boldsymbol{J}}{\sigma} = \boldsymbol{e}_r \frac{I}{2\pi\sigma r^2}$$

$$U = \int_a^\infty E\mathrm{d}r = \frac{I}{2\pi\sigma}\int_a^\infty \frac{1}{r^2}\mathrm{d}r = \frac{I}{2\pi\sigma a}$$

则接地电阻为

$$R = \frac{U}{I} = \frac{1}{2\pi\sigma a}$$

也可用静电比拟法求得接地电阻。均匀介质中的孤立球的电容为 $C=$

$4\pi\varepsilon a$,故均匀导电媒质中孤立球的电导为 $G=4\pi\sigma a$,半球的电导为 $G_{半球}=2\pi\sigma a$,故半球形接地器的接地电阻为

$$R=\frac{1}{G_{半球}}=\frac{1}{2\pi\sigma a}$$

3.3 恒定磁场分析

3.3.1 恒定磁场的基本方程和边界条件

考虑到恒定磁场的源(恒定电流)和场量($\boldsymbol{B}$、$\boldsymbol{H}$)不随时间变化这一特征,由麦克斯韦方程组得出恒定磁场的基本方程的积分形式为

$$\begin{cases}\oint_C \boldsymbol{H}\cdot \mathrm{d}\boldsymbol{l}=\int_S \boldsymbol{J}\cdot \mathrm{d}\boldsymbol{S}\\ \oint_S \boldsymbol{B}\cdot \mathrm{d}\boldsymbol{S}=0\end{cases} \tag{3.3.1}$$

微分形式为

$$\begin{cases}\nabla\times\boldsymbol{H}=\boldsymbol{J}\\ \nabla\cdot\boldsymbol{B}=0\end{cases} \tag{3.3.2}$$

这表明恒定磁场是无源(无通量源)、有旋场,恒定电流是产生恒定磁场的涡旋源;磁力线是与源电流相交链的闭合曲线。

线性、各向同性磁介质的本构关系为

$$\boldsymbol{B}=\mu\boldsymbol{H} \tag{3.3.3}$$

在两种不同磁介质的分界面上,磁感应强度满足的关系式为

$$\boldsymbol{e}_n\cdot(\boldsymbol{B}_1-\boldsymbol{B}_2)=0 \quad 或 \quad B_{1n}=B_{2n} \tag{3.3.4}$$

表明分界面上 $\boldsymbol{B}$ 的法向分量是连续的。

在分界面上 $\boldsymbol{H}$ 满足的关系式为

$$\boldsymbol{e}_n\times(\boldsymbol{H}_1-\boldsymbol{H}_2)=\boldsymbol{J}_S \tag{3.3.5}$$

若分界面上不存在自由面电流($\boldsymbol{J}_S=0$),则

$$\boldsymbol{e}_n \times (\boldsymbol{H}_1 - \boldsymbol{H}_2) = 0 \quad 或 \quad H_{1t} = H_{2t} \tag{3.3.6}$$

在这种情况下,分界面上的磁场强度的切向分量是连续的。

不同磁介质的界面两侧的磁场方向会产生突变,如图 3.3.1 所示。由 $H_{1t} = H_{2t}$ 和 $\mu_1 H_{1n} = \mu_2 H_{2n}$,可得到

$$\frac{\tan\theta_1}{\tan\theta_2} = \frac{H_{1t}/H_{1n}}{H_{2t}/H_{2n}} = \frac{\mu_1}{\mu_2} \tag{3.3.7}$$

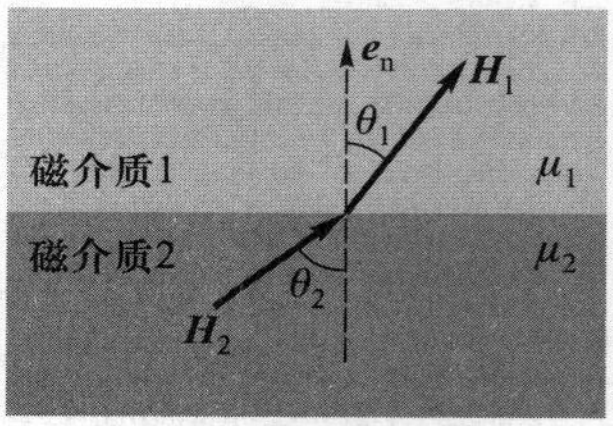

图 3.3.1 两种不同磁介质分界面上磁场方向的突变

若磁介质 2 是相对磁导率 $\mu_{2r} \gg 1$ 的铁磁介质(例如低碳钢、锰锌铁氧体、铁镍合金等),磁介质 1 是非铁磁介质($\mu_{1r} \approx 1$),此时 $\mu_2 \gg \mu_1$。由式(3.3.7)可以看出,只要 θ_2 不是接近 90°,则有 $\tan\theta_1 \approx 0$。因此,可近似地认为铁磁介质外的磁场线垂直于铁磁介质表面。

3.3.2 矢量磁位和标量磁位

由于静电场是无旋场,可以用标量位函数来描述电场。而恒定磁场是有旋场,一般不能用标量位函数来描述磁场。但是恒定磁场是无散场,因此可用矢量位函数描述磁场。在无自由电流的区域中,恒定磁场是无旋的,可以用标量位函数来描述磁场。

1. 恒定磁场的矢量磁位

利用磁场的无散度特征($\nabla \cdot \boldsymbol{B} = 0$),可用一矢量的旋度 $\nabla \times \boldsymbol{A}$ 来计算磁感应强度 $\boldsymbol{B}$,这是因为一个矢量的旋度再取散度恒等于零,即 $\nabla \cdot (\nabla \times \boldsymbol{A}) = 0$,而 $\nabla \cdot \boldsymbol{B} = 0$,故令

$$\boldsymbol{B} = \nabla \times \boldsymbol{A} \tag{3.3.8}$$

式中的 $\boldsymbol{A}$ 称为恒定磁场的矢量磁位,或称磁矢位,单位是 T · m(特斯拉 · 米),它是一个辅助矢量。

由式(3.3.8)定义的矢量磁位 $\boldsymbol{A}$ 不是唯一的,这是因为对于任意连续可微的标量函数 ψ,都有 $\nabla \times (\boldsymbol{A} + \nabla \psi) = \nabla \times \boldsymbol{A}$。根据亥姆霍兹定理,要唯一地确定一个矢量必须同时给出它的旋度和散度。因此,要唯一确定磁矢位 $\boldsymbol{A}$,必须对 $\boldsymbol{A}$ 的散度作一个规定。对于恒定磁场,一般规定

$$\nabla \cdot \boldsymbol{A} = 0 \tag{3.3.9}$$

并称这种规定为库仑规范。在这种规范下,磁矢位 $\boldsymbol{A}$ 就被唯一确定。

在均匀、线性和各向同性的磁介质中，将 $\boldsymbol{H}=\dfrac{\boldsymbol{B}}{\mu}=\dfrac{1}{\mu}\nabla\times\boldsymbol{A}$ 代入 $\nabla\times\boldsymbol{H}=\boldsymbol{J}$，得

$$\nabla\times\nabla\times\boldsymbol{A}=\mu\boldsymbol{J}$$

又利用矢量恒等式 $\nabla\times\nabla\times\boldsymbol{A}=\nabla(\nabla\cdot\boldsymbol{A})-\nabla^2\boldsymbol{A}$ 和库仑规范 $\nabla\cdot\boldsymbol{A}=0$，得到

$$\nabla^2\boldsymbol{A}=-\mu\boldsymbol{J} \tag{3.3.10}$$

上式称为磁矢位 $\boldsymbol{A}$ 的泊松方程。在无源区域($\boldsymbol{J}=0$)，有

$$\nabla^2\boldsymbol{A}=0 \tag{3.3.11}$$

上式称为磁矢位 $\boldsymbol{A}$ 的拉普拉斯方程。

在直角坐标系中，$\boldsymbol{A}=\boldsymbol{e}_xA_x+\boldsymbol{e}_yA_y+\boldsymbol{e}_zA_z$、$\boldsymbol{J}=\boldsymbol{e}_xJ_x+\boldsymbol{e}_yJ_y+\boldsymbol{e}_zJ_z$，故式(3.3.10)可表示为

$$\nabla^2(\boldsymbol{e}_xA_x+\boldsymbol{e}_yA_y+\boldsymbol{e}_zA_z)=-\mu(\boldsymbol{e}_xJ_x+\boldsymbol{e}_yJ_y+\boldsymbol{e}_zJ_z)$$

由于 $\boldsymbol{e}_x$、$\boldsymbol{e}_y$ 和 $\boldsymbol{e}_z$ 均为常矢量，故上式可分解为三个分量的泊松方程，即

$$\begin{cases}\nabla^2A_x=-\mu J_x\\ \nabla^2A_y=-\mu J_y\\ \nabla^2A_z=-\mu J_z\end{cases} \tag{3.3.12}$$

式(3.3.12)所示的三个分量泊松方程与静电位 φ 的泊松方程形式相同，所以它们的求解方法和所得到的解的形式也应相同，故可参照电位 φ 的形式直接写出

$$\begin{cases}A_x=\dfrac{\mu}{4\pi}\displaystyle\int_V\dfrac{J_x}{R}\mathrm{d}V'+C_x\\ A_y=\dfrac{\mu}{4\pi}\displaystyle\int_V\dfrac{J_y}{R}\mathrm{d}V'+C_y\\ A_z=\dfrac{\mu}{4\pi}\displaystyle\int_V\dfrac{J_z}{R}\mathrm{d}V'+C_z\end{cases} \tag{3.3.13}$$

将以上三个分量叠加即得磁矢位泊松方程的解

$$\boldsymbol{A}=\frac{\mu}{4\pi}\int_V\frac{\boldsymbol{J}}{R}\mathrm{d}V'+\boldsymbol{C} \tag{3.3.14}$$

上式中的 $\boldsymbol{C}=\boldsymbol{e}_xC_x+\boldsymbol{e}_yC_y+\boldsymbol{e}_zC_z$ 为常矢量，它的存在不会影响 $\boldsymbol{B}$。

由式(3.3.14)可见，电流元 $\boldsymbol{J}(\boldsymbol{r}')\mathrm{d}V'$产生的磁矢位

$$\mathrm{d}\boldsymbol{A}(\boldsymbol{r})=\frac{\mu}{4\pi}\frac{\boldsymbol{J}(\boldsymbol{r}')\mathrm{d}V'}{R} \tag{3.3.15}$$

是与电流元矢量平行的矢量，这是引入磁矢位的原因之一。

同样可以写出

$$\boldsymbol{A}(\boldsymbol{r})=\frac{\mu}{4\pi}\int_S\frac{\boldsymbol{J}_S(\boldsymbol{r}')}{R}\mathrm{d}S'+\boldsymbol{C} \tag{3.3.16}$$

$$\boldsymbol{A}(\boldsymbol{r})=\frac{\mu}{4\pi}\oint_C\frac{I\mathrm{d}\boldsymbol{l}'}{R}+\boldsymbol{C} \tag{3.3.17}$$

根据恒定磁场在不同媒质分界面上的边界条件，可得到磁矢位的边界条件。将 $\boldsymbol{B}=\nabla\times\boldsymbol{A}$ 代入 $e_n\cdot(\boldsymbol{B}_1-\boldsymbol{B}_2)=0$，可得到

$$\boldsymbol{e}_n\times\boldsymbol{A}_1=\boldsymbol{e}_n\times\boldsymbol{A}_2 \tag{3.3.18}$$

再由 $\nabla\cdot\boldsymbol{A}=0$，可得到

$$\boldsymbol{e}_n\cdot\boldsymbol{A}_1=\boldsymbol{e}_n\cdot\boldsymbol{A}_2 \tag{3.3.19}$$

由式(3.3.18)和式(3.3.19)可知，在不同媒质分界面上磁矢位 $\boldsymbol{A}$ 是连续的，即

$$\boldsymbol{A}_1=\boldsymbol{A}_2 \tag{3.3.20}$$

将 $\boldsymbol{H}=\frac{1}{\mu}\nabla\times\boldsymbol{A}$ 代入 $\boldsymbol{e}_n\times(\boldsymbol{H}_1-\boldsymbol{H}_2)=\boldsymbol{J}_S$，可得到

$$\boldsymbol{e}_n\times\left(\frac{1}{\mu_1}\nabla\times\boldsymbol{A}_1-\frac{1}{\mu_2}\nabla\times\boldsymbol{A}_2\right)=\boldsymbol{J}_S \tag{3.3.21}$$

式(3.3.20)和式(3.3.21)即为磁矢位的边界条件。

例 3.3.1　如图 3.3.2 所示，小圆环的半径为 a，通过的电流为 I。求小圆环电流的矢量磁位和磁场。

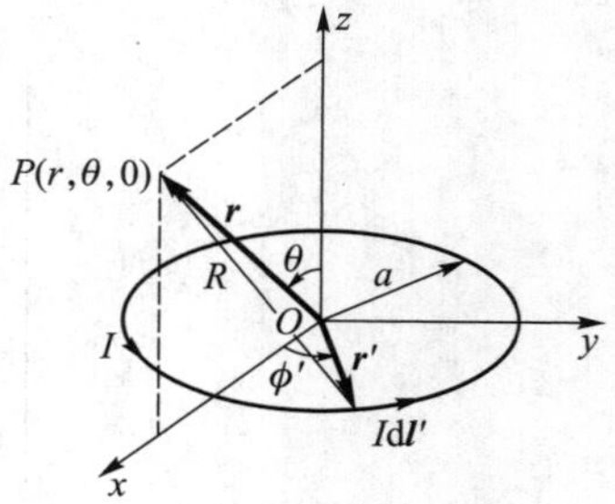

图 3.3.2　小圆环电流

解： 取小圆环位于 xy 平面内，圆心与球坐标系的原点重合。由于场具有对称性，取 xz 平面内的一点 $P(r,\theta,0)$ 作为场点将不失一般性，图中

$$\boldsymbol{r}=\boldsymbol{e}_r r=\boldsymbol{e}_x r\sin\theta+\boldsymbol{e}_z r\cos\theta$$

$$\boldsymbol{r}'=\boldsymbol{e}_{r'}a=\boldsymbol{e}_x a\cos\phi'+\boldsymbol{e}_y a\sin\phi'$$

$$\mathrm{d}\boldsymbol{l}'=\boldsymbol{e}_{\phi'}a\mathrm{d}\phi'=(-\boldsymbol{e}_x\sin\phi'+\boldsymbol{e}_y\cos\phi')a\mathrm{d}\phi'$$

故得

$$\begin{aligned}|\boldsymbol{r}-\boldsymbol{r}'|&=[(r\sin\theta-a\cos\phi')^2+(a\sin\phi')^2+(r\cos\theta)^2]^{1/2}\\&=(r^2+a^2-2ar\sin\theta\cos\phi')^{1/2}\end{aligned}$$

对于远离小圆环的区域，有 $r \gg a$，所以

$$\frac{1}{|\boldsymbol{r}-\boldsymbol{r}'|}=\frac{1}{r}\left[1+\left(\frac{a}{r}\right)^2-\frac{2a}{r}\sin\theta\cos\phi'\right]^{-1/2}$$

$$\approx\frac{1}{r}\left(1-\frac{2a}{r}\sin\theta\cos\phi'\right)^{-1/2}\approx\frac{1}{r}\left(1+\frac{a}{r}\sin\theta\cos\phi'\right)$$

将以上关系式代入式(3.3.17)，得

$$\boldsymbol{A}=\frac{\mu_0 Ia}{4\pi}\int_0^{2\pi}\frac{1}{r}\left(1+\frac{a}{r}\sin\theta\cos\phi'\right)(-\boldsymbol{e}_x\sin\phi'+\boldsymbol{e}_y\cos\phi')\,\mathrm{d}\phi'$$

$$=\boldsymbol{e}_y\frac{\mu_0\pi a^2 I}{4\pi r^2}\sin\theta$$

由于在 $\phi=0$ 面上 $\boldsymbol{e}_y=\boldsymbol{e}_\phi$，故上式可写为

$$\boldsymbol{A}=\boldsymbol{e}_\phi\frac{\mu_0 I\pi a^2}{4\pi r^2}\sin\theta=\boldsymbol{e}_\phi\frac{\mu_0 IS}{4\pi r^2}\sin\theta \tag{3.3.22}$$

式中 $S=\pi a^2$ 是小圆环的面积。

利用球坐标系中旋度的计算公式，可得到小圆环电流的远区磁感应强度为

$$\boldsymbol{B}=\nabla\times\boldsymbol{A}=\boldsymbol{e}_r\frac{1}{r\sin\theta}\frac{\partial}{\partial\theta}(\sin\theta A_\phi)-\boldsymbol{e}_\theta\frac{1}{r}\frac{\partial}{\partial r}(rA_\phi)$$

$$=\frac{\mu_0 IS}{4\pi r^3}(\boldsymbol{e}_r 2\cos\theta+\boldsymbol{e}_\theta\sin\theta) \tag{3.3.23}$$

可见，小圆环电流的远区磁场分布与电偶极子的远区电场分布相似，于是将小圆环电流称为磁偶极子，并把 $I\boldsymbol{S}$ 称为磁偶极子的磁矩，表示为

$$\boldsymbol{p}_{\mathrm{m}}=I\boldsymbol{S} \tag{3.3.24}$$

这样，式(3.3.22)又可写成

$$\boldsymbol{A}(\boldsymbol{r})=\boldsymbol{e}_\phi\frac{\mu_0 p_{\mathrm{m}}}{4\pi r^2}\sin\theta \tag{3.3.25}$$

或

$$\boldsymbol{A}(\boldsymbol{r})=\frac{\mu_0}{4\pi r^3}\boldsymbol{p}_{\mathrm{m}}\times\boldsymbol{r} \tag{3.3.26}$$

例 3.3.2 求无限长直线电流的矢量磁位。

解：先计算如图 3.3.3 所示的长度为 $2l$ 的直线电流的矢量磁位。电流元 $I\mathrm{d}\boldsymbol{l}'$产生的矢量磁位

$$\mathrm{d}\boldsymbol{A} = \boldsymbol{e}_z \frac{\mu_0 I \mathrm{d}z'}{4\pi} \cdot \frac{1}{\sqrt{\rho^2 + (z - z')^2}}$$

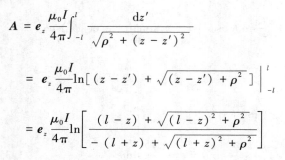

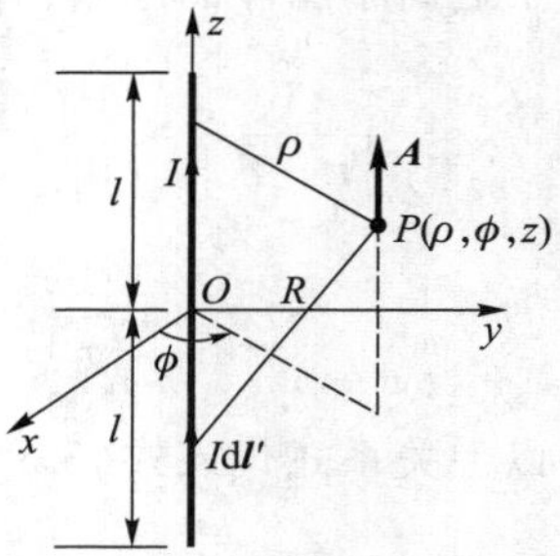

图 3.3.3 直线电流的矢量磁位

对直线 l 积分，得

$$\boldsymbol{A} = \boldsymbol{e}_z \frac{\mu_0 I}{4\pi} \int_{-l}^{l} \frac{\mathrm{d}z'}{\sqrt{\rho^2 + (z - z')^2}}$$

$$= \boldsymbol{e}_z \frac{\mu_0 I}{4\pi} \ln\left[(z - z') + \sqrt{(z - z') + \rho^2} \right] \Bigg|_{-l}^{l}$$

$$= \boldsymbol{e}_z \frac{\mu_0 I}{4\pi} \ln\left[\frac{(l - z) + \sqrt{(l - z)^2 + \rho^2}}{-(l + z) + \sqrt{(l + z)^2 + \rho^2}} \right]$$

当 $l \to \infty$ 时

$$\boldsymbol{A} \approx \boldsymbol{e}_z \frac{\mu_0 I}{4\pi} \ln\left[\frac{l + \sqrt{l^2 + \rho^2}}{-l + \sqrt{l^2 + \rho^2}} \right] \approx \boldsymbol{e}_z \frac{\mu_0 I}{4\pi} \ln\left(\frac{2l}{\rho} \right)^2$$

$$= \boldsymbol{e}_z \frac{\mu_0 I}{2\pi} \ln\left(\frac{2l}{\rho} \right) \tag{3.3.27}$$

可见，当 $l \to \infty$ 时，$\boldsymbol{A}$ 为无限大，即无限长直线电流的矢量磁位为无限大。为了解决这一困难，将 $\boldsymbol{A}=0$ 的点（即矢量磁位的参考点）选取在 $\rho=\rho_0$ 处，即令

$$\boldsymbol{A} = \boldsymbol{e}_z \frac{\mu_0 I}{2\pi} \ln\left(\frac{2l}{\rho_0} \right) + \boldsymbol{C} = 0$$

故有

$$\boldsymbol{C} = -\boldsymbol{e}_z \frac{\mu_0 I}{2\pi} \ln\left(\frac{2l}{\rho_0} \right)$$

这样做是允许的，因为在 $\boldsymbol{A}$ 的表示式中附加一个常矢量 $\boldsymbol{C}$，并不会影响 $\boldsymbol{B}$ 的计算。因此，式(3.3.27)可表示为

$$\boldsymbol{A} = \boldsymbol{e}_z \frac{\mu_0 I}{2\pi} \ln\left(\frac{2l}{\rho} \right) - \boldsymbol{e}_z \frac{\mu_0 I}{2\pi} \ln\left(\frac{2l}{\rho_0} \right) = \boldsymbol{e}_z \frac{\mu_0 I}{2\pi} \ln\left(\frac{\rho_0}{\rho} \right) \tag{3.3.28}$$

相应的磁感应强度为

$$\boldsymbol{B}=\nabla\times\boldsymbol{A}=-\boldsymbol{e}_{\phi}\frac{\partial A_{z}}{\partial\rho}=\boldsymbol{e}_{\phi}\frac{\mu_{0}I}{2\pi\rho} \tag{3.3.29}$$

2. 恒定磁场的标量磁位

若所研究的空间不存在自由电流，即 $\boldsymbol{J}=0$，则此空间内有 $\nabla\times\boldsymbol{H}=0$。因此，也可以将 $\boldsymbol{H}$ 表示为一个标量函数的梯度，即

$$\boldsymbol{H}=-\nabla\varphi_{\mathrm{m}} \tag{3.3.30}$$

式中的 φ_{m} 称为恒定磁场的标量磁位，或磁标位。

在均匀、线性和各向同性的媒质中，将 $\boldsymbol{B}=\mu\boldsymbol{H}$、$\boldsymbol{H}=-\nabla\varphi_{\mathrm{m}}$ 代入 $\nabla\cdot\boldsymbol{B}=0$ 中，得

$$\nabla\cdot\boldsymbol{B}=\nabla\cdot(\mu\boldsymbol{H})=-\mu\nabla\cdot(\nabla\varphi_{\mathrm{m}})=0$$

即

$$\nabla^{2}\varphi_{\mathrm{m}}=0 \tag{3.3.31}$$

此即标量磁位所满足的拉普拉斯方程。

在没有自由电流的两种不同媒质的分界面上，由边界条件 $\boldsymbol{e}_{\mathrm{n}}\times(\boldsymbol{H}_{1}-\boldsymbol{H}_{2})=0$ 和 $\boldsymbol{e}_{\mathrm{n}}\cdot(\boldsymbol{B}_{1}-\boldsymbol{B}_{2})=0$ 可导出标量磁位的边界条件为

$$\varphi_{\mathrm{m}1}=\varphi_{\mathrm{m}2} \tag{3.3.32}$$

$$\mu_{1}\frac{\partial\varphi_{\mathrm{m}1}}{\partial n}=\mu_{2}\frac{\partial\varphi_{\mathrm{m}2}}{\partial n} \tag{3.3.33}$$

如果问题不是由给定的电流分布求解磁场，或产生磁场的电流不在求解的区域内，而是在一些已知的边界条件下求解磁场，这类问题就适合用标量磁位来求解。譬如，在研究对磁场的屏蔽问题时，将磁屏蔽体置于已知的外磁场中来分析屏蔽体的屏蔽效能，由于不涉及产生磁场的电流，因此可以用标量磁位来求解。

3.3.3 电感

在线性和各向同性的媒质中，电流回路在空间产生的磁场与回路中的电流成正比。因此，穿过回路的磁通量（或磁链）也与回路中的电流成正比。在恒定

磁场中，把穿过回路的磁通量(或磁链)与回路中的电流的比值称为电感系数，简称电感。与静电场中的电容 C、恒定电场中的电阻相似，电感只与回路的几何参数和周围媒质有关，与电流、磁通量无关。

电感可分为自感和互感，本节讨论自感和互感的计算。

1. 自感

如图 3.3.4 所示，设回路中的电流为 I，它所产生的磁场与回路交链的自感磁链为 Ψ，则磁链 Ψ 与回路中的电流 I 成正比关系，其比值

$$L=\frac{\Psi}{I} \tag{3.3.34}$$

称为回路的自感系数，简称自感。自感的单位是 H(亨利)。

对于细导体回路，如果载流导线的截面积无限小，将导致与回路自身交链的磁链和自感 L 都趋于无穷大，这显然是不符合实际的。要消除这一困难，就必须考虑导线具有一个不为零的有限半径。对于粗导体回路，由于导体内部存在磁场，也有与电流相交链的磁链，这部分磁链称为内磁链，用 Ψ_i 表示，如图 3.3.5 所示。由内磁链计算出的自感称为内自感，用 L_i 表示，即

$$L_i=\frac{\Psi_i}{I} \tag{3.3.35}$$

由导体外部的磁场与回路交链的磁链称为外磁链，用 Ψ_o 表示，相应的自感称为外自感，用 L_o 表示，即

$$L_o=\frac{\Psi_o}{I} \tag{3.3.36}$$

粗导体回路的自感 L 等于内自感与外自感之和，即

$$L=L_i+L_o \tag{3.3.37}$$

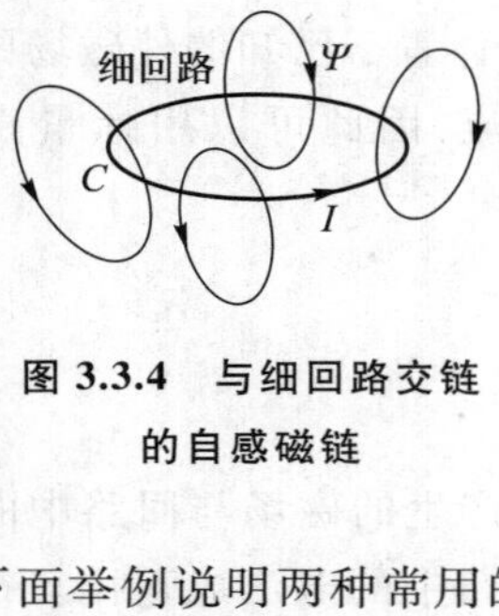

图 3.3.4 与细回路交链的自感磁链

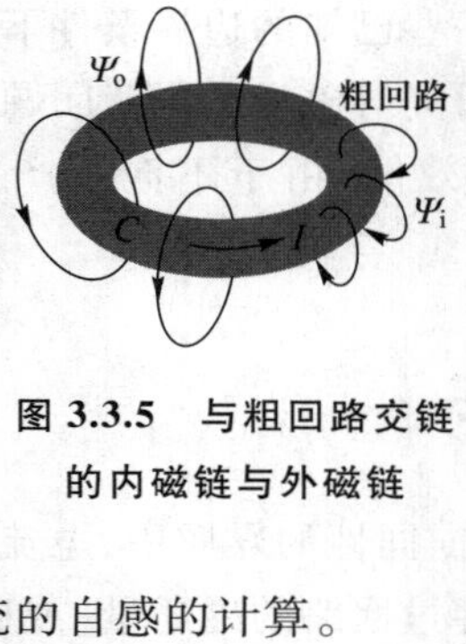

图 3.3.5 与粗回路交链的内磁链与外磁链

下面举例说明两种常用的双导体系统的自感的计算。

例 3.3.3 设同轴线的内导体半径为 a,外导体的内半径为 b,外导体的厚度可忽略不计。内、外导体之间是空气,或聚乙烯等电介质,磁导率为 μ_0;内、外导体材料一般是金属铜,磁导率也是 μ_0。同轴线的横截面如图 3.3.6 所示。计算同轴线单位长度的电感。

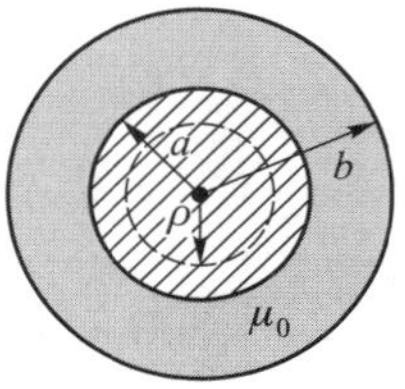

图 3.3.6 同轴电缆的横截面

解: 设同轴线中的电流为 I,根据安培环路定理求得内导体中任意一点的磁感应强度为

$$\boldsymbol{B}_{\mathrm{i}} = \boldsymbol{e}_{\phi}\frac{\mu_0}{2\pi\rho}\frac{\pi\rho^2}{\pi a^2}I = \boldsymbol{e}_{\phi}\frac{\mu_0 I\rho}{2\pi a^2} \qquad (0 < \rho < a)$$

穿过由轴向为单位长度、宽为 $\mathrm{d}\rho$ 构成的矩形面积元 $\mathrm{d}\boldsymbol{S} = \boldsymbol{e}_{\phi}1 \cdot \mathrm{d}\rho = \boldsymbol{e}_{\phi}\mathrm{d}\rho$ 的磁通为

$$\mathrm{d}\Phi_{\mathrm{i}} = \boldsymbol{B}_{\mathrm{i}} \cdot \mathrm{d}\boldsymbol{S} = \frac{\mu_0 I\rho}{2\pi a^2}\mathrm{d}\rho$$

因为与 $\mathrm{d}\Phi_i$ 这一部分磁通相交链的电流不是导体中的全部电流 I,而只是 I 的一部分 I',两者的关系为

$$I' = \frac{\pi\rho^2}{\pi a^2}I = \left(\frac{\rho}{a}\right)^2 I$$

所以,与 $\mathrm{d}\Phi_i$ 相应的磁链为

$$\mathrm{d}\Psi_{\mathrm{i}} = \frac{I'}{I}\mathrm{d}\Phi_{\mathrm{i}} = \frac{\mu_0 I\rho^3}{2\pi a^4}\mathrm{d}\rho$$

内导体中单位长度的自感磁链总量为

$$\Psi_{\mathrm{i}} = \int \mathrm{d}\Psi_{\mathrm{i}} = \int_0^a \frac{\mu_0 I\rho^3}{2\pi a^4}\mathrm{d}\rho = \frac{\mu_0 I}{8\pi}$$

由此得到单位长度的内自感

$$L_{\mathrm{i}} = \frac{\Psi_{\mathrm{i}}}{I} = \frac{\mu_0}{8\pi} \qquad (3.3.38)$$

在内、外导体之间,由安培环路定律可得到任意一点磁感应强度为

$$\boldsymbol{B}_{\mathrm{o}} = \boldsymbol{e}_{\phi}\frac{\mu_0 I}{2\pi\rho} \qquad (a < \rho < b)$$

故

$$\mathrm{d}\Psi_{\mathrm{o}}=\frac{\mu_0 I}{2\pi\rho}\mathrm{d}\rho$$

$$\Psi_{\mathrm{o}}=\int\mathrm{d}\Psi_{\mathrm{o}}=\int_a^b\frac{\mu_0 I}{2\pi\rho}\mathrm{d}\rho=\frac{\mu_0 I}{2\pi}\ln\frac{b}{a}$$

由此得到单位长度的外自感

$$L_{\mathrm{o}}=\frac{\Psi_{\mathrm{o}}}{I}=\frac{\mu_0}{2\pi}\ln\frac{b}{a} \tag{3.3.39}$$

同轴线单位长度的自感为

$$L=L_{\mathrm{i}}+L_{\mathrm{o}}=\frac{\mu_0}{8\pi}+\frac{\mu_0}{2\pi}\ln\frac{b}{a} \tag{3.3.40}$$

例 3.3.4 如图 3.3.7 所示，平行双线传输线的导线半径为 a，两导线的轴线相距为 D，且 $D\gg a$。导线及其周围媒质的磁导率皆为 μ_0，计算平行双线传输线单位长度的电感。

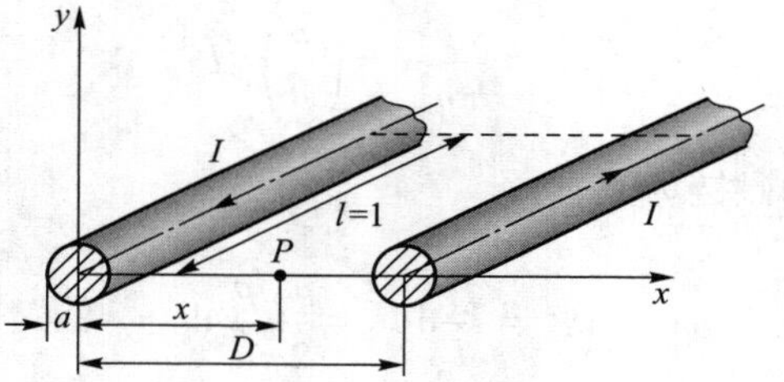

图 3.3.7 平行双线传输线

解： 设两导线中流过的电流为 I，由于 $D\gg a$，故在计算导线外部的磁场时，可近似地认为电流集中于导线的几何轴线上。根据安培环路定理和叠加原理，可求得双导线之间的平面上任意一点 P 的磁感应强度为

$$\boldsymbol{B}(x)=\frac{\mu_0 I}{2\pi}\left(\frac{1}{x}+\frac{1}{D-x}\right)\boldsymbol{e}_y$$

穿过两导线之间轴线方向为单位长度的面积的外磁链为

$$\Psi_{\mathrm{o}}=\int_a^{D-a}\boldsymbol{B}(x)\cdot\boldsymbol{e}_y\mathrm{d}x=\frac{\mu_0 I}{2\pi}\int_a^{D-a}\left(\frac{1}{x}+\frac{1}{D-x}\right)\mathrm{d}x=\frac{\mu_0 I}{\pi}\ln\frac{D-a}{a}$$

由此得到平行双线传输线单位长度的外自感为

$$L_o = \frac{\Psi_o}{I} = \frac{\mu_0}{\pi}\ln\frac{D-a}{a} \approx \frac{\mu_0}{\pi}\ln\frac{D}{a} \tag{3.3.41}$$

而两根导线单位长度的内自感为

$$L_i = 2\times\frac{\mu_0}{8\pi} = \frac{\mu_0}{4\pi}$$

故得平行双线传输线单位长度的电感为

$$L = L_i + L_o = \frac{\mu_0}{4\pi} + \frac{\mu_0}{\pi}\ln\frac{D}{a} \tag{3.3.42}$$

2. 互感

图 3.3.8 所示的两个彼此靠近的导线回路 C_1 和 C_2，回路 C_1 中的电流 I_1 产生的磁场除了与回路 C_1 本身交链外，还与回路 C_2 相交链。由回路 C_1 的电流 I_1 产生的磁场与回路 C_2 相交链的磁链，称为回路 C_1 与回路 C_2 间的互感磁链，用 Ψ_{12} 表示。比值

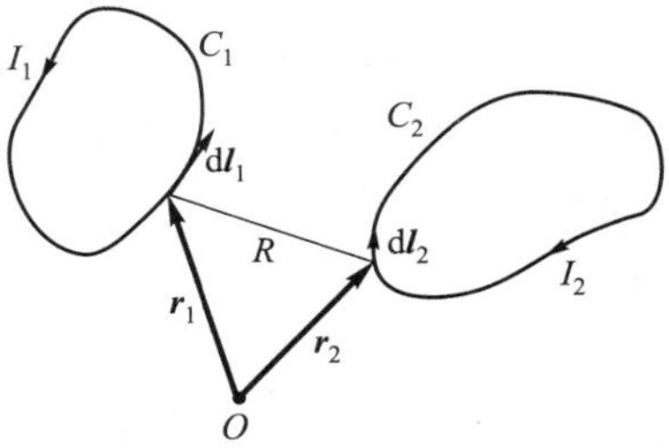

图 3.3.8 两回路间的互感

$$M_{12} = \frac{\Psi_{12}}{I_1} \tag{3.3.43}$$

称为回路 C_1 对回路 C_2 间的互感系数，简称互感。互感的单位是 H(亨利)。同理，回路 C_2 对回路 C_1 间的互感为

$$M_{21} = \frac{\Psi_{21}}{I_2} \tag{3.3.44}$$

利用矢量磁位可导出计算互感的一般公式。图 3.3.8 中，回路 C_1 中的电流 I_1在回路 C_2 上的任意一点产生的矢量磁位为

$$\boldsymbol{A}_1(\boldsymbol{r}_2) = \frac{\mu}{4\pi}\oint_{C_1}\frac{I_1\mathrm{d}\boldsymbol{l}_1}{|\boldsymbol{r}_2-\boldsymbol{r}_1|}$$

则由电流 I_1 产生磁场与回路 C_2 相交链的磁链为

$$\Psi_{12} = \int_{S_2}\boldsymbol{B}_1\cdot\mathrm{d}\boldsymbol{S}_2 = \oint_{C_2}\boldsymbol{A}_1\cdot\mathrm{d}\boldsymbol{l}_2 = \oint_{C_2}\left[\frac{\mu}{4\pi}\oint_{C_1}\frac{I_1\mathrm{d}\boldsymbol{l}_1}{|\boldsymbol{r}_2-\boldsymbol{r}_1|}\right]\cdot\mathrm{d}\boldsymbol{l}_2$$

$$= \frac{\mu I_1}{4\pi}\oint_{C_2}\oint_{C_1} \frac{\mathrm{d}\boldsymbol{l}_1 \cdot \mathrm{d}\boldsymbol{l}_2}{|\boldsymbol{r}_2 - \boldsymbol{r}_1|}$$

故

$$M_{12} = \frac{\Psi_{12}}{I_1} = \frac{\mu}{4\pi}\oint_{C_2}\oint_{C_1} \frac{\mathrm{d}\boldsymbol{l}_1 \cdot \mathrm{d}\boldsymbol{l}_2}{|\boldsymbol{r}_2 - \boldsymbol{r}_1|} \tag{3.3.45}$$

同样，可导出回路 C_2 对回路 C_1 电流的互感为

$$M_{21} = \frac{\Psi_{21}}{I_2} = \frac{\mu}{4\pi}\oint_{C_1}\oint_{C_2} \frac{\mathrm{d}\boldsymbol{l}_2 \cdot \mathrm{d}\boldsymbol{l}_1}{|\boldsymbol{r}_1 - \boldsymbol{r}_2|} \tag{3.3.46}$$

式(3.3.45)和式(3.3.46)称为纽曼公式，这是计算互感的一般公式。比较两式可看出 $M_{21}=M_{12}=M$，即两个导线回路之间只有一个互感值。

例 3.3.5　如图 3.3.9 所示，长直导线与三角形导线回路共面，试计算它们之间的互感。

解：设长直导线中通过电流 I，根据安培环路定理，得

$$\boldsymbol{B} = \boldsymbol{e}_\phi \frac{\mu_0 I}{2\pi x}$$

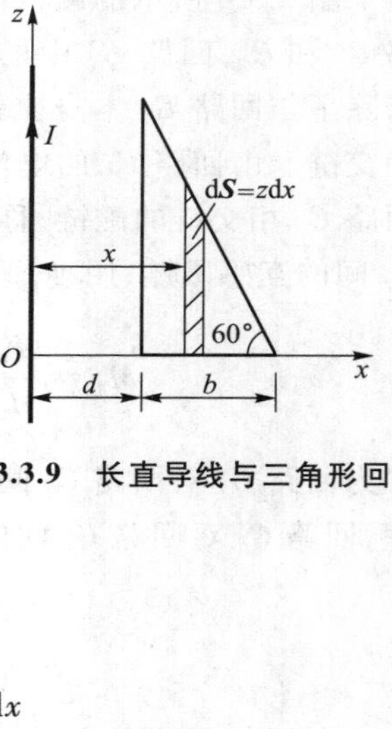

图 3.3.9　长直导线与三角形回路

穿过三角形回路面积的磁通为

$$\Psi = \int_S \boldsymbol{B} \cdot \mathrm{d}\boldsymbol{S} = \frac{\mu_0 I}{2\pi}\int_d^{d+b} \frac{1}{x} z\mathrm{d}x$$

式中的 $z=[(b+d)-x]\tan 60° = \sqrt{3}[(b+d)-x]$，故

$$\Psi = \frac{\sqrt{3}\mu_0 I}{2\pi}\int_d^{d+b} \frac{1}{x}[(b+d)-x]\mathrm{d}x$$

$$= \frac{\sqrt{3}\mu_0 I}{2\pi}\left[(b+d)\ln\left(1+\frac{b}{d}\right) - b\right]$$

则得长直导线与三角形导线回路间的互感为

$$M = \frac{\Psi}{I} = \frac{\sqrt{3}\mu_0 I}{2\pi}\left[(b+d)\ln\left(1+\frac{b}{d}\right) - b\right]$$

例 3.3.6　如图 3.3.10 所示，两个互相平行且共轴的圆线圈，半径分别为 a_1

和 a_2，中心相距为 d，设 $a_1 \ll d$（或 $a_2 \ll d$），求两线圈之间的互感。

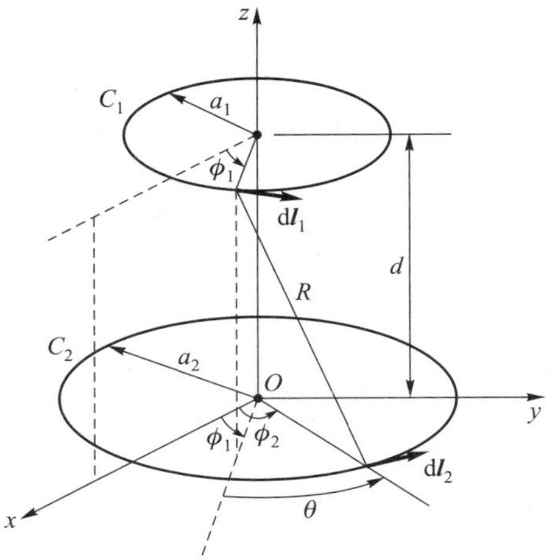

图 3.3.10 两个平行且共轴的线圈

解： $d\boldsymbol{l}_1$ 与 $d\boldsymbol{l}_2$ 之间的夹角 $\theta=\phi_2-\phi_1$，$dl_1=a_1 d\phi_1$，$dl_2=a_2 d\phi_2$，以及

$$R=|\boldsymbol{r}_2-\boldsymbol{r}_1|=[d^2+a_1^2+a_2^2-2a_1a_2\cos(\phi_2-\phi_1)]^{1/2}$$

由纽曼公式得

$$M=\frac{\mu_0}{4\pi}\oint_{C_1}\oint_{C_2}\frac{d\boldsymbol{l}_2\cdot d\boldsymbol{l}_1}{|\boldsymbol{r}_2-\boldsymbol{r}_1|}=\frac{\mu_0}{4\pi}\oint_{C_1}\oint_{C_2}\frac{dl_2 dl_1\cos\theta}{|\boldsymbol{r}_2-\boldsymbol{r}_1|}$$

$$=\frac{\mu_0}{4\pi}\int_0^{2\pi}\int_0^{2\pi}\frac{a_1a_2\cos(\phi_2-\phi_1)d\phi_2 d\phi_1}{[d^2+a_1^2+a_2^2-2a_1a_2\cos(\phi_2-\phi_1)]^{1/2}}$$

$$=\frac{\mu_0 a_1 a_2}{2}\int_0^{2\pi}\frac{\cos\theta d\theta}{[d^2+a_1^2+a_2^2-2a_1a_2\cos\theta]^{1/2}}$$

一般情况下，上述积分只能用椭圆积分来表示。但是若 $d>>a_1$，则可进行近似

$$[d^2+a_1^2+a_2^2-2a_1a_2\cos\theta]^{-1/2}\approx[d^2+a_2^2]^{-1/2}\left[1-\frac{2a_1a_2\cos\theta}{d^2+a_2^2}\right]^{-1/2}$$

$$\approx[d^2+a_2^2]^{-1/2}\left[1+\frac{a_1a_2\cos\theta}{d^2+a_2^2}\right]$$

于是

$$M \approx \frac{\mu_0 a_1 a_2}{2\sqrt{d^2 + a_2^2}}\int_0^{2\pi}\left[1 + \frac{a_1 a_2 \cos\theta}{d^2 + a_2^2}\right]\cos\theta \mathrm{d}\theta = \frac{\mu_0 \pi a_1^2 a_2^2}{2[d^2 + a_2^2]^{3/2}}$$

本题还可以在 $d \gg a_1$ 的条件下，利用例 3.3.5 的结果来求得互感 M。半径为 a_1 的小圆线圈中有电流 I_1 时，它在远区的矢量磁位为

$$\boldsymbol{A}_1 = \boldsymbol{e}_\phi \frac{\mu_0}{4\pi}\left(\frac{\pi a_1^2 I_1}{R^2}\right)\sin\theta$$

在半径为 a_2 的线圈上，$\boldsymbol{A}_1$ 的值为常数，故

$$\Psi_{12} = \oint_{C_2} \boldsymbol{A}_1 \cdot \mathrm{d}\boldsymbol{l}_2 = A_1 2\pi a_2 = \left(\frac{\mu_0 \pi a_1^2 I_1}{4\pi R^2}\sin\theta\right) 2\pi a_2$$

式中的 $R=\sqrt{d^2+a_2^2}$，$\sin\theta=\dfrac{a_2}{\sqrt{d^2+a^2}}$，故

$$M = \frac{\Psi_{12}}{I_1} = \frac{\mu_0 \pi a_1^2 a_2^2}{2[d^2 + a_2^2]^{3/2}}$$

3.3.4 恒定磁场的能量

电流回路在恒定磁场中要受到磁场力的作用而发生运动，表明恒定磁场具有能量。磁场能量是在建立电流的过程中由电源供给的，因为当电流从零开始增加时，回路中感应电动势要阻止电流的增加，因而必须有外加电压克服回路中的感应电动势。假设所有的电流回路都固定不动，即没有机械功，同时假定导线中流过电流时产生的焦耳热损耗可以忽略。这样，外电源所做的功将全部转换为系统的磁场能量。

设有 N 个回路 C_1、C_2、$\cdots$、C_N，且各回路中的电流 $i_j(j=1,2,\cdots,N)$ 同时从零开始以相同的百分比 $\alpha(0\leqslant\alpha\leqslant1)$ 上升，即 $i_j=\alpha I_j$。在 $\mathrm{d}t$ 时间内，回路 j 中的电流将增加 $\mathrm{d}i_j=I_j\mathrm{d}\alpha$，根据法拉第电磁感应定律，回路中的感应电动势等于与回路交链的磁链的时间变化率，即回路 j 中的感应电动势为

$$\mathscr{E}_{\mathrm{in}j} = -\frac{\mathrm{d}\Psi_j}{\mathrm{d}t}$$

为了回路上克服感应电动势，回路 j 中的外加电压 u_j 应与回路中的感应电动势 $\varepsilon_{\mathrm{in}j}$ 大小相等而方向相反，即

$$u_j = -\mathscr{E}_{\mathrm{in}j} = \frac{\mathrm{d}\Psi_j}{\mathrm{d}t}$$

因此,在 $\mathrm{d}t$ 时间内,回路 j 中增加磁场能量 $\mathrm{d}W_{mj}$ 等于与回路 j 相连接的电源所做的功,即

$$\mathrm{d}W_{mj}=u_j\mathrm{d}q_j=\frac{\mathrm{d}\Psi_j}{\mathrm{d}t}i_j\mathrm{d}t=i_j\mathrm{d}\Psi_j$$

N 个回路中增加的磁场能量为

$$\mathrm{d}W_m=\sum_{j=1}^{N}\mathrm{d}W_{mj}=\sum_{j=1}^{N}i_j\mathrm{d}\Psi_j \tag{3.3.47}$$

回路 j 的磁链为

$$\Psi_j=\sum_{k=1}^{N}M_{kj}i_k \tag{3.3.48}$$

式中,$M_{kj}(k\neq j)$ 是回路 k 与回路 j 之间的互感系数,$M_{jj}=L_j$ 是回路 j 的自感系数。将式(3.3.48)代入式(3.3.47),得

$$\mathrm{d}W_m=\sum_{j=1}^{N}\sum_{k=1}^{N}i_jM_{kj}\mathrm{d}i_k=\sum_{j=1}^{N}\sum_{k=1}^{N}M_{kj}I_jI_k\alpha\mathrm{d}\alpha$$

将上式从 0 到 1 对 α 积分,即得到 N 个电流回路的磁场能量

$$W_m=\sum_{j=1}^{N}\sum_{k=1}^{N}M_{kj}I_jI_k\int_0^1\alpha\mathrm{d}\alpha=\frac{1}{2}\sum_{j=1}^{N}\sum_{k=1}^{N}M_{kj}I_jI_k \tag{3.3.49}$$

例如,当 $N=1$ 时,$M_{11}=L_1$、$W_m=\frac{1}{2}L_1I_1^2$,当 $N=2$ 时,$M_{11}=L_1$、$M_{22}=L_2$、$M_{21}=M_{12}=M$,故

$$W_m=\frac{1}{2}L_1I_1^2+L_2I_2^2+MI_1I_2$$

利用式(3.3.48),又可将式(3.3.49)写成

$$W_m=\frac{1}{2}\sum_{j=1}^{N}I_j\Psi_j=\frac{1}{2}\sum_{j=1}^{N}I_j\oint_{c_j}\boldsymbol{A}\cdot\mathrm{d}\boldsymbol{l}_j \tag{3.3.50}$$

式中的 $\boldsymbol{A}$ 是 N 个电流回路在 $\mathrm{d}\boldsymbol{l}_j$ 处产生的矢量磁位。

若电流分布在体积 V 内,体电流密度为 $\boldsymbol{J}$,则将式(3.3.50)中的电流元 $I_j\mathrm{d}\boldsymbol{l}_j$ 替换为 $\boldsymbol{J}\mathrm{d}V$、求和写成积分,即得到

$$W_m=\frac{1}{2}\int_V\boldsymbol{J}\cdot\boldsymbol{A}\mathrm{d}V \tag{3.3.51}$$

上式中的积分是对 $\boldsymbol{J}\neq 0$ 的体积 V 进行的。由于体积 V 外没有电流分布，因此把积分区域扩大到磁场不为零的整个空间，也不会影响到积分的值。

与电场能量是储存在电场中一样，磁场能量是储存在磁场中的。下面推导用磁场矢量表示磁场能量的公式。将 $\boldsymbol{J}=\nabla\times\boldsymbol{H}$ 代入式(3.3.51)中，有

$$W_{\mathrm{m}}=\frac{1}{2}\int_V \boldsymbol{A}\cdot(\nabla\times\boldsymbol{H})\mathrm{d}V=\frac{1}{2}\int_V[\boldsymbol{H}\cdot(\nabla\times\boldsymbol{A})-\nabla\cdot(\boldsymbol{A}\times\boldsymbol{H})]\mathrm{d}V$$

$$=\frac{1}{2}\int_V \boldsymbol{H}\cdot\boldsymbol{B}\mathrm{d}V-\frac{1}{2}\oint_S(\boldsymbol{A}\times\boldsymbol{H})\cdot\mathrm{d}\boldsymbol{S}$$

当令体积 V 趋于无限大时，上式右边第二项积分变为零。因为 $A\sim\frac{1}{R}$、$H\sim\frac{1}{R^2}$、$|\boldsymbol{A}\times\boldsymbol{H}|\sim\frac{1}{R^3}$，故被积函数至少按 R^3 反比变化，而面积按 R^2 变化，故 $R\to\infty$ 时，积分变为零。于是得到

$$W_{\mathrm{m}}=\frac{1}{2}\int_V \boldsymbol{H}\cdot\boldsymbol{B}\mathrm{d}V \tag{3.3.52}$$

上式的积分是对整个空间取的，当然只有磁场不等于零的那部分空间才对积分有贡献。此结果表明磁场能量储存于场空间，被积函数可视为磁场能量密度，表示为

$$w_{\mathrm{m}}=\frac{1}{2}\boldsymbol{B}\cdot\boldsymbol{H}=\frac{1}{2}\frac{B^2}{\mu}=\frac{1}{2}\mu H^2 \tag{3.3.53}$$

能量密度的单位为 $\mathrm{J/m^3}$(焦耳/米^3)。

例 3.3.7　如图 3.3.11 所示，同轴线的内导体半径为 a，外导体的内半径为 b，外导体的外半径为 c。内、外导体之间填充的介质以及导体的磁导率均为 μ_0。设电流为 I，求同轴线单位长度内储存的磁场能量。

解： 根据安培环路定理求出磁场分布

$$\boldsymbol{H}_1=\boldsymbol{e}_\phi\frac{I\rho}{2\pi a^2}\qquad(0\leqslant\rho\leqslant a)$$

$$\boldsymbol{H}_2=\boldsymbol{e}_\phi\frac{I}{2\pi\rho}\qquad(a\leqslant\rho\leqslant b)$$

$$\boldsymbol{H}_3=\boldsymbol{e}_\phi\frac{I}{2\pi\rho}\frac{c^2-\rho^2}{c^2-b^2}\qquad(b\leqslant\rho\leqslant c)$$

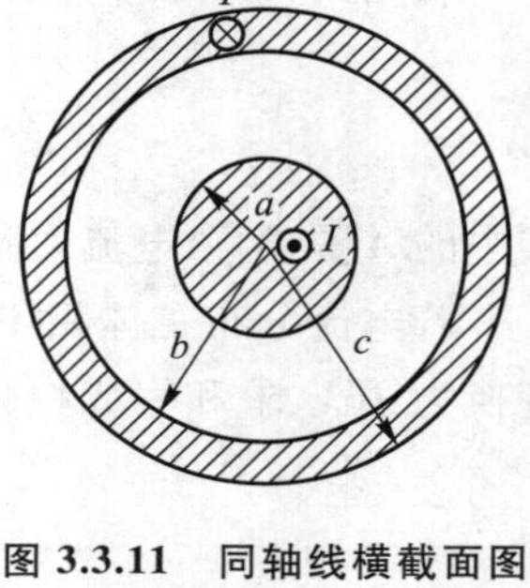

图 3.3.11　同轴线横截面图

由此即可求出三个区域单位长度内的磁场能量分别为

$$W_{m1}=\frac{\mu_0}{2}\int_0^a H_1^2 2\pi\rho \mathrm{d}\rho=\frac{\mu_0}{2}\int_0^a\left(\frac{I\rho}{2\pi a^2}\right)^2 2\pi\rho \mathrm{d}\rho=\frac{\mu_0 I^2}{16\pi}$$

$$W_{m2}=\frac{\mu_0}{2}\int_a^b H_2^2 2\pi\rho \mathrm{d}\rho=\frac{\mu_0}{2}\int_a^b\left(\frac{I}{2\pi r}\right)^2 2\pi\rho \mathrm{d}\rho=\frac{\mu_0 I^2}{4\pi}\ln\frac{b}{a}$$

$$\begin{aligned}W_{m3}&=\frac{\mu_0}{2}\int_b^c H_3^2 2\pi\rho \mathrm{d}\rho=\frac{\mu_0}{2}\int_b^c\left[\frac{I}{2\pi\rho}\frac{c^2-\rho^2}{c^2-b^2}\right]^2 2\pi\rho \mathrm{d}\rho\\&=\frac{\mu_0 I^2}{4\pi}\left[\frac{c^4}{(c^2-b^2)^2}\ln\frac{c}{b}-\frac{3c^2-b^2}{4(c^2-b^2)}\right]\end{aligned}$$

同轴线单位长度储存的总磁场能量为

$$\begin{aligned}W_m&=W_{m1}+W_{m2}+W_{m3}\\&=\frac{\mu_0 I^2}{16\pi}+\frac{\mu_0 I^2}{4\pi}\ln\frac{b}{a}+\frac{\mu_0 I^2}{4\pi}\left[\frac{c^4}{(c^2-b^2)^2}\ln\frac{c}{b}-\frac{3c^2-b^2}{4(c^2-b^2)}\right]\end{aligned}$$

3.3.5 磁场力

载流回路间的磁场力可由安培力定律计算，也可采用虚位移法，利用磁场能量来计算磁场力。

为简化讨论，仅考虑两个回路的情况，所得到的结果可推广到一般情况。设回路 C_1 在磁场力作用下发生了一个小的位移 $\Delta\boldsymbol{\chi}$（这里的 χ 是一个广义坐标），回路 C_2 保持不动。在计算磁场力时，可以假设与两回路交链时磁链不变或假设两回路中的电流不变。

假设回路 C_1 发生位移时，与两回路交链的磁链不变，即 $\Psi_1=$ 常数、$\Psi_2=$ 常数，则两回路中的电流必定发生改变。由于 Ψ_1 和 Ψ_2 等于常数，两回路中都没有感应电动势，故与回路相连接的电源不对回路输入能量（假定导线的焦耳热损耗可以忽略），所以回路 C_1 发生位移所需的机械功只有靠磁场释放能量来提供，即

$$\boldsymbol{F}\cdot\Delta\boldsymbol{\chi}=-\Delta W_m$$

故得

$$F_\chi=-\left.\frac{\partial W_m}{\partial\chi}\right|_{\Psi=常数} \tag{3.3.54}$$

假设回路 C_1 发生位移时，两回路中电流不改变，即 I_1 = 常数、I_2 = 常数，则两回路中的磁链必定发生改变，因此两个回路都有感应电动势。此时，与回路相连接的电源必然要克服感应电动势以保持 I_1 和 I_2 不变。电源所做的功为 $(I_1\Delta\Psi_1+I_2\Delta\Psi_2)$，而回路中改变的磁场能量 $\Delta W_m=\frac{1}{2}(I_1\Delta\Psi_1+I_2\Delta\Psi_2)$，所以外接电源输入能量的一半使得磁场能量增加，另一半则用于使回路 C_1 位移所需要的机械功，即

$$\boldsymbol{F}\cdot\Delta\boldsymbol{\chi}=\Delta W_m$$

故得

$$F_\chi=\left.\frac{\partial W_m}{\partial \chi}\right|_{I=\text{常数}} \tag{3.3.55}$$

因两个电流回路的磁场能量为

$$W_m=\frac{1}{2}L_1I_1^2+L_2I_2^2+MI_1I_2$$

将其代入式(3.3.55)中，得

$$F_\chi=\left.\frac{\partial W_m}{\partial \chi}\right|_{I=\text{常数}}=I_1I_2\frac{\partial M}{\partial \chi} \tag{3.3.56}$$

上式表明，在 I_1 和 I_2 不变的情况下，磁场能量的改变（即磁力）仅是由于互感 M 的改变引起的。

应该指出，上面假设的 Ψ 不变和 I 不变是在一个回路发生位移下的两种假定情形，无论是假定 Ψ 不变还是 I 不变，求出的磁场力应该是相同的。而且，对于不止两个回路的情形，其中任一个回路的受力都同样可以按式(3.3.54)或式(3.3.55)计算。

例 3.3.8 如图 3.3.12 所示的一个电磁铁，由铁轭（绕有 N 匝线圈的铁心）和衔铁构成。铁轭和衔铁的横截面积均为 S，平均长度分别为 l_1 和 l_2。铁轭与衔铁之间有一很小的空气隙，其长度为 x。设线圈中的电流为 I，铁轭和衔铁的磁导率为 μ，若忽略漏磁和边缘效应，求铁轭对衔铁的吸

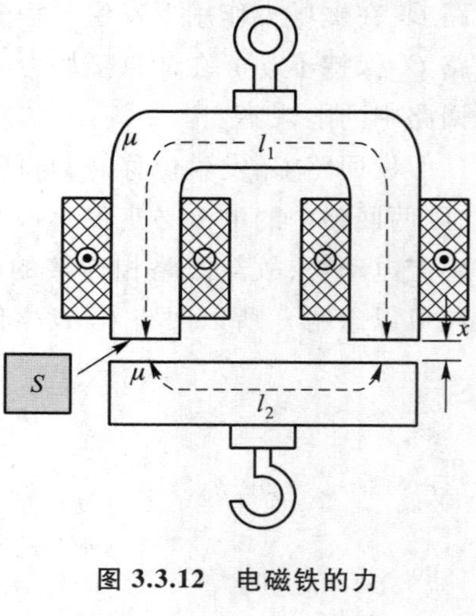

图 3.3.12 电磁铁的力

引力。

解： 作用在衔铁上的磁场力有减小空气隙的趋势，可通过式(3.3.54)或式(3.3.55)计算。在忽略漏磁和边缘效应的情况下，若保持磁通 $\boldsymbol{\varPsi}$ 不变，则 $\boldsymbol{B}$ 和 $\boldsymbol{H}$ 不变，储存在铁轭和衔铁中的磁场能量也不变，而空气隙中的磁场能量则要变化。由式(3.3.54)得到作用在衔铁上的磁场力为

$$F_x = -\left.\frac{\partial W_{\mathrm{m}}}{\partial x}\right|_{\Psi=\text{常数}}$$

$$= -\frac{\partial}{\partial x}\left[\frac{1}{2}\int \boldsymbol{B}\cdot\boldsymbol{H}\mathrm{d}V + \frac{1}{2}\int_{\text{气隙}}\boldsymbol{B}_0\cdot\boldsymbol{H}_0\mathrm{d}V\right]$$

$$= -\frac{1}{2}\frac{\partial}{\partial x}\int_0^x 2S\frac{B_0^2}{\mu_0}\mathrm{d}x = -\frac{SB_0^2}{\mu_0}$$

式中 B_0 是空气隙中的磁场感应强度。

根据安培环路定理，有

$$H(l_1 + l_2) + 2H_0x = NI$$

由于 $H=\dfrac{B}{\mu}$ 和 $H_0=\dfrac{B_0}{\mu_0}$，考虑到 $B=B_0$，由上式可得到

$$B_0 = \frac{\mu_0\mu NI}{(l_1 + l_2)\mu_0 + 2\mu x}$$

故得到铁轭对衔铁的吸引力

$$F_x = -\frac{\mu_0\mu^2N^2I^2S}{[(l_1 + l_2)\mu_0 + 2\mu x]^2}$$

若采用式(3.3.55)计算 F_x，则储存在系统中的磁场能量

$$W_{\mathrm{m}} = \frac{1}{2}NISB_0 = \frac{\mu_0\mu SN^2I^2}{2[(l_1 + l_2)\mu_0 + 2\mu x]}$$

同样得到铁轭对衔铁的吸引力为

$$F_x = \left.\frac{\partial W_{\mathrm{m}}}{\partial x}\right|_{I=\text{常数}} = -\frac{\mu_0\mu^2N^2I^2S}{[(l_1 + l_2)\mu_0 + 2\mu x]^2}$$

例 3.3.9 两个互相平行且共轴的圆形线圈，距离为 d，半径分别为 a_1 和 a_2，

其中 $a_1 \ll d$。两线圈中分别载有电流 I_1 和 I_2，如图 3.3.13 所示。求两线圈间的磁场力。

解： 利用例 3.3.6 的结果，当 $a_1 \ll d$ 时，两线圈的互感为

$$M=\frac{\pi\mu_0 a_1^2 a_2^2}{2(a_2^2+d^2)^{3/2}}$$

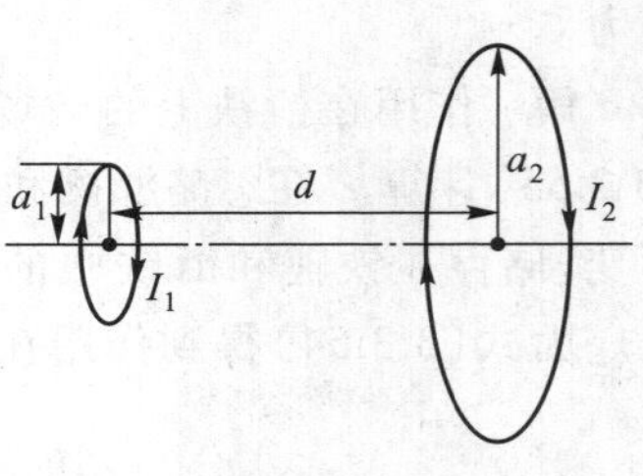

图 3.3.13 共轴的圆形线圈

根据式(3.3.56)得两线圈间的磁场力为

$$F_{21}=I_1I_2\frac{\partial M}{\partial d}\bigg|_{I=\text{常数}}=-\frac{3\pi I_1I_2\mu_0 a_1^2a_2^2 d}{2(a_2^2+d^2)^{5/2}}$$

式中的负号表示当 I_1 与 I_2 的方向相同时，F_{21} 为吸引力；当 I_1 与 I_2 方向相反时，F_{21} 为排斥力。

3.4 静态场的边值问题及解的唯一性定理

静态场问题通常分为两大类：分布型问题和边值型问题。由已知场源（电荷、电流）分布，直接从场的积分公式求空间各点的场分布，称为分布型问题。如果已知场量在场域边界上的值，求场域内的场分布，则属于边值型问题。

静态场边值问题的求解方法可分为解析法和数值法。解析法给出的结果是场量的解析表示式，本章只介绍镜像法和分离变量法。数值法则是通过数值计算，给出场量的一组离散数据，本章只介绍有限差分法。由于电子计算机技术的发展和广泛应用，数值法获得了极大的发展，应用前景广阔。

3.4.1 边值问题的类型

静态场的基本方程表明，在静态场情况下，电场可用一个标量电位来描述，磁场可用一个矢量磁位来描述，在没有电流（$\boldsymbol{J}=0$）的区域内，磁场也可用一个标量磁位来描述。在均匀媒质中，位函数满足泊松方程或拉普拉斯方程。同时，在场域的边界面上位函数还应满足一定的边界条件。位函数方程和位函数的边界条件一起构成位函数的边值问题。因此，静态场问题的求解，都可归结为在给定的边界条件下，求解位函数的泊松方程或拉普拉斯方程。位函数方程是偏微分

方程，位函数的边界条件保证了方程的解是唯一的。从数学本质上看，位函数的边值问题就是偏微分方程的定解问题。

在场域 V 的边界面 S 上给定的边界条件通常有三种类型，相应地把边值问题分为三类。下面讨论静电场的三类边值问题。

静电场的第一类边界条件是已知电位函数在场域边界面 S 上各点的值，即给定

$$\varphi\big|_S = f_1(S) \tag{3.4.1}$$

这类问题称为第一类边值问题或狄里赫利问题；

静电场的第二类边界条件是已知电位函数在场域边界面 S 上各点的法向导数值，即给定

$$\left.\frac{\partial\varphi}{\partial n}\right|_S = f_2(S) \tag{3.4.2}$$

这类问题称为第二类边值问题或纽曼问题；

静电场的第三类边界条件是已知一部分边界面 S_1 上电位函数的值，而在另一部分边界面 S_2 上已知电位函数的法向导数值，即给定

$$\varphi\big|_{S_1} = f_1(S_1) \quad \text{和} \quad \left.\frac{\partial\varphi}{\partial n}\right|_{S_2} = f_2(S_2) \tag{3.4.3}$$

这里 $S_1+S_2=S$。这类问题称为第三类边值问题或混合边值问题。

如果场域延伸到无限远处，还必须给出无限远处的边界条件。对于电荷分布在有限区域的情况，在无限远处的电位函数应为有限值，即给出

$$\lim_{r\to\infty} r\varphi = \text{有限值} \tag{3.4.4}$$

称为自然边界条件。

此外，若在整个场域内同时存在几种不同的均匀介质，则电位函数还应满足不同介质分界面上的边界条件。

3.4.2 静电场的唯一性定理

唯一性定理是边值问题的一个重要定理，这里只对静电场边值问题的唯一性定理进行讨论。

静电场边值问题的唯一性定理表述为：在场域 V 的边界面 S 上给定电位函数 φ 的值或电位函数 φ 的法向导数 $\frac{\partial\varphi}{\partial n}$ 的值，则电位函数 φ 的泊松方程或拉普拉

斯方程在场域 V 内具有唯一解。

下面采用反证法对唯一性定理做出证明。设在边界面 S 包围的场域 V 内有两个位函数 φ_1 和 φ_2 都满足泊松方程,即

$$\nabla^2\varphi_1=-\frac{1}{\varepsilon}\rho \quad 和 \quad \nabla^2\varphi_2=-\frac{1}{\varepsilon}\rho$$

令 $\varphi_0=\varphi_1-\varphi_2$,则在场域 V 内

$$\nabla^2\varphi_0=\nabla^2\varphi_1-\nabla^2\varphi_2=-\frac{1}{\varepsilon}\rho+\frac{1}{\varepsilon}\rho=0$$

由于

$$\nabla\cdot(\varphi_0\nabla\varphi_0)=\varphi_0\nabla^2\varphi_0+(\nabla\varphi_0)^2=(\nabla\varphi_0)^2$$

将上式在整个场域 V 上积分并利用散度定理,有

$$\oint_S\varphi_0\nabla\varphi_0\cdot d\boldsymbol{S}=\int_V(\nabla\varphi_0)^2dV \tag{3.4.5}$$

对于第一类边值问题,在整个边界面 S 上 $\varphi_0|_S=\varphi_1|_S-\varphi_2|_S=0$;对于第二类边值问题,在整个边界面 S 上 $\left.\frac{\partial\varphi_0}{\partial n}\right|_S=\left.\frac{\partial\varphi_1}{\partial n}\right|_S-\left.\frac{\partial\varphi_2}{\partial n}\right|_S=0$;对于第三类边值问题,在边界面的 S_1 部分上 $\varphi_0|_{S_1}=\varphi_1|_{S_1}-\varphi_2|_{S_1}=0$,在边界面的 S_2 部分上 $\left.\frac{\partial\varphi_0}{\partial n}\right|_{S_2}=\left.\frac{\partial\varphi_1}{\partial n}\right|_{S_2}-\left.\frac{\partial\varphi_2}{\partial n}\right|_{S_2}=0$。因此,无论是哪一类边值问题,由式(3.4.5)都将得到

$$\int_V(\nabla\varphi_0)^2dV=\oint_S\varphi_0\frac{\partial\varphi_0}{\partial n}dS=0$$

由于 $(\nabla\varphi_0)^2$ 是非负的,要使上式成立,必须在场域 V 内处处有 $\nabla\varphi_0=0$。这表明在整个场域 V 内 φ_0 恒为常数,即

$$\varphi_0=\varphi_1-\varphi_2\equiv C$$

对于第一类边值问题,由于在边界面 S 上 $\varphi_0|_S=0$,所以 $C=0$。故在整个场域 V 内有 $\varphi_0=\varphi_1-\varphi_2=0$,即 $\varphi_1=\varphi_2$。

对于第二类边值问题,若 φ_1 与 φ_2 取同一个参考点,则在参考点处 $\varphi_1-\varphi_2=0$,所以 $C=0$,故在整个场域 V 内也有 $\varphi_1=\varphi_2$。

对于第三类边值问题，由于 $\varphi_0\big|_{S_1}=\varphi_1\big|_{S_1}-\varphi_2\big|_{S_1}=0$，所以 $C=0$，故在整个场域 V 内也有 $\varphi_1=\varphi_2$。

唯一性定理具有非常重要的意义。首先，它指出了静电场边值问题具有唯一解的充分必要条件，只要在边界面 S 上的每一点给定电位函数 φ 的值或法向导数 $\frac{\partial \varphi}{\partial n}$ 的值，则场域 V 内的电位函数就唯一地确定了。因此，如果给定了界面 S 上电位函数 φ 的值，就不能同时再给定法向导数 $\frac{\partial \varphi}{\partial n}$ 的值，否则就可能没有解存在，反之亦然；其次，唯一性定理也为静电场边值问题的各种求解方法提供了理论依据，为求解结果的正确性提供了判据。根据唯一性定理，在求解边值问题时，无论采用什么方法，只要求出的函数既满足相应的泊松方程（或拉普拉斯方程），又满足给定的边界条件，则此函数就是所要求的唯一正确解。如果用不同的方法，得到的解在形式上可能不同，根据唯一性定理，它们必定是等价的。

3.5 镜像法

在静电场中，当电荷（称为原电荷）附近存在导体时，导体表面会出现感应电荷，导体外部空间的电场等于原电荷产生的电场与感应电荷产生的电场的叠加。一般情况下，直接求解这类问题是困难的，这是因为导体表面上的感应电荷也是未知量，它也取决于总电场。但是，如果原电荷是点电荷或线电荷，且导体形状是平面、球、圆柱等简单形状，就可采用镜像法来求解这类问题。

镜像法是求解边值问题的一种特殊方法，其理论依据是静电场的唯一性定理。镜像法的基本思想，是在所求解的电场区域以外的某些适当的位置上，用一些等效的电荷（称为镜像电荷）替代导体表面的感应电荷。这样就把原来的边值问题的求解转换为均匀无界空间中的问题来求解。根据唯一性定理，只要镜像电荷与场域内原有的实际电荷一起所产生的电场满足原问题所给定的边界条件，所得结果就是原问题的解。

应用镜像法求解的关键在于如何确定像电荷。根据唯一性定理，镜像电荷的确定应遵循以下两条原则：

（1）所有镜像电荷必须位于所求的场域以外的空间中；

（2）镜像电荷的个数、位置及电荷量的大小以满足场域边界面上的边界条件来确定。

镜像法也可用于求解存在不同介质分界面的问题,用等效电荷替代电介质分界面上的极化电荷,还可用于求解恒定磁场问题,用等效电流替代磁介质分界面上的磁化电流。

本节对典型的导体平面、球面、圆柱面以及不同介质分界面的镜像问题进行讨论。

3.5.1 接地导体平面的镜像

1. 点电荷对无限大接地导体平面的镜像

如图 3.5.1 所示,有一个点电荷 q,位于无限大接地导体平面上方,与导体平面距离为 h。

在 $z>0$ 的上半空间 ,总电场是由原电荷 q 和导体平面上的感应电荷共同产生的。除点电荷 q 所在点$(0,0,h)$外,电位函数 φ 满足拉普拉斯方程 $\nabla^2\varphi=0$。又由于导体平面接地,因此,在 $z=0$ 处,电位函数 $\varphi=0$。

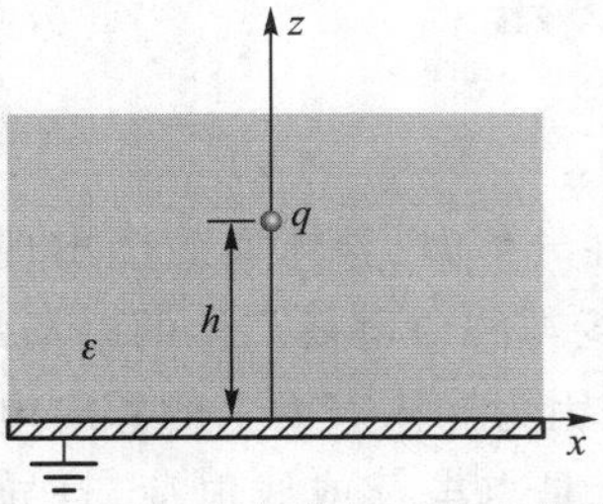

图 3.5.1 点电荷与无限大接地导体平面

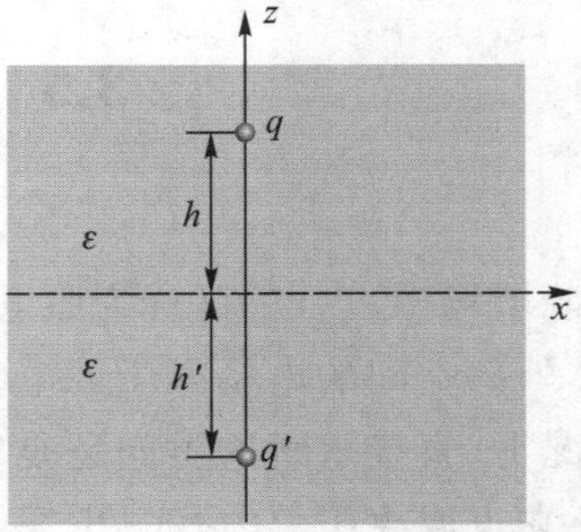

图 3.5.2 点电荷与无限大接地导体平面的镜像电荷

设想将导体平面抽去,使整个空间变为充满介电常数为 ε 的均匀电介质,并在点电荷 q 的对称点$(0,0,-h)$上放置镜像电荷 $q'=-q$,如图 3.5.2 所示。此时,$z>0$的空间中任意一点 $P(x,y,z)$ 的电位函数就等于原电荷 q 与镜像电荷$-q$ 所产生的电位之和。选无限远点为电位参考点,该电位函数为

场图 3-5-1 靠近接地导体平板的点电荷的场图

$$\varphi(x,y,z)=\frac{q}{4\pi\varepsilon}\left[\frac{1}{\sqrt{x^2+y^2+(z-h)^2}}-\frac{1}{\sqrt{x^2+y^2+(z+h)^2}}\right]\quad(z\geqslant 0)\tag{3.5.1}$$

容易证明,电位函数 $\varphi(x,y,z)$ 在 $z=0$ 处满足 $\varphi=0$;在 $z>0$ 的空间,满足 $\nabla^2\varphi=$

0(除点电荷 q 所在点之处)。根据唯一性定理,式(3.5.1)就是位于无限大接地导体平面上方的点电荷 q 产生的电位函数。

根据导体与介质分界面上的边界条件可求出导体平面上的感应电荷密度

$$\rho_S = -\varepsilon \frac{\partial \varphi}{\partial z}\bigg|_{z=0} = -\frac{qh}{2\pi(x^2+y^2+h^2)^{3/2}} \tag{3.5.2}$$

导体平面上的总感应电荷为

$$\begin{aligned} q_{\text{in}} &= \int_S \rho_S \mathrm{d}S = -\frac{qh}{2\pi}\int_{-\infty}^{\infty}\int_{-\infty}^{\infty}\frac{\mathrm{d}x\mathrm{d}y}{(x^2+y^2+h^2)^{3/2}} \\ &= -\frac{qh}{2\pi}\int_0^{2\pi}\int_0^{\infty}\frac{\rho \mathrm{d}\rho \mathrm{d}\phi}{(\rho^2+h^2)^{3/2}} = -q \end{aligned} \tag{3.5.3}$$

可见,导体平面上的总感应电荷恰好与所设置的镜像电荷相等。接地导体平面好像一面镜子,电荷 $-q$ 就是原电荷 q 的镜像,故称之为镜像电荷。

2. 线电荷对无限大接地导体平面的镜像

如图 3.5.3 所示,沿 y 轴方向的无限长直线电荷位于无限大接地导体平面上方,相距为 h,单位长度带电量为 ρ_l,与点电荷对无限大接地导体平面的镜像类似分析,可知其镜像电荷仍是无限长线电荷,如图 3.5.4 所示。镜像电荷的密度和位置分别为

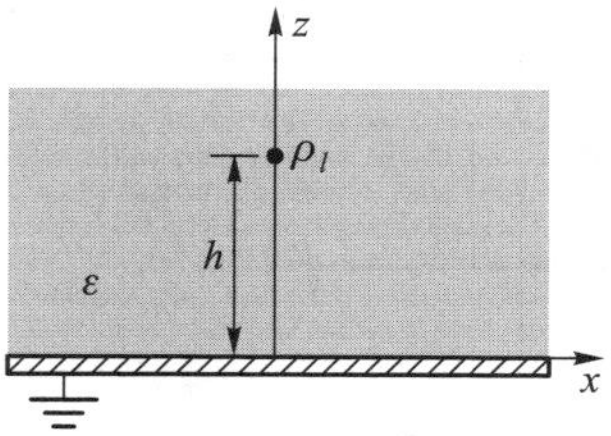

图 3.5.3　与无限大接地导体平板平行的线电荷

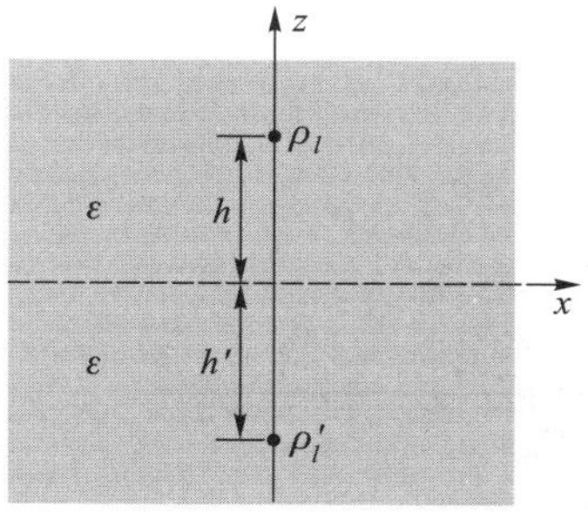

图 3.5.4　线电荷与无限大接地导体平面的镜像线电荷

场图 3-5-2 靠近接地导体平板的线电荷的场图

$$\rho'_l = -\rho_l, \quad z' = -h \tag{3.5.4}$$

在 $z>0$ 的上半空间中,电位函数为

$$\varphi(x,y,z) = \frac{\rho_l}{2\pi\varepsilon}\ln\frac{\sqrt{x^2+(z+h)^2}}{\sqrt{x^2+(z-h)^2}} \quad (z \geqslant 0) \tag{3.5.5}$$

3. 点电荷对相交半无限大接地导体平面的镜像

点电荷对无限大导体平面的镜像,可推广应用到点电荷与相交的两块半无限大导体平面的情况。当然,此时仅用一个镜像电荷就不能满足边界条件了。

图 3.5.5 表示相互垂直的两块半无限大接地导体平面,点电荷 q 与两导体平面的距离分别为 d_1 和 d_2。需要求解的是第一象限内的场分布。用镜像法来求解这类问题时,设想把两导体板抽去,在第二象限内的位置“1”(点电荷 q 关于导体平面 OA 的对称点)处放置一个镜像电荷 $q_1' = -q$,这将使导体平面 OA 的电位为零,但此时的导体平面 OB 的电位不为零。类似地,在第四象限内的位置“2”(点电荷 q 关于导体平面 OB 的对称点)处放置一个镜像电荷 $q_2'=-q$,这将使导体平面 OB 的电位为零,但此时的导体平面 OA 的电位不为零。如果在第三象限内的位置“3”(恰好是镜像电荷 q_1'和 q_2'分别关于导体平面 OA 和 OB 的对称点)处再放置一个镜像电荷 $q_3'=q$,根据对称性,这三个镜像电荷将与原电荷一起使得导体平面 OA 和 OB 的电位都为零,从而保证满足给定边界条件。这说明,点电荷 q 对相互垂直的两块接地半无限大导体平面有三个镜像电荷,如图 3.5.6 所示。

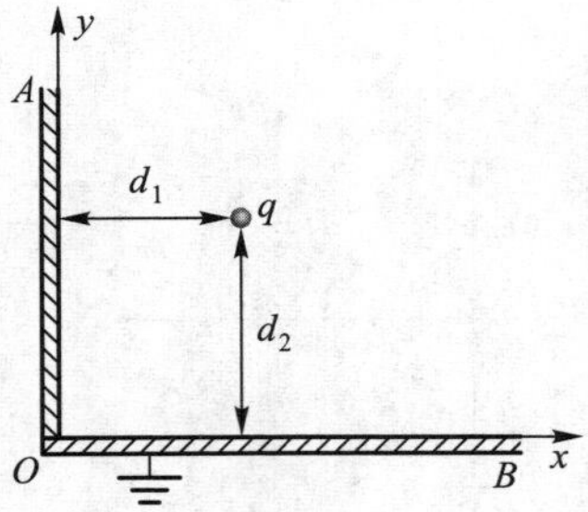

图 3.5.5 点电荷与正交导体平面

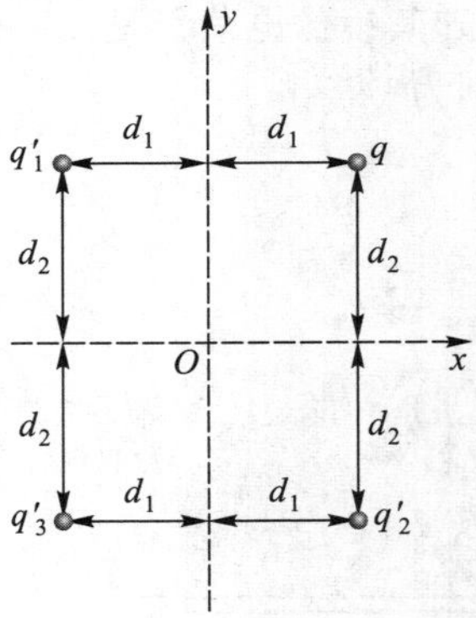

图 3.5.6 点电荷与正交导体平面的镜像电荷

如果两导体平面不是相互垂直,而是相交成 α 角,只要 $\alpha=\dfrac{\pi}{n}(n=1,2,\cdots)$,就能用镜像法求解,其镜像电荷数为有限的$(2n-1)$个。

例 3.5.1 真空中,电量为 1 μC 的点电荷位于点 $P(0,0,1)$处,xOy 平面是一个无限大的接地导体板。(1) 求 z 轴上电位为 10^4 V 的点的坐标;(2) 计算该点的电场强度。

解:（1）根据镜像法可知上半空间的电位

$$\varphi(x,y,z)=\frac{q}{4\pi\varepsilon_0}\left[\frac{1}{\sqrt{x^2+y^2+(z-1)^2}}-\frac{1}{\sqrt{x^2+y^2+(z+1)^2}}\right]$$

由

$$\varphi(0,0,z)=\frac{10^{-6}}{4\pi\varepsilon_0}\left[\frac{1}{|z-1|}-\frac{1}{|z+1|}\right]=10^4$$

可解得

$$z_1=1.67\ \text{m},\quad z_2=0.45\ \text{m}$$

即在 z 轴上的 $z_1=1.67$ m、$z_2=0.45$ m 两个点的电位皆为 10^4 V。

（2）当 $z>1$ 时，z 轴上的电场强度

$$\boldsymbol{E}(0,0,z)=\boldsymbol{e}_z\frac{10^{-6}}{4\pi\varepsilon_0}\left[\frac{1}{(z-1)^2}-\frac{1}{(z+1)^2}\right]$$

将 $z_1=1.67$ m 代入上式，得

$$\boldsymbol{E}(0,0,z_1)=\boldsymbol{e}_z\frac{10^{-6}}{4\pi\varepsilon_0}\left[\frac{1}{(1.67-1)^2}-\frac{1}{(1.67+1)^2}\right]=\boldsymbol{e}_z1.88\times10^4\ \text{V/m}$$

当 $z<1$ 时，z 轴上任意一点的电场强度

$$\boldsymbol{E}(0,0,z)=-\boldsymbol{e}_z\frac{10^{-6}}{4\pi\varepsilon_0}\left[\frac{1}{(z-1)^2}+\frac{1}{(z+1)^2}\right]$$

将 $z_2=0.45$ m 代入上式，得

$$\boldsymbol{E}(0,0,z_2)=-\boldsymbol{e}_z\frac{10^{-6}}{4\pi\varepsilon_0}\left[\frac{1}{(0.45-1)^2}+\frac{1}{(0.45+1)^2}\right]=-\boldsymbol{e}_z3.41\times10^4\ \text{V/m}$$

例 3.5.2 线电荷密度为 $\rho_l=30$ nC/m 的无限长直导线位于无限大导体平板（$z=0$ 处）的上方 $z=3$ m 处，沿 y 轴方向，如图 3.5.7 所示。试求该导体板上的点 $P(2,5,0)$ 处的感应电荷密度。

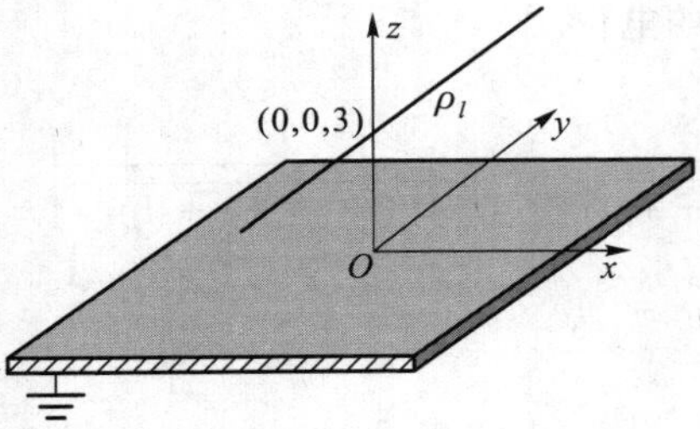

图 3.5.7 与无限大接地导体平板平行的线电荷

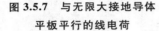

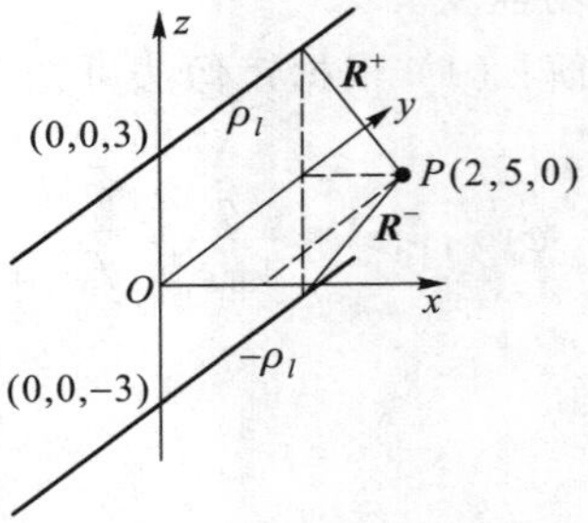

图 3.5.8 线电荷与镜像线电荷

解：去掉导体平板，在 $z=-3$ m 处放置线电荷密度为 $\rho'_l=-30$ nC/m 的镜像线电荷替代其作用，如图 3.5.8 所示。这样，点 P 的电场强度为

$$\boldsymbol{E}=\boldsymbol{E}_{+}+\boldsymbol{E}_{-}$$

式中

$$\boldsymbol{E}_{+}=\boldsymbol{e}_R^{+}\frac{\rho_l}{2\pi\varepsilon_0 R^{+}}=\frac{30\times10^{-9}}{2\pi\varepsilon_0\sqrt{2^2+3^2}}\left(\boldsymbol{e}_x\frac{2}{\sqrt{2^2+3^2}}-\boldsymbol{e}_z\frac{3}{\sqrt{2^2+3^2}}\right)$$

$$=\frac{30\times10^{-9}}{2\pi\varepsilon_0\times13}(2\boldsymbol{e}_x-3\boldsymbol{e}_z)\quad \text{V/m}$$

$$\boldsymbol{E}_{-}=\boldsymbol{e}_R^{-}\frac{\rho'_l}{2\pi\varepsilon_0 R^{-}}=\frac{-30\times10^{-9}}{2\pi\varepsilon_0\sqrt{2^2+3^2}}\left(\frac{2}{\sqrt{2^2+3^2}}\boldsymbol{e}_x+\frac{3}{\sqrt{2^2+3^2}}\boldsymbol{e}_z\right)$$

$$=\frac{30\times10^{-9}}{2\pi\varepsilon_0\times13}(-2\boldsymbol{e}_x-3\boldsymbol{e}_z)\quad \text{V/m}$$

故

$$\boldsymbol{E}=-\boldsymbol{e}_z\frac{30\times10^{-9}\times6}{2\pi\varepsilon_0\times13}\quad \text{V/m}$$

点 P 处的感应电荷面密度则为

$$\rho_S=\boldsymbol{e}_n\cdot\boldsymbol{D}\big|_{(2,5,0)}=\boldsymbol{e}_z\cdot(-\boldsymbol{e}_z\varepsilon_0 E)=-\frac{180\times10^{-9}}{2\pi\times13}\text{C/m}^2=-2.2\ \text{nC/m}^2$$

3.5.2 导体球面的镜像

1. 点电荷对接地导体球面的镜像

如图 3.5.9 所示,点电荷 q 位于一个半径为 a 的接地导体球外,与球心距离为 d。点电荷 q 将在导体球面上产生感应电荷,导体球外的电位就由点电荷和感应电荷共同产生。这类问题可用镜像法计算。

把导体球面移去,用一个镜像电荷来等效球面上的感应电荷。为了不改变球外的电荷分布,镜像电荷必须放置在导体球面内。又由于对称性,镜像电荷应位于球心与点电荷 q 的连线上,如图 3.5.10 所示。设镜像电荷为 q',与球心距离为 d',则由 q 和 q'产生的电位函数为

$$\varphi = \frac{1}{4\pi\varepsilon}\left[\frac{q}{\sqrt{r^2 + d^2 - 2rd\cos\theta}} + \frac{q'}{\sqrt{r^2 + d'^2 - 2rd'\cos\theta}}\right]$$

由于导体球接地,在球面 $r=a$ 处,$\varphi=0$。于是有

$$\frac{1}{4\pi\varepsilon}\left[\frac{q}{\sqrt{a^2 + d^2 - 2ad\cos\theta}} + \frac{q'}{\sqrt{a^2 + d'^2 - 2ad'\cos\theta}}\right] = 0$$

由此得

$$(a^2 + d^2)q'^2 - (a^2 + d'^2)q^2 - 2a\cos\theta(dq'^2 - d'q^2) = 0$$

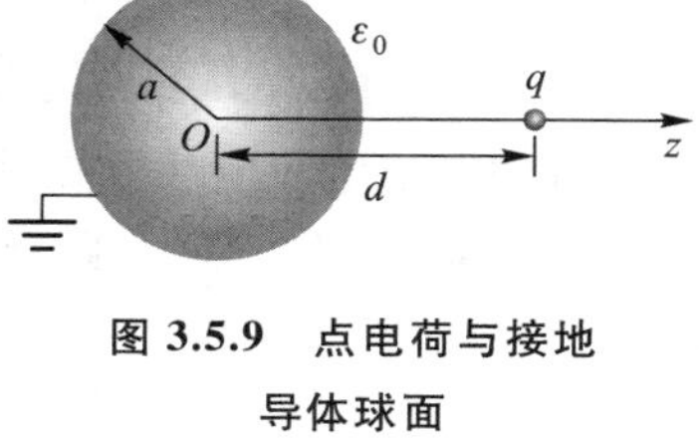

图 3.5.9 点电荷与接地导体球面

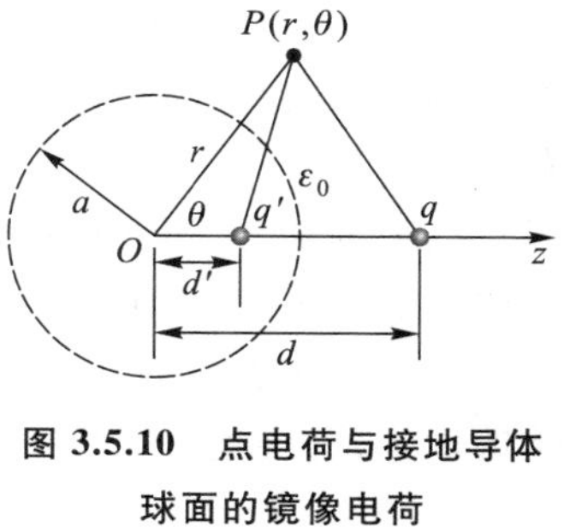

图 3.5.10 点电荷与接地导体球面的镜像电荷

因上式对任意的 θ 都成立,所以

$$\begin{cases}(a^2 + d^2)q'^2 - (a^2 + d'^2)q^2 = 0\\ dq'^2 - d'q^2 = 0\end{cases}$$

由此解得

$$q' = -\frac{a}{d}q, \quad d' = \frac{a^2}{d} \tag{3.5.6}$$

和

$$q' = -q, \quad d' = d(\text{无意义,舍去})$$

场图 3-5-3 接地导体球外点电荷的场图

根据唯一性定理,得到球外的电位函数为

$$\varphi = \frac{q}{4\pi\varepsilon}\left[\frac{1}{\sqrt{r^2 + d^2 - 2rd\cos\theta}} - \frac{a}{d\sqrt{r^2 + (a^2/d)^2 - 2r(a^2/d)\cos\theta}}\right] \quad (r \geqslant a) \tag{3.5.7}$$

球面上的感应电荷面密度为

$$\rho_S = -\varepsilon\frac{\partial\varphi}{\partial r}\bigg|_{r=a} = -\frac{q(d^2 - a^2)}{4\pi a(a^2 + d^2 - 2ad\cos\theta)^{3/2}} \tag{3.5.8}$$

导体球面上的总感应电荷为

$$q_{\text{in}} = \int_S \rho_S \mathrm{d}S = -\frac{q(d^2 - a^2)}{4\pi a}\int_0^{2\pi}\int_0^{\pi}\frac{a^2\sin\theta\mathrm{d}\theta\mathrm{d}\phi}{(a^2 + d^2 - 2ad\cos\theta)^{3/2}}$$

$$= -\frac{a}{d}q \tag{3.5.9}$$

从式(3.5.8)看出,接地导体球面上的感应电荷的分布是不均匀的,靠近点电荷 q 的一侧密度大些;从式(3.5.9)看出,球面上的总感应电荷等于所设置的镜像电荷。

如果点电荷 q 位于半径为 a 的接地导体球壳内,与球心距离为 $d(d<a)$,欲求球壳内的电位分布,也可用镜像法求解。此时的镜像电荷应放置在球外,且在球心与点电荷 q 的连接线的延长线上。设镜像电荷为 q',与球心距离为 d'。仿照上面的做法,可得到

$$q' = -\frac{a}{d}q, \quad d' = \frac{a^2}{d} \tag{3.5.10}$$

由于 $d<a$,所以必有 $|q'|>|q|$。也就是说,这种情况下,镜像电荷的电荷量大于点电荷 q 的电荷量。

当点电荷位于接地导体球壳内时,球壳外的电位 $\varphi=0$,球壳内的电位函数表

达式与式(3.5.7)相同,感应电荷分布在导体球壳的内表面上,其电荷面密度为

$$\rho_S = \varepsilon \frac{\partial \varphi}{\partial r}\bigg|_{r=a} = -\frac{q(a^2-d^2)}{4\pi a(a^2+d^2-2ad\cos\theta)^{3/2}} \tag{3.5.11}$$

导体球壳上的总感应电荷为

$$\begin{aligned} q_{\text{in}} &= \int_S \rho_S \mathrm{d}S = -\frac{q(a^2-d^2)}{4\pi a}\int_0^{2\pi}\int_0^{\pi} \frac{a^2\sin\theta \mathrm{d}\theta \mathrm{d}\phi}{(a^2+d^2-2ad\cos\theta)^{3/2}} \\ &= -q \end{aligned} \tag{3.5.12}$$

场图 3-5-4
接地导体球壳内点电荷的场图

此结果表明,在这种情况下镜像电荷并不等于感应电荷。

2. 点电荷对不接地导体球面的镜像

设点电荷 q 位于一个半径为 a 的不接地导体球外,与球心距离为 d。此时只要注意到:① 导体球面是一个电位不为零的等位面;② 由于导体球未接地,在点电荷的作用下,球上总的感应电荷为零。就可用镜像法计算球外的电位函数。

为了确定镜像电荷先设想导体球是接地的,此时导体球面上只有总电荷量为 q' 的感应电荷分布,其镜像电荷大小和位置由式(3.5.6)确定。在这种情况下,点电荷 q 和镜像电荷 q' 使得导体球的电位为零,不满足上述的电位条件,且球上的总感应电荷也不为零。然后断开接地线,并将电荷 $-q'$ 加于导体球上,从而保证了球上的总感应电荷为零。为使导体球面为等位面,所加的电荷 $-q'$ 应均匀分布在导体球面上,这样可以用一个位于球心的镜像电荷 $q''=-q'$ 来替代,如图 3.5.11 所示。这样,球外任一点 P 的电位函数就为

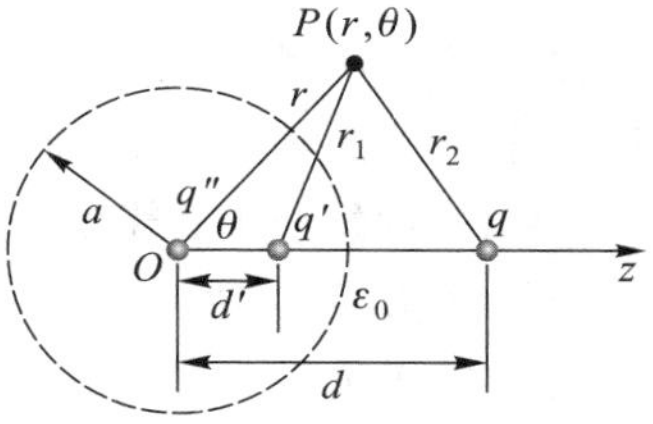

图 3.5.11 点电荷与不接地导体球面的镜像电荷

$$\varphi = \frac{1}{4\pi\varepsilon_0}\left[\frac{q}{\sqrt{r^2+d^2-2rd\cos\theta}} + \frac{q'}{\sqrt{r^2+d'^2-2rd'\cos\theta}} + \frac{q''}{r}\right] \quad (r \geqslant a) \tag{3.5.13}$$

式中

$$\begin{cases} q' = -\dfrac{a}{d}q, \quad d' = \dfrac{a^2}{d} \\ q'' = -q' = \dfrac{a}{d}q \end{cases} \tag{3.5.14}$$

场图 3-5-5
不接地导体球外点电荷的场图

3.5.3　导体圆柱面的镜像

1. 线电荷对导体圆柱面的镜像

一根电荷线密度为 ρ_l 的无限长线电荷位于半径为 a 的无限长接地导体圆柱面外，且与圆柱的轴线平行，线电荷到轴线的距离为 d，如图 3.5.12 所示。

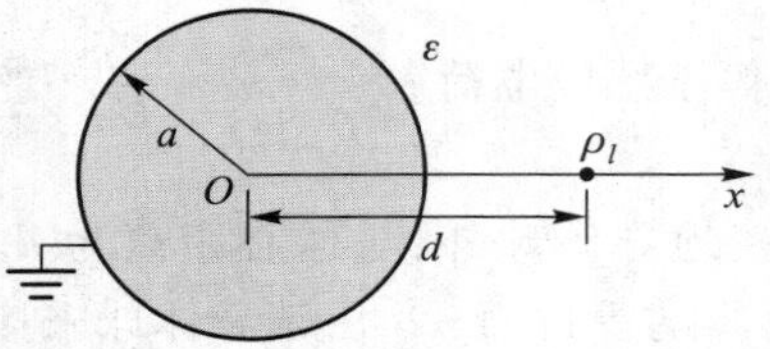

图 3.5.12　线电荷与接地导体圆柱

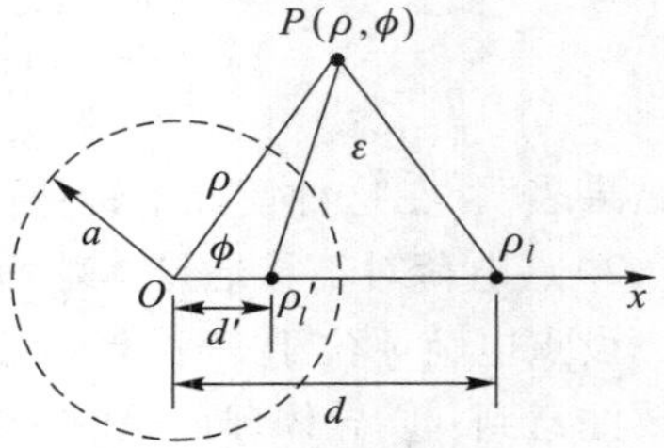

图 3.5.13　线电荷与导体圆柱的镜像

在用镜像法解此问题时，为使导体圆柱面成为电位为零的等位面，镜像电荷应是位于圆柱面内部且与轴线平行的无限长线电荷，设其线密度为 ρ_l'，由于对称性，镜像电荷必定位于线电荷 ρ_l 与圆柱轴线所决定的平面上，设镜像电荷 ρ_l'距圆柱的轴线为 d'，如图 3.5.13 所示。这样，空间任意一点 P 的电位函数应为 ρ_l 和 ρ_l'在该点产生的电位之和，即

$$\varphi=\frac{\rho_l}{2\pi\varepsilon}\ln\frac{1}{\sqrt{\rho^2+d^2-2\rho d\cos\phi}}+\frac{\rho_l'}{2\pi\varepsilon}\ln\frac{1}{\sqrt{\rho^2+d'^2-2\rho d'\cos\phi}}+c$$

由于导体圆柱接地，所以当 $\rho=a$ 时，电位应为零，即

$$\frac{\rho_l}{2\pi\varepsilon}\ln\frac{1}{\sqrt{a^2+d^2-2ad\cos\phi}}+\frac{\rho_l'}{2\pi\varepsilon}\ln\frac{1}{\sqrt{a^2+d'^2-2ad'\cos\phi}}+c=0$$

上式对任意的 ϕ 都成立，因此将上式对 ϕ 求导，可得到

$$\rho_l d(a^2+d'^2)+\rho_l' d'(a^2+d^2)-2add'(\rho_l+\rho_l')\cos\phi=0$$

所以有

$$\begin{cases}\rho_l d(a^2+d'^2)+\rho_l' d'(a^2+d^2)=0\\ \rho_l+\rho_l'=0\end{cases}\tag{3.5.15}$$

由式(3.5.15)可求得关于镜像电荷的两组解

$$\rho_l'=-\rho_l,\quad d'=\frac{a^2}{d}\tag{3.5.16}$$

和

$$\rho_l' = -\rho_l, \quad d' = d(\text{无意义,舍去})$$

根据唯一性定理,导体圆柱面外的电位函数为

$$\varphi = \frac{\rho_l}{2\pi\varepsilon}\ln\frac{\sqrt{d^2\rho^2 + a^4 - 2\rho d a^2\cos\phi}}{d\sqrt{\rho^2 + d^2 - 2\rho d\cos\phi}} + c \quad (\rho \geqslant a)$$

由 $\rho = a$ 时 $\varphi = 0$,可得到 $c = \dfrac{\rho_l}{2\pi\varepsilon}\ln\dfrac{d}{a}$,故

$$\varphi = \frac{\rho_l}{2\pi\varepsilon}\ln\frac{\sqrt{d^2\rho^2 + a^4 - 2\rho d a^2\cos\phi}}{\sqrt{a^2\rho^2 + a^2 d^2 - 2\rho d a^2\cos\phi}} \quad (\rho \geqslant a) \tag{3.5.17}$$

导体圆柱面上的感应电荷面密度为

$$\rho_S = -\varepsilon\frac{\partial\varphi}{\partial\rho}\bigg|_{\rho=a} = -\frac{\rho_l(d^2 - a^2)}{2\pi a(a^2 + d^2 - 2ad\cos\phi)} \tag{3.5.18}$$

场图 3-5-6 靠近接地导体圆柱的线电荷的场图

导体圆柱面上单位长度的感应电荷为

$$q_{\text{in}} = \int_S \rho_S \mathrm{d}S = -\frac{\rho_l(d^2 - a^2)}{2\pi a}\int_0^{2\pi}\frac{a\mathrm{d}\phi}{a^2 + d^2 - 2ad\cos\phi} = -\rho_l \tag{3.5.19}$$

可见,导体圆柱面上单位长度的感应电荷也与所设置的镜像电荷相等。

如果遇到的问题是在一半径为 a 的无限长接地圆柱形导体壳内有一条与之平行的无限长线电荷 ρ_l,该线电荷与圆柱轴的距离为 d,同样可以用镜像法求解圆柱壳内的电位函数。此时的镜像电荷置于圆柱壳外,其电荷密度和位置为

$$\rho_l' = -\rho_l, \quad d' = \frac{a^2}{d} \tag{3.5.20}$$

2. 两平行圆柱导体的电轴

上述线电荷对接地导体圆柱面的镜像法,可以用来分析两半径相同、带有等量异号电荷的平行无限长直导体圆柱周围的电场问题。这种情况在电力传输及通信工程中有着广泛的应用。

图 3.5.14 表示半径都为 a 的两个平行导体圆柱的横截面,它们的轴线间距为$2h$,单位长度分别带电荷 ρ_l 和 $-\rho_l$。由于两圆柱带电导体的电场互相影响,使导体表面上的电荷分布不均匀,相对的一侧电荷密度较大,而相背的一侧电荷密度较小。根据线电荷对导体圆柱的镜像法,可以设想将两导体圆柱撤去,

其表面上的电荷用线密度分别为 ρ_l 和 $-\rho_l$、且相距为 $2b$ 的两根无限长带电细线来等效替代，如图 3.5.15 所示。实际上是将 ρ_l 和 $-\rho_l$ 看成是互为镜像。带电细导线所在的位置称为带电圆柱导体的电轴，因而这种方法又称为电轴法。

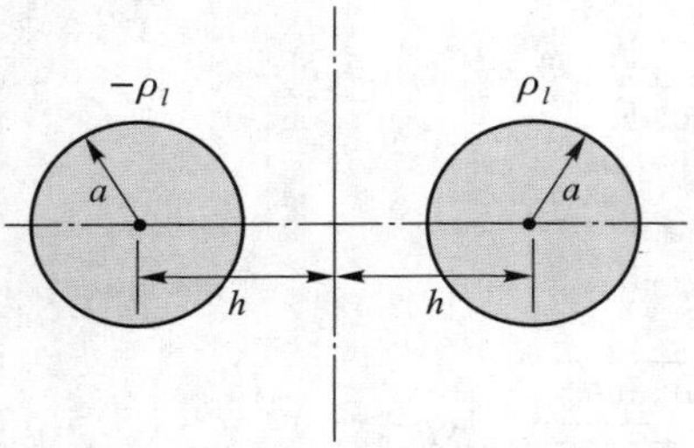

图 3.5.14　两平行圆柱导体

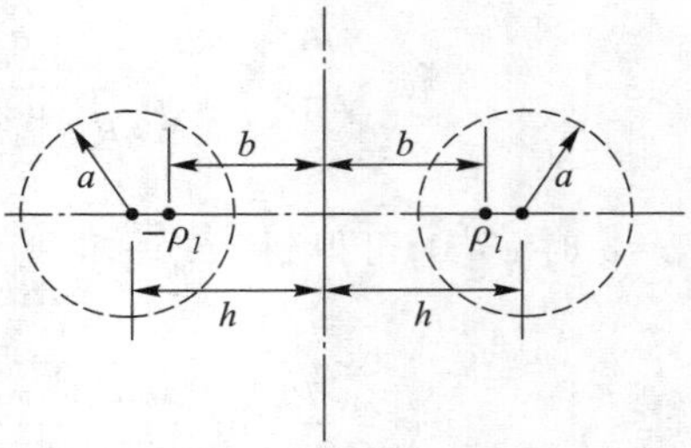

图 3.5.15　电轴法图示

电轴的位置由式(3.5.16)确定。在此 $d'=h-b$，$d=h+b$，故有

$$(h-b)(h+b)=a^2$$

由此解得

$$b=\sqrt{h^2-a^2} \qquad (3.5.21)$$

这样，导体圆柱外空间任意一点的电位函数就等于线电荷密度分别为 ρ_l 和 $-\rho_l$ 的两平行双线产生的电位叠加，即

$$\varphi=\frac{\rho_l}{2\pi\varepsilon}\ln\frac{R_-}{R_+}$$

场图 3-5-7 带等值异号电荷的导体圆柱的场图

最后指出，电轴法的基本原理也可应用到两个带有等量异号电荷但不同半径的平行无限长圆柱导体间的电位函数求解问题。

例 3.5.3　一根与地面平行架设的圆柱导体，半径为 a，悬挂高度为 h，如图 3.5.16 所示。(1) 证明：单位长度上圆柱导线与地面间的电容为 $C_0=\dfrac{2\pi\varepsilon_0}{\operatorname{arccosh}(h/a)}$；(2) 若导线与地面间的电压为 U_0，证明：地面对单位长度导线的作用力 $F_0=\dfrac{\pi\varepsilon_0U_0^2}{[\operatorname{arccosh}(h/a)]^2(h^2-a^2)^{1/2}}$。

解：(1) 设地面为理想导体，地面的影响可用一个镜像圆柱来等效。设圆柱导线单位长度带电荷为 q_l，则镜像圆柱单位长度带电荷为 $-q_l$。根据电轴法，电荷 q_l 和 $-q_l$ 可用位于电轴上的线电荷来等效代替，如图 3.5.17 所示。图中的 $b=\sqrt{h^2-a^2}$。因此，圆柱导线与地面间的电位差为

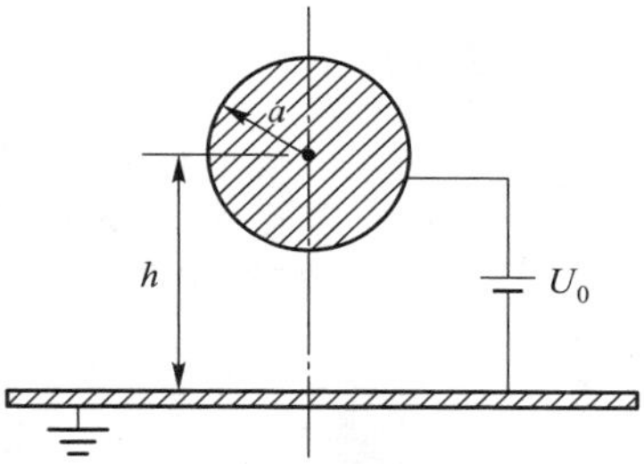

图 3.5.16 平行于地面的圆柱导线

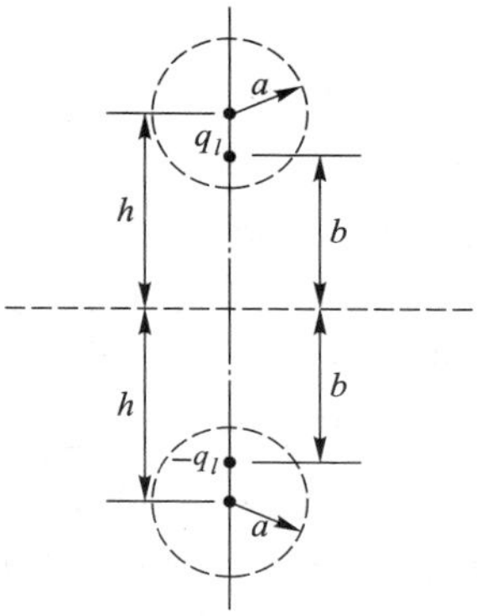

图 3.5.17 平行于地面的圆柱导线的镜像

$$\varphi_0=\frac{q_l}{2\pi\varepsilon_0}\ln\frac{1}{a-(h-b)}-\frac{q_l}{2\pi\varepsilon_0}\ln\frac{1}{b+(h-a)}$$

$$=\frac{q_l}{2\pi\varepsilon_0}\ln\frac{\sqrt{h^2-a^2}+(h-a)}{\sqrt{h^2-a^2}-(h-a)}$$

$$=\frac{q_l}{2\pi\varepsilon_0}\ln\frac{\sqrt{h^2-a^2}+h}{a}=\frac{q_l}{2\pi\varepsilon_0}\ln\left[\sqrt{\left(\frac{h}{a}\right)^2-1}+\frac{h}{a}\right]$$

因 $x>1$ 时，有 $\ln(\sqrt{x^2-1}+x)=\operatorname{arccosh}(x)$，故上式可改写为

$$\varphi_0=\frac{q_l}{2\pi\varepsilon_0}\operatorname{arccosh}\left(\frac{h}{a}\right)$$

则单位长度圆柱导线与地面间的电容为

$$C_0=\frac{q_l}{\varphi_0}=\frac{2\pi\varepsilon_0}{\operatorname{arccosh}(h/a)}$$

（2）导线单位长度上的电场能量为

$$W_e=\frac{1}{2}C_0U_0^2=\frac{\pi\varepsilon_0U_0^2}{\operatorname{arccosh}(h/a)}$$

利用虚位移法，可得地面对导线单位长度的作用力为

$$F_0=\frac{\partial W_e}{\partial h}\bigg|_{U_0\text{不变}}=\frac{\partial}{\partial h}\left[\frac{\pi\varepsilon_0U_0^2}{\operatorname{arccosh}(h/a)}\right]$$

$$=\frac{\pi\varepsilon_0U_0^2}{[\operatorname{arccosh}(h/a)]^2(h^2-a^2)^{1/2}}$$

3.5.4　介质平面的镜像

含有无限大介质分界平面的问题,也可采用镜像法求解。

1. 点电荷对电介质分界平面的镜像

如图 3.5.18 所示，介电常数分别为 ε_1 和 ε_2 的两种不同介质，各均匀充满上、下无限大空间,其分界面是无限大平面;在电介质 1 中有一个点电荷 q,与分界平面距离为 h。

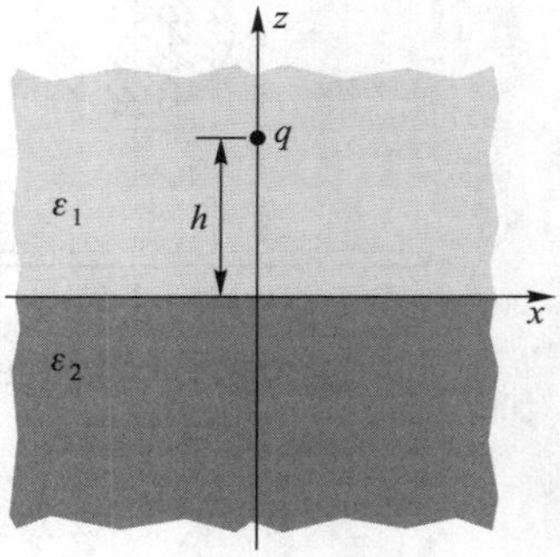

图 3.5.18　点电荷与电介质分界平面

在点电荷 q 的电场作用下,电介质被极化,在介质分界面上形成极化电荷分布。此时,空间中任意一点的电场由点电荷 q 与极化电荷共同产生。依据镜像法的基本思想,在计算电介质 1 中的电位时,用置于介质 2 中的镜像电荷 q'来代替分界面上的极化电荷,并把整个空间看作充满介电常数为 ε_1 的均匀介质,如图 3.5.19 所示。在计算电介质 2 中的电位时,用置于介质 1 中的镜像电荷 q''来代替分界面上的极化电荷,并把整个空间看作充满介电常数为 ε_2 的均匀介质,如图 3.5.20 所示。于是,介质 1 和介质 2 中任意一点 P 的电位函数分别为

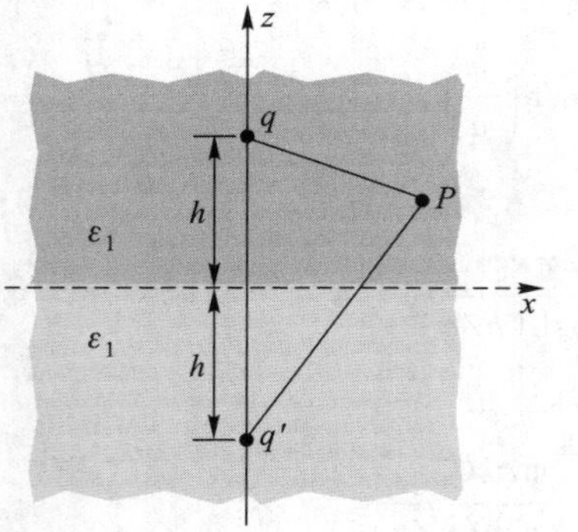

图 3.5.19　介质 1 的镜像电荷

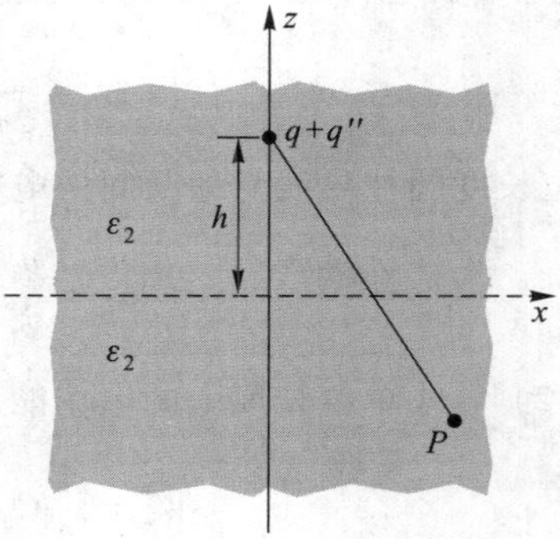

图 3.5.20　介质 2 的镜像电荷

$$\varphi_1(x,y,z)=\frac{1}{4\pi\varepsilon_1}\left[\frac{q}{\sqrt{x^2+y^2+(z-h)^2}}+\frac{q'}{\sqrt{x^2+y^2+(z+h)^2}}\right]\quad(z\geqslant 0)$$

(3.5.22)

$$\varphi_2(x,y,z)=\frac{1}{4\pi\varepsilon_2}\frac{q+q''}{\sqrt{x^2+y^2+(z-h)^2}}\quad(z\leqslant 0)\qquad(3.5.23)$$

所设置的镜像 q' 和 q'' 的量值,需通过介质分界面上的边界条件来确定。

在介质分界平面 $z=0$ 处,电位应满足边界条件

$$\varphi_1\big|_{z=0}=\varphi_2\big|_{z=0},\ \varepsilon_1\frac{\partial\varphi_1}{\partial z}\bigg|_{z=0}=\varepsilon_2\frac{\partial\varphi_2}{\partial z}\bigg|_{z=0}$$

将式(3.5.22)和式(3.5.23)代入上式,得

$$\begin{cases}\dfrac{1}{\varepsilon_1}(q+q')=\dfrac{1}{\varepsilon_2}(q+q'')\\ q-q'=q+q''\end{cases}$$

由此解得镜像电荷 q' 和 q'' 分别为

$$q'=\frac{\varepsilon_1-\varepsilon_2}{\varepsilon_1+\varepsilon_2}q,\quad q''=-\frac{\varepsilon_1-\varepsilon_2}{\varepsilon_1+\varepsilon_2}q\qquad(3.5.24)$$

场图 3-5-8
靠近电介质分界面的点电荷的场图

将式(3.5.24)分别代入式(3.5.22)和式(3.5.23),得到

$$\varphi_1(x,y,z)=\frac{1}{4\pi\varepsilon_1}\left[\frac{q}{\sqrt{x^2+y^2+(z-h)^2}}+\frac{(\varepsilon_1-\varepsilon_2)q}{(\varepsilon_1+\varepsilon_2)}\frac{1}{\sqrt{x^2+y^2+(z+h)^2}}\right]\quad(z\geqslant 0)\qquad(3.5.25)$$

$$\varphi_2(x,y,z)=\frac{2q}{4\pi(\varepsilon_1+\varepsilon_2)}\cdot\frac{1}{\sqrt{x^2+y^2+(z-h)^2}}\quad(z\leqslant 0)\qquad(3.5.26)$$

以上分析方法可推广应用到线电荷对无限大电介质分界平面的镜像,计算镜像电荷的公式可类似地导出。

2. 线电流对磁介质分界平面的镜像

与静电问题类似,当线电流位于两种不同磁介质分界平面附近时,也可用镜像法求解磁场分布问题。

如图 3.5.21 所示,磁导率分别为 μ_1 和 μ_2 的两种均匀磁介质的分界面是无限大平面,在介质 1 中有一根无限长直线电流 I 平行于分界平面,且与分界平面相距 h。此时,在直线电流 I 产生的磁场作用下,磁介质被磁化,在不同磁介质的分界面

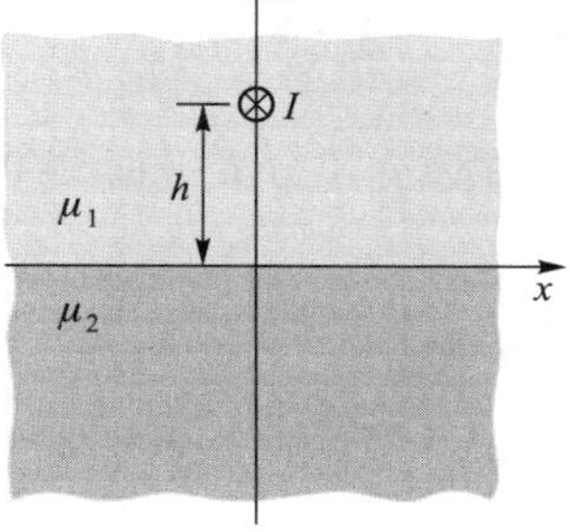

图 3.5.21 线电流与磁介质分界平面

上有磁化电流分布。这样空间中的磁场由线电流 I 和磁化电流共同产生。依据镜像法的基本思想,在计算磁介质 1 中的磁场时,用置于介质 2 中的镜像线电流 I'来代替分界面上的磁化电流,并把整个空间看作充满磁导率为 μ_1 的均匀介质,如图 3.5.22 所示。在计算磁介质 2 中的磁场时,用置于介质 1 中的镜像线电流 I''来代替分界面上的磁化电流,并把整个空间看作充满磁导率为 μ_2 的均匀介质,如图 3.5.23 所示。

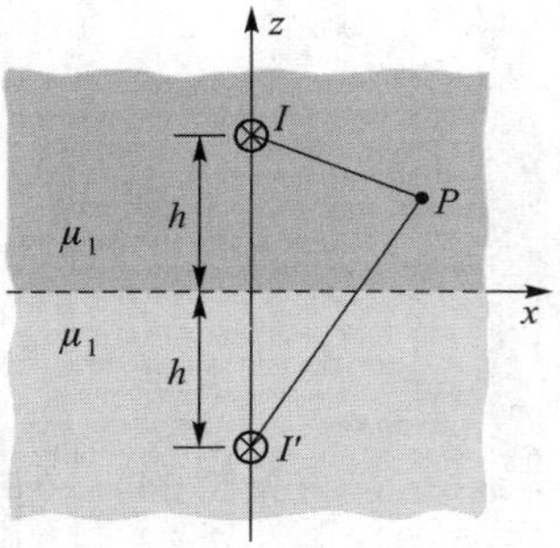

图 3.5.22 磁介质 1 的镜像线电流

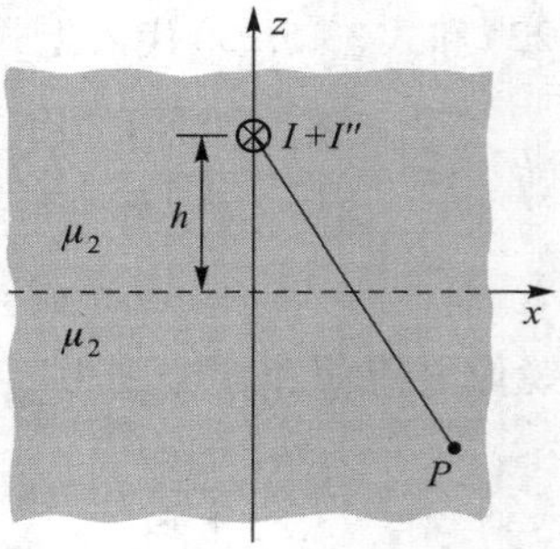

图 3.5.23 磁介质 2 的镜像线电流

因为设定电流沿 y 轴方向流动,所以矢量磁位只有 y 分量,即 $\boldsymbol{A}=\boldsymbol{e}_y A$。则磁介质 1 和磁介质 2 中任意一点 $P(x,z)$ 的矢量磁位分别为

$$A_1=\frac{\mu_1 I}{2\pi}\ln\frac{1}{\sqrt{x^2+(z-h)^2}}+\frac{\mu_1 I'}{2\pi}\ln\frac{1}{\sqrt{x^2+(z+h)^2}}\quad(z\geqslant 0)\tag{3.5.27}$$

$$A_2=\frac{\mu_2(I+I'')}{2\pi}\ln\frac{1}{\sqrt{x^2+(z-h)^2}}\quad(z\leqslant 0)\tag{3.5.28}$$

所设置的镜像线电流 I' 和 I'' 的量值,需通过磁介质分界面上的边界条件来确定。

在磁介质分界平面 $z=0$ 处,矢量磁位应满足边界条件

$$A_1\big|_{z=0}=A_2\big|_{z=0},\ \frac{1}{\mu_1}\frac{\partial A_1}{\partial z}\bigg|_{z=0}=\frac{1}{\mu_2}\frac{\partial A_2}{\partial z}\bigg|_{z=0}$$

将式(3.5.27)和式(3.5.28)代入上式,得

$$\begin{cases}\mu_1(I+I')=\mu_2(I+I'')\\ I-I'=I+I''\end{cases}$$

由此解得镜像电流 I'和 I''分别为

$$I' = \frac{\mu_2 - \mu_1}{\mu_2 + \mu_1} I, \quad I'' = -\frac{\mu_2 - \mu_1}{\mu_2 + \mu_1} I \tag{3.5.29}$$

将式(3.5.29)分别代入式(3.5.27)和式(3.5.28),得

$$\boldsymbol{A}_1 = \boldsymbol{e}_y \left[\frac{\mu_1 I}{2\pi} \ln \frac{1}{\sqrt{x^2 + (z-h)^2}} + \frac{\mu_1(\mu_2 - \mu_1) I}{2\pi(\mu_2 + \mu_1)} \ln \frac{1}{\sqrt{x^2 + (z+h)^2}} \right] \quad (z \geqslant 0) \tag{3.5.30}$$

$$\boldsymbol{A}_2 = \boldsymbol{e}_y \frac{\mu_1 \mu_2 I}{\pi(\mu_2 + \mu_1)} \ln \frac{1}{\sqrt{x^2 + (z-h)^2}} \quad (z \leqslant 0) \tag{3.5.31}$$

相应的磁场可由 $\boldsymbol{B} = \nabla \times \boldsymbol{A}$ 求得。

例 3.5.4 空气中有一根通有电流 I 的直导线平行于铁板平面,与铁表面距离为 h,如图 3.5.24 所示。求空气中任意一点的磁场。

解:设铁板的磁导率 $\mu_2 = \infty$,则铁板内的磁场 $\boldsymbol{H}_2 = 0$,由 $H_{1t} = H_{2t} = 0$,说明磁感应线垂直于铁板平面。根据镜像法的基本思想,原场问题可以用直线电流 I 和它的镜像电流 I'来求得。将 $\mu_2 = \infty$ 代入式(3.5.29)求得镜像电流 $I' = I$,如图 3.5.25 所示。这样,上半空间任意一点 $P(x,y)$的磁场可以直接将两根直线电流的磁场相加求得;也可以通过矢量磁位来计算,但需注意 $y=0$ 的平面不是等矢位面。

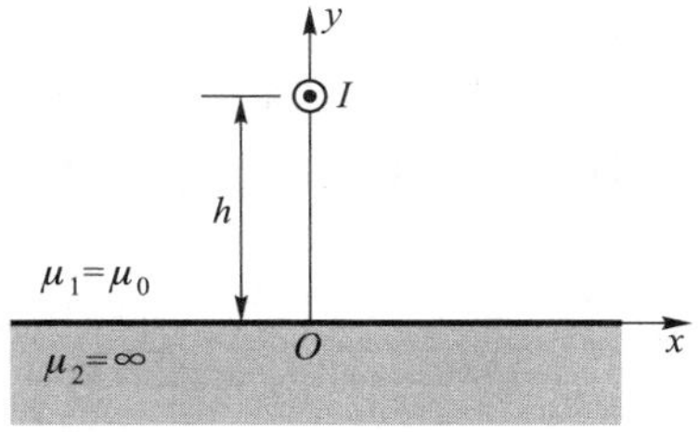

图 3.5.24 直线电流与无限大铁板平面

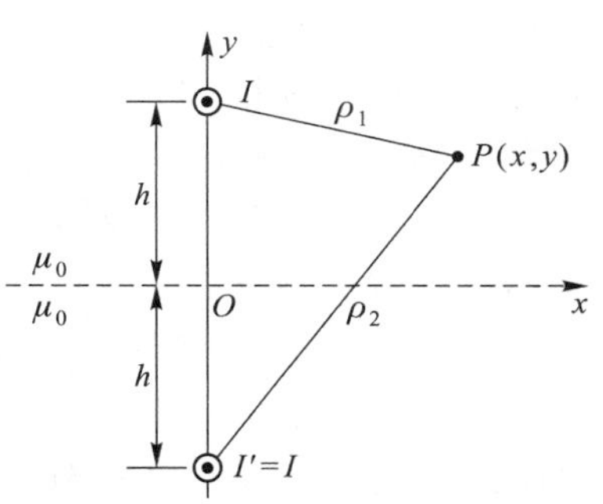

图 3.5.25 直线电流与无限大铁板平面的镜像电流

利用例 3.3.2 得出的一根无限长直线电流的矢量磁位计算公式(3.3.28)

$$\boldsymbol{A} = \boldsymbol{e}_z \frac{\mu_0 I}{2\pi}\ln\left(\frac{\rho_0}{\rho}\right)$$

得到任意一点 $P(x,y)$ 的矢量磁位为

$$\boldsymbol{A} = \boldsymbol{e}_z \frac{\mu_0 I}{2\pi}\ln\left(\frac{\rho_0}{\rho_1}\right) + \boldsymbol{e}_z \frac{\mu_0 I}{2\pi}\ln\left(\frac{\rho_0}{\rho_2}\right) = \boldsymbol{e}_z \frac{\mu_0 I}{2\pi}\ln\frac{\rho_0^2}{\rho_1\rho_2}$$

式中

$$\rho_1 = \left[x^2 + (y-h)^2\right]^{1/2},\quad \rho_2 = \left[x^2 + (y+h)^2\right]^{1/2}$$

因此,点 $P(x,y)$ 的磁感应强度为

$$\begin{aligned}\boldsymbol{B} = \nabla \times \boldsymbol{A} &= \boldsymbol{e}_x \frac{\partial A_z}{\partial y} - \boldsymbol{e}_y \frac{\partial A_z}{\partial x}\\ &= -\boldsymbol{e}_x \frac{\mu I_0}{2\pi}\left[\frac{y+h}{x^2+(y+h)^2} + \frac{y-h}{x^2+(y-h)^2}\right] + \\ &\quad \boldsymbol{e}_y \frac{\mu I_0}{2\pi}\left[\frac{x}{x^2+(y+h)^2} + \frac{x}{x^2+(y-h)^2}\right]\end{aligned}$$

— 3.6　分离变量法 —

分离变量法是求解边值问题的一种经典的方法,其基本思想是:把待求的位函数表示为几个未知函数的乘积,其中每一个未知函数仅是一个坐标变量的函数,代入偏微分方程进行变量分离,将原偏微分方程分离为几个常微分方程,然后分别求解这些常微分方程并利用边界条件确定其中的待定常数,从而得到位函数的解。唯一性定理保证了这种方法求出的解是唯一的。

应用分离变量法求解时,所求场域的边界面应与某一正交曲面坐标系的坐标面重合。本节主要介绍在直角坐标系、圆柱坐标系和球坐标系中,应用分离变量法求解二维拉普拉斯方程的边值问题。

3.6.1　直角坐标系中的分离变量法

设位函数 φ 只是 x、y 的函数,而沿 z 坐标方向没有变化,则拉普拉斯方

程为

$$\frac{\partial^2\varphi}{\partial x^2}+\frac{\partial^2\varphi}{\partial y^2}=0 \tag{3.6.1}$$

将 $\varphi(x,y)$ 表示为两个一维函数 $X(x)$ 和 $Y(y)$ 的乘积，即

$$\varphi(x,y)=X(x)Y(y) \tag{3.6.2}$$

将其代入式(3.6.1)，有

$$Y(y)\frac{\mathrm{d}^2X(x)}{\mathrm{d}x^2}+X(x)\frac{\mathrm{d}^2Y(y)}{\mathrm{d}y^2}=0$$

用 $X(x)Y(y)$ 除上式各项，得

$$\frac{1}{X(x)}\frac{\mathrm{d}^2X(x)}{\mathrm{d}x^2}=-\frac{1}{Y(y)}\frac{\mathrm{d}^2Y(y)}{\mathrm{d}y^2}$$

上式中，左端仅为 x 的函数，右端仅为 y 的函数，而对 x、y 取任意值时，它们又是恒等的。所以，式中的每一项都须等于常数。将此常数写成 $-k^2$，即

$$\frac{1}{X(x)}\frac{\mathrm{d}^2X(x)}{\mathrm{d}x^2}=-\frac{1}{Y(y)}\frac{\mathrm{d}^2Y(y)}{\mathrm{d}y^2}=-k^2 \tag{3.6.3}$$

由此得

$$\frac{\mathrm{d}^2X(x)}{\mathrm{d}x^2}+k^2X(x)=0 \tag{3.6.4}$$

$$\frac{\mathrm{d}^2Y(y)}{\mathrm{d}y^2}-k^2Y(y)=0 \tag{3.6.5}$$

这样就把二维拉普拉斯方程(3.6.1)分离成了两个常微分方程。k 称为分离常数，它的取值不同时，方程(3.6.4)和方程(3.6.5)的解也有不同的形式。

当 $k=0$ 时，方程(3.6.4)和方程(3.6.5)的解为

$$X(x)=A_0x+B_0$$

$$Y(y)=C_0y+D_0$$

于是

$$\varphi(x,y)=(A_0x+B_0)(C_0y+D_0) \tag{3.6.6}$$

当 $k\neq0$ 时，方程(3.6.4)和方程(3.6.5)的解为

$$X(x)=A\sin kx+B\cos kx$$

$$Y(y) = C\sinh ky + D\cosh ky$$

于是

$$\varphi(x,y) = (A\sin kx + B\cos kx)(C\sinh ky + D\cosh ky) \tag{3.6.7}$$

由于拉普拉斯方程(3.6.1)是线性的,所以式(3.6.6)和式(3.6.7)的线性组合也是方程(3.6.1)的解。在求解边值问题时,为了满足给定的边界条件,分离常数 k 通常取一系列特定的值 $k_n(n=1,2,\cdots)$,而待求位函数 $\varphi(x,y)$ 则由所有可能的解的线性组合构成,称为位函数的通解,即

$$\varphi(x,y) = (A_0x + B_0)(C_0y + D_0) + \sum_{n=1}^{\infty}(A_n\sin k_nx + B_n\cos k_nx)(C_n\sinh k_ny + D_n\cosh k_ny) \tag{3.6.8}$$

若将式(3.6.3)中的 k^2 换为$-k^2$,则可得到另一形式的通解

$$\varphi(x,y) = (A_0x + B_0)(C_0y + D_0) + \sum_{n=1}^{\infty}(A_n\sinh k_nx + B_n\cosh k_nx)(C_n\sin k_ny + D_n\cos k_ny) \tag{3.6.9}$$

通解中的分离常数的选取以及待定常数均由给定的边界条件确定。

例 3.6.1 横截面为矩形的无限长接地金属导体槽,上部有电位为 U_0 的金属盖板;导体槽的侧壁与盖板间有非常小的间隙以保证相互绝缘,如图 3.6.1 所示。试求此导体槽内的电位分布。

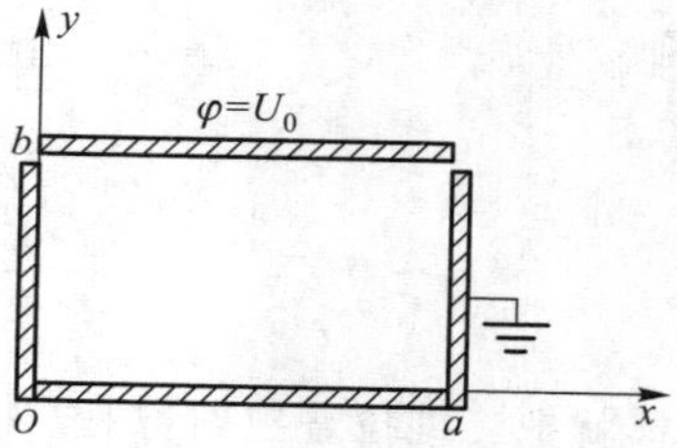

图 3.6.1 接地矩形槽

解:因矩形导体槽在 z 方向为无限长,所以槽内电位函数满足直角坐标系中的二维拉普拉斯方程,电位函数必须满足的边界条件是:

$$\varphi(0,y) = 0 \quad (0 \leqslant y < b) \tag{3.6.10}$$

$$\varphi(a,y) = 0 \quad (0 \leqslant y < b) \tag{3.6.11}$$

$$\varphi(x,0) = 0 \quad (0 \leqslant x \leqslant a) \tag{3.6.12}$$

$$\varphi(x,b) = U_0 \quad (0 \leqslant x \leqslant a) \tag{3.6.13}$$

因槽内的电位 $\varphi(x,y)$ 必须满足 $x=0$ 和 a 处为零值,所以应选择式(3.6.8)作

为其通解。

将式(3.6.10)代入式(3.6.8),有

$$0 = B_0(C_0 y + D_0) + \sum_{n=1}^{\infty} B_n(C_n \sinh k_n y + D_n \cosh k_n y)$$

为使上式对 y 在 $0 \sim b$ 范围内取任何值时都成立,则应有 $B_n = 0(n = 0, 1, 2, \cdots)$,于是有

$$\varphi(x,y) = A_0 x(C_0 y + D_0) + \sum_{n=1}^{\infty} A_n \sin k_n x(C_n \sinh k_n y + D_n \cosh k_n y) \tag{3.6.14}$$

再将式(3.6.11)代入式(3.6.14),有

$$0 = A_0 a(C_0 y + D_0) + \sum_{n=1}^{\infty} A_n \sin k_n a(C_n \sinh k_n y + D_n \cosh k_n y)$$

同样,为使上式对 y 在 $0 \sim b$ 范围内取任何值时都成立,则应有 $A_0 = 0$ 和$A_n \sin k_n a = 0(n = 1, 2, \cdots)$。但 A_n 不能等于零,否则 $\varphi(x,y) \equiv 0$,故有 $\sin k_n a = 0$。由此得到

$$k_n = \frac{n\pi}{a} \quad (n = 1, 2, \cdots)$$

代入式(3.6.14),有

$$\varphi(x,y) = \sum_{n=1}^{\infty} A_n \sin \frac{n\pi x}{a}\left(C_n \sinh \frac{n\pi y}{a} + D_n \cosh \frac{n\pi y}{a}\right) \tag{3.6.15}$$

又将式(3.6.12)代入式(3.6.15),有

$$0 = \sum_{n=1}^{\infty} A_n D_n \sin \frac{n\pi x}{a}$$

为使上式对 x 在 $0 \sim a$ 范围内取任何值时都成立,并且 $A_n \neq 0$,则应有

$$D_n = 0 \quad (n = 1, 2, \cdots)$$

于是,式(3.6.15)变为

$$\varphi(x,y) = \sum_{n=1}^{\infty} A'_n \sin \frac{n\pi x}{a} \sinh \frac{n\pi y}{a} \tag{3.6.16}$$

式中 $A'_n = A_n C_n$ 为待定常数。

最后将式(3.6.13)代入式(3.6.16),有

$$U_0 = \sum_{n=1}^{\infty} A'_n \sin\frac{n\pi x}{a}\sinh\frac{n\pi b}{a} \tag{3.6.17}$$

为了确定常数 A'_n,将 U_0 在区间$(0,a)$上按$\left\{\sin\frac{n\pi x}{a}\right\}$展开为傅里叶级数,即

$$U_0 = \sum_{n=1}^{\infty} f_n \sin\frac{n\pi x}{a} \tag{3.6.18}$$

式中系数 f_n 按如下计算

$$f_n = \frac{2}{a}\int_0^a U_0 \sin\frac{n\pi x}{a}\mathrm{d}x = \begin{cases}\dfrac{4U_0}{n\pi} & n=1,3,5,\cdots\\ 0 & n=2,4,6,\cdots\end{cases}$$

比较式(3.6.17)和式(3.6.18)中 $\sin\frac{n\pi x}{a}$的系数,可得到

$$A'_n = \frac{f_n}{\sinh\dfrac{n\pi b}{a}} = \begin{cases}\dfrac{4U_0}{n\pi\sinh\dfrac{n\pi b}{a}} & n=1,3,5,\cdots\\ 0 & n=2,4,6,\cdots\end{cases}$$

将 A'_n代入式(3.6.16),即得到接地金属槽内的电位分布为

$$\varphi(x,y) = \frac{4U_0}{\pi}\sum_{n=1,3,\cdots}^{\infty}\frac{1}{n\sinh\dfrac{n\pi b}{a}}\sin\frac{n\pi x}{a}\sinh\frac{n\pi y}{a}$$

例 3.6.2 由四块沿 z 轴方向放置的金属板围成的矩形长槽,四条棱线处有无限小间隙以保持相互绝缘,如图 3.6.2 所示。试求槽内空间的电位分布。

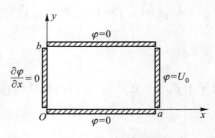

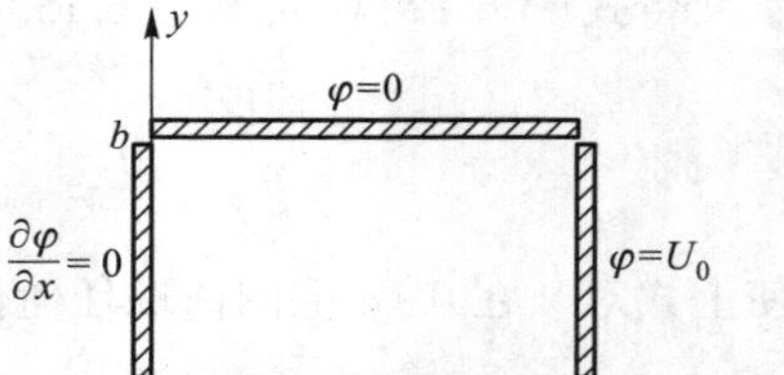

图 3.6.2 矩形长槽

解: 设金属板沿 z 方向为无限长,所以槽内空间的电位函数满足二维拉普拉斯方程。

图 3.6.2 所示的边界条件为

$$\varphi(x,0) = 0 \quad (0 < x < a) \tag{3.6.19}$$

$$\varphi(x,b) = 0 \quad (0 < x < a) \tag{3.6.20}$$

$$\frac{\partial\varphi(0,y)}{\partial x} = 0 \quad (0 < y < b) \tag{3.6.21}$$

$$\varphi(a,y)=U_0 \quad (0<y<b) \tag{3.6.22}$$

考虑到电位函数必须满足 $y=0$ 和 $y=b$ 处为零值，所以应选择式(3.6.9)作为通解。

将式(3.6.19)代入式(3.6.9)，得

$$(A_0x+B_0)D_0+\sum_{n=1}^{\infty}(A_n\sinh k_nx+B_n\cosh k_nx)D_n=0$$

为使上式对 x 在 $0\sim a$ 范围内取任何值时都成立，必须取 $D_n=0(n=0,1,2,3,\cdots)$。这样，式(3.6.9)就变为

$$\varphi(x,y)=(A_0x+B_0)C_0y+\sum_{n=1}^{\infty}(A_n\sinh k_nx+B_n\cosh k_nx)C_n\sin k_ny \tag{3.6.23}$$

再将式(3.6.20)代入式(3.6.23)，得

$$(A_0x+B_0)C_0b+\sum_{n=1}^{\infty}(A_n\sinh k_nx+B_n\cosh k_nx)C_n\sin k_nb=0$$

为使上式对 x 在 $0\sim a$ 范围内取任何值时都成立，则必须 $C_0=0$，且 $C_n\sin k_nb=0$。由于 $C_n\neq0(n=1,2,3,\cdots)$，故有 $\sin k_nb=0$，则得

$$k_n=\frac{n\pi}{b} \quad (n=1,2,3,\cdots)$$

这样，式(3.6.23)就变为

$$\varphi(x,y)=\sum_{n=1}^{\infty}C_n\left(A_n\sinh\frac{n\pi}{b}x+B_n\cosh\frac{n\pi}{b}x\right)\sin\frac{n\pi}{b}y \tag{3.6.24}$$

又将式(3.6.21)代入式(3.6.24)，得

$$\left.\frac{\partial\varphi(x,y)}{\partial x}\right|_{x=0}=\sum_{n=1}^{\infty}C_nA_n\frac{n\pi}{b}\sin\frac{n\pi}{b}y=0$$

为使上式对 y 在 $0\sim b$ 范围内取任何值时都成立，应取 $A_n=0(n=1,2,3,\cdots)$。于是，式(3.6.24)又变为

$$\varphi(x,y)=\sum_{n=1}^{\infty}E_n\cosh\frac{n\pi}{b}x\sin\frac{n\pi}{b}y \tag{3.6.25}$$

式中的 $E_n=B_nC_n$ 为待定常数。

为了确定常数 E_n，将 U_0 在区间 $(0,b)$ 上按 $\left\{\sin\frac{n\pi}{b}y\right\}$ 展开为傅里叶级数，即

$$U_0=\sum_{n=1}^{\infty}f_n\sin\frac{n\pi}{b}y$$

式中

$$f_n=\begin{cases}\dfrac{4U_0}{n\pi} & n=1,3,5,\cdots\\[2ex] 0 & n=2,4,6,\cdots\end{cases}$$

故

$$E_n=\begin{cases}\dfrac{4U_0}{n\pi\cosh\dfrac{n\pi a}{b}} & n=1,3,5,\cdots\\[2ex] 0 & n=2,4,6,\cdots\end{cases}$$

将 E_n 代入式(3.6.25)，即得到所求的电位函数

$$\varphi(x,y)=\frac{4U_0}{\pi}\sum_{n=1,3,5,\cdots}^{\infty}\frac{1}{n\cosh\dfrac{n\pi a}{b}}\cosh\frac{n\pi}{b}x\sin\frac{n\pi}{b}y$$

3.6.2 圆柱坐标系中的分离变量法

具有圆柱面边界的问题，适宜用圆柱坐标系中的分离变量法求解。在这里，设电位函数只是坐标变量 ρ、ϕ 的函数，而沿 z 坐标方向没有变化。在这种情况下，位函数满足的拉普拉斯方程为

$$\nabla^2\varphi(\rho,\phi)=\frac{1}{\rho}\frac{\partial}{\partial\rho}\left(\rho\frac{\partial\varphi}{\partial\rho}\right)+\frac{1}{\rho^2}\frac{\partial^2\varphi}{\partial\phi^2}=0 \tag{3.6.26}$$

令位函数 $\varphi(\rho,\phi)=R(\rho)\Phi(\phi)$，代入上式，有

$$\Phi(\phi)\frac{1}{\rho}\frac{\mathrm{d}}{\mathrm{d}\rho}\left[\rho\frac{\mathrm{d}R(\rho)}{\mathrm{d}\rho}\right]+R(\rho)\frac{1}{\rho^2}\frac{\mathrm{d}^2\Phi(\phi)}{\mathrm{d}\phi^2}=0$$

将上式各项乘以$\dfrac{\rho^2}{R(\rho)\Phi(\phi)}$，可得到

$$\frac{\rho}{R(\rho)}\frac{\mathrm{d}}{\mathrm{d}\rho}\left[\rho\frac{\mathrm{d}R(\rho)}{\mathrm{d}\rho}\right]=-\frac{1}{\Phi(\phi)}\frac{\mathrm{d}^2\Phi(\phi)}{\mathrm{d}\phi^2}$$

由于此式对 ρ 和 ϕ 取任意值时都成立，所以式中的每一项都等于常数，即

$$\frac{\rho}{R(\rho)}\frac{\mathrm{d}}{\mathrm{d}\rho}\left[\rho\frac{\mathrm{d}R(\rho)}{\mathrm{d}\rho}\right]=-\frac{1}{\Phi(\phi)}\frac{\mathrm{d}^2\Phi(\phi)}{\mathrm{d}\phi^2}=k^2$$

由此将拉普拉斯方程(3.6.26)分离成为两个常微分方程

$$\frac{\mathrm{d}^2\Phi(\phi)}{\mathrm{d}\phi^2}+k^2\Phi(\phi)=0 \tag{3.6.27}$$

$$\rho\frac{\mathrm{d}}{\mathrm{d}\rho}\left[\rho\frac{\mathrm{d}R(\rho)}{\mathrm{d}\rho}\right]-k^2R(\rho)=0 \tag{3.6.28}$$

式中 k 为分离常数。

当 $k=0$ 时，方程(3.6.27)和方程(3.6.28)的解为

$$\Phi(\phi)=A_0+B_0\phi$$

$$R(\rho)=C_0+D_0\ln\rho$$

于是

$$\varphi(\rho,\phi)=(A_0+B_0\phi)(C_0+D_0\ln\rho) \tag{3.6.29}$$

当 $k\neq0$ 时，方程(3.6.27)和方程(3.6.28)的解为

$$\Phi(\phi)=A\cos k\phi+B\sin k\phi$$

$$R(\rho)=C\rho^k+D\rho^{-k}$$

于是

$$\varphi(\rho,\phi)=(A\cos k\phi+B\sin k\phi)(C\rho^k+D\rho^{-k}) \tag{3.6.30}$$

对于许多具有圆柱面边界的问题，位函数 $\varphi(\rho,\phi)$ 是变量 ϕ 的周期函数，其周期为 2π，即 $\varphi(\rho,\phi+2\pi)=\varphi(\rho,\phi)$。此时，分离常数应取整数值，即 $k=n(n=0,1,2,\cdots)$，且 $B_0=0$。由此得到，圆柱形区域中二维拉普拉斯方程(3.6.26)的通解为

$$\varphi(\rho,\phi)=C_0+D_0\ln\rho+\sum_{n=1}^{\infty}(A_n\cos n\phi+B_n\sin n\phi)(C_n\rho^n+D_n\rho^{-n}) \tag{3.6.31}$$

式中的待定常数由具体问题所给定的边界条件确定。

例 3.6.3　在均匀外电场 $\boldsymbol{E}_0=\boldsymbol{e}_xE_0$ 中，有一半径为 a、介电常数为 ε 的无限长均匀介质圆柱体，其轴线与外电场垂直，圆柱外为空气，如图 3.6.3 所示。试求介质圆柱内外的电位函数和电场强度。

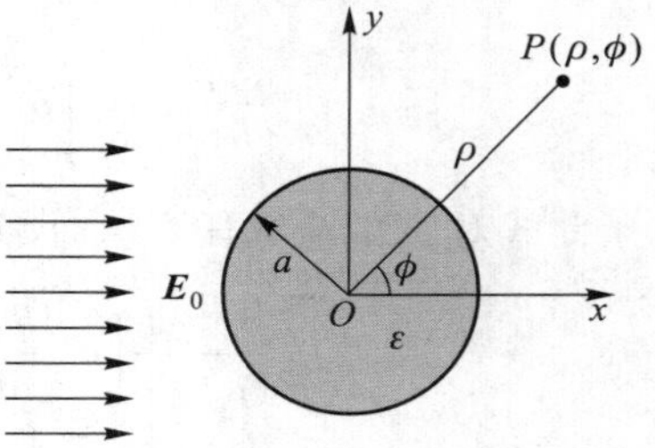

图 3.6.3　均匀外电场中的无限长介质圆柱体

解： 在外电场 $\boldsymbol{E}_0$ 作用下，介质圆柱被极化，空间任意一点的电位是均匀外电场的电位与极化电荷产生的电位之和。因介质圆柱内外均不存在自由电荷的体密度，所以介质圆柱内外的电位函数都满足拉普拉斯方程。又由于介质圆柱体是均匀无限长的，而且均匀外电场与圆柱的轴线垂直，所以电位函数与变量 z 无关，因此，电位的通解为式(3.6.31)。

设介质圆柱内的电位函数为 φ_1，介质圆柱外的电位函数为 φ_2。它们应满足以下边界条件：

(1) 在介质圆柱外，当 $\rho\to\infty$ 时，极化电荷产生的电场减弱为零，故这些地方的电位函数 φ_2 应与均匀外电场 $\boldsymbol{E}_0$ 的电位 φ_0 相同，即

$$\varphi_2(\rho,\phi)\to\varphi_0(\rho,\phi)=-E_0x=-E_0\rho\cos\phi\quad(\rho\to\infty)\tag{3.6.32}$$

(2) 在介质圆柱内的 $\rho=0$ 处，电位应为有限值，即

$$\varphi_1(0,\phi)<\infty\tag{3.6.33}$$

(3) 在介质圆柱体的表面($\rho=a$)上，电位函数应满足

$$\varphi_1(a,\phi)=\varphi_2(a,\phi),\ \varepsilon\frac{\partial\varphi_1}{\partial\rho}=\varepsilon_0\frac{\partial\varphi_2}{\partial\rho}\tag{3.6.34}$$

在介质圆柱外，要满足边界条件(3.6.32)，在通解(3.6.31)中须取 $n=1$，且不含 $\sin n\phi$ 项，即 $C_0=0,D_0=0,B_n=0(n=1,2,\cdots),A_n=0(n\neq1)$，且

$$A_1C_1=-E_0$$

于是介质圆柱外的电位函数可写为

$$\varphi_2(\rho,\phi)=-E_0\rho\cos\phi+D_2'\rho^{-1}\cos\phi\tag{3.6.35}$$

介质圆柱内的电位函数 φ_1 应具有与式(3.6.35)相同的函数形式，即

$$\varphi_1(\rho,\phi)=C_1'\rho\cos\phi+D_1'\rho^{-1}\cos\phi$$

代入边界条件(3.6.33)，可得 $D_1'=0$，于是

$$\varphi_1(\rho,\phi) = C_1'\rho\cos\phi \tag{3.6.36}$$

再将式(3.6.35)和式(3.6.36)代入边界条件(3.6.34),则有

$$\begin{cases} -E_0a + D_2'a^{-1} = C_1'a \\ \varepsilon_0E_0a^2 + \varepsilon_0D_2' = -\varepsilon C_1'a^2 \end{cases}$$

由此解得

$$C_1' = -\frac{2\varepsilon_0}{\varepsilon+\varepsilon_0}E_0,\quad D_2' = \frac{\varepsilon-\varepsilon_0}{\varepsilon+\varepsilon_0}E_0a^2$$

故介质圆柱内、外的电位函数分别为

$$\varphi_1(\rho,\phi) = -\frac{2\varepsilon_0}{\varepsilon+\varepsilon_0}E_0\rho\cos\phi \quad (\rho \leqslant a)$$

$$\varphi_2(\rho,\phi) = -E_0\rho\cos\phi + \frac{\varepsilon-\varepsilon_0}{\varepsilon+\varepsilon_0}E_0a^2\rho^{-1}\cos\phi \quad (\rho \geqslant a)$$

介质圆柱内、外的电场强度分别为

$$\begin{aligned} \boldsymbol{E}_1 &= -\nabla\varphi_1 = -\boldsymbol{e}_\rho\frac{\partial\varphi_1}{\partial\rho} - \boldsymbol{e}_\phi\frac{1}{\rho}\frac{\partial\varphi_1}{\partial\phi} \\ &= \boldsymbol{e}_\rho\frac{2\varepsilon_0}{\varepsilon+\varepsilon_0}E_0\cos\phi - \boldsymbol{e}_\phi\frac{2\varepsilon_0}{\varepsilon+\varepsilon_0}E_0\sin\phi = \frac{2\varepsilon_0}{\varepsilon+\varepsilon_0}\boldsymbol{E}_0 \quad (\rho < a) \end{aligned}$$

$$\begin{aligned} \boldsymbol{E}_2 &= -\nabla\varphi_2 = -\boldsymbol{e}_\rho\frac{\partial\varphi_2}{\partial\rho} - \boldsymbol{e}_\phi\frac{1}{\rho}\frac{\partial\varphi_2}{\partial\phi} \\ &= \boldsymbol{e}_\rho\left[\frac{\varepsilon-\varepsilon_0}{\varepsilon+\varepsilon_0}\left(\frac{a}{\rho}\right)^2+1\right]E_0\cos\phi + \boldsymbol{e}_\phi\left[\frac{\varepsilon-\varepsilon_0}{\varepsilon+\varepsilon_0}\left(\frac{a}{\rho}\right)^2-1\right]E_0\sin\phi \\ &= \boldsymbol{E}_0 + \frac{\varepsilon-\varepsilon_0}{\varepsilon+\varepsilon_0}\left(\frac{a}{\rho}\right)^2E_0(\boldsymbol{e}_\rho\cos\phi + \boldsymbol{e}_\phi\sin\phi) \quad (\rho > a) \end{aligned}$$

以上结果表明,介质圆柱体内的电场是均匀场,且与外电场 $\boldsymbol{E}_0$ 的方向相同。但由于 $2\varepsilon_0/(\varepsilon+\varepsilon_0)<1$,所以 $E_1<E_0$,这是因为介质圆柱面上的极化电荷在介质内产生的电场与外电场 $\boldsymbol{E}_0$ 的方向相反。介质圆柱内、外的电场分布如图 3.6.4 所示。

例 3.6.4 在外加均匀恒定磁场 $\boldsymbol{H}_0=\boldsymbol{e}_xH_0$ 中,有一用磁导率为 μ 的磁介质构成的无限长磁介质圆柱形空腔,其内、外半径分别为 a 和 b,如图 3.6.5 所示。试求该圆柱形空腔内的磁场分布。

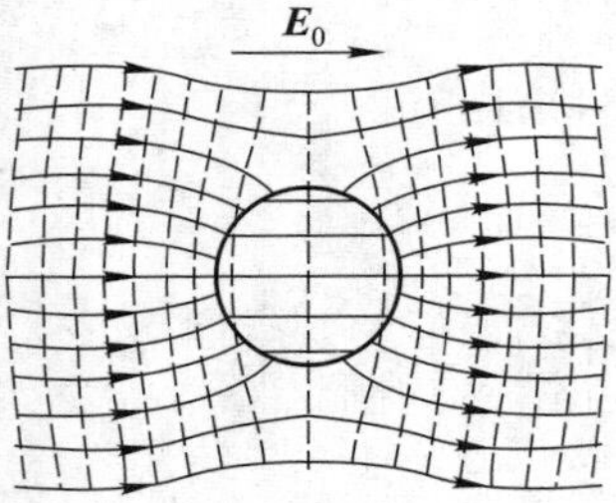

图 3.6.4　均匀外电场中介质圆柱体内外的电场

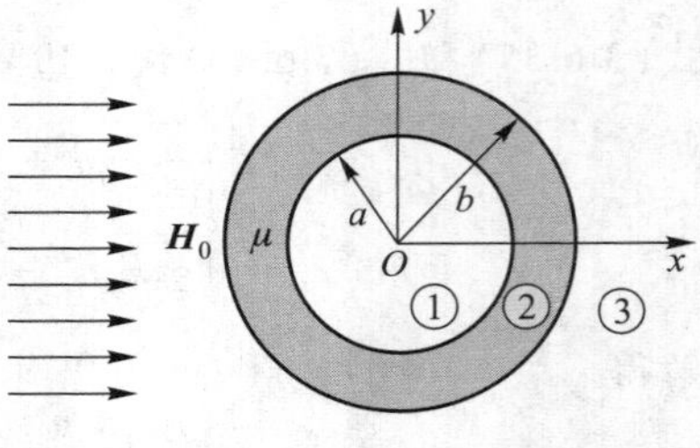

图 3.6.5　均匀外磁场中的无限长空心磁介质圆柱

解：在均匀外磁场中放置一磁导率为 μ 的无限长磁介质圆柱体，这是一个与前面的例题完全类似的磁场边值问题。由于不存在外加传导电流，故可用标量磁位 φ_m 来求解磁场。又由于磁介质圆柱为无限长，故标量磁位与坐标 z 无关，且满足二维拉普拉斯方程。

按照介质的不同特性，将空间划分为①、②、③三个区域，相应的标量磁位分别为 φ_{m1}、φ_{m2}和 φ_{m3}。它们应满足的边界条件为：

（1）在介质圆柱内的 $\rho=0$ 处，φ_{m1}应为有限值，即

$$\varphi_{m1}(0,\phi) < \infty \tag{3.6.37}$$

（2）在圆柱腔外，当 $\rho\to\infty$ 时，φ_{m3}应趋于 φ_{m0}，即

$$\varphi_{m3}(\rho,\phi) \to \varphi_{m0}(\rho,\phi) = -H_0\rho\cos\phi \tag{3.6.38}$$

（3）在圆柱空腔的内表面（$\rho=a$）上，标量磁位应满足

$$\varphi_{m1}(a,\phi) = \varphi_{m2}(a,\phi),\quad \mu_0\frac{\partial\varphi_{m1}}{\partial\rho} = \mu\frac{\partial\varphi_{m2}}{\partial\rho} \tag{3.6.39}$$

在圆柱空腔的外表面（$\rho=b$）上，标量磁位应满足

$$\varphi_{m2}(b,\phi) = \varphi_{m3}(b,\phi),\quad \mu\frac{\partial\varphi_{m2}}{\partial\rho} = \mu_0\frac{\partial\varphi_{m3}}{\partial\rho} \tag{3.6.40}$$

由此可知

$$\varphi_{m1}(\rho,\phi) = F_1\rho\cos\phi \qquad (\rho \leqslant a)$$

$$\varphi_{m2}(\rho,\phi) = F_2\rho\cos\phi + F_3\rho^{-1}\cos\phi \qquad (a \leqslant \rho \leqslant b)$$

$$\varphi_{m3}(\rho,\phi) = -H_0\rho\cos\phi + F_4\rho^{-1}\cos\phi \qquad (\rho \geqslant b)$$

将上述表达式代入式(3.6.39)和式(3.6.40),可得到

$$\begin{cases} aF_1 = aF_2 + a^{-1}F_3 \\ \mu_0 F_1 = \mu F_2 - \mu a^{-2}F_3 \\ bF_2 + b^{-1}F_3 = -H_0 b + b^{-1}F_4 \\ \mu F_2 - \mu b^{-2}F_3 = -\mu_0 H_0 - \mu_0 b^{-2}F_4 \end{cases}$$

由此解得

$$F_1 = -\frac{4\mu_0\mu H_0}{(\mu_0+\mu)^2 - (\mu_0-\mu)^2 a^2/b^2}$$

所以,圆柱空腔内的标量磁位为

$$\varphi_{m1}(\rho,\phi) = -\frac{4\mu_0\mu H_0}{(\mu_0+\mu)^2 - (\mu_0-\mu)^2 a^2/b^2}\rho\cos\phi \qquad (\rho \leqslant a)$$

故圆柱空腔内的磁场强度为

$$\boldsymbol{H}_1 = -\nabla\varphi_{m1} = -\boldsymbol{e}_\rho\frac{\partial\varphi_{m1}}{\partial\rho} - \boldsymbol{e}_\phi\frac{1}{\rho}\frac{\partial\varphi_{m1}}{\partial\phi}$$

$$= \frac{4\mu_0\mu}{(\mu_0+\mu)^2 - (\mu_0-\mu)^2 a^2/b^2}\boldsymbol{H}_0 \quad (\rho < a)$$

由上式可得到

$$\frac{|\boldsymbol{H}_1|}{|\boldsymbol{H}_0|} = \frac{4\mu_0\mu}{(\mu_0+\mu)^2 - (\mu_0-\mu)^2 a^2/b^2}$$

若腔体为铁磁材料,则因其相对磁导率 $\mu_r \gg 1$,上式可近似为

$$\frac{|\boldsymbol{H}_1|}{|\boldsymbol{H}_0|} \approx \frac{4}{\mu_r(1 - a^2/b^2)}$$

可见,μ_r 愈大,或 a/b 愈小,则空腔内的磁场相对于外部磁场愈小,即磁介质材料圆柱起到磁屏蔽作用。例如,采用低碳钢作磁介质材料,$\mu_r \approx 2\ 000$,取 $\frac{a}{b} = 0.9$,则得 $\frac{|\boldsymbol{H}_1|}{|\boldsymbol{H}_0|} \approx 0.01$,即空腔内的磁场强度仅为外加磁场的 1%。

3.6.3 球坐标系中的分离变量法

具有球面边界的边值问题,宜采用球坐标系中的分离变量法求解。在球坐标系中,对于以极轴为对称轴的问题,位函数与坐标变量 ϕ 无关,则拉普拉斯方程为

$$\nabla^2\varphi(r,\theta)=\frac{1}{r^2}\frac{\partial}{\partial r}\left(r^2\frac{\partial\varphi}{\partial r}\right)+\frac{1}{r^2\sin\theta}\frac{\partial}{\partial\theta}\left(\sin\theta\frac{\partial\varphi}{\partial\theta}\right)=0 \tag{3.6.41}$$

令位函数 $\varphi(r,\theta)=R(r)F(\theta)$,代入上式,得

$$F(\theta)\frac{1}{r^2}\frac{\mathrm{d}}{\mathrm{d}r}\left[r^2\frac{\mathrm{d}R(r)}{\mathrm{d}r}\right]+R(r)\frac{1}{r^2\sin\theta}\frac{\mathrm{d}}{\mathrm{d}\theta}\left[\sin\theta\frac{\mathrm{d}F(\theta)}{\mathrm{d}\theta}\right]=0$$

将上式各项乘以$\dfrac{r^2}{R(r)F(\theta)}$,可得到

$$\frac{1}{R(r)}\frac{\mathrm{d}}{\mathrm{d}r}\left[r^2\frac{\mathrm{d}R(r)}{\mathrm{d}r}\right]=-\frac{1}{F(\theta)\sin\theta}\frac{\mathrm{d}}{\mathrm{d}\theta}\left[\sin\theta\frac{\mathrm{d}F(\theta)}{\mathrm{d}\theta}\right]$$

由于此式对 r 和 θ 取任意值时恒成立,所以式中的每一项都等于常数,即

$$\frac{1}{R(r)}\frac{\mathrm{d}}{\mathrm{d}r}\left[r^2\frac{\mathrm{d}R(r)}{\mathrm{d}r}\right]=-\frac{1}{F(\theta)\sin\theta}\frac{\mathrm{d}}{\mathrm{d}\theta}\left[\sin\theta\frac{\mathrm{d}F(\theta)}{\mathrm{d}\theta}\right]=k^2$$

由此将拉普拉斯方程(3.6.41)分离成为两个常微分方程

$$\frac{\mathrm{d}}{\mathrm{d}r}\left[r^2\frac{\mathrm{d}R(r)}{\mathrm{d}r}\right]-k^2R(r)=0 \tag{3.6.42}$$

$$\frac{1}{\sin\theta}\frac{\mathrm{d}}{\mathrm{d}\theta}\left[\sin\theta\frac{\mathrm{d}F(\theta)}{\mathrm{d}\theta}\right]+k^2F(\theta)=0 \tag{3.6.43}$$

方程(3.6.43)称为勒让德方程。若分离常数 k 的取值为

$$k^2=n(n+1)\quad(n=0,1,2,\cdots)$$

则其解为

$$F(\theta)=A_nP_n(\cos\theta)+B_nQ_n(\cos\theta) \tag{3.6.44}$$

其中 $P_n(\cos\theta)$ 称为第一类勒让德函数,$Q_n(\cos\theta)$ 称为第二类勒让德函数。对球形区域问题,θ 在闭区间$[0,\pi]$上变化,而 $Q_n(\cos\theta)$ 在 $\theta=0$ 和 π 时是发散的,所

以，当场域包含 $\theta=0$ 和 π 的点时，在式(3.6.44)中则应取 $B_n=0$，即

$$F(\theta)=A_nP_n(\cos\theta) \tag{3.6.45}$$

$P_n(\cos\theta)$ 又称为勒让德多项式，其一般表达式为

$$P_n(\cos\theta)=\frac{1}{2^n n!}\frac{\mathrm{d}^n}{\mathrm{d}(\cos\theta)^n}[(\cos^2\theta-1)^n] \quad (n=0,1,2,\cdots) \tag{3.6.46}$$

下面给出前几个勒让德多项式的表达式

$$P_0(\cos\theta)=1$$

$$P_1(\cos\theta)=\cos\theta$$

$$P_2(\cos\theta)=\frac{3}{2}\cos^2\theta-\frac{1}{2}$$

$$P_3(\cos\theta)=\frac{5}{2}\cos^3\theta-\frac{3}{2}\cos\theta$$

当 $k^2=n(n+1)$ 时，方程(3.6.42)的解为

$$R(r)=C_nr^n+D_nr^{-(n+1)}$$

于是得到方程(3.6.41)的基本解

$$\varphi(r,\theta)=[C_nr^n+D_nr^{-(n+1)}]P_n(\cos\theta) \tag{3.6.47}$$

由 n 取所有可能数值时各解的线性组合，即得到球形区域中二维拉普拉斯方程(3.6.41)的通解为

$$\varphi(r,\theta)=\sum_{n=0}^{\infty}[C_nr^n+D_nr^{-(n+1)}]P_n(\cos\theta) \tag{3.6.48}$$

式中的待定常数由具体问题所给定的边界条件确定。

例 3.6.5 在均匀外电场 $\boldsymbol{E}_0=\boldsymbol{e}_zE_0$ 中，放置一个半径为 a 的导体球，如图 3.6.6 所示。设导体球外介质为空气。试求导体球外的电位函数和电场强度。

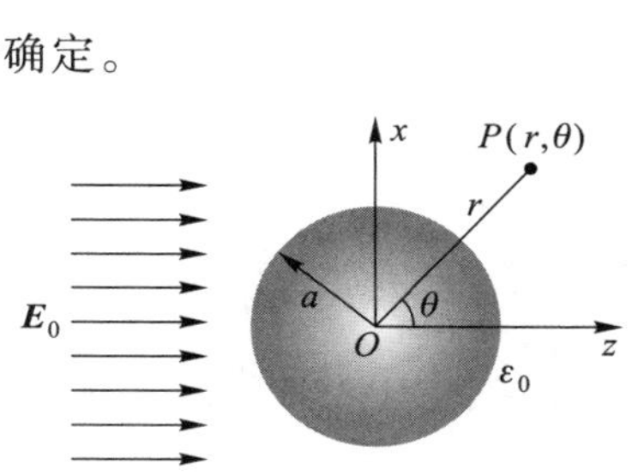

图 3.6.6 均匀外电场中的导体球

解： 在外电场 $\boldsymbol{E}_0$ 作用下，导体球面上会出现感应电荷分布，空间任意一点的电位是均匀外电场 $\boldsymbol{E}_0$ 的电位与感应电荷产生的电

位之和。因导体外的自由电荷体密度为零,所以电位函数满足拉普拉斯方程。又由于问题是关于极轴对称的,所以电位函数与变量 ϕ 无关,通解应为式(3.6.48)所示的形式。

在导体球外,感应电荷的电场随 r 的增加而减弱,当 $r\to\infty$ 时减弱为零,故这些地方的电位函数 φ 与均匀外电场 $\boldsymbol{E}_0$ 的电位 φ_0 相同,即

$$\varphi(r,\theta) \to \varphi_0(r,\theta) = -E_0 z = -E_0 r\cos\theta \quad (r\to\infty) \tag{3.6.49}$$

将式(3.6.48)代入式(3.6.49),有

$$\sum_{n=0}^{\infty}\left[C_n r^n + D_n r^{-(n+1)}\right]P_n(\cos\theta) \to -E_0 r\cos\theta \qquad (r\to\infty)$$

所以得到

$$C_n = 0, D_n = 0 (n\neq 1), \quad C_1 = -E_0$$

于是

$$\varphi(r,\theta) = (-E_0 r + D_1 r^{-2})P_1(\cos\theta) = (-E_0 r + D_1 r^{-2})\cos\theta$$

设导体的电位为零,即 $r=a$ 时,$\varphi(a,\theta)=0$,得

$$(-E_0 a + D_1 a^{-2})\cos\theta = 0$$

由此得到

$$D_1 = a^3 E_0$$

故导体球外的电位函数为

$$\varphi(r,\theta) = (-r + a^3 r^{-2})E_0\cos\theta$$

导体球外的电场强度

$$\begin{aligned}\boldsymbol{E} &= -\nabla\varphi = -\boldsymbol{e}_r\frac{\partial\varphi}{\partial r} - \boldsymbol{e}_\theta\frac{1}{r}\frac{\partial\varphi}{\partial\theta}\\ &= \boldsymbol{e}_r\left[1 + 2\left(\frac{a}{r}\right)^3\right]E_0\cos\theta + \boldsymbol{e}_\theta\left[-1 + \left(\frac{a}{r}\right)^3\right]E_0\sin\theta\\ &= \boldsymbol{E}_0 + \left(\frac{a}{r}\right)^3 E_0(\boldsymbol{e}_r 2\cos\theta + \boldsymbol{e}_\theta\sin\theta)\end{aligned}$$

场图 3-6-1
均匀外电场中接地导体球的场图

球面上的感应电荷面密度为

$$\rho_S = \varepsilon_0\boldsymbol{e}_r\cdot\boldsymbol{E}\big|_{r=a} = 3\varepsilon_0 E_0\cos\theta$$

即球面上感应电荷分布是 θ 的函数,在导体球面的右侧有正的感应电荷,在导体球面的左侧有负的感应电荷。

3.7 有限差分法

前面讨论的镜像法和分离变量法都属于求解电磁场边值问题的解析解的方法,称为解析法。所得到的是电磁场的空间分布函数的解析表示式,这是一个精确的表示式。但是,许多实际问题往往由于边界形状过于复杂,很难用解析法求解,这时则可借助数值解法来求得电磁场问题的数值解。

数值法的基本思想是将所要求的整个连续分布的场域空间的场转换为所求解的场域空间中各个离散点上的场的集合。显然,离散点取得越多,对场分布的描述就越精确,但是计算量也越大。

常用的数值法是:基于应用微分形式的电磁场方程的有限差分法、有限元法等;基于应用积分形式的电磁场方程的矩量法、边界元法等。另外,用于分析时变电磁场问题的时域有限差分法(FDTD),近些年来也得到广泛应用。本节只简要介绍有限差分法。

有限差分法的基本思想是将场域划分成网格,把求解场域内连续的场分布用求解网格节点上的离散的数值解来代替,即用网格节点的差分方程近似代替场域内的偏微分方程来求解。一般说来,只要将网格划分得充分细,所得结果就可达到足够的精确。网格划分的方式很多,这里只讨论二维拉普拉斯方程的正方形网格划分方法。

3.7.1 有限差分方程

应用有限差分法来计算静态场边值问题,需先将偏微分方程用差分方程来代替。在一个边界为 C 的二维区域 S 内,电位函数 $\varphi(x,y)$ 满足拉普拉斯方程

$$\frac{\partial^2\varphi}{\partial x^2}+\frac{\partial^2\varphi}{\partial y^2}=0 \tag{3.7.1}$$

在边界 C 上给定第一类边界条件,即

$$\varphi\big|_C=f(x,y) \tag{3.7.2}$$

如图 3.7.1 所示,用分别平行于 x、y 轴的两组直线把场域 S 划分成许多正方

形网格,网格线的交点称为节点,两相邻平行网格线间的距离 h 称为步距。

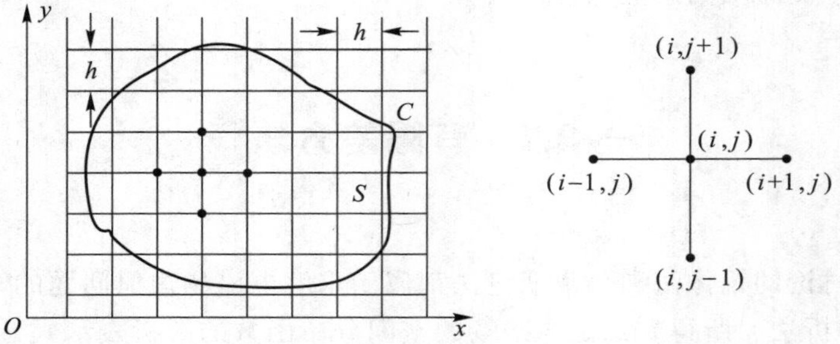

图 3.7.1　场域的正方形网格划分

用 $\varphi_{i,j}$ 表示节点 (x_i, y_j) 处的电位值。利用二元函数的泰勒展开式,可将与节点 (x_i, y_j) 直接相邻的节点上的电位值表示为

$$\varphi_{i-1,j} = \varphi(x_i - h, y_j) = \varphi_{i,j} - h\left(\frac{\partial \varphi}{\partial x}\right)_{i,j} + \frac{h^2}{2}\left(\frac{\partial^2 \varphi}{\partial x^2}\right)_{i,j} - \cdots \tag{3.7.3}$$

$$\varphi_{i+1,j} = \varphi(x_i + h, y_j) = \varphi_{i,j} + h\left(\frac{\partial \varphi}{\partial x}\right)_{i,j} + \frac{h^2}{2}\left(\frac{\partial^2 \varphi}{\partial x^2}\right)_{i,j} + \cdots \tag{3.7.4}$$

$$\varphi_{i,j-1} = \varphi(x_i, y_j - h) = \varphi_{i,j} - h\left(\frac{\partial \varphi}{\partial y}\right)_{i,j} + \frac{h^2}{2}\left(\frac{\partial^2 \varphi}{\partial y^2}\right)_{i,j} - \cdots \tag{3.7.5}$$

$$\varphi_{i,j+1} = \varphi(x_i, y_j + h) = \varphi_{i,j} + h\left(\frac{\partial \varphi}{\partial y}\right)_{i,j} + \frac{h^2}{2}\left(\frac{\partial^2 \varphi}{\partial y^2}\right)_{i,j} + \cdots \tag{3.7.6}$$

将式(3.7.3)与式(3.7.4)相加,并略去比 h^2 更高阶的项,可得

$$\left(\frac{\partial^2 \varphi}{\partial x^2}\right)_{i,j} = \frac{\varphi_{i-1,j} - 2\varphi_{i,j} + \varphi_{i+1,j}}{h^2} \tag{3.7.7}$$

同理,由式(3.7.5)与式(3.7.6),可得到

$$\left(\frac{\partial^2 \varphi}{\partial y^2}\right)_{i,j} = \frac{\varphi_{i,j-1} - 2\varphi_{i,j} + \varphi_{i,j+1}}{h^2} \tag{3.7.8}$$

将式(3.7.7)与式(3.7.8)代入式(3.7.1),可得到节点 (x_i, y_j) 处的差分方程

$$\varphi_{i,j} = \frac{1}{4}(\varphi_{i-1,j} + \varphi_{i,j-1} + \varphi_{i+1,j} + \varphi_{i,j+1}) \tag{3.7.9}$$

这就是二维拉普拉斯方程的差分格式,它将场域内任一点的位函数值表示为周围直接相邻的四个节点上位函数值的平均值。这一关系式对场域内的每一个节

点都成立，也就是说，对场域内的每一个节点都可以列出一个式(3.7.9)形式的差分方程，所有节点的差分方程构成联立差分方程组。

已知的边界条件经离散化后成为边界节点上的已知数值。若场域的边界正好落在网格节点上，则将这些节点赋予边界上的位函数值。一般情况下，场域的边界不一定正好落在网格节点上，最简单的近似处理就是将最靠近边界的节点作为边界节点，并将位函数的边界值赋予这些节点。

3.7.2 差分方程的求解方法

在求解实际问题时，为了达到足够的精度，需将网格划分得充分细，节点的个数很多，联立差分方程的数目很大。因此，通常应用迭代法求解差分方程组。

1. 简单迭代法

这一方法的求解过程是，先对场域内的节点赋予迭代初值 $\varphi_{i,j}^{(0)}$，这里上标(0)表示0次(初始)近似值。然后再按

$$\varphi_{i,j}^{(k+1)}=\frac{1}{4}\left[\varphi_{i-1,j}^{(k)}+\varphi_{i,j-1}^{(k)}+\varphi_{i+1,j}^{(k)}+\varphi_{i,j+1}^{(k)}\right](i,j=1,2,\cdots)\qquad(3.7.10)$$

进行反复迭代($k=0,1,2,\cdots$)。若当第 N 次迭代以后，所有内节点的相邻两次迭代值之间的最大误差不超过允许范围，即

$$\max_{i,j}\left|\varphi_{i,j}^{(N)}-\varphi_{i,j}^{(N-1)}\right|<W\qquad(3.7.11)$$

这里 W 是预定的允许误差，此时即可终止迭代，并将第 N 次迭代结果作为内节点上电位的最终数值解。

初值的赋予可以是任意的，但较好地估计初值往往可以较快地求得解答。在赋予初值后，按一个固定的顺序(通常的顺序是从左到右，从下到上)依次计算各个节点的电位值。当所有的节点都算完后，用它们的新值代替旧值，即完成一次迭代。简单迭代法的特点是用前一次迭代得到的节点电位值作为下一次迭代的初值。

例 3.7.1 有一个无限长直的金属槽，截面为正方形，两侧面及底板接地，上盖板与侧面绝缘，其上的电位为 $\varphi=100\ \text{V}$，试用有限差分法计算槽内的电位。

解： 如图 3.7.2 所示，将场域划分为 16 个网格，共有 25 个节点，其中 16 个边界节点的电位值是已知的，要计算的是 9 个内节点的电位值。

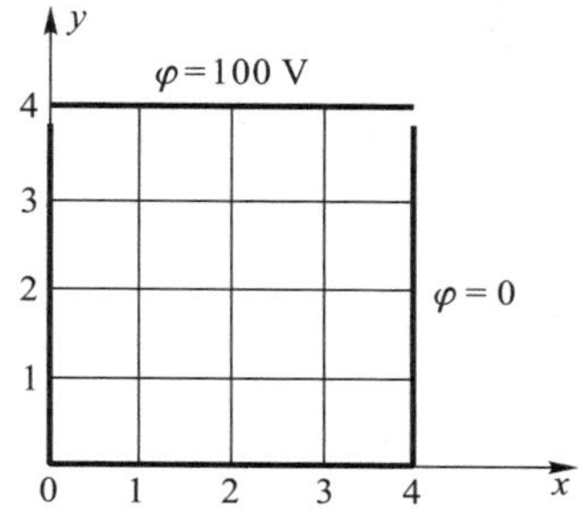

图 3.7.2 例 3.7.1 的网格划分

设内节点上电位的初始迭代值为

$$\begin{cases}\varphi_{1,1}^{(0)}=\varphi_{2,1}^{(0)}=\varphi_{3,1}^{(0)}=25\\ \varphi_{1,2}^{(0)}=\varphi_{2,2}^{(0)}=\varphi_{3,2}^{(0)}=50\\ \varphi_{1,3}^{(0)}=\varphi_{2,3}^{(0)}=\varphi_{3,3}^{(0)}=75\end{cases} \tag{3.7.12}$$

代入式(3.7.10),得到内节点上电位的一次迭代值

$$\varphi_{1,1}^{(1)}=18.75,\quad \varphi_{2,1}^{(1)}=25,\quad \varphi_{3,1}^{(1)}=18.75$$

$$\varphi_{1,2}^{(1)}=37.5,\quad \varphi_{2,2}^{(1)}=50,\quad \varphi_{3,2}^{(1)}=37.5$$

$$\varphi_{1,3}^{(1)}=56.25,\quad \varphi_{2,3}^{(1)}=75,\quad \varphi_{3,3}^{(1)}=56.25$$

将此一次迭代值代入式(3.7.10),得到内节点上电位的二次迭代值

$$\varphi_{1,1}^{(2)}=15.625,\quad \varphi_{2,1}^{(2)}=21.875,\quad \varphi_{3,1}^{(2)}=15.625$$

$$\varphi_{1,2}^{(2)}=31.25,\quad \varphi_{2,2}^{(2)}=43.75,\quad \varphi_{3,2}^{(2)}=31.25$$

$$\varphi_{1,3}^{(2)}=53.125,\quad \varphi_{2,3}^{(2)}=65.625,\quad \varphi_{3,3}^{(2)}=53.125$$

照此迭代下去,计算到 $\varphi_{i,j}^{(28)}$ 时,发现 $\max\limits_{i,j}\left|\varphi_{i,j}^{(28)}-\varphi_{i,j}^{(27)}\right|$ 小于 10^{-3}。认为满足精度要求,故可取 $\varphi_{i,j}^{(28)}$ 作为内节点上电位的最终近似值,则有

$$\varphi_{1,1}=7.144,\quad \varphi_{2,1}=9.823,\quad \varphi_{3,1}=7.144,$$

$$\varphi_{1,2}=18.751,\quad \varphi_{2,2}=25.002,\quad \varphi_{3,2}=18.751,$$

$$\varphi_{1,3}=42.857,\quad \varphi_{2,3}=52.680,\quad \varphi_{3,3}=42.857$$

2. 超松弛迭代法

简单迭代法的收敛速度较慢,为了加快收敛速度,实际中常采用超松弛迭代法。这一方法采用了变化量加权迭代,其迭代过程为

$$\varphi_{i,j}^{(k+1)}=\varphi_{i,j}^{(k)}+\alpha\left[\widetilde{\varphi}_{i,j}^{(k+1)}-\varphi_{i,j}^{(k)}\right] \tag{3.7.13}$$

其中

$$\widetilde{\varphi}_{i,j}^{(k+1)}=\frac{1}{4}\left[\varphi_{i-1,j}^{(k+1)}+\varphi_{i,j-1}^{(k+1)}+\varphi_{i+1,j}^{(k)}+\varphi_{i,j+1}^{(k)}\right] \tag{3.7.14}$$

可以看出,与简单迭代法相比,超松弛迭代法有两点重要的改进:第一是计

算每个节点时，把刚才计算得到的邻近点的电位新值代入，即在计算节点（x_i，y_j）的电位时，把它左边的节点（x_{i-1}，y_j）和下边的节点（x_i，y_{j-1}）的电位用刚得到的新值代入。第二，式（3.7.13）所表示的迭代值的增量就是要求方程局部达到平衡时应满足的量，且加入了松弛因子 α，以加快收敛。

松弛因子的取值范围在 1 与 2 之间。存在一个最佳松弛因子 α_{opt}，称为最佳收敛因子，当 $\alpha=\alpha_{\text{opt}}$时，迭代过程收敛速度最快。一般情况下，如何选择 α_{opt}是一个很复杂的问题。对于正方形区域划分为正方形网格时，每边的节点数为 p，则最佳收敛因子为

$$\alpha_{\text{opt}} = \frac{2}{1+\sin\left(\dfrac{\pi}{p-1}\right)} \tag{3.7.15}$$

采用超松弛迭代法来求解例 3.7.1，由式（3.7.15）可得 $\alpha_{\text{opt}}=1.17$。仍然取式（3.7.12）作为初始迭代值，代入式（3.7.13）和式（3.7.14）进行迭代运算。经过 10 次迭代就能达到相邻两次迭代值的最大绝对误差小于 10^{-3}。

—思 考 题—

3.1 电位是如何定义的？$\boldsymbol{E}=-\nabla\varphi$ 中的负号的意义是什么？

3.2 “如果空间某一点的电位为零，则该点的电场强度也为零”，这种说法正确吗？为什么？

3.3 “如果空间某一点的电场强度为零，则该点的电位为零”，这种说法正确吗？为什么？

3.4 求解电位函数的泊松方程或拉普拉斯方程时，边界条件有何意义？

3.5 电容是如何定义的？写出计算电容的基本步骤。

3.6 多导体系统的部分电容是如何定义的？试以考虑地面影响时的平行双导线为例，说明部分电容与等效电容的含义。

3.7 计算静电场能量的公式 $W_e=\dfrac{1}{2}\int_V\rho\varphi\mathrm{d}V$ 和 $W_e=\dfrac{1}{2}\int_V\boldsymbol{E}\cdot\boldsymbol{D}\mathrm{d}V$ 之间有何联系？在什么条件下二者是一致的？

3.8 什么叫广义坐标和广义力？你了解虚位移的含义吗？

3.9 恒定电场基本方程的微分形式所表征的恒定电场性质是什么？

3.10 恒定电场与静电场比拟的理论根据是什么？静电比拟的条件又是

什么？

3.11 什么是矢量磁位 $\boldsymbol{A}$ 和标量磁位 φ_m？简要叙述在恒定磁场分析中引入 $\boldsymbol{A}$ 和 φ_m 的优点。

3.12 如何定义电感？你会计算平行双线、同轴线的电感吗？

3.13 写出用磁场矢量 $\boldsymbol{B}$、$\boldsymbol{H}$ 表示的计算磁场能量的公式。

3.14 在保持磁链不变的条件下，如何计算磁场力？若是保持电流不变，又如何计算磁场力呢？两种条件下得到的结果是相同的吗？

3.15 什么是静态场的边值问题？用文字叙述第一类、第二类及第三类边值问题。

3.16 用文字叙述静态场解的唯一性定理，并简要说明它的重要意义。

3.17 什么是镜像法？其理论根据是什么？

3.18 如何正确确定镜像电荷的分布？

3.19 什么是分离变量法？在什么条件下，它对求解位函数的拉普拉斯方程有用？

3.20 在直角坐标系的分离变量法中，分离常数 k 可以是虚数吗？为什么？

— 习 题 —

3.1 长度为 L 的线电荷，电荷密度为常数 ρ_{l0}。(1) 计算线电荷平分面上的电位函数 φ；(2) 利用直接积分法计算平分面上的 $\boldsymbol{E}$，并用 $\boldsymbol{E}=-\nabla\varphi$ 由(1)验证(2)所得结果。

3.2 点电荷 $q_1=q$ 位于点 $P_1(-a,0,0)$，另一点电荷 $q_2=-2q$，位于点 $P_2(a,0,0)$，求空间的零电位面。

3.3 电场中有一半径为 a 的圆柱体，已知圆柱体内、外的电位函数分别为

$$\varphi_1 = 0 \qquad (\rho \leqslant a)$$

$$\varphi_2 = A\left(\rho - \frac{a^2}{\rho}\right)\cos\phi \qquad (\rho \geqslant a)$$

(1) 求圆柱体内、外的电场强度；(2) 这个圆柱体是什么材料制成的？其表面上有电荷分布吗？试求之。

3.4 已知 $y>0$ 的空间中没有电荷，试判断下列函数中哪些是可能的电位解。(1) $e^{-y}\cosh x$；(2) $e^{-y}\cos x$；(3) $e^{-\sqrt{2}y}\sin x\cos x$；(4) $\sin x\sin y\sin z$。

3.5 一半径为 R_0的介质球，介电常数为 $\varepsilon=\varepsilon_r\varepsilon_0$，其内均匀地分布着体密度为 ρ 的自由电荷，试证明该介质球中心点的电位为$\dfrac{2\varepsilon_r+1}{2\varepsilon_r}\dfrac{\rho}{3\varepsilon_0}R_0^2$。

3.6 电场中有一半径为 a、介电常数为 ε 的介质球，已知球内、外的电位函数分别为

$$\varphi_1=-E_0 r\cos\theta+\frac{\varepsilon-\varepsilon_0}{\varepsilon+2\varepsilon_0}a^3E_0\frac{\cos\theta}{r^2}\quad(r\geqslant a)$$

$$\varphi_2=-\frac{3\varepsilon_0}{\varepsilon+2\varepsilon_0}E_0 r\cos\theta\quad(r\leqslant a)$$

试验证介质球表面上的边界条件，并计算介质球表面上的束缚电荷密度。

3.7 两块无限大导体平板分别置于 $x=0$ 和 $x=d$ 处，板间充满电荷，其体电荷密度为$\rho=\dfrac{\rho_0 x}{d}$，极板的电位分别设为 0 和 U_0，如图题 3.7 所示，求两导体板之间的电位和电场强度。

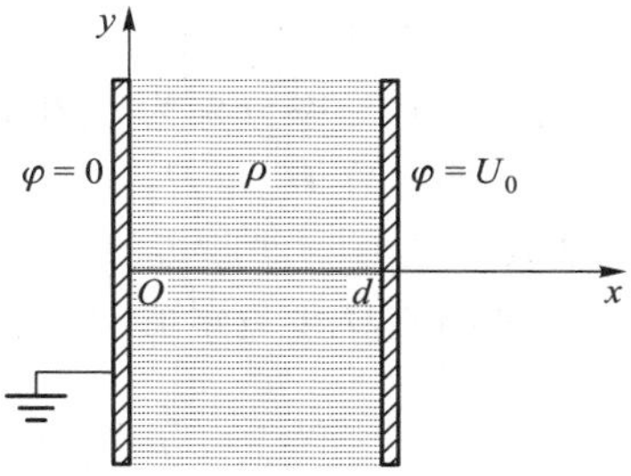

图题 3.7

3.8 试证明：同轴线单位长度的静电储能 $W_e=\dfrac{q_l^2}{2C}$，式中 q_l为单位长度上的电荷量，C 为单位长度上的电容。

3.9 有一半径为 a、带电荷量 q 的导体球，其球心位于介电常数分别为 ε_1和 ε_2的两种介质分界面上，设该分界面为无限大平面。试求：(1) 导体球的电容；(2) 总的静电能量。

3.10 两平行的金属板，板间距离为 d，竖直地插入介电常数为 ε 的液态介质中，两板间加电压 U_0，试证明液面升高

$$h=\frac{1}{2\rho g}(\varepsilon-\varepsilon_0)\left(\frac{U_0}{d}\right)^2$$

式中的 ρ 为液体的质量密度，g 为重力加速度。

3.11 同轴电缆的内导体半径为 a，外导体半径为 c；内、外导体之间填充两层有损耗介质，其介电常数分别为 ε_1 和 ε_2，电导率分别为 σ_1和 σ_2，两层介质的分界面为同轴圆柱面，分界面半径为 b。当外加电压 U_0时，试求：(1) 介质中的电流密度和电场强度分布；(2) 同轴电缆单位长度的电容及漏电阻。

3.12 在电导率为 σ 的无限大均匀介质内，有两个半径分别为 R_1 和 R_2 的理想导体小球，两小球之间的距离为 d（设 $d \gg R_1$、$d \gg R_2$），试求两个小导体球面之间的电阻。（注：只需求一级近似解）。

3.13 在一块厚度为 d 的导体板上，由两个半径分别为 r_1 和 r_2 的圆弧和夹角为 α 的两半径割出的一块扇形体，如图题 3.13 所示。试求：(1) 沿导体板厚度方向的电阻；(2) 两圆弧面间的电阻；(3) 沿 α 方向的两电极间的电阻。设导体板的电导率为 σ。

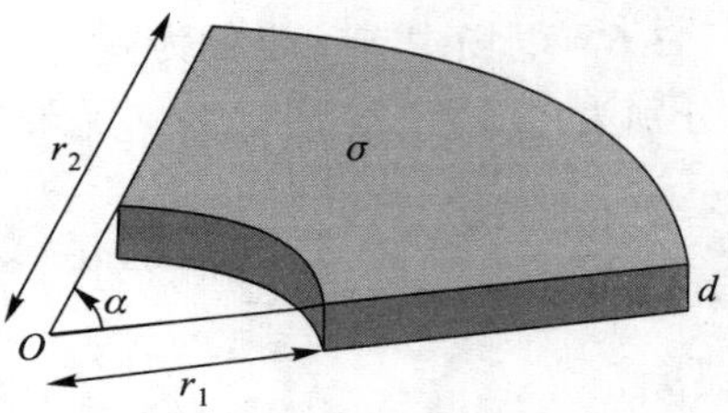

图题 3.13

3.14 有用圆柱坐标系表示的电流分布 $\boldsymbol{J}(\rho)=\boldsymbol{e}_z\rho J_0(\rho \leqslant a)$，试求矢量磁位 $\boldsymbol{A}$ 和磁感应强度 $\boldsymbol{B}$。

3.15 已知一个平面电流回路在真空中产生的磁场强度为 $\boldsymbol{H}_0$，若此平面电流回路位于磁导率分别为 μ_1 和 μ_2 的两种均匀磁介质的分界面上，试求两种磁介质中的磁场强度 $\boldsymbol{H}_1$ 和 $\boldsymbol{H}_2$。

3.16 长直导线附近有一矩形回路，此回路与导线不共面，如图题 3.16 所示。试证明直导线与矩形回路间的互感为

$$M=-\frac{\mu_0 a}{2\pi}\ln\left\{\frac{R}{\left[2b(R^2-c^2)^{1/2}+b^2+R^2\right]^{1/2}}\right\}$$

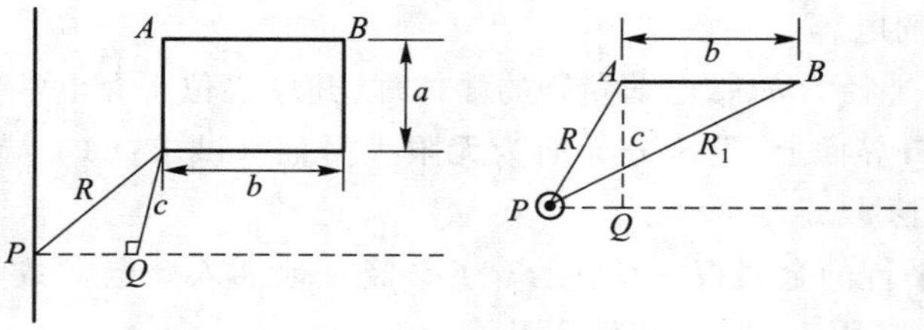

图题 3.16

3.17 同轴圆筒的内、外导体分别是半径为 a 和 b 的薄圆柱面，其厚度可忽略不计。内、外导体间填充有磁导率分别为 μ_1 和 μ_2 的两种磁介质，如图题 3.17 所示。设内、外导体圆柱面中的电流为 I。试求：(1) 同轴圆筒中单位长度所储存的磁场能量；(2) 同轴圆筒单位长度的自感。

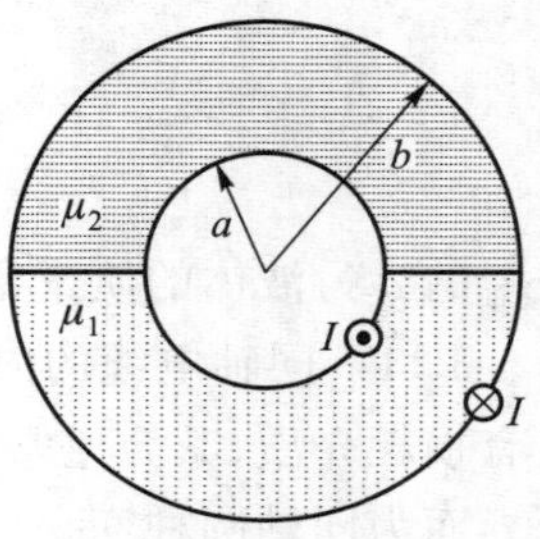

图题 3.17

3.18　一个点电荷 q 与无限大导体平面距离为 d，如果把它移到无穷远处，需要做多少功？

3.19　一个点电荷 q 放在 60°的接地导体角域内的点(1,1,0)处，如图题 3.19 所示。试求：(1) 所有镜像电荷的位置和大小；(2) 点 $P(2,1,0)$ 处的电位。

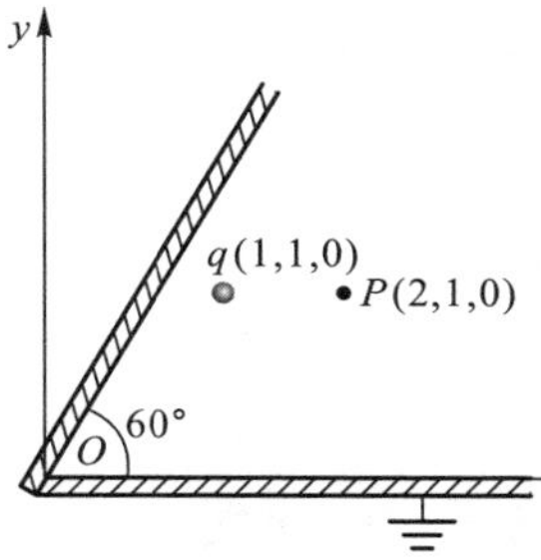

图题 3.19

3.20　一个电荷量为 q、质量为 m 的小带电体，放置在无限大导体平面的下方，与平面相距为 h。欲使带电体受到的静电力恰好与重力相平衡，电荷 q 的量值应为多少？（设 $m=2\times10^{-3}$ kg，$h=0.02$ m）

3.21　一个半径为 R 的导体球带有电荷 Q，在球体外距离球心为 D 处有一个点电荷 q。(1) 求点电荷 q 与导体球之间的静电力；(2) 证明：当 q 与 Q 同号，且 $\frac{Q}{q}<\frac{RD^3}{(D^2-R^2)^2}-\frac{R}{D}$ 成立时，$\boldsymbol{F}$ 表现为吸引力。

3.22　一个半径为 a 的无限长金属圆柱薄壳，平行于地面，其轴线与地面相距为 h。在圆柱薄壳内距轴线为 r_0 处，平行放置一根电荷线密度为 ρ_l 的长直细导线，如图题 3.22 所示。设圆柱薄壳与地面间的电压为 U_0，求金属圆柱薄壳内、外的电位分布。

3.23　如图题 3.23 所示，在 $z<0$ 的下半空间是介电常数为 ε 的电介质，上半空间为空气，距离介质平面 h 处有一点电荷 q。试求：(1) $z>0$ 和 $z<0$ 的两个半空间内的电位分布；(2) 电介质表面上的极化电荷密度，并证明表面上的极化电荷总量等于镜像电荷 q'。

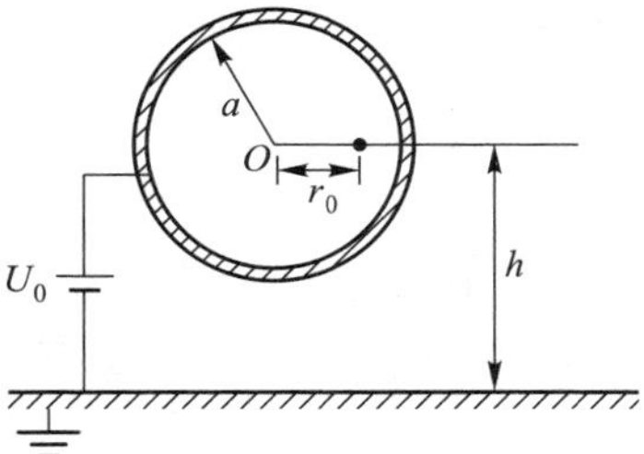

图题 3.22

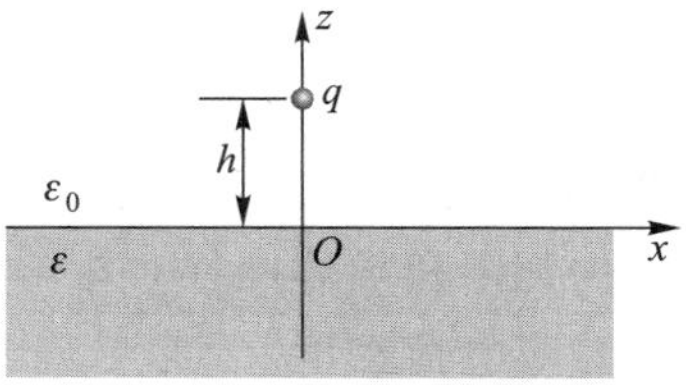

图题 3.23

3.24　磁导率分别为 μ_1 和 μ_2 的两种磁介质的分界面为无限大平面，在磁介质 1 中，有一个半径为 a、载电流为 I 的细导线圆环，与分界面平行且相距为 h，如图题 3.24 所示。设$h \gg a$,试求细导线圆环所受的磁场力。

3.25　平行双线传输线的半径为 a,线间距为 d。在传输线下方 h 处放置相对磁导率为μ_r的铁磁性平板,如图题 3.25 所示。设 $a \ll h$、$a \ll d$,试求此传输线单位长度的外自感。

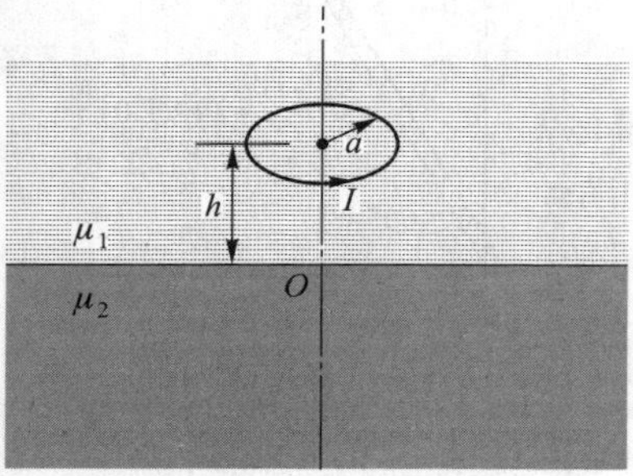

图题 3.24

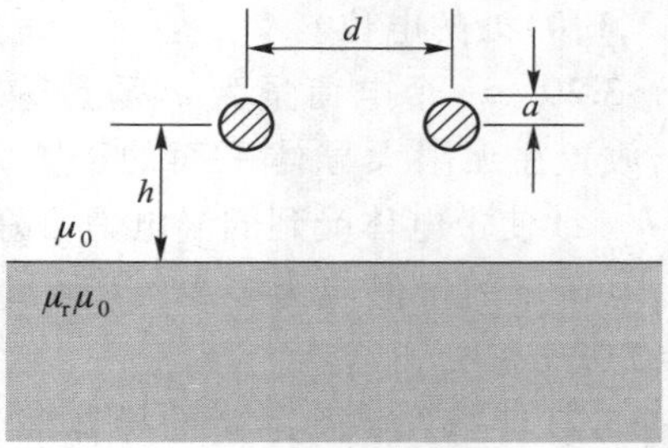

图题 3.25

3.26　如图题 3.26 所示的导体槽,底面保持电位 U_0,两个侧面的电位皆为零,试求槽内的电位分布。

3.27　如图题 3.27 所示,两块无限大接地导体板,两板之间有一与 z 轴平行的线电荷 q_l,其位置为$(0,d)$,求板间的电位分布。

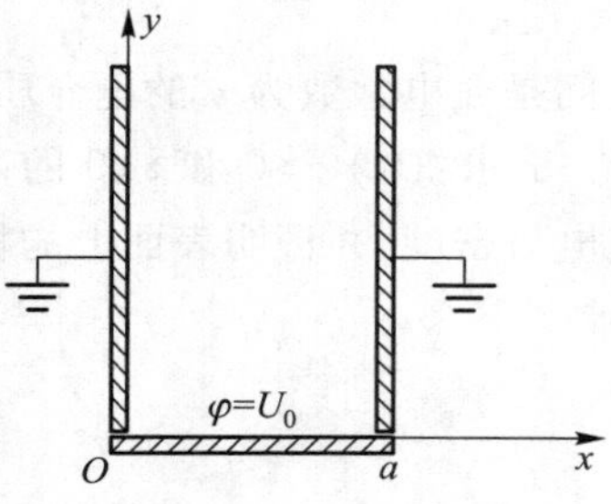

图题 3.26

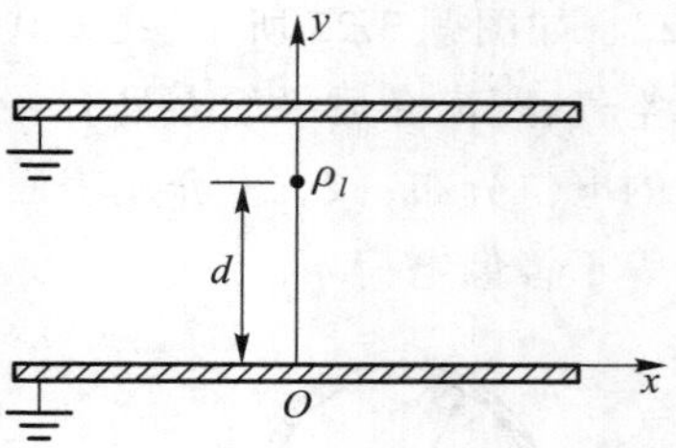

图题 3.27

3.28　如图题 3.28 所示,在均匀电场 $\boldsymbol{E}_0 = \boldsymbol{e}_x E_0$ 中垂直于电场方向放置一根半径为 a 的无限长导体圆柱。求导体圆柱外的电位和电场强度,并求导体圆柱表面上的感应电荷密度。

3.29　如图题 3.29 所示,一个半径为 b、无限长的薄导体圆柱面被分割成 4 个 1/4 圆柱面,彼此绝缘。其中,第二象限和第四象限的 1/4 圆柱面接地,第一象限和第三象限的 1/4 圆柱面分别保持电位 U_0 和 $-U_0$,试求圆柱面内的电位函数。

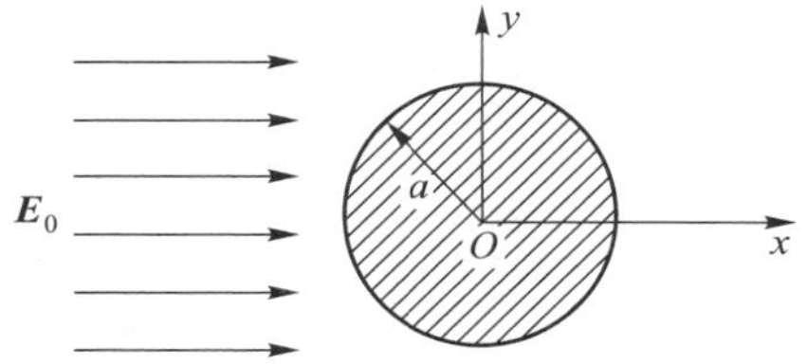

图题 3.28

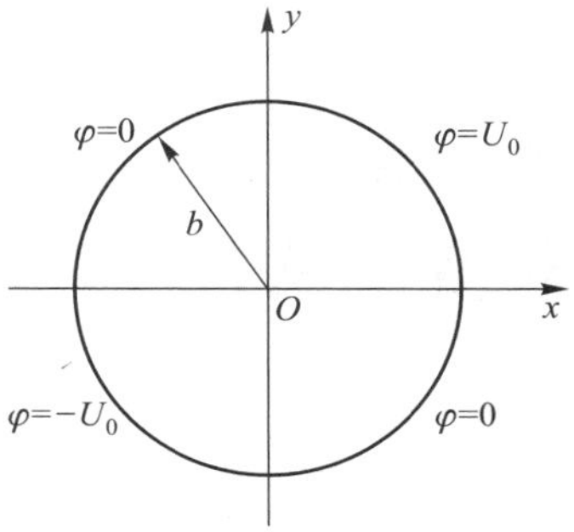

图题 3.29

3.30　如图题 3.30 所示，一无限长介质圆柱的半径为 a、介电常数为 ε，在距离轴线 r_0 处（$r_0>a$）有一与圆柱平行的无限长线电荷 ρ_l，试求空间各部分的电位。

3.31　如图题 3.31 所示，无限大的介质外加均匀电场 $\boldsymbol{E}_0=\boldsymbol{e}_zE_0$，在介质中有一个半径为 a 的球形空腔，求空腔内、外的电场强度和空腔表面的极化电荷密度。

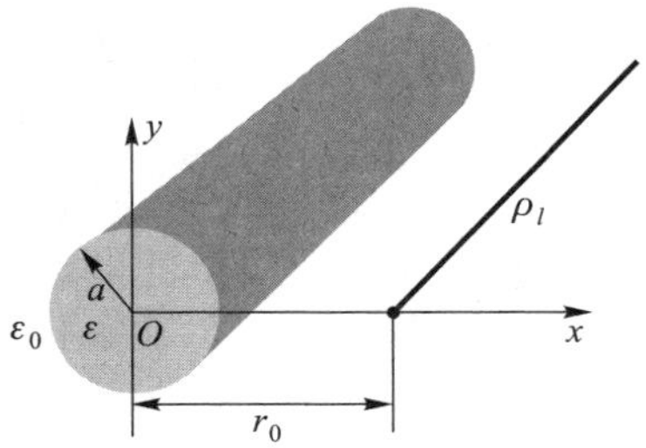

图题 3.30

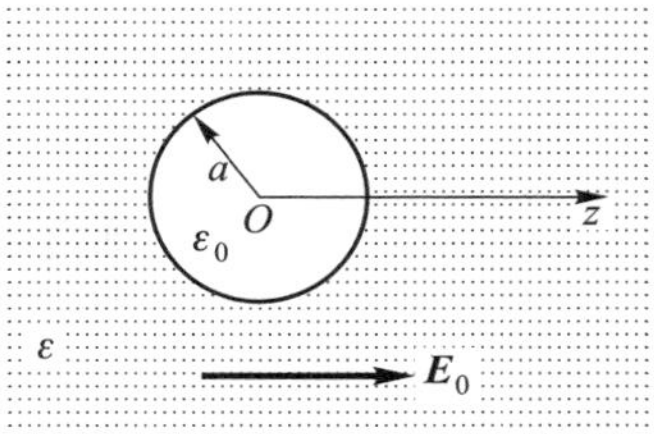

图题 3.31

第 3 章部分习题答案

第 4 章

时变电磁场

在时变的情况下,电场和磁场相互激励,在空间形成电磁波,时变电磁场的能量以电磁波的形式进行传播。电磁场的波动方程描述了电磁场的波动性,本章首先对电磁场的波动方程进行讨论。

在时变电磁场的情况下,也可以引入辅助位函数来描述电磁场,使一些复杂问题的分析求解过程得以简化。本章对时变电磁场的位函数及其微分方程进行了讨论。

电磁能量一如其他能量服从能量守恒原理,本章将讨论电磁场的能流和表征电磁场能量守恒关系的坡印廷定理。

本章在最后讨论了随时间按正弦函数变化的时变电磁场,这种时变电磁场称为时谐电磁场或正弦电磁场。

4.1 波动方程

由麦克斯韦方程可以建立电磁场的波动方程,它揭示了时变电磁场的运动规律,即电磁场的波动性。下面建立线性、各向同性的均匀无损耗($\sigma=0$)媒质中电磁场的波动方程。

在线性、各向同性的均匀无损耗($\sigma=0$)媒质中,$\boldsymbol{E}$ 和 $\boldsymbol{H}$ 满足的麦克斯韦方程为

$$\nabla \times \boldsymbol{H} = \boldsymbol{J} + \varepsilon \frac{\partial \boldsymbol{E}}{\partial t} \tag{4.1.1}$$

$$\nabla \times \boldsymbol{E} = -\mu \frac{\partial \boldsymbol{H}}{\partial t} \tag{4.1.2}$$

$$\nabla \cdot \boldsymbol{H} = 0 \tag{4.1.3}$$

$$\nabla \cdot \boldsymbol{E} = \frac{\rho}{\varepsilon} \tag{4.1.4}$$

对式(4.1.2)两边取旋度,有

$$\nabla \times (\nabla \times \boldsymbol{E}) = -\mu \frac{\partial}{\partial t}(\nabla \times \boldsymbol{H})$$

将式(4.1.1)代入上式,得到

$$\nabla \times (\nabla \times \boldsymbol{E}) + \mu\varepsilon \frac{\partial^2 \boldsymbol{E}}{\partial t^2} = -\mu \frac{\partial \boldsymbol{J}}{\partial t}$$

利用矢量恒等式 $\nabla\times(\nabla\times\boldsymbol{E}) = \nabla(\nabla\cdot\boldsymbol{E}) - \nabla^2\boldsymbol{E}$ 和式(4.1.4),可得到

$$\nabla^2 \boldsymbol{E} - \mu\varepsilon \frac{\partial^2 \boldsymbol{E}}{\partial t^2} = \mu \frac{\partial \boldsymbol{J}}{\partial t} + \frac{1}{\varepsilon} \nabla\rho \tag{4.1.5}$$

此式即为电场强度矢量 $\boldsymbol{E}$ 满足的波动方程。

对式(4.1.1)两边取旋度,再将式(4.1.2)代入,可得到磁场强度矢量 $\boldsymbol{H}$ 满足的波动方程为

$$\nabla^2 \boldsymbol{H} - \mu\varepsilon \frac{\partial^2 \boldsymbol{H}}{\partial t^2} = \nabla \times \boldsymbol{J} \tag{4.1.6}$$

在无源空间中,电流密度和电荷密度处处为零,即 $\rho = 0$、$\boldsymbol{J} = 0$,由式(4.1.5)和式(4.1.6)可得到无源区域中电场强度矢量 $\boldsymbol{E}$ 和磁场强度矢量 $\boldsymbol{H}$ 满足的波动方程分别为

$$\nabla^2 \boldsymbol{E} - \mu\varepsilon \frac{\partial^2 \boldsymbol{E}}{\partial t^2} = 0 \tag{4.1.7}$$

$$\nabla^2 \boldsymbol{H} - \mu\varepsilon \frac{\partial^2 \boldsymbol{H}}{\partial t^2} = 0 \tag{4.1.8}$$

在直角坐标系中,波动方程可以分解为三个标量方程,每个方程中只含有一个场分量。例如,式(4.1.7)可以分解为

$$\frac{\partial^2 E_x}{\partial x^2} + \frac{\partial^2 E_x}{\partial y^2} + \frac{\partial^2 E_x}{\partial z^2} - \mu\varepsilon \frac{\partial^2 E_x}{\partial t^2} = 0 \tag{4.1.9}$$

$$\frac{\partial^2 E_y}{\partial x^2} + \frac{\partial^2 E_y}{\partial y^2} + \frac{\partial^2 E_y}{\partial z^2} - \mu\varepsilon \frac{\partial^2 E_y}{\partial t^2} = 0 \tag{4.1.10}$$

$$\frac{\partial^2 E_z}{\partial x^2} + \frac{\partial^2 E_z}{\partial y^2} + \frac{\partial^2 E_z}{\partial z^2} - \mu\varepsilon \frac{\partial^2 E_z}{\partial t^2} = 0 \tag{4.1.11}$$

在其他坐标系中分解得到的三个标量方程都具有复杂的形式。

波动方程的解是在空间中传播的电磁波,研究电磁波的传播问题可以归结为在给定的边界条件和初始条件下求无源波动方程式(4.1.7)和式(4.1.8)的解。在有源的区域中,由式(4.1.5)和式(4.1.6)可见,电场强度矢量 $\boldsymbol{E}$ 和磁场强度矢量 $\boldsymbol{H}$ 与源的关系比较复杂,直接求解式(4.1.5)和式(4.1.6)通常是很困难的。

— 4.2 电磁场的位函数 —

在静态场中引入了标量电位来描述电场,引入了矢量磁位或标量磁位来描述磁场,使对电场和磁场的分析得到很大程度的简化。对于时变电磁场,也可以引入位函数来描述,使问题的分析得到简化。

4.2.1 矢量位和标量位

由于磁场 $\boldsymbol{B}$ 的散度恒等于零,即 $\nabla \cdot \boldsymbol{B}=0$,因此可以将磁场 $\boldsymbol{B}$ 表示为一个矢量函数 $\boldsymbol{A}$ 的旋度,即

$$\boldsymbol{B} = \nabla \times \boldsymbol{A} \tag{4.2.1}$$

式中的矢量函数 $\boldsymbol{A}$ 称为电磁场的矢量位,单位是 T · m(特斯拉 · 米)。

将式(4.2.1)代入方程 $\nabla\times\boldsymbol{E}=-\dfrac{\partial \boldsymbol{B}}{\partial t}$,有

$$\nabla \times \boldsymbol{E} = -\frac{\partial}{\partial t}(\nabla \times \boldsymbol{A})$$

即

$$\nabla \times \left(\boldsymbol{E} + \frac{\partial \boldsymbol{A}}{\partial t}\right) = 0$$

这表明 $\boldsymbol{E}+\dfrac{\partial \boldsymbol{A}}{\partial t}$是无旋的,可以用一个标量函数 φ 的梯度来表示,即

$$\boldsymbol{E} + \frac{\partial \boldsymbol{A}}{\partial t} = -\nabla\varphi \tag{4.2.2}$$

式中的标量函数 φ 称为电磁场的标量位,单位是 V(伏)。由式(4.2.2)可将电场强度矢量 $\boldsymbol{E}$ 用矢量位 $\boldsymbol{A}$ 和标量位 φ 表示为

$$\boldsymbol{E} = -\frac{\partial \boldsymbol{A}}{\partial t} - \nabla\varphi \tag{4.2.3}$$

由式(4.2.1)和式(4.2.3)定义的矢量位和标量位并不是唯一的,也就是说,对于同样的 $\boldsymbol{E}$ 和 $\boldsymbol{B}$,除了可用一组 $\boldsymbol{A}$ 和 φ 来表示外,还存在另外的 $\boldsymbol{A}'$和 φ',使得 $\boldsymbol{B}=\nabla\times\boldsymbol{A}'$和 $\boldsymbol{E}=-\dfrac{\partial \boldsymbol{A}'}{\partial t}-\nabla\varphi'$。实际上,设 ψ 为任意标量函数,令

$$\begin{cases} \boldsymbol{A}' = \boldsymbol{A} + \nabla\psi \\ \varphi' = \varphi - \dfrac{\partial\psi}{\partial t} \end{cases} \tag{4.2.4}$$

则有

$$\nabla \times \boldsymbol{A}' = \nabla \times \boldsymbol{A} + \nabla \times (\nabla\psi) = \nabla \times \boldsymbol{A} = \boldsymbol{B}$$

$$-\frac{\partial \boldsymbol{A}'}{\partial t} - \nabla\varphi' = -\frac{\partial}{\partial t}(\boldsymbol{A} + \nabla\psi) - \nabla\left(\varphi - \frac{\partial\psi}{\partial t}\right) = -\frac{\partial \boldsymbol{A}}{\partial t} - \nabla\varphi = \boldsymbol{E}$$

由于 ψ 为任意标量函数,所以由式(4.2.4)定义的 $\boldsymbol{A}'$和 φ'有无穷多组。出现这种现象的原因在于确定一个矢量场需要同时规定该矢量场的散度和旋度,而式(4.2.1)只规定了矢量位 $\boldsymbol{A}$ 的旋度,没有规定矢量位 $\boldsymbol{A}$ 的散度。因此,通过适当地规定矢量位 $\boldsymbol{A}$ 的散度,不仅可以得到唯一的 $\boldsymbol{A}$ 和 φ,而且还可以使问题的求解得以简化。在电磁场工程中,通常规定矢量位 $\boldsymbol{A}$ 的散度为

$$\nabla \cdot \boldsymbol{A} = -\mu\varepsilon \frac{\partial\varphi}{\partial t} \tag{4.2.5}$$

此式称为洛伦兹条件。

4.2.2 达朗贝尔方程

在线性、各向同性的均匀媒质中,将 $\boldsymbol{B} = \nabla\times\boldsymbol{A}$ 和 $\boldsymbol{E} = -\dfrac{\partial \boldsymbol{A}}{\partial t} - \nabla\varphi$ 代入方程 $\nabla\times\boldsymbol{H} = \boldsymbol{J} + \varepsilon\dfrac{\partial \boldsymbol{E}}{\partial t}$,则有

$$\nabla \times \nabla \times \boldsymbol{A} = \mu \boldsymbol{J} - \mu\varepsilon \frac{\partial^2 \boldsymbol{A}}{\partial t^2} - \mu\varepsilon \nabla\left(\frac{\partial\varphi}{\partial t}\right)$$

利用矢量恒等式 $\nabla\times\nabla\times\boldsymbol{A} = \nabla(\nabla\cdot\boldsymbol{A}) - \nabla^2\boldsymbol{A}$,可得到

$$\nabla^2\boldsymbol{A} - \mu\varepsilon\frac{\partial^2 \boldsymbol{A}}{\partial t^2} - \nabla\left[\nabla\cdot\boldsymbol{A} + \mu\varepsilon\left(\frac{\partial\varphi}{\partial t}\right)\right] = -\mu\boldsymbol{J} \tag{4.2.6}$$

同样,将 $\boldsymbol{E} = -\dfrac{\partial \boldsymbol{A}}{\partial t} - \nabla\varphi$ 代入 $\nabla\cdot\boldsymbol{E} = \dfrac{1}{\varepsilon}\rho$,可得到

$$\nabla^2\varphi + \frac{\partial}{\partial t}(\nabla\cdot\boldsymbol{A}) = -\frac{1}{\varepsilon}\rho \tag{4.2.7}$$

式(4.2.6)和式(4.2.7)是关于 $\boldsymbol{A}$ 和 φ 的一组耦合微分方程,可通过适当地规定矢量位 $\boldsymbol{A}$ 的散度来加以简化。利用洛伦兹条件(4.2.5),由式(4.2.6)和式(4.2.7)可得到

$$\nabla^2 \boldsymbol{A} - \mu\varepsilon \frac{\partial^2 \boldsymbol{A}}{\partial t^2} = -\mu \boldsymbol{J} \tag{4.2.8}$$

$$\nabla^2 \varphi - \mu\varepsilon \frac{\partial^2 \varphi}{\partial t^2} = -\frac{1}{\varepsilon}\rho \tag{4.2.9}$$

式(4.2.8)和式(4.2.9)就是在洛伦兹条件下,矢量位 $\boldsymbol{A}$ 和标量位 φ 所满足的微分方程,称为达朗贝尔方程。

由式(4.2.8)和式(4.2.9)可知,采用洛伦兹条件使得矢量位 $\boldsymbol{A}$ 和标量位 φ 分离在两个独立的方程中,且矢量位 $\boldsymbol{A}$ 仅与电流密度 $\boldsymbol{J}$ 有关,而标量位 φ 仅与电荷密度 ρ 有关。当已知电流分布和电荷分布时,可分别由式(4.2.8)和式(4.2.9)求出矢量位 $\boldsymbol{A}$ 和标量位 φ,再由式(4.2.1)和式(4.2.3)即可求得 $\boldsymbol{B}$ 和 $\boldsymbol{E}$。

如果不采用洛伦兹条件,而选择另外的 $\nabla \cdot \boldsymbol{A}$,则矢量位 $\boldsymbol{A}$ 和标量位 φ 满足的方程将不同于式(4.2.8)和式(4.2.9),其解也不相同,但最终由 $\boldsymbol{A}$ 和 φ 求出的 $\boldsymbol{E}$ 和 $\boldsymbol{B}$ 是相同的。

— 4.3 电磁能量守恒定律 —

电场和磁场都具有能量,在线性、各向同性的媒质中,电场能量密度 w_e 与磁场能量密度 w_m 分别为

$$w_e = \frac{1}{2}\boldsymbol{E} \cdot \boldsymbol{D} \tag{4.3.1}$$

$$w_m = \frac{1}{2}\boldsymbol{H} \cdot \boldsymbol{B} \tag{4.3.2}$$

在时变电磁场中,电磁场的能量密度 w 等于电场能量密度 w_e 与磁场能量密度 w_m 之和,称为电磁能量密度,即

$$w = w_e + w_m = \frac{1}{2}\boldsymbol{E} \cdot \boldsymbol{D} + \frac{1}{2}\boldsymbol{H} \cdot \boldsymbol{B} \tag{4.3.3}$$

当场随时间变化时,空间各点的电磁能量密度也要随时间改变,从而引起电磁能量流动。为了描述电磁能量的流动状况,引入了电磁能流密度矢量,其方向表示电磁能量的流动方向,其大小表示单位时间内穿过与能量流动方向相垂直的单位面积的电磁能量。电磁能流密度矢量又称为坡印廷矢量,用 $\boldsymbol{S}$ 表示,其单位为 W/m^2(瓦/米^2)。单位时间内流过面积 S 的电磁能量为 $\int_S \boldsymbol{S} \cdot d\boldsymbol{S}$。

电磁能量一如其他能量服从能量守恒原理。下面将讨论表征电磁能量守恒关系的坡印廷定理,以及描述电磁能量流动的坡印廷矢量的表达式。

电荷受到电磁场的作用力会产生运动,因此电磁场就会对电荷做功,这时电磁能量转换成其他形式的能量。设处于电磁场中的电荷 q 以速度 $\boldsymbol{v}$ 运动,则电荷 q 受到的电磁力 $\boldsymbol{F}=q\boldsymbol{E}+q\boldsymbol{v}\times\boldsymbol{B}$,所以电磁场对电荷 q 做功的功率为 $P=\boldsymbol{F}\cdot\boldsymbol{v}=q\boldsymbol{v}\cdot\boldsymbol{E}$。对于连续分布的电荷,电磁场对单位体积电荷做功的功率 $p=\rho\boldsymbol{v}\cdot\boldsymbol{E}=\boldsymbol{J}\cdot\boldsymbol{E}$,对体积 V 中的所有电荷做功的功率则为

$$P=\int_V p\,\mathrm{d}V=\int_V \boldsymbol{J}\cdot\boldsymbol{E}\,\mathrm{d}V$$

设在区域 V 中电磁场的能量随时间减少,由于能量必须守恒,所以减少的能量不会消失,它或者因对区域 V 中的电荷做功而损耗,也可能通过边界 S 流出了区域 V,即

减少的电磁能量 = 损耗的电磁能量 + 流出的电磁能量

其中:单位时间内减少的电磁能量为 $-\dfrac{\mathrm{d}}{\mathrm{d}t}\displaystyle\int_V w\,\mathrm{d}V$,单位时间内损耗的电磁能量为 $\displaystyle\int_V \boldsymbol{J}\cdot\boldsymbol{E}\,\mathrm{d}V$,单位时间内流出的电磁能量为 $\displaystyle\oint_S \boldsymbol{S}\cdot\mathrm{d}\boldsymbol{S}$,于是得到

$$-\frac{\mathrm{d}}{\mathrm{d}t}\int_V w\,\mathrm{d}V=\int_V \boldsymbol{J}\cdot\boldsymbol{E}\,\mathrm{d}V+\oint_S \boldsymbol{S}\cdot\mathrm{d}\boldsymbol{S} \tag{4.3.4}$$

这就是电磁能量守恒定理,称为坡印廷定理。

坡印廷定理可由麦克斯韦方程组推导出来。假设闭合面 S 包围的体积 V 中无外加源,媒质是线性和各向同性的,且参数不随时间变化。分别用 $\boldsymbol{E}$ 点乘方程 $\nabla\times\boldsymbol{H}=\boldsymbol{J}+\dfrac{\partial\boldsymbol{D}}{\partial t}$、$\boldsymbol{H}$ 点乘方程 $\nabla\times\boldsymbol{E}=-\dfrac{\partial\boldsymbol{B}}{\partial t}$,得

$$\boldsymbol{E}\cdot(\nabla\times\boldsymbol{H})=\boldsymbol{E}\cdot\boldsymbol{J}+\boldsymbol{E}\cdot\frac{\partial\boldsymbol{D}}{\partial t}$$

$$\boldsymbol{H}\cdot(\nabla\times\boldsymbol{E})=-\boldsymbol{H}\cdot\frac{\partial\boldsymbol{B}}{\partial t}$$

将以上两式相减,得到

$$\boldsymbol{E}\cdot(\nabla\times\boldsymbol{H})-\boldsymbol{H}\cdot(\nabla\times\boldsymbol{E})=\boldsymbol{E}\cdot\boldsymbol{J}+\boldsymbol{E}\cdot\frac{\partial\boldsymbol{D}}{\partial t}+\boldsymbol{H}\cdot\frac{\partial\boldsymbol{B}}{\partial t}$$

在线性、各向同性的媒质中,当参数不随时间变化时

$$\boldsymbol{H}\cdot\frac{\partial\boldsymbol{B}}{\partial t}=\boldsymbol{H}\cdot\frac{\partial(\mu\boldsymbol{H})}{\partial t}=\frac{1}{2}\,\frac{\partial(\mu\boldsymbol{H}\cdot\boldsymbol{H})}{\partial t}=\frac{\partial}{\partial t}\left(\frac{1}{2}\boldsymbol{H}\cdot\boldsymbol{B}\right)$$

$$\boldsymbol{E}\cdot\frac{\partial \boldsymbol{D}}{\partial t}=\boldsymbol{E}\cdot\frac{\partial(\varepsilon\boldsymbol{E})}{\partial t}=\frac{1}{2}\ \frac{\partial(\varepsilon\boldsymbol{E}\cdot\boldsymbol{E})}{\partial t}=\frac{\partial}{\partial t}\left(\frac{1}{2}\boldsymbol{E}\cdot\boldsymbol{D}\right)$$

于是得到

$$\boldsymbol{E}\cdot(\nabla\times\boldsymbol{H})-\boldsymbol{H}\cdot(\nabla\times\boldsymbol{E})=\frac{\partial}{\partial t}\left(\frac{1}{2}\boldsymbol{H}\cdot\boldsymbol{B}+\frac{1}{2}\boldsymbol{E}\cdot\boldsymbol{D}\right)+\boldsymbol{E}\cdot\boldsymbol{J}$$

再利用矢量恒等式

$$-\nabla\cdot(\boldsymbol{E}\times\boldsymbol{H})=\boldsymbol{E}\cdot(\nabla\times\boldsymbol{H})-\boldsymbol{H}\cdot(\nabla\times\boldsymbol{E})$$

可得到

$$-\nabla\cdot(\boldsymbol{E}\times\boldsymbol{H})=\frac{\partial}{\partial t}\left(\frac{1}{2}\boldsymbol{H}\cdot\boldsymbol{B}+\frac{1}{2}\boldsymbol{E}\cdot\boldsymbol{D}\right)+\boldsymbol{E}\cdot\boldsymbol{J} \tag{4.3.5}$$

在体积 V 上,对式(4.3.5)两端积分,并应用散度定理,即可得到

$$-\frac{\mathrm{d}}{\mathrm{d}t}\int_V\left(\frac{1}{2}\boldsymbol{H}\cdot\boldsymbol{B}+\frac{1}{2}\boldsymbol{E}\cdot\boldsymbol{D}\right)\mathrm{d}V=\int_V\boldsymbol{E}\cdot\boldsymbol{J}\mathrm{d}V+\oint_S(\boldsymbol{E}\times\boldsymbol{H})\cdot\mathrm{d}\boldsymbol{S} \tag{4.3.6}$$

这就是表征电磁能量守恒关系的坡印廷定理。

将式(4.3.6)与式(4.3.4)比较可知,式(4.3.6)左端

$$-\frac{\mathrm{d}}{\mathrm{d}t}\int_V\left(\frac{1}{2}\boldsymbol{H}\cdot\boldsymbol{B}+\frac{1}{2}\boldsymbol{E}\cdot\boldsymbol{D}\right)\mathrm{d}V=-\frac{\mathrm{d}W}{\mathrm{d}t}$$

表示单位时间内体积 V 中减少的电磁场能量;式(4.3.6)右端第一项 $\int_V\boldsymbol{E}\cdot\boldsymbol{J}\mathrm{d}V$ 表示单位时间内电磁场对体积 V 中的电荷做功而消耗的电磁场能量,右端第二项 $\oint_S(\boldsymbol{E}\times\boldsymbol{H})\cdot\mathrm{d}\boldsymbol{S}$ 则表示单位时间内通过曲面 S 从体积 V 内流出的电磁能量,即

$$\oint_S(\boldsymbol{E}\times\boldsymbol{H})\cdot\mathrm{d}\boldsymbol{S}=\oint_S\boldsymbol{S}\cdot\mathrm{d}\boldsymbol{S}$$

因此,将电磁能流密度矢量 $\boldsymbol{S}$ 定义为

$$\boldsymbol{S}=\boldsymbol{E}\times\boldsymbol{H} \tag{4.3.7}$$

若已知某点的 $\boldsymbol{E}$ 和 $\boldsymbol{H}$,由式(4.3.7)即可求出该点的电磁能流密度矢量。

由式(4.3.7)可知,$\boldsymbol{S}$ 既垂直于 $\boldsymbol{E}$ 也垂直于 $\boldsymbol{H}$,在各向同性媒质中,$\boldsymbol{E}$ 和 $\boldsymbol{H}$ 也是相互垂直的,因此 $\boldsymbol{S}$、$\boldsymbol{E}$、$\boldsymbol{H}$ 三者是相互垂直的,且成右旋关系,如图 4.3.1 所示。由于式中的 $\boldsymbol{E}$ 和 $\boldsymbol{H}$ 都是瞬时值,所以能流密度 $\boldsymbol{S}$ 也是瞬时值。

例 4.3.1 同轴线的内导体半径为 a、外导体的内半径为 b,其间填充均匀的理想介质。设内外导体间的电压为 U,导体中流过的电流为 I。(1) 在导体为理想导体的情况下,计算同轴线中传输的功率;(2) 当导体的电导率 σ 为有限值时,计算通过内导体表面进入每单位长度内导体的功率。

解:(1) 在内、外导体为理想导体的情况下,电场和磁场只存在于内、外导

体之间的理想介质中，内、外导体表面的电场无切向分量，只有电场的径向分量。利用高斯定理和安培环路定理，容易求得内外导体之间的电场和磁场分别为

$$\boldsymbol{E}=\boldsymbol{e}_\rho \frac{U}{\rho\ln(b/a)} \quad (a<\rho<b)$$

$$\boldsymbol{H}=\boldsymbol{e}_\phi \frac{I}{2\pi\rho} \quad (a<\rho<b)$$

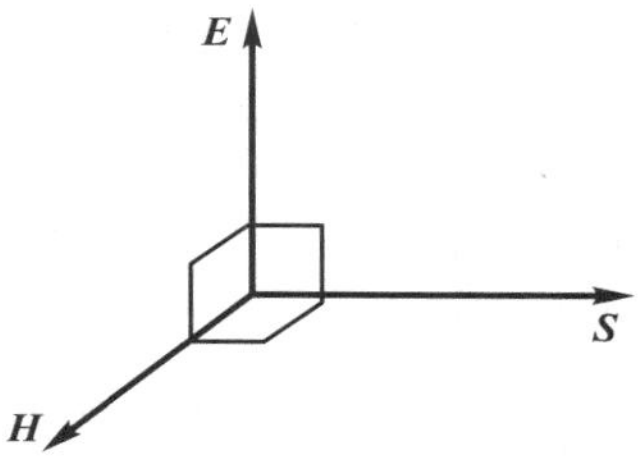

图 4.3.1 能流密度矢量

内、外导体之间任意横截面上的坡印廷矢量为

$$\boldsymbol{S}=\boldsymbol{E}\times\boldsymbol{H}=\left[\boldsymbol{e}_\rho \frac{U}{\rho\ln(b/a)}\right]\times\left(\boldsymbol{e}_\phi \frac{I}{2\pi\rho}\right)=\boldsymbol{e}_z \frac{UI}{2\pi\rho^2\ln(b/a)}$$

电磁能量在内外导体之间的介质中沿 z 轴方向流动，即由电源流向负载，如图4.3.2所示。穿过任意横截面的功率为

$$P=\int_S \boldsymbol{S}\cdot\boldsymbol{e}_z\mathrm{d}S=\int_a^b \frac{UI}{2\pi\rho^2\ln(b/a)}2\pi\rho\mathrm{d}\rho=UI$$

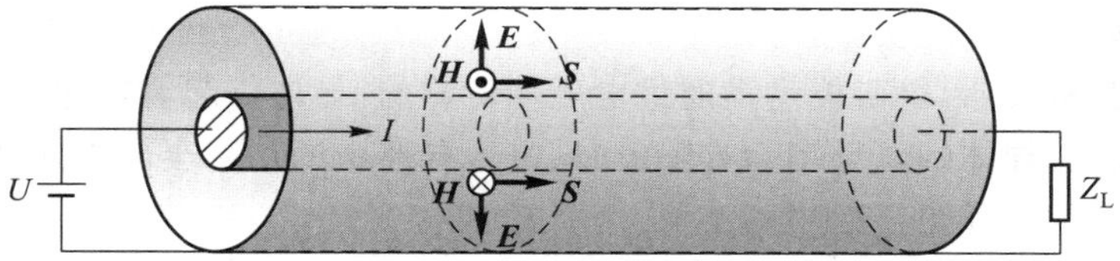

图 4.3.2 同轴线中的电场、磁场和坡印廷矢量（理想导体情况）

与电路中的分析结果相吻合。可见，同轴线传输的功率是通过内外导体间的电磁场传递到负载，而不是经过导体内部传递的。

（2）当导体的电导率 σ 为有限值时，导体内部存在沿电流方向的电场

$$\boldsymbol{E}_{内}=\frac{\boldsymbol{J}}{\sigma}=\boldsymbol{e}_z \frac{I}{\pi a^2\sigma}$$

根据边界条件，在内导体表面上电场的切向分量连续，即 $E_{内z}=E_{外z}$。因此，在内导体表面外侧的电场为

$$\boldsymbol{E}_{外}\big|_{\rho=a}=\boldsymbol{e}_\rho \frac{U}{a\ln(b/a)}+\boldsymbol{e}_z \frac{I}{\pi a^2\sigma}$$

磁场则仍为

$$\boldsymbol{H}_{外}\big|_{\rho=a}=\boldsymbol{e}_\phi \frac{I}{2\pi a}$$

内导体表面外侧的坡印廷矢量为

$$\boldsymbol{S}_{外}\big|_{\rho=a}=(\boldsymbol{E}_{外}\times\boldsymbol{H}_{外})\big|_{\rho=a}=-\boldsymbol{e}_{\rho}\frac{I^2}{2\pi^2a^3\sigma}+\boldsymbol{e}_z\frac{UI}{2\pi a^2\ln(b/a)}$$

由此可见,内导体表面外侧的坡印廷矢量既有轴向分量,也有径向分量,如图 4.3.3所示。

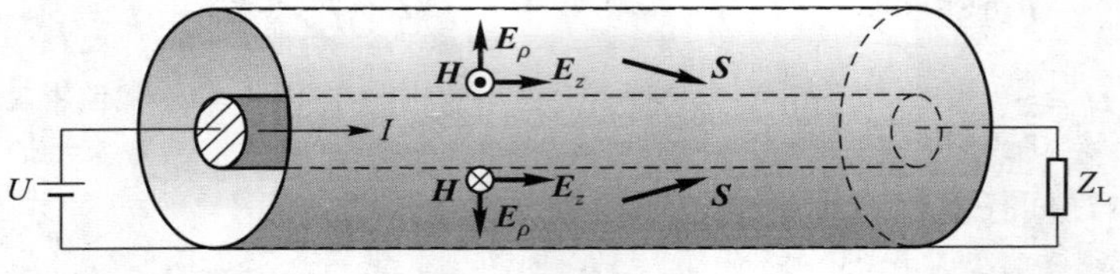

图 4.3.3 同轴线中的电场、磁场和坡印廷矢量(非理想导体情况)

进入每单位长度内导体的功率为

$$P=\int_S\boldsymbol{S}_{外}\big|_{\rho=a}\cdot(-\boldsymbol{e}_{\rho})\,\mathrm{d}S=\int_0^1\frac{I^2}{2\pi^2a^3\sigma}2\pi a\,\mathrm{d}z=\frac{I^2}{\pi a^2\sigma}=RI^2$$

式中 $R=\dfrac{1}{\pi a^2\sigma}$是单位长度内导体的电阻。由此可见,进入内导体中的功率等于这段导体的焦耳损耗功率。

以上分析表明,电磁能量是通过电磁场传输的,导体仅起着定向引导电磁能流的作用。当导体的电导率为有限值时,进入导体中的功率全部被导体所吸收,成为导体中的焦耳热损耗功率。

4.4 时变电磁场的唯一性定理

在分析有界区域的时变电磁场问题时,常常需要在给定的初始条件和边界条件下,求解麦克斯韦方程。那么,在什么定解条件下,有界区域中的麦克斯韦方程的解才是唯一的呢?这就是麦克斯韦方程的解的唯一问题。

时变电磁场的唯一性定理指出:在以闭合曲面 S 为边界的有界区域 V 内,如果给定 $t=0$ 时刻的电场强度 $\boldsymbol{E}$ 和磁场强度 $\boldsymbol{H}$ 的初始值,并且在 $t\geqslant0$ 时,给定边界面 S 上的电场强度 $\boldsymbol{E}$ 的切向分量或磁场强度 $\boldsymbol{H}$ 的切向分量,那么,在 $t>0$ 时,区域 V 内的电磁场由麦克斯韦方程唯一地确定。

下面利用反证法对唯一性定理给予证明。假设区域 V 内的解不是唯一的,那么至少存在两组解 $\boldsymbol{E}_1$、$\boldsymbol{H}_1$ 和 $\boldsymbol{E}_2$、$\boldsymbol{H}_2$ 满足同样的麦克斯韦方程,即

$$\nabla\times\boldsymbol{H}_1=\sigma\boldsymbol{E}_1+\varepsilon\frac{\partial\boldsymbol{E}_1}{\partial t}$$

$$\nabla\times\boldsymbol{E}_1=-\mu\frac{\partial\boldsymbol{H}_1}{\partial t}$$

$$\nabla\cdot(\mu\boldsymbol{H}_1)=0$$

$$\nabla\cdot(\varepsilon\boldsymbol{E}_1)=\rho$$

和

$$\nabla\times\boldsymbol{H}_2=\sigma\boldsymbol{E}_2+\varepsilon\frac{\partial\boldsymbol{E}_2}{\partial t}$$

$$\nabla\times\boldsymbol{E}_2=-\mu\frac{\partial\boldsymbol{H}_2}{\partial t}$$

$$\nabla\cdot(\mu\boldsymbol{H}_2)=0$$

$$\nabla\cdot(\varepsilon\boldsymbol{E}_2)=\rho$$

且 $\boldsymbol{E}_1$、$\boldsymbol{H}_1$ 和 $\boldsymbol{E}_2$、$\boldsymbol{H}_2$ 具有相同的初始条件和边界条件。令

$$\boldsymbol{E}_0=\boldsymbol{E}_1-\boldsymbol{E}_2、\quad \boldsymbol{H}_0=\boldsymbol{H}_1-\boldsymbol{H}_2$$

则 $\boldsymbol{E}_0$、$\boldsymbol{H}_0$ 满足麦克斯韦方程

$$\nabla\times\boldsymbol{H}_0=\sigma\boldsymbol{E}_0+\varepsilon\frac{\partial\boldsymbol{E}_0}{\partial t}$$

$$\nabla\times\boldsymbol{E}_0=-\mu\frac{\partial\boldsymbol{H}_0}{\partial t}$$

$$\nabla\cdot(\mu\boldsymbol{H}_0)=0$$

$$\nabla\cdot(\varepsilon\boldsymbol{E}_0)=0$$

且 $t=0$ 时，在区域 V 内，$\boldsymbol{E}_0$ 和 $\boldsymbol{H}_0$ 的初始值为零；在 $t\geqslant0$ 时，边界面 S 上电场强度$\boldsymbol{E}_0$ 的切向分量为零或磁场强度 $\boldsymbol{H}_0$ 的切向分量为零。

根据坡印廷定理，应有

$$-\oint_S(\boldsymbol{E}_0\times\boldsymbol{H}_0)\cdot\boldsymbol{e}_{\mathrm{n}}\mathrm{d}S=\frac{\mathrm{d}}{\mathrm{d}t}\int_V\left(\frac{1}{2}\mu\,|\boldsymbol{H}_0|^2+\frac{1}{2}\varepsilon\,|\boldsymbol{E}_0|^2\right)\mathrm{d}V+\int_V\sigma\,|\boldsymbol{E}_0|^2\mathrm{d}V$$

根据 $\boldsymbol{E}_0$ 或 $\boldsymbol{H}_0$ 的边界条件，上式左端的被积函数为

$$(\boldsymbol{E}_0\times\boldsymbol{H}_0)\cdot\boldsymbol{e}_{\mathrm{n}}\big|_S=(\boldsymbol{e}_{\mathrm{n}}\times\boldsymbol{E}_0)\cdot\boldsymbol{H}_0\big|_S=(\boldsymbol{H}_0\times\boldsymbol{e}_{\mathrm{n}})\cdot\boldsymbol{E}_0\big|_S=0$$

所以，得

$$\frac{\mathrm{d}}{\mathrm{d}t}\int_V\left(\frac{1}{2}\mu\mid \boldsymbol{H}_0\mid^2+\frac{1}{2}\varepsilon\mid \boldsymbol{E}_0\mid^2\right)\mathrm{d}V+\int_V\sigma\mid \boldsymbol{E}_0\mid^2\mathrm{d}V=0$$

由于 $\boldsymbol{E}_0$ 和 $\boldsymbol{H}_0$ 的初始值为零，将上式两边在$(0,t)$上对 t 积分，可得

$$\int_V\left(\frac{1}{2}\mu\mid \boldsymbol{H}_0\mid^2+\frac{1}{2}\varepsilon\mid \boldsymbol{E}_0\mid^2\right)\mathrm{d}V+\int_0^t\left(\int_V\sigma\mid \boldsymbol{E}_0\mid^2\mathrm{d}V\right)\mathrm{d}t=0$$

上式中两项积分的被积函数均为非负的，要使得积分为零，必有

$$\boldsymbol{E}_0=0,\quad \boldsymbol{H}_0=0$$

即

$$\boldsymbol{E}_1=\boldsymbol{E}_2,\quad \boldsymbol{H}_1=\boldsymbol{H}_2$$

这就证明了唯一性定理。

唯一性定理指出了获得唯一解所必须满足的条件，为电磁场问题的求解提供了理论依据，具有非常重要的意义和广泛的应用。

— 4.5 时谐电磁场 —

在时变电磁场中，如果场源以一定的角频率随时间呈时谐(正弦或余弦)变化，则所产生的电磁场也以同样的角频率随时间呈时谐变化。这种以一定角频率作时谐变化的电磁场，称为时谐电磁场或正弦电磁场。在工程上，应用最多的是时谐电磁场。同时，任意的时变场在一定的条件下都可通过傅里叶分析方法展开为不同频率的时谐场的叠加。因此，研究时谐电磁场具有重要的意义。

4.5.1 时谐电磁场的复数表示

对时谐电磁场采用复数方法表示可使问题的分析得以简化。设 $u(\boldsymbol{r},t)$是一个以角频率 ω 随时间呈时谐变化的标量函数，其瞬时表示式为

$$u(\boldsymbol{r},t)=u_{\mathrm{m}}(\boldsymbol{r})\cos[\omega t+\phi(\boldsymbol{r})] \tag{4.5.1}$$

式中 $u_{\mathrm{m}}(\boldsymbol{r})$为振幅，它仅为空间坐标的函数；$\omega$ 为角频率；$\phi(\boldsymbol{r})$是与时间无关的初相位。

利用复数取实部表示方法，可将式(4.5.1)写成

$$u(\boldsymbol{r},t)=\mathrm{Re}[u_{\mathrm{m}}(\boldsymbol{r})\mathrm{e}^{\mathrm{j}\phi(\boldsymbol{r})}\mathrm{e}^{\mathrm{j}\omega t}]=\mathrm{Re}[\dot{u}(\boldsymbol{r})\mathrm{e}^{\mathrm{j}\omega t}] \tag{4.5.2}$$

式中

$$\dot{u}(\boldsymbol{r}) = u_{\mathrm{m}}(\boldsymbol{r})\mathrm{e}^{\mathrm{j}\phi(\boldsymbol{r})}$$

称为复振幅，或称为 $u(\boldsymbol{r},t)$ 的复数形式。为了区别复数形式与实数形式，这里用打“·”的符号表示复数形式。

任意时谐矢量函数 $\boldsymbol{F}(\boldsymbol{r},t)$ 可分解为三个分量 $F_i(\boldsymbol{r},t)$ $(i=x,y,z)$，每一个分量都是时谐标量函数，即

$$F_i(\boldsymbol{r},t) = F_{im}(\boldsymbol{r})\cos[\omega t + \phi_i(\boldsymbol{r})] \qquad (i = x,y,z)$$

它们可用复数表示为

$$F_i(\boldsymbol{r},t) = \mathrm{Re}[F_{im}(\boldsymbol{r})\mathrm{e}^{\mathrm{j}\phi_i(\boldsymbol{r})}\mathrm{e}^{\mathrm{j}\omega t}] \qquad (i = x,y,z)$$

于是

$$\begin{aligned}\boldsymbol{F}(\boldsymbol{r},t) &= \boldsymbol{e}_x F_x(\boldsymbol{r},t) + \boldsymbol{e}_y F_y(\boldsymbol{r},t) + \boldsymbol{e}_z F_z(\boldsymbol{r},t)\\ &= \mathrm{Re}\{[\boldsymbol{e}_x F_{xm}(\boldsymbol{r})\mathrm{e}^{\mathrm{j}\phi_x(\boldsymbol{r})} + \boldsymbol{e}_y F_{ym}(\boldsymbol{r})\mathrm{e}^{\mathrm{j}\phi_y(\boldsymbol{r})} + \boldsymbol{e}_z F_{zm}(\boldsymbol{r})\mathrm{e}^{\mathrm{j}\phi_z(\boldsymbol{r})}]\mathrm{e}^{\mathrm{j}\omega t}\}\\ &= \mathrm{Re}[\dot{\boldsymbol{F}}_{\mathrm{m}}(\boldsymbol{r})\mathrm{e}^{\mathrm{j}\omega t}] \end{aligned} \tag{4.5.3}$$

其中

$$\dot{\boldsymbol{F}}_{\mathrm{m}}(\boldsymbol{r}) = \boldsymbol{e}_x F_{xm}(\boldsymbol{r})\mathrm{e}^{\mathrm{j}\phi_x(\boldsymbol{r})} + \boldsymbol{e}_y F_{ym}(\boldsymbol{r})\mathrm{e}^{\mathrm{j}\phi_y(\boldsymbol{r})} + \boldsymbol{e}_z F_{zm}(\boldsymbol{r})\mathrm{e}^{\mathrm{j}\phi_z(\boldsymbol{r})} \tag{4.5.4}$$

称为时谐矢量函数 $\boldsymbol{F}(\boldsymbol{r},t)$ 的复矢量。

式(4.5.3)是瞬时矢量 $\boldsymbol{F}(\boldsymbol{r},t)$ 与复矢量 $\dot{\boldsymbol{F}}_{\mathrm{m}}(\boldsymbol{r})$ 的关系。对于给定的瞬时矢量，由式(4.5.3)可写出与之相应的复矢量；反之，给定一个复矢量，由式(4.5.3)可写出与之相应的瞬时矢量。

必须注意，复矢量只是一种数学表示方式，它只与空间有关，而与时间无关。复矢量并不是真实的场矢量，真实的场矢量是与之相应的瞬时矢量。而且，只有频率相同的时谐场之间才能使用复矢量的方法进行运算。

例 4.5.1 将下列场矢量的瞬时值形式写为复数形式。

(1) $\boldsymbol{E}(z,t)=\boldsymbol{e}_x E_{xm}\cos(\omega t-kz+\phi_x)+\boldsymbol{e}_y E_{ym}\sin(\omega t-kz+\phi_y)$

(2) $\boldsymbol{H}(x,z,t)=\boldsymbol{e}_x H_0 k\left(\dfrac{a}{\pi}\right)\sin\left(\dfrac{\pi x}{a}\right)\sin(kz-\omega t)+\boldsymbol{e}_z H_0\cos\left(\dfrac{\pi x}{a}\right)\cos(kz-\omega t)$

解：(1) 由于

$$\begin{aligned}\boldsymbol{E}(z,t) &= \boldsymbol{e}_x E_{xm}\cos(\omega t - kz + \phi_x) + \boldsymbol{e}_y E_{ym}\cos\left(\omega t - kz + \phi_y - \frac{\pi}{2}\right)\\ &= \mathrm{Re}\left[\boldsymbol{e}_x E_{xm}\mathrm{e}^{\mathrm{j}(\omega t-kz+\phi_x)} + \boldsymbol{e}_y E_{ym}\mathrm{e}^{\mathrm{j}\left(\omega t-kz+\phi_y-\frac{\pi}{2}\right)}\right]\end{aligned}$$

根据式(4.5.3),可知电场强度的复矢量为

$$\dot{\boldsymbol{E}}_{\mathrm{m}}(z)=\boldsymbol{e}_x E_{x\mathrm{m}} \mathrm{e}^{\mathrm{j}(-kz+\phi_x)}+\boldsymbol{e}_y E_{y\mathrm{m}} \mathrm{e}^{\mathrm{j}\left(-kz+\phi_y-\frac{\pi}{2}\right)}=\left(\boldsymbol{e}_x E_{x\mathrm{m}} \mathrm{e}^{\mathrm{j}\phi_x}-\boldsymbol{e}_y \mathrm{j} E_{y\mathrm{m}} \mathrm{e}^{\mathrm{j}\phi_y}\right) \mathrm{e}^{-\mathrm{j}kz}$$

(2) 因为 $\cos(kz-\omega t)=\cos(\omega t-kz)$

$$\sin(kz-\omega t)=\cos\left(kz-\omega t-\frac{\pi}{2}\right)=\cos\left(\omega t-kz+\frac{\pi}{2}\right)$$

所以

$$\boldsymbol{H}_{\mathrm{m}}(x,z)=\boldsymbol{e}_x H_0 k\left(\frac{a}{\pi}\right) \sin\left(\frac{\pi x}{a}\right) \mathrm{e}^{-\mathrm{j}kz+\mathrm{j}\pi/2}+\boldsymbol{e}_z H_0 \cos\left(\frac{\pi x}{a}\right) \mathrm{e}^{-\mathrm{j}kz}$$

例 4.5.2 已知电场强度复矢量 $\dot{\boldsymbol{E}}_{\mathrm{m}}(z)=\boldsymbol{e}_x \mathrm{j} E_{x\mathrm{m}} \cos(k_z z)$,其中 $E_{x\mathrm{m}}$ 和 k_z 为实常数。写出电场强度的瞬时矢量。

解: 根据式(4.5.3),可得电场强度的瞬时矢量

$$\boldsymbol{E}(z,t)=\mathrm{Re}\left[\boldsymbol{e}_x \mathrm{j} E_{x\mathrm{m}} \cos(k_z z) \mathrm{e}^{\mathrm{j}\omega t}\right]=\mathrm{Re}\left[\boldsymbol{e}_x E_{x\mathrm{m}} \cos(k_z z) \mathrm{e}^{\mathrm{j}\left(\omega t+\frac{\pi}{2}\right)}\right]$$

$$=\boldsymbol{e}_x E_{x\mathrm{m}} \cos(k_z z) \cos\left(\omega t+\frac{\pi}{2}\right)$$

4.5.2 复矢量的麦克斯韦方程

对于一般的时变电磁场,麦克斯韦方程组为

$$\nabla \times \boldsymbol{H}=\boldsymbol{J}+\frac{\partial \boldsymbol{D}}{\partial t}$$

$$\nabla \times \boldsymbol{E}=-\frac{\partial \boldsymbol{B}}{\partial t}$$

$$\nabla \cdot \boldsymbol{B}=0$$

$$\nabla \cdot \boldsymbol{D}=\rho$$

在时谐电磁场中,对时间的导数可用复数形式表示为

$$\frac{\partial \boldsymbol{F}(\boldsymbol{r},t)}{\partial t}=\frac{\partial}{\partial t}\mathrm{Re}\left[\dot{\boldsymbol{F}}_{\mathrm{m}}(\boldsymbol{r}) \mathrm{e}^{\mathrm{j}\omega t}\right]=\mathrm{Re}\left\{\frac{\partial}{\partial t}\left[\dot{\boldsymbol{F}}_{\mathrm{m}}(\boldsymbol{r}) \mathrm{e}^{\mathrm{j}\omega t}\right]\right\}=\mathrm{Re}\left[\mathrm{j}\omega \dot{\boldsymbol{F}}(\boldsymbol{r}) \mathrm{e}^{\mathrm{j}\omega t}\right]$$

利用此运算规律,可将麦克斯韦方程组写成

$$\nabla \times \mathrm{Re}\left[\dot{\boldsymbol{H}}_{\mathrm{m}}(\boldsymbol{r}) \mathrm{e}^{\mathrm{j}\omega t}\right]=\mathrm{Re}\left[\dot{\boldsymbol{J}}_{\mathrm{m}}(\boldsymbol{r}) \mathrm{e}^{\mathrm{j}\omega t}\right]+\mathrm{Re}\left[\mathrm{j}\omega \dot{\boldsymbol{D}}_{\mathrm{m}}(\boldsymbol{r}) \mathrm{e}^{\mathrm{j}\omega t}\right]$$

$$\nabla \times \mathrm{Re}\left[\dot{\boldsymbol{E}}_{\mathrm{m}}(\boldsymbol{r}) \mathrm{e}^{\mathrm{j}\omega t}\right]=\mathrm{Re}\left[-\mathrm{j}\omega \dot{\boldsymbol{B}}_{\mathrm{m}}(\boldsymbol{r}) \mathrm{e}^{\mathrm{j}\omega t}\right]$$

$$\nabla \cdot \mathrm{Re}\left[\dot{\boldsymbol{B}}_{\mathrm{m}}(\boldsymbol{r}) \mathrm{e}^{\mathrm{j}\omega t}\right]=0$$

$$\nabla \cdot \mathrm{Re}[\dot{\boldsymbol{D}}_{\mathrm{m}}(\boldsymbol{r})\mathrm{e}^{\mathrm{j}\omega t}] = \mathrm{Re}[\dot{\rho}_{\mathrm{m}}(\boldsymbol{r})\mathrm{e}^{\mathrm{j}\omega t}]$$

将微分算子“∇”与实部符号“Re”交换顺序，有

$$\mathrm{Re}[\nabla \times \dot{\boldsymbol{H}}_{\mathrm{m}}(\boldsymbol{r})\mathrm{e}^{\mathrm{j}\omega t}] = \mathrm{Re}[\dot{\boldsymbol{J}}_{\mathrm{m}}(\boldsymbol{r})\mathrm{e}^{\mathrm{j}\omega t}] + \mathrm{Re}[\mathrm{j}\omega\dot{\boldsymbol{D}}_{\mathrm{m}}(\boldsymbol{r})\mathrm{e}^{\mathrm{j}\omega t}]$$

$$\mathrm{Re}[\nabla \times \dot{\boldsymbol{E}}_{\mathrm{m}}(\boldsymbol{r})\mathrm{e}^{\mathrm{j}\omega t}] = \mathrm{Re}[-\mathrm{j}\omega\dot{\boldsymbol{B}}_{\mathrm{m}}(\boldsymbol{r})\mathrm{e}^{\mathrm{j}\omega t}]$$

$$\mathrm{Re}[\nabla \cdot \dot{\boldsymbol{B}}_{\mathrm{m}}(\boldsymbol{r})\mathrm{e}^{\mathrm{j}\omega t}] = 0$$

$$\mathrm{Re}[\nabla \cdot \dot{\boldsymbol{D}}_{\mathrm{m}}(\boldsymbol{r})\mathrm{e}^{\mathrm{j}\omega t}] = \mathrm{Re}[\dot{\rho}_{\mathrm{m}}(\boldsymbol{r})\mathrm{e}^{\mathrm{j}\omega t}]$$

由于以上表示式对于任何时刻 t 均成立，可以证明，去掉实部符号“Re”等式依然成立，于是得到

$$\nabla \times \dot{\boldsymbol{H}}_{\mathrm{m}}(\boldsymbol{r}) = \dot{\boldsymbol{J}}_{\mathrm{m}}(\boldsymbol{r}) + \mathrm{j}\omega\dot{\boldsymbol{D}}_{\mathrm{m}}(\boldsymbol{r}) \tag{4.5.5}$$

$$\nabla \times \dot{\boldsymbol{E}}_{\mathrm{m}}(\boldsymbol{r}) = -\mathrm{j}\omega\dot{\boldsymbol{B}}_{\mathrm{m}}(\boldsymbol{r}) \tag{4.5.6}$$

$$\nabla \cdot \dot{\boldsymbol{B}}_{\mathrm{m}}(\boldsymbol{r}) = 0 \tag{4.5.7}$$

$$\nabla \cdot \dot{\boldsymbol{D}}_{\mathrm{m}}(\boldsymbol{r}) = \dot{\rho}_{\mathrm{m}}(\boldsymbol{r}) \tag{4.5.8}$$

这就是时谐电磁场的复矢量所满足的麦克斯韦方程，也称为麦克斯韦方程的复数形式。

这里为了突出复数形式与实数形式的区别，用打“·”符号表示复数形式。由于复数形式的公式与实数形式的公式之间存在明显的区别，将表示复数形式的“·”去掉，并不会引起混淆。因此以后用复数形式时不再打“·”符号，并略去下标 m，故将麦克斯韦方程的复数形式写成

$$\nabla \times \boldsymbol{H} = \boldsymbol{J} + \mathrm{j}\omega\boldsymbol{D} \tag{4.5.9}$$

$$\nabla \times \boldsymbol{E} = -\mathrm{j}\omega\boldsymbol{B} \tag{4.5.10}$$

$$\nabla \cdot \boldsymbol{B} = 0 \tag{4.5.11}$$

$$\nabla \cdot \boldsymbol{D} = \rho \tag{4.5.12}$$

4.5.3 复电容率和复磁导率

实际的媒质都是有损耗的，电导率为有限值的导电媒质存在欧姆损耗，电介质的极化存在电极化损耗，磁介质的磁化存在磁化损耗。损耗的大小除与媒质有关外，也与场随时间变化的快慢有关。一些媒质在低频场中的电极化损耗和

磁化可以忽略，而在高频场中这类损耗往往就不能忽略了。

在时谐电磁场中，对于介电常数为 ε、电导率为 σ 的导电媒质，式(4.5.9)可写为

$$\nabla \times \boldsymbol{H} = \sigma \boldsymbol{E} + \mathrm{j}\omega\varepsilon \boldsymbol{E} = \mathrm{j}\omega\left(\varepsilon - \mathrm{j}\frac{\sigma}{\omega}\right)\boldsymbol{E} = \mathrm{j}\omega\varepsilon_{\mathrm{c}}\boldsymbol{E} \tag{4.5.13}$$

式中

$$\varepsilon_{\mathrm{c}} = \varepsilon - \mathrm{j}\frac{\sigma}{\omega} \tag{4.5.14}$$

由此可见，这类导电媒质的欧姆损耗以负虚部形式反映在媒质的本构关系中。因此，称 ε_{c} 为等效复介电常数或等效复电容率。

在时变情况下，由于电场强度随时间变化，极化强度也随时间变化。在时谐电场的作用下，介质的极化强度可能跟不上电场的变化，因而产生相位差，即存在迟滞效应，从而在介质内引起极化损耗。与欧姆损耗类似，对于线性、各向同性的电介质，表征其极化特性的介电常数是一个复数

$$\varepsilon_{\mathrm{c}} = \varepsilon' - \mathrm{j}\varepsilon'' \tag{4.5.15}$$

称为复介电常数或复电容率。其中，ε''描述电介质的电极化损耗，是大于零的正数。ε'和 ε''都是频率的函数。

当媒质同时存在电极化损耗和欧姆损耗时，其等效复介电常数可写为

$$\varepsilon_{\mathrm{c}} = \varepsilon' - \mathrm{j}\left(\varepsilon'' + \frac{\sigma}{\omega}\right) \tag{4.5.16}$$

在工程上，通常用损耗角正切 $\tan\delta_{\varepsilon}$ 来表征电介质的极化损耗特性，其定义为

$$\tan\delta_{\varepsilon} = \frac{\varepsilon''}{\varepsilon'} \tag{4.5.17}$$

对于导电媒质，其欧姆损耗角正切为

$$\tan\delta_{\sigma} = \frac{\sigma/\omega}{\varepsilon} = \frac{\sigma}{\omega\varepsilon} \tag{4.5.18}$$

$\dfrac{\sigma}{\omega\varepsilon}$描述了导电媒质中的传导电流与位移电流的振幅之比。当$\dfrac{\sigma}{\omega\varepsilon} << 1$ $\left(\text{通常取}\dfrac{\sigma}{\omega\varepsilon} < \dfrac{1}{100}\right)$时，媒质中传导电流的振幅远远小于位移电流的振幅，因此称为弱导电媒质或良绝缘体。而当$\dfrac{\sigma}{\omega\varepsilon} >> 1$ $\left(\text{通常取}\dfrac{\sigma}{\omega\varepsilon} > 100\right)$时，媒质中传导电流的

振幅远远大于位移电流的振幅,因此称为良导体。应当注意,同一种媒质在低频时可能是良导体,而在很高的频率时就可能变得类似于绝缘体了。

与电介质的情形相似,对于存在磁化损耗的线性、各向同性磁介质,表征其磁化特性的磁导率也是一个复数

$$\mu_c = \mu' - j\mu'' \tag{4.5.19}$$

称为复磁导率。其中,μ''描述磁介质中的磁化损耗,是大于零的正数。磁介质的磁化损耗用损耗角正切 $\tan\delta_\mu$ 来表征,其定义为

$$\tan\delta_\mu = \frac{\mu''}{\mu'} \tag{4.5.20}$$

例 4.5.3 海水的电导率 $\sigma = 4$ S/m,相对电容率 $\varepsilon_r = 81$。求海水在频率 $f = 1$ kHz和 $f = 1$ GHz 时的等效复电容率 ε_c。

解: 当 $f = 1$ kHz 时

$$\begin{aligned}\varepsilon_c &= \varepsilon - j\frac{\sigma}{\omega} = 81 \times \frac{10^{-9}}{36\pi} - j\frac{4}{2\pi \times 10^3}\\ &= 7.16 \times 10^{-10} - j6.37 \times 10^{-4} \approx -j6.37 \times 10^{-4}\ \text{F/m}\end{aligned}$$

当 $f = 1$ GHz 时

$$\varepsilon_c = \varepsilon - j\frac{\sigma}{\omega} = 81 \times \frac{10^{-9}}{36\pi} - j\frac{4}{2\pi \times 10^9} = 7.16 \times 10^{-10} - j6.37 \times 10^{-10}\ \text{F/m}$$

4.5.4 亥姆霍兹方程

对于时谐电磁场,将$\partial/\partial t \to j\omega$、$\partial^2/\partial t^2 \to -\omega^2$,则由式(4.1.7)和式(4.1.8)可得到

$$\begin{cases}\nabla^2 \boldsymbol{H} + k^2 \boldsymbol{H} = 0\\ \nabla^2 \boldsymbol{E} + k^2 \boldsymbol{E} = 0\end{cases} \tag{4.5.21}$$

式中

$$k = \omega\sqrt{\mu\varepsilon} \tag{4.5.22}$$

式(4.5.21)即为时谐电磁场的复矢量 $\boldsymbol{E}$ 和 $\boldsymbol{H}$ 在无源空间中所满足的波动方程,通常又称为亥姆霍兹方程。

如果媒质是有损耗的,即介电常数或磁导率为复数,则 k 也相应地变为复数 k_c。对于电导率 $\sigma \neq 0$ 的导电媒质,用式(4.5.14)中的等效复介电常数 ε_c 代替式(4.5.22)中的 ε,得到

$$k_c = \omega\sqrt{\mu\varepsilon_c} \tag{4.5.23}$$

波动方程(4.5.21)形式不变,只是将 k 替换为 k_c。

4.5.5 时谐场的位函数

对于时谐电磁场的情形,矢量位和标量位都可改用复数,即

$$\begin{cases} \boldsymbol{H} = \dfrac{1}{\mu}\ \nabla \times \boldsymbol{A} \\ \boldsymbol{E} = -\mathrm{j}\omega \boldsymbol{A} - \nabla\varphi \end{cases} \tag{4.5.24}$$

洛伦兹条件变为

$$\nabla \cdot \boldsymbol{A} = -\mathrm{j}\omega\mu\varepsilon\varphi \tag{4.5.25}$$

达朗贝尔方程变为

$$\nabla^2 \boldsymbol{A} + k^2 \boldsymbol{A} = -\mu \boldsymbol{J} \tag{4.5.26}$$

$$\nabla^2 \varphi + k^2 \varphi = -\frac{1}{\varepsilon}\rho \tag{4.5.27}$$

其中 $k^2 = \omega^2\mu\varepsilon$。

由洛伦兹条件(4.5.25),可将标量位 φ 表示为

$$\varphi = \frac{\nabla \cdot \boldsymbol{A}}{-\mathrm{j}\omega\mu\varepsilon}$$

代入式(4.5.24),则可得到

$$\begin{cases} \boldsymbol{H} = \dfrac{1}{\mu}\ \nabla \times \boldsymbol{A} \\ \boldsymbol{E} = -\mathrm{j}\omega \boldsymbol{A} - \mathrm{j}\,\dfrac{\nabla\nabla \cdot \boldsymbol{A}}{\omega\mu\varepsilon} = -\mathrm{j}\omega\left(\boldsymbol{A} + \dfrac{\nabla\nabla \cdot \boldsymbol{A}}{k^2}\right) \end{cases} \tag{4.5.28}$$

4.5.6 平均坡印廷矢量和复坡印廷定理

1. 平均坡印廷矢量

前面讨论的坡印廷矢量是瞬时值矢量,表示瞬时能流密度。在时谐电磁场中,一个周期内的平均能流密度矢量 $\boldsymbol{S}_{av}$(即平均坡印廷矢量)更有意义。式(4.3.7)的平均值为

$$\boldsymbol{S}_{av} = \frac{1}{T}\int_0^T \boldsymbol{S}\,\mathrm{d}t = \frac{\omega}{2\pi}\int_0^{2\pi/\omega} \boldsymbol{S}\,\mathrm{d}t \tag{4.5.29}$$

式中 $T = \dfrac{2\pi}{\omega}$ 为时谐电磁场的时间周期。

$\boldsymbol{S}_{\mathrm{av}}$也可以直接由场矢量的复数形式来计算。对于时谐电磁场，坡印廷矢量可写为

$$\begin{aligned}\boldsymbol{S}&=\boldsymbol{E}\times\boldsymbol{H}=\mathrm{Re}[\boldsymbol{E}\mathrm{e}^{\mathrm{j}\omega t}]\times\mathrm{Re}[\boldsymbol{H}\mathrm{e}^{\mathrm{j}\omega t}]\\&=\frac{1}{2}[\boldsymbol{E}\mathrm{e}^{\mathrm{j}\omega t}+(\boldsymbol{E}\mathrm{e}^{\mathrm{j}\omega t})^{*}]\times\frac{1}{2}[\boldsymbol{H}\mathrm{e}^{\mathrm{j}\omega t}+(\boldsymbol{H}\mathrm{e}^{\mathrm{j}\omega t})^{*}]\\&=\frac{1}{4}[\boldsymbol{E}\times\boldsymbol{H}\mathrm{e}^{\mathrm{j}2\omega t}+\boldsymbol{E}^{*}\times\boldsymbol{H}^{*}\mathrm{e}^{-\mathrm{j}2\omega t}]+\frac{1}{4}[\boldsymbol{E}^{*}\times\boldsymbol{H}+\boldsymbol{E}\times\boldsymbol{H}^{*}]\\&=\frac{1}{4}[\boldsymbol{E}\times\boldsymbol{H}\mathrm{e}^{\mathrm{j}2\omega t}+(\boldsymbol{E}\times\boldsymbol{H}\mathrm{e}^{\mathrm{j}2\omega t})^{*}]+\frac{1}{4}[(\boldsymbol{E}\times\boldsymbol{H}^{*})^{*}+\boldsymbol{E}\times\boldsymbol{H}^{*}]\\&=\frac{1}{2}\mathrm{Re}[\boldsymbol{E}\times\boldsymbol{H}\mathrm{e}^{\mathrm{j}2\omega t}]+\frac{1}{2}\mathrm{Re}[\boldsymbol{E}\times\boldsymbol{H}^{*}]\end{aligned}$$

代入式(4.5.29)，可得到

$$\begin{aligned}\boldsymbol{S}_{\mathrm{av}}&=\frac{\omega}{2\pi}\int_{0}^{2\pi/\omega}\left\{\frac{1}{2}\mathrm{Re}[\boldsymbol{E}\times\boldsymbol{H}\mathrm{e}^{\mathrm{j}2\omega t}]+\frac{1}{2}\mathrm{Re}[\boldsymbol{E}\times\boldsymbol{H}^{*}]\right\}\mathrm{d}t\\&=\frac{1}{2}\mathrm{Re}[\boldsymbol{E}\times\boldsymbol{H}^{*}]\end{aligned}\tag{4.5.30}$$

其中“ * ”表示取共轭复数。

类似地，可以得到电场能量密度和磁场能量密度的时间平均值分别为

$$w_{\mathrm{eav}}=\frac{1}{T}\int_{0}^{T}w_{\mathrm{e}}\mathrm{d}t=\frac{1}{4}\mathrm{Re}(\varepsilon_{\mathrm{c}}\boldsymbol{E}\cdot\boldsymbol{E}^{*})=\frac{1}{4}\varepsilon'\boldsymbol{E}\cdot\boldsymbol{E}^{*}\tag{4.5.31}$$

$$w_{\mathrm{mav}}=\frac{1}{T}\int_{0}^{T}w_{\mathrm{m}}\mathrm{d}t=\frac{1}{4}\mathrm{Re}(\mu_{\mathrm{c}}\boldsymbol{H}\cdot\boldsymbol{H}^{*})=\frac{1}{4}\mu'\boldsymbol{H}\cdot\boldsymbol{H}^{*}\tag{4.5.32}$$

2. 复坡印廷定理

对于时谐场，定义复坡印廷矢量为

$$\boldsymbol{S}_{\mathrm{c}}=\frac{1}{2}\boldsymbol{E}\times\boldsymbol{H}^{*}\tag{4.5.33}$$

根据式(4.5.30)，得

$$\boldsymbol{S}_{\mathrm{av}}=\mathrm{Re}\boldsymbol{S}_{\mathrm{c}}\tag{4.5.34}$$

由麦克斯韦方程组的复数形式可以导出复坡印廷定理。设媒质的介电常数 ε_{c} 和磁导率 μ_{c} 都是复数。由恒等式

$$\nabla\cdot(\boldsymbol{E}\times\boldsymbol{H}^{*})=\boldsymbol{H}^{*}\cdot\nabla\times\boldsymbol{E}-\boldsymbol{E}\cdot\nabla\times\boldsymbol{H}^{*}$$

和

$$\nabla\times\boldsymbol{E}=-\mathrm{j}\omega\mu_{\mathrm{c}}\boldsymbol{H},\qquad\nabla\times\boldsymbol{H}^{*}=\sigma\boldsymbol{E}^{*}-\mathrm{j}\omega\varepsilon_{\mathrm{c}}^{*}\boldsymbol{E}^{*}$$

得

$$\nabla\cdot(\boldsymbol{E}\times\boldsymbol{H}^{*})=-\mathrm{j}\omega\mu_{\mathrm{c}}\boldsymbol{H}\cdot\boldsymbol{H}^{*}+\mathrm{j}\omega\varepsilon_{\mathrm{c}}^{*}\boldsymbol{E}\cdot\boldsymbol{E}^{*}-\sigma\boldsymbol{E}\cdot\boldsymbol{E}^{*}$$

即

$$-\nabla\cdot\frac{1}{2}(\boldsymbol{E}\times\boldsymbol{H}^*)=\mathrm{j}\omega\frac{1}{2}\mu_c\boldsymbol{H}\cdot\boldsymbol{H}^*-\mathrm{j}\omega\frac{1}{2}\varepsilon_c^*\boldsymbol{E}\cdot\boldsymbol{E}^*+\frac{1}{2}\sigma\boldsymbol{E}\cdot\boldsymbol{E}^*$$

将上式对体积 V 积分,并应用散度定理将左边体积分变为面积分,得

$$-\oint_S\frac{1}{2}(\boldsymbol{E}\times\boldsymbol{H}^*)\cdot\mathrm{d}\boldsymbol{S}=\mathrm{j}\omega\int_V\left(\frac{1}{2}\mu_c\boldsymbol{H}\cdot\boldsymbol{H}^*-\frac{1}{2}\varepsilon_c^*\boldsymbol{E}\cdot\boldsymbol{E}^*\right)\mathrm{d}V+\int_V\frac{1}{2}\sigma\boldsymbol{E}\cdot\boldsymbol{E}^*\,\mathrm{d}V$$

由于

$$\mathrm{j}\frac{1}{2}\omega\mu_c\boldsymbol{H}\cdot\boldsymbol{H}^*=\mathrm{j}\frac{1}{2}\omega(\mu'-\mathrm{j}\mu'')\boldsymbol{H}\cdot\boldsymbol{H}^*=\frac{1}{2}\omega\mu''\boldsymbol{H}\cdot\boldsymbol{H}^*+\mathrm{j}\frac{1}{2}\omega\mu'\boldsymbol{H}\cdot\boldsymbol{H}^*$$

$$-\mathrm{j}\frac{1}{2}\omega\varepsilon_c^*\boldsymbol{E}\cdot\boldsymbol{E}^*=-\mathrm{j}\frac{1}{2}\omega(\varepsilon'+\mathrm{j}\varepsilon'')\boldsymbol{E}\cdot\boldsymbol{E}^*=\frac{1}{2}\omega\varepsilon''\boldsymbol{E}\cdot\boldsymbol{E}^*-\mathrm{j}\frac{1}{2}\omega\varepsilon'\boldsymbol{E}\cdot\boldsymbol{E}^*$$

于是得到

$$\begin{aligned}-\oint_S\frac{1}{2}(\boldsymbol{E}\times\boldsymbol{H}^*)\cdot\mathrm{d}\boldsymbol{S}&=\int_V\left(\frac{1}{2}\omega\mu''\boldsymbol{H}\cdot\boldsymbol{H}^*+\frac{1}{2}\omega\varepsilon''\boldsymbol{E}\cdot\boldsymbol{E}^*+\frac{1}{2}\sigma\boldsymbol{E}\cdot\boldsymbol{E}^*\right)\mathrm{d}V\\&\quad+\mathrm{j}2\omega\int_V\left(\frac{1}{4}\mu'\boldsymbol{H}\cdot\boldsymbol{H}^*-\frac{1}{4}\varepsilon'\boldsymbol{E}\cdot\boldsymbol{E}^*\right)\mathrm{d}V\\&=\int_V(p_{\mathrm{eav}}+p_{\mathrm{mav}}+p_{\mathrm{jav}})\mathrm{d}V+\mathrm{j}2\omega\int_V(w_{\mathrm{mav}}-w_{\mathrm{eav}})\mathrm{d}V\end{aligned}\tag{4.5.35}$$

上式称为复坡印廷定理,其中实部的 $p_{\mathrm{mav}}=\frac{1}{2}\omega\mu''\boldsymbol{H}\cdot\boldsymbol{H}^*$、$p_{\mathrm{eav}}=\frac{1}{2}\omega\varepsilon''\boldsymbol{E}\cdot\boldsymbol{E}^*$ 分别是单位体积的磁化损耗平均值、极化损耗功率平均值,$p_{\mathrm{jav}}=\frac{1}{2}\sigma\boldsymbol{E}\cdot\boldsymbol{E}^*$ 是单位体积中的焦耳损耗的平均值。可见 $-\oint_S\frac{1}{2}(\boldsymbol{E}\times\boldsymbol{H}^*)\cdot\mathrm{d}\boldsymbol{S}$ 的实部表示区域 V 内损耗的平均电磁功率,是有功功率。

$-\oint_S\frac{1}{2}(\boldsymbol{E}\times\boldsymbol{H}^*)\cdot\mathrm{d}\boldsymbol{S}$ 的虚部称为无功功率。式(4.5.35)中的 $w_{\mathrm{mav}}=\frac{1}{4}\mu'\boldsymbol{H}\cdot\boldsymbol{H}^*$ 和 $w_{\mathrm{eav}}=\frac{1}{4}\varepsilon'\boldsymbol{E}\cdot\boldsymbol{E}^*$ 分别表示单位体积的磁场能量平均值和电场能量平均值。若 $w_{\mathrm{mav}}=w_{\mathrm{eav}}$,这时没有无功功率流入区域 V 内。若 $w_{\mathrm{mav}}\neq w_{\mathrm{eav}}$,流入区域 V 内的无功功率不为零,这时系统中的平均磁场能量与平均电场能量之差 $\int_V(w_{\mathrm{mav}}-w_{\mathrm{eav}})\mathrm{d}V$ 可用于描述系统的输入电抗。为了说明这一点,将复坡印廷定

理式(4.5.35)用于如图 4.5.1 所示的区域 V,其中 Z 为二端口线性无源电磁系统。用横截面积为 S_i 的同轴线给无源电磁系统馈电,设输入的复电流和复电压分别为 I_i 和 U_i,则输入的复功率为 $\frac{1}{2}U_iI_i^*$。

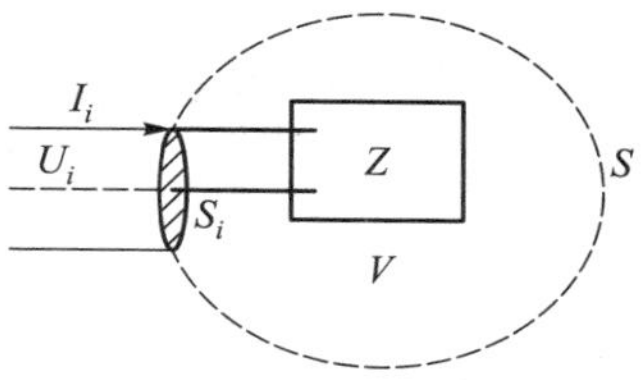

图 4.5.1 电磁系统的输入阻抗

由式(4.5.35)得

$$-\int_{S_i}\boldsymbol{S}_c\cdot d\boldsymbol{S}-\int_{S-S_i}\boldsymbol{S}_c\cdot d\boldsymbol{S}=\int_V(p_{mav}+p_{eav}+p_{jav})dV+j2\omega\int_V(w_{mav}-w_{eav})dV$$

复功率由 S_i 流入区域 V,若在 $S-S_i$ 上只有实功率流出,则得到

$$\begin{aligned}\frac{1}{2}U_iI_i^* &=-\int_{S_i}\boldsymbol{S}_c\cdot d\boldsymbol{S}\\ &=\int_V(p_{mav}+p_{eav}+p_{jav})dV+\int_{S-S_i}\boldsymbol{S}_{av}\cdot d\boldsymbol{S}+j2\omega\int_V(w_{mav}-w_{eav})dV\end{aligned}$$

上式说明输入区域 V 的复功率的实部(有功功率)等于区域中的磁化损耗 $\int_V p_{mav}dV$、极化损耗 $\int_V p_{eav}dV$、焦耳损耗 $\int_V p_{jav}dV$ 及辐射损耗 $\int_{S-S_i}\boldsymbol{S}_{av}\cdot d\boldsymbol{S}$ 的总和。如果在低频情况下,则可以不考虑辐射损耗。

二端口线性无源电磁系统的输入阻抗的定义为 $Z_i=\frac{U_i}{I_i}=R+jX$,其实部为输入电阻、虚部为输入电抗。于是得到

$$\begin{aligned}\frac{1}{2}U_iI_i^* &=\frac{1}{2}Z_i\,|I_i|^2=\frac{1}{2}R\,|I_i|^2+j\frac{1}{2}X\,|I_i|^2\\ &=\int_V(p_{eav}+p_{mav}+p_{jav})dV+\int_{S-S_i}\boldsymbol{S}_{av}\cdot d\boldsymbol{S}+j2\omega\int_V(w_{mav}-w_{eav})dV\end{aligned}$$

所以电磁系统的输入电阻和输入电抗分别为

$$R=\frac{2}{|I_i|^2}\left[\int_V(p_{eav}+p_{mav}+p_{jav})dV+\int_{S-S_i}\boldsymbol{S}_{av}\cdot d\boldsymbol{S}\right]\tag{4.5.36}$$

$$X=\frac{4\omega}{|I_i|^2}\int_V(w_{mav}-w_{eav})dV\tag{4.5.37}$$

式(4.5.36)中第 2 项称为辐射电阻,在高频时是描述电磁系统辐射能力的重要参数。式(4.5.37)说明电磁系统的输入电抗与系统的平均磁场能量与平均电场能量之差有关,当 $w_{mav}>w_{eav}$ 时,电磁系统的输入电抗为感抗,当 $w_{mav}<w_{eav}$ 时,电磁

系统的输入电抗为容抗。

例 4.5.4　在无源($\rho=0$、$\boldsymbol{J}=0$)的自由空间中,已知电磁场的电场强度复矢量

$$\boldsymbol{E}(z)=\boldsymbol{e}_y E_0 \mathrm{e}^{-\mathrm{j}kz}\quad \mathrm{V/m}$$

式中 k 和 E_0 为常数。求:(1) 磁场强度复矢量 $\boldsymbol{H}(z)$;(2) 瞬时坡印廷矢量 $\boldsymbol{S}$;(3) 平均坡印廷矢量 $\boldsymbol{S}_{\mathrm{av}}$。

解:(1) 由 $\nabla\times\boldsymbol{E}=-\mathrm{j}\omega\mu_0\boldsymbol{H}$,得

$$\boldsymbol{H}(z)=-\frac{1}{\mathrm{j}\omega\mu_0}\nabla\times\boldsymbol{E}=-\frac{1}{\mathrm{j}\omega\mu_0}\boldsymbol{e}_z\frac{\partial}{\partial z}\times\boldsymbol{e}_y E_0\mathrm{e}^{-\mathrm{j}kz}=-\boldsymbol{e}_x\frac{kE_0}{\omega\mu_0}\mathrm{e}^{-\mathrm{j}kz}$$

(2) 电场、磁场的瞬时值为

$$\boldsymbol{E}(z,t)=\mathrm{Re}[\boldsymbol{E}(z)\mathrm{e}^{\mathrm{j}\omega t}]=\boldsymbol{e}_y E_0\cos(\omega t-kz)$$

$$\boldsymbol{H}(z,t)=\mathrm{Re}[\boldsymbol{H}(z)\mathrm{e}^{\mathrm{j}\omega t}]=-\boldsymbol{e}_x\frac{kE_0}{\omega\mu_0}\cos(\omega t-kz)$$

所以,瞬时坡印廷矢量 $\boldsymbol{S}$ 为

$$\boldsymbol{S}=\boldsymbol{E}\times\boldsymbol{H}=\boldsymbol{e}_y E_0\cos(\omega t-kz)\times\left[-\boldsymbol{e}_x\frac{kE_0}{\omega\mu_0}\cos(\omega t-kz)\right]$$

$$=\boldsymbol{e}_z\frac{kE_0^2}{\omega\mu_0}\cos^2(\omega t-kz)$$

(3) 由式(4.5.30),可得平均坡印廷矢量

$$\boldsymbol{S}_{\mathrm{av}}=\frac{1}{2}\mathrm{Re}\left[\boldsymbol{e}_y E_0\mathrm{e}^{-\mathrm{j}kz}\times\left(-\boldsymbol{e}_x\frac{kE_0}{\omega\mu_0}\mathrm{e}^{-\mathrm{j}kz}\right)^*\right]=\frac{1}{2}\mathrm{Re}\left[\boldsymbol{e}_z\frac{kE_0^2}{\omega\mu_0}\right]=\boldsymbol{e}_z\frac{kE_0^2}{2\omega\mu_0}$$

或由式(4.5.29)计算

$$\boldsymbol{S}_{\mathrm{av}}=\frac{\omega}{2\pi}\int_0^{2\pi/\omega}\left[\boldsymbol{e}_z\frac{kE_0^2}{\omega\mu_0}\cos^2(\omega t-kz)\right]\mathrm{d}t=\boldsymbol{e}_z\frac{kE_0^2}{2\omega\mu_0}$$

— 思　考　题 —

4.1　在时变电磁场中是如何引入动态位 $\boldsymbol{A}$ 和 φ 的? $\boldsymbol{A}$ 和 φ 不唯一的原因何在?

4.2　什么是洛伦兹条件? 为何要引入洛伦兹条件? 在洛伦兹条件下,$\boldsymbol{A}$ 和 φ 满足什么方程?

4.3 坡印廷矢量是如何定义的？它的物理意义是什么？

4.4 什么是坡印廷定理？它的物理意义是什么？

4.5 什么是时变电磁场的唯一性定理？它有何重要意义？

4.6 什么是时谐电磁场？研究时谐电磁场有何意义？

4.7 时谐电磁场的复矢量是如何定义的？它与瞬时场矢量之间是什么关系？

4.8 时谐电磁场的复矢量是真实的场矢量吗？引入复矢量的意义何在？

4.9 时谐场的平均坡印廷矢量是如何定义的？如何由复矢量计算平均坡印廷矢量？

4.10 时谐场的瞬时坡印廷矢量与平均坡印廷矢量有何关系？是否有 $\boldsymbol{S}(\boldsymbol{r},t)=\mathrm{Re}[\boldsymbol{S}_{\mathrm{av}}(\boldsymbol{r})\mathrm{e}^{\mathrm{j}\omega t}]$？

4.11 试写出复数形式的麦克斯韦方程组。它与瞬时形式的麦克斯韦方程组有何区别？

4.12 复介电常数的虚部描述了介质的什么特性？如果不用复介电常数，如何表示介质的损耗？

4.13 如何解释复数形式的坡印廷定理中各项的物理意义？

— 习 题 —

4.1 证明以下矢量函数满足真空中的无源波动方程 $\nabla^2\boldsymbol{E}-\dfrac{1}{c^2}\dfrac{\partial^2\boldsymbol{E}}{\partial t^2}=0$，其中 $c^2=\dfrac{1}{\mu_0\varepsilon_0}$，$E_0$ 为常数。

（1）$\boldsymbol{E}=\boldsymbol{e}_xE_0\cos\left(\omega t-\dfrac{\omega}{c}z\right)$；（2）$\boldsymbol{E}=\boldsymbol{e}_xE_0\sin\left(\dfrac{\omega}{c}z\right)\cos(\omega t)$；

（3）$\boldsymbol{E}=\boldsymbol{e}_yE_0\cos\left(\omega t+\dfrac{\omega}{c}z\right)$

4.2 在无损耗的线性、各向同性媒质中，电场强度 $\boldsymbol{E}(\boldsymbol{r})$ 的波动方程为

$$\nabla^2\boldsymbol{E}(\boldsymbol{r})+\omega^2\mu\varepsilon\boldsymbol{E}(\boldsymbol{r})=0$$

已知矢量函数 $\boldsymbol{E}(\boldsymbol{r})=\boldsymbol{E}_0\mathrm{e}^{-\mathrm{j}\boldsymbol{k}\cdot\boldsymbol{r}}$，其中 $\boldsymbol{E}_0$ 和 $\boldsymbol{k}$ 是常矢量。试证明 $\boldsymbol{E}(\boldsymbol{r})$ 满足波动方程的条件是 $k^2=\omega^2\mu\varepsilon$，这里 $k=|\boldsymbol{k}|$。

4.3 已知无源的空气中的磁场强度为

$$\boldsymbol{H}=\boldsymbol{e}_y 0.1\sin(10\pi x)\cos(6\pi\times 10^9 t-kz) \quad \text{A/m}$$

利用波动方程求常数 k 的值。

4.4 证明:矢量函数 $\boldsymbol{E}=\boldsymbol{e}_x E_0\cos\left(\omega t-\dfrac{\omega}{c}x\right)$ 满足真空中的无源波动方程

$$\nabla^2\boldsymbol{E}-\frac{1}{c^2}\frac{\partial^2\boldsymbol{E}}{\partial t^2}=0$$

但不满足麦克斯韦方程。

4.5 在应用电磁位时,如果不采用洛伦兹条件,而采用库仑条件 $\nabla\cdot\boldsymbol{A}=0$,导出 $\boldsymbol{A}$ 和 φ 所满足的微分方程。

4.6 证明在无源空间($\rho=0,\boldsymbol{J}=0$)中,可以引入矢量位 $\boldsymbol{A}_{\mathrm{m}}$ 和标量位 φ_{m},定义为

$$\boldsymbol{D}=-\nabla\times\boldsymbol{A}_{\mathrm{m}}$$

$$\boldsymbol{H}=-\nabla\varphi_{\mathrm{m}}-\frac{\partial\boldsymbol{A}_{\mathrm{m}}}{\partial t}$$

并推导 $\boldsymbol{A}_{\mathrm{m}}$ 和 φ_{m} 的微分方程。

4.7 给定标量位 $\varphi=x-ct$ 及矢量位 $\boldsymbol{A}=\boldsymbol{e}_x\left(\dfrac{x}{c}-t\right)$,式中 $c=\dfrac{1}{\sqrt{\mu_0\varepsilon_0}}$。(1) 试证明:$\nabla\cdot\boldsymbol{A}=-\mu_0\varepsilon_0\dfrac{\partial\varphi}{\partial t}$;(2) 求 $\boldsymbol{H}$、$\boldsymbol{B}$、$\boldsymbol{E}$ 和 $\boldsymbol{D}$;(3) 证明上述结果满足自由空间的麦克斯韦方程。

4.8 自由空间中的电磁场为

$$\boldsymbol{E}(z,t)=\boldsymbol{e}_x 100\cos(\omega t-kz) \quad \text{V/m}$$

$$\boldsymbol{H}(z,t)=\boldsymbol{e}_y 2.65\cos(\omega t-kz) \quad \text{A/m}$$

式中 $k=\omega\sqrt{\mu_0\varepsilon_0}=0.42\ \text{rad/m}$。求:(1) 瞬时坡印廷矢量;(2) 平均坡印廷矢量;(3) 任一时刻流入如图题 4.8 所示的平行六面体(长 1 m、横截面积为 0.25 m²)中的净功率。

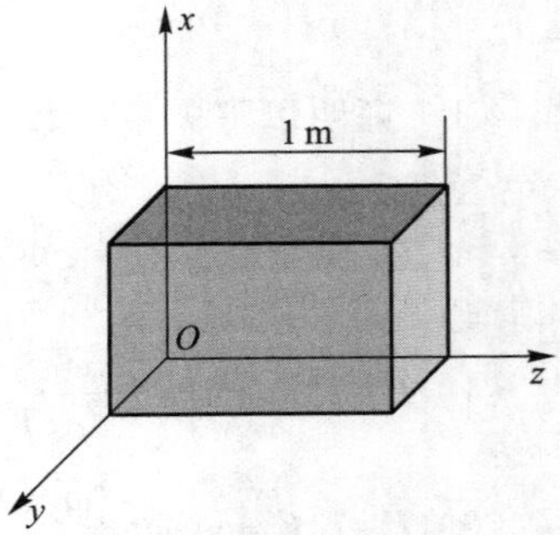

图题 4.8

4.9 已知某电磁场的复矢量为

$$\boldsymbol{E}(z)=\boldsymbol{e}_x \mathrm{j}E_0\sin(k_0 z) \quad \text{V/m}$$

$$\boldsymbol{H}(z)=\boldsymbol{e}_y\sqrt{\frac{\varepsilon_0}{\mu_0}}E_0\cos(k_0 z) \quad \text{A/m}$$

式中 $k_0=\dfrac{2\pi}{\lambda_0}=\dfrac{\omega}{c}$,$c$ 为真空中的光速,λ_0 是波长。求:(1) $z=0$、$\dfrac{\lambda_0}{8}$、$\dfrac{\lambda_0}{4}$ 各点处的瞬时坡印廷矢量;(2) 以上各点处的平均坡印廷矢量。

4.10 在横截面为 $a\times b$ 的矩形金属波导中，电磁场的复矢量为

$$\boldsymbol{E}=-\boldsymbol{e}_y\mathrm{j}\omega\mu\frac{a}{\pi}H_0\sin\left(\frac{\pi x}{a}\right)\mathrm{e}^{-\mathrm{j}\beta z}\quad \mathrm{V/m}$$

$$\boldsymbol{H}=\left[\boldsymbol{e}_x\mathrm{j}\beta\frac{a}{\pi}H_0\sin\left(\frac{\pi x}{a}\right)+\boldsymbol{e}_zH_0\cos\left(\frac{\pi x}{a}\right)\right]\mathrm{e}^{-\mathrm{j}\beta z}\quad \mathrm{A/m}$$

式中 H_0、ω、μ 和 β 都是实常数。求：(1) 瞬时坡印廷矢量；(2) 平均坡印廷矢量。

4.11 在球坐标系中，已知电磁场的瞬时值

$$\boldsymbol{E}(\boldsymbol{r},t)=\boldsymbol{e}_\theta\frac{E_0}{r}\sin\theta\sin(\omega t-k_0r)\quad \mathrm{V/m}$$

$$\boldsymbol{H}(\boldsymbol{r},t)=\boldsymbol{e}_\phi\frac{E_0}{\eta_0 r}\sin\theta\sin(\omega t-k_0r)\quad \mathrm{A/m}$$

式中 E_0 为常数，$\eta_0=\sqrt{\frac{\mu_0}{\varepsilon_0}}$，$k_0=\omega\sqrt{\mu_0\varepsilon_0}$。试计算通过以坐标原点为球心、$r_0$ 为半径的球面 S 的总功率。

4.12 已知无源的真空中电磁波的电场

$$\boldsymbol{E}=\boldsymbol{e}_xE_0\cos\left(\omega t-\frac{\omega}{c}z\right)\quad \mathrm{V/m}$$

证明 $\boldsymbol{S}_{\mathrm{av}}=\boldsymbol{e}_zw_{\mathrm{av}}c$，其中 w_{av} 是电磁能量密度的时间平均值，$c=\frac{1}{\sqrt{\mu_0\varepsilon_0}}$ 为电磁波在真空中的传播速度。

4.13 设电场强度和磁场强度分别为

$$\boldsymbol{E}=\boldsymbol{E}_0\cos(\omega t-\psi_{\mathrm{e}})\quad 和\quad \boldsymbol{H}=\boldsymbol{H}_0\cos(\omega t-\psi_{\mathrm{m}})$$

证明其坡印廷矢量的平均值为

$$\boldsymbol{S}_{\mathrm{av}}=\frac{1}{2}\boldsymbol{E}_0\times\boldsymbol{H}_0\cos(\psi_{\mathrm{e}}-\psi_{\mathrm{m}})$$

4.14 在半径为 a、电导率为 σ 的无限长直圆柱导线中，沿轴向通以均匀分布的恒定电流 I，且导线表面上有均匀分布的电荷面密度 ρ_s。

(1) 求导线表面外侧的坡印廷矢量 $\boldsymbol{S}$；

(2) 证明：由导线表面进入其内部的功率等于导线内的焦耳热损耗功率。

4.15 由半径为 a 的两圆形导体平板构成一平行板电容器，间距为 d，两板间充满介电常数为 ε、电导率为 σ 的媒质，如图题 4.15 所示。设两板间外加缓变电压 $u=U_{\mathrm{m}}\cos\omega t$，略去边缘效应，试求：

(1) 电容器内的瞬时坡印廷矢量和平均坡印廷矢量;

(2) 进入电容器的平均功率;

(3) 电容器内损耗的瞬时功率和平均功率。

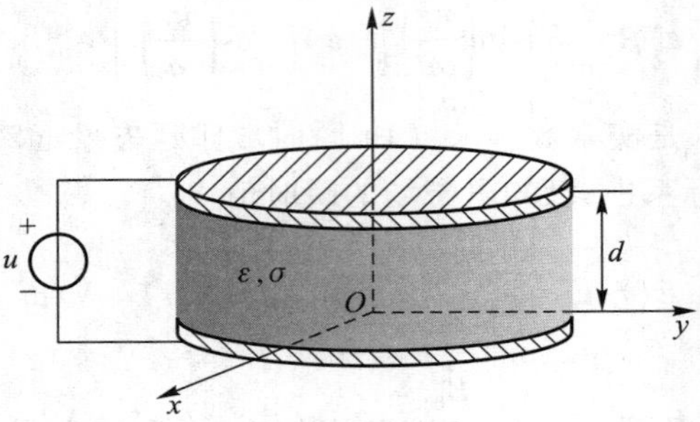

图题 4.15

4.16 已知真空中两个沿 z 方向传播的电磁波的电场为

$$\boldsymbol{E}_1 = \boldsymbol{e}_x E_{1\mathrm{m}} \mathrm{e}^{-\mathrm{j}kz}$$

$$\boldsymbol{E}_2 = \boldsymbol{e}_y E_{2\mathrm{m}} \mathrm{e}^{-\mathrm{j}(kz-\phi)}$$

其中 ϕ 为常数、$k=\omega\sqrt{\mu_0\varepsilon_0}$。证明合成波 $\boldsymbol{E}=\boldsymbol{E}_1+\boldsymbol{E}_2$ 的平均坡印廷矢量等于两个波的平均坡印廷矢量之和。

4.17 试证明电磁能量密度 $w=\frac{1}{2}\varepsilon|\boldsymbol{E}|^2+\frac{1}{2}\mu|\boldsymbol{H}|^2$ 和坡印廷矢量 $\boldsymbol{S}=\boldsymbol{E}\times\boldsymbol{H}$ 在下列变换下都具有不变性:

$$\boldsymbol{E}_1 = \boldsymbol{E}\cos\phi + \eta\boldsymbol{H}\sin\phi, \quad \boldsymbol{H}_1 = -\frac{1}{\eta}\boldsymbol{E}\sin\phi + \boldsymbol{H}\cos\phi$$

其中 ϕ 为常数、$\eta=\sqrt{\frac{\mu}{\varepsilon}}$。

第4章部分习题答案

第 5 章 均匀平面波在无界空间中的传播

在上一章中，从麦克斯韦方程出发，导出了电场强度 $\boldsymbol{E}$ 和磁场强度 $\boldsymbol{H}$ 所满足的波动方程，这表明时变电磁场以电磁波的形式在空间中传播。在不同的边界条件和初始条件下，波动方程具有不同形式的解，这就意味着电磁波的传播规律与区域形状、媒质的电磁特性有关。区域形状不同，电磁波传播的规律不同；媒质的电磁特性不同，电磁波传播的规律也不同。

根据电磁波的波面形状，可将电磁波分为平面波、柱面波和球面波。均匀平面波是指电磁波的场矢量只沿着它的传播方向变化，在与波传播方向垂直的无限大平面内，电场强度 $\boldsymbol{E}$ 和磁场强度 $\boldsymbol{H}$ 的方向、振幅和相位都保持不变。例如，沿直角坐标系的 z 方向传播的均匀平面波，在 x 和 y 所构成的横平面上无变化，如图 5.0.1 所示。

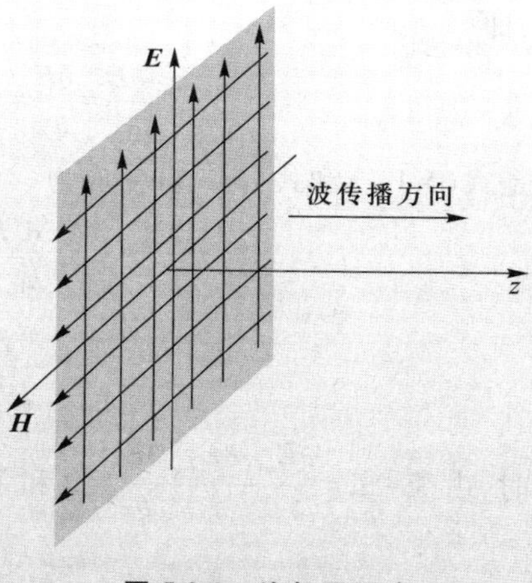

图 5.0.1　均匀平面波

均匀平面波是电磁波的一种理想情况，它的特性及讨论方法简单，但又能表征电磁波重要的和主要的性质。虽然这种均匀平面波实际上并不存在，但讨论这种均匀平面波是具有实际意义的。因为在距离波源足够远的地方，呈球面的波阵面上的一小部分就可以近似看作一个均匀平面波。

本章讨论无界空间中均匀平面波的传播特点。首先讨论在无界理想介质中均匀平面波的传播特点和各项参数的物理意义，然后讨论有耗媒质中均匀平面波的传播特点，最后讨论各向异性媒质中均匀平面波的传播特点。

5.1 理想介质中的均匀平面波

5.1.1 理想介质中的均匀平面波函数

假设讨论的区域为无源区，即 $\rho=0$、$\boldsymbol{J}=0$，且充满线性、各向同性、均匀的理想介质，则时谐电磁场满足齐次亥姆霍兹方程

$$\nabla^2\boldsymbol{E}+k^2\boldsymbol{E}=0 \tag{5.1.1}$$

$$\nabla^2\boldsymbol{H}+k^2\boldsymbol{H}=0 \tag{5.1.2}$$

首先考虑一种简单的情况，假设在直角坐标系中均匀平面波沿 z 方向传播，则电场强度 $\boldsymbol{E}$ 和磁场强度 $\boldsymbol{H}$ 都只是坐标变量 z 的函数，而与坐标变量 x 和 y 无关，即

$$\frac{\partial \boldsymbol{E}}{\partial x}=\frac{\partial \boldsymbol{E}}{\partial y}=0,\quad \frac{\partial \boldsymbol{H}}{\partial x}=\frac{\partial \boldsymbol{H}}{\partial y}=0$$

于是式(5.1.1)和式(5.1.2)变成为

$$\frac{\mathrm{d}^2\boldsymbol{E}}{\mathrm{d}z^2}+k^2\boldsymbol{E}=0 \tag{5.1.3}$$

$$\frac{\mathrm{d}^2\boldsymbol{H}}{\mathrm{d}z^2}+k^2\boldsymbol{H}=0 \tag{5.1.4}$$

同时，由 $\nabla\cdot\boldsymbol{E}=\frac{\partial E_x}{\partial x}+\frac{\partial E_y}{\partial y}+\frac{\partial E_z}{\partial z}=0$ 和 $\nabla\cdot\boldsymbol{H}=\frac{\partial H_x}{\partial x}+\frac{\partial H_y}{\partial y}+\frac{\partial H_z}{\partial z}=0$，得到

$$\frac{\partial E_z}{\partial z}=0,\quad \frac{\partial H_z}{\partial z}=0$$

再根据 E_z 和 H_z 的亥姆霍兹方程 $\frac{\mathrm{d}^2E_z}{\mathrm{d}z^2}+k^2E_z=0$ 和 $\frac{\mathrm{d}^2H_z}{\mathrm{d}z^2}+k^2H_z=0$，可得到

$$E_z=0,\quad H_z=0$$

这表明沿 z 方向传播的均匀平面波的电场强度 $\boldsymbol{E}$ 和磁场强度 $\boldsymbol{H}$ 都没有沿传播方向的分量，即电场强度 $\boldsymbol{E}$ 和磁场强度 $\boldsymbol{H}$ 都与波的传播方向垂直，这种波又称为横电磁波(TEM 波)。

对于沿 z 方向传播的均匀平面波，电场强度 $\boldsymbol{E}$ 和磁场强度 $\boldsymbol{H}$ 的分量 E_x、E_y 和 H_x、H_y 满足标量亥姆霍兹方程

$$\frac{\mathrm{d}^2 E_x}{\mathrm{d}z^2}+k^2 E_x=0 \tag{5.1.5}$$

$$\frac{\mathrm{d}^2 E_y}{\mathrm{d}z^2}+k^2 E_y=0 \tag{5.1.6}$$

$$\frac{\mathrm{d}^2 H_x}{\mathrm{d}z^2}+k^2 H_x=0 \tag{5.1.7}$$

$$\frac{\mathrm{d}^2 H_y}{\mathrm{d}z^2}+k^2 H_y=0 \tag{5.1.8}$$

上述四个方程都是二阶常微分方程，它们具有相同的形式，因而它们的解的形式也相同。下面只对方程(5.1.5)及其解进行讨论。

方程(5.1.5)的通解为

$$E_x(z)=A_1\mathrm{e}^{-\mathrm{j}kz}+A_2\mathrm{e}^{\mathrm{j}kz}=E_{1\mathrm{m}}\mathrm{e}^{\mathrm{j}\phi_1}\mathrm{e}^{-\mathrm{j}kz}+E_{2\mathrm{m}}\mathrm{e}^{\mathrm{j}\phi_2}\mathrm{e}^{\mathrm{j}kz} \tag{5.1.9}$$

其中 $E_{1\mathrm{m}}$、$E_{2\mathrm{m}}$分别为 A_1、A_2的模，ϕ_1、ϕ_2分别为 A_1、A_2的幅角。写成瞬时表达式，则为

$$E_x(z,t)=\mathrm{Re}[E_x(z)\mathrm{e}^{\mathrm{j}\omega t}]=E_{1\mathrm{m}}\cos(\omega t-kz+\phi_1)+E_{2\mathrm{m}}\cos(\omega t+kz+\phi_2) \tag{5.1.10}$$

5.1.2 理想介质中的均匀平面波的传播特点

式(5.1.9)的第一项代表沿$+z$方向传播的均匀平面波，第二项代表沿$-z$方向传播的均匀平面波。为了便于讨论均匀平面波的传播特点，这里只考虑沿正z方向传播的均匀平面波，即

$$E_x(z)=E_{x\mathrm{m}}\mathrm{e}^{-\mathrm{j}kz}\mathrm{e}^{\mathrm{j}\phi_x} \tag{5.1.11}$$

瞬时表达式为

$$E_x(z,t)=E_{x\mathrm{m}}\cos(\omega t-kz+\phi_x) \tag{5.1.12}$$

可见，场分量 $E_x(z,t)$既是时间的周期函数，又是空间坐标的周期函数。

在 z=常数的平面上，$E_x(z,t)$随时间 t 作周期性变化。图 5.1.1 给出了 $E_x(0,t)=E_{x\mathrm{m}}\cos\omega t$ 的变化曲线，这里取 $\phi_x=0$。ωt 为时间相位，ω 则表示单位时间内的相位变化，称为角频率，单位为 rad/s。由 $\omega T=2\pi$ 得到场量随时间变化的周期为

$$T=\frac{2\pi}{\omega} \tag{5.1.13}$$

它表征在给定的位置上，时间相位变化 2π 的时间间隔。

$$f=\frac{1}{T}=\frac{\omega}{2\pi} \tag{5.1.14}$$

为电磁波的频率。

在任意固定时刻，$E_x(z,t)$ 随空间坐标 z 作周期性变化，图 5.1.2 给出了 $E_x(z,0)=E_{xm}\cos kz$ 的变化曲线。kz 称为空间相位，k 则表示单位距离的空间相位变化，称为相位常数，单位为 rad/m。相位常数通常又用 β 表示，在理想介质中，$\beta=k=\omega\sqrt{\mu\varepsilon}$。空间相位等于常数的点构成的曲面（即等相位面）称为波阵面，对于沿正 z 方向传播的均匀平面波，其波阵面是 z 为常数的平面，故称为平面波。

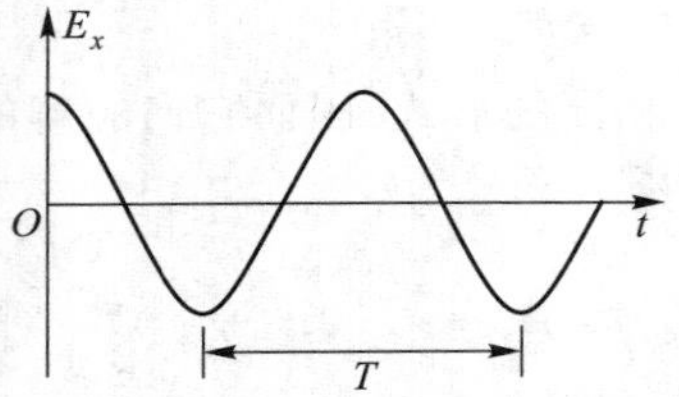

图 5.1.1　$E_x(0,t)=E_{xm}\cos\omega t$ 的曲线

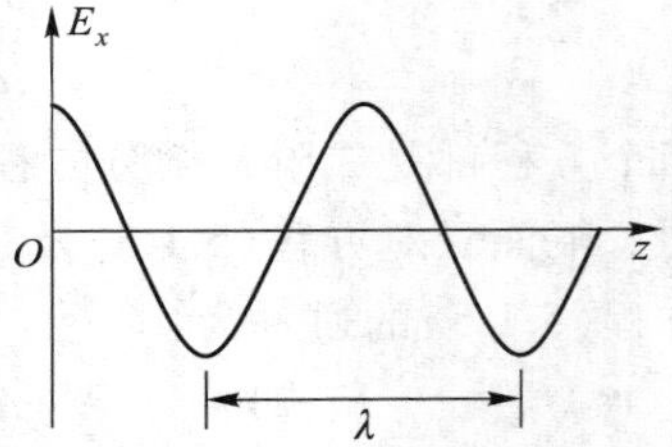

图 5.1.2　$E_x(z,0)=E_{xm}\cos kz$ 的曲线

在任意固定时刻，空间相位差为 2π 的两个波阵面之间的距离称为电磁波的波长，用 λ 表示，单位为 m。由 $\beta\lambda=2\pi$ 得

$$\lambda=\frac{2\pi}{\beta}=\frac{2\pi}{k} \tag{5.1.15}$$

由于 $k=\omega\sqrt{\mu\varepsilon}=2\pi f\sqrt{\mu\varepsilon}$，又可得到

$$\lambda=\frac{1}{f\sqrt{\mu\varepsilon}} \tag{5.1.16}$$

可见，电磁波的波长不仅与频率有关，还与媒质参数有关。

由式(5.1.15)可得到

$$k=\frac{2\pi}{\lambda} \tag{5.1.17}$$

所以 k 的大小也表示在 2π 的空间距离内所包含的全波数目，所以又将 k 称为波数。

电磁波的等相位面在空间中的移动速度称为相位速度，或简称相速，以 v_{P} 表示，单位为 m/s。图 5.1.3 给出了 $E_x(z,t)=E_{xm}\cos(\omega t-kz)$ 在几个不同时刻的图形，对于波上任一固定观察点（如图中的波峰点 P），其相位为恒定值，即 $\omega t-kz=$ 常数，于是 $\omega\mathrm{d}t-k\mathrm{d}z=0$，由此得到均匀平面波的相速为

$$v_{\mathrm{P}}=\frac{\mathrm{d}z}{\mathrm{d}t}=\frac{\omega}{k}=\frac{\omega}{\beta} \tag{5.1.18}$$

动画 5-1-1
理想介质中均匀平面波的传播

由于 $k=\omega\sqrt{\mu\varepsilon}$,所以又得到

$$v_{\mathrm{P}}=\frac{1}{\sqrt{\varepsilon\mu}} \tag{5.1.19}$$

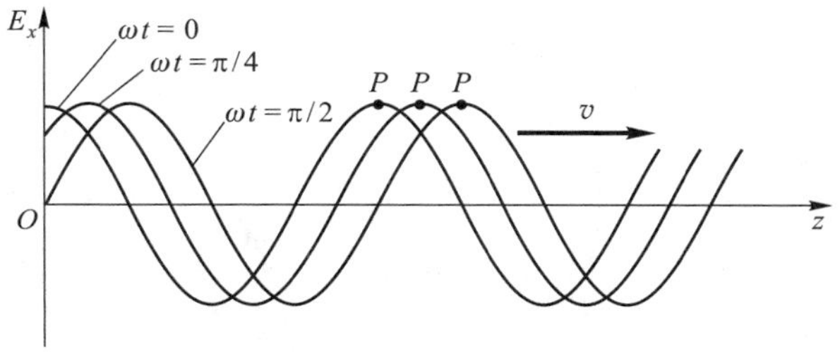

图 5.1.3 几个不同时刻 $E_x(z,t)=E_{xm}\cos(\omega t-kz)$ 的图形

由此可见,在理想介质中,均匀平面波的相速与频率无关,但与媒质参数有关。在自由空间 $\varepsilon=\varepsilon_0=\frac{1}{36\pi}\times10^{-9}$ F/m,$\mu=\mu_0=4\pi\times10^{-7}$ H/m,这时

$$v_{\mathrm{P}}=v_{\mathrm{P0}}=\frac{1}{\sqrt{\varepsilon_0\mu_0}}=3\times10^8\ \mathrm{m/s} \tag{5.1.20}$$

为自由空间的光速。

利用麦克斯韦方程,可得到电磁波的磁场表达式。由 $\nabla\times\boldsymbol{E}=-\mathrm{j}\omega\mu\boldsymbol{H}$,有

$$\begin{aligned}\boldsymbol{H}&=-\frac{1}{\mathrm{j}\omega\mu}\nabla\times\boldsymbol{E}=-\boldsymbol{e}_y\frac{1}{\mathrm{j}\omega\mu}\frac{\partial E_x}{\partial z}=\boldsymbol{e}_y\frac{k}{\omega\mu}E_{xm}\mathrm{e}^{-\mathrm{j}(kz-\phi_x)}\\&=\boldsymbol{e}_y\sqrt{\frac{\varepsilon}{\mu}}E_{xm}\mathrm{e}^{-\mathrm{j}(kz-\phi_x)}=\boldsymbol{e}_y\frac{1}{\eta}E_{xm}\mathrm{e}^{-\mathrm{j}(kz-\phi_x)}\end{aligned} \tag{5.1.21}$$

其瞬时表示式为

$$\boldsymbol{H}=\boldsymbol{e}_y\frac{1}{\eta}E_{xm}\cos(\omega t-kz+\phi_x) \tag{5.1.22}$$

其中

$$\eta=\frac{E_x}{H_y}=\frac{E_{xm}}{H_{ym}}=\sqrt{\frac{\mu}{\varepsilon}}\quad(\Omega) \tag{5.1.23}$$

是电场与磁场之比,具有阻抗的量纲,故称为波阻抗。由于 η 的值与媒质的参数有关,因此又称为媒质的本征阻抗(或特性阻抗)。在自由空间中

$$\eta=\eta_0=\sqrt{\frac{\mu_0}{\varepsilon_0}}=120\pi\approx377\ (\Omega) \tag{5.1.24}$$

由式(5.1.21)可知,磁场与电场之间满足关系

$$\boldsymbol{H}=\frac{1}{\eta}\boldsymbol{e}_z\times\boldsymbol{E} \tag{5.1.25}$$

或者写为

$$\boldsymbol{E}=\eta\boldsymbol{H}\times\boldsymbol{e}_z \tag{5.1.26}$$

由此可见,电场 $\boldsymbol{E}$、磁场 $\boldsymbol{H}$ 与传播方向 $\boldsymbol{e}_z$ 之间相互垂直,且遵循右手螺旋关系,如图 5.1.4 所示。

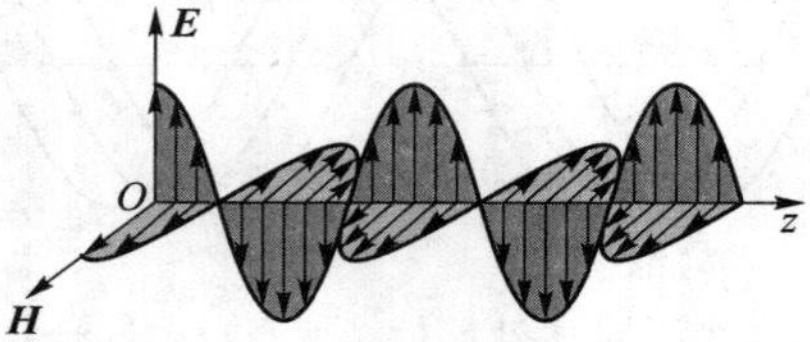

图 5.1.4　理想介质中沿 z 轴方向传播的均匀平面波

动画 5-1-2 理想介质中的均匀平面波的电场与磁场

在理想介质中,由于 $|\boldsymbol{H}|=\frac{1}{\eta}|\boldsymbol{E}|$,所以有

$$\frac{1}{2}\varepsilon|\boldsymbol{E}|^2=\frac{1}{2}\mu|\boldsymbol{H}|^2 \tag{5.1.27}$$

这表明,在理想介质中,均匀平面波的电场能量密度等于磁场能量密度。因此,电磁能量密度可表示为

$$w=w_{\mathrm{e}}+w_{\mathrm{m}}=\frac{1}{2}\varepsilon|\boldsymbol{E}|^2+\frac{1}{2}\mu|\boldsymbol{H}|^2=\varepsilon|\boldsymbol{E}|^2=\mu|\boldsymbol{H}|^2 \tag{5.1.28}$$

在理想介质中,瞬时坡印廷矢量为

$$\boldsymbol{S}=\boldsymbol{E}\times\boldsymbol{H}=\frac{1}{\eta}\boldsymbol{E}\times(\boldsymbol{e}_z\times\boldsymbol{E})=\boldsymbol{e}_z\frac{1}{\eta}|\boldsymbol{E}|^2 \tag{5.1.29}$$

平均坡印廷矢量为

$$\boldsymbol{S}_{\mathrm{av}}=\frac{1}{2}\mathrm{Re}[\boldsymbol{E}\times\boldsymbol{H}^*]=\frac{1}{2\eta}\mathrm{Re}[\boldsymbol{E}\times(\boldsymbol{e}_z\times\boldsymbol{E}^*)]=\boldsymbol{e}_z\frac{1}{2\eta}E_{x\mathrm{m}}^2 \tag{5.1.30}$$

由此可见,均匀平面波电磁能量沿波的传播方向流动。

综合以上的讨论可知,理想介质中的均匀平面波具有以下传播特点:

(1) 电场 $\boldsymbol{E}$、磁场 $\boldsymbol{H}$ 与传播方向 $\boldsymbol{e}_z$ 之间相互垂直,是横电磁波(TEM 波);

(2) 电场与磁场的振幅不变;

(3) 波阻抗为实数,电场与磁场同相位;

(4) 电磁波的相速与频率无关;

(5) 电场能量密度等于磁场能量密度。

例 5.1.1　频率为 100 MHz 的均匀电磁波,在一无耗媒质中沿 $+z$ 方向传播,

其电场 $\boldsymbol{E}=\boldsymbol{e}_xE_x$。已知该媒质的相对介电常数 $\varepsilon_r=4$、相对磁导率 $\mu_r=1$，且当 $t=0$ 时，电场在 $z=1/8$ m 处达到振幅值为 10^{-4} V/m。（1）求 $\boldsymbol{E}$ 的瞬时表示式；（2）求 $\boldsymbol{H}$ 的瞬时表示式。

解：（1）设 $\boldsymbol{E}$ 的瞬时表示式为

$$\boldsymbol{E}(z,t)=\boldsymbol{e}_xE_x(z,t)=\boldsymbol{e}_x10^{-4}\cos(\omega t-kz+\phi_x)$$

式中

$$\omega=2\pi f=2\pi\times10^8\ \text{rad/s}$$

$$k=\omega\sqrt{\varepsilon\mu}=\frac{\omega}{c}\sqrt{\varepsilon_r\mu_r}=\frac{2\pi\times10^8}{3\times10^8}\sqrt{4}=\frac{4}{3}\pi\ \text{rad/m}$$

对于余弦函数，当相位为零时达振幅值。因此，考虑到 $t=0$、$z=1/8$ 时电场达到振幅值，有

$$\phi_x=kz=\frac{4\pi}{3}\times\frac{1}{8}=\frac{\pi}{6}$$

所以

$$\begin{aligned}\boldsymbol{E}(z,t)&=\boldsymbol{e}_x10^{-4}\cos\left(2\pi\times10^8t-\frac{4\pi}{3}z+\frac{\pi}{6}\right)\\&=\boldsymbol{e}_x10^{-4}\cos\left[2\pi\times10^8t-\frac{4\pi}{3}\left(z-\frac{1}{8}\right)\right]\quad \text{V/m}\end{aligned}$$

（2）$\boldsymbol{H}$ 的瞬时表示式为

$$\boldsymbol{H}=\boldsymbol{e}_yH_y=\boldsymbol{e}_y\frac{1}{\eta}E_x$$

式中

$$\eta=\sqrt{\frac{\mu}{\varepsilon}}=60\pi\quad\Omega$$

因此

$$\boldsymbol{H}(z,t)=\boldsymbol{e}_y\frac{10^{-4}}{60\pi}\cos\left[2\pi\times10^8t-\frac{4}{3}\pi\left(z-\frac{1}{8}\right)\right]\quad \text{A/m}$$

例 5.1.2　已知聚乙烯的相对介电常数 $\varepsilon_r=2.26$、相对磁导率 $\mu_r=1$、电导率 $\sigma=0$。频率为 9.4GHz 的均匀平面波在聚乙烯中传播，其磁场的振幅为 7 mA/m。求相速、波长、波阻抗和电场强度的振幅值。

解：由题意

$$\varepsilon_r=2.26、\mu_r=1、f=9.4\times10^9\ \text{Hz}$$

因此

$$v_P=\frac{v_{P0}}{\sqrt{\varepsilon_r}}=\frac{3\times10^8}{\sqrt{2.26}}=1.996\times10^8\ \text{m/s}$$

$$\lambda=\frac{v_{\mathrm{P}}}{f}=\frac{1.996\times10^{8}}{9.4\times10^{9}}\ \mathrm{m}=2.12\ \mathrm{cm}$$

$$\eta=\sqrt{\frac{\mu}{\varepsilon}}=\frac{\eta_0}{\sqrt{\varepsilon_{\mathrm{r}}}}=\frac{377}{\sqrt{2.26}}\ \Omega=251\ \Omega$$

$$E_{\mathrm{m}}=H_{\mathrm{m}}\eta=7\times10^{-3}\times251\ \mathrm{V/m}=1.757\ \mathrm{V/m}$$

例 5.1.3 自由空间中平面波的电场强度 $\boldsymbol{E}=\boldsymbol{e}_x50\cos(\omega t-kz)$ V/m,求在 $z=z_0$ 处垂直穿过半径 $R=2.5$ m 的圆平面的平均功率。

解: 电场强度 $\boldsymbol{E}$ 的复数表示式为

$$\boldsymbol{E}=\boldsymbol{e}_x50\mathrm{e}^{-\mathrm{j}kz}$$

自由空间的本征阻抗为

$$\eta_0=120\pi$$

故得到该平面波的磁场强度

$$\boldsymbol{H}=\boldsymbol{e}_y\frac{E}{\eta}=\boldsymbol{e}_y\frac{5}{12\pi}\mathrm{e}^{-\mathrm{j}kz}\ \mathrm{A/m}$$

于是,平均坡印廷矢量

$$\boldsymbol{S}_{\mathrm{av}}=\frac{1}{2}\mathrm{Re}(\boldsymbol{E}\times\boldsymbol{H}^*)=\boldsymbol{e}_z\frac{1}{2}\times50\times\frac{5}{12\pi}=\boldsymbol{e}_z\frac{125}{12\pi}\ \mathrm{W/m^2}$$

垂直穿过半径 $R=2.5$m 的圆平面的平均功率

$$P_{\mathrm{av}}=\int_S\boldsymbol{S}_{\mathrm{av}}\cdot\mathrm{d}\boldsymbol{S}=\frac{125}{12\pi}\times\pi R^2=\frac{125}{12\pi}\times\pi\times(2.5)^2=65.1\ \mathrm{W}$$

5.1.3 沿任意方向传播的均匀平面波

均匀平面波的传播方向与等相位面垂直,在等相位面内任意点的电磁场的大小和方向都是相同的,这些都与坐标系的选择无关。前面讨论了沿坐标轴方向传播的均匀平面波,这里讨论均匀平面波沿任意方向传播的一般情况。

图 5.1.5 所示为沿任意方向传播的均匀平面波,传播方向的单位矢量为 $\boldsymbol{e}_{\mathrm{n}}$。定义一个波矢量 $\boldsymbol{k}$,其大小为相位常数 k、方向为 $\boldsymbol{e}_{\mathrm{n}}$,即

$$\boldsymbol{k}=\boldsymbol{e}_{\mathrm{n}}k=\boldsymbol{e}_xk_x+\boldsymbol{e}_yk_y+\boldsymbol{e}_zk_z \tag{5.1.31}$$

式中 k_x、k_y、k_z 为 $\boldsymbol{k}$ 的三个分量。

沿 $\boldsymbol{e}_z$ 方向传播的均匀平面波是一种特殊情况,其波矢量为

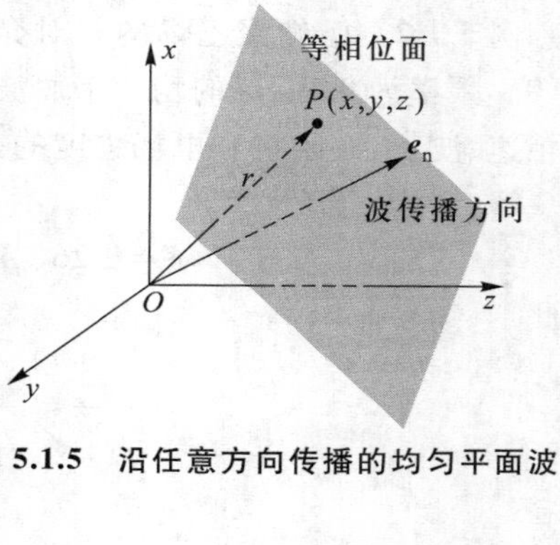

图 5.1.5 沿任意方向传播的均匀平面波

$$\boldsymbol{k}=\boldsymbol{e}_z k$$

设空间任意点的矢径为 $\boldsymbol{r}=\boldsymbol{e}_x x+\boldsymbol{e}_y y+\boldsymbol{e}_z z$,则 $kz=k\boldsymbol{e}_z\cdot\boldsymbol{r}$,因此可将沿 $\boldsymbol{e}_z$ 方向传播的均匀平面波表示为

$$\boldsymbol{E}(z)=\boldsymbol{E}_{\mathrm{m}}\mathrm{e}^{-\mathrm{j}k\boldsymbol{e}_z\cdot\boldsymbol{r}}$$

$$\boldsymbol{H}(z)=\frac{1}{\eta}\boldsymbol{e}_z\times\boldsymbol{E}(z)$$

式中 $\boldsymbol{E}_{\mathrm{m}}$ 是一个常矢量,所以等相位面为 $\boldsymbol{e}_z\cdot\boldsymbol{r}=z=$常数的平面。

对于沿 $\boldsymbol{e}_{\mathrm{n}}$ 方向传播的均匀平面波,等相位面是垂直于 $\boldsymbol{e}_{\mathrm{n}}$ 的平面,其方程为

$$\boldsymbol{e}_{\mathrm{n}}\cdot\boldsymbol{r}=\text{常数}$$

对照沿 $\boldsymbol{e}_z$ 方向传播的情况可知,沿任意方向 $\boldsymbol{e}_{\mathrm{n}}$ 传播的均匀平面波的电场矢量可表示为

$$\boldsymbol{E}(\boldsymbol{r})=\boldsymbol{E}_{\mathrm{m}}\mathrm{e}^{-\mathrm{j}k\boldsymbol{e}_{\mathrm{n}}\cdot\boldsymbol{r}}=\boldsymbol{E}_{\mathrm{m}}\mathrm{e}^{-\mathrm{j}\boldsymbol{k}\cdot\boldsymbol{r}} \tag{5.1.32}$$

而且由 $\nabla\cdot\boldsymbol{E}=0$,可以得到

$$\boldsymbol{e}_{\mathrm{n}}\cdot\boldsymbol{E}_{\mathrm{m}}=0 \tag{5.1.33}$$

这表明电场矢量的方向垂直于传播方向。

与式(5.1.32)相应的磁场矢量可表示为

$$\boldsymbol{H}(\boldsymbol{r})=\frac{1}{\eta}\boldsymbol{e}_{\mathrm{n}}\times\boldsymbol{E}(\boldsymbol{r})=\frac{1}{\eta}\boldsymbol{e}_{\mathrm{n}}\times\boldsymbol{E}_{\mathrm{m}}\mathrm{e}^{-\mathrm{j}\boldsymbol{k}\cdot\boldsymbol{r}} \tag{5.1.34}$$

例 5.1.4 频率 $f=500$ kHz 的均匀平面波,在 $\mu=\mu_0$、$\varepsilon=\varepsilon_0\varepsilon_{\mathrm{r}}$、$\sigma=0$ 的无损耗媒质中传播。已知 $\boldsymbol{E}_{\mathrm{m}}=\boldsymbol{e}_x 2-\boldsymbol{e}_y+\boldsymbol{e}_z$ kV/m、$\boldsymbol{H}_{\mathrm{m}}=\boldsymbol{e}_x 6+\boldsymbol{e}_y 9-\boldsymbol{e}_z 3$ A/m。求:(1) 传播方向 $\boldsymbol{e}_{\mathrm{n}}$;(2) ε_{r} 和 λ。

解:(1) $\boldsymbol{e}_{\mathrm{n}}=\boldsymbol{e}_E\times\boldsymbol{e}_H=\dfrac{\boldsymbol{E}_{\mathrm{m}}\times\boldsymbol{H}_{\mathrm{m}}}{|\boldsymbol{E}_{\mathrm{m}}||\boldsymbol{H}_{\mathrm{m}}|}=\dfrac{1}{\sqrt{21}}(-\boldsymbol{e}_x+2\boldsymbol{e}_y+4\boldsymbol{e}_z)$

(2) 由 $\eta=\dfrac{\eta_0}{\sqrt{\varepsilon_{\mathrm{r}}}}=\dfrac{|\boldsymbol{E}_{\mathrm{m}}|}{|\boldsymbol{H}_{\mathrm{m}}|}=\dfrac{10^3}{\sqrt{21}}$,得到

$$\varepsilon_{\mathrm{r}}=\frac{21\eta_0^2}{10^6}=2.98$$

$$\lambda=\frac{\lambda_0}{\sqrt{\varepsilon_{\mathrm{r}}}}=0.58\,\frac{v_{\mathrm{P0}}}{f}=347.3\ \mathrm{m}$$

5.2 均匀平面波在导电媒质中的传播

由于导电媒质中的电导率 $\sigma\neq0$,当电磁波在导电媒质中传播时,其中必然

有传导电流 $\boldsymbol{J}=\sigma\boldsymbol{E}$，这将导致电磁能量损耗。因而，均匀平面波在导电媒质中的传播特性与理想介质的情况有所不同。

5.2.1 导电媒质中的均匀平面波

在均匀的导电媒质中，由

$$\nabla\times\boldsymbol{H}=\boldsymbol{J}+\mathrm{j}\omega\varepsilon\boldsymbol{E}=\mathrm{j}\omega\left(\varepsilon-\mathrm{j}\frac{\sigma}{\omega}\right)\boldsymbol{E}=\mathrm{j}\omega\varepsilon_{\mathrm{c}}\boldsymbol{E}$$

可得到

$$\nabla\cdot\boldsymbol{E}=\frac{1}{\mathrm{j}\omega\varepsilon_{\mathrm{c}}}\nabla\cdot(\nabla\times\boldsymbol{H})=0 \tag{5.2.1}$$

因此可见，在均匀的导电媒质中，虽然传导电流密度 $\boldsymbol{J}\neq0$，但不存在自由电荷密度，即 $\rho=0$。

在 4.5.4 小节中已指出，在均匀的导电媒质中，电场 $\boldsymbol{E}$ 和磁场 $\boldsymbol{H}$ 满足的亥姆霍兹方程为

$$(\nabla^2+k_{\mathrm{c}}^2)\boldsymbol{E}=0 \tag{5.2.2}$$

$$(\nabla^2+k_{\mathrm{c}}^2)\boldsymbol{H}=0 \tag{5.2.3}$$

式中

$$k_{\mathrm{c}}=\omega\sqrt{\mu\varepsilon_{\mathrm{c}}} \tag{5.2.4}$$

为导电媒质中的波数，为一复数。

在讨论导电媒质中电磁波的传播时，通常将式(5.2.2)和式(5.2.3)写为

$$(\nabla^2-\gamma^2)\boldsymbol{E}=0 \tag{5.2.5}$$

$$(\nabla^2-\gamma^2)\boldsymbol{H}=0 \tag{5.2.6}$$

式中

$$\gamma=\mathrm{j}k_{\mathrm{c}}=\mathrm{j}\omega\sqrt{\mu\varepsilon_{\mathrm{c}}} \tag{5.2.7}$$

称为传播常数，仍为一复数。

这里仍然假定电磁波是沿 $+z$ 轴方向传播的均匀平面波，且电场只有 E_x 分量，则方程式(5.2.5)的解为

$$\boldsymbol{E}=\boldsymbol{e}_xE_x=\boldsymbol{e}_xE_{xm}\mathrm{e}^{-\gamma z}\mathrm{e}^{\mathrm{j}\phi_x} \tag{5.2.8}$$

由于 γ 是复数，令 $\gamma=\alpha+\mathrm{j}\beta$，代入上式得

$$\boldsymbol{E}=\boldsymbol{e}_xE_{xm}\mathrm{e}^{-\alpha z}\mathrm{e}^{-\mathrm{j}\beta z}\mathrm{e}^{\mathrm{j}\phi_x} \tag{5.2.9}$$

式中第一个因子 $\mathrm{e}^{-\alpha z}$ 表示电场的振幅随传播距离 z 的增加而呈指数衰减，因而称为衰减因子。α 则称为衰减常数，单位为 Np/m(奈培/米)；第二个因子 $\mathrm{e}^{-\mathrm{j}\beta z}$ 是相位因子，β 称为相位常数，其单位为 rad/m(弧度/米)。

与式(5.2.9)对应的瞬时值形式为

$$\begin{aligned}\boldsymbol{E}(z,t)&=\mathrm{Re}[\boldsymbol{E}(z)\mathrm{e}^{\mathrm{j}\omega t}]=\mathrm{Re}[\boldsymbol{e}_x E_{x\mathrm{m}}\mathrm{e}^{-\alpha z}\mathrm{e}^{-\mathrm{j}\beta z}\mathrm{e}^{\mathrm{j}\phi_x}\mathrm{e}^{\mathrm{j}\omega t}]\\&=\boldsymbol{e}_x E_{x\mathrm{m}}\mathrm{e}^{-\alpha z}\cos(\omega t-\beta z+\phi_x)\end{aligned}\tag{5.2.10}$$

由方程 $\nabla\times\boldsymbol{E}=-\mathrm{j}\omega\mu\boldsymbol{H}$,可得到导电媒质中的磁场强度复矢量为

$$\boldsymbol{H}=\boldsymbol{e}_y\sqrt{\frac{\varepsilon_{\mathrm{c}}}{\mu}}E_{x\mathrm{m}}\mathrm{e}^{-\gamma z}\mathrm{e}^{\mathrm{j}\phi_x}=\boldsymbol{e}_y\frac{1}{\eta_{\mathrm{c}}}E_{x\mathrm{m}}\mathrm{e}^{-\gamma z}\mathrm{e}^{\mathrm{j}\phi_x}\tag{5.2.11}$$

式中

$$\eta_{\mathrm{c}}=\sqrt{\frac{\mu}{\varepsilon_{\mathrm{c}}}}\tag{5.2.12}$$

为导电媒质的本征阻抗。η_{c} 为一复数,可将其表示为

$$\eta_{\mathrm{c}}=|\eta_{\mathrm{c}}|\mathrm{e}^{\mathrm{j}\phi}\tag{5.2.13}$$

由此可知,在导电媒质中,磁场的相位比电场的相位滞后 ϕ。

动画 5-2-1 导电媒质中的均匀平面波

将 $\varepsilon_{\mathrm{c}}=\varepsilon-\mathrm{j}\sigma/\omega$ 代入式(5.2.12),可得到

$$\eta_{\mathrm{c}}=\sqrt{\frac{\mu}{\varepsilon-\mathrm{j}\sigma/\omega}}=\left(\frac{\mu}{\varepsilon}\right)^{1/2}\left[1+\left(\frac{\sigma}{\omega\varepsilon}\right)^2\right]^{-1/4}\mathrm{e}^{\mathrm{j}\frac{1}{2}\arctan\left(\frac{\sigma}{\omega\varepsilon}\right)}$$

即

$$\begin{cases}|\eta_{\mathrm{c}}|=\left(\dfrac{\mu}{\varepsilon}\right)^{1/2}\left[1+\left(\dfrac{\sigma}{\omega\varepsilon}\right)^2\right]^{-1/4}\\\phi=\dfrac{1}{2}\arctan\left(\dfrac{\sigma}{\omega\varepsilon}\right)\end{cases}\tag{5.2.14}$$

磁场强度的瞬时值形式为

$$\boldsymbol{H}(z,t)=\mathrm{Re}[\boldsymbol{H}(z)\mathrm{e}^{\mathrm{j}\omega t}]=\boldsymbol{e}_y\frac{1}{|\eta_{\mathrm{c}}|}E_{x\mathrm{m}}\mathrm{e}^{-\alpha z}\cos(\omega t-\beta z+\phi_x-\phi)\tag{5.2.15}$$

由式(5.2.11)可得出,磁场强度复矢量与电场强度复矢量之间满足关系

$$\boldsymbol{H}=\frac{1}{\eta_{\mathrm{c}}}\boldsymbol{e}_z\times\boldsymbol{E}\tag{5.2.16}$$

这表明,在导电媒质中,电场 $\boldsymbol{E}$、磁场 $\boldsymbol{H}$ 与传播方向 $\boldsymbol{e}_z$ 之间仍然相互垂直,并遵循右手螺旋关系,如图 5.2.1 所示。

由 $\gamma=\alpha+\mathrm{j}\beta$ 和式(5.2.7),可得到

$$\gamma^2=\alpha^2-\beta^2+\mathrm{j}2\alpha\beta=-\omega^2\mu\varepsilon_{\mathrm{c}}=-\omega^2\mu\varepsilon+\mathrm{j}\omega\mu\sigma$$

由此可解得

$$\alpha=\omega\sqrt{\frac{\mu\varepsilon}{2}\left[\sqrt{1+\left(\frac{\sigma}{\omega\varepsilon}\right)^2}-1\right]}\tag{5.2.17}$$

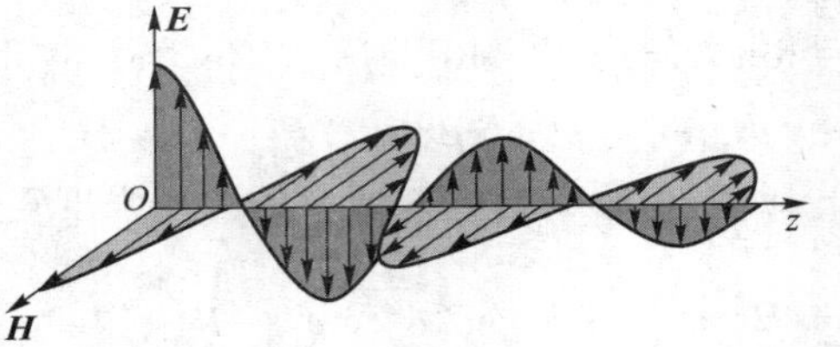

图 5.2.1 导电媒质中沿 z 轴方向传播的均匀平面波

动画 5-2-2
导电媒质中均匀平面波的电场和磁场

$$\beta=\omega\sqrt{\frac{\mu\varepsilon}{2}\left[\sqrt{1+\left(\frac{\sigma}{\omega\varepsilon}\right)^2}+1\right]} \tag{5.2.18}$$

由于 β 与电磁波的频率不是线性关系，因此在导电媒质中，电磁波的相速 $v_p=\dfrac{\omega}{\beta}$ 是频率的函数，即在同一种导电媒质中，不同频率的电磁波的相速是不同的，这种现象称为色散，相应的媒质称为色散媒质，故导电媒质是色散媒质。

由式(5.2.9)和式(5.2.11)可得到导电媒质中的平均电场能量密度和平均磁场能量密度分别为

$$w_{\text{eav}}=\frac{1}{4}\text{Re}[\varepsilon_c\boldsymbol{E}\cdot\boldsymbol{E}^*]=\frac{\varepsilon}{4}E_{xm}^2\text{e}^{-2\alpha z} \tag{5.2.19}$$

$$\begin{aligned}w_{\text{mav}}&=\frac{1}{4}\text{Re}[\mu\boldsymbol{H}\cdot\boldsymbol{H}^*]=\frac{\mu}{4}\frac{E_{xm}^2}{|\eta_c|^2}\text{e}^{-2\alpha z}\\&=\frac{\varepsilon}{4}E_{xm}^2\text{e}^{-2\alpha z}\left[1+\left(\frac{\sigma}{\omega\varepsilon}\right)^2\right]^{1/2}\end{aligned} \tag{5.2.20}$$

由此可见，在导电媒质中，平均磁场能量密度大于平均电场能量密度。只有当 $\sigma=0$ 时，才有 $w_{\text{eav}}=w_{\text{mav}}$。

在导电媒质中，平均坡印廷矢量为

$$\begin{aligned}\boldsymbol{S}_{\text{av}}&=\frac{1}{2}\text{Re}[\boldsymbol{E}\times\boldsymbol{H}^*]=\frac{1}{2}\text{Re}\left[\boldsymbol{E}\times\left(\frac{1}{\eta_c}\boldsymbol{e}_z\times\boldsymbol{E}\right)^*\right]\\&=\frac{1}{2}\text{Re}\left[\boldsymbol{e}_z|\boldsymbol{E}|^2\frac{1}{|\eta_c|}\text{e}^{\text{j}\phi}\right]=\boldsymbol{e}_z\frac{1}{2|\eta_c|}|\boldsymbol{E}|^2\cos\phi\end{aligned} \tag{5.2.21}$$

综合以上的讨论可知，导电媒质中的均匀平面波具有以下传播特点

(1) 电场 $\boldsymbol{E}$、磁场 $\boldsymbol{H}$ 与传播方向 $\boldsymbol{e}_z$ 之间相互垂直，仍然是横电磁波（TEM波）；

(2) 电场与磁场的振幅呈指数衰减；

(3) 波阻抗为复数，电场与磁场不同相位；

(4) 电磁波的相速与频率有关；

(5) 平均磁场能量密度大于平均电场能量密度。

5.2.2 弱导电媒质中的均匀平面波

弱导电媒质是指满足条件$\frac{\sigma}{\omega\varepsilon}\ll 1$的导电媒质。在这种媒质中,位移电流起主要作用,而传导电流的影响很小,可忽略不计。因此,弱导电媒质是一种良好的但电导率σ不为零的非理想绝缘材料。

在$\frac{\sigma}{\omega\varepsilon}\ll 1$的条件下,传播常数$\gamma$可近似为

$$\gamma=\mathrm{j}\omega\sqrt{\mu\varepsilon\left(1-\mathrm{j}\frac{\sigma}{\omega\varepsilon}\right)}\approx\mathrm{j}\omega\sqrt{\mu\varepsilon}\left(1-\mathrm{j}\frac{\sigma}{2\omega\varepsilon}\right)$$

由此可得衰减常数和相位常数近似为

$$\alpha\approx\frac{\sigma}{2}\sqrt{\frac{\mu}{\varepsilon}}\quad \mathrm{Np/m} \tag{5.2.22}$$

$$\beta=\omega\sqrt{\mu\varepsilon}\quad \mathrm{rad/m} \tag{5.2.23}$$

本征阻抗可近似为

$$\eta_{\mathrm{c}}=\sqrt{\frac{\mu}{\varepsilon}}\left(1-\mathrm{j}\frac{\sigma}{\omega\varepsilon}\right)^{-1/2}\approx\sqrt{\frac{\mu}{\varepsilon}}\left(1+\mathrm{j}\frac{\sigma}{2\omega\varepsilon}\right) \tag{5.2.24}$$

由此可见,在弱导电媒质中,除了有一定损耗所引起的衰减外,与理想介质中平面波的传播特点基本相同。

5.2.3 良导体中的均匀平面波

良导体是指$\frac{\sigma}{\omega\varepsilon}\gg 1$的媒质。在良导体中,传导电流起主要作用,而位移电流的影响很小,可忽略不计。在$\frac{\sigma}{\omega\varepsilon}\gg 1$下,传播常数$\gamma$可近似为

$$\gamma=\mathrm{j}\omega\sqrt{\mu\varepsilon\left(1-\mathrm{j}\frac{\sigma}{\omega\varepsilon}\right)}\approx\sqrt{\mathrm{j}\omega\mu\sigma}=(1+\mathrm{j})\sqrt{\frac{\omega\mu\sigma}{2}}=(1+\mathrm{j})\sqrt{\pi f\mu\sigma}$$

即

$$\alpha\approx\beta\approx\sqrt{\pi f\mu\sigma} \tag{5.2.25}$$

良导体的本征阻抗为

$$\eta_c=\sqrt{\frac{\mu}{\varepsilon_c}}\approx\sqrt{\frac{j\omega\mu}{\sigma}}=(1+j)\sqrt{\frac{\pi f\mu}{\sigma}}=\sqrt{\frac{2\pi f\mu}{\sigma}}e^{j\pi/4} \tag{5.2.26}$$

这表明，在良导体中，磁场的相位滞后于电场45°。

在良导体中，电磁波的相速为

$$v_P=\frac{\omega}{\beta}\approx\sqrt{\frac{2\omega}{\mu\sigma}} \tag{5.2.27}$$

由式(5.2.25)可知，在良导体中，电磁波的衰减常数随波的频率、媒质的磁导率和电导率的增加而增大。因此，高频电磁波在良导体中的衰减常数非常大。例如，频率 $f=3$ MHz 时，电磁波在铜（$\sigma=5.8\times10^7$ S/m、$\mu_r=1$）中的 $\alpha\approx 2.62\times10^4$ Np/m。

由于电磁波在良导体中的衰减很快，故在传播很短的一段距离后就几乎衰减完了。因此，良导体中的电磁波局限于导体表面附近的区域，这种现象称为趋肤效应。工程上常用趋肤深度 δ（或穿透深度）来表征电磁波的趋肤程度，其定义为电磁波的幅值衰减为表面值的 1/e（或 0.368）时电磁波所传播的距离。按此定义，有

$$e^{-\alpha\delta}=1/e$$

故

$$\delta=\frac{1}{\alpha}=\sqrt{\frac{2}{\omega\mu\sigma}}=\frac{1}{\sqrt{\pi f\mu\sigma}} \tag{5.2.28}$$

对于良导体，$\alpha\approx\beta$，故 δ 也可写为

$$\delta\approx\frac{1}{\beta}=\frac{\lambda}{2\pi} \tag{5.2.29}$$

由式(5.2.28)可知，在良导体中，电磁波的趋肤深度随着波频率、媒质的磁导率和电导率的增加而减小。在高频时，良导体的趋肤深度非常小，以致在实际中可以认为电流仅存在于导体表面很薄的一层内，这与恒定电流或低频电流均匀分布于导体的横截面上的情况不同。在高频时，导体的实际载流截面减小了，因而导体的高频电阻大于直流或低频电阻。

按式(5.2.26)，良导体的本征阻抗为

$$\eta_c\approx(1+j)\sqrt{\frac{\pi f\mu}{\sigma}}=R_S+jX_S \tag{5.2.30}$$

具有相等的电阻和电抗分量

$$R_S=X_S=\sqrt{\frac{\pi f\mu}{\sigma}}=\frac{1}{\sigma\delta} \tag{5.2.31}$$

这些分量与电导率和趋肤深度有关。$R_S=\dfrac{1}{\sigma\delta}$表示厚度为 δ 的导体每平方米的电阻,称为导体的表面电阻率,简称为表面电阻。相应的 X_S 称为表面电抗,$Z_S=R_S+\mathrm{j}X_S$ 称为表面阻抗。

表 5.2.1 列出了一些金属材料的趋肤深度和表面电阻。

表 5.2.1 一些金属材料的趋肤深度和表面电阻

材料名称	电导率 σ/(S/m)	趋肤深度 δ/m	表面电阻 R_S/Ω
银	6.17×10^7	$0.064/\sqrt{f}$	$2.52\times10^{-7}\sqrt{f}$
紫铜	5.8×10^7	$0.066/\sqrt{f}$	$2.61\times10^{-7}\sqrt{f}$
铝	3.72×10^7	$0.083/\sqrt{f}$	$3.26\times10^{-7}\sqrt{f}$
钠	2.1×10^7	$0.11/\sqrt{f}$	
黄铜	1.6×10^7	$0.13/\sqrt{f}$	$5.01\times10^{-7}\sqrt{f}$
锡	0.87×10^7	$0.17/\sqrt{f}$	
石墨	0.01×10^7	$1.6/\sqrt{f}$	

如果用 J_0表示良导体表面位置上的体电流密度的大小,则在导体内 z 处的电流密度为 $\boldsymbol{J}(z)=\boldsymbol{e}_xJ_x=\boldsymbol{e}_xJ_0\mathrm{e}^{-\gamma z}$,如图 5.2.2(a)所示。良导体内每单位宽度的总电流为

$$I=\int_S\boldsymbol{J}\cdot\mathrm{d}\boldsymbol{S}=\int_0^1\mathrm{d}y\int_0^\infty J_x\mathrm{d}z=\int_0^\infty J_0\mathrm{e}^{-\gamma z}\mathrm{d}z=\frac{J_0}{\gamma}$$

由于良导体内电流主要分布在表面附近,因此可将电流 I 看作是分布于导体表面的面电流,如图 5.2.2(b)所示 。面电流密度为

$$\boldsymbol{J}_S=\boldsymbol{e}_xJ_S=\boldsymbol{e}_xI=\boldsymbol{e}_x\frac{J_0}{\gamma}\tag{5.2.32}$$

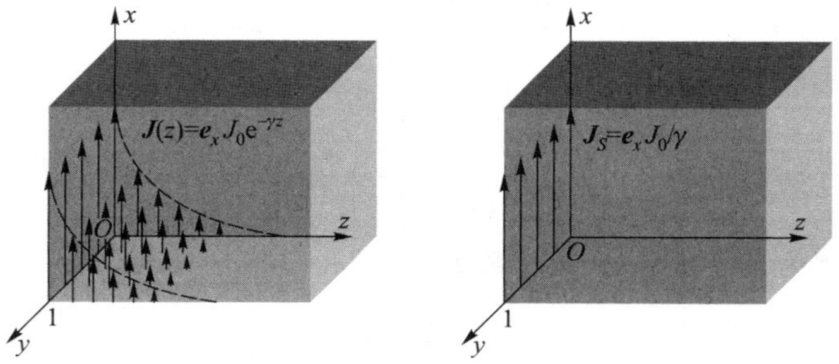

(a) 良导体中的体电流 (b) 良导体表面的等效面电流

图 5.2.2 良导体表面的等效面电流和体电流

导体表面的电场为 $E_0=J_0/\sigma$，由式(5.2.32)可得

$$E_0=\frac{J_0}{\sigma}=\frac{J_S\gamma}{\sigma}=\frac{J_S}{\sigma}(1+\mathrm{j})\sqrt{\frac{\omega\mu\sigma}{2}}=(1+\mathrm{j})\frac{J_S}{\sigma\delta}=J_SZ_S \tag{5.2.33}$$

此式说明，良导体表面的电场等于表面电流密度乘以表面阻抗。

良导体中每单位表面的平均损耗功率为

$$\begin{aligned}P_{1\mathrm{av}}&=\frac{1}{2}\int_0^\infty\sigma|E_0|^2\mathrm{e}^{-2\alpha z}\mathrm{d}z=\frac{\sigma}{4\alpha}|E_0|^2=\frac{\sigma}{4\alpha}|J_S|^2|Z_S|^2\\&=\frac{1}{2}|\boldsymbol{J}_S|^2R_S\quad(\mathrm{W/m^2})\end{aligned} \tag{5.2.34}$$

在实际计算时，通常先假定良导体为理想导体，求出导体表面的切向磁场，然后由 $\boldsymbol{J}_S=\boldsymbol{e}_\mathrm{n}\times\boldsymbol{H}$ 求出理想导体表面的电流密度 $\boldsymbol{J}_S$，并以此电流密度替代式(5.2.34)中的 $\boldsymbol{J}_S$。因此，可用

$$P_{1\mathrm{av}}=\frac{1}{2}|\boldsymbol{e}_\mathrm{n}\times\boldsymbol{H}|^2R_S \tag{5.2.35}$$

来近似计算良导体中每单位表面的平均损耗功率。

例 5.2.1 沿 x 方向极化的线极化波在海水中传播，取 $+z$ 轴方向为传播方向。已知海水的媒质参数为 $\varepsilon_\mathrm{r}=81$、$\mu_\mathrm{r}=1$、$\sigma=4\ \mathrm{S/m}$，在 $z=0$ 处的电场 $E_x=100\cos(10^7\pi t)\ \mathrm{V/m}$。求：

(1) 衰减常数、相位常数、本征阻抗、相速、波长及趋肤深度；

(2) 电场强度幅值减小为 $z=0$ 处的 1/1 000 时波传播的距离；

(3) $z=0.8$ m 处的电场 $\boldsymbol{E}$ 和磁场 $\boldsymbol{H}$ 的瞬时表达式；

(4) $z=0.8$ m 处穿过 1 $\mathrm{m^2}$ 面积的平均功率。

解：(1) 根据题意，有

$$\omega=10^7\pi\ \mathrm{rad/s},\quad f=\frac{\omega}{2\pi}=5\times10^6\ \mathrm{Hz}$$

所以

$$\frac{\sigma}{\omega\varepsilon}=\frac{4}{10^7\pi\times\left(\dfrac{1}{36\pi}\times10^{-9}\right)\times81}=181\gg1$$

此时海水可视为良导体，故衰减常数为

$$\alpha=\sqrt{\pi f\mu\sigma}=\sqrt{\pi\times5\times10^6\times4\pi\times10^{-7}\times4}\ \mathrm{Np/m}=8.89\ \mathrm{Np/m}$$

相位常数 $\beta=\alpha=8.89\ \mathrm{rad/m}$

本征阻抗 $$\eta_c=\sqrt{\frac{\omega\mu}{\sigma}}e^{j\frac{\pi}{4}}=\sqrt{\frac{10^7\pi\times4\pi\times10^{-7}}{4}}e^{j\frac{\pi}{4}}\ \Omega=\pi e^{j\frac{\pi}{4}}\ \Omega$$

相速 $$v_p=\frac{\omega}{\beta}=\frac{10^7\pi}{8.89}\ \text{m/s}=3.53\times10^6\ \text{m/s}$$

波长 $$\lambda=\frac{2\pi}{\beta}=\frac{2\pi}{8.89}\ \text{m}=0.707\ \text{m}$$

趋肤深度 $$\delta=\frac{1}{\alpha}=\frac{1}{8.89}\ \text{m}=0.112\ \text{m}$$

(2) 令 $e^{-\alpha z}=1/1\ 000$,即 $e^{\alpha z}=1\ 000$,由此得到电场强度幅值减小为 $z=0$ 处的1/1 000时,波传播的距离为

$$z=\frac{1}{\alpha}\ln 1\ 000=\frac{3\times2.302}{8.89}\ \text{m}=0.777\ \text{m}$$

(3) 根据题意,电场的瞬时表达式为

$$\boldsymbol{E}(z,t)=\boldsymbol{e}_x100e^{-8.89z}\cos(10^7\pi t-8.89z)\ \text{V/m}$$

故在 $z=0.8$ m 处,电场的瞬时表达式为

$$\begin{aligned}\boldsymbol{E}(0.8,t)&=\boldsymbol{e}_x100e^{-8.89\times0.8}\cos(10^7\pi t-8.89\times0.8)\\&=\boldsymbol{e}_x0.082\cos(10^7\pi t-7.11)\ \text{V/m}\end{aligned}$$

磁场的瞬时表达式为

$$\begin{aligned}\boldsymbol{H}(0.8,t)&=\boldsymbol{e}_y\frac{100e^{-8.89\times0.8}}{|\eta_c|}\cos\left(10^7\pi t-8.89\times0.8-\frac{\pi}{4}\right)\\&=\boldsymbol{e}_y0.026\cos(10^7\pi t-1.61)\ \text{A/m}\end{aligned}$$

(4) 在 $z=0.8$ m 处的平均坡印廷矢量

$$\boldsymbol{S}_{av}=\boldsymbol{e}_z\frac{1}{2|\eta_c|}E_{xm}^2e^{-2\alpha z}\cos\phi=\boldsymbol{e}_z\frac{100^2}{2\pi}e^{-2\times8.89\times0.8}\cos\frac{\pi}{4}=\boldsymbol{e}_z0.75\ \text{mW/m}^2$$

穿过 1 m^2 的平均功率为

$$P_{av}=0.75\ \text{mW}$$

由以上的计算结果可知,电磁波在海水中传播时衰减很快,尤其在高频时,衰减更为严重,这给潜艇之间的通信带来了很大的困难。若要保持低衰减,工作频率必须很低,但即使在 1 kHz 的低频下,衰减仍然很明显。图 5.2.3 是频率从 10 Hz 到 10 kHz 范围内,海水中趋肤深度的变化曲线。

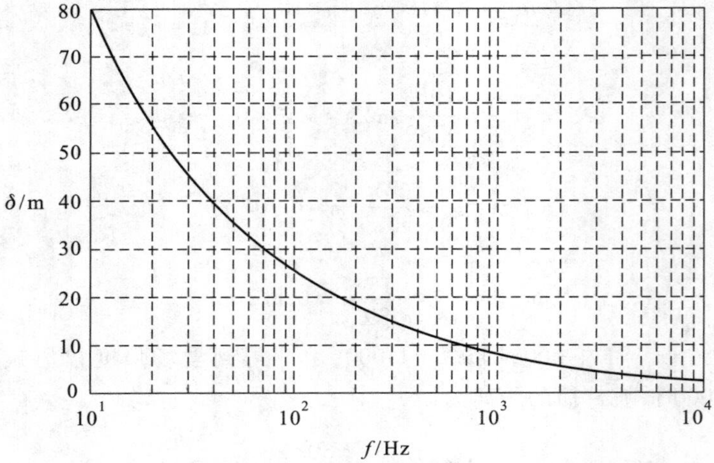

图 5.2.3 海水中的趋肤深度随频率变化的曲线

例 5.2.2 在进行电磁测量时,为了防止室内的电子设备受外界电磁场的干扰,可采用金属铜板构造屏蔽室,通常取铜板厚度大于 5δ 就能满足要求。若要求屏蔽的电磁干扰频率范围从 10 kHz 到 100 MHz,试计算至少需要多厚的铜板才能达到要求。铜的参数为 $\mu=\mu_0$、$\varepsilon=\varepsilon_0$、$\sigma=5.8\times10^7$ S/m。

解: 对于频率范围的低端 $f_L=10$ kHz,有

$$\frac{\sigma}{\omega_L\varepsilon}=\frac{5.8\times10^7}{2\pi\times10^4\times\dfrac{1}{36\pi}\times10^{-9}}=1.04\times10^{14}\gg1$$

对于频率范围的高端 $f_H=100$ MHz,有

$$\frac{\sigma}{\omega_H\varepsilon}=\frac{5.8\times10^7}{2\pi\times10^8\times\dfrac{1}{36\pi}\times10^{-9}}=1.04\times10^{10}\gg1$$

由此可见,在要求的频率范围内均可将铜视为良导体,故

$$\delta_L=\frac{1}{\sqrt{\pi f_L\mu\sigma}}=\frac{1}{\sqrt{\pi\times10^4\times4\pi\times10^{-7}\times5.8\times10^7}}\ \text{m}=0.66\ \text{mm}$$

$$\delta_H=\frac{1}{\sqrt{\pi f_H\mu\sigma}}=\frac{1}{\sqrt{\pi\times10^8\times4\pi\times10^{-7}\times5.8\times10^7}}\ \text{m}=6.6\ \mu\text{m}$$

为了满足给定的频率范围内的屏蔽要求,铜板的厚度 d 至少应为

$$d=5\delta_L=3.3\ \text{mm}$$

5.2.4 色散与群速

相速的定义是电磁波的恒定相位点的推进速度，对于电场为

$$E(z,t)=E_m\cos(\omega t-\beta z)$$

的电磁波，其恒定相位点为

$$\omega t-\beta z=\text{常数}$$

相速应为

$$v_p=\frac{\mathrm{d}z}{\mathrm{d}t}=\frac{\omega}{\beta} \tag{5.2.36}$$

相速可能与频率有关，也可能与频率无关，取决于相位常数 β。若电磁波在媒质中传播的相速与频率无关，则称该媒质为非色散媒质。在理想介质中，$\beta=\omega\sqrt{\mu\varepsilon}$ 与角频率 ω 呈线性关系，$v_p=1/\sqrt{\mu\varepsilon}$ 与频率无关，因此理想介质是非色散的。若电磁波在媒质中传播的相速随频率改变，则称该媒质为色散媒质。在导电媒质中，相位常数 β 不再与角频率 ω 呈线性关系，电磁波的相速随频率改变，产生色散现象，因此导电媒质是色散媒质。

一个信号总是由许许多多频率成分组成，稳态的单一频率正弦行波是不能携带任何信号的，信号之所以能传递，是由于对波调制的结果。调制波传播的速度才是信号传递的速度。因此，用相速无法描述一个信号在色散媒质中的传播速度，所以需要引入"群速"的概念。群速描述的是波群（或波包）的传播速度，下面讨论窄带信号在色散媒质中传播的情况。

设有两个振幅均为 E_m 的行波，角频率分别为 $\omega+\Delta\omega$ 和 $\omega-\Delta\omega(\Delta\omega\ll\omega)$，在色散媒质中相应的相位常数分别为 $\beta+\Delta\beta$ 和 $\beta-\Delta\beta$，这两个行波可用下列两式表示

$$E_1=E_m\mathrm{e}^{\mathrm{j}(\omega+\Delta\omega)t}\mathrm{e}^{-\mathrm{j}(\beta+\Delta\beta)z}$$

$$E_2=E_m\mathrm{e}^{\mathrm{j}(\omega-\Delta\omega)t}\mathrm{e}^{-\mathrm{j}(\beta-\Delta\beta)z}$$

合成波为

$$E=E_1+E_2=2E_m\cos(\Delta\omega t-\Delta\beta z)\mathrm{e}^{\mathrm{j}(\omega t-\beta z)}$$

由此可见，合成波的振幅是受调制的，称为包络波，如图 5.2.4 中的虚线所示。

群速的定义是包络波上任一恒定相位点的推进速度。由 $\Delta\omega t-\Delta\beta z=\text{常数}$，可得群速为

$$v_g=\frac{\mathrm{d}z}{\mathrm{d}t}=\frac{\Delta\omega}{\Delta\beta} \tag{5.2.37}$$

由于 $\Delta\omega\ll\omega$，上式变为

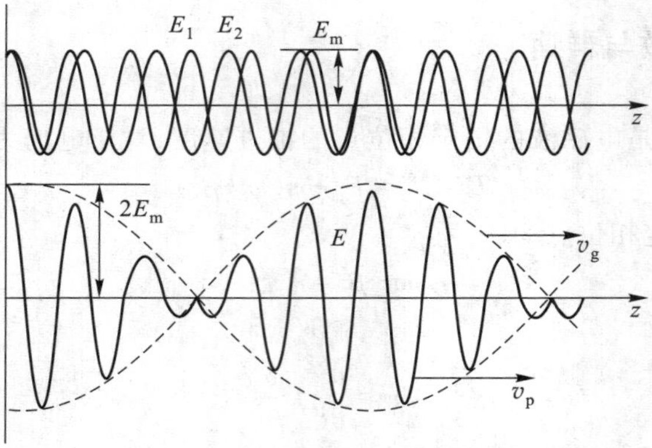

图 5.2.4　相速与群速

$$v_g=\frac{d\omega}{d\beta} \tag{5.2.38}$$

利用式(5.2.36),可得到群速与相速之间的关系

$$v_g=\frac{d\omega}{d\beta}=\frac{d(v_p\beta)}{d\beta}=v_p+\beta\frac{dv_p}{d\beta}=v_p+\frac{\omega}{v_p}\frac{dv_p}{d\omega}v_g$$

由此可得

$$v_g=\frac{v_p}{1-\dfrac{\omega}{v_p}\dfrac{dv_p}{d\omega}} \tag{5.2.39}$$

动画 5-2-3 相速度大于群速度(正常色散)

由式(5.2.39)可知,群速与相速一般是不相等的,存在以下三种可能情况:

(1) $\frac{dv_p}{d\omega}=0$,即相速与频率无关,此时 $v_g=v_p$,即群速等于相速,称为无色散;

动画 5-2-4 相速度等于群速度(非色散)

(2) $\frac{dv_p}{d\omega}<0$,即相速随着频率升高而减小,此时 $v_g<v_p$,即群速小于相速。这种情况称为正常色散;

(3) $\frac{dv_p}{d\omega}>0$,即相速随着频率升高而增加,此时 $v_g>v_p$,即群速大于相速。这种情况称为反常色散。

动画 5-2-5 相速度小于群速度(反常色散)

— 5.3 电磁波的极化 —

5.3.1 极化的概念

前面在讨论沿 z 方向传播的均匀平面波时，假设 $\boldsymbol{E}=\boldsymbol{e}_x E_{\mathrm{m}}\cos(\omega t-kz+\phi_x)$。在任何时刻，此波的电场强度矢量 $\boldsymbol{E}$ 的方向始终都保持在 x 方向。一般情况下，沿 z 方向传播的均匀平面波的 E_x 分量和 E_y 分量都存在，可表示为

$$E_x=E_{x\mathrm{m}}\cos(\omega t-kz+\phi_x) \tag{5.3.1}$$

$$E_y=E_{y\mathrm{m}}\cos(\omega t-kz+\phi_y) \tag{5.3.2}$$

合成波电场 $\boldsymbol{E}=\boldsymbol{e}_x E_x+\boldsymbol{e}_y E_y$。由于 E_x 分量和 E_y 分量的振幅和相位不一定相同，因此，在空间任意给定点上，合成波电场强度矢量 $\boldsymbol{E}$ 的大小和方向都可能会随时间变化，这种现象称为电磁波的极化。

电磁波的极化是电磁理论中的一个重要概念，它表征在空间给定点上电场强度矢量的方向随时间变化的特性，并用电场强度矢量的端点随时间变化的轨迹来描述。若该轨迹是直线，则称为直线极化；若轨迹是圆，则称为圆极化；若轨迹是椭圆，则称为椭圆极化。前面讨论的均匀平面波就是沿 x 方向极化的线极化波。

合成波的极化形式取决于 E_x 分量和 E_y 分量的振幅之间和相位之间的关系。为简单起见，下面取 $z=0$ 的给定点来讨论，这时式(5.3.1)和式(5.3.2)写为

$$E_x=E_{x\mathrm{m}}\cos(\omega t+\phi_x) \tag{5.3.3}$$

$$E_y=E_{y\mathrm{m}}\cos(\omega t+\phi_y) \tag{5.3.4}$$

5.3.2 直线极化波

若电场的 E_x 分量和 E_y 分量的相位相同或相差 π，即 $\phi_y-\phi_x=0$ 或 $\pm\pi$ 时，则合成波为直线极化波。

当 $\phi_y-\phi_x=0$ 时，可得到合成波电场强度的大小为

$$E=\sqrt{E_x^2+E_y^2}=\sqrt{E_{x\mathrm{m}}^2+E_{y\mathrm{m}}^2}\cos(\omega t+\phi_x) \tag{5.3.5}$$

合成波电场 $\boldsymbol{E}$ 与 E_x 分量之间的夹角为

$$\theta=\arctan\left(\frac{E_y}{E_x}\right)=\arctan\left(\frac{E_{y\mathrm{m}}}{E_{x\mathrm{m}}}\right) \tag{5.3.6}$$

由此可见,合成波电场 E 的大小虽然随时间变化,但其矢端轨迹与 E_x 分量的夹角始终保持不变,如图 5.3.1(a)所示,因此为直线极化波。

对 $\phi_x-\phi_y=\pm\pi$ 的情况,可类似讨论,如图 5.3.1(b)所示。

动画 5-3-1
线极化波
$(\Delta\phi=0)$

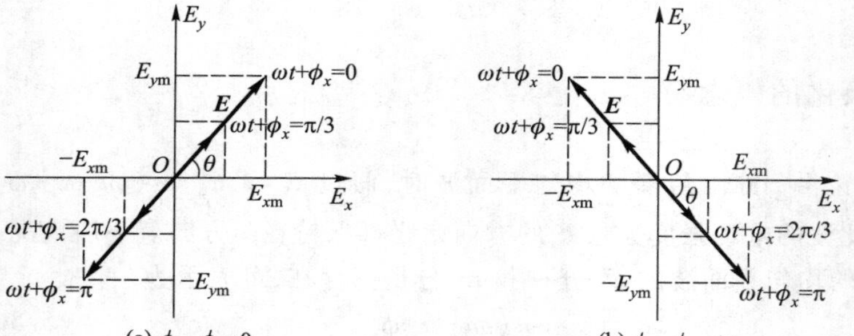

(a) $\phi_y-\phi_x=0$　　(b) $\phi_y-\phi_x=\pm\pi$

图 5.3.1　直线极化

动画 5-3-2
线极化波
$(\Delta\phi=\pm\pi)$

从以上讨论可以得出结论:任何两个同频率、同传播方向且极化方向互相垂直的线极化波,当它们的相位相同或相差为 π 时,其合成波为线极化波。

在工程上,常将垂直于大地的直线极化波称为垂直极化波,而将与大地平行的直线极化波称为水平极化波。例如,中波广播天线架设与地面垂直,发射垂直极化波。收听者要得到最佳的收听效果,就应将收音机的天线调整到与电场 $\boldsymbol{E}$ 平行的位置,即与大地垂直;电视发射天线与大地平行,发射水平极化波,这时电视接收天线应调整到与大地平行的位置,电视共用天线就是按照这个原理架设的。

5.3.3　圆极化波

若电场的 E_x 分量和 E_y 分量的振幅相等、但相位差为$\dfrac{\pi}{2}$,即 $E_{xm}=E_{ym}=E_m$、$\phi_y-\phi_x=\pm\dfrac{\pi}{2}$时,则合成波为圆极化波。

当 $\phi_y-\phi_x=\dfrac{\pi}{2}$时,即 $\phi_y=\dfrac{\pi}{2}+\phi_x$,由式(5.3.3)和式(5.3.4)可得

$$E_x=E_m\cos(\omega t+\phi_x)$$

$$E_y=E_m\cos\left(\omega t+\phi_x+\frac{\pi}{2}\right)=-E_m\sin(\omega t+\phi_x)$$

故合成波电场强度的大小

$$E=\sqrt{E_x^2+E_y^2}=E_m \tag{5.3.7}$$

合成波电场 $\boldsymbol{E}$ 与 E_x 分量之间的夹角为

$$\theta=\arctan\left(\frac{E_y}{E_x}\right)=-(\omega t+\phi_x) \tag{5.3.8}$$

由此可见，合成波电场的大小不随时间改变，但方向却随时变化，其端点轨迹是一个圆，故为圆极化波。

圆极化波有左旋和右旋之分。若以左手大拇指朝向波的传播方向，其余四指的转向与电场矢量的端点随时间旋转的方向一致，即为满足左手螺旋关系的圆极化波，称为左旋圆极化波。若以右手大拇指朝向波的传播方向，其余四指的转向与电场矢量的端点随时间旋转的方向一致，即为满足右手螺旋关系的圆极化波，称为右旋圆极化波。

由式(5.3.8)可知，当时间 t 的值逐渐增加时，电场 $\boldsymbol{E}$ 的端点沿顺时针方向旋转，即由相位超前的 E_y 分量朝相位落后的 E_x 分量旋转，如图5.3.2所示。由于电磁波传播方向为 $\boldsymbol{e}_z$，这表明电场矢量的端点旋转的方向与电磁波传播方向满足左手螺旋关系，故为左旋圆极化波。如果用 $\boldsymbol{e}_y\times\boldsymbol{e}_x$ 表示此时电场矢端旋转的方式，则有 $(\boldsymbol{e}_y\times\boldsymbol{e}_x)\cdot\boldsymbol{e}_z<0$。

动画 5-3-3 左旋圆极化波

对于 $\phi_y-\phi_x=-\dfrac{\pi}{2}$ 的情况，可类似讨论。此时，合成波电场 $\boldsymbol{E}$ 与 E_x 分量之间的夹角为

$$\theta=\arctan\left(\frac{E_y}{E_x}\right)=\omega t+\phi_x \tag{5.3.9}$$

由此可见，当时间 t 的值逐渐增加时，电场 $\boldsymbol{E}$ 的端点沿逆时针方向旋转，即由相位超前的 E_x 分量向相位落后的 E_y 分量旋转，如图5.3.3 所示。由于电磁波传播方向为 $\boldsymbol{e}_z$，这表明电场矢量的端点旋转的方向与电磁波传播方向满足右手螺旋关系，故为右旋圆极化波。如果用 $\boldsymbol{e}_x\times\boldsymbol{e}_y$ 表示此时电场矢端旋转的方式，则有 $(\boldsymbol{e}_x\times\boldsymbol{e}_y)\cdot\boldsymbol{e}_z>0$。

动画 5-3-4 右旋圆极化波

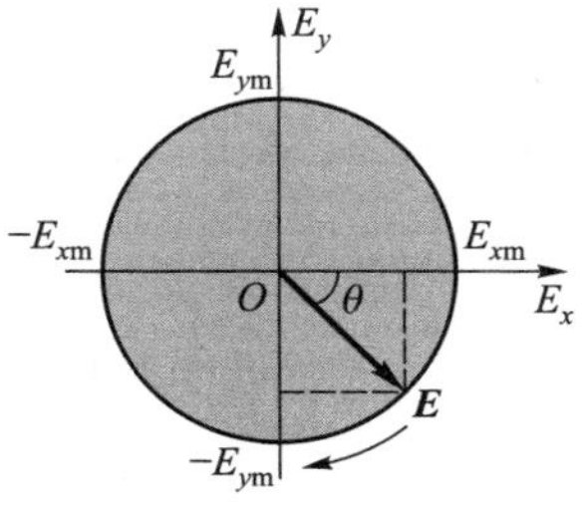

图 5.3.2 左旋圆极化波

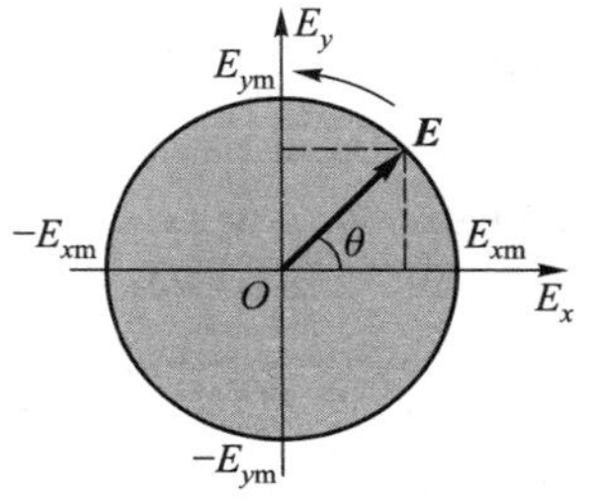

图 5.3.3 右旋圆极化波

从以上讨论可以得出结论：任何两个同频率、同传播方向且极化方向互相垂直的线极化波，当它们的振幅相等且相位差为±π/2 时，其合成波为圆极化波。

在工程上，许多系统须利用圆极化波才能进行正常工作。例如火箭等飞行器在飞行过程中其状态和位置在不断地改变，因此火箭上的天线方位也在不断地改变，此时如用线极化的信号来遥控，在某些情况下则会出现火箭上的天线收不到地面控制信号，从而造成失控。在卫星通信系统中，卫星上的天线和地面站的天线均采用了圆极化天线。由于圆极化波在阴雨区域传播时吸收损耗较小，全天候雷达也使用圆极化波。另外，一些微波元器件的功能也是利用电磁波的极化特性得到的，例如，铁氧体环形器和隔离器等。电子对抗系统中，大多也采用圆极化天线进行工作。

在移动通信或微波通信中使用的极化分集接收技术，即是利用相互正交的两个线极化波的电平衰落特性的无相关性，通过对接收到的两个线极化波进行合成，从而减少信号的衰落。

5.3.4 椭圆极化波

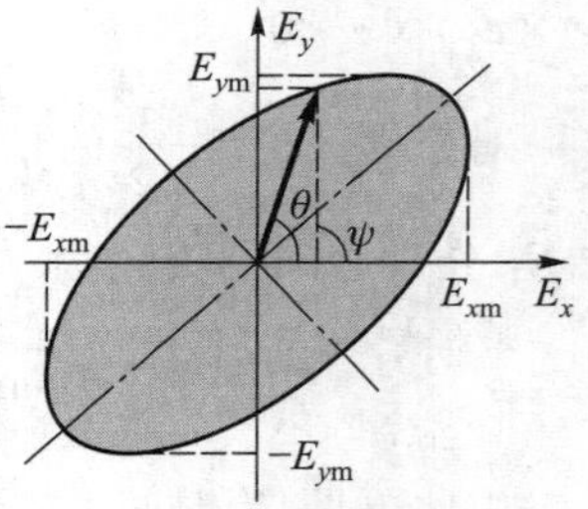

图 5.3.4 椭圆极化

最一般的情况是 $\phi_y-\phi_x$ 不等于 0、±π 和 $\pm\dfrac{\pi}{2}$，或 $\phi_y-\phi_x=\pm\dfrac{\pi}{2}$ 但 $E_{xm}\neq E_{ym}$，这时就构成椭圆极化波。

为简单起见，在式(5.3.3)和式(5.3.4)中，取 $\phi_x=0$，$\phi_y=\phi$，有

$$E_x=E_{xm}\cos\omega t$$

$$E_y=E_{ym}\cos(\omega t+\phi)$$

由此二式中消去 t，可以得到

$$\frac{E_x^2}{E_{xm}^2}+\frac{E_y^2}{E_{ym}^2}-\frac{2E_xE_y}{E_{xm}E_{ym}}\cos\phi=\sin^2\phi \tag{5.3.10}$$

动画 5-3-5 左旋椭圆极化波

这是一个椭圆方程，因此合成波电场 $\boldsymbol{E}$ 的端点在一个椭圆上旋转，故称为椭圆极化波，如图 5.3.4 所示。可以证明，椭圆的长轴与 E_x 分量的夹角 ψ 由下式确定

$$\tan 2\psi=\frac{2E_{xm}E_{ym}}{E_{xm}^2-E_{ym}^2}\cos\phi \tag{5.3.11}$$

动画 5-3-6 右旋椭圆极化波

椭圆极化波仍有左旋和右旋之分，由电场矢端的旋转方向和电磁波的传播方向共同决定，方法与前面判断圆极化波的旋向相

同。由于电磁波传播方向为 $\boldsymbol{e}_z$，若 E_x 分量的相位超前于 E_y 分量，即由 $\boldsymbol{e}_x$ 旋向 $\boldsymbol{e}_y$，则 $(\boldsymbol{e}_x\times\boldsymbol{e}_y)\cdot\boldsymbol{e}_z>0$ 为右旋椭圆极化波。若 E_y 分量的相位超前于 E_x 分量，即由 $\boldsymbol{e}_y$ 旋向 $\boldsymbol{e}_x$，则 $(\boldsymbol{e}_y\times\boldsymbol{e}_x)\cdot\boldsymbol{e}_z<0$ 为左旋椭圆极化波。

直线极化和圆极化都可看作椭圆极化的特例。

以上的讨论也可用于判断沿任意方向传播的平面电磁波的极化。设平面波的电场强度

$$\boldsymbol{E}=\boldsymbol{E}_{\mathrm{m}}\mathrm{e}^{-\mathrm{j}\boldsymbol{k}\cdot\boldsymbol{r}}=(\boldsymbol{e}_xE_{x\mathrm{m}}+\boldsymbol{e}_yE_{y\mathrm{m}}+\boldsymbol{e}_zE_{z\mathrm{m}})\mathrm{e}^{-\mathrm{j}(k_xx+k_yy+k_zz)} \tag{5.3.12}$$

其中 $\boldsymbol{E}_{\mathrm{m}}$ 为复振幅矢量，$\boldsymbol{k}=\boldsymbol{e}_kk$ 为波矢量，$\boldsymbol{e}_k$ 为电磁波传播方向。

令 $\boldsymbol{E}_{\mathrm{m}}=\boldsymbol{E}_{\mathrm{mR}}+\mathrm{j}\boldsymbol{E}_{\mathrm{mI}}=\boldsymbol{e}_{\mathrm{R}}E_{\mathrm{mR}}+\boldsymbol{e}_{\mathrm{I}}\mathrm{j}E_{\mathrm{mI}}$，其中 $\boldsymbol{E}_{\mathrm{mR}}$ 和 $\boldsymbol{E}_{\mathrm{mI}}$ 是 $\boldsymbol{E}_{\mathrm{m}}$ 的实部和虚部，$\boldsymbol{e}_{\mathrm{R}}$ 和 $\boldsymbol{e}_{\mathrm{I}}$ 分别是 $\boldsymbol{E}_{\mathrm{mR}}$ 和 $\boldsymbol{E}_{\mathrm{mI}}$ 的单位矢量，则可将式(5.3.12)表示为

$$\boldsymbol{E}=(\boldsymbol{E}_{\mathrm{mR}}+\mathrm{j}\boldsymbol{E}_{\mathrm{mI}})\mathrm{e}^{-\mathrm{j}\boldsymbol{k}\cdot\boldsymbol{r}}=(\boldsymbol{e}_{\mathrm{R}}E_{\mathrm{mR}}+\boldsymbol{e}_{\mathrm{I}}\mathrm{j}E_{\mathrm{mI}})\mathrm{e}^{-\mathrm{j}\boldsymbol{k}\cdot\boldsymbol{r}} \tag{5.3.13}$$

由于 $\boldsymbol{e}_k\cdot\boldsymbol{E}_{\mathrm{m}}=\boldsymbol{e}_k\cdot(\boldsymbol{E}_{\mathrm{mR}}+\mathrm{j}\boldsymbol{E}_{\mathrm{mI}})=\boldsymbol{e}_k\cdot\boldsymbol{E}_{\mathrm{mR}}+\mathrm{j}\boldsymbol{e}_k\cdot\boldsymbol{E}_{\mathrm{mI}}=0$，所以 $\boldsymbol{e}_k\cdot\boldsymbol{E}_{\mathrm{mR}}=0$、$\boldsymbol{e}_k\cdot\boldsymbol{E}_{\mathrm{mI}}=0$，即 $\boldsymbol{E}_{\mathrm{mR}}$ 和 $\boldsymbol{E}_{\mathrm{mI}}$ 都与电磁波传播方向 $\boldsymbol{e}_k$ 垂直。

在式(5.3.13)中，若 $E_{\mathrm{mI}}=0$ 或 $E_{\mathrm{mR}}=0$，则 $\boldsymbol{E}=\boldsymbol{e}_{\mathrm{R}}E_{\mathrm{mR}}\mathrm{e}^{-\mathrm{j}\boldsymbol{k}\cdot\boldsymbol{r}}$ 或 $\boldsymbol{E}=\boldsymbol{e}_{\mathrm{I}}\mathrm{j}E_{\mathrm{mI}}\mathrm{e}^{-\mathrm{j}\boldsymbol{k}\cdot\boldsymbol{r}}$，其方向都不会随时间变化，均为线极化波；若 $E_{\mathrm{mR}}\neq0$ 和 $E_{\mathrm{mI}}\neq0$ 但 $\boldsymbol{e}_{\mathrm{R}}$ 与 $\boldsymbol{e}_{\mathrm{I}}$ 平行，则 $\boldsymbol{E}=\boldsymbol{e}_{\mathrm{R}}(E_{\mathrm{mR}}+\mathrm{j}E_{\mathrm{mI}})\mathrm{e}^{-\mathrm{j}\boldsymbol{k}\cdot\boldsymbol{r}}$ 或 $\boldsymbol{E}=\boldsymbol{e}_{\mathrm{R}}(E_{\mathrm{mR}}-\mathrm{j}E_{\mathrm{mI}})\mathrm{e}^{-\mathrm{j}\boldsymbol{k}\cdot\boldsymbol{r}}$，其方向也不会随时间变化，也是线极化波；

式(5.3.13)中，若 $E_{\mathrm{mR}}=E_{\mathrm{mI}}$ 且 $\boldsymbol{e}_{\mathrm{R}}\cdot\boldsymbol{e}_{\mathrm{I}}=0$，即 $\boldsymbol{e}_{\mathrm{R}}$ 与 $\boldsymbol{e}_{\mathrm{I}}$ 相互垂直，则为圆极化波。在其他情况下，则为椭圆极化波。由于电磁波由相位超前的 $\boldsymbol{E}_{\mathrm{mI}}$ 分量向相位落后的 $\boldsymbol{E}_{\mathrm{mR}}$ 分量旋转，若 $(\boldsymbol{e}_{\mathrm{I}}\times\boldsymbol{e}_{\mathrm{R}})\cdot\boldsymbol{e}_k>0$，则电场矢端旋转的方向与电磁波传播方向 $\boldsymbol{e}_k$ 满足右手螺旋关系，为右旋极化波；若 $(\boldsymbol{e}_{\mathrm{I}}\times\boldsymbol{e}_{\mathrm{R}})\cdot\boldsymbol{e}_k<0$，则电场矢端旋转的方向与电磁波传播方向 $\boldsymbol{e}_k$ 满足左手螺旋关系，为左旋极化波。

以上讨论了两个正交的线极化波的合成波的极化情况，它可以是线极化波，或圆极化波，或椭圆极化波。反之，任一线极化波、圆极化波或椭圆极化波也可以分解为两个正交的线极化波。而且，一个线极化波还可以分解为两个振幅相等但旋向相反的圆极化波；一个椭圆极化波也可以分解为两个旋向相反的圆极化波，但振幅不相等。

例 5.3.1 判别下列均匀平面波的极化形式

(1) $\boldsymbol{E}(z,t)=\boldsymbol{e}_xE_{\mathrm{m}}\sin\left(\omega t-kz-\dfrac{\pi}{4}\right)+\boldsymbol{e}_yE_{\mathrm{m}}\cos\left(\omega t-kz+\dfrac{\pi}{4}\right)$

(2) $\boldsymbol{E}(z)=\boldsymbol{e}_x\mathrm{j}E_{\mathrm{m}}\mathrm{e}^{\mathrm{j}kz}-\boldsymbol{e}_yE_{\mathrm{m}}\mathrm{e}^{\mathrm{j}kz}$

(3) $\boldsymbol{E}(z,t)=\boldsymbol{e}_xE_{\mathrm{m}}\cos(\omega t-kz)+\boldsymbol{e}_yE_{\mathrm{m}}\sin\left(\omega t-kz+\dfrac{\pi}{4}\right)$

(4) $\boldsymbol{E}(y)=-\boldsymbol{e}_x\mathrm{j}E_{\mathrm{m}}\mathrm{e}^{\mathrm{j}ky}-\boldsymbol{e}_zE_{\mathrm{m}}\mathrm{e}^{\mathrm{j}ky}$

(5) $\boldsymbol{E}(x,y)=(\mathrm{j}\boldsymbol{e}_x-\mathrm{j}\boldsymbol{e}_y+\boldsymbol{e}_z)\mathrm{e}^{-\mathrm{j}(x+y)}$

(6) $\boldsymbol{E}(\boldsymbol{r},t)=\boldsymbol{e}_x\cos(\omega t-2x+y)+\boldsymbol{e}_y 2\cos(\omega t-2x+y)+\boldsymbol{e}_z\sqrt{5}\sin(\omega t-2x+y)$

(7) $\boldsymbol{E}(z)=[\boldsymbol{e}_y+\mathrm{j}(\boldsymbol{e}_x+\boldsymbol{e}_y)]\mathrm{e}^{-\mathrm{j}kz}$

解：(1) 由于 $E_x(z,t)=E_{\mathrm{m}}\sin\left(\omega t-kz-\dfrac{\pi}{4}\right)=E_{\mathrm{m}}\cos\left(\omega t-kz-\dfrac{\pi}{4}-\dfrac{\pi}{2}\right)$

$$=E_{\mathrm{m}}\cos\left(\omega t-kz-\frac{3\pi}{4}\right)$$

所以

$$\phi_y-\phi_x=\frac{\pi}{4}-\left(-\frac{3\pi}{4}\right)=\pi$$

这是一个线极化波，合成波电场 $\boldsymbol{E}$ 与 E_x 分量之间的夹角为

$$\theta=\arctan\left(\frac{E_y}{E_x}\right)=\arctan(-1)=-\frac{\pi}{4}$$

(2) 由于 $\boldsymbol{e}_{\mathrm{R}}=-\boldsymbol{e}_y$、$\boldsymbol{e}_{\mathrm{I}}=\boldsymbol{e}_x$，所以 $\boldsymbol{e}_{\mathrm{I}}\cdot\boldsymbol{e}_{\mathrm{R}}=\boldsymbol{e}_x\cdot(-\boldsymbol{e}_y)=0$，又因为 $E_{\mathrm{mR}}=E_{\mathrm{mI}}=E_{\mathrm{m}}$，故为圆极化波。电磁波传播方向 $\boldsymbol{e}_k=-\boldsymbol{e}_z$，于是 $(\boldsymbol{e}_{\mathrm{I}}\times\boldsymbol{e}_{\mathrm{R}})\cdot\boldsymbol{e}_k=[(\boldsymbol{e}_x\times(-\boldsymbol{e}_y)]\cdot(-\boldsymbol{e}_z)>0$，为右旋极化，所以这是一个右旋圆极化波。

(3) 由于 $E_y(z,t)=E_{\mathrm{m}}\sin\left(\omega t-kz+\dfrac{\pi}{4}\right)=E_{\mathrm{m}}\cos\left(\omega t-kz-\dfrac{\pi}{4}\right)$，所以 $\phi_x=0$，$\phi_y=-\dfrac{\pi}{4}$，为椭圆极化波。因为 ϕ_x 超前 ϕ_y，电场矢端由 $\boldsymbol{e}_x$ 旋向 $\boldsymbol{e}_y$，此波沿 $+\boldsymbol{e}_z$ 方向传播，于是 $(\boldsymbol{e}_x\times\boldsymbol{e}_y)\cdot\boldsymbol{e}_z>0$，为右旋极化，所以这是一个右旋椭圆极化波。

(4) $\boldsymbol{e}_{\mathrm{R}}=-\boldsymbol{e}_z$、$\boldsymbol{e}_{\mathrm{I}}=-\boldsymbol{e}_x$ 且 $E_{\mathrm{mR}}=E_{\mathrm{mI}}=E_{\mathrm{m}}$，传播方向为 $-\boldsymbol{e}_y$，所以

$\boldsymbol{e}_{\mathrm{I}}\cdot\boldsymbol{e}_{\mathrm{R}}=(-\boldsymbol{e}_x)\cdot(-\boldsymbol{e}_z)=0$，且 $(\boldsymbol{e}_{\mathrm{I}}\times\boldsymbol{e}_{\mathrm{R}})\cdot\boldsymbol{e}_k=[(-\boldsymbol{e}_x)\times(-\boldsymbol{e}_z)]\cdot(-\boldsymbol{e}_y)>0$

所以这是一个右旋圆极化波。

(5) 由 $\boldsymbol{E}(x,y)=(\mathrm{j}\boldsymbol{e}_x-\mathrm{j}\boldsymbol{e}_y+\boldsymbol{e}_z)\mathrm{e}^{-\mathrm{j}(x+y)}$ 可知，$k_x=1$、$k_y=1$、$k_z=0$，所以

$$\boldsymbol{e}_k=\frac{1}{\sqrt{2}}(\boldsymbol{e}_x+\boldsymbol{e}_y)$$

由所给复振幅

$$\boldsymbol{E}_{\mathrm{m}}=\mathrm{j}\boldsymbol{e}_x-\mathrm{j}\boldsymbol{e}_y+\boldsymbol{e}_z=\boldsymbol{e}_z+\mathrm{j}(\boldsymbol{e}_x-\boldsymbol{e}_y)$$

得

$$\boldsymbol{e}_{\mathrm{R}}=\boldsymbol{e}_z,\ \boldsymbol{e}_{\mathrm{I}}=\frac{1}{\sqrt{2}}(\boldsymbol{e}_x-\boldsymbol{e}_y)$$

而

$$(\boldsymbol{e}_{\mathrm{I}}\times\boldsymbol{e}_{\mathrm{R}})\cdot\boldsymbol{e}_k=-1<0$$

为左旋极化波。又因为

$$|\boldsymbol{E}_{\mathrm{mR}}|=1,\ |\boldsymbol{E}_{\mathrm{mI}}|=\sqrt{2}$$

故该电磁波为左旋椭圆极化波。

（6）将电场表示为复数形式

$$\boldsymbol{E}(\boldsymbol{r})=[\boldsymbol{e}_x+\boldsymbol{e}_y2+(-\boldsymbol{e}_z)\mathrm{j}\sqrt{5}]\mathrm{e}^{-\mathrm{j}(2x-y)}$$

由此可知 $k_x=2$、$k_y=-1$、$k_z=0$，即 $\boldsymbol{e}_k=\dfrac{1}{\sqrt{5}}(2\boldsymbol{e}_x-\boldsymbol{e}_y)$

由 $\boldsymbol{E}_{\mathrm{m}}=\boldsymbol{e}_x+\boldsymbol{e}_y2+\mathrm{j}(-\boldsymbol{e}_z)\sqrt{5}$，得

$$\boldsymbol{e}_{\mathrm{R}}=\frac{1}{\sqrt{5}}(\boldsymbol{e}_x+\boldsymbol{e}_y2),\boldsymbol{e}_{\mathrm{I}}=-\boldsymbol{e}_z,\text{且 }\boldsymbol{e}_{\mathrm{R}}\text{ 与 }\boldsymbol{e}_{\mathrm{I}}\text{垂直}$$

而

$$(\boldsymbol{e}_{\mathrm{I}}\times\boldsymbol{e}_{\mathrm{R}})\cdot\boldsymbol{e}_k=1>0$$

所以为右旋极化波。又因为 $|\boldsymbol{E}_{\mathrm{mR}}|=|\boldsymbol{E}_{\mathrm{mI}}|=\sqrt{5}$，故该电磁波为右旋圆极化波。

（7）$\boldsymbol{e}_{\mathrm{I}}=\dfrac{1}{\sqrt{2}}(\boldsymbol{e}_x+\boldsymbol{e}_y)$、$\boldsymbol{e}_{\mathrm{R}}=\boldsymbol{e}_y$，则 $\boldsymbol{e}_{\mathrm{I}}\cdot\boldsymbol{e}_{\mathrm{R}}=\dfrac{1}{\sqrt{2}}(\boldsymbol{e}_x+\boldsymbol{e}_y)\cdot\boldsymbol{e}_y\neq0$，所以是椭圆极化波。由于传播方向为 $\boldsymbol{e}_z$，于是

$$(\boldsymbol{e}_{\mathrm{I}}\times\boldsymbol{e}_{\mathrm{R}})\cdot e_z=\left[\frac{1}{\sqrt{2}}(e_x+e_y)\times e_y\right]\cdot e_z=\frac{1}{\sqrt{2}}>0$$

故为右旋椭圆极化波。

例 5.3.2 已知右旋圆极化波的波矢量为

$$\boldsymbol{k}=(\boldsymbol{e}_y+\boldsymbol{e}_z)\omega\sqrt{\mu\varepsilon/2}$$

且 $t=0$ 时，坐标原点处的电场 $\boldsymbol{E}=\boldsymbol{e}_xE_0$。试求此右旋圆极化波的电场表达式。

解： 设该右旋圆极化波的电场复矢量为

$$\boldsymbol{E}(\boldsymbol{r})=(\boldsymbol{e}_{\mathrm{R}}+\mathrm{j}\boldsymbol{e}_{\mathrm{I}})E_{\mathrm{m}}\mathrm{e}^{-\mathrm{j}\boldsymbol{k}\cdot\boldsymbol{r}}$$

其中 $\boldsymbol{e}_{\mathrm{I}}\cdot\boldsymbol{e}_{\mathrm{R}}=0$。电场强度的瞬时形式则为

$$\boldsymbol{E}(\boldsymbol{r},t)=\mathrm{Re}[\boldsymbol{E}(\boldsymbol{r})\mathrm{e}^{\mathrm{j}\omega t}]=\mathrm{Re}[(\boldsymbol{e}_{\mathrm{R}}+\mathrm{j}\boldsymbol{e}_{\mathrm{I}})E_{\mathrm{m}}\mathrm{e}^{-\mathrm{j}\boldsymbol{k}\cdot\boldsymbol{r}}\mathrm{e}^{\mathrm{j}\omega t}]$$

当 $t=0$、$\boldsymbol{r}=0$ 时

$$\boldsymbol{E}(0,0)=\mathrm{Re}[(\boldsymbol{e}_{\mathrm{R}}+\mathrm{j}\boldsymbol{e}_{\mathrm{I}})E_{\mathrm{m}}]=\boldsymbol{e}_{\mathrm{R}}E_{\mathrm{m}}=\boldsymbol{e}_xE_0$$

所以得到

$$\boldsymbol{e}_{\mathrm{R}}=\boldsymbol{e}_x,E_{\mathrm{m}}=E_0$$

由于是右旋极化波，所以 $(\boldsymbol{e}_{\mathrm{I}}\times\boldsymbol{e}_{\mathrm{R}})\cdot\boldsymbol{e}_k>0$，即 $(\boldsymbol{e}_{\mathrm{I}}\times\boldsymbol{e}_{\mathrm{R}})$ 与 $\boldsymbol{e}_k$ 同方向，因此

$$\boldsymbol{e}_{\mathrm{I}}\times\boldsymbol{e}_{\mathrm{R}}=\frac{\boldsymbol{k}}{k}=\frac{1}{\sqrt{2}}(\boldsymbol{e}_y+\boldsymbol{e}_z)$$

由此可得

$$\boldsymbol{e}_{\text{I}}=\boldsymbol{e}_{\text{R}}\times\frac{\boldsymbol{k}}{k}=\boldsymbol{e}_x\times\frac{1}{\sqrt{2}}(\boldsymbol{e}_y+\boldsymbol{e}_z)=\frac{1}{\sqrt{2}}(\boldsymbol{e}_z-\boldsymbol{e}_y)$$

故得到此右旋圆极化波的电场复矢量为

$$\boldsymbol{E}=E_0\left[\boldsymbol{e}_x+\text{j}\,\frac{1}{\sqrt{2}}(-\boldsymbol{e}_y+\boldsymbol{e}_z)\right]\text{e}^{-\text{j}\omega\sqrt{\mu\varepsilon/2}(y+z)}$$

例 5.3.3 已知一线极化波的电场 $\boldsymbol{E}(z)=\boldsymbol{e}_xE_{\text{m}}\text{e}^{-\text{j}kz}+\boldsymbol{e}_yE_{\text{m}}\text{e}^{-\text{j}kz}$，试将其分解为两个振幅相等、旋向相反的圆极化波。

解： 设两个振幅相等、旋向相反的圆极化波分别为

$$\boldsymbol{E}_1(z)=(\boldsymbol{e}_x+\text{j}\boldsymbol{e}_y)E_{1\text{m}}\text{e}^{-\text{j}kz},\quad \boldsymbol{E}_2(z)=(\boldsymbol{e}_x-\text{j}\boldsymbol{e}_y)E_{2\text{m}}\text{e}^{-\text{j}kz}$$

其中 $E_{1\text{m}}$ 和 $E_{2\text{m}}$ 为待定常数。令

$$\boldsymbol{E}_1(z)+\boldsymbol{E}_2(z)=\boldsymbol{E}(z)$$

即

$$(\boldsymbol{e}_x+\text{j}\boldsymbol{e}_y)E_{1\text{m}}\text{e}^{-\text{j}kz}+(\boldsymbol{e}_x-\text{j}\boldsymbol{e}_y)E_{2\text{m}}\text{e}^{-\text{j}kz}=\boldsymbol{e}_xE_{\text{m}}\text{e}^{-\text{j}kz}+\boldsymbol{e}_yE_{\text{m}}\text{e}^{-\text{j}kz}$$

由此可解得

$$E_{1\text{m}}=\frac{E_{\text{m}}}{2}(1-\text{j})=\frac{E_{\text{m}}}{\sqrt{2}}\text{e}^{-\text{j}\pi/4},\quad E_{2\text{m}}=\frac{E_{\text{m}}}{2}(1+\text{j})=\frac{E_{\text{m}}}{\sqrt{2}}\text{e}^{\text{j}\pi/4}$$

显然有 $|E_{1\text{m}}|=|E_{2\text{m}}|=\dfrac{E_{\text{m}}}{\sqrt{2}}$。故两个振幅相等、旋向相反的圆极化波分别为

$$\boldsymbol{E}_1(z)=(\boldsymbol{e}_x+\text{j}\boldsymbol{e}_y)\frac{E_{\text{m}}}{\sqrt{2}}\text{e}^{-\text{j}\pi/4}\text{e}^{-\text{j}kz},\quad \boldsymbol{E}_2(z)=(\boldsymbol{e}_x-\text{j}\boldsymbol{e}_y)\frac{E_{\text{m}}}{\sqrt{2}}\text{e}^{\text{j}\pi/4}\text{e}^{-\text{j}kz}$$

*5.4 均匀平面波在各向异性媒质中的传播

以上讨论了在各向同性媒质中电磁波的传播规律，在本节中将讨论电磁波在各向异性媒质中的传播规律。等离子体和铁氧体在恒定磁场的作用下都具有各向异性的特征，在实际应用中具有重要意义。

5.4.1 均匀平面波在磁化等离子体中的传播

等离子体是电离了的气体，它由大量带负电的电子、带正电的离子以及中性

粒子组成。等离子体的基本特征之一是带负电的电子与带正电的离子具有相等的电量,因而等离子体在宏观上仍是电中性的。等离子体在自然界广泛存在,例如太阳的紫外线辐射使高空大气发生电离所形成的电离层就是等离子体。其他如流星遗迹、火箭喷出的废气以及高速飞行器穿越大气层时在周围形成的高温区域等都是等离子体的例子。

分析等离子体中电磁波传播的方法是把等离子体等效看成介质。当电磁波在等离子体中传播时,等离子体中的电子和离子在电磁场的作用下运动形成电流,这种由带电粒子运动形成的电流称为运流电流,运流电流决定了等离子体的等效介电常数。如果有一个较强的外加恒定磁场作用于等离子体,使其磁化,这时等离子体的等效介电常数是一个张量。下面先利用等离子体中的电子运动方程确定其等效的张量介电常数,然后再分析电磁波在等离子体中的传播特性。

1. 磁化等离子体的张量介电常数

由于离子的质量一般比电子大得多,较难在高频电磁场的作用下推动,故运流电流主要是由电子运动形成的。为了简化分析,只考虑电子的运动,并忽略电子与离子、中性粒子间的相互碰撞引起的热损耗。

设外加恒定磁场为 $\boldsymbol{B}_0=\boldsymbol{e}_zB_0$。根据牛顿第二定律和洛伦兹力公式,在电磁波的电场 $\boldsymbol{E}$、磁场 $\boldsymbol{B}$ 和外加恒定磁场 $\boldsymbol{B}_0$ 的作用下,电子的运动方程为

$$m\frac{\mathrm{d}\boldsymbol{v}}{\mathrm{d}t}=-e[\boldsymbol{E}+\boldsymbol{v}\times(\boldsymbol{B}+\boldsymbol{B}_0)] \tag{5.4.1}$$

式中 $m=9.106\times10^{-31}$ kg 为一个电子的质量,$e=1.602\times10^{-19}$ C 为一个电子的电荷量,$\boldsymbol{v}$ 为电子运动的平均速度。一般 $e\boldsymbol{v}\times\boldsymbol{B}$ 很小,可以忽略不计,因此式(5.4.1)可简化为

$$m\frac{\mathrm{d}\boldsymbol{v}}{\mathrm{d}t}=-e[\boldsymbol{E}+\boldsymbol{v}\times\boldsymbol{B}_0] \tag{5.4.2}$$

对于正弦电磁场,式(5.4.2)可展开为

$$\mathrm{j}\omega v_x=-\frac{e}{m}E_x-\omega_c v_y \tag{5.4.3}$$

$$\mathrm{j}\omega v_y=-\frac{e}{m}E_y+\omega_c v_x \tag{5.4.4}$$

$$\mathrm{j}\omega v_z=-\frac{e}{m}E_z \tag{5.4.5}$$

式中

$$\omega_c=\frac{e}{m}B_0 \tag{5.4.6}$$

称为电子的回旋角频率。由式(5.4.3)~(5.4.5)可解得

$$v_x=\frac{e}{m}\frac{-\mathrm{j}\omega E_x+\omega_{\mathrm{c}}E_y}{\omega_{\mathrm{c}}^2-\omega^2} \tag{5.4.7}$$

$$v_y=\frac{e}{m}\frac{-\mathrm{j}\omega E_y-\omega_{\mathrm{c}}E_x}{\omega_{\mathrm{c}}^2-\omega^2} \tag{5.4.8}$$

$$v_z=-\frac{eE_z}{\mathrm{j}\omega m} \tag{5.4.9}$$

写成矩阵形式

$$\begin{bmatrix} v_x \\ v_y \\ v_z \end{bmatrix}=\begin{bmatrix} \dfrac{e}{m}\dfrac{-\mathrm{j}\omega}{\omega_{\mathrm{c}}^2-\omega^2} & \dfrac{e}{m}\dfrac{\omega_{\mathrm{c}}}{\omega_{\mathrm{c}}^2-\omega^2} & 0 \\ \dfrac{e}{m}\dfrac{-\omega_{\mathrm{c}}}{\omega_{\mathrm{c}}^2-\omega^2} & \dfrac{e}{m}\dfrac{-\mathrm{j}\omega}{\omega_{\mathrm{c}}^2-\omega^2} & 0 \\ 0 & 0 & \dfrac{-e}{\mathrm{j}\omega m} \end{bmatrix}\begin{bmatrix} E_x \\ E_y \\ E_z \end{bmatrix} \tag{5.4.10}$$

由式(5.4.7)和式(5.4.8)可以看出,当 $\omega\to\omega_{\mathrm{c}}$ 时,v_x 和 v_y 均趋向无限大,这是由于忽略了电子与离子、中性粒子间的相互碰撞引起的热损耗的缘故。

若等离子体每单位体积内电子数目为 N,则每秒钟通过每单位面积的平均电子数为 Nv,形成的运流电流密度为

$$\boldsymbol{J}_v=-Ne\boldsymbol{v} \tag{5.4.11}$$

因此,麦克斯韦方程的复数形式中的式(4.5.9)可写为

$$\nabla\times\boldsymbol{H}=\boldsymbol{J}_v+\mathrm{j}\omega\varepsilon_0\boldsymbol{E}=-Ne\boldsymbol{v}+\mathrm{j}\omega\varepsilon_0\boldsymbol{E}=\mathrm{j}\omega\,\bar{\bar{\varepsilon}}\cdot\boldsymbol{E} \tag{5.4.12}$$

这里$\bar{\bar{\varepsilon}}$是表示等离子体的等效介电常数的张量。将式(5.4.10)代入式(5.4.12),可得到

$$\bar{\bar{\varepsilon}}=\begin{bmatrix} \varepsilon_{11} & \varepsilon_{12} & 0 \\ \varepsilon_{21} & \varepsilon_{22} & 0 \\ 0 & 0 & \varepsilon_{33} \end{bmatrix} \tag{5.4.13}$$

其中

$$\varepsilon_{11}=\varepsilon_{22}=\varepsilon_0\left[1+\frac{\omega_{\mathrm{p}}^2}{\omega_{\mathrm{c}}^2-\omega^2}\right] \tag{5.4.14}$$

$$\varepsilon_{12}=-\varepsilon_{21}=\mathrm{j}\varepsilon_0\frac{\omega_{\mathrm{c}}\omega_{\mathrm{p}}^2}{\omega(\omega_{\mathrm{c}}^2-\omega^2)} \tag{5.4.15}$$

$$\varepsilon_{33}=\varepsilon_0\left[1-\frac{\omega_{\mathrm{p}}^2}{\omega^2}\right] \tag{5.4.16}$$

此处

$$\omega_{p}=\sqrt{\frac{Ne^{2}}{m\varepsilon_{0}}} \tag{5.4.17}$$

称为等离子体频率。

可以看出，当不存在外加磁场，即 $B_0=0$ 时，$\omega_c=0$，则 $\varepsilon_{12}=\varepsilon_{21}=0$，且 $\varepsilon_{11}=\varepsilon_{22}=\varepsilon_{33}$。即式(5.4.13)中对角线上的各元素相等，对角线以外的各元素均为零。此时，等离子体的等效介电常数为一标量，等离子体呈各向同性特性。所以，外加恒定磁场是使等离子体呈各向异性的原因。

2. 磁化等离子体中的均匀平面波

由麦克斯韦方程

$$\nabla\times\boldsymbol{H}=\mathrm{j}\omega\bar{\bar{\varepsilon}}\cdot\boldsymbol{E}$$

$$\nabla\times\boldsymbol{E}=-\mathrm{j}\omega\mu_{0}\boldsymbol{H}$$

消去磁场 $\boldsymbol{H}$，可得到关于电场 $\boldsymbol{E}$ 的波动方程

$$\nabla^{2}\boldsymbol{E}-\nabla(\nabla\cdot\boldsymbol{E})+\omega^{2}\mu_{0}\bar{\bar{\varepsilon}}\cdot\boldsymbol{E}=0 \tag{5.4.18}$$

一般情况下，方程(5.4.18)的求解很复杂。这里只讨论一种特殊情况，设电磁波为均匀平面波，且沿外加恒定磁场 $\boldsymbol{B}_0$ 方向（即 $\boldsymbol{e}_z$ 方向）传播。于是，电场表达式为

$$\boldsymbol{E}=(\boldsymbol{e}_{x}E_{xm}+\boldsymbol{e}_{y}E_{ym})\mathrm{e}^{-\mathrm{j}\beta z} \tag{5.4.19}$$

由于电场 $\boldsymbol{E}$ 仅是坐标 z 的函数，所以

$$\nabla^{2}\boldsymbol{E}=\frac{\mathrm{d}^{2}\boldsymbol{E}}{\mathrm{d}z^{2}}=-\beta^{2}\boldsymbol{E},\qquad\nabla\cdot\boldsymbol{E}=0$$

于是，方程(5.4.18)简化为

$$-\beta^{2}\boldsymbol{E}+\omega^{2}\mu_{0}\bar{\bar{\varepsilon}}\cdot\boldsymbol{E}=0$$

写成矩阵形式为

$$\begin{bmatrix}\omega^{2}\mu_{0}\varepsilon_{11}-\beta^{2} & \omega^{2}\mu_{0}\varepsilon_{12} & 0\\ \omega^{2}\mu_{0}\varepsilon_{21} & \omega^{2}\mu_{0}\varepsilon_{22}-\beta^{2} & 0\\ 0 & 0 & \omega^{2}\mu_{0}\varepsilon_{33}-\beta^{2}\end{bmatrix}\begin{bmatrix}E_{xm}\\ E_{ym}\\ 0\end{bmatrix}=0 \tag{5.4.20}$$

电场 $\boldsymbol{E}$ 有非零解的条件是式(5.4.20)的系数行列式等于 0。由于电场 $\boldsymbol{E}$ 无 z 分量，故式(5.4.20)左上角的 2×2 子行列式应为 0，即

$$\begin{vmatrix}\omega^{2}\mu_{0}\varepsilon_{11}-\beta^{2} & \omega^{2}\mu_{0}\varepsilon_{12}\\ \omega^{2}\mu_{0}\varepsilon_{21} & \omega^{2}\mu_{0}\varepsilon_{22}-\beta^{2}\end{vmatrix}=0$$

考虑到 $\varepsilon_{11}=\varepsilon_{22}$、$\varepsilon_{12}=-\varepsilon_{21}$，由此可解得

$$\beta^{2}=\omega^{2}\mu_{0}(\varepsilon_{11}\pm\mathrm{j}\varepsilon_{12}) \tag{5.4.21}$$

即相位常数 β 有两个解，分别为

$$\beta_1=\omega\sqrt{\mu_0(\varepsilon_{11}+\mathrm{j}\varepsilon_{12})}=\omega\sqrt{\mu_0\varepsilon_0\left(1-\frac{\omega_\mathrm{p}^2/\omega}{\omega_\mathrm{c}+\omega}\right)} \tag{5.4.22}$$

$$\beta_2=\omega\sqrt{\mu_0(\varepsilon_{11}-\mathrm{j}\varepsilon_{12})}=\omega\sqrt{\mu_0\varepsilon_0\left(1+\frac{\omega_\mathrm{p}^2/\omega}{\omega_\mathrm{c}-\omega}\right)} \tag{5.4.23}$$

对应于 $\beta=\beta_1$，由式(5.4.20)可得到

$$E_{y\mathrm{m}}=\mathrm{j}E_{x\mathrm{m}}$$

即

$$\boldsymbol{E}_1=(\boldsymbol{e}_x+\mathrm{j}\boldsymbol{e}_y)E_{x\mathrm{m}}\mathrm{e}^{-\mathrm{j}\beta_1 z} \tag{5.4.24}$$

这是一个沿+z 轴方向传播的左旋圆极化波。

对应于 $\beta=\beta_2$，由式(5.4.20)可得到

$$E_{y\mathrm{m}}=-\mathrm{j}E_{x\mathrm{m}}$$

即

$$\boldsymbol{E}_2=(\boldsymbol{e}_x-\mathrm{j}\boldsymbol{e}_y)E_{x\mathrm{m}}\mathrm{e}^{-\mathrm{j}\beta_2 z} \tag{5.4.25}$$

这是一个沿+z 轴方向传播的右旋圆极化波。

由上述讨论可知，当电磁波沿外加磁场方向通过等离子体时，将出现两个圆极化波，一个为左旋圆极化波，一个为右旋圆极化波。从式(5.4.22)和式(5.4.23)看出，两个圆极化波的相速不一样。

一个直线极化波可以分解为两个振幅相等、旋转方向相反的圆极化波。在各向同性媒质中，这两个圆极化波的相速相同。因而，在传播过程中，合成波的极化面始终保持不变。但在磁化等离子体中，由于两个圆极化波的相速不相等，在传播一段距离后，合成波的极化面已不在原来的方向，即电磁波的极化面在磁化等离子体内以前进方向为轴而不断旋转，这种现象称为法拉第旋转效应，如图 5.4.1 所示。

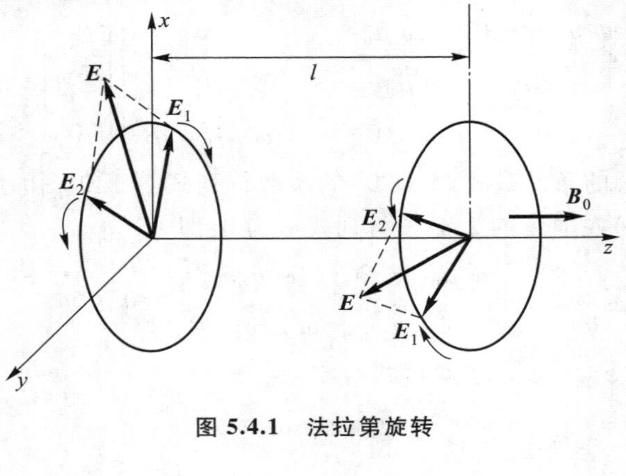

图 5.4.1　法拉第旋转

当外加恒定磁场 $\boldsymbol{B}_0=0$ 时，$\omega_c=0$，两个圆极化波的相速相等，合成波为直线极化波，没有法拉第效应。此时

$$\beta_1=\beta_2=\omega\sqrt{\mu_0\varepsilon_0\left(1-\frac{\omega_p^2}{\omega^2}\right)}=\omega\sqrt{\mu_0\varepsilon_0\varepsilon_{er}}$$

式中

$$\varepsilon_{er}=1-\frac{\omega_p^2}{\omega^2}=1-\frac{Ne^2}{m\omega^2\varepsilon_0} \tag{5.4.26}$$

称为等离子体的等效相对介电常数。

若以 $e=1.602\times10^{-19}$ C、$m=9.106\times10^{-31}$ kg、$\varepsilon_0=\frac{1}{36\pi}\times10^{-9}$ F/m、$\omega=2\pi f$ 代入式(5.4.26)，可得

$$\varepsilon_{er}=1-81\frac{N}{f^2} \tag{5.4.27}$$

5.4.2　均匀平面波在磁化铁氧体中的传播

铁氧体是一种类似于陶瓷的材料，质地硬而脆，具有很高的电阻率。它的相对介电常数在 5 至 25 之间，而相对磁导率可高达数千。

在铁氧体中，原子核周围的电子有公转和自转运动，这两种运动都要产生磁矩。公转磁矩因电子各循不同方向旋转而相互抵消。自转磁矩对于一般物质也是相互抵消的，但对于铁氧体物质并不如此，而是在许多极小区域内相互平行，自发磁化形成磁畴。在没有外磁场作用时，这些磁畴的磁矩相互抵消，因而铁氧体也不显现磁性。但当铁氧体置于外磁场中时，这些磁畴的磁矩的方向都会转动而与外磁场方向接近平行，产生强大的磁性。

1. 磁化铁氧体的张量磁导率

在恒定磁场的作用下，铁氧体呈现出各向异性，其磁导率为张量。为了简单起见，首先研究一个电子在自旋运动中所受到的影响。电子自旋时相当于有电流沿与自旋相反的方向流动，因而产生自旋磁矩 $\boldsymbol{p}_m$。设电子自旋的角动量为 $\boldsymbol{G}$，则有

$$\boldsymbol{p}_m=-\frac{e}{m}\boldsymbol{G}=-\gamma\boldsymbol{G} \tag{5.4.28}$$

式中 m 为电子的质量，e 为电子的电荷量的绝对值，$\gamma=\frac{e}{m}$ 称为荷值比。

当电子置于恒定外磁场 $\boldsymbol{B}_0$ 中，而 $\boldsymbol{p}_m$ 与 $\boldsymbol{B}_0$ 不在同一方向时，外磁场对电子

所施的力矩将使电子围绕 $\boldsymbol{B}_0$ 方向以一定的角速度 ω_c 作进动，如图 5.4.2 所示。已知外磁场产生的力矩为

$$\boldsymbol{L}=\boldsymbol{p}_m\times\boldsymbol{B}_0 \tag{5.4.29}$$

此力矩使得电子自转旋角动量发生变化，且角动量的时变率与力矩相等，即

$$\frac{d\boldsymbol{G}}{dt}=\boldsymbol{L}=\boldsymbol{p}_m\times\boldsymbol{B}_0 \tag{5.4.30}$$

设 $\boldsymbol{p}_m$ 与 $\boldsymbol{B}_0$ 的夹角为 θ，进动的角频率为 ω_c，则在极短的时间 dt 内的进动角为 $\omega_c dt$，且角动量的改变 dG 为

$$dG=G\sin\theta\cdot\omega_c dt$$

所以角动量的时变率为

$$\frac{dG}{dt}=\omega_c G\sin\theta \tag{5.4.31}$$

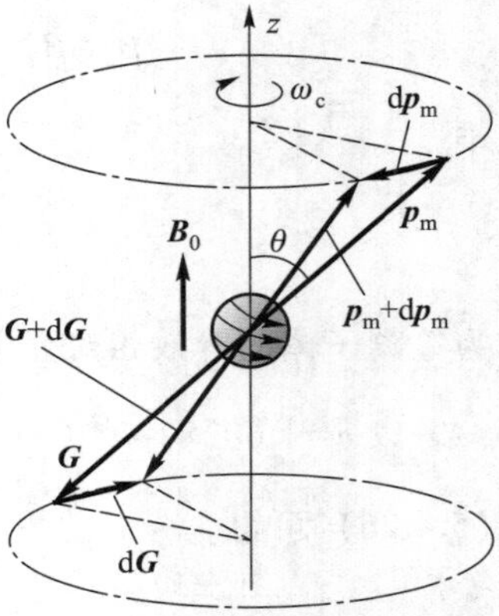

图 5.4.2 在外磁场作用下自旋电子的进动

又由式(5.4.30)，有

$$\frac{dG}{dt}=p_m B_0\sin\theta$$

将其代入式(5.4.31)，得到

$$\omega_c=\frac{p_m}{G}B_0$$

将式(5.4.28)代入上式，可得

$$\omega_c=\gamma B_0=\frac{e}{m}B_0 \tag{5.4.32}$$

ω_c 又称为拉摩进动频率。

如果没有损耗，这一进动将永远进行下去。由于实际上有能量损耗，进动很快停止，电子的自转轴最后与外磁场平行。

由式(5.4.28)和式(5.4.30)，可得

$$\frac{d\boldsymbol{p}_m}{dt}=-\gamma\frac{d\boldsymbol{G}}{dt}=-\gamma\boldsymbol{p}_m\times\boldsymbol{B}_0 \tag{5.4.33}$$

若铁氧体中每单位体积内有 N 个电子数，则磁化强度为 $\boldsymbol{M}=N\boldsymbol{p}_m$，于是可将式(5.4.33)改写为

$$\frac{d\boldsymbol{M}}{dt}=-\gamma\boldsymbol{M}\times\boldsymbol{B}_0=-\gamma\mu_0\boldsymbol{M}\times\boldsymbol{H}_0 \tag{5.4.34}$$

此式称为郎道方程。

当电磁波在铁氧体中传播时,除了外加恒定磁场 $\boldsymbol{H}_0$ 外,还有较弱的时变磁场 $\boldsymbol{h}$,即

$$\boldsymbol{H}=\boldsymbol{H}_0+\boldsymbol{h} \tag{5.4.35}$$

相应的磁化强度为

$$\boldsymbol{M}=\boldsymbol{M}_0+\boldsymbol{m} \tag{5.4.36}$$

这里 $\boldsymbol{M}_0$ 为恒定磁场 $\boldsymbol{H}_0$ 产生的磁化强度,$\boldsymbol{m}$ 为时变磁场 $\boldsymbol{h}$ 产生的磁化强度。将式(5.4.36)代入式(5.4.34)中,并用式(5.4.35)中的 $\boldsymbol{H}$ 替代式(5.4.34)中的 $\boldsymbol{H}_0$,可得

$$\begin{aligned}\frac{\mathrm{d}}{\mathrm{d}t}(\boldsymbol{M}_0+\boldsymbol{m})&=-\gamma\mu_0(\boldsymbol{M}_0+\boldsymbol{m})\times(\boldsymbol{H}_0+\boldsymbol{h})\\&=-\gamma\mu_0(\boldsymbol{M}_0\times\boldsymbol{H}_0+\boldsymbol{m}\times\boldsymbol{H}_0+\boldsymbol{M}_0\times\boldsymbol{h}+\boldsymbol{m}\times\boldsymbol{h})\end{aligned}$$

又因为

$$\frac{\mathrm{d}\boldsymbol{M}_0}{\mathrm{d}t}=-\gamma\mu_0\boldsymbol{M}_0\times\boldsymbol{H}_0$$

将以上两式相减,并忽略高阶小量 $\boldsymbol{m}\times\boldsymbol{h}$,可得

$$\frac{\mathrm{d}\boldsymbol{m}}{\mathrm{d}t}=-\gamma\mu_0(\boldsymbol{m}\times\boldsymbol{H}_0+\boldsymbol{M}_0\times\boldsymbol{h}) \tag{5.4.37}$$

对于时谐场,则有

$$\mathrm{j}\omega\boldsymbol{m}=-\gamma\mu_0(\boldsymbol{m}\times\boldsymbol{H}_0+\boldsymbol{M}_0\times\boldsymbol{h}) \tag{5.4.38}$$

当外加磁场 $\boldsymbol{H}_0$ 很强,使铁氧体磁化到饱和时,磁化强度 $\boldsymbol{M}_0$ 与 $\boldsymbol{H}_0$ 平行。设 $\boldsymbol{H}_0=\boldsymbol{e}_zH_0$,则 $\boldsymbol{M}_0=\boldsymbol{e}_zM_0$。这时,式(5.4.38)可展开为

$$\begin{aligned}\mathrm{j}\omega m_x&=-\gamma\mu_0(m_yH_0-M_0h_y)\\\mathrm{j}\omega m_y&=-\gamma\mu_0(-m_xH_0-M_0h_x)\\\mathrm{j}\omega m_z&=0\end{aligned}$$

联立解得

$$\begin{bmatrix}m_x\\m_y\\m_z\end{bmatrix}=\begin{bmatrix}\dfrac{\omega_{\mathrm{c}}\omega_{\mathrm{m}}}{\omega_{\mathrm{c}}^2-\omega^2} & \dfrac{\mathrm{j}\omega\omega_{\mathrm{m}}}{\omega_{\mathrm{c}}^2-\omega^2} & 0\\\dfrac{-\mathrm{j}\omega\omega_{\mathrm{m}}}{\omega_{\mathrm{c}}^2-\omega^2} & \dfrac{\omega_{\mathrm{c}}\omega_{\mathrm{m}}}{\omega_{\mathrm{c}}^2-\omega^2} & 0\\0 & 0 & 0\end{bmatrix}\begin{bmatrix}h_x\\h_y\\h_z\end{bmatrix} \tag{5.4.39}$$

式中

$$\omega_{\mathrm{m}}=\mu_0\gamma M_0 \tag{5.4.40}$$

由式(5.4.39)可以看出,当 $\omega\to\omega_{\mathrm{c}}$ 时,m_x 和 m_y 均趋向无限大,因此很小的时谐磁场分量 h_x 或 h_y 可以产生很强的磁化强度,这就是磁共振现象。

设 $\boldsymbol{b}$ 表示时变磁场 $\boldsymbol{h}$ 所对应的磁感应强度，则

$$\boldsymbol{b}=\mu_0(\boldsymbol{h}+\boldsymbol{m})$$

将式(5.4.39)代入上式，可得

$$\boldsymbol{b}=\bar{\bar{\mu}}\cdot\boldsymbol{h}$$

这里

$$\bar{\bar{\mu}}=\begin{bmatrix}\mu_{11} & \mu_{12} & 0\\ \mu_{21} & \mu_{22} & 0\\ 0 & 0 & \mu_{33}\end{bmatrix} \tag{5.4.41}$$

其中

$$\begin{cases}\mu_{11}=\mu_{22}=\mu_0\left(1+\dfrac{\omega_c\omega_m}{\omega_c^2-\omega^2}\right)\\ \mu_{12}=-\mu_{21}=\mathrm{j}\mu_0\ \dfrac{\omega\omega_m}{\omega_c^2-\omega^2}\\ \mu_{33}=\mu_0\end{cases} \tag{5.4.42}$$

由此可见，铁氧体的磁导率为一张量。当无外磁场时，$\omega_m=0$，则 $\mu_{12}=\mu_{21}=0$，且 $\mu_{11}=\mu_{22}=\mu_{33}$。此时，铁氧体的磁导率为一标量，呈各向同性特性。

2. 磁化铁氧体中的均匀平面波

由麦克斯韦方程

$$\nabla\times\boldsymbol{H}=\mathrm{j}\omega\varepsilon\boldsymbol{E}$$

$$\nabla\times\boldsymbol{E}=-\mathrm{j}\omega\bar{\bar{\mu}}\cdot\boldsymbol{H}$$

消去电场 $\boldsymbol{E}$，可得到关于磁场的波动方程

$$\nabla^2\boldsymbol{H}-\nabla(\nabla\cdot\boldsymbol{H})+\omega^2\varepsilon\bar{\bar{\mu}}\cdot\boldsymbol{H}=0 \tag{5.4.43}$$

仿照分析电磁波在等离子体传播的方法，对于沿外加恒定磁场 $\boldsymbol{B}_0$ 方向（即 $\boldsymbol{e}_z$ 方向）传播的均匀平面波，磁场表达式为

$$\boldsymbol{H}=(\boldsymbol{e}_xH_{xm}+\boldsymbol{e}_yH_{ym})\mathrm{e}^{-\mathrm{j}\beta z} \tag{5.4.44}$$

方程(5.4.43)可写成为

$$\begin{bmatrix}\omega^2\varepsilon\mu_{11}-\beta^2 & \omega^2\varepsilon\mu_{12} & 0\\ \omega^2\varepsilon\mu_{21} & \omega^2\varepsilon\mu_{22}-\beta^2 & 0\\ 0 & 0 & \omega^2\varepsilon_0\mu_0-\beta^2\end{bmatrix}\begin{bmatrix}H_x\\ H_y\\ 0\end{bmatrix}=0 \tag{5.4.45}$$

由

$$\begin{vmatrix}\omega^2\varepsilon\mu_{11}-\beta^2 & \omega^2\varepsilon\mu_{12}\\ \omega^2\varepsilon\mu_{21} & \omega^2\varepsilon\mu_{22}-\beta^2\end{vmatrix}=0$$

考虑到 $\mu_{11}=\mu_{22}$、$\mu_{12}=-\mu_{21}$，由此可解得

$$\beta^2=\omega^2\varepsilon(\mu_{11}\pm j\mu_{12}) \tag{5.4.46}$$

即相位常数 β 有两个解，分别为

$$\beta_1=\omega\sqrt{\varepsilon(\mu_{11}+j\mu_{12})}=\omega\sqrt{\mu_0\varepsilon\left(1+\frac{\omega_m^2}{\omega_c+\omega}\right)} \tag{5.4.47}$$

$$\beta_2=\omega\sqrt{\varepsilon(\mu_{11}-j\mu_{12})}=\omega\sqrt{\mu_0\varepsilon\left(1+\frac{\omega_m^2}{\omega_c-\omega}\right)} \tag{5.4.48}$$

与电磁波通过等离子体相似，当电磁波沿外加磁场方向通过铁氧体时，将出现两个圆极化波。这两个圆极化波一个左旋、一个右旋，它们的相速不一样，使合成波的极化面不断旋转，产生法拉第旋转效应。当外加恒定磁场 $\boldsymbol{B}_0=0$ 时，$\omega_c=0$、$\omega_m=0$，此时 $\beta_1=\beta_2=\omega\sqrt{\mu_0\varepsilon}$，两个圆极化波的相速相等，合成波为直线极化波，没有法拉第旋转效应。

—思 考 题—

5.1 什么是均匀平面波？平面波与均匀平面波有何区别？

5.2 波数是怎样定义的？它与波长有什么关系？

5.3 什么是媒质的本征阻抗？自由空间中本征阻抗的值为多少？

5.4 电磁波的相速是如何定义的？自由空间中相速的值为多少？

5.5 在理想介质中，均匀平面波的相速是否与频率有关？

5.6 在理想介质中，均匀平面波具有哪些特点？

5.7 在导电媒质中，均匀平面波的相速是否与频率有关？

5.8 在导电媒质中均匀平面波的电场与磁场是否同相位？

5.9 在导电媒质中，均匀平面波具有哪些特点？

5.10 趋肤深度是如何定义的？它与衰减常数有何关系？

5.11 什么是良导体？良导体与理想导体有何不同？

5.12 什么是波的极化？什么是线极化、圆极化、椭圆极化？

5.13 两个互相垂直的线极化波叠加，在什么条件下，分别是：(1) 线极化波；(2) 圆极化波；(3) 椭圆极化波？

5.14 知道圆极化波是左旋还是右旋有何意义？如何判别圆极化波是左旋还是右旋？

5.15 什么是群速？它与相速有何区别？

5.16 什么是波的色散？何谓正常色散？何谓反常色散？

5.17 什么是法拉第旋转效应？产生的原因是什么？

5.18 直线极化波能否在磁化等离子体中传播？

一 习 题 一

5.1 在自由空间中，已知电场 $\boldsymbol{E}(z,t)=\boldsymbol{e}_y 10^3\sin(\omega t-\beta z)$ V/m，试求磁场强度 $\boldsymbol{H}(z,t)$。

5.2 理想介质（参数为 $\mu=\mu_0$、$\varepsilon=\varepsilon_r\varepsilon_0$、$\sigma=0$）中有一均匀平面波沿 x 方向传播，已知其电场瞬时值表达式为

$$\boldsymbol{E}(x,t)=\boldsymbol{e}_y 377\cos(10^9 t-5x)\ \text{V/m}$$

试求：(1) 该理想介质的相对介电常数；(2) 与 $\boldsymbol{E}(x,t)$ 相伴的磁场 $\boldsymbol{H}(x,t)$；(3) 该平面波的平均功率密度。

5.3 在空气中，沿 $\boldsymbol{e}_y$ 方向传播的均匀平面波的频率 $f=400$ MHz。当 $y=0.5$ m、$t=0.2$ ns时，电场强度 $\boldsymbol{E}$ 的最大值为 250 V/m，表征其方向的单位矢量为 $\boldsymbol{e}_x 0.6-\boldsymbol{e}_z 0.8$。试求出电场 $\boldsymbol{E}$ 和磁场 $\boldsymbol{H}$ 的瞬时表示式。

5.4 有一均匀平面波在 $\mu=\mu_0$、$\varepsilon=4\varepsilon_0$、$\sigma=0$ 的媒质中传播，其电场强度 $E=E_m\sin\left(\omega t-kz+\dfrac{\pi}{3}\right)$。若已知平面波的频率 $f=150$ MHz，平均功率密度为 $0.265\ \mu\text{W/m}^2$。试求：(1) 电磁波的波数、相速、波长和波阻抗；(2) $t=0$、$z=0$ 时的电场 $E(0,0)$ 值；(3) 经过 $t=0.1\ \mu\text{s}$ 后，电场 $E(0,0)$ 值出现在什么位置？

5.5 理想介质中的均匀平面波的电场和磁场分别为

$$\boldsymbol{E}=\boldsymbol{e}_x 10\cos(6\pi\times10^7 t-0.8\pi z)\ \text{V/m}$$

$$\boldsymbol{H}=\boldsymbol{e}_y \frac{1}{6\pi}\cos(6\pi\times10^7 t-0.8\pi z)\ \text{A/m}$$

试求该介质的相对磁导率 μ_r 和相对介电常数 ε_r。

5.6 在自由空间传播的均匀平面波的电场强度复矢量为

$$\boldsymbol{E}=\boldsymbol{e}_x 10^{-4}\mathrm{e}^{-\mathrm{j}20\pi z}+\boldsymbol{e}_y 10^{-4}\mathrm{e}^{-\mathrm{j}\left(20\pi z-\frac{\pi}{2}\right)}\ \text{V/m}$$

试求：(1) 平面波的传播方向和频率；

(2) 波的极化方式；

(3) 磁场强度 $\boldsymbol{H}$；

(4) 流过与传播方向垂直的单位面积的平均功率。

5.7 在空气中,一均匀平面波的波长为 12 cm,当该波进入某无损耗媒质中传播时,其波长减小为 8 cm,且已知在媒质中的 $\boldsymbol{E}$ 和 $\boldsymbol{H}$ 的振幅分别为 50 V/m 和 0.1 A/m。求该平面波的频率和媒质的相对磁导率和相对介电常数。

5.8 在自由空间中,一均匀平面波的相位常数为 $\beta_0=0.524$ rad/m,当该波进入到理想介质后,其相位常数变为 $\beta=1.81$ rad/m。设该理想介质的 $\mu_r=1$,试求该理想介质的 ε_r 和波在该理想介质中的传播速度。

5.9 在自由空间中,一均匀平面波的波长为 $\lambda_0=0.2$ m,当该波进入到理想介质后,其波长变为 $\lambda=0.09$ m。设该理想介质的 $\mu_r=1$,试求该理想介质的 ε_r 和波在该理想介质中的传播速度。

5.10 均匀平面波的磁场强度 $\boldsymbol{H}$ 的振幅为 $\frac{1}{3\pi}$ A/m,在自由空间沿 $-\boldsymbol{e}_z$ 方向传播,其相位常数 $\beta=30$ rad/m。当 $t=0$、$z=0$ 时,$\boldsymbol{H}$ 在 $-\boldsymbol{e}_y$ 方向。

(1) 写出 $\boldsymbol{E}$ 和 $\boldsymbol{H}$ 的表达式;

(2) 求频率和波长。

5.11 在空气中,一均匀平面波沿 $\boldsymbol{e}_y$ 方向传播,其磁场强度的瞬时表达式为

$$\boldsymbol{H}(y,t)=\boldsymbol{e}_z 4\times10^{-6}\cos\left(10^7\pi t-\beta y+\frac{\pi}{4}\right)\ \text{A/m}$$

(1) 求相位常数 β 和 $t=3$ ms 时,$H_z=0$ 的位置;

(2) 求电场强度的瞬时表达式 $\boldsymbol{E}(y,t)$。

5.12 已知在自由空间传播的均匀平面波的磁场强度为

$$\boldsymbol{H}(z,t)=(\boldsymbol{e}_x+\boldsymbol{e}_y)\times0.8\cos(6\pi\times10^8 t-2\pi z)\ \text{A/m}$$

(1) 求该均匀平面波的频率、波长、相位常数和相速;

(2) 求与 $\boldsymbol{H}(z,t)$ 相伴的电场强度 $\boldsymbol{E}(z,t)$;

(3) 计算瞬时坡印廷矢量。

5.13 频率 $f=500$ kHz 的正弦均匀平面波在理想介质中传播,其电场振幅矢量 $\boldsymbol{E}_m=\boldsymbol{e}_x 4-\boldsymbol{e}_y+\boldsymbol{e}_z 2$ kV/m,磁场振幅矢量 $\boldsymbol{H}_m=\boldsymbol{e}_x 6+\boldsymbol{e}_y 18-\boldsymbol{e}_z 3$ A/m。试求:(1) 波传播方向的单位矢量;(2) 介质的相对介电常数 ε_r;(3) 电场 $\boldsymbol{E}$ 和磁场 $\boldsymbol{H}$ 的复数表达式。

5.14 已知自由空间传播的均匀平面波的磁场强度为

$$\boldsymbol{H}=\left(\boldsymbol{e}_x\frac{3}{2}+\boldsymbol{e}_y+\boldsymbol{e}_z\right)10^{-6}\cos\left[\omega t-\pi\left(-x+y+\frac{1}{2}z\right)\right]\ \text{A/m}$$

试求:(1) 波的传播方向;(2) 波的频率和波长;(3) 与 $\boldsymbol{H}$ 相伴的电场 $\boldsymbol{E}$;(4) 平均坡印廷矢量。

5.15 频率为 100 MHz 的正弦均匀平面波，沿 $\boldsymbol{e}_z$ 方向传播，在自由空间点 $P(4,-2,6)$ 的电场强度为 $\boldsymbol{E}=\boldsymbol{e}_x 100-\boldsymbol{e}_y 70$ V/m，求

(1) $t=0$ 时，P 点的 $|\boldsymbol{E}|$；

(2) $t=1$ ns 时，P 点的 $|\boldsymbol{E}|$；

(3) $t=2$ ns 时，点 $Q(3,5,8)$ 的 $|\boldsymbol{E}|$。

5.16 频率 $f=3$ GHz 的均匀平面波垂直入射到有一个大孔的聚苯乙烯（$\varepsilon_r=2.7$）介质板上，平面波将分别通过孔洞和介质板达到右侧界面，如图题 5.16所示。试求介质板的厚度 d 为多少时，才能使通过孔洞和通过介质板的平面波有相同的相位？（注：计算此题时不考虑边缘效应，也不考虑在界面上的反射）。

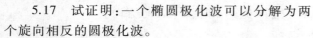

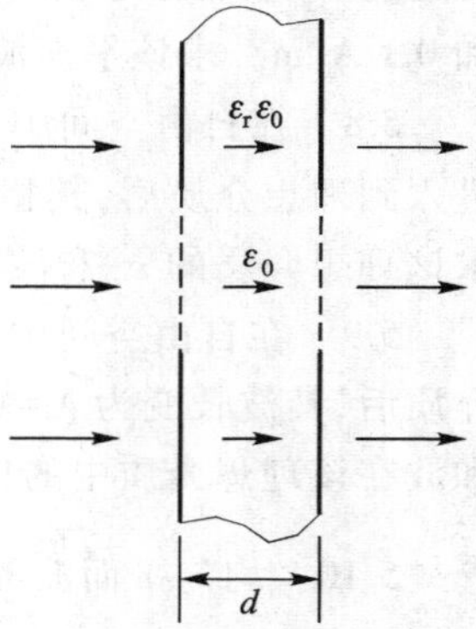

图题 5.16

5.17 试证明：一个椭圆极化波可以分解为两个旋向相反的圆极化波。

5.18 已知一右旋圆极化波的波矢量为

$$\boldsymbol{k}=\omega\sqrt{\mu\varepsilon/2}\,(\boldsymbol{e}_y+\boldsymbol{e}_z)$$

且 $t=0$ 时，坐标原点处的电场为 $\boldsymbol{E}(0)=\boldsymbol{e}_x E_0$。试求此右旋圆极化波的电场、磁场表达式。

5.19 自由空间的均匀平面波的电场表达式为

$$\boldsymbol{E}(\boldsymbol{r},t)=10(\boldsymbol{e}_x+\boldsymbol{e}_y 2+\boldsymbol{e}_z E_z)\cos(\omega t+3x-y-z)\ \text{V/m}$$

式中的 E_z 为待定量。试由该表达式确定波的传播方向、角频率 ω、极化状态，并求与 $\boldsymbol{E}(\boldsymbol{r},t)$ 相伴的磁场 $\boldsymbol{H}(\boldsymbol{r},t)$。

5.20 已知自由空间的均匀平面波的电场表达式为

$$\boldsymbol{E}(\boldsymbol{r})=(\boldsymbol{e}_x+\boldsymbol{e}_y 2+\boldsymbol{e}_z \mathrm{j}\sqrt{5})\,\mathrm{e}^{-\mathrm{j}(2x+by+cz)}\quad \text{V/m}$$

试由此表达式确定波的传播方向、波长、极化状态，并求与 $\boldsymbol{E}(\boldsymbol{r})$ 相伴的磁场 $\boldsymbol{H}(\boldsymbol{r})$。

5.21 证明电磁波在良导体中传播时，场强每经过一个波长，振幅衰减 55 dB。

5.22 有一线极化的均匀平面波在海水（$\varepsilon_r=81$、$\mu_r=1$、$\sigma=4$ S/m）中沿 $+y$ 方向传播，其磁场强度在 $y=0$ 处为

$$\boldsymbol{H}(0,t)=\boldsymbol{e}_x 0.1\sin(10^{10}\pi t-\pi/3)\ \text{A/m}$$

(1) 求衰减常数、相位常数、本征阻抗、相速、波长及透入深度；(2) 求出 $\boldsymbol{H}$ 的振幅为 0.01 A/m 时的位置；(3) 写出 $\boldsymbol{E}(y,t)$ 和 $\boldsymbol{H}(y,t)$ 的表示式。

5.23 海水的电导率 $\sigma=4$ S/m，相对介电常数 $\varepsilon_r=81$。求频率为 10 kHz、

100 kHz、1 MHz、10 MHz、100 MHz、1 GHz 的电磁波在海水中的波长、衰减系数和波阻抗。

5.24　已知某区域内的电场强度表达式为

$$\boldsymbol{E}=(\boldsymbol{e}_x 4+\boldsymbol{e}_y 3\mathrm{e}^{-\mathrm{j}\frac{\pi}{2}})\mathrm{e}^{-(0.1z+\mathrm{j}0.3z)}\ \mathrm{V/m}$$

试讨论电场所表示的均匀平面波的极化特性。

5.25　在相对介电常数 $\varepsilon_r=2.5$、损耗角正切值为 10^{-2} 的非磁性媒质中，频率为 3 GHz、$\boldsymbol{e}_y$ 方向极化的均匀平面波沿 $\boldsymbol{e}_x$ 方向传播。

(1) 求波的振幅衰减一半时，传播的距离；

(2) 求媒质的本征阻抗、波的波长和相速；

(3) 设在 $x=0$ 处的 $\boldsymbol{E}(0,t)=\boldsymbol{e}_y 50\sin\left(6\pi\times10^9 t+\dfrac{\pi}{3}\right)$，写出 $\boldsymbol{H}(x,t)$ 的表达式。

5.26　已知在 100 MHz 时，石墨的趋肤深度为 0.16 mm。

(1) 试求石墨的电导率；

(2) 1 GHz 的电磁波在石墨中传播多长距离其振幅衰减了 30 dB？

5.27　频率为 150 MHz 的均匀平面波在损耗媒质中传播，已知 $\varepsilon_r=1.4$、$\mu_r=1$ 及 $\dfrac{\sigma}{\omega\varepsilon}=10^{-4}$，问电磁波在该媒质中传播几米后，波的相位改变 90°？

第 5 章部分习题答案

第 6 章
均匀平面波的反射与透射

在上一章中，已经讨论了均匀平面波在无界均匀媒质中的传播特性。实际上，电磁波的传播过程中经常会遇到不同的媒质的分界面，这时部分电磁能量被分界面反射，形成反射波；而另一部分电磁能量将透过分界面继续传播，形成透射波。

这一章中，首先讨论均匀平面波对理想导体表面和介质分界面的垂直入射，然后讨论均匀平面波对介质分界面和理想导体表面的斜入射，最后介绍平面波在双负媒质分界面上的反射和透射。

— 6.1 均匀平面波对分界平面的垂直入射 —

6.1.1 对理想导体平面的垂直入射

如图 6.1.1 所示，媒质 1 为理想介质，其电导率 $\sigma_1=0$；媒质 2 为理想导体，其电导率 $\sigma_2=\infty$。均匀平面波从媒质 1 垂直入射到 $z=0$ 的导体表面上。

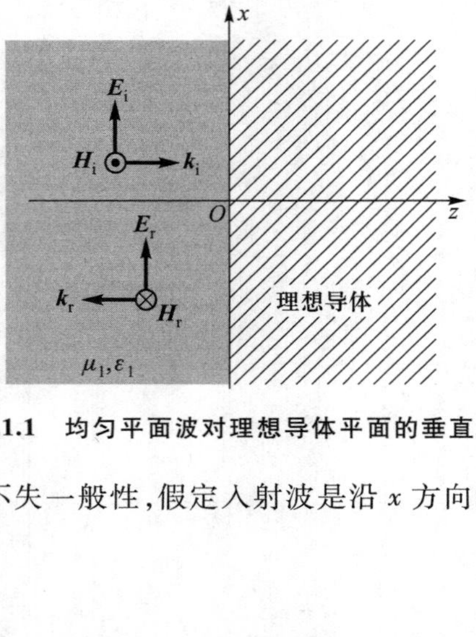

图 6.1.1 均匀平面波对理想导体平面的垂直入射

为简化讨论但又不失一般性，假定入射波是沿 x 方向的线极化波，因此入射

波电场和磁场分别为

$$\boldsymbol{E}_{\mathrm{i}}(z)=\boldsymbol{e}_x E_{\mathrm{im}} \mathrm{e}^{-\mathrm{j}\beta_1 z} \tag{6.1.1}$$

$$\boldsymbol{H}_{\mathrm{i}}(z)=\boldsymbol{e}_z \times \frac{1}{\eta_1} \boldsymbol{E}_{\mathrm{i}}(z)=\boldsymbol{e}_y \frac{1}{\eta_1} E_{\mathrm{im}} \mathrm{e}^{-\mathrm{j}\beta_1 z} \tag{6.1.2}$$

其中

$$\beta_1=\omega \sqrt{\mu_1 \varepsilon_1}, \quad \eta_1=\sqrt{\frac{\mu_1}{\varepsilon_1}}$$

媒质 1 中的反射波电场和磁场分别为

$$\boldsymbol{E}_{\mathrm{r}}(z)=\boldsymbol{e}_x E_{\mathrm{rm}} \mathrm{e}^{\mathrm{j}\beta_1 z} \tag{6.1.3}$$

$$\boldsymbol{H}_{\mathrm{r}}(z)=-\boldsymbol{e}_z \times \frac{1}{\eta_1} \boldsymbol{E}_{\mathrm{r}}(z)=-\boldsymbol{e}_y \frac{1}{\eta_1} E_{\mathrm{rm}} \mathrm{e}^{\mathrm{j}\beta_1 z} \tag{6.1.4}$$

于是，媒质 1 中的合成波电场和磁场分别为

$$\boldsymbol{E}_1(z)=\boldsymbol{E}_{\mathrm{i}}(z)+\boldsymbol{E}_{\mathrm{r}}(z)=\boldsymbol{e}_x\left(E_{\mathrm{im}} \mathrm{e}^{-\mathrm{j}\beta_1 z}+E_{\mathrm{rm}} \mathrm{e}^{\mathrm{j}\beta_1 z}\right) \tag{6.1.5}$$

$$\boldsymbol{H}_1(z)=\boldsymbol{H}_{\mathrm{i}}(z)+\boldsymbol{H}_{\mathrm{r}}(z)=\boldsymbol{e}_y \frac{1}{\eta_1}\left(E_{\mathrm{im}} \mathrm{e}^{-\mathrm{j}\beta_1 z}-E_{\mathrm{rm}} \mathrm{e}^{\mathrm{j}\beta_1 z}\right) \tag{6.1.6}$$

因为媒质 2 是理想导体，所以媒质 2 中的电场和磁场均为零，故没有透射波。

根据边界条件，在 $z=0$ 的分界平面上，电场的切向分量连续，应有 $E_{1x}=E_{2x}$。将式(6.1.5) 代入边界条件，可得到

$$E_{\mathrm{im}}+E_{\mathrm{rm}}=0$$

得

$$E_{\mathrm{rm}}=-E_{\mathrm{im}} \tag{6.1.7}$$

动画 6-1-1 理想导体对垂直入射波电场的反射

故媒质 1 中的合成波的电场和磁场分别为

$$\boldsymbol{E}_1(z)=\boldsymbol{e}_x E_{\mathrm{im}}\left(\mathrm{e}^{-\mathrm{j}\beta_1 z}-\mathrm{e}^{\mathrm{j}\beta_1 z}\right)=-\boldsymbol{e}_x \mathrm{j} 2 E_{\mathrm{im}} \sin \beta_1 z \tag{6.1.8}$$

$$\boldsymbol{H}_1(z)=\boldsymbol{e}_y \frac{1}{\eta_1} E_{\mathrm{im}}\left(\mathrm{e}^{-\mathrm{j}\beta_1 z}+\mathrm{e}^{\mathrm{j}\beta_1 z}\right)=\boldsymbol{e}_y \frac{2}{\eta_1} E_{\mathrm{im}} \cos \beta_1 z \tag{6.1.9}$$

合成波的电场和磁场的瞬时值表示式分别为

$$\boldsymbol{E}_1(z, t)=\operatorname{Re}\left[\boldsymbol{E}_1(z) \mathrm{e}^{\mathrm{j}\omega t}\right]=\boldsymbol{e}_x 2 E_{\mathrm{im}} \sin \beta_1 z \sin \omega t \tag{6.1.10}$$

$$\boldsymbol{H}_1(z, t)=\operatorname{Re}\left[\boldsymbol{H}_1(z) \mathrm{e}^{\mathrm{j}\omega t}\right]=\boldsymbol{e}_y \frac{2}{\eta_1} E_{\mathrm{im}} \cos \beta_1 z \cos \omega t \tag{6.1.11}$$

动画 6-1-2 理想导体对垂直入射波磁场的反射

由此可见，媒质 1 中的合成波的相位仅随时间变化，空间各点合成波的相位相同。合成波在空间没有移动，只是在原来的位置振动，故称这种波为驻波，如图 6.1.2 所示。

由式(6.1.10)和式(6.1.11)可以看出，$\boldsymbol{E}_1(z,t)$ 和 $\boldsymbol{H}_1(z,t)$ 的驻波不仅在空间位置上错开$\frac{\lambda_1}{4}$，在时间上也有$\frac{\pi}{2}$的相移。

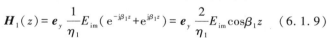

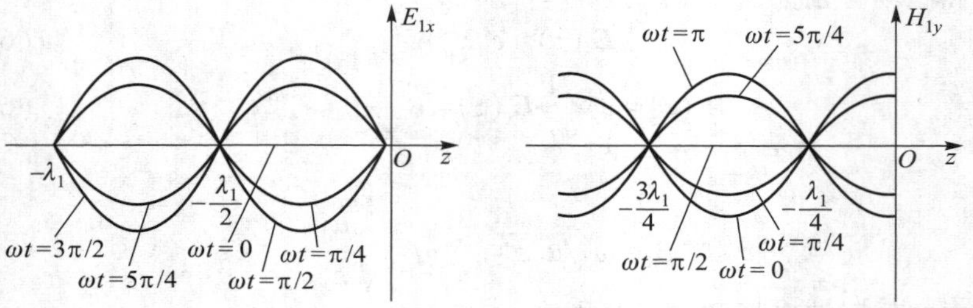

(a) 电场驻波　　(b) 磁场驻波

图 6.1.2　对理想导体垂直入射时的电场驻波与磁场驻波

由式(6.1.10)可知,合成波电场强度的振幅随 z 按正弦函数变化,即

$$|\boldsymbol{E}_1(z)|=2E_{\text{im}}|\sin\beta_1 z| \tag{6.1.12}$$

最大值为 $2E_{\text{im}}$,最小值为 0。当 $\beta_1 z=-n\pi$,即

$$z=-\frac{n\lambda_1}{2}\quad(n=0,1,2,3,\cdots) \tag{6.1.13}$$

时,合成波电场的振幅始终为零,故这些点为合成波电场的波节点。而当 $\beta_1 z=-(2n+1)\pi/2$,即

$$z=-\frac{(2n+1)\lambda_1}{4}\quad(n=0,1,2,3,\cdots) \tag{6.1.14}$$

时,合成波电场的振幅最大,故这些点为合成波电场的波腹点。

合成波磁场强度的振幅随 z 按余弦函数变化,即

$$|\boldsymbol{H}_1(z)|=\frac{2}{\eta_1}E_{\text{im}}|\cos\beta_1 z| \tag{6.1.15}$$

最大值为 $2E_{\text{im}}/\eta_1$,最小值也为 0。

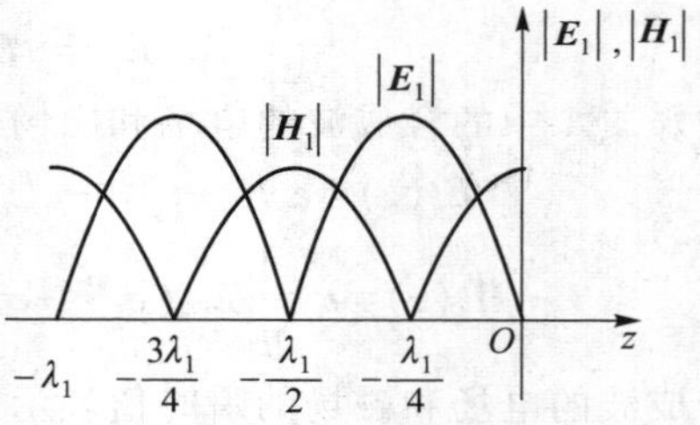

图 6.1.3　对理想导体垂直入射时电场、磁场的波节与波腹

由式(6.1.12)和式(6.1.15)可以看出,磁场的波节点恰好是电场的波腹点,而磁场的波腹点恰好是电场的波节点。在理想导体表面上,$|\boldsymbol{E}_1(0)|$为零,而$|\boldsymbol{H}_1(0)|$为最大值,如图 6.1.3 所示。

媒质 1 中合成波的平均坡印廷矢量为

$$\boldsymbol{S}_{1\text{av}}=\frac{1}{2}\text{Re}[\boldsymbol{E}_1(z)\times\boldsymbol{H}_1^*(z)]=\frac{1}{2}\text{Re}\left[-\boldsymbol{e}_z\text{j}\frac{4E_{\text{im}}^2}{\eta_1}\sin\beta_1 z\cos\beta_1 z\right]=0$$

因此,驻波不发生电磁能量的传输,仅在两个波节间进行电场能量和磁场能量的交换。

动画 6-1-3 理想导体对垂直入射波的反射的合成波——驻波

例 6.1.1 右旋圆极化波垂直入射至位于 $z=0$ 的理想导体板上,其电场强度的复数形式为

$$\boldsymbol{E}_{\mathrm{i}}(z)=(\boldsymbol{e}_x-\mathrm{j}\boldsymbol{e}_y)E_{\mathrm{m}}\mathrm{e}^{-\mathrm{j}\beta z}$$

(1) 确定反射波的极化;

(2) 求合成波的电场强度的瞬时表达式;

(3) 求板上的感应面电流密度。

解:(1) 设反射波电场的复数形式为

$$\boldsymbol{E}_{\mathrm{r}}(z)=(\boldsymbol{e}_xE_{\mathrm{r}x}+\boldsymbol{e}_yE_{\mathrm{r}y})\mathrm{e}^{\mathrm{j}\beta z}$$

由理想导体表面电场所满足的边界条件,在 $z=0$ 时有

$$-\boldsymbol{e}_z x[\boldsymbol{E}_{\mathrm{i}}(z)+\boldsymbol{E}_{\mathrm{r}}(z)]_{z=0}=0$$

得

$$\boldsymbol{E}_{\mathrm{r}}(z)=(-\boldsymbol{e}_x+\boldsymbol{e}_y\mathrm{j})E_{\mathrm{m}}\mathrm{e}^{\mathrm{j}\beta z}$$

这是一个沿 $-\boldsymbol{e}_z$ 方向传播的左旋圆极化波。

(2) $z<0$ 区域的合成波电场强度的瞬时表达式

$$\begin{aligned}\boldsymbol{E}_1(z,t)&=\mathrm{Re}\{[\boldsymbol{E}_{\mathrm{i}}(z)+\boldsymbol{E}_{\mathrm{r}}(z)]\mathrm{e}^{\mathrm{j}\omega t}\}\\&=\mathrm{Re}\{[(\boldsymbol{e}_x-\boldsymbol{e}_y\mathrm{j})\mathrm{e}^{-\mathrm{j}\beta z}+(-\boldsymbol{e}_x+\boldsymbol{e}_y\mathrm{j})\mathrm{e}^{\mathrm{j}\beta z}]E_{\mathrm{m}}\mathrm{e}^{\mathrm{j}\omega t}\}\\&=\mathrm{Re}\{[-(\boldsymbol{e}_x-\boldsymbol{e}_y\mathrm{j})\mathrm{j}2\sin\beta z]E_{\mathrm{m}}\mathrm{e}^{\mathrm{j}\omega t}\}\\&=2E_{\mathrm{m}}\sin\beta z(\boldsymbol{e}_x\sin\omega t-\boldsymbol{e}_y\cos\omega t)\end{aligned}$$

(3) 又由理想导体表面磁场所满足的边界条件

$$\boldsymbol{e}_{\mathrm{n}}\times\boldsymbol{H}_1=\boldsymbol{J}_S$$

这里 $\boldsymbol{e}_{\mathrm{n}}=-\boldsymbol{e}_z$,则

$$\boldsymbol{J}_S=-\boldsymbol{e}_z\times[\boldsymbol{H}_{\mathrm{i}}(z)+\boldsymbol{H}_{\mathrm{r}}(z)]_{z=0}$$

而

$$\boldsymbol{H}_{\mathrm{i}}(z)=\frac{1}{\eta}\boldsymbol{e}_z\times\boldsymbol{E}_{\mathrm{i}}(z)=(\boldsymbol{e}_x\mathrm{j}+\boldsymbol{e}_y)\frac{E_{\mathrm{m}}}{\eta_0}\mathrm{e}^{-\mathrm{j}\beta z}$$

$$\boldsymbol{H}_{\mathrm{r}}(z)=\frac{1}{\eta}(-\boldsymbol{e}_z)\times\boldsymbol{E}_{\mathrm{r}}(z)=(\boldsymbol{e}_x\mathrm{j}+\boldsymbol{e}_y)\frac{E_{\mathrm{m}}}{\eta_0}\mathrm{e}^{\mathrm{j}\beta z}$$

故

$$\boldsymbol{J}_S=-\boldsymbol{e}_z\times[\boldsymbol{H}_{\mathrm{i}}(z)+\boldsymbol{H}_{\mathrm{r}}(z)]_{z=0}=(\boldsymbol{e}_x-\boldsymbol{e}_y\mathrm{j})\frac{2E_{\mathrm{m}}}{\eta_0}$$

6.1.2 对理想介质分界面的垂直入射

如图 6.1.4 所示,$z<0$ 的半空间充满参数为 ε_1、μ_1 的理想介质 1($\sigma_1=0$),$z>0$

的半空间充满参数为 ε_2、μ_2 的理想介质 2（$\sigma_2=0$），均匀平面波从媒质 1 垂直入射到 $z=0$ 的分界平面上。

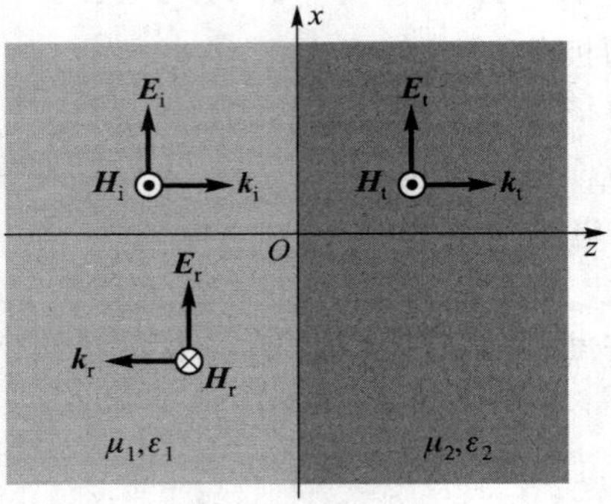

图 6.1.4　均匀平面波对理想介质分界平面的垂直入射

媒质 1 中的入射波电场和磁场分别为

$$\boldsymbol{E}_i(z)=\boldsymbol{e}_x E_{im}e^{-j\beta_1 z} \tag{6.1.16}$$

$$\boldsymbol{H}_i(z)=\boldsymbol{e}_z\times\frac{1}{\eta_1}\boldsymbol{E}_i(z)=\boldsymbol{e}_y\frac{1}{\eta_1}E_{im}e^{-j\beta_1 z} \tag{6.1.17}$$

其中

$$\beta_1=\omega\sqrt{\mu_1\varepsilon_1},\quad \eta_1=\sqrt{\frac{\mu_1}{\varepsilon_1}}$$

反射波电场和磁场分别为

$$\boldsymbol{E}_r(z)=\boldsymbol{e}_x E_{rm}e^{j\beta_1 z} \tag{6.1.18}$$

$$\boldsymbol{H}_r(z)=-\boldsymbol{e}_z\times\frac{1}{\eta_1}\boldsymbol{E}_r(z)=-\boldsymbol{e}_y\frac{1}{\eta_1}E_{rm}e^{j\beta_1 z} \tag{6.1.19}$$

于是，媒质 1 中的合成波电场和磁场分别为

$$\boldsymbol{E}_1(z)=\boldsymbol{E}_i(z)+\boldsymbol{E}_r(z)=\boldsymbol{e}_x(E_{im}e^{-j\beta_1 z}+E_{rm}e^{j\beta_1 z}) \tag{6.1.20}$$

$$\boldsymbol{H}_1(z)=\boldsymbol{H}_i(z)+\boldsymbol{H}_r(z)=\boldsymbol{e}_y\frac{1}{\eta_1}(E_{im}e^{-j\beta_1 z}-E_{rm}e^{j\beta_1 z}) \tag{6.1.21}$$

媒质 2 中只有透射波，其电场和磁场分别为

$$\boldsymbol{E}_2(z)=\boldsymbol{E}_t(z)=\boldsymbol{e}_x E_{tm}e^{-j\beta_2 z} \tag{6.1.22}$$

$$\boldsymbol{H}_2(z)=\boldsymbol{H}_t(z)=\boldsymbol{e}_z\times\frac{1}{\eta_2}\boldsymbol{E}_t(z)=\boldsymbol{e}_y\frac{1}{\eta_2}E_{tm}e^{-j\beta_2 z} \tag{6.1.23}$$

其中

$$\beta_2=\omega\sqrt{\mu_2\varepsilon_2},\quad \eta_2=\sqrt{\frac{\mu_2}{\varepsilon_2}}$$

根据边界条件，在 $z=0$ 的分界平面上，应有 $E_{1x}=E_{2x}$、$H_{1y}=H_{2y}$。将式(6.1.20)～(6.1.23)代入边界条件，可得到

$$\begin{cases} E_{\mathrm{im}}+E_{\mathrm{rm}}=E_{\mathrm{tm}} \\ \dfrac{E_{\mathrm{im}}}{\eta_1}-\dfrac{E_{\mathrm{rm}}}{\eta_1}=\dfrac{E_{\mathrm{tm}}}{\eta_2} \end{cases}$$

由此可解得

$$E_{\mathrm{rm}}=\frac{\eta_2-\eta_1}{\eta_2+\eta_1}E_{\mathrm{im}} \tag{6.1.24}$$

$$E_{\mathrm{tm}}=\frac{2\eta_2}{\eta_2+\eta_1}E_{\mathrm{im}} \tag{6.1.25}$$

定义反射波电场振幅 E_{rm} 与入射波电场振幅 E_{im} 的比值为分界面上的反射系数，用 Γ 表示，由式(6.1.24)得到反射系数

$$\Gamma=\frac{E_{\mathrm{rm}}}{E_{\mathrm{im}}}=\frac{\eta_2-\eta_1}{\eta_2+\eta_1} \tag{6.1.26}$$

则媒质 1 中的反射波电场和磁场分别为

$$\boldsymbol{E}_{\mathrm{r}}(z)=\boldsymbol{e}_x\Gamma E_{\mathrm{im}}\mathrm{e}^{\mathrm{j}\beta_1 z} \tag{6.1.27}$$

$$\boldsymbol{H}_{\mathrm{r}}(z)=-\boldsymbol{e}_y\frac{1}{\eta_1}\Gamma E_{\mathrm{im}}\mathrm{e}^{\mathrm{j}\beta_1 z} \tag{6.1.28}$$

定义透射波电场振幅 E_{tm} 与入射波电场振幅 E_{im} 的比值为分界面上的透射系数，用 τ 表示，由式(6.1.25)得到透射系数

$$\tau=\frac{E_{\mathrm{tm}}}{E_{\mathrm{im}}}=\frac{2\eta_2}{\eta_2+\eta_1} \tag{6.1.29}$$

则媒质 2 中的透射波的电场和磁场分别为

$$\boldsymbol{E}_2(z)=\boldsymbol{E}_{\mathrm{t}}(z)=\boldsymbol{e}_x\tau E_{\mathrm{im}}\mathrm{e}^{-\mathrm{j}\beta_2 z} \tag{6.1.30}$$

$$\boldsymbol{H}_2(z)=\boldsymbol{H}_{\mathrm{t}}(z)=\boldsymbol{e}_y\frac{\tau}{\eta_2}E_{\mathrm{im}}\mathrm{e}^{-\mathrm{j}\beta_2 z} \tag{6.1.31}$$

由式(6.1.26)可知，$|\Gamma|\leqslant 1$。当 $\eta_2>\eta_1$ 时，反射系数 $\Gamma>0$，这时反射波电场与入射波电场在分界上是同相位的；当 $\eta_2<\eta_1$ 时，反射系数 $\Gamma<0$，这时反射波电场与入射波电场在分界上的相位差为 π，对应于相差半个波长，这种现象称为半波损失。

由式(6.1.26)和式(6.1.29)可知，反射系数 Γ 与透射系数 τ 之间的关系为

$$1+\Gamma=\tau \tag{6.1.32}$$

可见，$0\leqslant\tau\leqslant 2$，这表明透射波电场与入射波电场在分界上是同相位的。当 $\eta_2<\eta_1$ 时，透射系数 $\tau<1$，这时透射波电场振幅小于入射波电场振幅；当 $\eta_2>\eta_1$ 时，透

射系数 $\tau>1$,这时透射波电场振幅大于入射波电场振幅。

当反射系数 $\Gamma>0$ 时,媒质 1 中的合成波的电场和磁场分别为

$$\begin{aligned}\boldsymbol{E}_1(z)&=\boldsymbol{e}_x E_{\mathrm{im}}(\mathrm{e}^{-\mathrm{j}\beta_1 z}+\Gamma\mathrm{e}^{\mathrm{j}\beta_1 z})\\&=\boldsymbol{e}_x E_{\mathrm{im}}[(1-\Gamma)\mathrm{e}^{-\mathrm{j}\beta_1 z}+2\Gamma\cos\beta_1 z]\end{aligned}\tag{6.1.33}$$

$$\begin{aligned}\boldsymbol{H}_1(z)&=\boldsymbol{e}_y \frac{E_{\mathrm{im}}}{\eta_1}(\mathrm{e}^{-\mathrm{j}\beta_1 z}-\Gamma\mathrm{e}^{\mathrm{j}\beta_1 z})\\&=\boldsymbol{e}_y \frac{E_{\mathrm{im}}}{\eta_1}[(1-\Gamma)\mathrm{e}^{-\mathrm{j}\beta_1 z}-\mathrm{j}2\Gamma\sin\beta_1 z]\end{aligned}\tag{6.1.34}$$

由式(6.1.33)可知,媒质 1 中的合成波电场包含两部分:第一部分含有相位因子 $\mathrm{e}^{-\mathrm{j}\beta_1 z}$,是振幅为 $(1-\Gamma)E_{\mathrm{im}}$、沿 $+z$ 方向传播的行波;第二部分是振幅为 $2\Gamma E_{\mathrm{im}}$ 的驻波。这种既有行波成分又有驻波成分的波称为混合波,或称为行驻波。

动画 6-1-4
行波、驻波、合成波

合成波电场的振幅为

$$\begin{aligned}|\boldsymbol{E}_1(z)|&=E_{\mathrm{im}}|\mathrm{e}^{-\mathrm{j}\beta_1 z}+\Gamma\mathrm{e}^{\mathrm{j}\beta_1 z}|=E_{\mathrm{im}}|1+\Gamma\mathrm{e}^{\mathrm{j}2\beta_1 z}|\\&=E_{\mathrm{im}}\sqrt{(1+\Gamma^2+2\Gamma\cos(2\beta_1 z))}\end{aligned}\tag{6.1.35}$$

在 $\beta_1 z=-n\pi$、即 $z=-\dfrac{n\pi}{\beta_1}=-\dfrac{n\lambda_1}{2}(n=0,1,2,\cdots)$ 处,反射波电场与入射波电场的相位差为 $2n\pi$,其合成波电场振幅 $|\boldsymbol{E}_1(z)|$ 达到最大值

$$|\boldsymbol{E}_1(z)|_{\max}=E_{\mathrm{im}}(1+\Gamma)\tag{6.1.36}$$

在 $\beta_1 z=-\left(n+\dfrac{1}{2}\right)\pi$、即 $z=-\left(n+\dfrac{1}{2}\right)\dfrac{\pi}{\beta_1}=-\left(\dfrac{n}{2}+\dfrac{1}{4}\right)\lambda_1(n=0,1,2,\cdots)$ 处,反射波电场与入射波电场的相位差为 $(2n+1)\pi$,其合成波电场振幅 $|\boldsymbol{E}_1(z)|$ 达到最小值

$$|\boldsymbol{E}_1(z)|_{\max}=E_{\mathrm{im}}(1-\Gamma)\tag{6.1.37}$$

$\Gamma>0$ 时合成波电场的振幅如图 6.1.5 所示。

动画 6-1-5
理想介质对垂直入射波的反射与透射($\eta_1<\eta_2$)

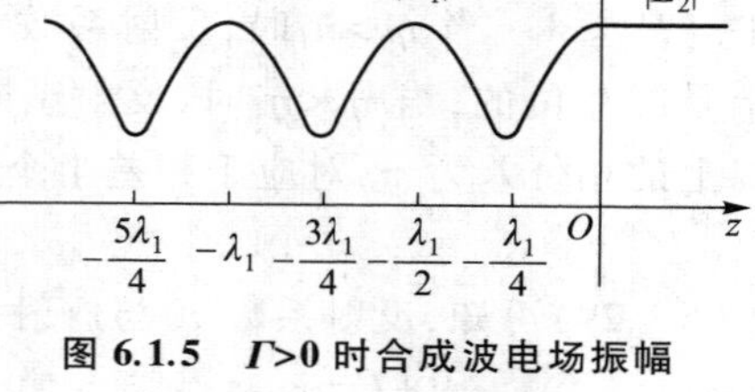

图 6.1.5 $\Gamma>0$ 时合成波电场振幅

当反射系数 $\Gamma<0$ 时,媒质 1 中的合成波的电场和磁场分别为

$$\boldsymbol{E}_1(z)=\boldsymbol{e}_x E_{\mathrm{im}}(\mathrm{e}^{-\mathrm{j}\beta_1 z}+\Gamma\mathrm{e}^{\mathrm{j}\beta_1 z})$$

$$= \boldsymbol{e}_x E_{\text{im}}[(1+\Gamma)\mathrm{e}^{-\mathrm{j}\beta_1 z}+\mathrm{j}2\Gamma\sin\beta_1 z] \tag{6.1.38}$$

$$\boldsymbol{H}_1(z)=\boldsymbol{e}_y\frac{E_{\text{im}}}{\eta_1}(\mathrm{e}^{-\mathrm{j}\beta_1 z}-\Gamma\mathrm{e}^{\mathrm{j}\beta_1 z})$$

$$=\boldsymbol{e}_y\frac{E_{\text{im}}}{\eta_1}[(1+\Gamma)\mathrm{e}^{-\mathrm{j}\beta_1 z}-2\Gamma\cos\beta_1 z] \tag{6.1.39}$$

在 $z=-\dfrac{n\pi}{\beta_1}=-\dfrac{n\lambda_1}{2}(n=0,1,2,\cdots)$ 处，反射波电场与入射波电场的相位差为 $(2n+1)\pi$，其合成波电场振幅 $|\boldsymbol{E}_1(z)|$ 达到最小值

$$|\boldsymbol{E}_1(z)|_{\min}=E_{\text{im}}(1+\Gamma)=E_{\text{im}}(1-|\Gamma|) \tag{6.1.40}$$

在 $z=-\left(n+\dfrac{1}{2}\right)\dfrac{\pi}{\beta_1}=-\left(\dfrac{n}{2}+\dfrac{1}{4}\right)\lambda_1(n=0,1,2,\cdots)$ 处，反射波电场与入射波电场的相位差为 $2n\pi$，其合成波电场振幅 $|\boldsymbol{E}_1(z)|$ 达到最大值

$$|\boldsymbol{E}_1(z)|_{\max}=E_{\text{im}}(1-\Gamma)=E_{\text{im}}(1+|\Gamma|) \tag{6.1.41}$$

$\Gamma<0$ 时合成波电场的振幅如图 6.1.6 所示。

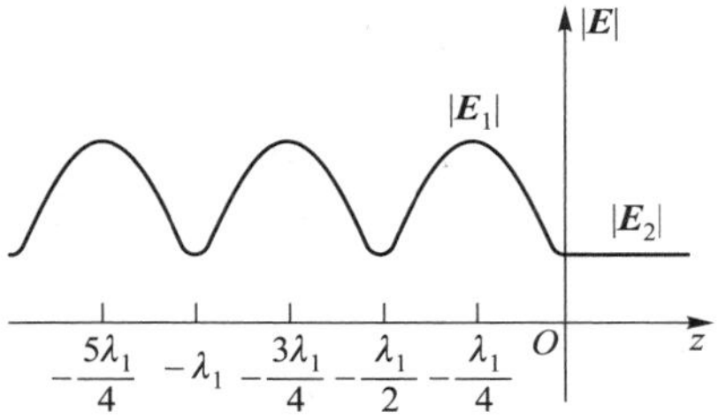

图 6.1.6 $\Gamma<0$ 时合成波电场振幅

动画 6-1-6 理想介质对垂直入射波的反射与透射($\eta_1>\eta_2$)

在工程中，常用驻波系数（或驻波比）S 来描述合成波的特性，其定义是合成波的电场强度的最大值与最小值之比，即

$$S=\frac{|\boldsymbol{E}_1|_{\max}}{|\boldsymbol{E}_1|_{\min}}=\frac{1+|\Gamma|}{1-|\Gamma|} \tag{6.1.42}$$

S 的单位通常是分贝，其分贝数为 $20\lg S$。

由式(6.1.42)，可将反射系数用驻波系数表示为

$$|\Gamma|=\frac{S-1}{S+1} \tag{6.1.43}$$

媒质 1 中沿 z 方向传播的平均功率流密度

$$\boldsymbol{S}_{1\text{av}}=\frac{1}{2}\mathrm{Re}[\boldsymbol{e}_x E_1\times\boldsymbol{e}_y H_1^*]=\boldsymbol{e}_z\frac{E_{\text{im}}^2}{2\eta_1}(1-\Gamma^2) \tag{6.1.44}$$

等于入射波平均功率流密度减去反射波平均功率流密度。

媒质 2 中沿 z 方向传播的平均功率流密度

$$\boldsymbol{S}_{2\mathrm{av}}=\frac{1}{2}\mathrm{Re}[\boldsymbol{e}_x E_2\times\boldsymbol{e}_y H_2^*]=\boldsymbol{e}_z\frac{E_{\mathrm{im}}^2}{2\eta_2}\tau^2 \tag{6.1.45}$$

容易证明 $\boldsymbol{S}_{1\mathrm{av}}=\boldsymbol{S}_{2\mathrm{av}}$（见习题 6.10）。

例 6.1.2 均匀平面波自空气中垂直入射到半无限大的理想介质表面上，已知空气中合成波的驻波比为 3，介质内透射波的波长是空气中波长的 1/6，且介质表面上为合成波电场的最小点。求介质的相对磁导率 μ_r 和相对介电常数 ε_r。

解： 因为驻波比

$$S=\frac{1+|\Gamma|}{1-|\Gamma|}=3$$

由此解出

$$|\Gamma|=\frac{1}{2}$$

由于界面上是合成波电场的最小点，故 $\Gamma=-\frac{1}{2}$。由于反射系数

$$\Gamma=\frac{\eta_2-\eta_1}{\eta_2+\eta_1}$$

式中 $\eta_1=\eta_0=120\pi$，于是有

$$\eta_2=\frac{1}{3}\eta_0$$

又因为

$$\eta_2=\sqrt{\frac{\mu_2}{\varepsilon_2}}=\sqrt{\frac{\mu_r}{\varepsilon_r}}\eta_0$$

所以得到

$$\frac{\mu_r}{\varepsilon_r}=\frac{1}{9} \tag{1}$$

又因为媒质中的波长

$$\lambda_2=\frac{\lambda_0}{\sqrt{\mu_r\varepsilon_r}}=\frac{\lambda_0}{6}$$

得

$$\varepsilon_r\mu_r=36 \tag{2}$$

联立求解(1)、(2)式，得

$$\mu_r=2,\quad \varepsilon_r=18$$

6.1.3 对导电媒质分界面的垂直入射

如图 6.1.7 所示,$z<0$ 的半空间充满参数为 ε_1、μ_1 和 σ_1 的导电媒质 1,$z>0$ 的半空间充满参数为 ε_2、μ_2 和 σ_2 的导电媒质 2,均匀平面波从媒质 1 垂直入射到 $z=0$的分界平面上。假定入射波是沿 x 方向的线极化波,这时,媒质 1 中的入射波电场和磁场分别为

$$\boldsymbol{E}_{\mathrm{i}}(z)=\boldsymbol{e}_x E_{\mathrm{im}}\mathrm{e}^{-\gamma_1 z} \tag{6.1.46}$$

$$\boldsymbol{H}_{\mathrm{i}}(z)=\boldsymbol{e}_z\times\frac{1}{\eta_{1\mathrm{c}}}\boldsymbol{E}_{\mathrm{i}}(z)=\boldsymbol{e}_y\frac{1}{\eta_{1\mathrm{c}}}E_{\mathrm{im}}\mathrm{e}^{-\gamma_1 z} \tag{6.1.47}$$

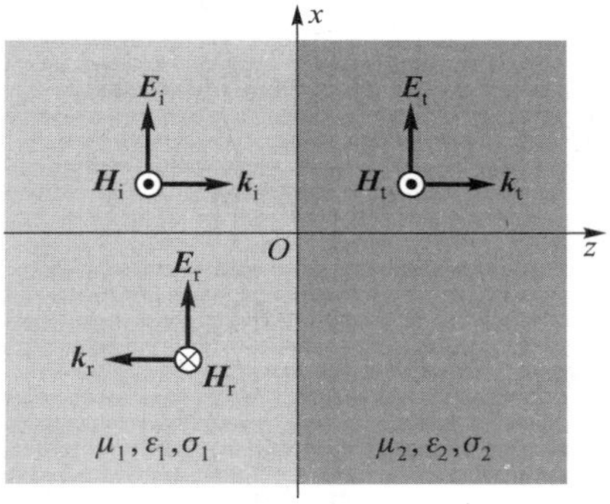

图 6.1.7 均匀平面波垂直入射到两种不同导电媒质的分界面

其中

$$\gamma_1=\mathrm{j}\omega\sqrt{\mu_1\varepsilon_{1\mathrm{c}}}=\mathrm{j}\omega\sqrt{\mu_1\varepsilon_1\left(1-\mathrm{j}\frac{\sigma_1}{\omega\varepsilon_1}\right)}$$

$$\eta_{1\mathrm{c}}=\sqrt{\frac{\mu_1}{\varepsilon_{1\mathrm{c}}}}=\sqrt{\frac{\mu_1}{\varepsilon_1}}\left(1-\mathrm{j}\frac{\sigma_1}{\omega\varepsilon_1}\right)^{-\frac{1}{2}}$$

媒质 1 中的反射波电场和磁场分别为

$$\boldsymbol{E}_{\mathrm{r}}(z)=\boldsymbol{e}_x E_{\mathrm{rm}}\mathrm{e}^{\gamma_1 z} \tag{6.1.48}$$

$$\boldsymbol{H}_{\mathrm{r}}(z)=-\boldsymbol{e}_z\times\frac{1}{\eta_{1\mathrm{c}}}\boldsymbol{E}_{\mathrm{r}}(z)=-\boldsymbol{e}_y\frac{1}{\eta_{1\mathrm{c}}}E_{\mathrm{rm}}\mathrm{e}^{\gamma_1 z} \tag{6.1.49}$$

于是,媒质 1 中的合成波电场和磁场分别为

$$\boldsymbol{E}_1(z)=\boldsymbol{E}_{\mathrm{i}}(z)+\boldsymbol{E}_{\mathrm{r}}(z)=\boldsymbol{e}_x(E_{\mathrm{im}}\mathrm{e}^{-\gamma_1 z}+E_{\mathrm{rm}}\mathrm{e}^{\gamma_1 z}) \tag{6.1.50}$$

$$\boldsymbol{H}_1(z)=\boldsymbol{H}_{\mathrm{i}}(z)+\boldsymbol{H}_{\mathrm{r}}(z)=\boldsymbol{e}_y\frac{1}{\eta_{1\mathrm{c}}}(E_{\mathrm{im}}\mathrm{e}^{-\gamma_1 z}-E_{\mathrm{rm}}\mathrm{e}^{\gamma_1 z}) \tag{6.1.51}$$

媒质 2 中只有透射波,其电场和磁场分别为

$$\boldsymbol{E}_2(z)=\boldsymbol{E}_{\mathrm{t}}(z)=\boldsymbol{e}_x E_{\mathrm{tm}}\mathrm{e}^{-\gamma_2 z} \tag{6.1.52}$$

$$\boldsymbol{H}_2(z)=\boldsymbol{H}_{\mathrm{t}}(z)=\boldsymbol{e}_z\times\frac{1}{\eta_{2\mathrm{c}}}\boldsymbol{E}_{\mathrm{t}}(z)=\boldsymbol{e}_y\frac{1}{\eta_{2\mathrm{c}}}E_{\mathrm{tm}}\mathrm{e}^{-\gamma_2 z} \tag{6.1.53}$$

其中

$$\gamma_2=\mathrm{j}\omega\sqrt{\mu_2\varepsilon_{2\mathrm{c}}}=\mathrm{j}\omega\sqrt{\mu_2\varepsilon_2\left(1-\mathrm{j}\frac{\sigma_2}{\omega\varepsilon_2}\right)}$$

$$\eta_{2\mathrm{c}}=\sqrt{\frac{\mu_2}{\varepsilon_{2\mathrm{c}}}}=\sqrt{\frac{\mu_2}{\varepsilon_2}}\left(1-\mathrm{j}\frac{\sigma_2}{\omega\varepsilon_2}\right)^{-\frac{1}{2}}$$

根据边界条件,在 $z=0$ 的分界平面上,应有 $E_{1x}=E_{2x}$、$H_{1y}=H_{2y}$。将式(6.1.50)~(6.1.53)代入边界条件,可得到

$$\begin{cases}E_{\mathrm{im}}+E_{\mathrm{rm}}=E_{\mathrm{tm}}\\ \dfrac{E_{\mathrm{im}}}{\eta_{1\mathrm{c}}}-\dfrac{E_{\mathrm{rm}}}{\eta_{1\mathrm{c}}}=\dfrac{E_{\mathrm{tm}}}{\eta_{2\mathrm{c}}}\end{cases}$$

由此可解得

$$E_{\mathrm{rm}}=\frac{\eta_{2\mathrm{c}}-\eta_{1\mathrm{c}}}{\eta_{2\mathrm{c}}+\eta_{1\mathrm{c}}}E_{\mathrm{im}} \tag{6.1.54}$$

$$E_{\mathrm{tm}}=\frac{2\eta_{2\mathrm{c}}}{\eta_{2\mathrm{c}}+\eta_{1\mathrm{c}}}E_{\mathrm{im}} \tag{6.1.55}$$

于是得到反射系数 Γ 和透射系数 τ 分别为

$$\Gamma=\frac{E_{\mathrm{rm}}}{E_{\mathrm{im}}}=\frac{\eta_{2\mathrm{c}}-\eta_{1\mathrm{c}}}{\eta_{2\mathrm{c}}+\eta_{1\mathrm{c}}} \tag{6.1.56}$$

$$\tau=\frac{E_{\mathrm{tm}}}{E_{\mathrm{im}}}=\frac{2\eta_{2\mathrm{c}}}{\eta_{2\mathrm{c}}+\eta_{1\mathrm{c}}} \tag{6.1.57}$$

且

$$1+\Gamma=\tau \tag{6.1.58}$$

一般情况下,Γ 和 τ 均为复数,这表明在分界面上,反射波、透射波与入射波之间存在相位差。

6.2 均匀平面波对多层介质分界平面的垂直入射

在电磁场工程应用中,经常利用电磁波在多层媒质中的反射与透射特性来

实现某些特殊的功能。譬如,在玻璃上涂一层介质薄膜,以减弱炫目的太阳光;在飞行器的表面涂覆吸波材料,以减小电磁波的散射,达到电磁隐身效果。又如,为了使雷达天线免受恶劣环境的影响,通常用天线罩将天线保护起来,因此要求电磁波通过天线罩时的反射应尽可能小。这些结构在电原理上等效于多层媒质。这里以三种媒质构成的多层媒质为例,分析平面波垂直入射到多层媒质的反射与透射。

6.2.1 多层媒质的场量关系与等效波阻抗

如图 6.2.1 所示的三层不同的无损耗媒质,两个分界面相互平行。媒质 1(参数为 ε_1、μ_1)与媒质 2(参数为 ε_2、μ_2)的分界面位于 $z=0$,媒质 2 的厚度为 d,并在 $z=d$ 与媒质 3(参数为 ε_3、μ_3)交界。当电磁波从媒质 1 中垂直入射时,在分界面 $z=0$ 和 $z=d$ 处都要发生反射和透射。因此,媒质 1 和媒质 2 中都存在沿 $+z$ 方向传播的入射波和沿 $-z$ 方向传播的反射波,而媒质 3 中只存在沿 $+z$ 方向传播的透射波。

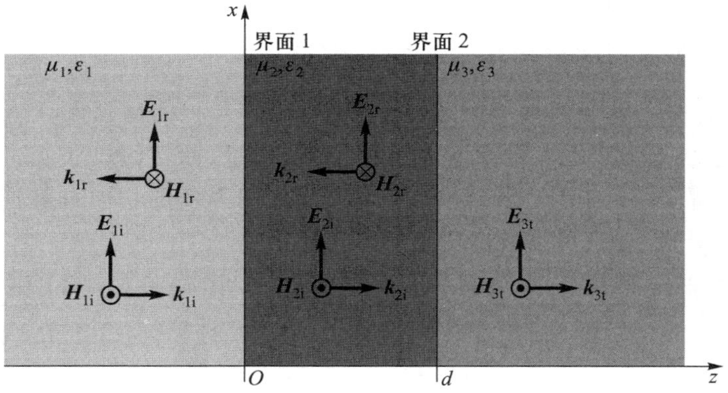

图 6.2.1 均匀平面波对三层不同媒质的垂直入射

设媒质 1 中的入射波为

$$\begin{cases}\boldsymbol{E}_{1i}(z)=\boldsymbol{e}_x E_{1im}\mathrm{e}^{-\mathrm{j}\beta_1 z}\\ \boldsymbol{H}_{1i}(z)=\boldsymbol{e}_y\dfrac{1}{\eta_1}E_{1im}\mathrm{e}^{-\mathrm{j}\beta_1 z}\end{cases}\tag{6.2.1}$$

则反射波为

$$\begin{cases}\boldsymbol{E}_{1r}(z)=\boldsymbol{e}_x E_{1rm}\mathrm{e}^{\mathrm{j}\beta_1 z}=\boldsymbol{e}_x\Gamma_1 E_{1im}\mathrm{e}^{\mathrm{j}\beta_1 z}\\ \boldsymbol{H}_{1r}(z)=-\boldsymbol{e}_y\dfrac{1}{\eta_1}E_{1rm}\mathrm{e}^{\mathrm{j}\beta_1 z}=-\boldsymbol{e}_y\dfrac{1}{\eta_1}\Gamma_1 E_{1im}\mathrm{e}^{\mathrm{j}\beta_1 z}\end{cases}\tag{6.2.2}$$

式中 $\Gamma_1=E_{1\text{rm}}/E_{1\text{im}}$ 为分界面 $z=0$ 处的反射系数。于是，媒质 1 中的合成波可写为

$$\begin{cases}\boldsymbol{E}_1(z)=\boldsymbol{e}_x E_{1\text{im}}(\mathrm{e}^{-\mathrm{j}\beta_1 z}+\Gamma_1\mathrm{e}^{\mathrm{j}\beta_1 z})\\ \boldsymbol{H}_1(z)=\boldsymbol{e}_y\dfrac{E_{1\text{im}}}{\eta_1}(\mathrm{e}^{-\mathrm{j}\beta_1 z}-\Gamma_1\mathrm{e}^{\mathrm{j}\beta_1 z})\end{cases}\tag{6.2.3}$$

媒质 2 中的电磁波可写为

$$\begin{cases}\boldsymbol{E}_2(z)=\boldsymbol{e}_x E_{2\text{im}}(\mathrm{e}^{-\mathrm{j}\beta_2(z-d)}+\Gamma_2\mathrm{e}^{\mathrm{j}\beta_2(z-d)})\\ \qquad\quad=\boldsymbol{e}_x\tau_1 E_{1\text{im}}(\mathrm{e}^{-\mathrm{j}\beta_2(z-d)}+\Gamma_2\mathrm{e}^{\mathrm{j}\beta_2(z-d)})\\ \boldsymbol{H}_2(z)=\boldsymbol{e}_y\dfrac{\tau_1 E_{1\text{im}}}{\eta_2}(\mathrm{e}^{-\mathrm{j}\beta_2(z-d)}-\Gamma_2\mathrm{e}^{\mathrm{j}\beta_2(z-d)})\end{cases}\tag{6.2.4}$$

式中，$\tau_1=E_{2\text{im}}/E_{1\text{im}}$ 为分界面 $z=0$ 处的透射系数，$\Gamma_2=E_{2\text{rm}}/E_{2\text{im}}$ 为分界面 $z=d$ 处的反射系数。

媒质 3 中的电磁波可写为

$$\begin{cases}\boldsymbol{E}_3(z)=\boldsymbol{e}_x E_{3\text{im}}\mathrm{e}^{-\mathrm{j}\beta_3(z-d)}=\boldsymbol{e}_x\tau_1\tau_2 E_{1\text{im}}\mathrm{e}^{-\mathrm{j}\beta_3(z-d)}\\ \boldsymbol{H}_3(z)=\boldsymbol{e}_y\dfrac{1}{\eta_3}\tau_1\tau_2 E_{1\text{im}}\mathrm{e}^{-\mathrm{j}\beta_3(z-d)}\end{cases}\tag{6.2.5}$$

式中，$\tau_2=E_{3\text{tm}}/E_{2\text{im}}$ 为分界面 $z=d$ 处的透射系数。

在以上的式(6.2.3)~(6.2.5)中，$E_{1\text{im}}$ 为已知量，而 Γ_1、τ_1、Γ_2 和 τ_2 为未知量。根据边界条件，在分界面 $z=0$ 和 $z=d$ 上，电场强度的切向分量连续和磁场强度的切向分量连续，可以求出这四个未知量。

在媒质 2 与媒质 3 的分界面 $z=d$ 处，由 $E_{2x}(d)=E_{3x}(d)$ 和 $H_{2y}(d)=H_{3y}(d)$，得

$$\begin{cases}1+\Gamma_2=\tau_2\\ \dfrac{1}{\eta_2}(1-\Gamma_2)=\dfrac{1}{\eta_3}\tau_2\end{cases}\tag{6.2.6}$$

由此可得到

$$\Gamma_2=\frac{\eta_3-\eta_2}{\eta_3+\eta_2}\tag{6.2.7}$$

$$\tau_2=1+\Gamma_2=\frac{2\eta_3}{\eta_3+\eta_2}\tag{6.2.8}$$

在媒质 1 与媒质 2 的分界面 $z=0$ 处，由 $E_{1x}(0)=E_{2x}(0)$ 和 $H_{1y}(0)=H_{2y}(0)$，得

$$\begin{cases}1+\Gamma_1=\tau_1(\mathrm{e}^{\mathrm{j}\beta_2 d}+\Gamma_2\mathrm{e}^{-\mathrm{j}\beta_2 d})\\ \dfrac{1}{\eta_1}(1-\Gamma_1)=\dfrac{\tau_1}{\eta_2}(\mathrm{e}^{\mathrm{j}\beta_2 d}-\Gamma_2\mathrm{e}^{-\mathrm{j}\beta_2 d})\end{cases} \tag{6.2.9}$$

由此可得到

$$\eta_1\frac{1+\Gamma_1}{1-\Gamma_1}=\eta_2\frac{\mathrm{e}^{\mathrm{j}\beta_2 d}+\Gamma_2\mathrm{e}^{-\mathrm{j}\beta_2 d}}{\mathrm{e}^{\mathrm{j}\beta_2 d}-\Gamma_2\mathrm{e}^{-\mathrm{j}\beta_2 d}} \tag{6.2.10}$$

令

$$\eta_{\mathrm{ef}}=\eta_2\frac{\mathrm{e}^{\mathrm{j}\beta_2 d}+\Gamma_2\mathrm{e}^{-\mathrm{j}\beta_2 d}}{\mathrm{e}^{\mathrm{j}\beta_2 d}-\Gamma_2\mathrm{e}^{-\mathrm{j}\beta_2 d}} \tag{6.2.11}$$

由式(6.2.10)可得到

$$\Gamma_1=\frac{\eta_{\mathrm{ef}}-\eta_1}{\eta_{\mathrm{ef}}+\eta_1} \tag{6.2.12}$$

由式(6.2.9)可解得

$$\tau_1=\frac{1+\Gamma_1}{\mathrm{e}^{\mathrm{j}\beta_2 d}+\Gamma_2\mathrm{e}^{-\mathrm{j}\beta_2 d}} \tag{6.2.13}$$

由式(6.2.12)可以看出,在计算第一层媒质分界面上的反射系数 Γ_1时,可将第二层媒质和第三层媒质等效为本征阻抗为 η_{ef}的一种媒质,如图 6.2.2 所示,因此将 η_{ef}称为等效波阻抗。

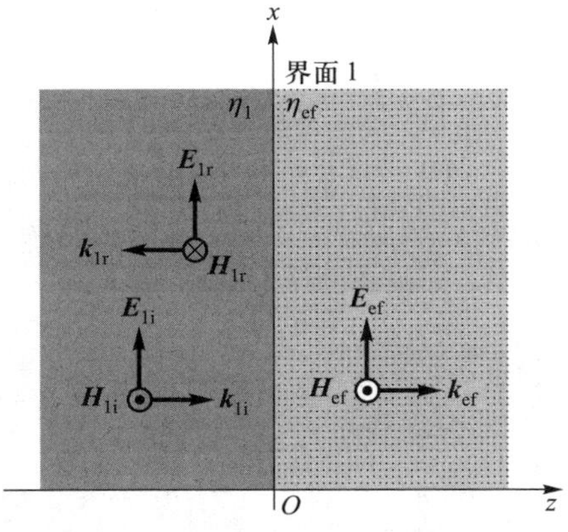

图 6.2.2 将三层媒质等效为两层媒质求反射系数

将式(6.2.7)代入式(6.2.11),又可将 η_{ef}写为

$$\eta_{\mathrm{ef}}=\eta_2\frac{\eta_3+\mathrm{j}\eta_2\tan(\beta_2 d)}{\eta_2+\mathrm{j}\eta_3\tan(\beta_2 d)} \tag{6.2.14}$$

媒质中任一点的合成波电场横向分量与合成波磁场横向分量之比定义为该

点的波阻抗，用 $Z(z)$ 表示，即

$$Z(z)=\frac{E_x(z)}{H_y(z)} \text{ 或 } Z(z)=-\frac{E_y(z)}{H_x(z)} \tag{6.2.15}$$

存在反射时，波阻抗不等于媒质的本征阻抗，一般情况下波阻抗与空间坐标有关。

由式(6.2.4)得到媒质 2 中任一点的波阻抗为

$$Z_2(z)=\frac{E_2(z)}{H_2(z)}=\eta_2\frac{e^{-j\beta_2(z-d)}+\Gamma_2 e^{j\beta_2(z-d)}}{e^{-j\beta_2(z-d)}-\Gamma_2 e^{j\beta_2(z-d)}} \tag{6.2.16}$$

当 $z=0$ 时

$$Z_2(0)=\eta_2\frac{e^{j\beta_2 d}+\Gamma_2 e^{-j\beta_2 d}}{e^{j\beta_2 d}-\Gamma_2 e^{-j\beta_2 d}}=\eta_{ef}=\eta_2\frac{\eta_3+j\eta_2\tan(\beta_2 d)}{\eta_2+j\eta_3\tan(\beta_2 d)} \tag{6.2.17}$$

由此可见，η_{ef} 等于媒质 2 中合成波的波阻抗在 $z=0$ 处的值。

对 $n(>3)$ 层媒质的垂直入射的情况，可采用类似的方法来分析。如图 6.2.3 所示，设均匀平面波从第一层自左向右垂直入射。首先将第 $(n-1)$ 层媒质与第 n 层媒质等效为一层均匀媒质，利用式(6.2.14)求出等效波阻抗 $\eta_{ef(n-1)}$，这时媒质层数变为 $(n-1)$ 层，而第 $(n-1)$ 层等效媒质的本征阻抗为 $\eta_{ef(n-1)}$。然后再用同样的方法将第 $(n-2)$ 层媒质与等效的第 $(n-1)$ 层媒质等效为本征阻抗为 $\eta_{ef(n-2)}$ 的一层均匀媒质。如此继续下去，直至求出最左边的第一个分界面处的等效波阻抗 $\eta_{ef(2)}$，这样就将第 2 层到第 n 层媒质用本征阻抗为 $\eta_{ef(2)}$ 的一种等效媒质代替，从而可得到第 1 个分界面的反射系数

$$\Gamma_1=\frac{\eta_{ef(2)}-\eta_1}{\eta_{ef(2)}+\eta_1} \tag{6.2.18}$$

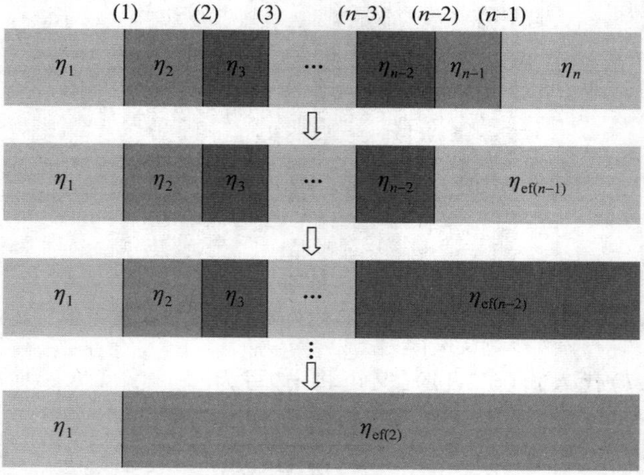

图 6.2.3 将多层媒质等效为两层媒质求反射系数

6.2.2 四分之一波长匹配层

如图 6.2.4 所示，在两种不同媒质之间插入一层厚度为四分之一波长、本征阻抗为 η_2 的媒质，即 $d=\dfrac{\lambda_2}{4}$。这时

$$\tan(\beta_2 d)=\tan\left(\frac{2\pi}{\lambda_2}\frac{\lambda_2}{4}\right)=\tan\frac{\pi}{2}\to\infty$$

由式(6.2.14)，可得

$$\eta_{\mathrm{ef}}=\frac{\eta_2^2}{\eta_3}$$

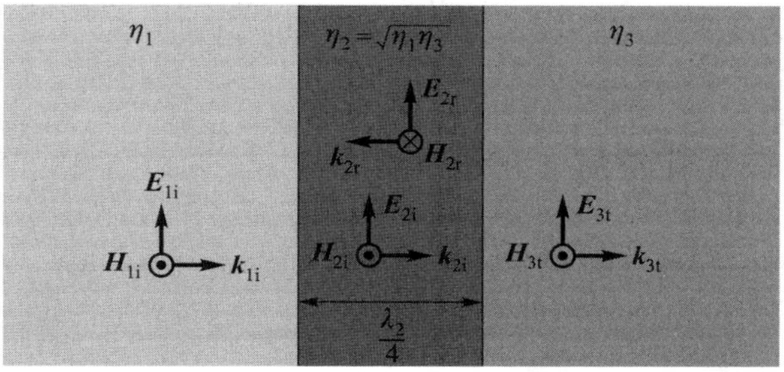

图 6.2.4 用于消除反射的四分之一波长匹配层

若取媒质 2 的本征阻抗

$$\eta_2=\sqrt{\eta_1\eta_3} \tag{6.2.19}$$

则有 $\eta_{\mathrm{ef}}=\eta_1$，由此得到媒质 1 与媒质 2 的分界面上的反射系数

$$\Gamma_1=0$$

这表明，若在两种不同媒质之间插入一层厚度 $d=\dfrac{\lambda_2}{4}$的媒质，只要 $\eta_2=\sqrt{\eta_1\eta_3}$，就能消除媒质 1 的表面上的反射。因此，这种厚度 $d=\dfrac{\lambda_2}{4}$的媒质通常用于两种不同媒质间的无反射阻抗匹配，称为 1/4 波长匹配层。例如，在照相机的镜头上都有这种消除反射的敷层。

例 6.2.1 频率 $f=10$ GHz 的均匀平面波从空气中垂直入射到 $\varepsilon=4\varepsilon_0$、$\mu=\mu_0$、$\sigma=0$ 的理想媒质平面上，为了消除反射，在媒质表面涂上 1/4 波长的匹配层。试求匹配层的相对介电常数和最小厚度。

解：已知的本征阻抗为

$$\eta_1=\eta_0=377\ \Omega,\ \eta_3=\frac{\eta_0}{\sqrt{\varepsilon_{r3}}}=188.5\ \Omega$$

则匹配层的本征阻抗为

$$\eta_2=\sqrt{\eta_1\eta_3}=\sqrt{377\times188.5}\ \Omega=377/\sqrt{2}\ \Omega$$

又由于 $\eta_2=\dfrac{\eta_0}{\sqrt{\varepsilon_{r2}}}$，故得到

$$\varepsilon_{r2}=\left(\frac{\eta_0}{\eta_2}\right)^2=\left(\frac{377}{377/\sqrt{2}}\right)^2=2$$

匹配层的最小厚度

$$d_2=\frac{\lambda_2}{4}=\frac{0.3}{4\sqrt{2}}\ \text{m}=0.053\ \text{m}$$

6.2.3 半波长介质窗

如图 6.2.5 所示，媒质 1 和媒质 3 是相同的媒质，即 $\eta_3=\eta_1$，当媒质 2 的厚度 $d=\dfrac{\lambda_2}{2}$时，有

$$\tan(\beta_2 d)=\tan\left(\frac{2\pi}{\lambda_2}\frac{\lambda_2}{2}\right)=\tan\pi=0$$

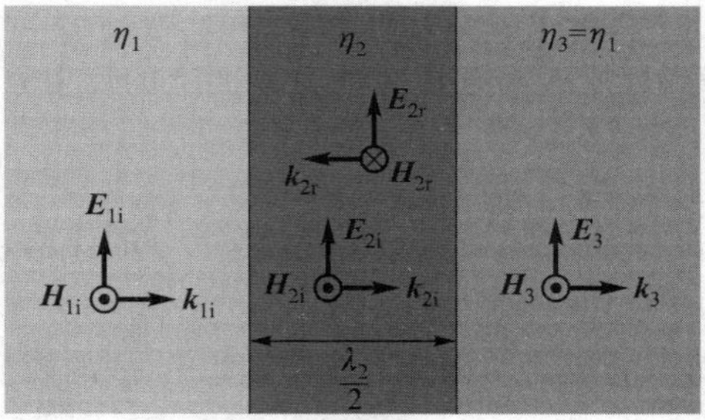

图 6.2.5 半波长媒质窗

由式(6.2.14)，可得

$$\eta_{ef}=\eta_3=\eta_1$$

由此得到媒质 1 与媒质 2 的分界面上的反射系数

$$\Gamma_1 = 0$$

同时，当 $d=\dfrac{\lambda_2}{2}$ 时，$\beta_2 d=\pi$，由式(6.2.13)，有

$$\tau_1 = \frac{1+\Gamma_1}{e^{j\beta_2 d}+\Gamma_2 e^{-j\beta_2 d}} = -\frac{1}{1+\Gamma_2}$$

所以

$$\tau_1\tau_2 = -1$$

即

$$E_{3tm} = -E_{1im}$$

这表明，电磁波可以无损耗地通过厚度为 $\lambda_2/2$ 的媒质层。因此，这种厚度 $d=\lambda_2/2$ 的媒质层又称为半波长媒质窗。例如，雷达天线罩的设计就利用了这个原理。为了使雷达天线免受恶劣环境的影响，通常用天线罩将天线保护起来，若将天线罩的媒质层厚度设计为该媒质中的电磁波的半个波长，就可以消除天线罩对电磁波的反射。

此外，如果夹层媒质的相对介电常数等于相对磁导率，即 $\varepsilon_r=\mu_r$，那么，夹层媒质的波阻抗等于真空的波阻抗。当这种夹层置于空气中，平面波向其表面正入射时，无论夹层的厚度如何，反射现象均不可能发生。换言之，这种媒质对于电磁波似乎是完全“透明”的。若使用这种媒质制成保护天线的天线罩，其电磁特性十分优越。但是，普通媒质的磁导率很难与介电常数达到同一数量级，近来研发的新型磁性材料可以接近这种需求。

6.3 均匀平面波对理想介质分界平面的斜入射

电磁波以任意角度入射到不同媒质分界面上称为斜入射，在这种情况下，入射波、反射波和透射波的传播方向都不垂直于分界面。在斜入射的情况下，将入射波的波矢量与分界面法线矢量构成的平面称为入射平面，如图 6.3.1 所示。若入射波的电场垂直于入射平面，则称为垂直极化波；若入射波的电场平行于入射平面，则称为平行极化波。对于电场矢量与入射平面成任意角度的入射波，都可以分解为垂直极化和平行极化的两个分量。

6.3.1 反射定律与折射定律

设 $z<0$ 的半空间充满参数为 ε_1 和 μ_1 的理想媒质 1，$z>0$ 的半空间充满参数

为 ε_2 和 μ_2 的理想媒质 2，均匀平面波从媒质 1 斜入射到分界平面，取入射平面为 xOz 平面，如图 6.3.1 所示。

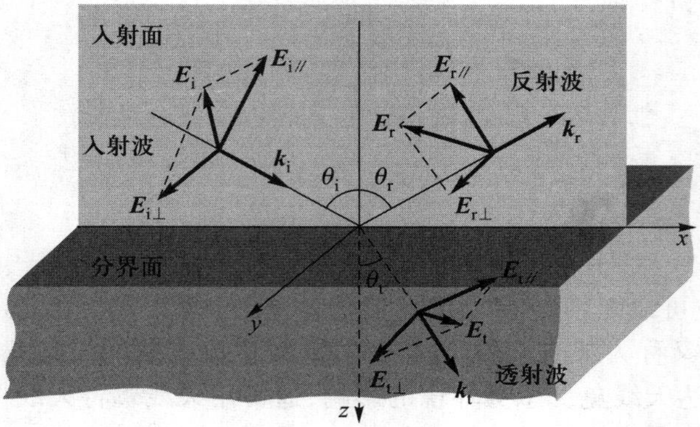

图 6.3.1 均匀平面波对理想介质分界面的斜入射

当平面波斜入射到平面分界面时，可以证明入射波、反射波和透射波的波矢量位于同一平面。分别用 $\boldsymbol{e}_i$、$\boldsymbol{e}_r$ 和 $\boldsymbol{e}_t$ 表示入射波、反射波和透射波的传播方向的单位矢量，则有

$$\boldsymbol{e}_i=\boldsymbol{e}_x\sin\theta_i+\boldsymbol{e}_z\cos\theta_i \tag{6.3.1}$$

$$\boldsymbol{e}_r=\boldsymbol{e}_x\sin\theta_r-\boldsymbol{e}_z\cos\theta_r \tag{6.3.2}$$

$$\boldsymbol{e}_t=\boldsymbol{e}_x\sin\theta_t+\boldsymbol{e}_z\cos\theta_t \tag{6.3.3}$$

式中，θ_i 是入射波的波矢量与分界面法线间的夹角，称为入射角；θ_r 是反射波的波矢量与分界面法线间的夹角，称为反射角；θ_t 是透射波的波矢量与分界面法线间的夹角，称为透射角。

入射波的波矢量 $\boldsymbol{k}_i=\boldsymbol{e}_i k_1$，则入射波的电场和磁场分别为

$$\boldsymbol{E}_i=\boldsymbol{E}_{im}e^{-jk_1\boldsymbol{e}_i\cdot\boldsymbol{r}}=\boldsymbol{E}_{im}e^{-jk_1(x\sin\theta_i+z\cos\theta_i)} \tag{6.3.4}$$

$$\boldsymbol{H}_i=\frac{1}{\eta_1}\boldsymbol{e}_i\times\boldsymbol{E}_{im}e^{-jk_1(x\sin\theta_i+z\cos\theta_i)} \tag{6.3.5}$$

反射波的波矢量 $\boldsymbol{k}_r=\boldsymbol{e}_r k_1$，则反射波的电场和磁场分别为

$$\boldsymbol{E}_r=\boldsymbol{E}_{rm}e^{-jk_1\boldsymbol{e}_r\cdot\boldsymbol{r}}=\boldsymbol{E}_{rm}e^{-jk_1(x\sin\theta_r-z\cos\theta_r)} \tag{6.3.6}$$

$$\boldsymbol{H}_r=\frac{1}{\eta_1}\boldsymbol{e}_r\times\boldsymbol{E}_{rm}e^{-jk_1(x\sin\theta_r-z\cos\theta_r)} \tag{6.3.7}$$

透射波的波矢量 $\boldsymbol{k}_t=\boldsymbol{e}_t k_2$，则透射波的电场和磁场分别为

$$\boldsymbol{E}_t=\boldsymbol{E}_{tm}e^{-jk_2\boldsymbol{e}_t\cdot\boldsymbol{r}}=\boldsymbol{E}_{tm}e^{-jk_2(x\sin\theta_t+z\cos\theta_t)} \tag{6.3.8}$$

$$\boldsymbol{H}_{\mathrm{t}}=\frac{1}{\eta_2}\boldsymbol{e}_{\mathrm{t}}\times\boldsymbol{E}_{\mathrm{tm}}\mathrm{e}^{-\mathrm{j}k_2(x\sin\theta_{\mathrm{t}}+z\cos\theta_{\mathrm{t}})} \tag{6.3.9}$$

根据边界条件，在 $z=0$ 的分界面上，由电场的切向分量连续性，得到

$$\boldsymbol{e}_z\times\boldsymbol{E}_{\mathrm{im}}\mathrm{e}^{-\mathrm{j}k_1x\sin\theta_{\mathrm{i}}}+\boldsymbol{e}_z\times\boldsymbol{E}_{\mathrm{rm}}\mathrm{e}^{-\mathrm{j}k_1x\sin\theta_{\mathrm{r}}}=\boldsymbol{e}_z\times\boldsymbol{E}_{\mathrm{tm}}\mathrm{e}^{-\mathrm{j}k_2x\sin\theta_{\mathrm{t}}}$$

此式对所有 x 都成立，则必有

$$k_1\sin\theta_{\mathrm{r}}=k_1\sin\theta_{\mathrm{i}}=k_2\sin\theta_{\mathrm{t}} \tag{6.3.10}$$

式(6.3.10)称为分界面上的相位匹配关系。

由式(6.3.10)中的前一个等式，得

$$\theta_{\mathrm{i}}=\theta_{\mathrm{r}} \tag{6.3.11}$$

即反射角等于入射角，这就是电磁波的反射定律，称为斯耐尔反射定律。

由式(6.3.10)中的后一个等式，得

$$\frac{\sin\theta_{\mathrm{t}}}{\sin\theta_{\mathrm{i}}}=\frac{k_1}{k_2}=\frac{n_1}{n_2} \tag{6.3.12}$$

这就是电磁波的折射定律，称为斯耐尔折射定律。式中

$$n_1=\frac{v_{\mathrm{p0}}}{v_{\mathrm{p1}}}=\sqrt{\mu_{\mathrm{r1}}\varepsilon_{\mathrm{r1}}},\quad n_2=\frac{v_{\mathrm{p0}}}{v_{\mathrm{p2}}}=\sqrt{\mu_{\mathrm{r2}}\varepsilon_{\mathrm{r2}}} \tag{6.3.13}$$

分别为介质 1 和介质 2 的折射率。

描述平面波反射和折射规律的斯耐尔定律有着广泛的应用。例如隐身飞机就是依靠外形设计和机身表面涂覆吸波材料来实现隐身。通过设计合理的飞机外形，减小向雷达接收天线方向反射的电磁波，使得单站雷达难以接收到回波，从而达到隐身目的。因此，接收和发射分开的双站雷达是反隐身的有效手段之一。

6.3.2 反射系数与透射系数

在斜入射的情况下，反射系数和透射系数与入射波的极化有关。下面分别就入射波为垂直极化波和平行极化波两种情况进行分析。

1. 垂直极化波

如图 6.3.2 所示，垂直极化波的电场只有 E_y 分量，入射波、反射波和透射波的波矢量分别为 $\boldsymbol{k}_{\mathrm{i}}=\boldsymbol{e}_{\mathrm{i}}k_1$、$\boldsymbol{k}_{\mathrm{r}}=\boldsymbol{e}_{\mathrm{r}}k_1$ 和 $\boldsymbol{k}_{\mathrm{t}}=\boldsymbol{e}_{\mathrm{t}}k_2$。其中 $\boldsymbol{e}_{\mathrm{i}}$、$\boldsymbol{e}_{\mathrm{r}}$和 $\boldsymbol{e}_{\mathrm{t}}$为入射波、反射波和

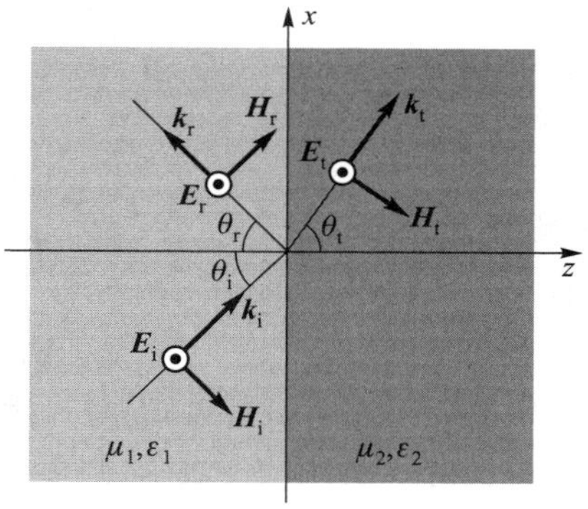

图 6.3.2 垂直极化波对理想介质分界面的斜入射

透射波的传播方向的单位矢量，由式(6.3.1)～(6.3.3)表示。

入射波、反射波和透射波电场分别为

$$\boldsymbol{E}_{\mathrm{i}}=\boldsymbol{e}_y E_{\mathrm{im}} \mathrm{e}^{-\mathrm{j}\boldsymbol{k}_{\mathrm{i}}\cdot\boldsymbol{r}}=\boldsymbol{e}_y E_{\mathrm{im}} \mathrm{e}^{-\mathrm{j}k_1 x\sin\theta_{\mathrm{i}}}\mathrm{e}^{-\mathrm{j}k_1 z\cos\theta_{\mathrm{i}}} \tag{6.3.14}$$

$$\boldsymbol{E}_{\mathrm{r}}=\boldsymbol{e}_y E_{\mathrm{rm}} \mathrm{e}^{-\mathrm{j}\boldsymbol{k}_{\mathrm{r}}\cdot\boldsymbol{r}}=\boldsymbol{e}_y E_{\mathrm{rm}} \mathrm{e}^{-\mathrm{j}k_1 x\sin\theta_{\mathrm{r}}}\mathrm{e}^{\mathrm{j}k_1 z\cos\theta_{\mathrm{r}}} \tag{6.3.15}$$

$$\boldsymbol{E}_{\mathrm{t}}=\boldsymbol{e}_y E_{\mathrm{tm}} \mathrm{e}^{-\mathrm{j}\boldsymbol{k}_{\mathrm{t}}\cdot\boldsymbol{r}}=\boldsymbol{e}_y E_{\mathrm{tm}} \mathrm{e}^{-\mathrm{j}k_2 x\sin\theta_{\mathrm{t}}}\mathrm{e}^{-\mathrm{j}k_2 z\cos\theta_{\mathrm{t}}} \tag{6.3.16}$$

利用平面波磁场与电场的关系

$$\boldsymbol{H}=\frac{1}{\eta}\boldsymbol{e}_k\times\boldsymbol{E}$$

得入射波、反射波和透射波磁场分别为

$$\boldsymbol{H}_{\mathrm{i}}=(-\boldsymbol{e}_x\cos\theta_{\mathrm{i}}+\boldsymbol{e}_z\sin\theta_{\mathrm{i}})\frac{E_{\mathrm{im}}}{\eta_1}\mathrm{e}^{-\mathrm{j}k_1 x\sin\theta_{\mathrm{i}}}\mathrm{e}^{-\mathrm{j}k_1 z\cos\theta_{\mathrm{i}}} \tag{6.3.17}$$

$$\boldsymbol{H}_{\mathrm{r}}=(\boldsymbol{e}_x\cos\theta_{\mathrm{r}}+\boldsymbol{e}_z\sin\theta_{\mathrm{r}})\frac{E_{\mathrm{rm}}}{\eta_1}\mathrm{e}^{-\mathrm{j}k_1 x\sin\theta_{\mathrm{r}}}\mathrm{e}^{\mathrm{j}k_1 z\cos\theta_{\mathrm{r}}} \tag{6.3.18}$$

$$\boldsymbol{H}_{\mathrm{t}}=(-\boldsymbol{e}_x\cos\theta_{\mathrm{t}}+\boldsymbol{e}_z\sin\theta_{\mathrm{t}})\frac{E_{\mathrm{tm}}}{\eta_2}\mathrm{e}^{-\mathrm{j}k_2 x\sin\theta_{\mathrm{t}}}\mathrm{e}^{-\mathrm{j}k_2 z\cos\theta_{\mathrm{t}}} \tag{6.3.19}$$

由此可见，磁场只有 x 分量和 z 分量。

根据边界条件，在 $z=0$ 的分界面上，电场切向分量 E_y 和磁场切向分量 H_x 必须是连续的，得

$$E_{\mathrm{im}}\mathrm{e}^{-\mathrm{j}k_1 x\sin\theta_1}+E_{\mathrm{rm}}\mathrm{e}^{-\mathrm{j}k_1 x\sin\theta_{\mathrm{r}}}=E_{\mathrm{tm}}\mathrm{e}^{-\mathrm{j}k_2 x\sin\theta_{\mathrm{t}}}$$

$$-\frac{E_{\mathrm{im}}}{\eta_1}\cos\theta_{\mathrm{i}}\mathrm{e}^{-\mathrm{j}k_1 x\sin\theta_1}+\frac{E_{\mathrm{rm}}}{\eta_1}\cos\theta_{\mathrm{r}}\mathrm{e}^{-\mathrm{j}k_1 x\sin\theta_{\mathrm{r}}}=-\frac{E_{\mathrm{tm}}}{\eta_2}\cos\theta_{\mathrm{t}}\mathrm{e}^{-\mathrm{j}k_2 x\sin\theta_{\mathrm{t}}}$$

再由 $\theta_{\mathrm{r}}=\theta_{\mathrm{i}}$ 和 $k_1\sin\theta_{\mathrm{r}}=k_1\sin\theta_{\mathrm{i}}=k_2\sin\theta_{\mathrm{t}}$，得

$$E_{\mathrm{im}}+E_{\mathrm{rm}}=E_{\mathrm{tm}} \tag{6.3.20}$$

$$-\frac{E_{\mathrm{im}}}{\eta_1}\cos\theta_{\mathrm{i}}+\frac{E_{\mathrm{rm}}}{\eta_1}\cos\theta_{\mathrm{i}}=-\frac{E_{\mathrm{tm}}}{\eta_2}\cos\theta_{\mathrm{t}} \tag{6.3.21}$$

联立求解以上两式得

$$E_{\mathrm{rm}}=\frac{\eta_2\cos\theta_{\mathrm{i}}-\eta_1\cos\theta_{\mathrm{t}}}{\eta_2\cos\theta_{\mathrm{i}}+\eta_1\cos\theta_{\mathrm{t}}}E_{\mathrm{im}} \tag{6.3.22}$$

$$E_{\mathrm{tm}}=\frac{2\eta_2\cos\theta_{\mathrm{i}}}{\eta_2\cos\theta_{\mathrm{i}}+\eta_1\cos\theta_{\mathrm{t}}}E_{\mathrm{im}} \tag{6.3.23}$$

定义反射波电场振幅 E_{rm} 与入射波电场振幅 E_{im} 的比值为分界面上垂直极化入射的反射系数，用 $\Gamma_{\perp}$ 表示，则由式(6.3.22)得到

$$\Gamma_{\perp}=\frac{E_{\mathrm{rm}}}{E_{\mathrm{im}}}=\frac{\eta_2\cos\theta_{\mathrm{i}}-\eta_1\cos\theta_{\mathrm{t}}}{\eta_2\cos\theta_{\mathrm{i}}+\eta_1\cos\theta_{\mathrm{t}}} \tag{6.3.24}$$

定义透射波电场振幅 E_{tm} 与入射波电场振幅 E_{im} 的比值为分界面上垂直极化入射的透射系数,用 $\tau_{\perp}$ 表示,则由式(6.3.23)得到

$$\tau_{\perp}=\frac{E_{tm}}{E_{im}}=\frac{2\eta_2\cos\theta_i}{\eta_2\cos\theta_i+\eta_1\cos\theta_t} \tag{6.3.25}$$

以上两式又称为垂直极化波的菲涅尔公式。由式(6.3.20)可知,垂直极化波的反射系数和透射系数的关系为

$$\tau_{\perp}=1+\Gamma_{\perp} \tag{6.3.26}$$

对于非磁性媒质,$\mu_1=\mu_2=\mu_0$,则

$$\frac{\eta_1}{\eta_2}=\sqrt{\frac{\varepsilon_2}{\varepsilon_1}},\quad \sin\theta_t=\sqrt{\frac{\varepsilon_1}{\varepsilon_2}}\sin\theta_i$$

因此,反射系数 $\Gamma_{\perp}$ 与透射系数 $\tau_{\perp}$ 可写为

$$\Gamma_{\perp}=\frac{\cos\theta_i-\sqrt{\varepsilon_2/\varepsilon_1-\sin^2\theta_i}}{\cos\theta_i+\sqrt{\varepsilon_2/\varepsilon_1-\sin^2\theta_i}} \tag{6.3.27}$$

$$\tau_{\perp}=\frac{2\cos\theta_i}{\cos\theta_i+\sqrt{\varepsilon_2/\varepsilon_1-\sin^2\theta_i}} \tag{6.3.28}$$

媒质 1 中的合成波场分量为

$$E_{1y}=E_{im}(\mathrm{e}^{-\mathrm{j}k_1z\cos\theta_i}+\Gamma_{\perp}\mathrm{e}^{\mathrm{j}k_1z\cos\theta_i})\mathrm{e}^{-\mathrm{j}k_1x\sin\theta_i}$$

$$H_{1x}=-\frac{E_{im}}{\eta_1}\cos\theta_i(\mathrm{e}^{-\mathrm{j}k_1z\cos\theta_i}-\Gamma_{\perp}\mathrm{e}^{\mathrm{j}k_1z\cos\theta_i})\mathrm{e}^{-\mathrm{j}k_1x\sin\theta_i}$$

$$H_{1z}=\frac{E_{im}}{\eta_1}\sin\theta_i(\mathrm{e}^{-\mathrm{j}k_1z\cos\theta_i}+\Gamma_{\perp}\mathrm{e}^{\mathrm{j}k_1z\cos\theta_i})\mathrm{e}^{-\mathrm{j}k_1x\sin\theta_i}$$

动画 6-3-1 垂直极化波斜入射到理想介质表面的合成波电场

由上式可以看出:场的每一个分量均具有相位因子 $\mathrm{e}^{-\mathrm{j}k_1x\sin\theta_i}$,表示合成波沿 x 方向呈行波分布;由于反射波振幅与入射波振幅不相等,因此合成波沿 z 方向呈行驻波分布。

2. 平行极化波

如图 6.3.3 所示,平行极化波的磁场只有 H_y 分量。假设入射波、反射波和透射波的电场振幅分别为 E_{im}、E_{rm} 和 E_{tm},则入射波、反射波和透射波的磁场分别为

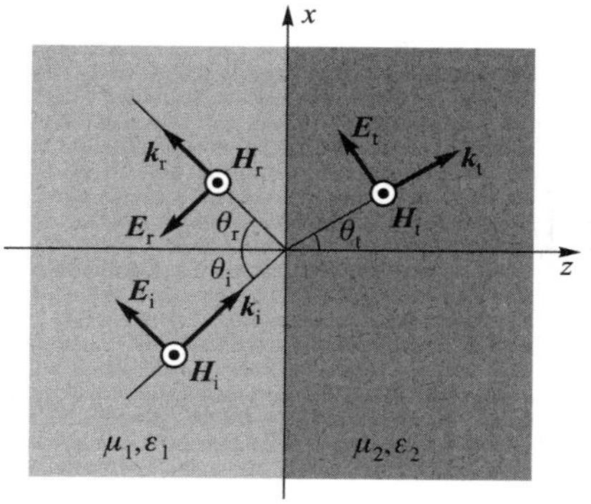

图 6.3.3 平行极化波对理想媒质分界面的斜入射

$$\boldsymbol{H}_i=\boldsymbol{e}_y\frac{E_{im}}{\eta_1}\mathrm{e}^{-\mathrm{j}k_1x\sin\theta_i}\mathrm{e}^{-\mathrm{j}k_1z\cos\theta_i} \tag{6.3.29}$$

$$\boldsymbol{H}_{\mathrm{r}}=\boldsymbol{e}_y\frac{E_{\mathrm{rm}}}{\eta_1}\mathrm{e}^{-\mathrm{j}k_1x\sin\theta_{\mathrm{r}}}\mathrm{e}^{\mathrm{j}k_1z\cos\theta_{\mathrm{r}}}\tag{6.3.30}$$

$$\boldsymbol{H}_{\mathrm{t}}=\boldsymbol{e}_y\frac{E_{\mathrm{tm}}}{\eta_2}\mathrm{e}^{-\mathrm{j}k_1x\sin\theta_{\mathrm{t}}}\mathrm{e}^{-\mathrm{j}k_1z\cos\theta_{\mathrm{t}}}\tag{6.3.31}$$

根据均匀平面波的电场与磁场的关系

$$\boldsymbol{E}=\eta\boldsymbol{H}\times\boldsymbol{e}_k$$

得入射波、反射波和透射波的电场分别为

$$\boldsymbol{E}_{\mathrm{i}}=(\boldsymbol{e}_xE_{\mathrm{im}}\cos\theta_{\mathrm{i}}-\boldsymbol{e}_zE_{\mathrm{im}}\sin\theta_{\mathrm{i}})\mathrm{e}^{-\mathrm{j}k_1x\sin\theta_{\mathrm{i}}}\mathrm{e}^{-\mathrm{j}k_1z\cos\theta_{\mathrm{i}}}\tag{6.3.32}$$

$$\boldsymbol{E}_{\mathrm{r}}=(-\boldsymbol{e}_xE_{\mathrm{rm}}\cos\theta_{\mathrm{r}}-\boldsymbol{e}_zE_{\mathrm{rm}}\sin\theta_{\mathrm{r}})\mathrm{e}^{-\mathrm{j}k_1x\sin\theta_{\mathrm{r}}}\mathrm{e}^{\mathrm{j}k_1z\cos\theta_{\mathrm{r}}}\tag{6.3.33}$$

$$\boldsymbol{E}_{\mathrm{t}}=(\boldsymbol{e}_xE_{\mathrm{tm}}\cos\theta_{\mathrm{t}}-\boldsymbol{e}_zE_{\mathrm{tm}}\sin\theta_{\mathrm{t}})\mathrm{e}^{-\mathrm{j}k_2x\sin\theta_{\mathrm{t}}}\mathrm{e}^{-\mathrm{j}k_2z\cos\theta_{\mathrm{t}}}\tag{6.3.34}$$

根据在 $z=0$ 的分界面上，电场切向分量和磁场切向分量必须连续的边界条件，以及 $\theta_{\mathrm{r}}=\theta_{\mathrm{i}}$ 和 $k_1\sin\theta_{\mathrm{r}}=k_1\sin\theta_{\mathrm{i}}=k_2\sin\theta_{\mathrm{t}}$，得

$$E_{\mathrm{im}}\cos\theta_{\mathrm{i}}-E_{\mathrm{rm}}\cos\theta_{\mathrm{i}}=E_{\mathrm{tm}}\cos\theta_{\mathrm{t}}\tag{6.3.35}$$

$$\frac{E_{\mathrm{im}}}{\eta_1}+\frac{E_{\mathrm{rm}}}{\eta_1}=\frac{E_{\mathrm{tm}}}{\eta_2}\tag{6.3.36}$$

联立求解以上二式，可得

$$E_{\mathrm{rm}}=\frac{\eta_1\cos\theta_{\mathrm{i}}-\eta_2\cos\theta_{\mathrm{t}}}{\eta_1\cos\theta_{\mathrm{i}}+\eta_2\cos\theta_{\mathrm{t}}}E_{\mathrm{im}}\tag{6.3.37}$$

$$E_{\mathrm{tm}}=\frac{2\eta_2\cos\theta_{\mathrm{i}}}{\eta_1\cos\theta_{\mathrm{i}}+\eta_2\cos\theta_{\mathrm{t}}}E_{\mathrm{im}}\tag{6.3.38}$$

故得到平行极化波的反射系数 $\Gamma_{/\!/}$ 和透射系数 $\tau_{/\!/}$ 为

$$\Gamma_{/\!/}=\frac{E_{\mathrm{rm}}}{E_{\mathrm{im}}}=\frac{\eta_1\cos\theta_{\mathrm{i}}-\eta_2\cos\theta_{\mathrm{t}}}{\eta_1\cos\theta_{\mathrm{i}}+\eta_2\cos\theta_{\mathrm{t}}}\tag{6.3.39}$$

$$\tau_{/\!/}=\frac{E_{\mathrm{tm}}}{E_{\mathrm{im}}}=\frac{2\eta_2\cos\theta_{\mathrm{i}}}{\eta_1\cos\theta_{\mathrm{i}}+\eta_2\cos\theta_{\mathrm{t}}}\tag{6.3.40}$$

以上两式又称为平行极化波的菲涅尔公式。由式(6.3.36)可知，平行极化波的反射系数和透射系数的关系为

$$\tau_{/\!/}=(1+\Gamma_{/\!/})\frac{\eta_2}{\eta_1}\tag{6.3.41}$$

对于常见的非磁性媒质，式(6.3.34)和式(6.3.35)可写为

$$\Gamma_{/\!/}=\frac{(\varepsilon_2/\varepsilon_1)\cos\theta_{\mathrm{i}}-\sqrt{\varepsilon_2/\varepsilon_1-\sin^2\theta_{\mathrm{i}}}}{(\varepsilon_2/\varepsilon_1)\cos\theta_{\mathrm{i}}+\sqrt{\varepsilon_2/\varepsilon_1-\sin^2\theta_{\mathrm{i}}}}\tag{6.3.42}$$

$$\tau_{/\!/}=\frac{2\sqrt{\varepsilon_2/\varepsilon_1}\cos\theta_{\mathrm{i}}}{(\varepsilon_2/\varepsilon_1)\cos\theta_{\mathrm{i}}+\sqrt{\varepsilon_2/\varepsilon_1-\sin^2\theta_{\mathrm{i}}}} \tag{6.3.43}$$

媒质 1 中的合成波场分量为

$$H_{1y}=\frac{E_{\mathrm{im}}}{\eta_1}\left(\mathrm{e}^{-\mathrm{j}k_1z\cos\theta_{\mathrm{i}}}+\Gamma_{/\!/}\mathrm{e}^{\mathrm{j}k_1z\cos\theta_{\mathrm{i}}}\right)\mathrm{e}^{-\mathrm{j}k_1x\sin\theta_{\mathrm{i}}}$$

$$E_{1x}=-E_{\mathrm{im}}\cos\theta_{\mathrm{i}}\left(\mathrm{e}^{-\mathrm{j}k_1z\cos\theta_{\mathrm{i}}}-\Gamma_{/\!/}\mathrm{e}^{\mathrm{j}k_1z\cos\theta_{\mathrm{i}}}\right)\mathrm{e}^{-\mathrm{j}k_1x\sin\theta_{\mathrm{i}}}$$

$$E_{1z}=E_{\mathrm{im}}\sin\theta_{\mathrm{i}}\left(\mathrm{e}^{-\mathrm{j}k_1z\cos\theta_{\mathrm{i}}}+\Gamma_{\perp}\mathrm{e}^{\mathrm{j}k_1z\cos\theta_{\mathrm{i}}}\right)\mathrm{e}^{-\mathrm{j}k_1x\sin\theta_{\mathrm{i}}}$$

由上式可以看出：场的每一个分量均具有波因子 $\mathrm{e}^{-\mathrm{j}k_1x\sin\theta_{\mathrm{i}}}$，表示合成波沿 x 方向呈行波分布；由于反射波振幅与入射波振幅不相等，因此合成波沿 z 方向呈行驻波分布。

动画 6-3-2 平行极化波斜入射到理想介质表面的合成波磁场

另外，由 $\Gamma_{\perp}$、$\Gamma_{/\!/}$、$\tau_{\perp}$ 和 $\tau_{/\!/}$ 的计算公式可知，当入射角 $\theta_{\mathrm{i}}\to 0$ 时，上述斜入射情况变为垂直入射，由式(6.3.24)和式(6.3.25)，得到

$$\Gamma_{\perp}=\frac{\eta_2-\eta_1}{\eta_2+\eta_1} \tag{6.3.44}$$

$$\tau_{\perp}=\frac{2\eta_2}{\eta_2+\eta_1} \tag{6.3.45}$$

由式(6.3.39)和式(6.3.40)，得到

$$\Gamma_{/\!/}=\frac{\eta_1-\eta_2}{\eta_1+\eta_2} \tag{6.3.46}$$

$$\tau_{/\!/}=\frac{2\eta_2}{\eta_1+\eta_2} \tag{6.3.47}$$

由此可见，$\Gamma_{/\!/}=-\Gamma_{\perp}$，$\tau_{/\!/}=\tau_{\perp}$。

这是因为当入射角 $\theta_{\mathrm{i}}\to 0$ 时，电场和磁场都只有切向分量，这时垂直极化入射和平行极化入射相当于是选择不同的场量(电场和磁场)方向为计算基准方向。垂直极化入射选择电场方向($\boldsymbol{e}_y$)为基准方向，则入射波、反射波和透射波的电场方向相同。平行极化入射选择磁场方向($\boldsymbol{e}_y$)为基准方向，则入射波和反射波的电场方向相反，而入射波和透射波的电场方向相同。

当入射角 $\theta_{\mathrm{i}}\to\frac{\pi}{2}$ 时，这种情况称为斜滑入射或掠入射。由式(6.3.24)和式(6.3.39)可知，这时

$$\Gamma_{/\!/}=\Gamma_{\perp}\to -1$$

这说明入射波被全反射，且反射波和入射波的大小相等、相位相反。由于在掠入

射时不同极化特性的平面波的反射系数相等,即 $\Gamma_{/\!/}=\Gamma_{\perp}$,因此,当以足够倾斜的角度观察任何物体表面时,不同极化入射时的反射波相位相同,彼此相干加强,物体表面显得更明亮。

6.3.3 全反射与全透射

1. 全反射

均匀平面波斜入射到两种理想介质分界面时,反射系数的幅值等于 1 的电磁现象称为全反射。由折射定律 $\dfrac{\sin\theta_t}{\sin\theta_i}=\dfrac{n_1}{n_2}$,得

$$\sin\theta_t=\frac{n_1}{n_2}\sin\theta_i$$

当 $n_1<n_2$ 时,则 $\sin\theta_t<\sin\theta_i<1$,由式(6.3.24)、式(6.3.25)、式(6.3.39)和式(6.3.40)可知,反射系数和透射系数均为实数。

当 $n_1>n_2$ 时,若 $\sin\theta_i<\dfrac{n_2}{n_1}$,则 $\sin\theta_t=\dfrac{n_1}{n_2}\sin\theta_i<1$,反射系数和透射系数均为实数;若 $\sin\theta_i=\dfrac{n_2}{n_1}$,则 $\sin\theta_t=1$,即 $\theta_t=\dfrac{\pi}{2}$,这表明透射波完全平行于分界面传播,而且由式(6.3.24)和式(6.3.39),得到

$$\Gamma_{\perp}=\Gamma_{/\!/}=1 \tag{6.3.48}$$

产生全反射。使得透射角 $\theta_t=\dfrac{\pi}{2}$ 的入射角称为临界角,记作 θ_c,即

$$\theta_c=\arcsin\left(\frac{n_2}{n_1}\right) \tag{6.3.49}$$

对于常见的非磁性介质,$\mu_1\approx\mu_2\approx\mu_0$,则有

$$\theta_c=\arcsin\left(\sqrt{\frac{\varepsilon_2}{\varepsilon_1}}\right) \tag{6.3.50}$$

当 $n_1>n_2$ 时,若入射角大于临界角,即 $\theta_i>\theta_c$,则 $\sin\theta_i>\sin\theta_c=\dfrac{n_2}{n_1}$。这时

$$\sin\theta_t=\frac{n_1}{n_2}\sin\theta_i>1$$

则

$$\cos\theta_t=\sqrt{1-\sin^2\theta_t}=-\mathrm{j}\sqrt{(n_1/n_2)^2\sin^2\theta_i-1} \tag{6.3.51}$$

为纯虚数。由式(6.3.24)和式(6.3.39),可得到反射系数是幅值为 1 的复数,即

$$\Gamma_{\perp}=|\Gamma_{\perp}|e^{j\phi_{\perp}},\quad \Gamma_{//}=|\Gamma_{//}|e^{j\phi_{//}} \tag{6.3.52}$$

且

$$|\Gamma_{\perp}|=|\Gamma_{//}|=1 \tag{6.3.53}$$

$$\tan\frac{\phi_{\perp}}{2}=\frac{\eta_1\sqrt{(n_1/n_2)^2\sin^2\theta_i-1}}{\eta_2\cos\theta_i},\quad \tan\frac{\phi_{//}}{2}=\frac{\eta_2\sqrt{(n_1/n_2)^2\sin^2\theta_i-1}}{\eta_1\cos\theta_i} \tag{6.3.54}$$

这表明，当入射角大于临界角时，也要发生全反射。图 6.3.4 所示为电磁波从光密媒质入射到光疏媒质分界面上时透射波的传播情况。

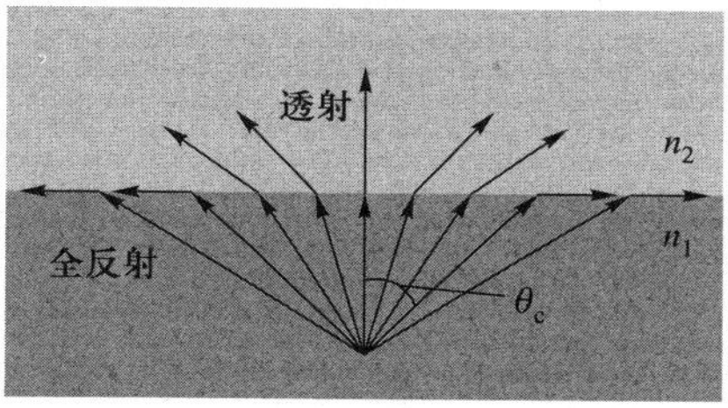

图 6.3.4 电磁波从光密媒质入射到光疏媒质分界面上时透射波的传播情况

动画 6-3-3 理想介质分界面的全反射

如果是垂直极化入射，这时媒质 1 中合成波场量为

$$E_{1y}=E_{im}[e^{-jk_1z\cos\theta_i}+e^{j(k_1z\cos\theta_i+\phi_{\perp})}]e^{-jk_1x\sin\theta_i}$$

$$H_{1x}=-\frac{E_{im}}{\eta_1}\cos\theta_i(e^{-jk_1z\cos\theta_i}-e^{j(k_1z\cos\theta_i+\phi_{\perp})})e^{-jk_1x\sin\theta_i}$$

$$H_{1z}=\frac{E_{im}}{\eta_1}\sin\theta_i(e^{-jk_1z\cos\theta_i}+e^{j(k_1z\cos\theta_i+\phi_{\perp})})e^{-jk_1x\sin\theta_i}$$

动画 6-3-4 垂直极化波斜入射到理想介质表面全反射的合成波电场

由上式可以看出：

(1) 场的每一分量具波因子 $e^{-jk_1x\sin\theta_1}$，表示合成波是沿 x 方向传播的行波。等相位面为 $x=$ 常数的平面，而在等相位面上，场量分布是不均匀的，这是一个非均匀平面波。

(2) 合成波的电场只有 E_y 分量，与传播方向垂直，但合成波的磁场存在 H_x 分量，这是一个横电波(TE 波)。

动画 6-3-5 平行极化波斜入射到理想介质表面全反射的合成波磁场

(3) 由于反射波和入射波的振幅相同，合成波沿 z 方向呈驻波分布。而波节点、波腹点的位置与 $\varphi_{\perp}$ 有关。

同样对于平行极化入射，媒质 1 中的合成波也是沿 x 方向传播的行波。沿 z 方向呈驻波分布，也是非均匀平面波。由于平行极化入射时，磁场只有 H_y 分量，与传播方向垂直，而电场存在 E_x 分量，是一个横磁波(TM 波)。

根据式(6.3.54),当发生全反射时,垂直极化波和平行极化波的反射系数有不同的幅角 $\phi_{\perp}$ 和 $\phi_{//}$,反射波的垂直分量与平行分量的相位差为

$$\Delta\phi=\phi_{\perp}-\phi_{//}$$

若入射角等于临界角,由式(6.3.54)可得到 $\phi_{\perp}=\phi_{//}=0$,所以 $\Delta\phi=0$,如果入射波是线极化波,则反射波也是线极化波;若入射角大于临界角,则 $\Delta\phi\neq0$,反射波的极化与入射波的极化不同。

由式(6.3.25)和式(6.3.40)可知,当 $\theta_i>\theta_c$ 时,$\tau_{\perp}$ 和 $\tau_{//}$ 都不为零。也就是说,在发生全反射时,媒质 2 中仍然存在透射波。根据 $k_2\sin\theta_t=k_1\sin\theta_i$ 和式(6.3.51),可得到透射波电场

$$\begin{aligned}\boldsymbol{E}_t&=\boldsymbol{E}_{tm}e^{-jk_2\boldsymbol{e}_t\cdot\boldsymbol{r}}=\boldsymbol{E}_{tm}e^{-jk_2x\sin\theta_t}e^{-jk_2z\cos\theta_t}\\&=\boldsymbol{E}_{tm}e^{-k_2z\sqrt{(n_1/n_2)^2\sin^2\theta_i-1}}e^{-jk_1x\sin\theta_i}\end{aligned}\qquad(6.3.55)$$

这表明,媒质 2 中的透射波仍然是沿分界面方向传播,但振幅沿垂直于分界面的方向上按指数规律衰减,因此透射波主要存在于分界面附近,故称这种波为表面波。

动画 6-3-6
表面波

由式(6.3.55)还可知,透射波的等相位面为 $x=$常数的平面,而等振幅面是 $z=$常数的平面。在等相位面上,波的振幅是不均匀的,所以透射波又是非均匀平面波。对于垂直极化入射,电场只有 E_y 分量,与传播方向垂直,而磁场在 x 方向的分量 $H_x\neq0$,是横电波(TE 波)。对于平行极化入射,则是横磁波(TM 波)。

电磁波在介质与空气分界面上全反射是实现表面波传输的基础。图 6.3.5 表示放在空气中的一块介质板。当介质板内电磁波的入射方向能使它在介质板的顶面和底面发生全反射时,电磁波将被约束在介质板内,并沿 z 方向传播。在板外,场量在垂直于板面的 $\pm y$ 方向作指数衰减,当距表面 $\delta=\dfrac{1}{\sqrt{k^2\sin^2\theta_i-k_0^2}}$ 时,振幅衰减为表面处的 $\dfrac{1}{e}$,称 δ 为透入深度。根据计算透入深度与波长同数量级,由于衰减很快,实际分布在表面上的很薄一层内。

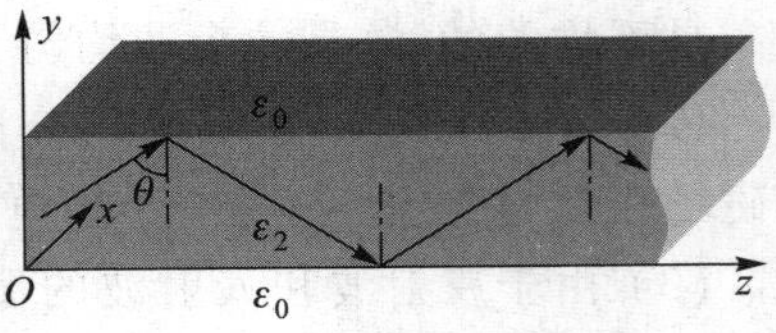

图 6.3.5 介质板内的全反射

虽然上面是以介质平面板来讨论的,但它的原理同样适用于圆柱形的介质棒。当能够使介质棒内的电磁波以大于临界角的入射角投射到介质与空气分界面并发生全反射时,就可使电磁波沿介质棒传播。这种传播系统称为介质波导,它是一种表面波传输系统。例如,在激光通信中采用的光纤就是一种介质波导。

例 6.3.1 图 6.3.6 所示为光纤的剖面示意图。光纤的芯线材料的折射率 $n_1=\sqrt{\varepsilon_{r1}}$，包层材料的折射率 $n_2=\sqrt{\varepsilon_{r2}}$。若要求光波从空气（折射率 $n_0=1$）中进入光纤后，能在芯线和包层的分界面上发生全反射，试确定最大的入射角 θ_i。

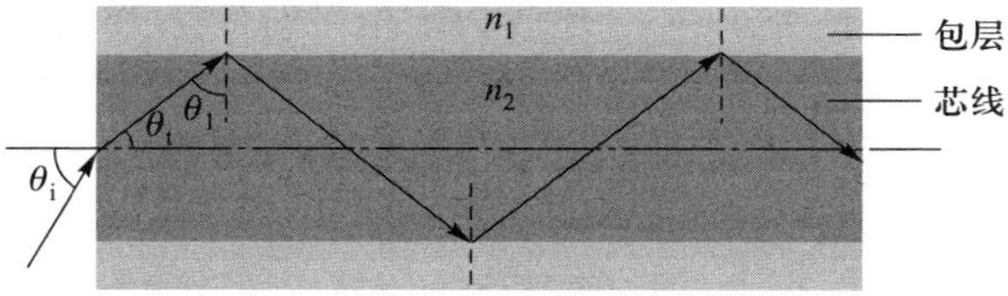

图 6.3.6 光纤内的全反射

解： 在芯线和包层的分界面上发生全反射的条件为

$$\theta_1 \geqslant \theta_c = \arcsin\left(\sqrt{\frac{\varepsilon_2}{\varepsilon_1}}\right) = \arcsin\left(\frac{n_2}{n_1}\right)$$

即

$$\sin\theta_1 \geqslant \sin\theta_c = \frac{n_2}{n_1}$$

由于 $\theta_1=\dfrac{\pi}{2}-\theta_t$，所以 $\sin\theta_1=\sin\left(\dfrac{\pi}{2}-\theta_t\right)=\cos\theta_t$，因而得到

$$\cos\theta_t \geqslant \sin\theta_c = \frac{n_2}{n_1}$$

根据折射定律，即式(6.3.12)，有

$$\begin{aligned}\sin\theta_i &= \frac{n_1}{n_0}\sin\theta_t = n_1\sin\theta_t = n_1\sqrt{1-\cos^2\theta_t} \leqslant n_1\sqrt{1-\left(\frac{n_2}{n_1}\right)^2}\\ &= \sqrt{n_1^2-n_2^2}\end{aligned}$$

故得到

$$\theta_i \leqslant \arcsin\left(\sqrt{n_1^2-n_2^2}\right)$$

此结果表明，只要光波的入射角 $\theta_i \leqslant \arcsin(\sqrt{n_1^2-n_2^2})$，就可以确保光波被约束在光纤内传播。因此将 $\arcsin(\sqrt{n_1^2-n_2^2})$ 称为光纤的数值孔径，是光纤的重要参数之一。

2. 全透射

当平面波从媒质 1 入射到媒质 2 时，若反射系数等于 0，则电磁功率全部透射到媒质 2 中，这种现象称为全透射。

对于非磁性媒质,令 $\Gamma_{/\!/}=0$,由式(6.3.42),得到

$$(\varepsilon_2/\varepsilon_1)\cos\theta_i-\sqrt{\varepsilon_2/\varepsilon_1-\sin^2\theta_i}=0$$

即

$$(\varepsilon_2/\varepsilon_1)^2\cos^2\theta_i=\varepsilon_2/\varepsilon_1-\sin^2\theta_i$$

或

$$(\varepsilon_2/\varepsilon_1)^2(1-\sin^2\theta_i)=\varepsilon_2/\varepsilon_1-\sin^2\theta_i$$

由此可得到

$$\theta_i=\arcsin\left(\sqrt{\frac{\varepsilon_2}{\varepsilon_1+\varepsilon_2}}\right)=\arctan\left(\sqrt{\frac{\varepsilon_2}{\varepsilon_1}}\right)$$

使 $\Gamma_{/\!/}=0$ 的入射角称为布儒斯特角,并记作 θ_b,即

$$\theta_b=\arcsin\left(\sqrt{\frac{\varepsilon_2}{\varepsilon_1+\varepsilon_2}}\right)=\arctan\left(\sqrt{\frac{\varepsilon_2}{\varepsilon_1}}\right) \tag{6.3.56}$$

对于垂直极化波,由式(6.3.27)可知,只有当 $\varepsilon_1=\varepsilon_2$ 时,才能使得 $\Gamma_\perp=0$。这表明,垂直极化波斜入射到两种非磁性媒质分界面上时,不会产生全透射现象。所以,一个任意极化的电磁波,当它以布儒斯特角入射到两种非磁性媒质分界面上时,它的平行极化分量全部透射,反射波中就只剩下了垂直极化分量,起到了一种极化滤波的作用。因此,布儒斯特角也称为极化角。

6.4 均匀平面波对理想导体平面的斜入射

均匀平面波对理想导体表面的斜入射同样可分为垂直极化波和平行极化波两种情况进行讨论。

6.4.1 垂直极化波对理想导体表面的斜入射

如图 6.4.1 所示,媒质 1 为无损耗介质,媒质 2 为理想导体。对于理想导体,$\eta_2=0$,利用前面得到的垂直极化波入射的菲涅尔公式(6.3.24)和式(6.3.25),可得

$$\Gamma_\perp=-1,\ \tau_\perp=0$$

入射波的电场和磁场

$$\boldsymbol{E}_i=\boldsymbol{e}_y E_m e^{-jk(x\sin\theta_i+z\cos\theta_i)} \tag{6.4.1}$$

$$\boldsymbol{H}_{\mathrm{i}}=(-\boldsymbol{e}_x\cos\theta_{\mathrm{i}}+\boldsymbol{e}_z\sin\theta_{\mathrm{i}})\frac{E_{\mathrm{m}}}{\eta}\mathrm{e}^{-\mathrm{j}k(x\sin\theta_{\mathrm{i}}+z\cos\theta_{\mathrm{i}})} \tag{6.4.2}$$

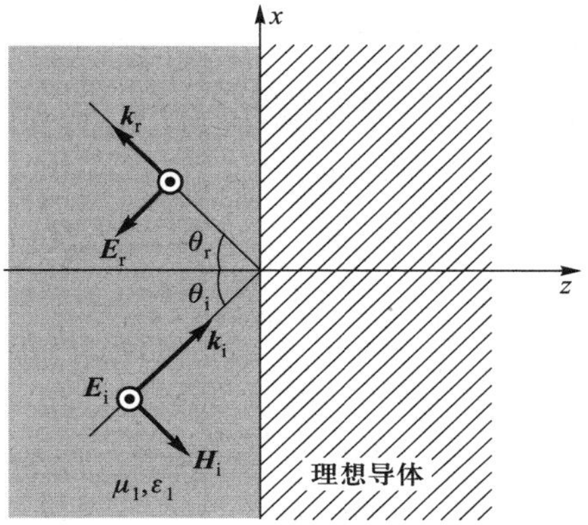

图 6.4.1 垂直极化波对理想导体平面的斜入射

反射波的电场和磁场

$$\boldsymbol{E}_{\mathrm{r}}=-\boldsymbol{e}_y E_{\mathrm{m}}\mathrm{e}^{-\mathrm{j}k(x\sin\theta_{\mathrm{i}}-z\cos\theta_{\mathrm{i}})} \tag{6.4.3}$$

$$\boldsymbol{H}_{\mathrm{r}}=(-\boldsymbol{e}_x\cos\theta_{\mathrm{i}}-\boldsymbol{e}_z\sin\theta_{\mathrm{i}})\frac{E_{\mathrm{m}}}{\eta}\mathrm{e}^{-\mathrm{j}k(x\sin\theta_{\mathrm{i}}-z\cos\theta_{\mathrm{i}})} \tag{6.4.4}$$

媒质 1 中的合成波的电场和磁场为

$$\begin{aligned}\boldsymbol{E}_1&=\boldsymbol{E}_{\mathrm{i}}+\boldsymbol{E}_{\mathrm{r}}\\&=-\boldsymbol{e}_y\mathrm{j}2E_{\mathrm{m}}\sin(kz\cos\theta_{\mathrm{i}})\mathrm{e}^{-\mathrm{j}kx\sin\theta_{\mathrm{i}}}\end{aligned} \tag{6.4.5}$$

$$\begin{aligned}\boldsymbol{H}_1=[&-\boldsymbol{e}_x\cos\theta_{\mathrm{i}}\cos(kz\cos\theta_{\mathrm{i}})-\\&\boldsymbol{e}_z\mathrm{j}\sin\theta_{\mathrm{i}}\sin(kz\cos\theta_{\mathrm{i}})]\frac{2E_{\mathrm{m}}}{\eta}\mathrm{e}^{-\mathrm{j}kx\sin\theta_{\mathrm{i}}}\end{aligned} \tag{6.4.6}$$

由此可见,垂直极化波斜入射到理想导体表面时,有如下特点:

(1) 合成波沿平行于分界面的方向(即 x 方向)传播,其相速为

$$v_{\mathrm{p}x}=\frac{\omega}{k_{\mathrm{i}x}}=\frac{v_{\mathrm{p}}}{\sin\theta_{\mathrm{i}}}$$

(2) 合成波振幅在垂直于导体表面的方向(即 z 方向)上呈驻波分布,而且合成波电场在 $z=-\dfrac{n\pi}{k\cos\theta_{\mathrm{i}}}(n=0,1,2,\cdots)$ 处为 0;

(3) 合成波是非均匀平面波;

(4) 在合成波的传播方向(即 x 方向)上不存在电场分量,但存在磁场分量,

动画 6-4-1 垂直极化波斜入射到理想导体表面的合成波电场

是横电波(TE 波)。

例 6.4.1 角频率为 ω 的均匀平面波由空气向理想导体斜入射,入射角为 θ_i,电场矢量垂直于入射面。求:(1) 导体表面上的感应电流密度;(2) 合成波在空气中的平均坡印廷矢量。

解:(1) 由题意可知,该问题为垂直极化入射。设 $z=0$ 为理想导体表面,则入射波波矢量

$$\boldsymbol{k}_i = k\boldsymbol{e}_i = \boldsymbol{e}_x k\sin\theta_i + \boldsymbol{e}_z k\cos\theta_i$$

入射波电场为

$$\boldsymbol{E}_i = \boldsymbol{e}_y E_m e^{-jk(x\sin\theta_i + z\cos\theta_i)}$$

对于垂直极化入射,$\Gamma_\perp = -1$,所以反射波电场为

$$\boldsymbol{E}_r = -\boldsymbol{e}_y E_m e^{-jk(x\sin\theta_i - z\cos\theta_i)}$$

式中 E_m 为入射波幅值,$k=\omega\sqrt{\mu_0\varepsilon_0}$ 为波数。

由

$$\boldsymbol{H} = \frac{1}{\eta}\boldsymbol{e}_n \times \boldsymbol{E} = \frac{\boldsymbol{k}}{\omega\mu} \times \boldsymbol{E}$$

得

$$\boldsymbol{H}_i = (-\boldsymbol{e}_x\cos\theta_i + \boldsymbol{e}_z\sin\theta_i)\frac{E_m}{\eta_0} e^{-jk(x\sin\theta_i + z\cos\theta_i)}$$

$$\boldsymbol{H}_r = (-\boldsymbol{e}_x\cos\theta_i - \boldsymbol{e}_z\sin\theta_i)\frac{E_m}{\eta_0} e^{-jk(x\sin\theta_i - z\cos\theta_i)}$$

空气中合成波的磁场为

$$\boldsymbol{H}_1 = \boldsymbol{H}_i + \boldsymbol{H}_r$$

在 $z=0$ 处

$$\boldsymbol{H}_1 = (\boldsymbol{H}_i + \boldsymbol{H}_r)\big|_{z=0} = -\boldsymbol{e}_x \frac{2E_m}{\eta_0}\cos\theta_i e^{-jkx\sin\theta_i}$$

所以导体表面上的感应电流密度为

$$\boldsymbol{J}_S = \boldsymbol{e}_n \times \boldsymbol{H}_1\big|_{z=0} = (-\boldsymbol{e}_z)\times(-\boldsymbol{e}_x)\frac{2E_m\cos\theta_i}{\eta_0} e^{-jk_i x\sin\theta_i}$$

$$= \boldsymbol{e}_y \frac{E_m}{60\pi}\cos\theta_i e^{-jk_i x\sin\theta_i}$$

(2) 因为

$$\boldsymbol{E}_r = -\boldsymbol{e}_y E_m e^{-jk(x\sin\theta_i - z\cos\theta_i)}$$

故合成波在空气中的平均坡印廷矢量为

$$\boldsymbol{S}_{av}=\frac{1}{2}\mathrm{Re}[\boldsymbol{E}_1\times\boldsymbol{H}_1^*]=\frac{1}{2}\mathrm{Re}[(\boldsymbol{E}_i+\boldsymbol{E}_r)\times(\boldsymbol{H}_i+\boldsymbol{H}_r)^*]$$
$$=\boldsymbol{e}_x\frac{2E_m^2}{\eta_0}\sin\theta_i\sin^2(kz\cos\theta_i)$$

6.4.2 平行极化波对理想导体表面的斜入射

如图 6.4.2 所示，利用前面得到的平行极化波入射的菲涅尔公式(6.3.39)和式(6.3.40)，可得

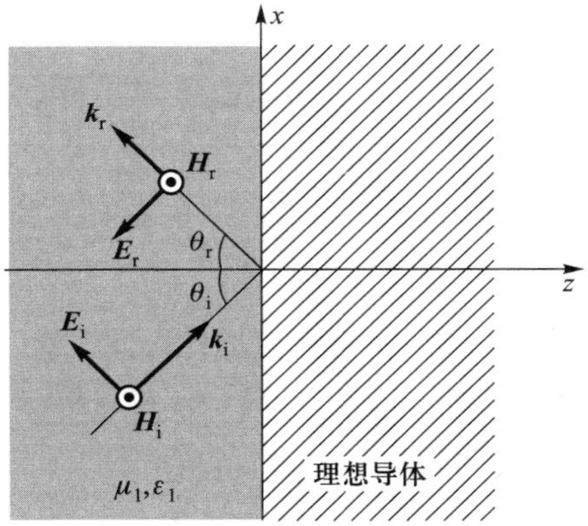

图 6.4.2 平行极化波对理想导体平面的斜入射

$$\Gamma_{/\!/}=1,\quad \tau_{/\!/}=0$$

入射波的电场和磁场

$$\boldsymbol{H}_i=\boldsymbol{e}_y\frac{E_m}{\eta}\mathrm{e}^{-jk(x\sin\theta_i+z\cos\theta_i)} \tag{6.4.7}$$

$$\boldsymbol{E}_i=(\boldsymbol{e}_x\cos\theta_i-\boldsymbol{e}_z\sin\theta_i)E_m\mathrm{e}^{-jk(x\sin\theta_i+z\cos\theta_i)} \tag{6.4.8}$$

反射波的电场和磁场

$$\boldsymbol{H}_r=\boldsymbol{e}_y\frac{E_m}{\eta}\mathrm{e}^{-jk(x\sin\theta_i-z\cos\theta_i)} \tag{6.4.9}$$

$$\boldsymbol{E}_r=(-\boldsymbol{e}_x\cos\theta_i-\boldsymbol{e}_z\sin\theta_i)E_m\mathrm{e}^{-jk(x\sin\theta_i-z\cos\theta_i)} \tag{6.4.10}$$

媒质 1 中的合成波场量

$$\boldsymbol{H}_1=\boldsymbol{H}_i+\boldsymbol{H}_r=\boldsymbol{e}_y2\frac{E_m}{\eta}\cos(kz\cos\theta_i)\mathrm{e}^{-jkx\sin\theta_i} \tag{6.4.11}$$

$$\boldsymbol{E}_1=-[\boldsymbol{e}_x\mathrm{j}\cos\theta_i\sin(kz\cos\theta_i)+\boldsymbol{e}_z\sin\theta_i\cos(kz\cos\theta_i)]2E_m\mathrm{e}^{-jkx\sin\theta_i} \tag{6.4.12}$$

由此可见，平行极化波斜入射到理想导体表面时，有如下特点：

（1）合成波沿平行于分界面的方向（即 x 方向）传播，其相速为

$$v_{px}=\frac{\omega}{k_{ix}}=\frac{v_p}{\sin\theta_i}$$

动画 6-4-2 平行极化波斜入射到理想导体表面的合成波磁场

（2）合成波的振幅在垂直于导体表面的方向（即 z 方向）上呈驻波分布，而且合成波磁场在 $z=-\dfrac{n\pi}{k\cos\theta_i}(n=0,1,2,\cdots)$ 处达到最大值；

（3）合成波是非均匀平面波；

（4）在波的传播方向（即 x 方向）上不存在磁场分量，但存在电场分量，是横磁波（TM 波）。

例 6.4.2 已知空气中磁场强度为 $\boldsymbol{H}_i=-\boldsymbol{e}_y\mathrm{e}^{-\mathrm{j}\sqrt{2}\pi(x+z)}$ A/m 的均匀平面波，向位于 $z=0$ 处的理想导体斜入射。求：(1) 入射角；(2) 入射波电场；(3) 反射波电场和磁场；(4) 合成波的电场和磁场；(5) 导体表面上的感应电流密度和电荷密度。

解：(1) 由题意可知，$k_{ix}=k_{iz}=\sqrt{2}\pi$，所以

$$\boldsymbol{k}_i=\boldsymbol{e}_xk_{ix}+\boldsymbol{e}_zk_{iz}=(\boldsymbol{e}_x+\boldsymbol{e}_z)\sqrt{2}\pi,\ k=|\boldsymbol{k}_i|=2\pi$$

故入射角为

$$\theta_i=\arctan\frac{k_{ix}}{k_{iz}}=\frac{\pi}{4}$$

(2) 入射波电场为

$$\boldsymbol{E}_i=\eta_0\boldsymbol{H}_i\times\boldsymbol{e}_i=\frac{\eta_0}{k}\boldsymbol{H}_i\times\boldsymbol{k}_i=(-\boldsymbol{e}_x+\boldsymbol{e}_z)\frac{120\pi}{\sqrt{2}}\mathrm{e}^{-\mathrm{j}\sqrt{2}\pi(x+z)}\quad \text{V/m}$$

(3) 反射波矢量为

$$\boldsymbol{k}_r=\boldsymbol{e}_xk_{ix}-\boldsymbol{e}_zk_{iz}=(\boldsymbol{e}_x-\boldsymbol{e}_z)\sqrt{2}\pi$$

由于是平行极化入射 $\Gamma_{//}=1$，故反射波磁场和电场分别为

$$\boldsymbol{H}_r=-\boldsymbol{e}_y\mathrm{e}^{-\mathrm{j}\sqrt{2}\pi(x-z)}\quad \text{A/m}$$

$$\boldsymbol{E}_r=\eta_0\boldsymbol{H}_r\times\boldsymbol{e}_r=\frac{\eta_0}{k}\boldsymbol{H}_r\times\boldsymbol{k}_r=(\boldsymbol{e}_x+\boldsymbol{e}_z)\frac{120\pi}{\sqrt{2}}\mathrm{e}^{-\mathrm{j}\sqrt{2}\pi(x-z)}\quad \text{V/m}$$

(4) 合成波的电场和磁场分别为

$$\begin{aligned}\boldsymbol{E}_1&=\boldsymbol{E}_i+\boldsymbol{E}_r\\&=[\boldsymbol{e}_x(\mathrm{e}^{\mathrm{j}\sqrt{2}\pi z}-\mathrm{e}^{-\mathrm{j}\sqrt{2}\pi z})+\boldsymbol{e}_z(\mathrm{e}^{\mathrm{j}\sqrt{2}\pi z}+\mathrm{e}^{-\mathrm{j}\sqrt{2}\pi z})]\frac{120\pi}{\sqrt{2}}\mathrm{e}^{-\mathrm{j}\sqrt{2}\pi x}\end{aligned}$$

$$=[\boldsymbol{e}_x\mathrm{j}\sin(\sqrt{2}\pi z)+\boldsymbol{e}_z\cos(\sqrt{2}\pi z)]120\sqrt{2}\pi\mathrm{e}^{-\mathrm{j}\sqrt{2}\pi x}\quad \mathrm{V/m}$$

$$\boldsymbol{H}_1=\boldsymbol{H}_\mathrm{i}+\boldsymbol{H}_\mathrm{r}=-\boldsymbol{e}_y(\mathrm{e}^{\mathrm{j}\sqrt{2}\pi z}+\mathrm{e}^{-\mathrm{j}\sqrt{2}\pi z})]\mathrm{e}^{-\mathrm{j}\sqrt{2}\pi x}=-\boldsymbol{e}_y2\cos(\sqrt{2}\pi z)\mathrm{e}^{-\mathrm{j}\sqrt{2}\pi x}\quad \mathrm{A/m}$$

（5）导体表面上的感应电流密度和电荷密度分别为

$$\boldsymbol{J}_S=\boldsymbol{e}_\mathrm{n}\times\boldsymbol{H}_1\big|_{z=0}=(-\boldsymbol{e}_z)\times(-\boldsymbol{e}_y)2\mathrm{e}^{-\mathrm{j}\sqrt{2}\pi x}=-\boldsymbol{e}_x2\mathrm{e}^{-\mathrm{j}\sqrt{2}\pi x}\quad \mathrm{A/m}$$

$$\rho_S=\varepsilon_0\boldsymbol{e}_\mathrm{n}\cdot\boldsymbol{E}_1\big|_{z=0}=-\varepsilon_0\boldsymbol{e}_z\cdot\boldsymbol{E}_1\big|_{z=0}=-120\sqrt{2}\pi\varepsilon_0\mathrm{e}^{-\mathrm{j}\sqrt{2}\pi x}\quad \mathrm{C/m^2}$$

例 6.4.3 均匀平面波从 $\mu=\mu_0$、$\varepsilon=2.25\varepsilon_0$ 的理想介质中斜入射到位于 $x=0$ 处的无限大理想导体平面上，如图 6.4.3 所示。已知入射波电场强度

$$\boldsymbol{E}_\mathrm{i}(x,y)=(-\boldsymbol{e}_x+\boldsymbol{e}_y\sqrt{3}+\boldsymbol{e}_z\mathrm{j}2)\mathrm{e}^{-\mathrm{j}\pi(\sqrt{3}x+y)}\quad \mathrm{V/m}$$

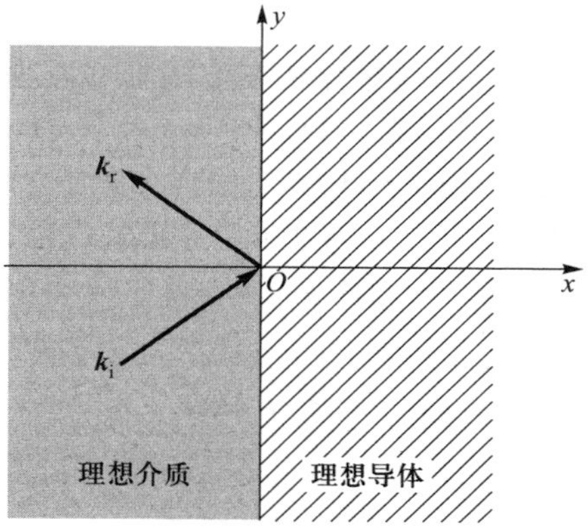

图 6.4.3　平面波对理想导体表面的斜入射

试求：(1) 频率 f、波长 λ 和磁场强度 $\boldsymbol{H}_\mathrm{i}(x,y)$；(2) 入射波的极化特性；(3) 反射波电场强度 $\boldsymbol{E}_\mathrm{r}(x,y)$ 和磁场强度 $\boldsymbol{H}_\mathrm{r}(x,y)$；(4) 理想导体表面上的感应电流密度 $\boldsymbol{J}_S(y)$ 和电荷密度 $\rho_S(y)$。

解： 由题意可知入射波的波矢量

$$\boldsymbol{k}_\mathrm{i}=\boldsymbol{e}_x\sqrt{3}\pi+\boldsymbol{e}_y\pi$$

所以

$$k_\mathrm{i}=\sqrt{k_{\mathrm{i}x}^2+k_{\mathrm{i}y}^2}=2\pi$$

$$\lambda=\frac{2\pi}{k_\mathrm{i}}=1\ \mathrm{m}$$

$$f=\frac{c}{\lambda\sqrt{\varepsilon_\mathrm{r}}}=2\times10^8\ \mathrm{Hz}$$

$$\boldsymbol{H}_\mathrm{i}(x,y)=\frac{1}{\eta}\boldsymbol{e}_\mathrm{i}\times\boldsymbol{E}_\mathrm{i}(x,y)=\frac{1}{80\pi}(\boldsymbol{e}_x\mathrm{j}-\boldsymbol{e}_y\mathrm{j}\sqrt{3}+\boldsymbol{e}_z2)\mathrm{e}^{-\mathrm{j}\pi(\sqrt{3}x+y)}(\mathrm{A/m})$$

（2）将入射波电场表示为

$$\boldsymbol{E}_{\mathrm{i}}(x,y)=(\boldsymbol{E}_{\mathrm{mR}}+\mathrm{j}\boldsymbol{E}_{\mathrm{mI}})\mathrm{e}^{-\mathrm{j}\boldsymbol{k}_{\mathrm{i}}\cdot\boldsymbol{r}}$$

其中

$$\boldsymbol{E}_{\mathrm{mR}}=-\boldsymbol{e}_x+\boldsymbol{e}_y\sqrt{3}\qquad \boldsymbol{E}_{\mathrm{mI}}=\boldsymbol{e}_z 2$$

因为

$$(\boldsymbol{E}_{\mathrm{mI}}\times\boldsymbol{E}_{\mathrm{mR}})\cdot\boldsymbol{k}=[\boldsymbol{e}_z 2\times(-\boldsymbol{e}_x+\boldsymbol{e}_y\sqrt{3})]\cdot(\boldsymbol{e}_x\sqrt{3}\pi+\boldsymbol{e}_y)<0$$

$$|\boldsymbol{E}_{\mathrm{mR}}|=|\boldsymbol{E}_{\mathrm{mI}}|=2$$

故入射波为左旋圆极化波；

（3）由边界面所在位置（$x=0$）和入射波波矢量的表示式（$\boldsymbol{k}_{\mathrm{i}}=\boldsymbol{e}_x\sqrt{3}\pi+\boldsymbol{e}_y\pi$）可知，该斜入射问题的入射面为 xy 平面。而入射波电场既有垂直极化分量，又有平行极化分量，可以直接根据理想导体表面电场和磁场满足的边界条件以及平面波对理想导体斜入射时其反射系数 $|\Gamma_{\perp}|=|\Gamma_{/\!/}|=1$ 来确定反射波。

因为理想导体表面电场切向分量为零，法向分量不为零，所以反射波电场与入射波电场的切向（$\boldsymbol{e}_y$ 和 $\boldsymbol{e}_z$）分量应等值反向，又因为反射系数 $|\Gamma_{\perp}|=|\Gamma_{/\!/}|=1$，所以反射波电场与入射波电场的法向（$\boldsymbol{e}_x$）分量应等值同向。于是得反射波电场

$$\boldsymbol{E}_{\mathrm{r}}(x,y)=(-\boldsymbol{e}_x-\boldsymbol{e}_y\sqrt{3}-\boldsymbol{e}_z\mathrm{j}2)\mathrm{e}^{-\mathrm{j}\pi(-\sqrt{3}x+y)}\ \mathrm{V/m}$$

式中

$$\boldsymbol{k}_{\mathrm{r}}=-\boldsymbol{e}_x\sqrt{3}\pi+\boldsymbol{e}_y\pi$$

为反射波的波矢量。反射波的磁场为

$$\begin{aligned}\boldsymbol{H}_{\mathrm{r}}(x,y)&=\frac{1}{\eta}\frac{\boldsymbol{k}_{\mathrm{r}}}{k_{\mathrm{r}}}\times\boldsymbol{E}_{\mathrm{r}}\\&=\frac{1}{80\pi}(-\boldsymbol{e}_x\mathrm{j}-\boldsymbol{e}_y\mathrm{j}\sqrt{3}+\boldsymbol{e}_z 2)\mathrm{e}^{-\mathrm{j}\pi(-\sqrt{3}x+y)}\ \mathrm{A/m}\end{aligned}$$

（4）导体表面上的感应电流面密度和电荷面密度分别为

$$\boldsymbol{J}_S=\boldsymbol{e}_{\mathrm{n}}\times\boldsymbol{H}_1\big|_{x=0}=-\boldsymbol{e}_x\times(\boldsymbol{H}_{\mathrm{i}}+\boldsymbol{H}_{\mathrm{r}})\big|_{x=0}=\frac{1}{40\pi}(\boldsymbol{e}_y 2+\boldsymbol{e}_z\mathrm{j}\sqrt{3})\mathrm{e}^{-\mathrm{j}\pi y}\ \mathrm{A/m}$$

$$\rho_S=\varepsilon\boldsymbol{e}_{\mathrm{n}}\cdot\boldsymbol{E}_1\big|_{x=0}=-\varepsilon\boldsymbol{e}_x\cdot(\boldsymbol{E}_{\mathrm{i}}+\boldsymbol{E}_{\mathrm{r}})\big|_{x=0}=4.5\varepsilon_0\mathrm{e}^{-\mathrm{j}\pi y}\ \mathrm{C/m^2}$$

*6.5 均匀平面波在负折射率媒质表面上的反射和透射

根据电磁理论，电磁波在媒质中的传播特性主要由媒质的介电系数和磁导

率决定,当媒质的介电系数和磁导率取不同数值时,电磁波在媒质中将表现出不同的传播特点。而当电磁波入射到不同媒质分界面时,由于分界面两侧媒质参数不同,将产生不同的反射和折射现象。自然界中大多数媒质的 ε 和 μ 均为正值,有些媒质,如等离子体,当电磁波频率小于其等离子频率时,ε 为负值。在自然界中还没有发现 μ 为负值的介质,但可以利用周期金属棒阵列和开路环谐振器阵列等结构,使其等效介电常数和磁导率在某些频率范围内均为负值,即 $\varepsilon<0$ 和 $\mu<0$。这种结构称为人工负折射率媒质,具有重要的学术研究价值和潜在的应用前景。

6.5.1 平面电磁波在负折射率媒质中的传播

在均匀、无损耗媒质中传播的均匀平面波为

$$\boldsymbol{E}=\boldsymbol{E}_{\mathrm{m}}\mathrm{e}^{-\mathrm{j}\boldsymbol{k}\cdot\boldsymbol{r}} \tag{6.5.1}$$

其中 $\boldsymbol{k}=\boldsymbol{e}_{\mathrm{n}}\omega\sqrt{\mu\varepsilon}=\boldsymbol{e}_{\mathrm{n}}k$ 为电磁波的波矢量,此时波数 $k=\omega\sqrt{\mu\varepsilon}$ 为实数。

对于单负媒质,即介电常数或磁导率为负数的媒质,由于参数 ε 和 μ 异号,所以波数 $k=-\mathrm{j}\omega\sqrt{|\mu\varepsilon|}$,为纯虚数。式(6.5.1)变为

$$\boldsymbol{E}=\boldsymbol{E}_{\mathrm{m}}\mathrm{e}^{-\omega\sqrt{|\mu\varepsilon|}\boldsymbol{e}_{\mathrm{n}}\cdot\boldsymbol{r}} \tag{6.5.2}$$

从以上两式可以看出,波数 k 由普通媒质中的相位常数变成了单负媒质中的衰减常数,电磁波在单负媒质中传播时,其振幅将随着传播距离而呈指数衰减,成为衰减场,电磁波只能透入单负媒质的表面薄层内。

对于双负媒质,又称负折射率媒质,即介电系数和磁导率同时为负数的媒质。虽然介电常数和磁导率都是负数,但它们的乘积为正,即 $k^2=\omega^2\mu\varepsilon>0$,因此,电磁波在负折射率媒质中能正常传播。电磁波在负折射率媒质中的特殊传播性质,可从麦克斯韦方程组出发来进行分析。在线性、各向同性、均匀的负折射率媒质中,对于无源区域,麦克斯韦方程为

$$\nabla\times\boldsymbol{E}=-\mathrm{j}\omega\mu\boldsymbol{H} \tag{6.5.3}$$

$$\nabla\times\boldsymbol{H}=\mathrm{j}\omega\varepsilon\boldsymbol{E} \tag{6.5.4}$$

$$\nabla\cdot\boldsymbol{E}=0 \tag{6.5.5}$$

$$\nabla\cdot\boldsymbol{H}=0 \tag{6.5.6}$$

设平面波解为

$$\boldsymbol{E}=E_{\mathrm{m}}\mathrm{e}^{-\mathrm{j}\boldsymbol{k}\cdot\boldsymbol{r}}$$

由式(6.5.3)~(6.5.6)可以推出

$$\boldsymbol{k}\times\boldsymbol{E}=\omega\mu\boldsymbol{H} \tag{6.5.7}$$

$$\boldsymbol{k}\times\boldsymbol{H}=-\omega\varepsilon\boldsymbol{E} \tag{6.5.8}$$

$$\boldsymbol{k}\cdot\boldsymbol{E}=0 \tag{6.5.9}$$

$$\boldsymbol{k}\cdot\boldsymbol{H}=0 \tag{6.5.10}$$

当 $\varepsilon>0$、$\mu>0$ 时,即媒质为普通媒质时,平面波的电场强度 $\boldsymbol{E}$、磁场强度 $\boldsymbol{H}$ 和波矢量 $\boldsymbol{k}$ 三者之间满足右手螺旋关系。因此这类媒质又称为“右手征媒质”。而当媒质为负折射率媒质时,即 $\varepsilon<0$、$\mu<0$,平面波的电场强度 $\boldsymbol{E}$、磁场强度 $\boldsymbol{H}$ 和波矢量 $\boldsymbol{k}$ 三者之间满足左手螺旋关系。也正因为如此将负折射率媒质命名为“左手征媒质”。在负折射率媒质中平面波的波矢量 $\boldsymbol{k}$ 的方向,即平面波的等相位面移动方向不是 $\boldsymbol{E}\times\boldsymbol{H}$ 的方向,而是 $\boldsymbol{H}\times\boldsymbol{E}$ 的方向。

无论是普通媒质还是负折射率媒质,坡印亭矢量 $\boldsymbol{S}=\boldsymbol{E}\times\boldsymbol{H}$,始终与电场强度 $\boldsymbol{E}$、磁场强度 $\boldsymbol{H}$ 满足右手螺旋关系。所以在负折射率媒质中,平面波的坡印亭矢量 $\boldsymbol{S}$ 和波矢量 $\boldsymbol{k}$ 反方向。图 6.5.1 给出了普通媒质和负折射率媒质中 $\boldsymbol{E}$、$\boldsymbol{H}$、$\boldsymbol{k}$、$\boldsymbol{S}$ 之间的关系。

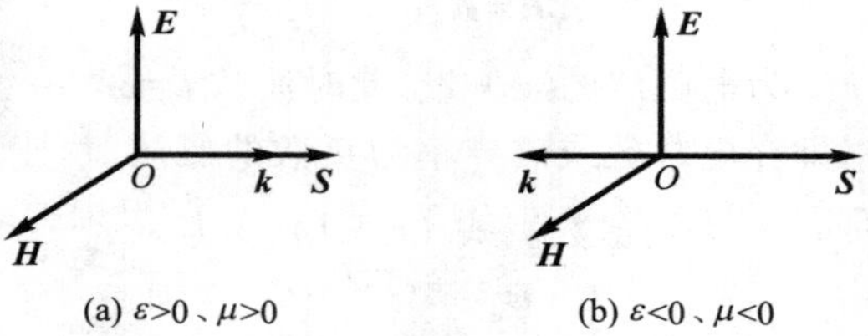

图 6.5.1 普通媒质和负折射率媒质中 $\boldsymbol{E}$、$\boldsymbol{H}$、$\boldsymbol{k}$、$\boldsymbol{S}$ 之间的关系

波矢量 $\boldsymbol{k}$ 代表等相位面移动的方向,即相速度 $\boldsymbol{v}_p$ 的方向,坡印亭矢量 $\boldsymbol{S}$ 代表能量传播方向。因此,在普通媒质中 $\boldsymbol{S}$ 与 $\boldsymbol{v}_p$ 的方向一致,即等相位面离开波源传播。在负折射率媒质中 $\boldsymbol{S}$ 与 $\boldsymbol{v}_p$ 的方向相反,即等相位面朝向波源传播。因此也将负折射率媒质称为“后向波媒质”。

若取平面波的坡印亭矢量的方向为正,在普通媒质中,波矢量为

$$\boldsymbol{k}=k\boldsymbol{S}^0=\omega\sqrt{\mu\varepsilon}\,\boldsymbol{S}^0 \tag{6.5.11}$$

$\boldsymbol{S}^0$ 为坡印亭矢量的单位矢量,即坡印亭矢量与波矢量同向。而在负折射率媒质中,由于波矢量与坡印亭矢量反向,所以波矢量应为

$$\boldsymbol{k}=-\omega\sqrt{\mu\varepsilon}\,\boldsymbol{S}^0$$

此时,平面波在负折射率媒质中的相速度为

$$\boldsymbol{v}_p=-\frac{1}{\sqrt{\mu\varepsilon}}\boldsymbol{S}^0 \tag{6.5.12}$$

而负折射率媒质的折射率为

$$n=\frac{v_{P0}}{v_p}=-\frac{\sqrt{\mu\varepsilon}}{\sqrt{\mu_0\varepsilon_0}}=-\sqrt{\mu_r\varepsilon_r}<0 \tag{6.5.13}$$

这就是为什么把 $\varepsilon<0$、$\mu<0$ 的媒质称为负折射率媒质的原因。

电磁波在负折射率媒质中传播的特点之一是会产生反常多普勒效应。多普勒效应是指由于波源和探测器的相对运动而引起探测器探测到的频率与波源发射的频率不等的现象。众所周知，在普通媒质中，波矢量 $\boldsymbol{k}$ 的方向与波的能量传播方向相同，由波源指向外。当探测器向着波源运动，即探测器运动方向与 $\boldsymbol{k}$ 的方向相反时，探测器探测到的频率会比波源频率高；而当探测器背离波源运动，即探测器运动方向与 $\boldsymbol{k}$ 的方向相同时，探测器探测到的频率会比波源频率低，且满足如下关系式：

$$\omega=\omega_0\left(1\pm\frac{v_r}{v_p}\right) \tag{6.5.14}$$

式中 ω 为探测器探测到的频率，ω_0 为波源的频率，v_r 为探测器相对于波源运动的速率，v_p 为波的相速度的大小，"+"对应探测器向着波源方向运动，"-"对应着探测器背离波源方向运动。

而在负折射率媒质中，由于波矢量 $\boldsymbol{k}$ 的方向与波的能量传播方向相反，由外指向波源，所以当探测器向着波源方向运动时，探测器的运动方向与 $\boldsymbol{k}$ 的方向相同，探测器探测到的频率会比波源频率低。而当探测器背离波源方向运动时，探测器的运动方向与 $\boldsymbol{k}$ 的方向相反，探测器探测到的频率会比波源频率高。与常规媒质中的多普勒效应恰巧相反，所以称负折射率媒质中的多普勒效应为反常多普勒效应。探测器探测到的频率和波源的频率仍满足关系式(6.5.14)，但"+"对应探测器背离波源方向运动，"-"对应探测器向着波源方向运动。

6.5.2 平面波在普通媒质与负折射率媒质分界面上的反射和透射

当电磁波斜入射到两种普通媒质分界面($z=0$)时，根据相位匹配关系

$$k_{ix}=k_{rx}=k_{tx}$$

因此 $\boldsymbol{k}_i$、$\boldsymbol{k}_t$ 应位于分界面法线的异侧，如图 6.5.2(a)所示。

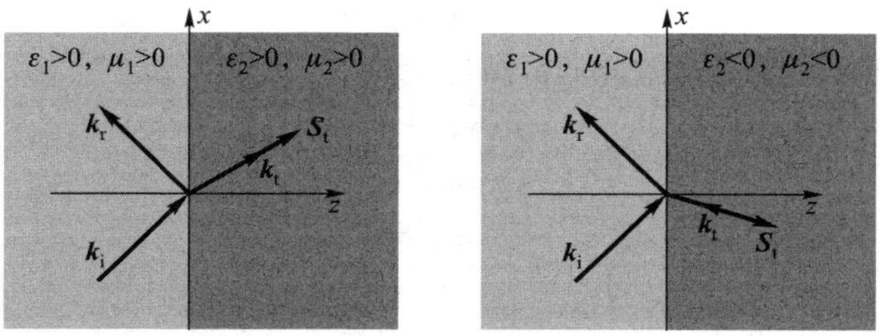

(a) 两种普通媒质分界面 (b) 普通媒质与负折射率媒质分界面

图 6.5.2 均匀平面波在不同媒质分界面上的反射与透射

当电磁波斜入射到普通媒质与负折射率媒质分界面时，仍有

$$k_{ix}=k_{rx}=k_{tx}$$

由于媒质2为负折射率媒质，透射波的波矢量 $\boldsymbol{k}_t$ 与透射波的坡印廷矢量 $\boldsymbol{S}_t$ 的方向相反。而 $\boldsymbol{S}_t$ 只能取离开波源方向，于是 $\boldsymbol{k}_t$ 就只能取如图 6.5.2(b) 所示方向。也就是说 $\boldsymbol{k}_i$、$\boldsymbol{k}_t$ 位于分界面法线的同侧。这种现象称为逆斯耐尔效应，或负折射效应。

均匀平面波在普通媒质与负折射率媒质分界面处的反射系数和透射系数，同样分为入射波为垂直极化和平行极化两种情况讨论。以垂直极化为例，如图 6.5.3 所示。由于逆斯耐尔效应，以及在负折射率媒质中的透射波满足 $\boldsymbol{k}_t//(\boldsymbol{H}_t\times\boldsymbol{E}_t)$。所以，根据在 $z=0$ 的分界面上电场切向分量连续和磁场切向分量连续的边界条件得

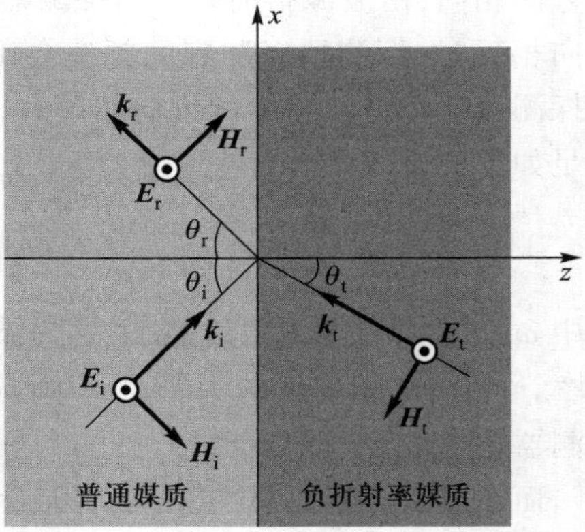

图 6.5.3 垂直极化波在普通媒质与负折射率媒质分界面上的反射与透射

$$E_{im}+E_{rm}=E_{tm}$$

$$-\frac{E_{im}}{\eta_1}\cos\theta_i+\frac{E_{rm}}{\eta_1}\cos\theta_i=-\frac{E_{tm}}{\eta_2}\cos\theta_t$$

将以上两式与前面求解普通媒质分界面上的 $\Gamma_\perp$ 和 $\tau_\perp$ 时得到的式(6.3.20)和式(6.3.21)进行比较，结果完全相同。因此，垂直极化波在普通媒质和负折射率媒质分界面处反射系数和透射系数，与在普通媒质和普通媒质分界面处反射系数和透射系数相同

$$\Gamma'_\perp=\frac{\eta_2\cos\theta_i-\eta_1\cos\theta_t}{\eta_2\cos\theta_i+\eta_1\cos\theta_t} \tag{6.5.15}$$

$$\tau'_\perp=\frac{2\eta_2\cos\theta_i}{\eta_2\cos\theta_i+\eta_1\cos\theta_t} \tag{6.5.16}$$

同理，对于平行极化入射也有相同的结论

$$\Gamma'_{//}=\frac{\eta_1\cos\theta_i-\eta_2\cos\theta_t}{\eta_1\cos\theta_i+\eta_2\cos\theta_t} \tag{6.5.17}$$

$$\tau'_{//}=\frac{2\eta_2\cos\theta_i}{\eta_1\cos\theta_i+\eta_2\cos\theta_t} \tag{6.5.18}$$

因此，无论是在普通媒质分界面，还是在普通媒质与负折射率媒质分界面上，反射波、透射波与入射波场强的比值关系均满足相同的菲涅耳公式，但当波离开分

界面以后，其传播规律将由媒质的电磁特性，即介电常数和磁导率的正负来决定。

需要特别指出的是，当 $\varepsilon_2=-\varepsilon_1$，$\mu_2=-\mu_1$ 时，分界面右侧负折射率媒质的波阻抗等于常规媒质的波阻抗，即 $\eta_1=\eta_2$，此时，无论入射波是垂直极化还是平行极化，都不受入射角度的影响，均有 $\Gamma'_{\perp}=\Gamma'_{//}=0$，$\tau'_{\perp}=\tau'_{//}=1$。即分界面处不会产生反射波，只有透射波。

如今人们已经开始广泛研究利用媒质参数为 $\varepsilon=-\varepsilon_0$，$\mu=-\mu_0$ 的负折射率媒质平板来实现"完美透镜"，如图 6.5.4 所示。假设波源发出的波由两部分组成，一部分是传输波 $E_{\mathrm{m}}\mathrm{e}^{-\mathrm{j}\beta z}$，另一部分是凋落波 $E_{\mathrm{m}}\mathrm{e}^{-\alpha z}$。传输波的相位随着传输距离而变化，但振幅不变。经过分界面后，由于无反射波，幅度仍然不变。凋落波的振幅随着传输距离呈指数衰减，普通的透镜（如光学凸透镜）不能使凋落波恢复，这部分信息会随着传输距离的增加被损失掉了。但在负折射率媒质中，由于负折射率媒质中波的传播方向与普通媒质中波的传播方向相反，凋落波变为 $E_{\mathrm{m}}\mathrm{e}^{\alpha z}$，即波源中的凋落部分能够与负折射率媒质产生耦合作用并被放大，最后在像平面上恢复到原来的场值。由于波源的所有成分都参与了成像，从而可实现完美成像。

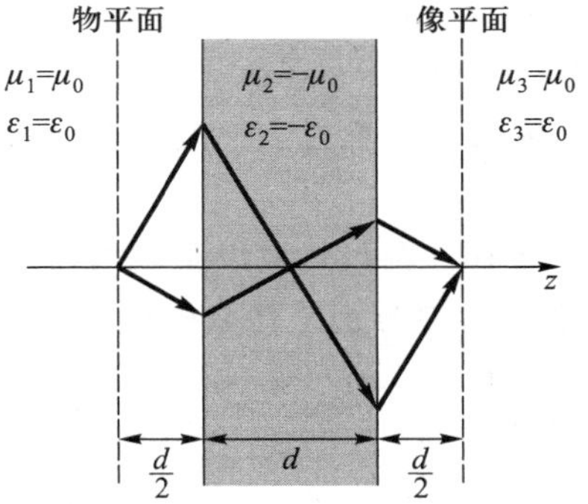

图 6.5.4　负折射率媒质平板成像原理

思考题

6.1　试述反射系数和透射系数的定义，它们之间存在什么关系？

6.2　什么是驻波？它与行波有何区别？

6.3　均匀平面波垂直入射到两种理想媒质分界面时，在什么情况下，反射系数大于 0？在什么情况下，反射系数小于 0？

6.4　均匀平面波向理想导体表面垂直入射时，理想导体外面的合成波具有什么特点？

6.5　均匀平面波垂直入射到两种理想媒质分界面时，在什么情况下，分界面上的合成波电场为最大值？在什么情况下，分界面上的合成波电场为最小值？

6.6　一个右旋圆极化波垂直入射到两种媒质分界面上，其反射波是什么极化波？

6.7　试述驻波比的定义，它与反射系数之间有什么关系？

6.8　什么是波阻抗？在什么情况下波阻抗等于媒质的本征阻抗？

6.9　什么是相位匹配条件？

6.10　什么是反射定律和折射定律？

6.11　什么是入射平面？什么是垂直极化入射波？什么是平行极化入射波？

6.12　什么是全反射现象？在什么情况下会发生全反射现象？如何计算全反射的临界角？

6.13　发生全反射时，透射媒质中是否存在电磁波？其特性是什么？

6.14　什么是全透射现象？在什么情况下会发生全透射现象？如何计算布儒斯特角？

6.15　什么是表面波？在什么情况下均匀平面波透过媒质分界面后会成为表面波？

6.16　圆极化波以布儒斯特角入射到两种非磁性媒质分界面上时，其反射波和透射波分别是什么极化波？

6.17　平行极化波斜入射到理想导体表面上时，理想导体外面的合成波具有什么特点？

6.18　垂直极化波斜入射到理想导体表面上时，理想导体外面的合成波具有什么特点？

一 习　题 一

6.1　有一频率为 100 MHz、沿 y 方向极化的均匀平面波从空气（$x<0$ 区域）中垂直入射到位于 $x=0$ 的理想导体板上。设入射波电场 $\boldsymbol{E}_{\mathrm{i}}$ 的振幅为 10 V/m，试求：(1) 入射波电场 $\boldsymbol{E}_{\mathrm{i}}$ 和磁场 $\boldsymbol{H}_{\mathrm{i}}$ 的复矢量；(2) 反射波电场 $\boldsymbol{E}_{\mathrm{r}}$ 和磁场 $\boldsymbol{H}_{\mathrm{r}}$ 的复矢量；(3) 合成波电场 $\boldsymbol{E}_1$ 和磁场 $\boldsymbol{H}_1$ 的复矢量；(4) 距离导体平面最近的合成波电场 $\boldsymbol{E}_1$ 为 0 的位置；(5) 距离导体平面最近的合成波磁场 $\boldsymbol{H}_1$ 为 0 的位置。

6.2　均匀平面波沿 $+z$ 方向传播，其电场强度矢量为

$$\boldsymbol{E}=\boldsymbol{e}_x 100\sin(\omega t-\beta z)+\boldsymbol{e}_y 200\cos(\omega t-\beta z)\quad \mathrm{V/m}$$

(1) 应用麦克斯韦方程求相伴的磁场 $\boldsymbol{H}$；

(2) 若在波传播方向上 $z=0$ 处，放置一无限大的理想导体板，求 $z<0$ 区域中

的 $\boldsymbol{E}_1$ 和 $\boldsymbol{H}_1$；

（3）求理想导体板表面的电流密度。

6.3　均匀平面波的频率为 16 GHz，在聚苯乙烯（$\sigma_1=0$、$\varepsilon_{r1}=2.55$、$\mu_{r1}=1$）中沿 $\boldsymbol{e}_z$ 方向传播，在 $z=0.82$ cm 处遇到理想导体，试求：

（1）电场 $\boldsymbol{E}=0$ 的位置；

（2）聚苯乙烯中 E_{max} 和 H_{max} 的比值。

6.4　均匀平面波的电场振幅为 $E_{im}=100$ V/m，从空气中垂直入射到无损耗媒质平面上（媒质的 $\sigma_2=0$、$\varepsilon_{r2}=4$、$\mu_{r2}=1$），求反射波与透射波的电场振幅。

6.5　设有一电磁波，其电场沿 x 方向、频率为 1 GHz、振幅为 100 V/m、初相位为 0，垂直入射到一无损耗媒质表面，如图题 6.5 所示。

（1）求每一区域中的波阻抗和传播常数；

（2）分别求两区域中的电场、磁场的瞬时形式。

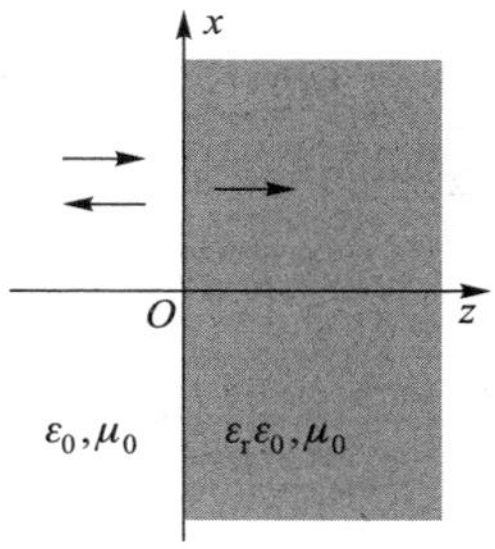

图题 6.5

6.6　均匀平面波从媒质 1 垂直入射到与媒质 2 的平面分界面上，已知 $\sigma_1=\sigma_2=0$、$\mu_1=\mu_2=\mu_0$。求使入射波的平均功率的 10%被反射时的 $\dfrac{\varepsilon_{r2}}{\varepsilon_{r1}}$ 的值。

6.7　入射波电场 $\boldsymbol{E}_i=\boldsymbol{e}_x 10\cos(3\pi\times10^9 t-10\pi z)$ V/m，从空气（$z<0$ 区域）中垂直入射到 $z=0$ 的分界面上，在 $z>0$ 区域中 $\mu_r=1$、$\varepsilon_r=4$、$\sigma=0$。求 $z>0$ 区域的电场 $\boldsymbol{E}_2$ 和磁场 $\boldsymbol{H}_2$。

6.8　已知 $z<0$ 区域中媒质 1 的 $\sigma_1=0$、$\varepsilon_{r1}=4$、$\mu_{r1}=1$，$z>0$ 区域中媒质 2 的 $\sigma_2=0$、$\varepsilon_{r2}=10$、$\mu_{r2}=4$，角频率 $\omega=5\times10^8$ rad/s 的均匀平面波从媒质 1 垂直入射到分界面上。设入射波是沿 x 轴方向的线极化波，在 $t=0$、$z=0$ 时入射波电场振幅为 2.4 V/m。试求：

（1）β_1 和 β_2；

（2）反射系数 Γ；

（3）媒质 1 的电场 $\boldsymbol{E}_1(z,t)$；

（4）媒质 2 的电场 $\boldsymbol{E}_2(z,t)$；

（5）$t=5$ ns 时，媒质 1 中的磁场 $\boldsymbol{H}_1(-1,t)$ 的值。

6.9　一圆极化波自空气中垂直入射于一介质板上，介质板的本征阻抗为 η_2。入射波电场为 $\boldsymbol{E}=E_m(\boldsymbol{e}_x+\boldsymbol{e}_y\mathrm{j})\mathrm{e}^{-\mathrm{j}\beta z}$，求反射波与透射波的电场，它们的极化情况如何？

6.10　证明：均匀平面波从本征阻抗为 η_1 的无耗媒质垂直入射至另一种本征阻抗为 η_2 的无耗媒质的平面上，两种媒质中功率密度的时间平均值相等。

6.11 均匀平面波垂直入射到两种无损耗电介质分界面上,当反射系数与透射系数的大小相等时,其驻波比等于多少?

6.12 均匀平面波从空气垂直入射到某电介质平面时,空气中的驻波比为2.7,介质平面上为驻波电场最小点,求电介质的介电常数。

6.13 均匀平面波从空气中垂直入射到理想电介质($\varepsilon=\varepsilon_r\varepsilon_0$、$\mu_r=1$、$\sigma=0$)表面上。测得空气中驻波比为2,电场振幅最大值相距1.0 m,且第一个最大值距离介质表面0.5 m。试确定电介质的相对介电常数ε_r。

6.14 $z<0$的区域1和$z>0$的区域2都是理想电介质,频率$f=3\times10^9$ Hz的均匀平面波沿$\boldsymbol{e}_z$方向传播,在两种电介质中的波长分别为$\lambda_1=5$ cm和$\lambda_2=3$ cm。(1) 计算入射波能量被反射的百分比;(2) 计算区域1中的驻波比。

6.15 频率$f=20$ MHz的均匀平面波由空气中垂直入射到海平面上,已知海水的$\varepsilon_r=81$、$\mu_r=1$、$\sigma=4$ S/m。试确定入射功率被海平面反射的百分比。

6.16 均匀平面波的电场强度为$\boldsymbol{E}_i=\boldsymbol{e}_x10\mathrm{e}^{-\mathrm{j}6z}$,该波从空中垂直入射到$\varepsilon_r=2.5$、损耗角正切为0.5的导电媒质表面上,如图题6.16所示。

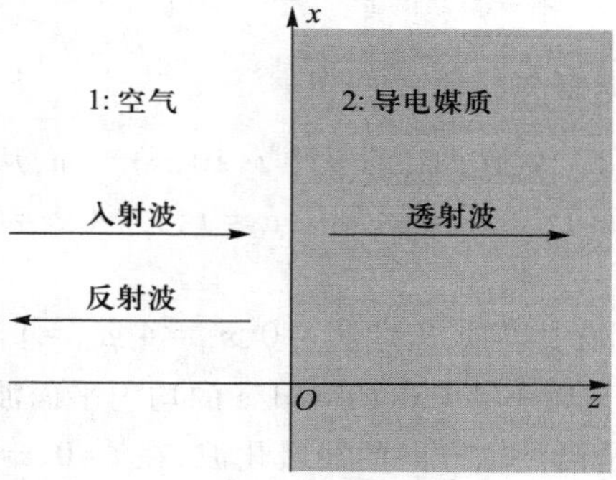

图题 6.16

(1) 求反射波和透射波的电场与磁场的瞬时表达式;

(2) 求空气中及损耗媒质中的时间平均坡印廷矢量。

6.17 $z<0$为自由空间,$z>0$的区域中为导电媒质($\varepsilon=20$ pF/m、$\mu=5$ μH/m及$\sigma=0.004$ S/m)。均匀平面波垂直入射到分界面上,已知入射波电场$E_{ix}=100\mathrm{e}^{-\alpha_1 z}\cos(10^8t-\beta_1 z)$ V/m。试求:

(1) α_1和β_1;

(2) 分界面上的反射系数Γ;

(3) 反射波电场E_{rx};

(4) 透射波电场E_{tx}。

6.18 在自由空间($z<0$)中沿$+z$方向传播的均匀平面波,垂直入射到$z=0$处的导体平面上。导体的电导率$\sigma=61.7$ MS/m、$\mu_r=1$。自由空间电磁波的频率$f=1.5$ MHz、电场振幅为1 V/m。在分界面($z=0$)处,$\boldsymbol{E}$由下式给出

$$\boldsymbol{E}(0,t)=\boldsymbol{e}_y\sin 2\pi ft$$

对于$z>0$的区域,求$\boldsymbol{H}_2(z,t)$。

6.19 如图题6.19所示,$z>0$区域的媒质的介电常数为ε_2,在此媒质前置有厚度为d、介电常数为ε_1的介质板。对于一个从左面垂直入射来的TEM波,证明当$\varepsilon_{r1}=\sqrt{\varepsilon_{r2}}$、$d=\dfrac{\lambda}{4\sqrt{\varepsilon_{r1}}}$时($\lambda$为自由空间的波长),没有反射。

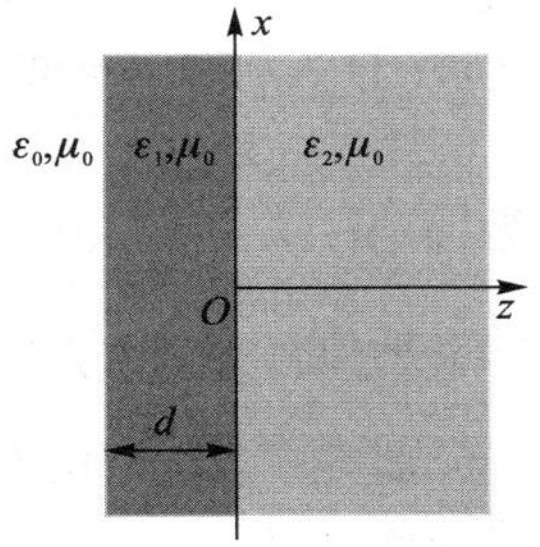

图题6.19

6.20 均匀平面波从空气中垂直入射到厚度$d_2=\dfrac{\lambda_2}{8}$ m的聚丙烯($\varepsilon_{r2}=2.25$、$\mu_{r2}=1$、$\sigma_2=0$)平板上。(1)计算入射波能量被反射的百分比;(2)计算空气中的驻波比。

6.21 最简单的天线罩是单层电介质板。若已知电介质板的介电常数$\varepsilon=2.8\varepsilon_0$,试问电介质板的厚度应为多少方可使频率为3 GHz的电磁波垂直入射到电介质板面时没有反射?当频率分别为3.1 GHz及2.9 GHz时,反射增大多少?

6.22 图题6.22所示为隐身飞机的原理示意图。在表示机身的理想导体表面覆盖一层厚度$d_3=\lambda_3/4$的理想介质膜,又在介质膜上涂一层厚度为d_2的良导体材料。试确定消除电磁波从良导体表面上反射的条件。

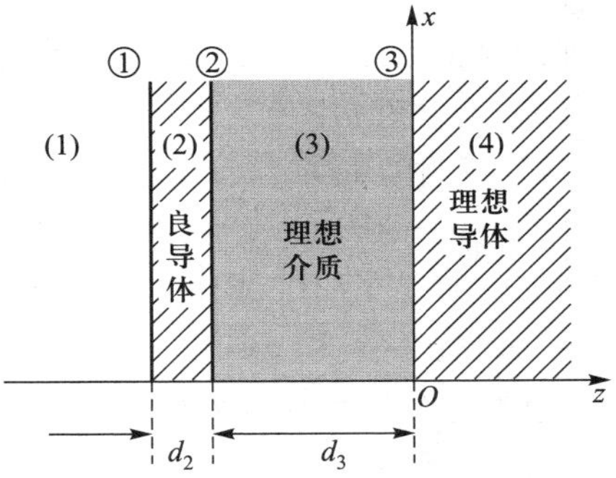

图题6.22

6.23 均匀平面波从空气中以30°的入射角进入折射率为$n_2=2$的玻璃中,试分别就下列两种情况计算入射波能量被反射的百分比:

(1)入射波为垂直极化波;

(2)入射波为平行极化波。

6.24 垂直极化的均匀平面波从淡水中以入射角$\theta_i=20°$投射到水与空气的分界面上,已知淡水的$\varepsilon_r=81$、$\mu_r=1$、$\sigma=0$。试求:

(1)临界角;

(2)反射系数与透射系数;

（3）波在空气中传播一个波长的距离的衰减量（以 dB 表示）。

6.25 均匀平面波从 $\mu=\mu_0$、$\varepsilon=4\varepsilon_0$ 的理想电介质中斜入射到与空气的分界面上。试问：（1）希望在分界面上产生全反射，应该采取多大的入射角？（2）若入射波是圆极化波，而只希望反射波成为单一的直线极化波，应以什么入射角入射？

6.26 频率 $f=300$ kHz 的均匀平面波从媒质 1（$\mu_1=\mu_0$、$\varepsilon_1=4\varepsilon_0$、$\sigma_1=0$）斜入射到媒质 2（$\mu_2=\mu_0$、$\varepsilon_2=\varepsilon_0$、$\sigma_2=0$）。（1）若入射波是垂直极化波，入射角 $\theta_i=60°$，试问在空气中的透射波的传播方向如何？相速是多少？（2）若入射波是圆极化波，且入射角 $\theta_i=60°$，试问反射波是什么极化波？

6.27 一垂直极化波从水中以 45°角入射到水与空气的分界面上，设水的参数为：$\mu=\mu_0$、$\varepsilon=81\varepsilon_0$、$\sigma=0$。若 $t=0$、$z=0$ 时，入射波电场 $E_{im}=1$ V/m，试求空气中的电场值：（1）在分界面上；（2）离分界面 $\dfrac{\lambda}{4}$ 处。

6.28 一个线极化均匀平面波从自由空间斜入射到 $\sigma_1=0$、$\varepsilon_{r1}=4$、$\mu_{r1}=1$ 的理想介质分界面上，如果入射波的电场与入射面的夹角为 45°。试问：

（1）入射角 θ_i 为何值时，反射波为垂直极化波？

（2）此时反射波的平均功率是入射波的百分之几？

6.29 有一正弦均匀平面波由空气斜入射到位于 $z=0$ 的理想导体平面上，其电场强度的复数形式为 $\boldsymbol{E}_i(x,z)=\boldsymbol{e}_y 10\mathrm{e}^{-\mathrm{j}(6x+8z)}$ V/m。试求：

（1）入射波的频率 f 与波长 λ；

（2）$\boldsymbol{E}_i(x,z,t)$ 和 $\boldsymbol{H}_i(x,z,t)$ 的瞬时表达式。

（3）入射角 θ_i；

（4）反射波的 $\boldsymbol{E}_r(x,z)$ 和 $\boldsymbol{H}_r(x,z)$；

（5）总场的 $\boldsymbol{E}_1(x,z)$ 和 $\boldsymbol{H}_1(x,z)$。

6.30 频率 $f=100$ MHz 的平行极化正弦均匀平面波，在空气（$z<0$ 的区域）中以入射角 $\theta_i=60°$ 斜入射到 $z=0$ 处的理想导体表面。设入射波磁场的振幅为 0.1 A/m、方向为 y 方向，如图题 6.30 所示。

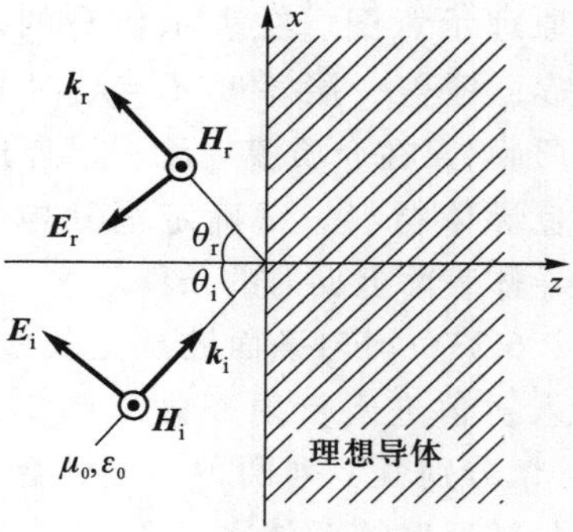

图题 6.30

（1）求出入射波、反射波的电场和磁场表达式；

（2）求理想导体表面上的感应电流和电荷密度；

（3）求空气中的平均功率密度。

第 6 章部分习题答案

第 7 章
导行电磁波

前面讨论了电磁波在无界空间的传播以及电磁波对平面分界面的反射与透射现象。在这一章中将讨论电磁波在有界空间的传播,即导波系统中的电磁波。所谓导波系统,是指引导电磁波沿一定方向传播的装置,被引导的电磁波称为导行波。常见的导波系统有规则金属波导(如矩形波导、圆波导)、传输线(如平行双线、同轴线)和表面波波导(如微带线),图 7.0.1 给出了一些常见的导波系统。

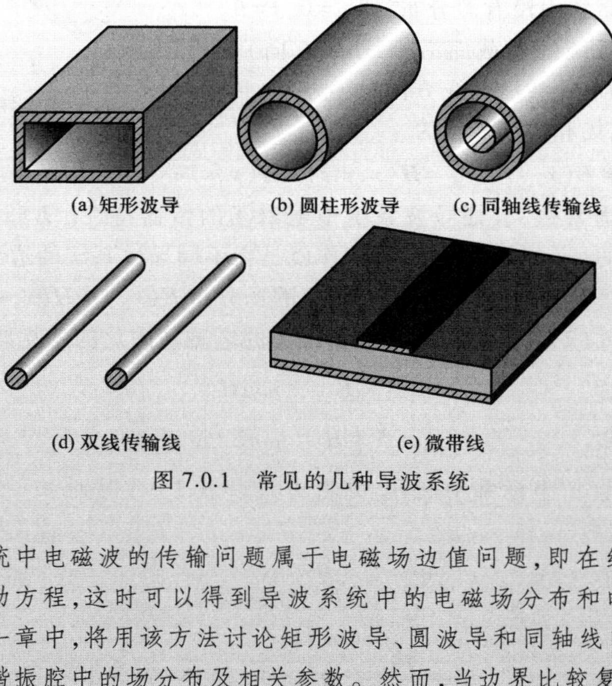

图 7.0.1　常见的几种导波系统

导波系统中电磁波的传输问题属于电磁场边值问题,即在给定边界条件下解电磁波动方程,这时可以得到导波系统中的电磁场分布和电磁波的传播特性。在这一章中,将用该方法讨论矩形波导、圆波导和同轴线中的电磁波传播问题以及谐振腔中的场分布及相关参数。然而,当边界比较复杂时,用这种方法得到解析解就很困难。如果是双导体(或多导体)导波系统且传播的电磁波频率不太高,就可以引入分布参数,用“电路”中的电压和电流等效导波系统中的电场和磁场,这种方法称为“等效传输线”法。这一章将用该方法讨论平行双线和同轴线中波的传播特性。

—7.1 导行电磁波概论—

任意截面的均匀导波系统如图7.1.1所示。在讨论均匀导波系统中电磁波的传播时,通常作如下假设:

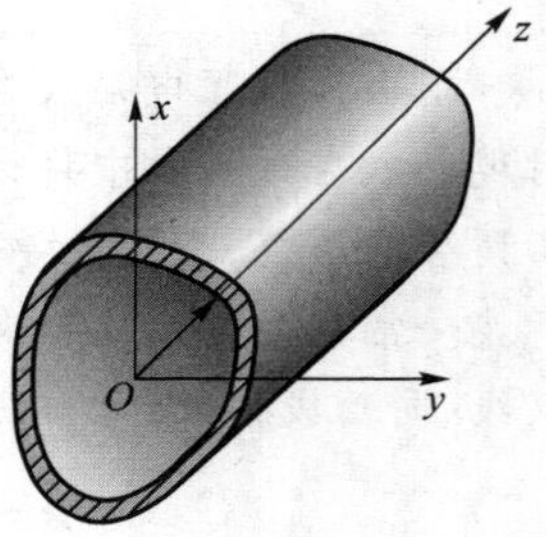

图7.1.1 任意截面的均匀导波系统

(1) 构成导波系统的导体是理想导体,即 $\sigma=\infty$。

(2) 导波系统内填充的媒质为各向同性的理想介质,即 $\sigma=0$。

(3) 导波系统内的电磁场是时谐场,角频率为 ω。

(4) 导波系统内没有源分布,即 $\rho=0$、$\boldsymbol{J}=0$。

(5) 导波系统的横截面沿轴线(z方向)是均匀的,导波系统的电磁波沿轴线方向($+z$方向)传播,不会产生反射,电场和磁场表示为

$$\boldsymbol{E}(x,y,z)=\boldsymbol{E}(x,y)\mathrm{e}^{-\gamma z},\quad \boldsymbol{H}(x,y,z)=\boldsymbol{H}(x,y)\mathrm{e}^{-\gamma z} \tag{7.1.1}$$

式中 γ 称为传播常数,表征导波系统中电磁场的传播特性。$\boldsymbol{E}(x,y)$、$\boldsymbol{H}(x,y)$为导波系统中的场分布。将进行的工作就是在不同导波系统的边界条件下求解麦克斯韦方程组,得到传播常数 γ 和相应的场分布 $\boldsymbol{E}(x,y)$、$\boldsymbol{H}(x,y)$。

由假设条件(2)~(4)可知,导波系统内的电磁场满足的麦克斯韦方程为

$$\nabla\times\boldsymbol{E}=-\mathrm{j}\omega\mu\boldsymbol{H} \tag{7.1.2}$$

$$\nabla\times\boldsymbol{H}=\mathrm{j}\omega\varepsilon\boldsymbol{E} \tag{7.1.3}$$

将以上两式在直角坐标系中展开,并考虑式(7.1.1)可得到 x、y、z 三个分量的6个标量方程:

$$\frac{\partial E_z}{\partial y}+\gamma E_y=-\mathrm{j}\omega\mu H_x \tag{7.1.4a}$$

$$-\frac{\partial E_z}{\partial x}-\gamma E_x=-\mathrm{j}\omega\mu H_y \tag{7.1.4b}$$

$$\frac{\partial E_y}{\partial x}-\frac{\partial E_x}{\partial y}=-\mathrm{j}\omega\mu H_z \tag{7.1.4c}$$

$$\frac{\partial H_z}{\partial y}+\gamma H_y=\mathrm{j}\omega\varepsilon E_x \tag{7.1.4d}$$

$$-\frac{\partial H_z}{\partial x}-\gamma H_x=\mathrm{j}\omega\varepsilon E_y \tag{7.1.4e}$$

$$\frac{\partial H_y}{\partial x}-\frac{\partial H_x}{\partial y}=\mathrm{j}\omega\varepsilon E_z \tag{7.1.4f}$$

由以上 6 个方程经过简单运算，可将导波系统中的横向场分量 E_x、E_y、H_x、H_y 用两个纵向场分量 E_z 和 H_z 来表示，得

$$H_x=-\frac{1}{k_c^2}\left(\gamma\frac{\partial H_z}{\partial x}-\mathrm{j}\omega\varepsilon\frac{\partial E_z}{\partial y}\right) \tag{7.1.5a}$$

$$H_y=-\frac{1}{k_c^2}\left(\gamma\frac{\partial H_z}{\partial y}+\mathrm{j}\omega\varepsilon\frac{\partial E_z}{\partial x}\right) \tag{7.1.5b}$$

$$E_x=-\frac{1}{k_c^2}\left(\gamma\frac{\partial E_z}{\partial x}+\mathrm{j}\omega\mu\frac{\partial H_z}{\partial y}\right) \tag{7.1.5c}$$

$$E_y=-\frac{1}{k_c^2}\left(\gamma\frac{\partial E_z}{\partial y}-\mathrm{j}\omega\mu\frac{\partial H_z}{\partial x}\right) \tag{7.1.5d}$$

式中

$$k_c^2=\gamma^2+k^2 \quad k=\omega\sqrt{\mu\varepsilon} \tag{7.1.6}$$

k_c 称为截止波数。

式(7.1.5a)~(7.1.5d)为均匀导波系统中纵向场分量与横向场分量的关系式。由该关系式可知，导波系统中的横向场分量可由纵向场分量确定。根据纵向场分量 E_z 和 H_z 的存在与否，可将导波系统中传播的电磁波分为三类：

(1) 既无 E_z 分量又无 H_z 分量，只存横向场分量，称为横电磁波(即 TEM 波)，其电力线与磁力线都在导波系统的横截面内。

(2) $H_z=0$ 但 $E_z\neq 0$，称为横磁波(即 TM 波)，这种电磁波磁力线在导波系统的横截面内。

(3) $E_z=0$ 但 $H_z\neq 0$，称为横电波(即 TE 波)，这种电磁波电力线在导波系统的横截面内。

7.1.1 TEM 波

对于 TEM 波，因为 $E_z=0$ 和 $H_z=0$，所以，除非 $k_c^2=\gamma^2+k^2=0$，否则由式(7.1.5a)~(7.1.5d)只能得到零解。因此，对于 TEM 波有

$$\gamma_{\mathrm{TEM}}^2+k^2=0 \tag{7.1.7}$$

从而可得到波导中的 TEM 波的传播参数：

传播常数

$$\gamma = \gamma_{\text{TEM}} = \text{j}k = \text{j}\omega\sqrt{\varepsilon\mu} \tag{7.1.8}$$

相速度

$$v_{\text{p}} = \frac{1}{\sqrt{\varepsilon\mu}} \tag{7.1.9}$$

导波系统的波阻抗 Z 定义为横向电场与横向磁场的比值。对于 TEM 波，由式(7.1.4a)和(7.1.4b)可得到

$$Z_{\text{TEM}} = \frac{E_x}{H_y} = -\frac{E_y}{H_x} = \frac{\gamma}{\text{j}\omega\varepsilon} = \frac{\text{j}\omega\mu}{\gamma} = \sqrt{\frac{\mu}{\varepsilon}} \tag{7.1.10}$$

电场与磁场的关系

$$\boldsymbol{H} = \frac{1}{Z_{\text{TEM}}}\boldsymbol{e}_z \times \boldsymbol{E} \tag{7.1.11}$$

从以上的分析可知，导波系统中的 TEM 波的传播特性与无界空间中的均匀平面波的传播特性相同。

需要指出的是，空心导体波导中不能传播 TEM 波。这是因为假如在波导内存在 TEM 波，由于磁场只有横向分量，则磁力线应在横向平面内闭合，这时就要求在波导内存在纵向的传导电流或位移电流。但是，因为是单导体波导，其内没有纵向传导电流。又因为 TEM 波的纵向电场 $E_z = 0$，所以也没有纵向的位移电流。

7.1.2 TM 波和 TE 波

1. 横磁波(TM 波)

TM 波在传播方向上没有磁场分量，即 $H_z = 0$。故由式(7.1.5a)~(7.1.5d)得到 TM 波的纵向场分量与横向场分量关系

$$\begin{cases} H_x = \dfrac{\text{j}\omega\varepsilon}{k_{\text{c}}^2}\dfrac{\partial E_z}{\partial y} \\ H_y = -\dfrac{\text{j}\omega\varepsilon}{k_{\text{c}}^2}\dfrac{\partial E_z}{\partial x} \\ E_x = -\dfrac{\gamma}{k_{\text{c}}^2}\dfrac{\partial E_z}{\partial x} \\ E_y = -\dfrac{\gamma}{k_{\text{c}}^2}\dfrac{\partial E_z}{\partial y} \end{cases} \tag{7.1.12}$$

同样,可以定义 TM 波的波阻抗 $Z_{\text{TM}}=\dfrac{E_x}{H_y}=-\dfrac{E_y}{H_x}$,并由式(7.1.12)得

$$Z_{\text{TM}}=\frac{\gamma}{\mathrm{j}\omega\varepsilon} \tag{7.1.13}$$

TM 波电场和磁场的关系为

$$\boldsymbol{H}=\frac{1}{Z_{\text{TM}}}\boldsymbol{e}_z\times\boldsymbol{E} \tag{7.1.14}$$

2. 横电波(TE 波)

TE 波在传播方向上没有电场分量,即 $E_z=0$。故由式(7.1.5a)~(7.1.5d)得 TE 波的纵向场分量与横向场分量关系

$$\begin{cases} H_x=-\dfrac{\gamma}{k_c^2}\dfrac{\partial H_z}{\partial x} \\ H_y=-\dfrac{\gamma}{k_c^2}\dfrac{\partial H_z}{\partial y} \\ E_x=-\dfrac{\mathrm{j}\omega\mu}{k_c^2}\dfrac{\partial H_z}{\partial y} \\ E_y=\dfrac{\mathrm{j}\omega\mu}{k_c^2}\dfrac{\partial H_z}{\partial x} \end{cases} \tag{7.1.15}$$

TE 波的波阻抗

$$Z_{\text{TE}}=\frac{E_x}{H_y}=-\frac{E_y}{H_x}=\frac{\mathrm{j}\omega\mu}{\gamma} \tag{7.1.16}$$

TE 波电场和磁场的关系为

$$\boldsymbol{E}=-Z_{\text{TE}}(\boldsymbol{e}_z\times\boldsymbol{H}) \tag{7.1.17}$$

对于 TM 波和 TE 波,因为 $E_z\neq0$ 或 $H_z\neq0$,所以 $k_c^2=\gamma^2+k^2\neq0$,因此 TM 波和 TE 的传播常数

$$\gamma=\sqrt{k_c^2-k^2} \tag{7.1.18}$$

由式(7.1.18)可知:当 $k^2>k_c^2$ 时,γ 为虚数,可表示为 $\gamma=\mathrm{j}\beta=\mathrm{j}\sqrt{k^2-k_c^2}$,所以 $\mathrm{e}^{-\gamma z}=\mathrm{e}^{-\mathrm{j}\beta z}$,表明电磁波在导波系统中是沿 z 方向传播的行波,$\beta=\sqrt{k^2-k_c^2}$ 为相位常数;当 $k^2<k_c^2$ 时,γ 为实数,所以 $\mathrm{e}^{-\gamma z}$ 成为衰减因子,电磁波在导波系统中沿 z 方向按指数衰减,没有传播,导波系统处于截止状态;当 $k^2=k_c^2$ 时,$\gamma=0$,所以 $\mathrm{e}^{-\gamma z}=1$,电磁波也没有沿 z 方向传播,导波系统也处于截止状态。因此,只有当 $k^2>k_c^2$

时，TM 波和 TE 波才能在导波系统中传播，而 $k^2 \leqslant k_c^2$ 时，导波系统处于截止状态，故将 k_c 称为导波系统中的截止波数。

当 $k=k_c$ 时的角频率

$$\omega_c = \frac{k_c}{\sqrt{\mu\varepsilon}} \tag{7.1.19}$$

称为截止角频率，相应的频率

$$f_c = \frac{\omega_c}{2\pi} = \frac{k_c}{2\pi\sqrt{\mu\varepsilon}} \tag{7.1.20}$$

称为截止频率，相应的波长

$$\lambda_c = \frac{2\pi}{k_c} = \frac{v_p}{f_c} \tag{7.1.21}$$

称为截止波长。式中 $v_p = \dfrac{1}{\sqrt{\mu\varepsilon}}$ 为无界均匀介质中电磁波的相速度。

金属空心波导内可以存在 TM 波和 TE 波，它们的传播特性由传播常数 γ 的取值确定，由式(7.1.18)可知，γ 的取值与截止波数 k_c 有关。不同形状、不同尺寸的波导其截止波数 k_c 不同，而同一个波导中，如果传播的波的类型不同，其截止波数 k_c 也不同，将在后面具体波导的分析中进一步讨论这个问题。

7.2 矩形波导

图 7.2.1 所示的矩形波导，宽边尺寸为 a，窄边尺寸为 b。波导内填充电参数为 ε、μ 的理想媒质，波导壁为理想导体。由于矩形波导是空心导体波导，故不能传输 TEM 波。下面讨论矩形波导中 TM 波和 TE 波的场分布以及它们在波导中的传播特性。

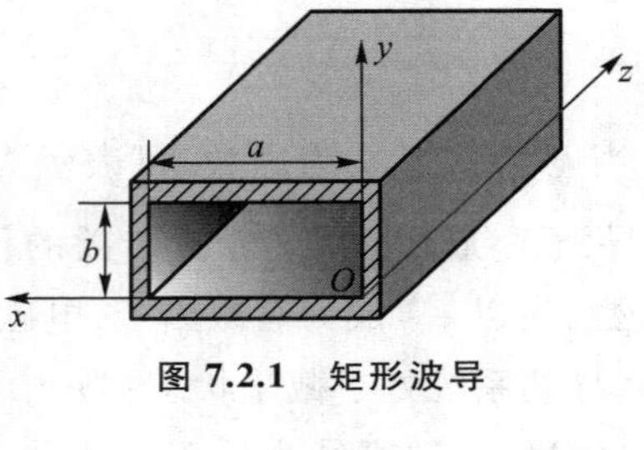

图 7.2.1 矩形波导

7.2.1 矩形波导中的场分布

1. 矩形波导中 TM 波的场分布

对于 TM 波,因为 $H_z=0$,由式(7.1.12)可知,波导内的电磁场量由 E_z 确定。在给定的矩形波导中,E_z 满足的波动方程为

$$\frac{\partial^2 E_z}{\partial x^2}+\frac{\partial^2 E_z}{\partial y^2}+\frac{\partial^2 E_z}{\partial z}+k^2 E_z=0 \tag{7.2.1}$$

由于均匀导波系统中

$$E_z(x,y,z)=E_z(x,y)\mathrm{e}^{-\gamma z} \tag{7.2.2}$$

将其代入式(7.2.1),得

$$\left[\frac{\partial^2}{\partial x^2}+\frac{\partial^2}{\partial y^2}+k_c^2\right]E_z(x,y)=0 \tag{7.2.3}$$

其中 $k_c=\sqrt{\gamma^2+k^2}$ 为截止波数。

根据理想表面的边界条件$\boldsymbol{e}_n\times\boldsymbol{E}\,|_S=0$,可得到 E_z 在波导壁上的边界条件为

$$\begin{cases}E_z\,|_{x=0}=0, & E_z\,|_{x=a}=0\\ E_z\,|_{y=0}=0, & E_z\,|_{y=b}=0\end{cases} \tag{7.2.4}$$

方程(7.2.3)可利用分离变量法求解,设

$$E_z(x,y)=f(x)g(y) \tag{7.2.5}$$

将式(7.2.5)代入式(7.2.3),然后等式两边同除以 $f(x)g(y)$,得

$$-\frac{1}{f(x)}\frac{\mathrm{d}^2 f(x)}{\mathrm{d}x^2}=\frac{1}{g(y)}\frac{\mathrm{d}^2 g(y)}{\mathrm{d}y^2}+k_c^2 \tag{7.2.6}$$

式(7.2.6)中左边仅为 x 的函数,等式右边仅为 y 的函数,要使其相等,必须各等于常数。于是,由式(7.2.6)可分离出两个常微分方程

$$\frac{\mathrm{d}^2 f(x)}{\mathrm{d}x^2}+k_x^2 f(x)=0 \tag{7.2.7a}$$

$$\frac{\mathrm{d}^2 g(y)}{\mathrm{d}y^2}+k_y^2 g(y)=0 \tag{7.2.7b}$$

且

$$k_x^2+k_y^2=k_c^2 \tag{7.2.8}$$

将式(7.2.5)代入式(7.2.4),由 $E_z\,|_{x=0}=0$和 $E_z\,|_{x=a}=0$,可得到

$$f(0)=0,\quad f(a)=0 \tag{7.2.9}$$

由 $E_z\big|_{y=0}=0$ 和 $E_z\big|_{y=b}=0$，可得到

$$g(0)=0,\quad g(b)=0 \tag{7.2.10}$$

式(7.2.7a)的通解为

$$f(x)=A\sin k_x x+B\cos k_x x \tag{7.2.11}$$

将式(7.2.9)代入式(7.2.11)得到 $B=0$，且

$$k_x=\frac{m\pi}{a}\quad (m=1,2,3,\cdots) \tag{7.2.12}$$

$$f(x)=A\sin\frac{m\pi}{a}x \tag{7.2.13}$$

同理，得式(7.2.7b)的通解

$$g(y)=C\sin k_y y+D\cos k_y y \tag{7.2.14}$$

代入式(7.2.10)，得到 $D=0$，且

$$k_y=\frac{n\pi}{b}\quad (n=1,2,3,\cdots) \tag{7.2.15}$$

$$g(y)=C\sin\frac{n\pi}{b}y \tag{7.2.16}$$

所以，得到矩形波导中 TM 波的纵向场分量

$$E_z(x,y,z)=E_z(x,y)e^{-\gamma z}=E_m\sin\left(\frac{m\pi}{a}x\right)\sin\left(\frac{n\pi}{b}y\right)e^{-\gamma z} \tag{7.2.17}$$

式中 $E_m=AC$ 由激励源决定。

由式(7.2.8)、式(7.2.12)和式(7.2.15)得截止波数

$$k_c=\sqrt{k_x^2+k_y^2}=\sqrt{\left(\frac{m\pi}{a}\right)^2+\left(\frac{n\pi}{b}\right)^2}\quad (m,n=1,2,\cdots) \tag{7.2.18}$$

利用式(7.1.12)可求得 TM 波的横向场分量

$$E_x(x,y,z)=-\frac{\gamma}{k_c^2}\left(\frac{m\pi}{a}\right)E_m\cos\left(\frac{m\pi}{a}x\right)\sin\left(\frac{n\pi}{b}y\right)e^{-\gamma z} \tag{7.2.19a}$$

$$E_y(x,y,z)=-\frac{\gamma}{k_c^2}\left(\frac{n\pi}{b}\right)E_m\sin\left(\frac{m\pi}{a}x\right)\cos\left(\frac{n\pi}{b}y\right)e^{-\gamma z} \tag{7.2.19b}$$

$$H_x(x,y,z)=\frac{j\omega\varepsilon}{k_c^2}\left(\frac{n\pi}{b}\right)E_m\sin\left(\frac{m\pi}{a}x\right)\cos\left(\frac{n\pi}{b}y\right)e^{-\gamma z} \tag{7.2.19c}$$

$$H_y(x,y,x) = -\frac{\mathrm{j}\omega\varepsilon}{k_c^2}\left(\frac{m\pi}{a}\right) E_m\cos\left(\frac{m\pi}{a}x\right) \sin\left(\frac{n\pi}{b}y\right) \mathrm{e}^{-\gamma z} \tag{7.2.19d}$$

式(7.2.17)和式(7.2.19a)~(7.2.19d)表征了矩形波导中 TM 波的场结构,m 和 n 有不同的取值,每一组 m 和 n 取值,表征了一种 TM 波的场结构模式,称为 TM_{mn} 模,所以矩形波导中可以有无穷多个 TM_{mn} 模。由式(7.2.18)可知,截止波数与 TM 波的模式有关,m 和 n 的不同取值对应不同的截止波数

场图 7-2-1 TM_{mn} 模的 XY 平面场图

$$k_{cmn} = \sqrt{\left(\frac{m\pi}{a}\right)^2 + \left(\frac{n\pi}{b}\right)^2} \quad (m,n=1,2,\cdots) \tag{7.2.20}$$

2. 矩形波导中 TE 波的场分布

对于 TE 波,波导内的电磁场量由 H_z 确定,在给定的矩形波导中,H_z 满足的波动方程为

$$\frac{\partial^2 H_z}{\partial x^2} + \frac{\partial^2 H_z}{\partial y^2} + k_c^2 H_z = 0 \tag{7.2.21}$$

根据理想表面的边界条件$\boldsymbol{e}_n \times \boldsymbol{E}\,|_S = 0$,并由式(7.1.15)得到 H_z 在波导壁上的边界条件为

$$\begin{cases} \left.\dfrac{\partial H_z}{\partial x}\right|_{x=0} = 0, & \left.\dfrac{\partial H_z}{\partial x}\right|_{x=a} = 0 \\ \left.\dfrac{\partial H_z}{\partial y}\right|_{y=0} = 0, & \left.\dfrac{\partial H_z}{\partial y}\right|_{y=b} = 0 \end{cases} \tag{7.2.22}$$

仿照前面对 TM 的讨论,可以得到 TE 波的纵向场分量

$$H_z(x,y,z) = H_m\cos\left(\frac{m\pi}{a}x\right) \cos\left(\frac{n\pi}{b}y\right) \mathrm{e}^{-\gamma z} \quad \begin{matrix}(m = 0,1,2,\cdots)\\(n = 0,1,2,\cdots)\end{matrix} \tag{7.2.23}$$

式中 H_m 由激励源决定。

截止波数

$$k_c = k_{cmn} = \sqrt{\left(\frac{m\pi}{a}\right)^2 + \left(\frac{n\pi}{b}\right)^2} \tag{7.2.24}$$

场图 7-2-2 TE_{mn} 模的 XY 平面场图

利用式(7.1.15)可求得 TE 波的横向场分量

$$E_x(x,y,z) = \frac{\mathrm{j}\omega\mu}{k_c^2}\left(\frac{n\pi}{b}\right) H_m\cos\left(\frac{m\pi}{a}x\right) \sin\left(\frac{n\pi}{b}y\right) \mathrm{e}^{-\gamma z} \tag{7.2.25a}$$

$$E_y(x,y,z) = -\frac{\mathrm{j}\omega\mu}{k_c^2}\left(\frac{m\pi}{a}\right) H_m\sin\left(\frac{m\pi}{a}x\right) \cos\left(\frac{n\pi}{b}y\right) \mathrm{e}^{-\gamma z} \tag{7.2.25b}$$

$$H_x(x,y,z)=\frac{\gamma}{k_c^2}\left(\frac{m\pi}{a}\right)H_m\sin\left(\frac{m\pi}{a}x\right)\cos\left(\frac{n\pi}{b}y\right)e^{-\gamma z} \tag{7.2.25c}$$

动画 7-2-1 矩形波导中 TE_{10} 波的电场

$$H_y(x,y,z)=\frac{\gamma}{k_c^2}\left(\frac{n\pi}{b}\right)H_m\cos\left(\frac{m\pi}{a}x\right)\sin\left(\frac{n\pi}{b}y\right)e^{-\gamma z} \tag{7.2.25d}$$

动画 7-2-2 矩形波导中 TE_{20} 波的电场

式(7.2.23)和式(7.2.25a)~(7.2.25d)表征了矩形波导中 TE 波的场结构,对应于 m 和 n 的每一组取值,表征了一种 TE 波的场结构模式,称为 TE_{mn} 模,所以矩形波导中可以有无穷多个 TE_{mn} 模。

由式(7.2.24)可知,对于 TE_{mn} 模,m 和 n 的取值可以为 0(但不能同时为 0,即 $m+n\neq 0$),因此存在 TE_{m0} 模和 TE_{0n} 模;而对于 TM_{mn} 模,其 m 和 n 的取值都不能为 0,故不存 TM_{0n} 模和 TM_{m0} 模。

由式(7.2.20)和由式(7.2.24)可知,对于相同的一组 m 和 n 取值,TM_{mn} 模和 TE_{mn} 模的截止波数 k_{cmn} 相同,这种现象称为模式的简并。

动画 7-2-3 矩形波导中 TE_{30} 波的电场

7.2.2 矩形波导中波的传播参数

将式(7.2.24)代入式(7.1.20)和式(7.1.21),得到矩形波导中的截止频率和截止波长分别为

$$f_{cmn}=\frac{k_{cmn}}{2\pi\sqrt{\mu\varepsilon}}=\frac{\sqrt{(m\pi/a)^2+(n\pi/b)^2}}{2\pi\sqrt{\mu\varepsilon}} \tag{7.2.26}$$

$$\lambda_{cmn}=\frac{2\pi}{k_{cmn}}=\frac{2\pi}{\sqrt{(m\pi/a)^2+(n\pi/b)^2}} \tag{7.2.27}$$

TM_{mn} 模和 TE_{mn} 模的传播常数与模式有关

$$\gamma_{mn}=\sqrt{k_{cmn}^2-k^2}=\sqrt{\left(\frac{m\pi}{a}\right)^2-\left(\frac{n\pi}{b}\right)^2-\omega^2\mu\varepsilon} \tag{7.2.28}$$

当 $k^2>k_{cmn}^2$ 时,传播常数为虚数,即

$$\gamma_{mn}=j\sqrt{k^2-k_{cmn}^2}=j\sqrt{\omega^2\mu\varepsilon-\left(\frac{m\pi}{a}\right)^2-\left(\frac{n\pi}{b}\right)^2}=j\beta_{mn} \tag{7.2.29}$$

相应的 TE_{mn} 模和 TE_{mn} 模可以在矩形波导中传播,其相位常数

$$\beta_{mn}=\sqrt{k^2-k_{cmn}^2}=\sqrt{\omega^2\mu\varepsilon-\left(\frac{m\pi}{a}\right)^2-\left(\frac{n\pi}{b}\right)^2} \tag{7.2.30}$$

矩形波导中导行波的波长(通常称为波导波长)

$$\lambda_{gmn}=\frac{2\pi}{\beta_{mn}}=\frac{2\pi}{\sqrt{\omega^2\mu\varepsilon-(m\pi/a)^2-(n\pi/b)^2}} \tag{7.2.31}$$

相速度

$$v_{pmn}=\frac{\omega}{\beta_{mn}}=\frac{\omega}{\sqrt{\omega^2\mu\varepsilon-(m\pi/a)^2-(n\pi/b)^2}} \tag{7.2.32}$$

波阻抗

$$Z_{TM_{mn}}=\frac{\gamma_{mn}}{j\omega\varepsilon}=\frac{\beta_{mn}}{\omega\varepsilon} \tag{7.2.33}$$

$$Z_{TE_{mn}}=\frac{j\omega\mu}{\gamma_{mn}}=\frac{\omega\mu}{\beta_{mn}} \tag{7.2.34}$$

利用截止频率 $f_{cmn}=\dfrac{k_{cmn}}{2\pi\sqrt{\mu\varepsilon}}$ 或截止波长 $\lambda_{cmn}=\dfrac{2\pi}{k_{cmn}}$,可以将相应的传播特性参数用截止频率 f_{cmn} 或截止波长 λ_{cmn} 表示:

相位常数

$$\beta_{mn}=k\sqrt{1-\left(\frac{f_{cmn}}{f}\right)^2}=k\sqrt{1-\left(\frac{\lambda}{\lambda_{cmn}}\right)^2} \tag{7.2.35}$$

波导波长

$$\lambda_{gmn}=\frac{\lambda}{\sqrt{1-(f_{cmn}/f)^2}}=\frac{\lambda}{\sqrt{1-(\lambda/\lambda_{cmn})^2}}>\lambda \tag{7.2.36}$$

式中 $\lambda=\dfrac{2\pi}{\omega\sqrt{\varepsilon\mu}}$ 为无界媒质中的波长。由此可见,电磁波在矩形波导中传播的波导波长大于无界空间中的波长。

相速度

$$v_{pmn}=\frac{v_p}{\sqrt{1-(f_{cmn}/f)^2}}=\frac{v_p}{\sqrt{1-(\lambda/\lambda_{cmn})^2}}>v_p \tag{7.2.37}$$

式中 $v_p=\dfrac{1}{\sqrt{\varepsilon\mu}}$ 为空间媒质中的相速度。由此可见,电磁波在矩形波导中传播的相速度大于无界空间中的相速度,而且相速度 v_{pmn} 还与传播模式和工作频率有关,因此矩形波导是色散的导波系统。由 $\beta_{mn}^2=\omega^2\mu\varepsilon-k_{cmn}^2$ 可得到群速度

动画 7-2-4 矩形波导中 $TE_{10\_20\_30}$ 波电场的传播

$$v_{gmn}=\frac{d\omega}{d\beta_{mn}}=\frac{\beta_{mn}}{\omega}v_p^2=v_p\sqrt{1-(f_{cmn}/f)^2}<v_p \qquad (7.2.38)$$

可见 $v_{gmn}<v_{pmn}$，所以矩形波导中的色散属于正常色散。由式(7.2.37)和式(7.2.38)可得

$$v_{gmn}\cdot v_{pmn}=v_p^2 \qquad (7.2.39)$$

动画 7-2-5 矩形波导中 TE_{10} 与 TE_{20} 的合成波电场的传播

波阻抗

$$Z_{TM_{mn}}=\frac{\beta_{mn}}{\omega\varepsilon}=\eta\sqrt{1-\left(\frac{f_{cmn}}{f}\right)^2}=\eta\sqrt{1-\left(\frac{\lambda}{\lambda_{cmn}}\right)^2}<\eta \qquad (7.2.40)$$

$$Z_{TE_{mn}}=\frac{\omega\mu}{\beta_{mn}}=\frac{\eta}{\sqrt{1-(f_{cmn}/f)^2}}=\frac{\eta}{\sqrt{1-(\lambda/\lambda_{cmn})^2}}>\eta \qquad (7.2.41)$$

式中 $\eta=\sqrt{\dfrac{\mu}{\varepsilon}}$ 为媒质的本征阻抗。

当 $k^2\leqslant k_{cmn}^2$ 时，传播常数 γ 为实数，相应 TM_{mn} 模和 TE_{mn} 模都处于截止状态，且波阻抗 $Z_{TM_{mn}}$、$Z_{TE_{mn}}$ 为纯虚数。

由以上讨论可得出结论：

当工作频率 $f=\dfrac{\omega}{2\pi}=\dfrac{k}{2\pi\sqrt{\mu\varepsilon}}$ 大于截止频率 $f_{cmn}=\dfrac{\omega_{cmn}}{2\pi}=\dfrac{k_{cmn}}{2\pi\sqrt{\mu\varepsilon}}$（工作波长 λ 小于截止波长 λ_{cmn}，即 $k>k_{cmn}$ 时，矩形波导中可以传播相应 TM_{mn} 模和 TE_{mn} 模式的电磁波；当工作频率 f 小于或等于截止频率 f_{cmm}（工作波长 λ 大于或等于截止波长 λ_{cmn}），即 $k\leqslant k_{cmm}$ 时，波导中不能传播相应 TM_{mn} 模和 TE_{mn} 模式的电磁波。

例 7.2.1　(1) 写出边长为 a 和 b 的矩形波导中 TM_{11} 模场量的瞬时表达式；(2) 求其截止频率、波导波长、相速度及波阻抗；(3) 画出 xy 平面和 yz 平面的电力线和磁力线。

解：(1) 将式(7.2.17)和式(7.2.19a)～(7.2.19d)的复数表示乘以 $e^{j\omega t}$，并将 $\gamma=j\beta$ 代入，然后取其实部，并令 $m=n=1$，可得 TM_{11} 模的瞬时场表示

$$E_x(x,y,z;t)=\frac{\beta_{11}}{k_{c11}^2}\left(\frac{\pi}{a}\right)E_m\cos\left(\frac{\pi}{a}x\right)\sin\left(\frac{\pi}{b}y\right)\sin(\omega t-\beta_{11}z)$$

$$E_y(x,y,z;t)=\frac{\beta_{11}}{k_{c11}^2}\left(\frac{\pi}{b}\right)E_m\sin\left(\frac{\pi}{a}x\right)\cos\left(\frac{\pi}{b}y\right)\sin(\omega t-\beta_{11}z)$$

$$E_z(x,y,z;t)=E_m\sin\left(\frac{\pi}{a}x\right)\sin\left(\frac{\pi}{b}y\right)\cos(\omega t-\beta_{11}z)$$

$$H_x(x,y,z;t)=-\frac{\omega\varepsilon}{k_{c11}^2}\left(\frac{\pi}{b}\right)E_m\sin\left(\frac{\pi}{a}x\right)\cos\left(\frac{\pi}{b}y\right)\sin(\omega t-\beta_{11}z)$$

$$H_y(x,y,z;t) = -\frac{\omega\varepsilon}{k_{c11}^2}\left(\frac{\pi}{a}\right)E_m\cos\left(\frac{\pi}{a}x\right)\sin\left(\frac{\pi}{b}y\right)\sin(\omega t-\beta_{11}z)$$

$$H_z(x,y,z;t)=0$$

式中

$$\beta_{11}=\sqrt{\omega^2\mu\varepsilon-\left(\frac{\pi}{a}\right)^2-\left(\frac{\pi}{b}\right)^2}$$

（2）截止波长

$$\lambda_{c11}=\frac{2\pi}{k_{c11}}=\frac{2\pi}{\sqrt{\left(\frac{\pi}{a}\right)^2+\left(\frac{\pi}{b}\right)^2}}$$

截止频率

$$f_{c11}=\frac{1}{2\pi\sqrt{\varepsilon\mu}}\sqrt{\left(\frac{\pi}{a}\right)^2+\left(\frac{\pi}{b}\right)^2}$$

波导波长

$$\lambda_{g11}=\frac{2\pi}{\beta_{11}}=\frac{2\pi}{\sqrt{\omega^2\mu\varepsilon-\left(\frac{\pi}{a}\right)^2-\left(\frac{\pi}{b}\right)^2}}$$

相速度

$$v_{p11}=\frac{\omega}{\beta_{11}}=\frac{\omega}{\sqrt{\omega^2\mu\varepsilon-\left(\frac{\pi}{a}\right)^2-\left(\frac{\pi}{b}\right)^2}}$$

波阻抗

$$Z_{TM_{11}}=\eta\sqrt{1-\left(\frac{f_{c11}}{f}\right)^2}$$

（3）场图如图 7.2.2 所示。

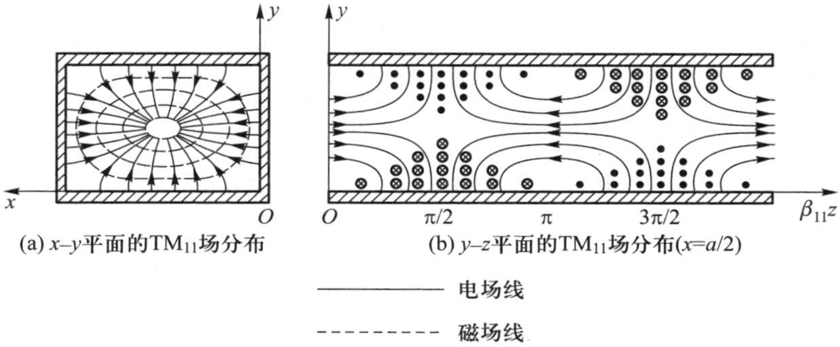

图 7.2.2 矩形波导中 TM_{11} 模的场线

例 7.2.2 在尺寸为 $a\times b=22.86\times10.16\ \text{mm}^2$ 的矩形波导中，传输 TE_{10} 模，工作频率 10 GHz。

（1）求截止波长 λ_c、波导波长 λ_g 和波阻抗 $Z_{TE_{10}}$；

（2）若波导的宽边尺寸增大一倍，上述参数如何变化？还能传输什么模式？

（3）若波导的窄边尺寸增大一倍，上述参数如何变化？还能传输什么模式？

解： 截止波长 λ_c、波导波长 λ_g 和波阻抗 $Z_{TE_{10}}$ 可由相应的公式直接求解。当波导尺寸发生变化，相应模式的截止波长（截止频率）将发生变化，从而导致参数 λ_c、λ_g、$Z_{TE_{10}}$ 的变化。由于模式的截止波长（截止频率）发生了变化，而工作频率不变，致使波导中原本不能传输的模式成为可以传输的模式（或波导中原本可以传输的模式变为不能传输的模式）。

（1）$\lambda_{c10}=2a=2\times22.86\ \text{mm}$

$$f_{c10}=\frac{1}{2a\sqrt{\mu_0\varepsilon_0}}=\frac{3\times10^8}{2\times22.26\times10^{-3}}\ \text{Hz}=6.56\times10^9\ \text{Hz}$$

$$\lambda_{g10}=\frac{\lambda_0}{\sqrt{1-\left(\frac{f_{c10}}{f}\right)^2}}=\frac{3\times10^{-2}}{\sqrt{1-\left(\frac{6.56\times10^9}{10\times10^9}\right)^2}}\ \text{m}=3.97\times10^{-2}\ \text{m}$$

$$Z_{TE_{10}}=\frac{\eta_0}{\sqrt{1-\left(\frac{f_{c10}}{f}\right)^2}}=\frac{377}{0.755}\ \Omega=499.3\ \Omega$$

（2）当 $a'=2a=2\times22.86\ \text{mm}=45.72\ \text{mm}$ 时

$$\lambda_{c10}=2a'=91.44\ \text{mm}$$

$$f_{c10}=\frac{1}{2a'\sqrt{\mu_0\varepsilon_0}}=\frac{1}{2}\times6.56\times10^9\ \text{Hz}=3.28\times10^9\ \text{Hz}$$

$$\lambda_{g10}=\frac{\lambda_0}{\sqrt{1-\left(\frac{f_{c10}}{f}\right)^2}}=\frac{3\times10^{-2}}{\sqrt{1-\left(\frac{3.28\times10^9}{10\times10^9}\right)^2}}\ \text{m}=3.176\times10^{-2}\ \text{m}$$

$$Z_{TE_{10}}=\frac{\eta_0}{\sqrt{1-\left(\frac{f_{c10}}{f}\right)^2}}=\frac{377}{\sqrt{0.892}}\ \Omega=399.2\ \Omega$$

此时

$$\lambda_{c20}=a'=45.72\ \text{mm}$$

$$\lambda_{c30} = \frac{2}{3}a' = 30.48\ \text{mm}$$

而工作波长 $\lambda = 30$ mm,可见,此时能传输的模式为 TE_{10}、TE_{20}、TE_{30}。

(3) 当 $b' = 2b = 2\times10.16\ \text{mm} = 20.32\ \text{mm}$ 时

$$\lambda_{c10} = 2a = 45.72\ \text{mm}$$

$$f_{c10} = \frac{1}{2a\sqrt{\mu_0\varepsilon_0}} = 6.56\times10^9\ \text{Hz}$$

$$\lambda_{g10} = \frac{\lambda_0}{\sqrt{1-\left(\frac{f_{c10}}{f}\right)^2}} = 3.97\times10^{-2}\ \text{m}$$

$$Z_{TE_{10}} = \frac{\eta_0}{\sqrt{1-\left(\frac{f_{c10}}{f}\right)^2}} = 499.3\ \Omega$$

此时

$$\lambda_{c01} = 2b' = 40.64\ \text{mm}$$

$$\lambda_{c11} = \frac{2}{\sqrt{\left(\frac{1}{a}\right)^2+\left(\frac{1}{b'}\right)^2}} = \frac{2}{\sqrt{\left(\frac{1}{22.86}\right)^2+\left(\frac{1}{20.32}\right)^2}} = 30.4\ \text{mm}$$

而工作波长 $\lambda = 30$ mm,可见,此时能传输的模式为 TE_{10}、TE_{01}、TE_{11}、TM_{11}。

7.2.3 矩形波导中的主模

1. 矩形波导的主模

当工作频率和波导尺寸给定后,矩形波导中可以传播的电磁波模式满足条件 $f>f_c$。在矩形波导的众多传播模式当中,有一个截止频率最低的模式。因为

$$k_{cmn} = \sqrt{\left(\frac{m\pi}{a}\right)^2+\left(\frac{n\pi}{b}\right)^2} \tag{7.2.42}$$

若矩形波导的宽边为 a,窄边为 b,则 TE_{10}模的截止频率最低,称为矩形波导中的主模,其传播特性参数为

$$k_{c10} = \frac{\pi}{a} \tag{7.2.43}$$

$$f_{c10}=\frac{1}{2a\sqrt{\varepsilon\mu}} \tag{7.2.44}$$

$$\lambda_{c10}=2a \tag{7.2.45}$$

$$\beta_{10}=\sqrt{\omega^2\mu\varepsilon-\left(\frac{\pi}{a}\right)^2} \tag{7.2.46}$$

由式(7.2.23)和式(7.2.25a)~(7.2.25d),可得 TE_{10}的场分量

$$H_z(x,y)=H_m\cos\left(\frac{\pi}{a}x\right)\,e^{-j\beta_{10}z} \tag{7.2.47a}$$

$$E_y(x,y)=-\frac{j\omega\mu a}{\pi}H_m\sin\left(\frac{\pi}{a}x\right)\,e^{-j\beta_{10}z} \tag{7.2.47b}$$

$$H_x(x,y)=\frac{j\beta_{10}a}{\pi}H_m\sin\left(\frac{\pi}{a}x\right)\,e^{-j\beta_{10}z} \tag{7.2.47c}$$

$$E_x(x,y)=H_y(x,y)E_z(x,y)=0 \tag{7.2.47d}$$

瞬式值表达式为

$$H_z(x,y,z,t)=H_m\cos\left(\frac{\pi}{a}x\right)\cos(\omega t-\beta_{10}z) \tag{7.2.48a}$$

$$E_y(x,y,z,t)=\frac{\omega\mu a}{\pi}H_m\sin\left(\frac{\pi}{a}x\right)\sin(\omega t-\beta_{10}z) \tag{7.2.48b}$$

$$H_x(x,y,z,t)=\frac{-a\beta_{10}}{\pi}H_m\sin\left(\frac{\pi}{a}x\right)\sin(\omega t-\beta_{10}z) \tag{7.2.48c}$$

$$E_x(x,y,z,t)=E_z(x,y,z,t)=H_y(x,y,z,t)=0 \tag{7.2.48d}$$

根据式(7.2.48a)~(7.2.48d),可画出 $t=0$ 时,xy、yz 和 xz 平面的 TE_{10} 模场图,如图 7.2.3 所示。

当波导中存在电磁波时,由于磁场的感应,在波导内壁上会产生感应面电流,即波导的传导电流。设波导壁由理想导体构成,因此,该电流为面分布,称为管壁电流。管壁电流由磁场产生,所以它的分布取决于传播波型的磁场分布。由理想导体表面的边界条件可知,分布于波导壁上的管壁电流密度 $\boldsymbol{J}_S$ 为

$$\boldsymbol{J}_S=\boldsymbol{e}_n\times\boldsymbol{H}$$

式中 $\boldsymbol{e}_n$ 为管壁面的外法线方向单位矢量,$\boldsymbol{H}$ 是管壁内侧面上的磁场强度。将

动画 7-2-6 矩形波导中 TE_{10}模的 E_y、H_x、H_z 的传播

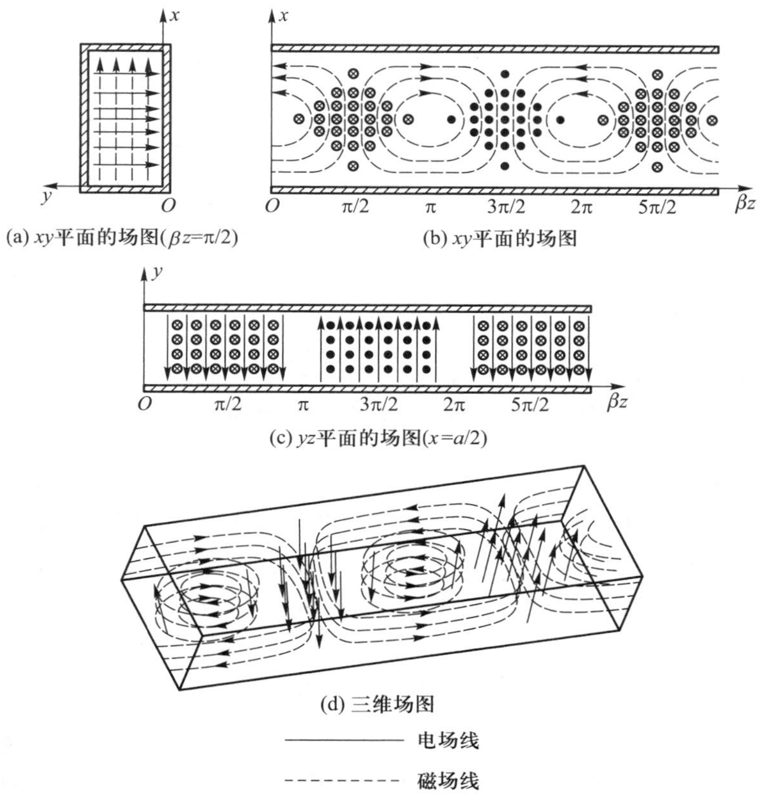

图 7.2.3 TE_{10}模的场图

TE_{10}模磁场的各分量代入上式就可得到矩形波导中传播 TE_{10}模时的管壁电流分布

$$\boldsymbol{J}_S\big|_{x=0}=\boldsymbol{e}_x\times\boldsymbol{H}\big|_{x=0}=-\boldsymbol{e}_yH_z\big|_{x=0}=-\boldsymbol{e}_yH_{\mathrm{m}}\cos(\omega t-\beta_{10}z)$$

$$\boldsymbol{J}_S\big|_{x=a}=-\boldsymbol{e}_x\times\boldsymbol{H}\big|_{x=a}=-\boldsymbol{e}_yH_z\big|_{x=a}=-\boldsymbol{e}_yH_{\mathrm{m}}\cos(\omega t-\beta_{10}z)=\boldsymbol{J}_S\big|_{x=0}$$

$$\begin{aligned}\boldsymbol{J}_S\big|_{y=0}&=\boldsymbol{e}_y\times\boldsymbol{H}\big|_{y=0}=-\boldsymbol{e}_xH_z\big|_{y=0}-\boldsymbol{e}_zH_x\big|_{y=0}\\&=\boldsymbol{e}_xH_{\mathrm{m}}\cos\left(\frac{\pi}{a}x\right)\cos\beta z-\boldsymbol{e}_z\frac{\beta a}{\pi}H_{\mathrm{m}}\sin\left(\frac{\pi}{a}x\right)\sin(\omega t-\beta_{10}z)\end{aligned}$$

$$\boldsymbol{J}_S\big|_{y=b}=-\boldsymbol{J}_S\big|_{y=0}$$

根据以上计算结果,将波导内壁的电流分布绘于图 7.2.4 中。

研究波导的管壁电流分布的实际意义在于:在实际应用中,波导与波导之间往往需要进行连接,在连接处应尽可能保证管壁电流畅通,才不至于引起波导内电磁波的反射。而在测量波导的传播特性时,又往往需要在波导壁上开槽,这些

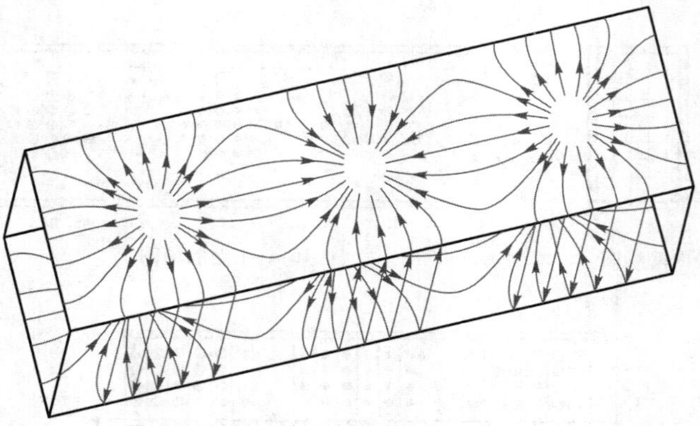

图 7.2.4 矩形波导中 TE_{10} 模的管壁电流

槽口应尽可能不破坏管壁电流,否则会引起波导内电磁场的改变,测量失去意义,因而这些槽口的位置应开在不切断管壁电流的地方。根据以上对 TE_{10} 模管壁电流的分析,并结合图 7.2.4,当波导中传播 TE_{10} 模时,在波导宽边壁中央($x=a/2$)处纵向开槽,将不会切断管壁电流,如图 7.2.5 所示。但在另一种情况下,若需从一个波导中耦合出一定能量激励另一个波导时,或将波导开口作为天线使用时,则应把槽开在最大限度切断管壁电流的位置,如图 7.2.6 所示。

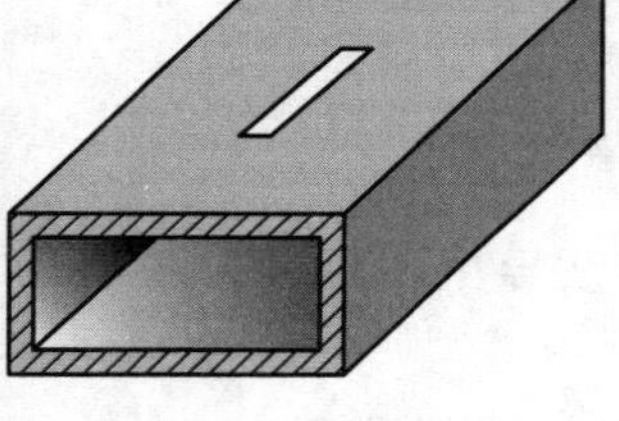

图 7.2.5 波导管壁中央开槽用作测量线示意图

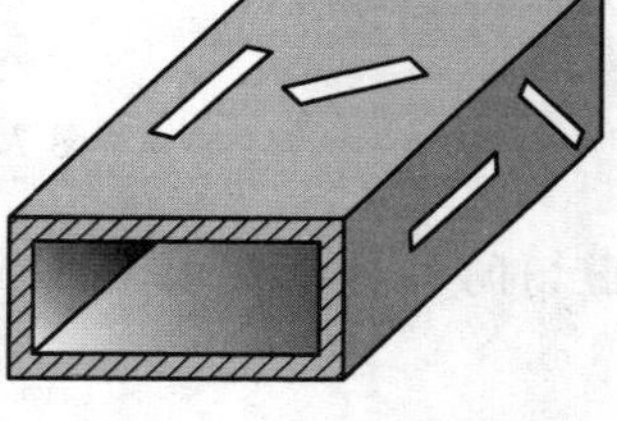

图 7.2.6 波导管壁开槽切断管壁电流示意图

2. 单模传输

由 k_{cmn} 的表达式可知,在矩形波导中,TM_{mn} 和 TE_{mn} 的截止波长相同,这种情况称为"简并"。例如,TE_{11} 和 TM_{11} 就是简并模。对于不同的模式,相应的截止波长也不同。为便于比较,对给定尺寸 a 和 $b(a>2b)$ 的矩形波导,取不同的 m 和 n 即可由式(7.2.27)计算出各模式的截止波长 λ_{cmn} 之值,并以 λ_{cmn} 的长短为序在同一坐标轴上绘出截止波长分布图,如图 7.2.7 所示。通常把这种各模式的截止波长分布图称为模式分布图。截止波长最长的模式即为前面讨论的 TE_{10} 模,

称为主模,其余模式称为高次模。在图 7.2.7 中有三个区:

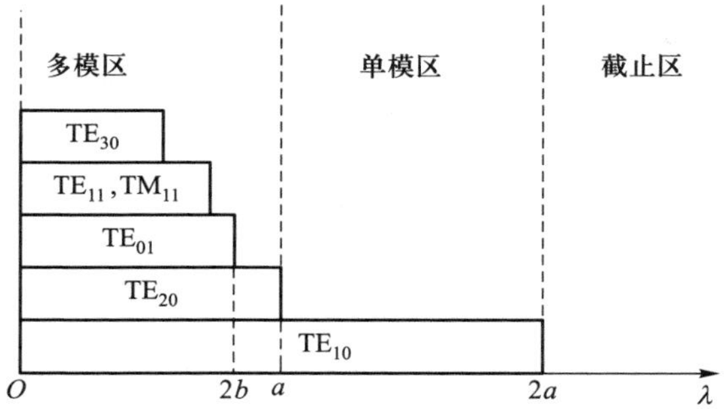

图 7.2.7 矩形波导中的模式分布图

(1) 截止区:$2a \leqslant \lambda < \infty$。由于 λ_{c10}是矩形波导中能出现的最长截止波长,因此,当工作波长 $\lambda \geqslant 2a$ 时,电磁波就不能在波导中传播,所以该区称为截止区。

(2) 单模区:$a \leqslant \lambda < 2a$。在这一区域只有一个 TE_{10} 模出现,若工作波长在 $a \leqslant \lambda < 2a$,就只能传输 TE_{10} 模,其他模式都处于截止状态,这种情况称为单模传输,因此该区称为单模区。在使用波导传输能量时,通常要求工作在单模状态。

(3) 多模区:$\lambda < a$。若工作波长 $\lambda < a$,则波导中至少会出现两种以上的波型,故该区称为多模区。

因此,为保证在矩形波导中只有 TE_{10} 模单模传输,在波导尺寸给定的情况下,选择电磁波的工作波长 λ 应满足

$$2a > \lambda > \begin{cases} a & (a \geqslant 2b) \\ 2b & (a < 2b) \end{cases} \tag{7.2.49}$$

一般取 $b = (0.4 \sim 0.5)a$。

例 7.2.3 有一内充空气、截面尺寸为 $a \times b$($b < a < 2b$)的矩形波导,以主模工作在 3 GHz。若要求工作频率至少高于主模截止频率的 20% 和至少低于第一个出现的高次模截止频率的 20%。(1) 给出尺寸 a 和 b 的设计;(2) 根据设计的尺寸,计算在工作频率时的波导波长和波阻抗。

解: (1) 根据单模传输的条件,工作波长大于主模的截止波长而小于第一个出现的高次模的截止波长。对于 $a \times b$($b < a < 2b$)的矩形波导,其主模为 TE_{10},相应的截止波长 $\lambda_{c10} = 2a$。当波导尺寸 $a < 2b$ 时,其第一个出现的高次模为 TE_{01} 模,相应的截止波长 $\lambda_{c01} = 2b$,所以

$$f_{c10} = \frac{1}{2a\sqrt{\mu\varepsilon}}, \quad f_{c01} = \frac{1}{2b\sqrt{\mu\varepsilon}}$$

由题意

$$\frac{3\times10^9-f_{c10}}{f_{c10}}\geqslant 20\%,\quad \frac{f_{c01}-3\times10^9}{f_{c01}}\geqslant 20\%$$

解得

$$a\geqslant 0.06\ \text{m},\ b\leqslant 0.04\ \text{m 且 } a<2b$$

（2）若取 $a=7$ cm, $b=4$ cm,此时

$$f_{c10}=\frac{1}{2a\sqrt{\mu\varepsilon}}=2.14\ \text{GHz}$$

$$\sqrt{1-\left(\frac{f_{c10}}{f}\right)^2}=0.7$$

相速度

$$v_{p10}=\frac{v_{p0}}{\sqrt{1-\left(\frac{f_{c10}}{f}\right)^2}}=\frac{3\times10^8}{0.7}\ \text{m/s}=4.29\times10^8\ \text{m/s}$$

波导波长

$$\lambda_{g10}=\frac{v_{p10}}{f}=\frac{4.29\times10^8}{3\times10^9}\ \text{m}=14.3\ \text{cm}$$

波阻抗

$$Z_{TE_{10}}=\frac{\eta_0}{\sqrt{1-\left(\frac{f_{c10}}{f}\right)^2}}=\frac{377}{0.7}\ \Omega=538.6\ \Omega$$

7.2.4 矩形波导中的传输功率

根据坡印廷定理,波导中某个波型的传输功率为

$$P=\frac{1}{2}\mathrm{Re}\int_S(\boldsymbol{E}\times\boldsymbol{H}^*)\cdot\mathrm{d}\boldsymbol{S}=\frac{1}{2}\mathrm{Re}\int_0^a\int_0^b(\boldsymbol{E}_t\times\boldsymbol{H}_t^*)\cdot\boldsymbol{e}_z\mathrm{d}x\mathrm{d}y$$

$$=\frac{1}{2Z}\int_0^a\int_0^b|E_t|^2\mathrm{d}x\mathrm{d}y=\frac{Z}{2}\int_0^a\int_0^b|H_t|^2\mathrm{d}x\mathrm{d}y \tag{7.2.50}$$

式中,Z 为该波型的波阻抗。

若矩形波导中传输的电磁波模式为 TE_{10} 模,则相应的传输功率为

$$P = \frac{1}{2Z_{TE_{10}}}\int_0^a\int_0^b E_m^2\sin^2\left(\frac{\pi}{a}\right)\,dxdy = \frac{ab}{4Z_{TE_{10}}}E_m^2 \tag{7.2.51}$$

根据式(7.2.47)得到的 TE_{10} 波场分量,上式中 $E_m = \frac{\omega\mu a}{\pi}H_m$ 是 E_y 分量在波导宽边中心处的振幅值。于是波导中传输 TE_{10} 模时的功率容量为

$$P_{br} = \frac{ab}{4Z_{TE_{10}}}E_{br}^2 \tag{7.2.52}$$

式中 E_{br} 为击穿电场幅值。若波导以空气填充,因为空气的击穿场强为 30 kV/cm,故空气填充的矩形波导的功率容量为

$$P_{br} = 0.6ab\sqrt{1-\left(\frac{\lambda}{2a}\right)^2}\quad \text{MW} \tag{7.2.53}$$

可见,波导尺寸越大,频率越高,功率容量就越大。然而,实际上不能采用极限功率传输,因为波导中还可能存在反射波和局部电场不均匀等问题。一般取容许功率为

$$P = \left(\frac{1}{3}\sim\frac{1}{5}\right)P_{br} \tag{7.2.54}$$

— 7.3 圆柱形波导 —

除矩形波导外,圆柱形波导也是应用较多的一种导波系统,其形状如图 7.3.1所示。波导的半径为 a,波导内填充电参数为 ε 和 μ 的理想媒质,波导管壁由理想导体构成。设电磁波沿+z 方向传播,波导内的电磁场为时谐场,其角频率为 ω,波导内电磁场的复数形式为

$$\begin{cases}\boldsymbol{E}(\rho,\phi,z) = \boldsymbol{E}(\rho,\phi)e^{-\gamma z}\\ \boldsymbol{H}(\rho,\phi,z) = \boldsymbol{H}(\rho,\phi)e^{-\gamma z}\end{cases} \tag{7.3.1}$$

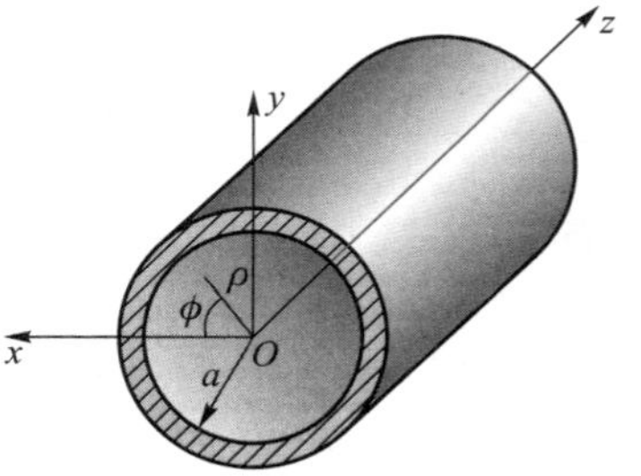

图 7.3.1 圆柱形波导

将麦克斯韦方程

$$\begin{cases} \nabla\times \boldsymbol{H} = \mathrm{j}\omega\varepsilon \boldsymbol{E} \\ \nabla\times \boldsymbol{E} = -\mathrm{j}\omega\mu \boldsymbol{H} \end{cases} \tag{7.3.2}$$

在圆柱坐标系中展开,得

$$\begin{cases} \dfrac{1}{\rho}\dfrac{\partial H_z}{\partial \phi} + \gamma H_\phi = \mathrm{j}\omega\varepsilon E_\rho \\ -\gamma H_\rho - \dfrac{\partial H_z}{\partial \rho} = \mathrm{j}\omega\varepsilon E_\phi \\ \dfrac{1}{\rho}\dfrac{\partial}{\partial \rho}(\rho H_\phi) - \dfrac{1}{\rho}\dfrac{\partial H_\rho}{\partial \phi} = \mathrm{j}\omega\varepsilon E_z \\ \dfrac{1}{\rho}\dfrac{\partial E_z}{\partial \phi} + \gamma E_\phi = -\mathrm{j}\omega\mu H_\rho \\ -\gamma E_\rho - \dfrac{\partial E_z}{\partial \rho} = -\mathrm{j}\omega\mu H_\phi \\ \dfrac{1}{\rho}\dfrac{\partial}{\partial \rho}(\rho E_\phi) - \dfrac{1}{\rho}\dfrac{\partial E_\rho}{\partial \phi} = -\mathrm{j}\omega\mu H_z \end{cases} \tag{7.3.3}$$

同样,可用两个纵向场分量 E_z 和 H_z 来表示其余场分量

$$\begin{cases} E_\rho = -\dfrac{1}{k_c^2}\left(\gamma\dfrac{\partial E_z}{\partial \rho} + \mathrm{j}\dfrac{\omega\mu}{\rho}\dfrac{\partial H_z}{\partial \phi}\right) \\ E_\phi = \dfrac{1}{k_c^2}\left(-\dfrac{\gamma}{\rho}\dfrac{\partial E_z}{\partial \phi} + \mathrm{j}\omega\mu\dfrac{\partial H_z}{\partial \rho}\right) \\ H_\rho = \dfrac{1}{k_c^2}\left(\mathrm{j}\dfrac{\omega\varepsilon}{\rho}\dfrac{\partial E_z}{\partial \phi} - \gamma\dfrac{\partial H_z}{\partial \rho}\right) \\ H_\phi = -\dfrac{1}{k_c^2}\left(\mathrm{j}\omega\varepsilon\dfrac{\partial E_z}{\partial \rho} + \dfrac{\gamma}{\rho}\dfrac{\partial H_z}{\partial \phi}\right) \end{cases} \tag{7.3.4}$$

式中

$$k_c^2 = \gamma^2 + k^2 \tag{7.3.5}$$

7.3.1 圆柱形波导中的场分布

由于圆柱形波导是单导体波导,其中不能传播 TEM 波,只能传播 TM 波和

TE 波。求解圆柱形波导内 TM 波和 TE 波的场量分布方法与求矩形波导内场量分布的方法类似,不同的是应采用圆柱坐标系。

1. 圆柱形波导中 TM 波的场分布

对于 TM 波,$H_z=0$,E_z 满足的方程和边界条件为

$$\begin{cases} \nabla^2 E_z + k^2 E_z = 0 \\ E_z \big|_{\rho=a} = 0 \end{cases} \tag{7.3.6}$$

在圆柱坐标系下,以上方程应为

$$\frac{\partial^2 E_z}{\partial \rho^2} + \frac{1}{\rho}\frac{\partial E_z}{\partial \rho} + \frac{1}{\rho^2}\frac{\partial^2 E_z}{\partial \phi^2} + \frac{\partial^2 E_z}{\partial z^2} + k^2 E_z = 0 \tag{7.3.7}$$

考虑 $E_z(\rho,\phi,z)=E(\rho,\phi)\mathrm{e}^{-\gamma z}$,则式(7.3.7)变为

$$\frac{\partial^2 E_z}{\partial \rho^2} + \frac{1}{\rho}\frac{\partial E_z}{\partial \rho} + \frac{1}{\rho^2}\frac{\partial^2 E_z}{\partial \phi^2} + k_c^2 E_z = 0 \tag{7.3.8}$$

应用分离变量法求解,设

$$E_z(\rho,\phi) = R(\rho)\,\Phi(\phi) \tag{7.3.9}$$

代入式(7.3.8),并除以 $R(\rho)\,\Phi(\phi)/\rho^2$,可得

$$\frac{\rho^2 R''(\rho)}{R(\rho)} + \frac{\rho R'(\rho)}{R(\rho)} + k_c^2\rho^2 = -\frac{\Phi''(\phi)}{\Phi(\phi)} \tag{7.3.10}$$

欲使此式对一切 ρ 和 ϕ 的值都成立,两边应等于同一个常数,记为 m^2,于是可将方程(7.3.8)分离为两个常微分方程

$$\Phi''(\phi) + m^2\Phi(\phi) = 0 \tag{7.3.11}$$

$$\rho^2 R''(\rho) + \rho R'(\rho) + (k_c^2\rho^2 - m^2)R(\rho) = 0 \tag{7.3.12}$$

式(7.3.11)的解为

$$\Phi(\phi) = A\begin{cases} \cos(m\phi) \\ \sin(m\phi) \end{cases} \tag{7.3.13}$$

由于圆波导中的场沿 ϕ 方向具有 2π 的周期性,m 的取值应为 $m=0、1、2、\cdots$。

式(7.3.12)为 m 阶贝塞尔方程,其解为

$$R(\rho) = C\mathrm{J}_m(k_c\rho) + DY_m(k_c\rho) \tag{7.3.14}$$

其中 J_m 为 m 阶第一类贝塞尔函数,Y_m 为 m 阶第二类贝塞尔函数。由于 $\rho=0$ 时,$Y_m(0)\to\infty$,而 E_z 在 $\rho=0$ 处为有限值,所以应令式(7.3.14)中的 $D=0$。于是得到

$$E_z(\rho,\phi) = R(\rho)\,\Phi(\phi) = E_m\mathrm{J}_m(k_c\rho)\begin{cases} \cos(m\phi) \\ \sin(m\phi) \end{cases} \tag{7.3.15}$$

式中 $E_{\mathrm{m}}=AC$ 由激励源决定。

由边界条件 $E_z\big|_{\rho=a}=0$,可得

$$\mathrm{J}_m(k_c a)=0 \tag{7.3.16}$$

由此可求出截止波数 k_c。用 p_{mn} 表示 m 阶贝塞尔函数 $\mathrm{J}_m(p)=0$ 的第 n 个根,则截止波数

$$k_{cmn}=\frac{p_{mn}}{a} \tag{7.3.17}$$

表 7.3.1 给出了 p_{mn} 的前几个值。

表 7.3.1 $\mathrm{J}_m(p)=0$ 的根 p_{mn}

m	$n=1$	$n=2$	$n=3$	$n=4$	$n=5$
0	2.405	5.520	8.654	11.792	14.931
1	3.832	7.016	10.173	13.324	16.471
2	5.136	8.417	11.620	14.796	17.960

将 $H_z=0$ 和式(7.3.15)代入式(7.3.4),可得到圆柱形波导中 TM 波的场分量为

$$E_z(\rho,\phi,z)=E_{\mathrm{m}}\mathrm{J}_m(k_{cmn}\rho)\begin{Bmatrix}\cos(m\phi)\\ \sin(m\phi)\end{Bmatrix}\mathrm{e}^{-\gamma_{mn}z} \tag{7.3.18a}$$

$$E_\rho(\rho,\phi,z)=-\frac{\gamma_{mn}}{k_{cmn}}E_{\mathrm{m}}\mathrm{J}'_m(k_{cmn}\rho)\begin{Bmatrix}\cos(m\phi)\\ \sin(m\phi)\end{Bmatrix}\mathrm{e}^{-\gamma_{mn}z} \tag{7.3.18b}$$

$$E_\phi(\rho,\phi,z)=\frac{m\gamma_{mn}}{k_{cmm}^2\rho}E_{\mathrm{m}}\mathrm{J}_m(k_{cmn}\rho)\begin{Bmatrix}\sin(m\phi)\\ [-\cos(m\phi)]\end{Bmatrix}\mathrm{e}^{-\gamma_{mn}z} \tag{7.3.18c}$$

$$H_\rho(\rho,\phi,z)=-\mathrm{j}\frac{m\omega\varepsilon}{k_{cmn}^2\rho}E_{\mathrm{m}}\mathrm{J}_m(k_{cmn}\rho)\begin{Bmatrix}\sin(m\phi)\\ [-\cos(m\phi)]\end{Bmatrix}\mathrm{e}^{-\gamma_{mn}z} \tag{7.3.18d}$$

$$H_\phi(\rho,\phi,z)=-\mathrm{j}\frac{\omega\varepsilon}{k_{cmn}}E_{\mathrm{m}}\mathrm{J}'_m(k_{cmn}\rho)\begin{Bmatrix}\cos(m\phi)\\ \sin(m\phi)\end{Bmatrix}\mathrm{e}^{-\gamma_{mn}z} \tag{7.3.18e}$$

$$H_z(\rho,\phi,z)=0 \tag{7.3.18f}$$

2. 圆柱形波导中 TE 波的场分布

对于 TE 波,$E_z=0$。H_z 满足的方程和边界条件为

$$\begin{cases}\dfrac{\partial^2 H_z}{\partial\rho^2}+\dfrac{1}{\rho}\dfrac{HE_z}{\partial\rho}+\dfrac{1}{\rho^2}\dfrac{\partial^2 H_Z}{\partial\phi^2}+k_c^2H_z=0\\ \dfrac{\partial H_z}{\partial\rho}\bigg|_{\rho=a}=0\end{cases} \tag{7.3.19}$$

与讨论 TM 波类似,可得到

$$H_z(\rho,\phi)=H_{\mathrm{m}}\mathrm{J}_m(k_c\rho)\begin{cases}\cos(m\phi)\\ \sin(m\phi)\end{cases} \tag{7.3.20}$$

由边界条件$\dfrac{\partial H_z}{\partial\rho}\Big|_{\rho=a}=0$,得到

$$\mathrm{J}'_m(k_c a)=0 \tag{7.3.21}$$

用 p'_{mn} 表示 m 阶贝塞尔函数的导数 $\mathrm{J}'_m(p)=0$ 的第 n 个根,则截止波数

$$k_{cmn}=\frac{p'_{mn}}{a} \tag{7.3.22}$$

表 7.3.2 给出了 p'_{mn} 的前几个值。

表 7.3.2　$\mathrm{J}'_m(p)=0$ 的根 p'_{mn}

m	$n=1$	$n=2$	$n=3$	$n=4$
0	3.832	7.016	10.174	13.324
1	1.841	5.332	8.536	11.706
2	3.054	6.705	9.965	13.107
3	4.201	8.015	11.344	

将 $E_z=0$ 和式(7.3.20)代入式(7.3.4),可得到圆柱形波导中 TE 波的场分量

$$H_z(\rho,\phi,z)=H_{\mathrm{m}}\mathrm{J}_m(k_{cmn}\rho)\begin{Bmatrix}\cos(m\phi)\\ \sin(m\phi)\end{Bmatrix}\mathrm{e}^{-\gamma_{mn}z} \tag{7.3.23a}$$

$$H_\rho(\rho,\phi,z)=-\frac{\gamma_{mn}}{k_{cmn}}H_{\mathrm{m}}\mathrm{J}'_m(k_{cmn}\rho)\begin{Bmatrix}\cos(m\phi)\\ \sin(m\phi)\end{Bmatrix}\mathrm{e}^{-\gamma_{mn}z} \tag{7.3.23b}$$

$$H_\phi(\rho,\phi,z)=\frac{m\gamma_{mn}}{k_{cmn}^2\rho}H_{\mathrm{m}}\mathrm{J}_m(k_{cmn}\rho)\begin{Bmatrix}\sin(m\phi)\\ [-\cos(m\phi)]\end{Bmatrix}\mathrm{e}^{-\gamma_{mn}z} \tag{7.3.23c}$$

$$E_\rho(\rho,\phi,z)=\mathrm{j}\,\frac{m\omega\mu}{k_{cmn}\rho}H_{\mathrm{m}}\mathrm{J}_m(k_{cmn}\rho)\begin{Bmatrix}\sin(m\phi)\\ [-\cos(m\phi)]\end{Bmatrix}\mathrm{e}^{-\gamma_{mn}z} \tag{7.3.23d}$$

$$E_\phi(\rho,\phi,z)=\mathrm{j}\,\frac{\omega\mu}{k_{cmn}}H_{\mathrm{m}}\mathrm{J}'_m(k_c\rho)\begin{Bmatrix}\cos(m\phi)\\ \sin(m\phi)\end{Bmatrix}\mathrm{e}^{-\gamma_{mn}z} \tag{7.3.23e}$$

$$E_z(\rho,\phi,z)=0 \tag{7.3.23f}$$

7.3.2　圆柱形波导中波的传播特性

与矩形波导相同,圆柱形波导中 TM_{mn} 模和 TE_{mn} 模的传播特性由相应的传

播常数 γ 确定，而传播常数 γ、波数 k 及截止波数 k_c 三者满足关系 $k_c^2=\gamma^2+k^2$。对于给定尺寸（半径 a）的圆柱形波导，TM_{mn} 模和 TE_{mn} 模的截止波数 k_{cmn} 分别由式(7.3.17)和式(7.3.22)确定，相应的截止频率

$$f_{cmn}=\frac{k_{cmn}}{2\pi\sqrt{\mu\varepsilon}} \tag{7.3.24}$$

截止波长

$$\lambda_{cmn}=\frac{2\pi}{k_{cmn}} \tag{7.3.25}$$

当电磁波的工作频率 f 大于相应模式的截止频率 f_{cmn}（或工作波长 λ 小于相应模式的截止波长 λ_{cmn}）时，波导中就可以传播该模式的 TM_{mn} 模或 TE_{mn} 模。相应的传播特性参数如下：

相位常数

$$\beta_{mn}=\sqrt{\omega^2\mu\varepsilon-k_{cmn}^2}=k\sqrt{1-\left(\frac{f_{cmn}}{f}\right)^2} \tag{7.3.26}$$

相速度

$$v_{pmn}=\frac{\omega}{\beta_{mn}}=\frac{v_p}{\sqrt{1-\left(\frac{f_{cmn}}{f}\right)^2}} \tag{7.3.27}$$

波导波长

$$\lambda_{gmn}=\frac{v_{pmn}}{f}=\frac{\lambda}{\sqrt{1-\left(\frac{f_{cmn}}{f}\right)^2}} \tag{7.3.28}$$

波阻抗

$$Z_{TM}=\frac{E_\rho}{H_\phi}=-\frac{E_\phi}{H_\rho}=\eta\sqrt{1-\left(\frac{f_{cmn}}{f}\right)^2} \tag{7.3.29}$$

$$Z_{TE}=\frac{E_\rho}{H_\phi}=-\frac{E_\phi}{H_\rho}=\frac{\eta}{\sqrt{1-\left(\frac{f_{cmn}}{f}\right)^2}} \tag{7.3.30}$$

与矩形波导一样，也可以根据模式截止波长的大小，绘出圆柱形波导中截止波长的分布图，如图 7.3.2 所示。

从以上的分析可以看出：

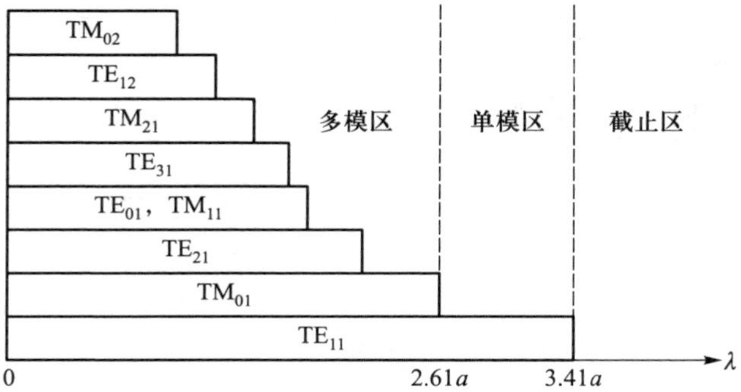

图 7.3.2 圆柱形波导中的模式分布图

(1) 圆柱形波导中存在无穷多个可能的模式——TM_{mn}模和 TE_{mn}模；

(2) 圆柱形波导中最低截止频率模式是 TE_{11}模，其截止波长为 $3.41a$，它是圆柱形波导中的主模；

(3) 圆柱形波导中存在模式的双重简并：

其一：根据贝塞尔函数的性质，由于 $J'_0(x)=-J_1(x)$，所以 TE 波的 p'_{0n}与 TM 波的 p_{1n}相同，即 $\lambda_{cTE_{0n}}=\lambda_{cTM_{1n}}$因此$TE_{0n}$模和$TM_{1n}$存在模式简并现象，这种简并称为 $E-H$ 简并，这与矩形波导中的模式简并相同。

其二：从 TE 波和 TM 波的场分量表示式可知，当 $m\neq 0$ 时，对于同一个 TM_{mn}模或 TE_{mn}模都有两个场结构，它们与坐标 ϕ 的关系分别为 $\sin m\phi$ 和$\cos m\phi$，这种简并称为极化简并，是圆柱形波导中特有的。

7.3.3 圆柱形波导中的三种典型模式

TE_{11}模、TE_{01}模和 TM_{01}模是圆柱形波导中的三种典型模式，它们的截止波长分别为

$$\lambda_{cTE_{11}}=3.412\ 6a,\ \lambda_{cTM_{01}}=2.612\ 7a,\ \lambda_{cTE_{01}}=1.639\ 8a$$

1. 主模

TE_{11}模具有最长的截止波长，是圆波导中的主模，其场分布如图 7.3.3 所示。由于存在极化简并，难于实现单模传输。而且圆波导中 TE_{11}的单模工作频带宽度比矩形波导中 TE_{10}模的单模工作频带宽度窄，因此一般圆波导不用于中、远距离传输电磁能量。然而，在一些特殊情况下，例如，在传输圆极化波时，采用圆波导中的 TE_{11}模就比较方便。由于圆波导中的 TE_{11}模的场分布与矩形波导中的 TE_{10}的场分布类似，因此容易实现从矩形波导到圆波导的变换。

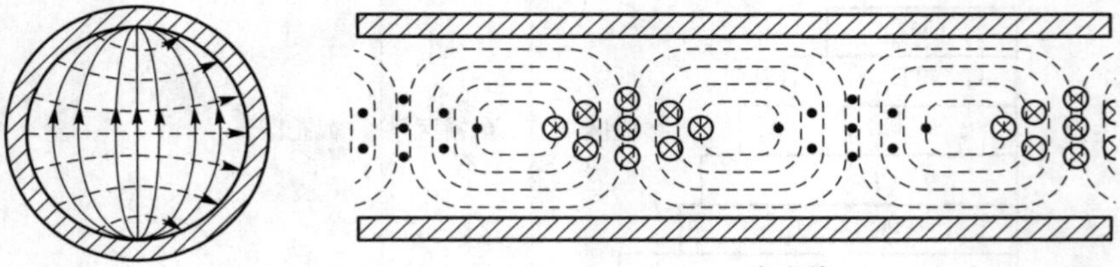

图 7.3.3 圆波导中的 TE_{11} 模

2. 圆对称模

TM_{01} 模是圆波导中的第一个高次模，不存在极化简并，也不存在 $E-H$ 简并，其场分布具有轴对称性，如图 7.3.4 所示。TM_{01} 模的这一特点适合于用作天线机械扫描装置中的旋转关节的工作模式，但由于 TM_{01} 模不是圆波导中的主模，故在使用过程中应设法抑制主模 TE_{11}。

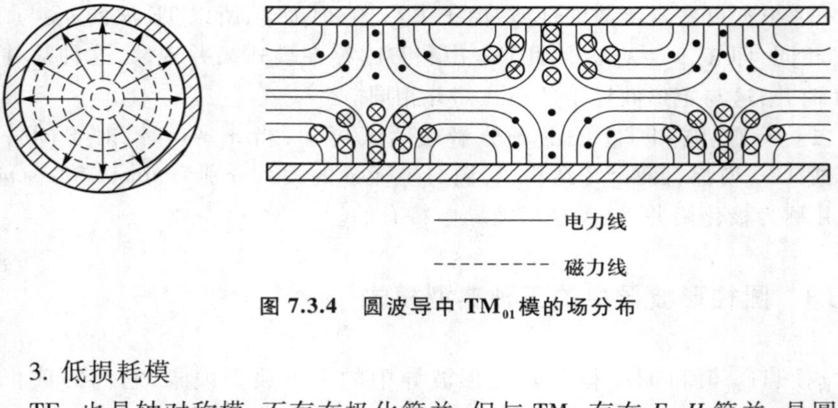

图 7.3.4 圆波导中 TM_{01} 模的场分布

3. 低损耗模

TE_{01} 也是轴对称模，不存在极化简并，但与 TM_{11} 存在 $E-H$ 简并，是圆波导中的高次模，其场分布如图 7.3.5 所示。由图可见，磁场没有 $\boldsymbol{e}_{\phi}$ 分量，因此波导管壁电流无纵向分量。于是当传输功率一定时，随着频率的增高，管壁的热损耗将下降，故其损耗相对于其他模式来说是最低的。TE_{01} 模的这一特点适合于用作高 Q 值谐振腔的工作模式，以及毫米波远距离波导传输。圆波导中的 TE_{01} 模是目前毫米波波导传输的最佳模式。在毫米波波段，标准圆波导 TE_{01} 模的衰减为矩形波导中 TE_{01} 模衰减的 1/4~1/8。目前圆波导中的 TE_{01} 模不但用于通信干线中，也用于电子设备的连接和雷达天线的馈线。同样，由于 TE_{01} 模不是圆波导中的主模，故在使用过程中应设法抑制其他模式。

例 7.3.1 一空气填充的圆柱形波导中的 TE_{01} 模，已知 $\lambda/\lambda_c=0.7$，工作频率

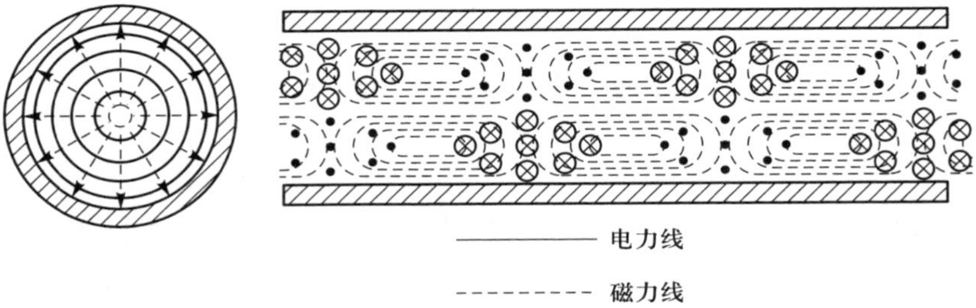

图 7.3.5 圆波导中 TE_{01} 模的场分布

$f=3\ 000$ MHz，求波导波长。

解： $$\lambda_{gTE_{01}}=\frac{\lambda}{\sqrt{1-(\lambda/\lambda_{cTE_{01}})^2}}=\frac{1}{f\sqrt{\mu_0\varepsilon_0}\sqrt{1-0.7^2}}=0.14\ \text{m}$$

例 7.3.2 一空气填充的圆柱形波导，周长为 25.1 cm，其工作频率为3 GHz，求该波导内可能传播的模式。

解： 工作波长为

$$\lambda = v_{p0}/f = 10\ \text{cm}$$

截止波长大于工作波长（$\lambda_c>\lambda$）的模式可以传播。

该波导的半径为

$$a=\frac{l}{2\pi}=\frac{25.1}{2\times 3.14}\ \text{cm}\approx 4\ \text{cm}$$

TE_{11} 模的截止波长为

$$\lambda_{cTE_{11}} = 3.13a \approx 13.6\ \text{cm}$$

TE_{01} 模和 TM_{11} 模的截止波长为

$$\lambda_{cTE_{01}}=\lambda_{cTM_{11}} = 1.64a \approx 6.56\ \text{cm}$$

TM_{01} 模的截止波长为

$$\lambda_{cTM_{01}} = 2.62a \approx 10.48\ \text{cm}$$

TE_{21} 模的截止波长为

$$\lambda_{cTE_{21}} = 2.06a \approx 8.24\ \text{cm}$$

其余模式的截止波长都小于 10 cm，所以该圆柱形波导中可能传播的模式为 TE_{11} 和 TM_{01}。

— 7.4 同轴波导 —

同轴波导是一种由内、外导体构成的双导体导波系统，也称为同轴线，其形状如图 7.4.1 所示。内导体半径为 a，外导体的内半径为 b，内外导体之间填充电参数为 ε、μ 的理想介质，内外导体为理想导体。由于同轴线是双导体波导，因此它既可以传播 TEM 波，也可以传播 TE 波、TM 波。设电磁波沿 $+z$ 方向传播，相

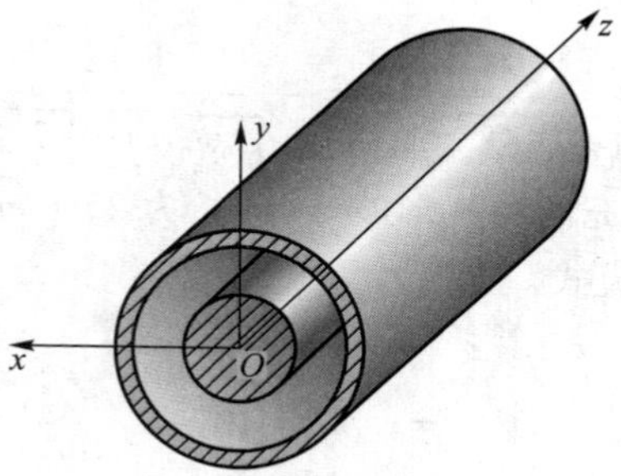

图 7.4.1 同轴波导

应的场为时谐场，波导内电磁场的复数形式为

$$\boldsymbol{E}(\rho,\phi,z)=\boldsymbol{E}(\rho,\phi)\mathrm{e}^{-\gamma z},\quad \boldsymbol{H}(\rho,\phi,z)=\boldsymbol{H}(\rho,\phi)\mathrm{e}^{-\gamma z}$$

7.4.1 同轴波导中的 TEM 波

同轴波导是双导体波导，其内可以传播 TEM 波。对于 TEM 波，$E_z=0$，$H_z=0$，而磁力线是闭合曲线，电场和磁场都在横截面内，即 $\boldsymbol{H}=\boldsymbol{e}_\phi H_\phi$，$\boldsymbol{E}=\boldsymbol{e}_\rho E_\rho$，故将麦克斯韦方程

$$\nabla\times\boldsymbol{H}=\mathrm{j}\omega\varepsilon\boldsymbol{E}$$
$$\nabla\times\boldsymbol{E}=-\mathrm{j}\omega\mu\boldsymbol{H}$$

在圆柱坐标系中展开，得

$$\gamma H_\phi=\mathrm{j}\omega\varepsilon E_\rho \tag{7.4.1a}$$

$$\frac{1}{\rho}\frac{\partial}{\partial\rho}(\rho H_\phi)=0 \tag{7.4.1b}$$

$$\gamma E_{\rho} = \mathrm{j}\omega\mu H_{\phi} \tag{7.4.1c}$$

$$\frac{1}{\rho}\frac{\partial}{\partial\rho}(\rho E_{\phi}) = 0 \tag{7.4.1d}$$

考虑沿+z 方向的传播因子 $\mathrm{e}^{-\gamma z}$,式(7.4.1b)的解为

$$H_{\phi} = \frac{H_{\mathrm{m}}}{\rho}\mathrm{e}^{-\gamma z} \tag{7.4.2}$$

将式(7.4.2)代入式(7.4.1a),得

$$E_{\rho} = \frac{\gamma}{\mathrm{j}\omega\varepsilon}H_{\phi} = \frac{\gamma}{\mathrm{j}\omega\varepsilon}\frac{H_{\mathrm{m}}}{\rho}\mathrm{e}^{-\gamma z} \tag{7.4.3}$$

同轴波导中 TEM 模的场分布如图 7.4.2 所示。

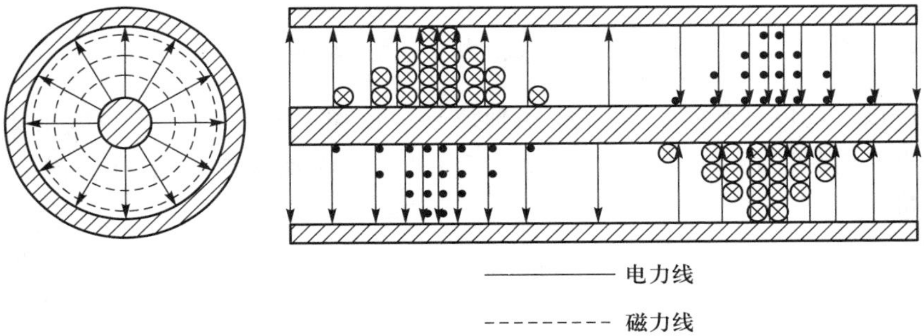

图 7.4.2 同轴波导中 TEM 模的场分布

由式(7.1.8)得 TEM 波的传播常数

$$\gamma = \gamma_{\mathrm{TEM}} = \mathrm{j}k = \mathrm{j}\omega\sqrt{\mu\varepsilon} = \mathrm{j}\beta \tag{7.4.4}$$

式中 $\beta = \omega\sqrt{\mu\varepsilon}$ 为 TEM 波的相位常数。其余传播特性参数分别为

相速度

$$v_{\mathrm{p}} = \frac{\omega}{\beta} = \frac{1}{\sqrt{\varepsilon\mu}} \tag{7.4.5}$$

波阻抗

$$Z_{\mathrm{TEM}} = \frac{E_{\rho}}{H_{\phi}} = \frac{\gamma}{\mathrm{j}\omega\varepsilon} = \sqrt{\frac{\mu}{\varepsilon}} = \eta \tag{7.4.6}$$

从以上的分析可知,TEM 波是无色散波,其截止波数 $k_{\mathrm{c}} = \sqrt{\gamma^2 + k^2} = 0$,即 $\lambda_{\mathrm{c}} = \infty$。因此,同轴波导中的主模是 TEM 模。

同轴波导中传输 TEM 模时，其传输功率为

$$P=\frac{1}{2}\mathrm{Re}\int_S(\boldsymbol{E}\times\boldsymbol{H}^*)\cdot\mathrm{d}\boldsymbol{S}=\frac{1}{2}\mathrm{Re}\int_S(\boldsymbol{E}_\mathrm{t}\times\boldsymbol{H}_\mathrm{t}^*)\cdot\boldsymbol{e}_z\mathrm{d}S$$

$$=\frac{1}{2}\int_a^b(E_\rho\cdot H_\phi^*)2\pi\rho\mathrm{d}\rho=\pi\frac{\gamma}{\mathrm{j}\omega\varepsilon}|H_\mathrm{m}|^2\ln\frac{b}{a}=\pi\sqrt{\frac{\mu}{\varepsilon}}|H_\mathrm{m}|^2\ln\frac{b}{a}$$

$$=\frac{\pi}{\eta}|E_\mathrm{m}|^2\ln\frac{b}{a}\tag{7.4.7}$$

式中 $E_\mathrm{m}=\eta H_\mathrm{m}$。

由式(7.4.3)可知，同轴波导中传播 TEM 模时，在 $\rho=a$ 处电场最大，且等于

$$|E_a|=\sqrt{\frac{\mu}{\varepsilon}}\frac{H_\mathrm{m}}{a}=\frac{\eta H_\mathrm{m}}{a}=\frac{E_\mathrm{m}}{a}\tag{7.4.8}$$

若假设该处的电场强度 $|E_a|$ 等于同轴波导中所填充媒质的击穿电场强度 E_br，则击穿时有 $|E_\mathrm{m}|=E_\mathrm{br}a$，将其代入式(7.4.7)，得同轴波导传输 TEM 模时的功率容量为

$$P_\mathrm{br}=\frac{\pi a^2E_\mathrm{br}^2}{\eta}\ln\frac{b}{a}\tag{7.4.9}$$

7.4.2　同轴波导中的高次模

在实际应用中，同轴波导都是以 TEM 模(主模)方式工作。但是，当工作频率过高时，在同轴波导中还将出现一系列的高次模：TM 模和 TE 模。同轴波导中的 TM 模和 TE 模的分析方法与圆柱形波导中 TM 模和 TE 模的分析方法相似，即在给定的边界条件下求解 E_z 或 H_z 满足的波动方程，从而可以得到同轴波导中不同 TM_{mn} 模和 TE_{mn} 模的场分布以及相应模式的截止波长 $\lambda_{\mathrm{c}mn}$。

对于 TM 波，E_z 满足的边界条件为

$$E_z|_{\rho=a}=0,\quad E_z|_{\rho=b}=0\tag{7.4.10}$$

由于 $a<\rho<b$，所以

$$E_z(\rho,\phi)=[C\mathrm{J}_m(k_\mathrm{c}\rho)+DY_m(k_\mathrm{c}\rho)]\begin{cases}\cos(m\phi)\\\sin(m\phi)\end{cases}\tag{7.4.11}$$

代入边界条件(7.4.10)，有

$$\begin{cases} C\mathrm{J}_m(k_c a)+D\mathrm{Y}_m(k_c a)=0 \\ C\mathrm{J}_m(k_c b)+D\mathrm{Y}_m(k_c b)=0 \end{cases} \tag{7.4.12}$$

于是得到关于 k_c 的方程

$$\mathrm{J}_m(k_c a)\mathrm{Y}_m(k_c b)-\mathrm{J}_m(k_c b)\mathrm{Y}_m(k_c a)=0 \tag{7.4.13}$$

这一方程有无穷多个 k_c 的解，对应于每一模式的截止波数 k_c，有相应的截止频率 f_c 和截止波长 λ_c。最大截止波长为TM_{01}的截止波长

$$\lambda_{cTM_{01}}\approx 2(b-a) \tag{7.4.14}$$

对于 TE 波，H_z 满足的边界条件为

$$\left.\frac{\partial H_z}{\partial \rho}\right|_{\rho=a}=0, \quad \left.\frac{\partial H_z}{\partial \rho}\right|_{\rho=b}=0 \tag{7.4.15}$$

此时关于 k_c 的方程为

$$\mathrm{J}'_m(k_c a)\mathrm{Y}'_m(k_c b)-\mathrm{J}'_m(k_c b)\mathrm{Y}'_m(k_c a)=0 \tag{7.4.16}$$

TE 波的最大截止波长为TE_{11}的截止波长

$$\lambda_{cTE_{11}}\approx \pi(b+a) \tag{7.4.17}$$

可见 $\lambda_{cTE_{11}}>\lambda_{cTM_{01}}$。

同轴波导几个较低阶的模式分布如图 7.4.3 所示。

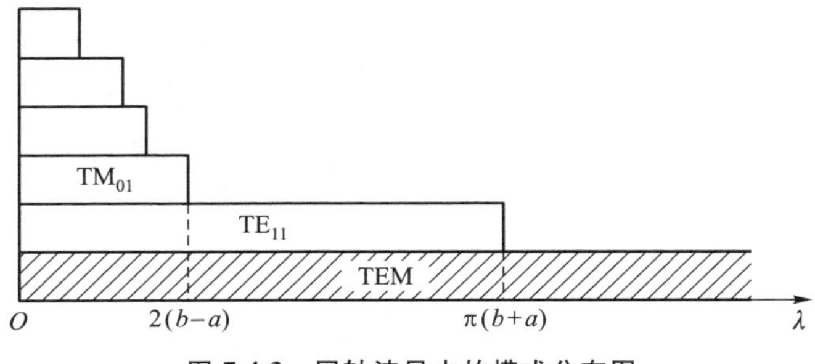

图 7.4.3 同轴波导中的模式分布图

为保证同轴波导在给定工作频带内只传输 TEM 模，就必须使工作波长大于第一个高次模 TE_{11}模的截止波长，即

$$\lambda>\lambda_{cTE_{11}}\approx \pi(b+a) \tag{7.4.18}$$

对于给定频率的电磁波，由式(7.4.18)可得到只传输 TEM 模时 $a+b$ 的取值范围

$$a+b<\frac{\lambda}{\pi} \tag{7.4.19}$$

要最终确定尺寸，还必须确定$\dfrac{a}{b}$的值，可以根据实际需要选择该值的大小。例

如,当要求功率容量最大时选择$\frac{a}{b}=1.65$,当要求传输损耗最小时选择$\frac{a}{b}=3.59$,当要求耐压最高时选择$\frac{a}{b}=2.72$。

7.5 谐振腔

在 UHF 波段(300 MHz~3 GHz)以及更高的频段,制造一般的集中参数元件非常困难。这是由于电路的几何尺寸与工作波长相比拟,从而使其成为一个辐射源,干扰其他的电路与系统。谐振腔则是一种适用于 UHF 以及更高频率的谐振元件,它是用金属导体壁完全密闭的空腔,可以将电磁波全部约束在空腔内,同时其整个大面积的金属表面又为电流提供通路。谐振腔具有固定的谐振频率和很高的 Q 值(品质因素)。本节将讨论矩形谐振腔的性质。

一段长度为 l 的矩形波导,两端用金属板把它封闭起来就构成了矩形谐振腔,如图 7.5.1 所示。

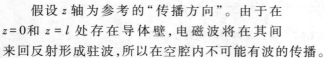

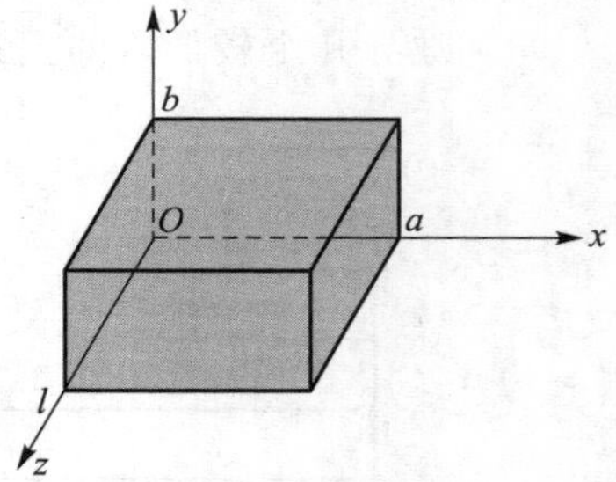

图 7.5.1 矩形谐振腔

因为 TM 模和 TE 模都能存在于矩形波导内,所以,TM 模和 TE 模也同样可以存在于矩形谐振腔中。由于谐振腔内不存在唯一的纵方向(传播方向),因此,TM 模和 TE 模的名称不唯一。

假设 z 轴为参考的"传播方向"。由于在 $z=0$和 $z=l$ 处存在导体壁,电磁波将在其间来回反射形成驻波,所以在空腔内不可能有波的传播。

1. TM_{mnp} 模

在矩形波导中,沿+z 方向传播的 TM_{mn}模的场分量为

$$E_z(x,y,z)=E_m\sin\left(\frac{m\pi}{a}x\right)\sin\left(\frac{n\pi}{b}y\right)e^{-j\beta z} \tag{7.5.1a}$$

$$E_x(x,y,z)=-\frac{\gamma}{k_c^2}\left(\frac{m\pi}{a}\right)E_m\cos\left(\frac{m\pi}{a}x\right)\sin\left(\frac{n\pi}{b}y\right)e^{-j\beta z} \tag{7.5.1b}$$

$$E_y(x,y,z)=-\frac{\gamma}{k_c^2}\left(\frac{n\pi}{b}\right)E_m\sin\left(\frac{m\pi}{a}x\right)\cos\left(\frac{n\pi}{b}y\right)e^{-j\beta z} \tag{7.5.1c}$$

$$H_x(x,y,z)=\frac{j\omega\varepsilon}{k_c^2}\left(\frac{n\pi}{b}\right)E_m\sin\left(\frac{m\pi}{a}x\right)\cos\left(\frac{n\pi}{b}y\right)e^{-j\beta z} \tag{7.5.1d}$$

$$H_y(x,y,z)=-\frac{j\omega\varepsilon}{k_c^2}\left(\frac{m\pi}{a}\right)E_m\cos\left(\frac{m\pi}{a}x\right)\sin\left(\frac{n\pi}{b}y\right)e^{-j\beta z} \tag{7.5.1e}$$

$$H_z(x,y,z)=0 \tag{7.5.1f}$$

该模式的电磁波被位于 $z=l$ 处的端面反射，然后沿 $-z$ 方向传播，相应的行波因子为 $e^{j\beta z}$，这时入射波和反射波叠加将形成以 $\sin\beta z$ 或 $\cos\beta z$ 表示的驻波分布。在 $z=0$ 和 $z=l$ 的两个面上，E_x 和 E_y 正好是切向分量。由边界条件，要求该切向分量在 $z=0$ 和 $z=l$ 平面上应等于零。于是 E_x 和 E_y 沿 z 的驻波分布应为 $\sin\beta z$，且 $\beta=\frac{p\pi}{l}$。E_z 则是法向分量，由边界条件，该法向分量在 $z=0$ 和 $z=l$ 不为零，而是决定于该面的感应电荷面密度。于是 E_z 沿 z 的驻波分布应为 $\cos\beta z$，且 $\beta=\frac{p\pi}{l}$。同理，H_x 和 H_y 沿 z 的驻波分布也应为 $\cos\beta z$，$\beta=\frac{p\pi}{l}$。于是得矩形谐振腔内 TM_{mnp} 模的场分布

$$E_z(x,y,z)=E_m\sin\left(\frac{m\pi}{a}x\right)\sin\left(\frac{n\pi}{b}y\right)\cos\left(\frac{p\pi}{l}z\right) \tag{7.5.2a}$$

$$E_x(x,y,z)=-\frac{1}{k_c^2}\left(\frac{m\pi}{a}\right)\left(\frac{p\pi}{l}\right)E_m\cos\left(\frac{m\pi}{a}x\right)\sin\left(\frac{n\pi}{b}y\right)\sin\left(\frac{p\pi}{l}z\right) \tag{7.5.2b}$$

$$E_y(x,y,z)=-\frac{1}{k_c^2}\left(\frac{n\pi}{b}\right)\left(\frac{p\pi}{l}\right)E_m\sin\left(\frac{m\pi}{a}x\right)\cos\left(\frac{n\pi}{b}y\right)\sin\left(\frac{p\pi}{l}z\right) \tag{7.5.2c}$$

$$H_x(x,y,z)=\frac{j\omega\varepsilon}{k_c^2}\left(\frac{n\pi}{b}\right)E_m\sin\left(\frac{m\pi}{a}x\right)\cos\left(\frac{n\pi}{b}y\right)\cos\left(\frac{p\pi}{l}z\right) \tag{7.5.2d}$$

$$H_y(x,y,z)=-\frac{j\omega\varepsilon}{k_c^2}\left(\frac{m\pi}{a}\right)E_m\cos\left(\frac{m\pi}{a}x\right)\sin\left(\frac{n\pi}{b}y\right)\cos\left(\frac{p\pi}{l}\right) \tag{7.5.2e}$$

$$H_z(x,y,z)=0 \tag{7.5.2f}$$

由矩形波导中 TM_{mn}、TE_{mn} 的相位系数关系

$$\beta=\sqrt{k^2-k_c^2}=\sqrt{k^2-\left(\frac{m\pi}{a}\right)^2-\left(\frac{n\pi}{b}\right)^2} \tag{7.5.3}$$

将前面给出的条件 $\beta=\frac{p\pi}{l}$ 代入上式,得

$$k=k_{mnp}=\sqrt{\left(\frac{m\pi}{a}\right)^2+\left(\frac{n\pi}{b}\right)^2+\left(\frac{p\pi}{l}\right)^2} \tag{7.5.4}$$

与之对应的频率即为谐振腔的谐振频率

$$f_{mnp}=\frac{\omega_{mnp}}{2\pi}=\frac{k_{mnp}}{2\pi\sqrt{\mu\varepsilon}}=\frac{1}{\sqrt{\mu\varepsilon}}\sqrt{\left(\frac{m}{2a}\right)^2+\left(\frac{n}{2b}\right)^2+\left(\frac{p}{2l}\right)^2} \tag{7.5.5}$$

2. TE_{mnp} 模

对于 TE_{mnp} 模的驻波分量的复数表示,可由矩形波导中 TE_{mn} 模的场分量导出,其方法与导出 TM_{mnp} 模驻波场分量相同,得

$$H_z(x,y,z)=H_m\cos\left(\frac{m\pi}{a}x\right)\cos\left(\frac{n\pi}{b}y\right)\sin\left(\frac{p\pi}{l}z\right) \tag{7.5.6a}$$

$$H_x(x,y,z)=-\frac{1}{k_c^2}\left(\frac{m\pi}{a}\right)\left(\frac{p\pi}{l}\right)H_m\sin\left(\frac{m\pi}{a}x\right)\cos\left(\frac{n\pi}{b}y\right)\cos\left(\frac{p\pi}{l}z\right) \tag{7.5.6b}$$

$$H_y(x,y,z)=-\frac{1}{k_c^2}\left(\frac{n\pi}{b}\right)\left(\frac{p\pi}{l}\right)H_m\cos\left(\frac{m\pi}{a}x\right)\sin\left(\frac{n\pi}{b}y\right)\cos\left(\frac{p\pi}{l}z\right) \tag{7.5.6c}$$

$$E_x(x,y,z)=\frac{j\omega\mu}{k_c^2}\left(\frac{n\pi}{b}\right)H_m\cos\left(\frac{m\pi}{a}x\right)\sin\left(\frac{n\pi}{b}y\right)\sin\left(\frac{p\pi}{l}z\right) \tag{7.5.6d}$$

$$E_y(x,y,z)=-\frac{j\omega\mu}{k_c^2}\left(\frac{m\pi}{a}\right)H_m\sin\left(\frac{m\pi}{a}x\right)\cos\left(\frac{n\pi}{b}y\right)\sin\left(\frac{p\pi}{l}z\right) \tag{7.5.6e}$$

$$E_z(x,y,z)=0 \tag{7.5.6f}$$

式中 k_c 与 f_{mnp} 的表达式与 TM_{mnp} 模相同。具有相同谐振频率的不同模式称为简并模。对于给定尺寸的谐振腔,谐振频率最低的模式称为主模。

例 7.5.1 有一填充空气的矩形谐振腔,其沿 x、y、z 方向的尺寸分别为:(1) $a>b>l$;(2) $a>l>b$;(3) $a=b=l$。试确定相应的主模和谐振频率。

解: 选择 z 轴作为参考的传播方向,对于 TM_{mnp} 模,由其场分量的表示式

(7.5.2)可知,m 和 n 不能为零,而 p 可以为零。对于 TE_{mnp} 模,由其场分量的表示式(7.5.6)可知,m 或 n 均可为零(但不能同时为零),而 p 不能为零。因此,可能的最低阶模式为

$$TM_{110},TE_{011},TE_{101}$$

相应的谐振频率由式(7.5.5)给出。

(1) 当 $a>b>l$ 时,最低谐振频率为

$$f_{110}=\frac{v_{P0}}{2}\sqrt{\frac{1}{a^2}+\frac{1}{b^2}}$$

式中 v_{P0} 为自由空间的波速。于是得 TM_{110} 为主模。

(2) 当 $a>l>b$ 时,最低谐振频率为

$$f_{101}=\frac{v_{P0}}{2}\sqrt{\frac{1}{a^2}+\frac{1}{l^2}}$$

于是得 TE_{101} 为主模。

(3) 当 $a=b=l$ 时,TM_{110},TE_{011},TE_{101} 的谐振频率相同

$$f_{110}=f_{101}=f_{011}=\frac{v_{P0}}{\sqrt{2}a}$$

3. 矩形谐振腔的品质因素

谐振腔可以储存电场能量和磁场能量。在实际的谐振腔中,由于腔壁的电导率是有限的,它的表面电阻不为零,这样将导致能量的损耗。和其他谐振回路一样,谐振腔的品质因素 Q 定义为

$$Q=2\pi\frac{W}{W_T} \tag{7.5.7}$$

式中 W 为谐振腔中的储能,W_T 为一个周期内谐振腔中损耗的能量。设 P_L 为谐振腔内的时间平均功率损耗,则一个周期 $T=\frac{2\pi}{\omega}$ 内谐振腔损耗的能量为 $W_T=P_L\frac{2\pi}{\omega}$,得

$$Q=2\pi\frac{W}{P_L\frac{2\pi}{\omega}}=\omega\frac{W}{P_L} \tag{7.5.8}$$

确定谐振腔在谐振频率的 Q 值时,通常是假设其损耗足够的小,以致可以用无损耗时的场分布进行计算。

例 7.5.2 计算矩形谐振腔中 TE_{101} 模的 Q 值。

解: 由式(7.5.6),令 $m=1,n=0,p=1$,得 TE_{101} 的场分量

$$H_z(x,y,z)=H_m\cos\left(\frac{\pi}{a}x\right)\sin\left(\frac{\pi}{l}z\right)$$

$$H_x(x,y,z)=-\frac{1}{k_c^2}\frac{\pi}{a}\frac{\pi}{l}H_m\sin\left(\frac{\pi}{a}x\right)\cos\left(\frac{\pi}{l}z\right)$$

$$E_y(x,y,z)=-\frac{j\omega\mu}{k_c^2}\frac{\pi}{a}H_m\sin\left(\frac{\pi}{a}x\right)\sin\left(\frac{\pi}{l}z\right)$$

$$E_x(x,y,z)=0,H_y(x,y,z)=0,E_z(x,y,z)=0$$

时间平均储存的电场能量

$$W_e=\frac{\varepsilon_0}{4}\int_V|E_y|^2\mathrm{d}V=\frac{\varepsilon_0\omega^2\mu_0^2\pi^2}{4k_c^2a^2}H_m^2\int_0^l\int_0^b\int_0^a\sin^2\left(\frac{\pi}{a}x\right)\sin^2\left(\frac{\pi}{l}z\right)\mathrm{d}x\mathrm{d}y\mathrm{d}z$$

$$=\frac{\varepsilon_0\omega_{101}^2\mu_0^2a^2}{4\pi^2}H_m^2\left(\frac{a}{2}\right)b\left(\frac{l}{2}\right)=\frac{1}{4}\varepsilon_0\mu_0^2a^3blf_{101}^2H_m^2$$

式中已将 $k_c^2=\left(\frac{\pi}{a}\right)^2$ 代入。再将 $f_{101}=\frac{1}{2\sqrt{\mu_0\varepsilon_0}}\left(\sqrt{\frac{1}{a^2}+\frac{1}{l^2}}\right)$ 代入上式,得

$$W_e=\frac{\mu_0}{16}abl\left(\frac{a^2}{l^2}+1\right)H_m^2$$

时间平均储存的磁场能量

$$W_m=\frac{\mu_0}{4}\int_V(|H_x|^2+|H_z|^2)\mathrm{d}V=\frac{\mu_0}{16}abl\left(\frac{a^2}{l^2}+1\right)H_m^2=W_e$$

于是总的储能

$$W=W_e+W_m=\frac{\mu_0H_m^2}{8}abl\left(\frac{a^2}{l^2}+1\right)$$

单位面积的损耗功率

$$P_{av}=\frac{1}{2}|\boldsymbol{J}_S|^2R_S=\frac{1}{2}|H_t|^2R_S$$

于是总的损耗功率

$$P_L=\oint_S P_{av}\mathrm{d}S=R_S\left\{\int_0^b\int_0^a|H_x|^2\mathrm{d}x\mathrm{d}y+\int_0^l\int_0^b|H_z|^2\mathrm{d}y\mathrm{d}z\right.$$

$$+\int_0^l\int_0^a |H_x|^2\mathrm{d}x\mathrm{d}z+\int_0^l\int_0^a |H_z|^2\mathrm{d}x\mathrm{d}z\Big\}$$

$$=\frac{R_S H_{\mathrm{m}}^2}{2}\left[\frac{a^2}{l}\left(\frac{b}{l}+\frac{1}{2}\right)+l\left(\frac{b}{a}+\frac{1}{2}\right)\right]$$

所以 Q 值

$$Q=\frac{\pi f_{101}\mu_0 abl(a^2+l^2)}{R_S[2b(a^3+l^3)+al(a^2+l^2)]}$$

式中的 $R_S=\sqrt{\dfrac{\pi f\mu}{\sigma}}$ 为导体的表面阻抗。

7.6 传 输 线

在前面几节,采用在给定边界条件下求解电磁波动方程的方法得到导波系统中和谐振腔中的电磁场分布、电磁波的传播特性。对于能传输 TEM 波的双导体导波系统,例如平行双线、同轴线等(又称传输线),在传输 TEM 波的条件下,其电场和磁场只有横向分布。例如同轴线中 $\boldsymbol{E}=\boldsymbol{e}_\rho E_\rho$、$\boldsymbol{H}=\boldsymbol{e}_\phi H_\phi$,这时在 $z=c$(常数)的平面内,内、外导体间的电压 $U(z)=\int_a^b \boldsymbol{E}\cdot\mathrm{d}\boldsymbol{\rho}=\int_a^b E_\rho\mathrm{d}\rho$ 和导体中的电流 $I(z)=\oint_C \boldsymbol{H}\cdot\mathrm{d}\boldsymbol{l}=\int_0^{2\pi} H_\phi\rho\mathrm{d}\phi$ 都具有实际意义。因此,可用“电路”中的电压和电流等效传输线中的电场和磁场,这种方法称为“等效电路”法,即将传输线作为分布参数电路处理,得到由传输线的单位长度电阻、电感、电容和电导组成的等效电路,然后根据基尔霍夫定律导出传输线上电压、电流满足的方程,并求出其解,进而讨论传输线上的电压波和电流波的传输特性。

7.6.1 传输线方程及其解

TEM 波传输线的电路模型可用图 7.6.1 表示,始端接信号源 u_{g},其内阻为 Z_{g},终端接负载 Z_{L}。

分布参数电路是相对于集中参数电路而言的。当传输线传输高频信号时会出现以下分布参数效应:电流流过导线使导线发热,表明导线本身有分布电阻;双导线之间绝缘不完善而出现漏电流,表明导线之间处处有漏电导;导线之间有

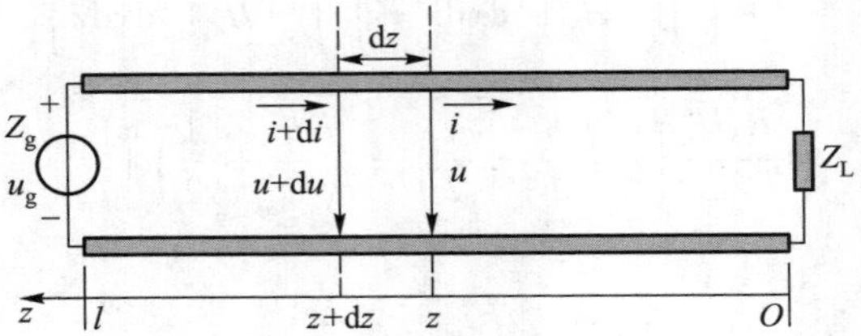

图 7.6.1 传输线电路模型

电压,所以导线间存在电场,表明导线之间有分布电容;导线中通过电流时周围出现磁场,表明导线上存在分布电感。当传输信号的波长远大于传输线长度时,有限长的传输线上各点的电流(或电压)的大小和相位可近似认为相同,这时分布参数效应可以不考虑,而作为集中参数电路处理。但当传输信号的波长与传输线长度可比拟时,传输线上各点的电流(或电压)的大小和相位各不相同,显现出分布效应,此时传输线就必须作为分布参数电路处理。

假设传输线的电路参数是沿线均匀分布的,这种传输线称为均匀传输线。可用以下四个参数来描述。

R_1:单位长度的电阻(Ω/m);

L_1:单位长度的电感(H/m);

G_1:单位长度的电导(S/m);

C_1:单位长度的电容(F/m)。

表 7.6.1 给出平行双线和同轴线的分布电路参数计算公式。

表 7.6.1 平行双线和同轴线的分布电路参数

分布参数	平行双线($D\gg a$) (线间距 D,导线半径 a)	同轴线 (内导体半径 a,外导体内半径 b)
C_1(F/m)	$\dfrac{\pi\varepsilon}{\ln D/a}$	$\dfrac{2\pi\varepsilon}{\ln(b/a)}$
L_1(H/m)	$\dfrac{\mu}{\pi}\ln\dfrac{D-a}{a}$	$\dfrac{\mu}{2\pi}\ln\dfrac{b}{a}$
R_1(Ω/m)	$\dfrac{1}{\pi a}\sqrt{\dfrac{\omega\mu}{2\sigma}}$	$\dfrac{1}{2\pi}\sqrt{\dfrac{\omega\mu}{2\sigma}}\left(\dfrac{1}{a}+\dfrac{1}{b}\right)$
G_1(S/m)	$\dfrac{\pi\sigma}{\ln D/a}$	$\dfrac{2\pi\sigma}{\ln(b/a)}$

1. 传输线方程

为讨论方便,将坐标系的原点选在负载,如图 7.6.1 所示。设传输线上的电压和电流随时间作时谐变化,则电压、电流可用复数表示,即

$$u(z,t)=\mathrm{Re}[U(z)\,\mathrm{e}^{\mathrm{j}\omega t}],\quad i(z,t)=\mathrm{Re}[I(z)\,\mathrm{e}^{\mathrm{j}\omega t}]$$

在传输线上任一点 z 处取线元 $\mathrm{d}z$ 进行讨论,其等效电路如图 7.6.2 所示。

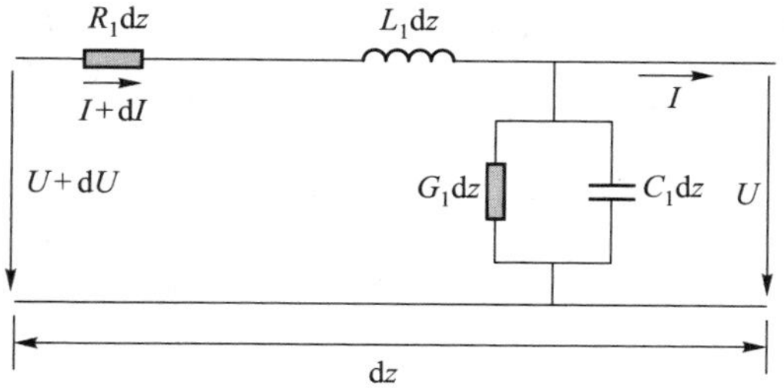

图 7.6.2 线元 dz 的等效电路

根据基尔霍夫定律得

$$I(R_1\mathrm{d}z+\mathrm{j}\omega L_1\mathrm{d}z)+U-(U+\mathrm{d}U)=0$$
$$I+(U+\mathrm{d}U)(G_1\mathrm{d}z+\mathrm{j}\omega C_1\mathrm{d}z)-(I+\mathrm{d}I)=0$$

即

$$\mathrm{d}U=I(R_1\mathrm{d}z+\mathrm{j}\omega L_1\mathrm{d}z)$$
$$\begin{aligned}\mathrm{d}I&=U(G_1\mathrm{d}z+\mathrm{j}\omega C_1\mathrm{d}z)+\mathrm{d}U(G_1\mathrm{d}z+\mathrm{j}\omega C_1\mathrm{d}z)\\&\approx U(G_1\mathrm{d}z+\mathrm{j}\omega C_1\mathrm{d}z)\end{aligned}$$

表示为

$$\begin{cases}\mathrm{d}U(z)=I(z)Z_1\mathrm{d}z\\ \mathrm{d}I(z)=U(z)Y_1\mathrm{d}z\end{cases}\tag{7.6.1}$$

式中

$$Z_1=R_1+\mathrm{j}\omega L_1,\ Y_1=G_1+\mathrm{j}\omega C_1\tag{7.6.2}$$

分别为传输线上单位长度的串联阻抗和并联导纳。式(7.6.1)可写为

$$\begin{cases}\dfrac{\mathrm{d}U(z)}{\mathrm{d}z}=I(z)Z_1\\[2ex] \dfrac{\mathrm{d}I(z)}{\mathrm{d}z}=U(z)Y_1\end{cases}\tag{7.6.3}$$

上式两端对 z 求导,得

$$\begin{cases}\dfrac{d^2U(z)}{dz^2}=Z_1\dfrac{dI(z)}{dz}=Z_1Y_1U(z)=\gamma^2U(z)\\\dfrac{d^2I(z)}{dz^2}=Y_1\dfrac{dU(z)}{dz}=Y_1Z_1I(z)=\gamma^2I(z)\end{cases}\tag{7.6.4}$$

方程(7.6.4)为传输线上电压波和电流波方程,式中

$$\gamma=\sqrt{Z_1Y_1}=\sqrt{(R_1+j\omega L_1)(G_1+j\omega C_1)}=\alpha+j\beta\tag{7.6.5}$$

称为传播常数,通常是一复数,其实部 α 为衰减常数,虚部 β 为相位常数。

2. 传输线方程的解

方程(7.6.4)的通解为

$$U(z)=Ae^{\gamma z}+Be^{-\gamma z}\tag{7.6.6}$$

由式(7.6.3)得

$$I(z)=\frac{1}{Z_1}\frac{dU(z)}{dz}=\frac{1}{Z_0}(Ae^{\gamma z}-Be^{-\gamma z})\tag{7.6.7}$$

式中

$$Z_0=\sqrt{\frac{Z_1}{Y_1}}=\sqrt{\frac{R_1+j\omega L_1}{G_1+j\omega C_1}}\tag{7.6.8}$$

具有阻抗的量纲,称为传输线的特性阻抗。

式(7.6.6)和式(7.6.7)为传输线上的电压和电流分布表示式,它们都包含两项:一项含有因子 $e^{\gamma z}$,代表沿 $-z$ 方向(由电源到负载)传播的波,称为入射波;一项含有因子 $e^{-\gamma z}$,代表沿 $+z$ 方向(由负载到电源)传播的波,称为反射波。

入射波电压

$$U^+=Ae^{\gamma z}\tag{7.6.9a}$$

入射波电流

$$I^+=\frac{1}{Z_0}Ae^{\gamma z}\tag{7.6.9b}$$

反射波电压

$$U^-=Be^{-\gamma z}\tag{7.6.9c}$$

反射波电流

$$I^-=-\frac{1}{Z_0}Be^{-\gamma z}\tag{7.6.9d}$$

式(7.6.6)和式(7.6.7)中的常数 A、B 应由边界条件确定。下面讨论两种给

定条件下的解。

(1) 已知终端电压和电流

$$U(0)=U_2,\quad I(0)=I_2 \tag{7.6.10}$$

将式(7.6.10)代入式(7.6.6)和式(7.6.7)中,得

$$U_2=A+B,\quad I_2=\frac{1}{Z_0}(A-B) \tag{7.6.11}$$

联立求解得

$$A=\frac{U_2+I_2Z_0}{2},\quad B=\frac{U_2-I_2Z_0}{2} \tag{7.6.12}$$

于是

$$\begin{cases} U(z)=\dfrac{U_2+I_2Z_0}{2}\mathrm{e}^{\gamma z}+\dfrac{U_2-I_2Z_0}{2}\mathrm{e}^{-\gamma z} \\ I(z)=\dfrac{1}{Z_0}\left(\dfrac{U_2+I_2Z_0}{2}\mathrm{e}^{\gamma z}-\dfrac{U_2-I_2Z_0}{2}\mathrm{e}^{-\gamma z}\right) \end{cases} \tag{7.6.13}$$

上式为已知传输线终端电压和终端电流时,线上任意一点的电压和电流表达式。该式说明,传输线上的电压和电流以波的形式存在,且由入射波和反射波组成。于是,式(7.6.13)又可写为

$$\begin{cases} U(z)=U^+(z)+U^-(z)=U_2^+\mathrm{e}^{\gamma z}+U_2^-\mathrm{e}^{-\gamma z} \\ I(z)=I^+(z)+I^-(z)=I_2^+\mathrm{e}^{\gamma z}-I_2^-\mathrm{e}^{-\gamma z} \end{cases} \tag{7.6.14}$$

式中

$$\begin{cases} U^{\pm}(z)=U_2^{\pm}\mathrm{e}^{\pm\gamma z};\quad 其中\ U_2^{\pm}=\dfrac{U_2\pm I_2Z_0}{2} \\ I^{\pm}(z)=\pm I_2^{\pm}\mathrm{e}^{\pm\gamma z};\quad 其中\ I_2^{\pm}=\dfrac{U_2\pm I_2Z_0}{2Z_0} \end{cases} \tag{7.6.15}$$

式(7.6.14)还可用双曲函数表示

$$\begin{cases} U(z)=U_2\cosh(\gamma z)+I_2Z_0\sinh(\gamma z) \\ I(z)=\dfrac{U_2}{Z_0}\sinh(\gamma z)+I_2\cosh(\gamma z) \end{cases} \tag{7.6.16}$$

(2) 已知始端电压和电流

$$U(l)=U_1,\quad I(l)=I_1 \tag{7.6.17}$$

将式(7.6.17)代入式(7.6.6)和式(7.6.7)中,得

$$U_1 = Ae^{\gamma l} + Be^{-\gamma l}, \quad I_1 = \frac{1}{Z_0}(Ae^{\gamma l} - Be^{-\gamma l}) \tag{7.6.18}$$

联立求解得

$$A = \frac{U_1 + I_1 Z_0}{2} e^{-\gamma l}, \quad B = \frac{U_1 - I_1 Z_0}{2} e^{\gamma l} \tag{7.6.19}$$

于是

$$\begin{cases} U(z) = \dfrac{U_1 + I_1 Z_0}{2} e^{-\gamma(l-z)} + \dfrac{U_1 - I_1 Z_0}{2} e^{\gamma(l-z)} \\ I(z) = \dfrac{1}{Z_0}\left(\dfrac{U_1 + I_1 Z_0}{2} e^{-\gamma(l-z)} - \dfrac{U_1 - I_1 Z_0}{2} e^{\gamma(l-z)}\right) \end{cases} \tag{7.6.20}$$

上式就是已知传输线始端电压和电流时,线上任意一点的电压和电流表达式。

7.6.2　传输线的特性参数

传输线的特性参数是由传输线的尺寸、填充的媒质及工作频率所决定的量,主要有传输线的特性阻抗、传播常数、相速度和波长。

1. 特性阻抗

传输线的特性阻抗定义为传输线上行波电压与行波电流之比,即

$$Z_0 = \frac{U^+}{I^+} = -\frac{U^-}{I^-} = \sqrt{\frac{R_1 + j\omega L_1}{G_1 + j\omega C_1}} \tag{7.6.21}$$

对于无损耗传输线,$R_1 = 0$、$G_1 = 0$,则

$$Z_0 = \sqrt{\frac{L_1}{C_1}} \tag{7.6.22}$$

例如,平行双线的单位长度的电容 $C_1 = \dfrac{\pi\varepsilon}{\ln(2D/d)}$、单位长度的电感 $L_1 = \dfrac{\mu_0}{\pi}\ln\dfrac{2D}{d}$,代入式(7.6.22)得

$$Z_0 = \frac{120}{\sqrt{\varepsilon_r}} \ln\frac{2D}{d} \tag{7.6.23}$$

其中 d 为导线的直径,D 为两线中心之间的距离。

对于同轴线,单位长度的电容 $C_1 = \dfrac{2\pi\varepsilon}{\ln(D/d)}$,单位长度的电感 $L_1 =$

$\dfrac{\mu_0}{2\pi}\ln\dfrac{D}{d}$,代入式(7.6.22)得

$$Z_0=\frac{60}{\sqrt{\varepsilon_r}}\ln\frac{D}{d} \tag{7.6.24}$$

其中 d 为内导体的直径,D 为外导体的内直径。

2. 传播常数

$$\gamma=\sqrt{Z_1Y_1}=\sqrt{(R_1+j\omega L_1)(G_1+j\omega C_1)}=\alpha+j\beta \tag{7.6.25}$$

其中

$$\alpha=\sqrt{\frac{1}{2}\left[\sqrt{(R_1^{\ 2}+\omega^2L_1^{\ 2})(G_1^{\ 2}+\omega^2C_1^{\ 2})}-(\omega^2L_1C_1-R_1G_1)\right]} \tag{7.6.26}$$

称为衰减常数,表示传输线单位长度上行波电压(或电流)振幅的变化。

$$\beta=\sqrt{\frac{1}{2}\left[\sqrt{(R_1^2+\omega^2L_1^2)(G_1^2+\omega^2C_1^2)}+(\omega^2L_1C_1-R_1G_1)\right]} \tag{7.6.27}$$

称为相位常数,表示传输线单位长度上行波电压(或电流)相位的变化。

对于无损耗传输线,$R_1=0$、$G_1=0$,则

$$\alpha=0 \tag{7.6.28}$$

$$\beta=\omega\sqrt{L_1C_1} \tag{7.6.29}$$

3. 相速度

相速度的定义与电磁波的相速度定义一样,指行波等相位面移动的速度

$$v_p=\frac{\omega}{\beta} \tag{7.6.30}$$

对于无耗传输线,将式(7.6.29)代入上式,得

$$v_p=\frac{\omega}{\beta}=\frac{1}{\sqrt{L_1C_1}} \tag{7.6.31}$$

4. 波长

波长的定义与波导中相同,即波在一周期内沿线所传播的距离

$$\lambda_g=\frac{2\pi}{\beta} \tag{7.6.32}$$

7.6.3 传输线的工作参数

传输线的工作参数是指随传输线所接负载的不同而变化的量，主要有传输线的输入阻抗、反射系数和驻波系数。

1. 输入阻抗

已知终端电压 U_2 和终端电流 I_2 的时，传输线上任意点的电压 $U(z)$ 和电流 $I(z)$ 的比值定义为该点向负载方向看去的输入阻抗，记作 $Z_{in}(z)$。由式(7.6.16)得

$$Z_{in}(z)=\frac{U(z)}{I(z)}=\frac{U_2\cosh(\gamma z)+I_2Z_0\sinh(\gamma z)}{I_2\cosh(\gamma z)+\dfrac{U_2}{Z_0}\sinh(\gamma z)}$$

$$=Z_0\frac{Z_L+Z_0\tanh(\gamma z)}{Z_0+Z_L\tanh(\gamma z)} \tag{7.6.33}$$

式中 $Z_L=\dfrac{U_2}{I_2}$ 为终端负载阻抗。

对于无损耗线，$\alpha=0$、$\gamma=j\beta$，则式(7.6.33)变为

$$Z_{in}(z)=Z_0\frac{Z_L+jZ_0\tan(\beta z)}{Z_0+jZ_L\tan(\beta z)} \tag{7.6.34}$$

由上式可以看出，传输线的输入阻抗与负载阻抗 Z_L、特性阻抗 Z_0 以及距终端的位置 z 有关。利用式(7.6.34)，还可以得到几种特殊情况下的输入阻抗：

(1) 终端短路线

这时 $Z_L=0$，由式(7.6.34)得

$$Z_{ins}(z)=jZ_0\tan\beta z \tag{7.6.35}$$

由上式可知，终端短路的无耗传输线的输入阻抗为纯电抗，可以是电感性的，也可以是电容性的，视 z 的值而定。图 7.6.3 给出了 $Z_{ins}(z)$ 随 z 的变化曲线。由图 7.6.3可知：在电压波腹点（电流波节点）$z=(2n+1)\dfrac{\lambda}{4}$ $(n=0,1,2,\cdots)$ 处，输入阻抗 $Z_{ins}(z)\to\infty$，相当于低频电路中的并联谐振；在电压波节点（电流波腹点）$z=2n\dfrac{\lambda}{4}$ $(n=0,1,2,\cdots)$ 处，输入阻抗 $Z_{ins}(z)=0$，相当于低频电路中的串联谐振；而在其余位置的输入阻抗呈电感性或电容性。

(2) 终端开路线

这时 $Z_L \to \infty$,由式(7.6.34)得

$$Z_{ino}(z) = -jZ_0\cot\beta z \tag{7.6.36}$$

终端开路的无耗传输线的输入阻抗也呈纯电抗,图 7.6.4 给出了 $Z_{ino}(z)$ 随 z 的变化曲线。比较图 7.6.3 和图 7.6.4 可见,终端短路线在 z 处的输入阻抗 $Z_{ins}(z)$ 等于终端开路线在 $z+\dfrac{\lambda}{4}$ 处的输入阻抗 $Z_{ino}\left(z+\dfrac{\lambda}{4}\right)$。

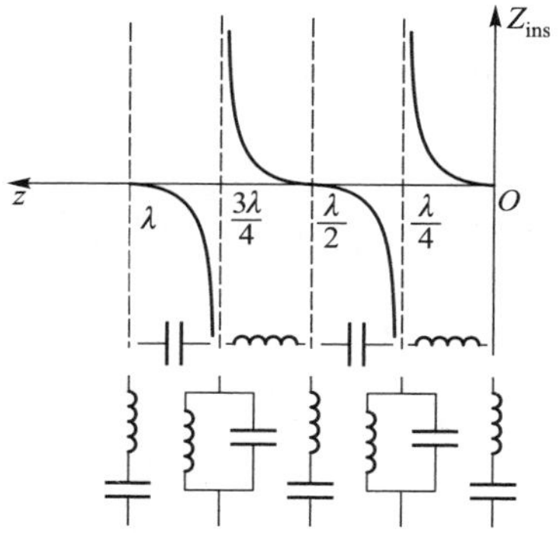

图 7.6.3 $Z_{ins}(z)$ 随 z 的变化曲线

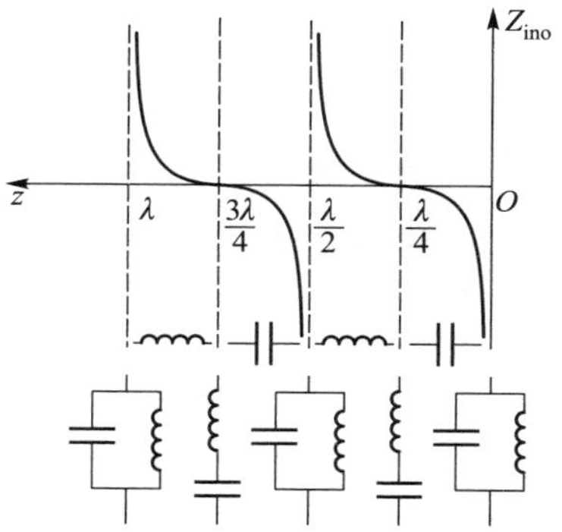

图 7.6.4 $Z_{ino}(z)$ 随 z 的变化曲线

由式(7.6.35)和式(7.6.36)可得到

$$Z_{ino}(z) \cdot Z_{ins}(z) = Z_0^2 \tag{7.6.37}$$

根据这一关系式可采用“开路-短路法”确定 Z_0。

利用不同长度的终端开路线或终端短路线,可以构成不同的电抗值的电抗元件或谐振器,这在微波电路中广泛使用。

(3) 终端负载等于特性阻抗

这时 $Z_L = Z_0$,由式(7.6.34)得

$$Z_{in}(z) = Z_0 \tag{7.6.38}$$

此时的输入阻抗与 z 无关,传输线上任意点的输入阻抗等于特性阻抗,这种情况称为匹配。

(4) $l=\dfrac{\lambda}{4}$ 线

这时 $z=\dfrac{\lambda}{4}$,由式(7.6.34)得

$$Z_{in}\left(\frac{\lambda}{4}\right) = \frac{Z_0^2}{Z_L} \tag{7.6.39}$$

$\dfrac{\lambda}{4}$线的这一特性称为阻抗变换性。

(5) $l=\dfrac{\lambda}{2}$线

这时 $z=\dfrac{\lambda}{2}$,由式(7.6.34)得

$$Z_{\text{in}}\left(\frac{\lambda}{2}\right)=Z_{\text{L}} \tag{7.6.40}$$

经$\dfrac{\lambda}{2}$无耗传输线的输入阻抗不变,这种性质称为$\dfrac{\lambda}{2}$阻抗还原性。

2. 反射系数

传输线上某点的反射波电压与入射波电压之比,定义为该点的反射系数,即

$$\Gamma(z)=\frac{U^-}{U^+}=\frac{\frac{1}{2}(U_2-I_2Z_0)\mathrm{e}^{-\gamma z}}{\frac{1}{2}(U_2+I_2Z_0)\mathrm{e}^{\gamma z}}=\frac{U_2-I_2Z_0}{U_2+I_2Z_0}\mathrm{e}^{-2\gamma z}=\Gamma_2\mathrm{e}^{-2\gamma z} \tag{7.6.41}$$

式中

$$\Gamma_2=\frac{U_2^-}{U_2^+}=\frac{U_2-I_2Z_0}{U_2+I_2Z_0}=\frac{Z_{\text{L}}-Z_0}{Z_{\text{L}}+Z_0}=\left|\frac{Z_{\text{L}}-Z_0}{Z_{\text{L}}+Z_0}\right|\mathrm{e}^{\mathrm{j}\phi_2} \tag{7.6.42}$$

称为传输线的终端反射系数。一般情况下,终端反射系数为复数。上式中 ϕ_2 为终端反射系数的相位。于是

$$\Gamma(z)=\Gamma_2\mathrm{e}^{-2\gamma z}=|\Gamma_2|\mathrm{e}^{-2\alpha z}\mathrm{e}^{-\mathrm{j}2\beta z}\mathrm{e}^{\mathrm{j}\phi_2} \tag{7.6.43}$$

对于无损耗线,$\alpha=0$,则

$$\Gamma(z)=|\Gamma_2|\mathrm{e}^{-\mathrm{j}2\beta z}\mathrm{e}^{\mathrm{j}\phi_2} \tag{7.6.44}$$

用同样的方法可定义电流反射系数

$$\Gamma(z)=\frac{I^-}{I^+}=-\frac{U_2-I_2Z_0}{U_2+I_2Z_0}\mathrm{e}^{-2\gamma z}=-\Gamma_2\mathrm{e}^{-2\gamma z} \tag{7.6.45}$$

可见,电流反射系数与电压反射系数只相差一负号,通常采用电压来定义反射系数。

利用反射系数的定义和前面关于电压、电流及输入阻抗的有关公式,可得到反射系数与电压、电流、输入阻抗、负载阻抗的关系。

(1) 反射系数与电压、电流的关系

$$U(z) = U^{+}(z) + U^{-}(z)$$

$$= U^{+}(z)\left[1 + \frac{U^{-}(z)}{U^{+}(z)}\right] = U^{+}(z)[1 + \Gamma(z)] \qquad (7.6.46)$$

$$I(z) = I^{+}(z) + I^{-}(z)$$

$$= I^{+}(z)\left[1 + \frac{I^{-}(z)}{I^{+}(z)}\right] = I^{+}(z)[1 - \Gamma(z)] \qquad (7.6.47)$$

传输线上任意点的电压和电流可以用入射波的电压、电流和反射系数表示。

(2) 反射系数与输入阻抗的关系

由输入阻抗的定义式(7.6.33),得

$$Z_{in}(z) = \frac{U(z)}{I(z)} = \frac{U^{+}(z)[1 + \Gamma(z)]}{I^{+}(z)[1 - \Gamma(z)]} = Z_0 \frac{1 + \Gamma(z)}{1 - \Gamma(z)} \qquad (7.6.48)$$

传输线上任意点的输入阻抗可通过该点的反射系数表示出来,这在传输线阻抗的测量和计算中有着重要的意义。

(3) 反射系数与负载阻抗的关系

由式(7.6.42)

$$\Gamma_2 = \frac{Z_L - Z_0}{Z_L + Z_0}$$

可以得到几种特殊负载情况下的反射系数:

$$\begin{cases} Z_L = Z_0(\text{负载阻抗等于特性阻抗}): \Gamma_2 = 0 \\ Z_L = 0(\text{终端短路}): \Gamma_2 = -1 \\ Z_L \to \infty(\text{终端开路}): \Gamma_2 = 1 \\ Z_L = jX_L(\text{终端负载为纯电抗}): |\Gamma_2| = 1 \end{cases}$$

3. 驻波系数与行波系数

一般情况下,传输线上存在入射波和反射波,它们相互干涉形成混合波。入射波与反射波同相叠加时达最大值,反相叠加时达最小值。传输线上电压最大值与电压最小值之比,称为电压驻波系数或电压驻波比,用 S 表示,即

$$S = \frac{|U|_{max}}{|U|_{min}} = \frac{|U^{+}| + |U^{-}|}{|U^{+}| - |U^{-}|} = \frac{1 + |\Gamma(z)|}{1 - |\Gamma(z)|} \qquad (7.6.49)$$

传输线上电流最大值与电流最小值之比,称为电流驻波系数或电流驻波比。不难得出电流驻波系数与电压驻波系数的值是一样的。

对于无损耗线,由式(7.6.44)知道 $|\Gamma(z)| = |\Gamma_2|$,于是

$$S=\frac{1+|\Gamma_2|}{1-|\Gamma_2|} \tag{7.6.50}$$

可见,无损耗线上的驻波系数与 z 无关。

行波系数定义传输线上电压最小值与电压最大值之比,用 K 表示,即

$$K=\frac{|U|_{\min}}{|U|_{\max}}=\frac{1-|\Gamma_2|}{1+|\Gamma_2|}=\frac{1}{S} \tag{7.6.51}$$

7.6.4 传输线的工作状态

传输线存在三种不同的工作状态,即行波状态、驻波状态和混合波状态,取决于传输线终端所接的负载。

1. 行波状态

行波状态即传输线上无反射波出现,只存在入射波的工作状态。由式(7.6.42)可知,当传输线的负载阻抗等于特性阻抗时,反射系数 $\Gamma(z)=0$。于是由式(7.6.13)得传输线上的电压、电流为

$$\begin{cases} U(z)=U^{+}(z)=\dfrac{U_2+I_2Z_0}{2}\mathrm{e}^{\gamma z}=U_2^{+}\mathrm{e}^{\gamma z}=|U_2^{+}|\mathrm{e}^{\mathrm{j}\theta}\mathrm{e}^{\mathrm{j}\beta z} \\ I(z)=I^{+}(z)=\dfrac{U_2+I_2Z_0}{2Z_0}\mathrm{e}^{\gamma z}=I_2^{+}\mathrm{e}^{\gamma z}=\dfrac{|U_2^{+}|}{Z_0}\mathrm{e}^{\mathrm{j}\theta}\mathrm{e}^{\mathrm{j}\beta z} \end{cases} \tag{7.6.52}$$

式中 θ 为 U_2^{+} 的初相位,将式(7.6.52)表示为瞬时值形式

$$\begin{cases} u(z,t)=|U_2^{+}|\cos(\omega t+\beta z+\theta) \\ i(z,t)=\dfrac{|U_2^{+}|}{Z_0}\cos(\omega t+\beta z+\theta) \end{cases} \tag{7.6.53}$$

图 7.6.5 表示行波状态下沿传输线的电压、电流分布。可见,沿无损耗传输线电压、电流的振幅不变,而相位则随 z 的减小(即入射波由源向负载推进)而滞后,这是行波前进的必然结果。

由式(7.6.38)可知,当 $Z_L=Z_0$ 时,有 $Z_{in}(z)=Z_0$,即沿线的输入阻抗均等于特性阻抗。

综上所述,行波状态下的无损耗线有如下特点:

(1) 沿线电压、电流振幅不变;

(2) 电压、电流同相位;

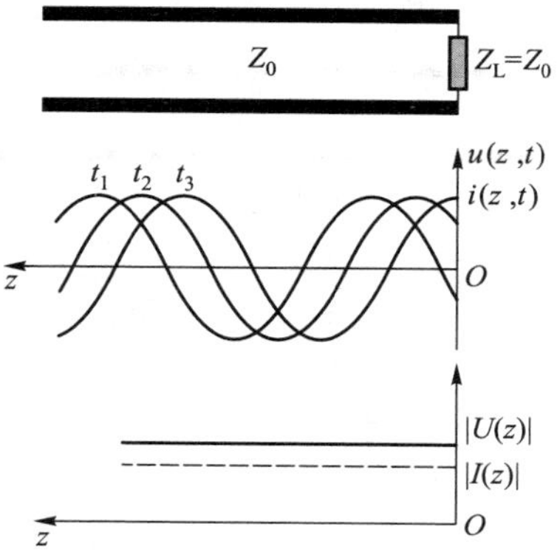

图 7.6.5 行波状态下沿线的电压、电流分布

(3) 沿线各点的输入阻抗均等于其特性阻抗。

2. 驻波状态

当传输线终端开路($Z_L=\infty$)或短路($Z_L=0$)或接纯电抗负载 $Z_L=\pm jX_L$ 时,线上的反射波振幅与入射波振幅相等,两者叠加,在线上形成驻波。三种负载所决定的驻波分布,其区别在于传输线终端处波的相位不同。下面以 $Z_L=0$ 为例来分析传输线工作在驻波状态时的特性。

$Z_L=0$,即传输线短路。此时终端反射系数为

$$\Gamma_2=\left.\frac{Z_L-Z_0}{Z_L+Z_0}\right|_{Z_L=0}=-1=e^{j\pi} \tag{7.6.54}$$

于是线上的电压、电流为

$$\begin{aligned}U(z)&=U_2^+e^{j\beta z}+U_2^-e^{-j\beta z}=U_2^+(e^{j\beta z}-e^{-j\beta z})\\&=j2\mid U_2^+\mid e^{j(\theta+\pi)}\sin(\beta z)\end{aligned} \tag{7.6.55}$$

同理

$$I(z)=\frac{2\mid U_2^+\mid e^{j(\theta+\pi)}}{Z_0}\cos(\beta z) \tag{7.6.56}$$

表示为瞬时值形式

$$\begin{cases}u(z,t)=2\mid U_2^+\mid\sin(\beta z)\cos\left(\omega t+\theta+\dfrac{\pi}{2}\right)\\[2ex] i(z,t)=\dfrac{2\mid U_2^+\mid}{Z_0}\cos(\beta z)\cos(\omega t+\theta)\end{cases} \tag{7.6.57}$$

图 7.6.6 表示驻波状态下电压、电流沿线的瞬时分布曲线和振幅分布曲线。

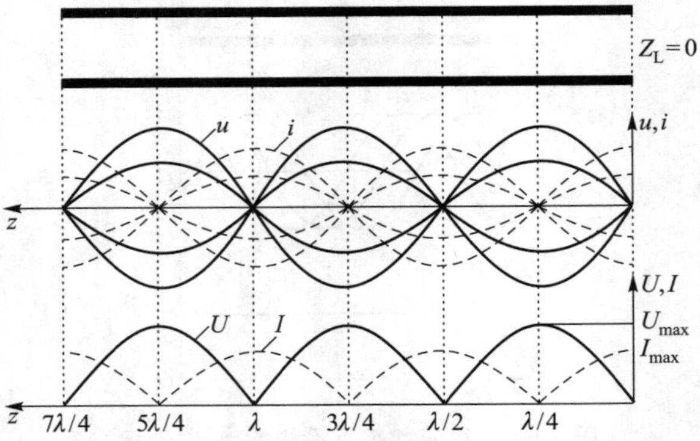

图 7.6.6 终端短路线上的驻波电压和电流

驻波状态下的无损耗传输线有如下特点：

(1) 驻波是在满足全反射条件下，由两个相向传输的行波叠加而成的。它不再具有行波的传输特性，而是在线上作简谐振荡，表现为相邻两波节之间的电压（或电流）同相，波节点两侧的电压（或电流）反相；

(2) 传输线上电压和电流的振幅是位置 z 的函数，出现最大值（波腹点）和零值（波节点）；

(3) 传输线上各点的电压和电流在时间上有 $\dfrac{T}{4}$ 的相位差。在空间位置上也有 $\dfrac{\lambda}{4}$ 的相移，因此驻波状态下没有功率传输。

3. 混合波状态

当传输线终端所接的负载阻抗不等于特性阻抗，也不是短路、开路或接纯电抗性负载，而是接任意阻抗负载时，线上将同时存在入射波和反射波，且两者的振幅不等，叠加后形成混合波状态。对于无损耗传输线，线上的电压、电流表示为

$$\begin{aligned} U(z) &= U_2^+ \mathrm{e}^{\mathrm{j}\beta z} + U_2^- \mathrm{e}^{-\mathrm{j}\beta z} = U_2^+ \mathrm{e}^{\mathrm{j}\beta z} + \Gamma_2 U_2^+ \mathrm{e}^{-\mathrm{j}\beta z} \\ &= U_2^+ \mathrm{e}^{\mathrm{j}\beta z} + 2\Gamma_2 U_2^+ \frac{\mathrm{e}^{\mathrm{j}\beta z} + \mathrm{e}^{-\mathrm{j}\beta z}}{2} - \Gamma_2 U_2^+ \mathrm{e}^{\mathrm{j}\beta z} \\ &= U_2^+ \mathrm{e}^{\mathrm{j}\beta z}(1 - \Gamma_2) + 2\Gamma_2 U_2^+ \cos(\beta z) \end{aligned} \tag{7.6.58}$$

$$I(z) = I_2^+ \mathrm{e}^{\mathrm{j}\beta z} + I_2^- \mathrm{e}^{-\mathrm{j}\beta z}$$

$$= I_2^+ e^{j\beta z}(1 - \Gamma_2) + j2\Gamma_2 I_2^+ \sin(\beta z) \tag{7.6.59}$$

可见,传输线上的电压、电流由两部分组成:第一部分代表由电源向负载传输的单向行波;第二部分代表驻波。行波与驻波成分的多少取决于反射系数,也可用驻波系数表示

$$S = \frac{U_{max}}{U_{min}} = \frac{I_{max}}{I_{min}} = \frac{1 + |\Gamma_2|}{1 - |\Gamma_2|} \tag{7.6.60}$$

所以,当传输线工作在行波状态时,$|\Gamma_2| = 0$,则 $S = 1$;当传输线工作在驻波状态时,$|\Gamma_2| = 1$,则 $S = \infty$;当传输线工作在混合波状态时,$|\Gamma_2| < 1$,则 $1 < S < \infty$。图 7.6.7 给出了混合波状态下的电压、电流振幅分布。

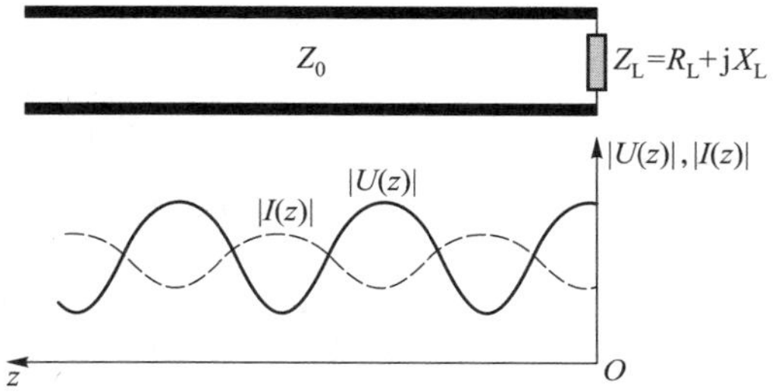

图 7.6.7 混合波状态下的电压、电流振幅分布

一 思 考 题 一

7.1 什么是导波系统?什么是均匀导波系统?

7.2 写出均匀导波系统中的纵向场分量与横向场分量的关系。

7.3 写出矩形波导中纵向场分量 E_z、H_z 满足的方程和边界条件。

7.4 沿均匀波导传播的波有哪三种基本模式?

7.5 波阻抗的定义是什么?

7.6 试叙述均匀导波系统中的 TEM 波、TM 波和 TE 波的传播特性。

7.7 写出 $a\times b$ 矩形波导中 TM 波和 TE 波的截止波数、截止频率、相位常数、波导波长、相速度、波阻抗及传播条件。

7.8 矩形波导中的波是否存在色散?

7.9 试说明为什么单导体的空心或填充电介质的波导管不能传播

TEM波。

7.10 波导可否有一个以上的截止频率？波导的截止频率取决于什么因素？

7.11 什么是波导的主模？矩形波导、圆柱形波导和同轴波导的主模各是什么模式？相应的截止波长各是多少？

7.12 什么叫模式简并？矩形波导中的模式简并和圆柱形波导中的模式简并有何异同？

7.13 试画出矩形波导中的主模在三个坐标截面上的场图及管壁电流分布。

7.14 何谓分布参数？试写出均匀传输线的电压、电流方程。

7.15 分别写出已知终端电压、电流和已知始端电压、电流条件下均匀传输线上的电压、电流分布。

7.16 传输线特性阻抗的定义是什么？输入阻抗的定义是什么？分别写出终端短路、终端开路、$\dfrac{\lambda}{4}$、$\dfrac{\lambda}{2}$及 $Z_L=Z_0$（负载阻抗等于特性阻抗）时的无耗均匀传输线的输入阻抗。

7.17 什么是反射系数？什么是驻波系数和行波系数？

7.18 传输线有哪几种工作状态？相应的条件是什么？有什么特点？

— 习 题 —

7.1 为什么一般矩形波导测量线的纵槽开在波导宽边的中线上？

7.2 下列二矩形波导具有相同的工作波长，试比较它们工作在 TM_{11} 模式的截止频率。

(1) $a\times b=23\times10\ \text{mm}^2$

(2) $a\times b=16.5\times16.5\ \text{mm}^2$

7.3 推导矩形波导中 TE_{mn} 模的场分布式。

7.4 设在矩形波导中传输 TE_{10} 模，求填充媒质（介电常数为 ε）时的截止频率及波导波长。

7.5 已知矩形波导的横截面尺寸为 $a\times b=23\times10\ \text{mm}^2$，试求当工作波长 $\lambda=10$ mm时，波导中能传输哪些波型？$\lambda=30$ mm 时呢？

7.6 试推导在矩形波导中传输 TE_{mn} 波时的传输功率。

7.7 试设计一工作波长 $\lambda=10$ cm 的矩形波导。材料用紫铜，内充空气，并且要求 TE_{10} 模的工作频率至少有 30% 的安全因子，即 $0.7f_{c2}\geqslant f\geqslant 1.3f_{c1}$，此处 f_{c1} 和 f_{c2} 分别表示 TE_{10} 波和相邻高阶模式的截止频率。

7.8 试设计一工作波长 $\lambda=5$ cm 的圆柱形波导，材料用紫铜，内充空气，并要求 TE_{11} 波的工作频率应有一定的安全因子。

7.9 求圆柱形波导中 TE_{0n} 波的传输功率。

7.10 设计一矩形谐振腔，使在 1 GHz 及 1.5 GHz 分别谐振于两个不同模式上。

7.11 由空气填充的矩形谐振腔，其尺寸为 $a=25$ mm，$b=12.5$ mm，$d=60$ mm，谐振于 TE_{102} 模式，若在腔内填充媒质，则在同一工作频率将谐振于 TE_{103} 模式，问媒质的相对介电常数 ε_r 应为多少？

7.12 平行双线传输线的线间距 $D=8$ cm，导线的直径 $d=1$ cm，周围是空气，试计算：(1) 分布电感和分布电容；(2) $f=600$ MHz 时的相位系数和特性阻抗（$R_1=0$、$G_1=0$）。

7.13 同轴线的外导体半径 $b=23$ mm，内导体半径 $a=10$ mm，填充媒质分别为空气和 $\varepsilon_r=2.25$ 的无耗媒质，试计算其特性阻抗。

7.14 在构造均匀传输线时，用聚乙烯（$\varepsilon_r=2.25$）作为电介质。假设不计损耗。

(1) 对于 300 Ω 的平行双线，若导线的半径为 0.6 mm，则线间距应选多少？

(2) 对于 75 Ω 的同轴线，若内导体的半径为 0.6 mm，则外导体的半径应选多少？

7.15 试以传输线输入端电压 U_1 和电流 I_1 以及传输线的传播系数 Γ 和特性阻抗 Z_0 表示线上任意一点的电压分布 $U(z)$ 和电流分布 $I(z)$。

(1) 用指数形式表示；

(2) 用双曲函数表示。

7.16 一根特性阻抗为 50 Ω、长度为 2 m 的无损耗传输线工作于频率 200 MHz，终端接有阻抗 $Z_L=40+j30$ Ω，试求其输入阻抗。

7.17 一根 75 Ω 的无损耗线，终端接有负载阻抗 $Z_L=R_L+jX_L$。

(1) 欲使线上的电压驻波比等于 3，则 R_L 和 X_L 有什么关系？

(2) 若 $R_L=150$ Ω，问 X_L 等于多少？

(3) 求在 (2) 情况下，距负载最近的电压最小点位置。

7.18 考虑一根无损耗传输线。

(1) 当负载阻抗 $Z_L=(40+j30)$ Ω 时，欲使线上驻波比最小，则线的特性阻抗应为多少？

（2）求出该最小的驻波比及相应的电压反射系数。

（3）确定距负载最近的电压最小点位置。

7.19　有一段特性阻抗为 $Z_0=500\ \Omega$ 的无损耗线，当终端短路时，测得始端的阻抗为 250 Ω 的感抗，求该传输线的最小长度；如果该线的终端为开路，长度又为多少？

7.20　求图题 7.20 所示图中分布参数电路的输入阻抗。

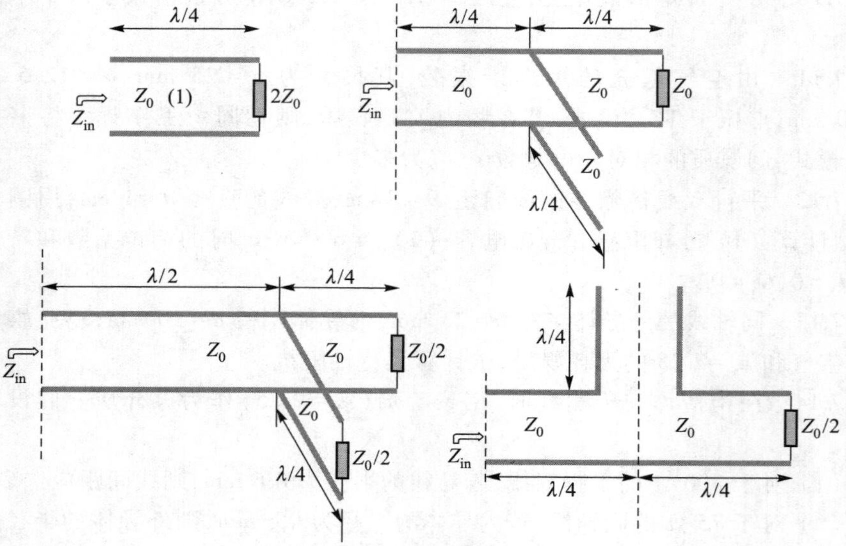

图题 7.20

第7章部分
习题答案

第8章
电磁辐射

前面讨论了电磁波的传播问题，本章讨论电磁波的辐射问题。时变的电荷和电流是激发电磁波的源。为了有效地使电磁波能量按要求的方向辐射出去，时变的电荷和电流必须按某种特殊的方式分布，天线就是设计成按规定的方式有效地辐射电磁波能量的装置。

本章讨论电磁辐射的原理与基本特性。首先介绍电磁场的滞后位，以及应用滞后位求解电偶极子的辐射场。然后介绍电磁对偶原理，并用来求解磁偶极子的辐射场。最后介绍对称天线和阵列天线的辐射以及口径场辐射。

8.1 滞后位

在洛伦兹条件下，电磁矢量位 $\boldsymbol{A}$ 和标量位 φ 满足的方程具有相同的形式

$$\nabla^2\varphi-\mu\varepsilon\frac{\partial^2\varphi}{\partial t^2}=-\frac{\rho}{\varepsilon} \tag{8.1.1}$$

$$\nabla^2\boldsymbol{A}-\mu\varepsilon\frac{\partial^2\boldsymbol{A}}{\partial t^2}=-\mu\boldsymbol{J} \tag{8.1.2}$$

先来求标量位 φ 满足的方程式(8.1.1)。该式为线性方程，其解满足叠加原理。设标量位 φ 是由体积元 $\Delta V'$ 内的电荷元 $\Delta q=\rho\Delta V'$ 产生的，$\Delta V'$ 之外不存在电荷，则由式(8.1.1)，$\Delta V'$ 之外的标量位 φ 满足的方程

$$\nabla^2\varphi-\mu\varepsilon\frac{\partial^2\varphi}{\partial t^2}=0 \tag{8.1.3}$$

可将 Δq 视为点电荷，它所产生的场具有球对称性，此时标量位 φ 仅与 r、t 有关，与 θ 和 ϕ 无关，故在球坐标下，上式可简化为

$$\frac{1}{r^2}\frac{\partial}{\partial r}\left(r^2\frac{\partial\varphi}{\partial r}\right)-\mu\varepsilon\frac{\partial^2\varphi}{\partial t^2}=0 \tag{8.1.4}$$

设其解 $\varphi(r,t)=\dfrac{U(r,t)}{r}$，代入式(8.1.4)可得

$$\frac{\partial^2 U}{\partial r^2}-\frac{1}{v^2}\frac{\partial^2 U}{\partial t^2}=0 \tag{8.1.5}$$

其中，$v=\dfrac{1}{\sqrt{\mu\varepsilon}}$。该方程的通解为

$$U(r,t)=f\left(t-\frac{r}{v}\right)+g\left(t+\frac{r}{v}\right) \tag{8.1.6}$$

式中的 $f\left(t-\dfrac{r}{v}\right)$ 和 $g\left(t+\dfrac{r}{v}\right)$ 分别表示以 $\left(t-\dfrac{r}{v}\right)$ 和 $\left(t+\dfrac{r}{v}\right)$ 为变量的任意函数。所以 Δq 周围的标量位为

$$\varphi(r,t)=\frac{1}{r}f\left(t-\frac{r}{v}\right)+\frac{1}{r}g\left(t+\frac{r}{v}\right) \tag{8.1.7}$$

式(8.1.7)中第一项代表向外辐射出去的波，第二项代表向内汇聚的波。在讨论发射天线的电磁波辐射问题时，第二项没有实际意义，取 $g=0$，而 f 的具体函数形式需由定解条件来确定。此时

$$\varphi(r,t)=\frac{1}{r}f\left(t-\frac{r}{v}\right) \tag{8.1.8}$$

为得到 $f\left(t-\dfrac{r}{v}\right)$ 的具体形式，将式(8.1.8)与同样位于原点的准静态电荷元 $\rho\Delta V'$ 产生的标量位 $\Delta\varphi(r)=\dfrac{\rho(0,t)\Delta V'}{4\pi\varepsilon r}$ 比较，可以看出应取

$$\Delta\varphi(r,t)=\frac{1}{r}f\left(t-\frac{r}{v}\right)=\frac{\rho(0,t-r/v)\Delta V'}{4\pi\varepsilon r} \tag{8.1.9}$$

若电荷元 $\rho\Delta V'$ 不是位于原点，而是位于 $\boldsymbol{r}'$，则在场点 $\boldsymbol{r}$ 处产生的标量位为

$$\Delta\varphi(\boldsymbol{r},t)=\frac{1}{4\pi\varepsilon}\frac{\rho(\boldsymbol{r}',t-|\boldsymbol{r}-\boldsymbol{r}'|/v)}{|\boldsymbol{r}-\boldsymbol{r}'|}\Delta V'$$

由场的叠加性可得体积 V 内分布的电荷产生的标量位为

$$\varphi(\boldsymbol{r},t)=\frac{1}{4\pi\varepsilon}\int_V\frac{\rho(\boldsymbol{r}',t-|\boldsymbol{r}-\boldsymbol{r}'|/v)}{|\boldsymbol{r}-\boldsymbol{r}'|}\mathrm{d}V' \tag{8.1.10}$$

上式表明，t 时刻场点 $\boldsymbol{r}$ 处的标量位，不是决定于同一时刻的电荷分布，而是决定于较早时刻 $t'=t-|\boldsymbol{r}-\boldsymbol{r}'|/v$ 的电荷分布。换句话说，观察点的位场变化滞

后于源的变化，所推迟的时间 $|\boldsymbol{r}-\boldsymbol{r}'|/v$ 恰好是源的变化以速度 $v=\dfrac{1}{\sqrt{\mu\varepsilon}}$ 传播到观察点所需要的时间，这种现象称为滞后现象，故将式(8.1.10)表示的标量位 $\varphi(\boldsymbol{r},t)$ 称为滞后位。

由于矢量位 $\boldsymbol{A}$ 所满足的方程在形式上与标量位 φ 所满足的方程相同，可将矢量位 $\boldsymbol{A}(\boldsymbol{r},t)$ 分解为三个分量，因而每个分量都应具有与式(8.1.10)相似的解。故矢量滞后位可由下式表示

$$\boldsymbol{A}(\boldsymbol{r},t)=\frac{\mu}{4\pi}\int_V\frac{\boldsymbol{J}(\boldsymbol{r}',t-|\boldsymbol{r}-\boldsymbol{r}'|/v)}{|\boldsymbol{r}-\boldsymbol{r}'|}\mathrm{d}V' \tag{8.1.11}$$

对于正弦时变场，则式(8.1.10)和式(8.1.11)的复数形式为

$$\varphi(\boldsymbol{r})=\frac{1}{4\pi\varepsilon}\int_V\frac{\rho(\boldsymbol{r}')\mathrm{e}^{-\mathrm{j}k|\boldsymbol{r}-\boldsymbol{r}'|}}{|\boldsymbol{r}-\boldsymbol{r}'|}\mathrm{d}V' \tag{8.1.12}$$

$$\boldsymbol{A}(\boldsymbol{r})=\frac{\mu}{4\pi}\int_V\frac{\boldsymbol{J}(\boldsymbol{r}')\mathrm{e}^{-\mathrm{j}k|\boldsymbol{r}-\boldsymbol{r}'|}}{|\boldsymbol{r}-\boldsymbol{r}'|}\mathrm{d}V' \tag{8.1.13}$$

式中 $k=\omega\sqrt{\mu\varepsilon}=\dfrac{2\pi}{\lambda}$ 为波数。

至此可以看出，根据已知的电流分布来计算由其产生的电磁场的步骤是：利用式(8.1.13)，由给定的 $\boldsymbol{J}$ 求出 $\boldsymbol{A}$，再根据 $\boldsymbol{B}=\nabla\times\boldsymbol{A}$ 求得 $\boldsymbol{B}$，最后由 $\nabla\times\boldsymbol{H}=\mathrm{j}\omega\varepsilon\boldsymbol{E}$ 求得 $\boldsymbol{E}$。

— 8.2 电偶极子的辐射 —

线元的长度 l 远小于波长 λ、载有等幅同相的时谐电流 $i(t)$ 的电流元 $i(t)l$，称为时谐电偶极子。电偶极子产生的电磁场的分析计算是线形天线工程计算的基础。

设线元上的电流

$$i(t)=I\cos\omega t=\mathrm{Re}[I\mathrm{e}^{\mathrm{j}\omega t}] \tag{8.2.1}$$

由于 $i(t)=\dfrac{\mathrm{d}q(t)}{\mathrm{d}t}=\dfrac{\mathrm{d}}{\mathrm{d}t}\mathrm{Re}[q\mathrm{e}^{\mathrm{j}\omega t}]=\mathrm{Re}[\mathrm{j}\omega q\mathrm{e}^{\mathrm{j}\omega t}]$，根据式(8.2.1)得 $q=\dfrac{I}{\mathrm{j}\omega}$，于是得到电偶极子的电偶极矩

$$\boldsymbol{p}_{\mathrm{e}}=q\boldsymbol{l}=\frac{I\boldsymbol{l}}{\mathrm{j}\omega} \tag{8.2.2}$$

如图 8.2.1 所示，电偶极子沿 z 轴放置，中心在坐标原点。元的长度为 l，横截面积为 ΔS，故有

$$\boldsymbol{J}\mathrm{d}V' = \boldsymbol{e}_z \frac{I}{\Delta S'}\Delta S'\mathrm{d}z' = \boldsymbol{e}_z I\mathrm{d}z'$$

将式(8.1.13)中的 $\boldsymbol{J}\mathrm{d}V'$ 用 $\boldsymbol{e}_z I\mathrm{d}z'$ 替换，得载流线元在点 P 产生的矢量位为

$$\boldsymbol{A}(\boldsymbol{r}) = \frac{\mu_0}{4\pi}\int_l \frac{\boldsymbol{e}_z I}{|\boldsymbol{r}-\boldsymbol{r}'|}\mathrm{e}^{-\mathrm{j}k|\boldsymbol{r}-\boldsymbol{r}'|}\mathrm{d}z' \quad (8.2.3)$$

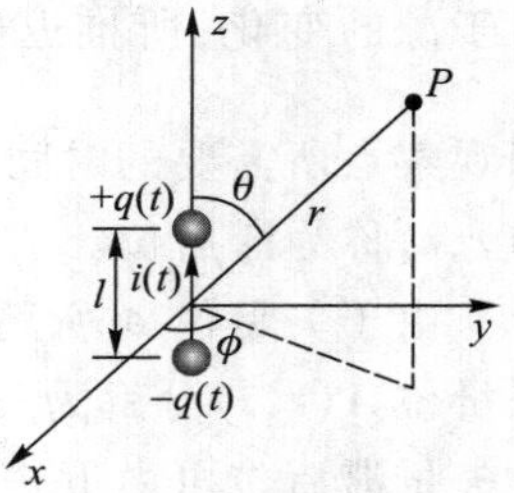

图 8.2.1 电偶极子

考虑到 $l \ll r$，故式(8.2.3)可近似为

$$\boldsymbol{A}(r) = \boldsymbol{e}_z \frac{\mu_0 Il}{4\pi r}\mathrm{e}^{-\mathrm{j}kr} \quad (8.2.4)$$

它在球坐标系中的三个坐标分量为

$$\begin{cases} A_r = A_z\cos\theta = \dfrac{\mu_0 Il}{4\pi r}\cos\theta\mathrm{e}^{-\mathrm{j}kr} \\ A_\theta = -A_z\sin\theta = -\dfrac{\mu_0 Il}{4\pi r}\sin\theta\mathrm{e}^{-\mathrm{j}kr} \\ A_\phi = 0 \end{cases} \quad (8.2.5)$$

点 P 的磁场强度为

$$\boldsymbol{H} = \frac{1}{\mu_0}\nabla\times\boldsymbol{A} = \frac{1}{\mu_0}\begin{vmatrix} \dfrac{\boldsymbol{e}_r}{r^2\sin\theta} & \dfrac{\boldsymbol{e}_\theta}{r\sin\theta} & \dfrac{\boldsymbol{e}_\phi}{r} \\ \dfrac{\partial}{\partial r} & \dfrac{\partial}{\partial\theta} & \dfrac{\partial}{\partial\phi} \\ A_r & rA_\theta & r\sin\theta A_\phi \end{vmatrix}$$

将式(8.2.5)代入上式，得

$$\begin{cases} H_r = 0 \\ H_\theta = 0 \\ H_\phi = \dfrac{k^2 Il\sin\theta}{4\pi}\left[\dfrac{\mathrm{j}}{kr} + \dfrac{1}{(kr)^2}\right]\mathrm{e}^{-\mathrm{j}kr} \end{cases} \quad (8.2.6)$$

由麦克斯韦方程，P 点的电场强度

$$\boldsymbol{E}=\frac{1}{\mathrm{j}\omega\varepsilon_0}\nabla\times\boldsymbol{H}=\frac{1}{\mathrm{j}\omega\varepsilon_0}\begin{vmatrix}\dfrac{\boldsymbol{e}_r}{r^2\sin\theta} & \dfrac{\boldsymbol{e}_\theta}{r\sin\theta} & \dfrac{\boldsymbol{e}_\phi}{r}\\ \dfrac{\partial}{\partial r} & \dfrac{\partial}{\partial\theta} & \dfrac{\partial}{\partial\phi}\\ H_r & rH_\theta & r\sin\theta H_\phi\end{vmatrix}$$

将式(8.2.6)代入上式,得

$$\begin{cases}E_r=\dfrac{2Ilk^3\cos\theta}{4\pi\omega\varepsilon_0}\left[\dfrac{1}{(kr)^2}-\dfrac{\mathrm{j}}{(kr)^3}\right]\mathrm{e}^{-\mathrm{j}kr}\\ E_\theta=\dfrac{Ilk^3\sin\theta}{4\pi\omega\varepsilon_0}\left[\dfrac{\mathrm{j}}{kr}+\dfrac{1}{(kr)^2}-\dfrac{\mathrm{j}}{(kr)^3}\right]\mathrm{e}^{-\mathrm{j}kr}\\ E_\phi=0\end{cases}\tag{8.2.7}$$

由式(8.2.6)和式(8.2.7)可看出,电偶极子产生的电磁场,磁场强度只有 H_ϕ 分量,而电场强度有 E_r 和 E_θ 两个分量。每个分量都包含几项,且与距离 r 有复杂的关系。

8.2.1 电偶极子的近区场

$kr\ll1$,即 $r\ll\dfrac{1}{k}=\dfrac{\lambda}{2\pi}$ 的区域称为近区,在此区域中

$$\frac{1}{kr}\ll\frac{1}{(kr)^2}\ll\frac{1}{(kr)^3}\text{ 且 }\mathrm{e}^{-\mathrm{j}kr}\approx1$$

故在式(8.2.6)和式(8.2.7)中,主要是 $\dfrac{1}{kr}$ 的高次幂项起作用,其余各项皆可忽略,故得

$$\begin{cases}E_r=-\mathrm{j}\dfrac{Il\cos\theta}{2\pi\omega\varepsilon_0r^3}\\ E_\theta=-\mathrm{j}\dfrac{Il\sin\theta}{4\pi\omega\varepsilon_0r^3}\end{cases}\tag{8.2.8}$$

$$H_\phi=\frac{Il\sin\theta}{4\pi r^2}\tag{8.2.9}$$

考虑到电偶极子的电荷与电流的关系 $I=\mathrm{j}\omega q$,式(8.2.8)可表示为

$$
\begin{cases}
E_r = \dfrac{ql\cos\theta}{2\pi\varepsilon_0 r^3} = \dfrac{p_e\cos\theta}{2\pi\varepsilon_0 r^3} \\[2ex]
E_\theta = \dfrac{ql\sin\theta}{4\pi\varepsilon_0 r^3} = \dfrac{p_e\sin\theta}{4\pi\varepsilon_0 r^3}
\end{cases}
\tag{8.2.10}
$$

式中的 $p_e = ql$ 是电偶极矩 $\boldsymbol{p}_e = q\boldsymbol{l}$ 的振幅。

从以上结果可以看出,在近区内,时变电偶极子的电场表示式与静电偶极子的电场表示式相同;磁场表示式则与恒定电流元的磁场表示式相同。因此把时变电偶极子的近区场称为准静态场或似稳场。

由式(8.2.8)和式(8.2.9)可得到近区场的平均功率流密度

$$
\boldsymbol{S}_{av} = \frac{1}{2}\mathrm{Re}[\boldsymbol{E}\times\boldsymbol{H}^*] = 0
$$

此结果表明,电偶极子的近区场没有电磁功率向外输出。应该指出,这是忽略了场表示式中的$\dfrac{1}{kr}$的低次幂项所导致的结果,而并非近区场真的没有净功率向外输出。

8.2.2 电偶极子的远区场

$kr \gg 1$,即 $r \gg \dfrac{1}{k} = \dfrac{\lambda}{2\pi}$的区域称为远区,在此区域中

$$
\frac{1}{kr} \gg \frac{1}{(kr)^2} \gg \frac{1}{(kr)^3}
$$

在式(8.2.6)和式(8.2.7)中,主要是含$\dfrac{1}{kr}$的项起作用,其余项均可忽略。故得

$$
\begin{cases}
E_\theta = \mathrm{j}\dfrac{Ilk^2\sin\theta}{4\pi\omega\varepsilon_0 r}\mathrm{e}^{-\mathrm{j}kr} \\[2ex]
H_\phi = \mathrm{j}\dfrac{Ilk\sin\theta}{4\pi r}\mathrm{e}^{-\mathrm{j}kr}
\end{cases}
\tag{8.2.11}
$$

动画 8-2-1
电偶极子
辐射

将 $k = \omega\sqrt{\mu_0\varepsilon_0}$、$k = \dfrac{2\pi}{\lambda}$以及 $\eta_0 = \sqrt{\dfrac{\mu_0}{\varepsilon_0}}$代入式(8.2.11),得

$$
\begin{cases}
E_\theta = \mathrm{j}\dfrac{Il\eta_0}{2\lambda r}\sin\theta\mathrm{e}^{-\mathrm{j}kr} \\[2ex]
H_\phi = \mathrm{j}\dfrac{Il}{2\lambda r}\sin\theta\mathrm{e}^{-\mathrm{j}kr}
\end{cases}
\tag{8.2.12}
$$

可见,远区场与近区场完全不同。

根据式(8.2.12)对远区场的性质作如下讨论:

(1) 远区场是辐射场,电磁波沿径向辐射。远区的平均坡印廷矢量为

$$\boldsymbol{S}_{\mathrm{av}}=\frac{1}{2}\mathrm{Re}[\boldsymbol{E}\times\boldsymbol{H}^{*}]=\frac{1}{2}\mathrm{Re}[\boldsymbol{e}_{\theta}E_{\theta}\times\boldsymbol{e}_{\phi}H_{\phi}^{*}]=\boldsymbol{e}_{r}\frac{1}{2}\mathrm{Re}[E_{\theta}H_{\phi}^{*}]$$

可见,有电磁能量沿径向辐射。

(2) 远区场是横电磁波(TEM 波)。远区的电场和磁场都只有横向分量($\boldsymbol{E}=\boldsymbol{e}_{\theta}E_{\theta}$、$\boldsymbol{H}=\boldsymbol{e}_{\phi}H_{\phi}$),$\boldsymbol{E}$ 与 $\boldsymbol{H}$ 相互垂直,且垂直于传播方向。E_{θ} 和 H_{ϕ} 的比值为

$$\frac{E_{\theta}}{H_{\phi}}=\eta_{0}=120\pi\ \Omega$$

(3) 远区场是非均匀球面波。相位因子 $\mathrm{e}^{-\mathrm{j}kr}$ 表明波的等相位面是 $r=$ 常数的球面,在该等相位面上,电场(或磁场)的振幅并不处处相等,故为非均匀球面波。

(4) 远区场的振幅与 r 成反比,这是由于电偶极子由源点向外辐射,其能量逐渐扩散。

(5) 远区场分布有方向性。方向性因子 $\sin\theta$ 表明,在 $r=$ 常数的球面上,θ 取不同的数值时,场的振幅是不相等的。在电偶极子的轴线方向上($\theta=0°$),场强为零;在垂直于电偶极子轴线的方向上($\theta=90°$),场强最大。通常用方向图来形象地描述这种方向性。图 8.2.2 是用极坐标绘制的 E 面(电场矢量 $\boldsymbol{E}$ 所在并包含最大辐射方向的平面)方向图,角度表示方向,矢径表示场强的相对大小。图 8.2.3 是电偶极子的 H 面(磁场矢量 $\boldsymbol{H}$ 所在并包含最大辐射方向的平面)方向图,由于电偶极子的轴对称性,因此在这个平面上各方向的场强都等于最大值。图 8.2.4 是根据 $\sin\theta$ 绘制的立体方向图。显然,E 面方向图和 H 面方向图就是立体方向图分别沿 E 面和 H 面这两个主平面的剖面图。

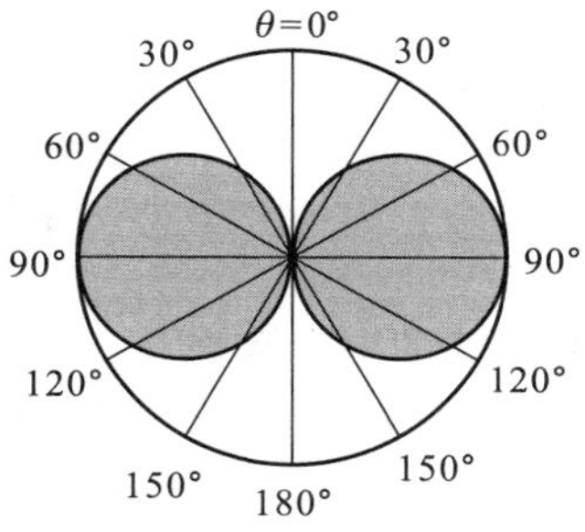

图 8.2.2 电偶极子的 E 面方向图

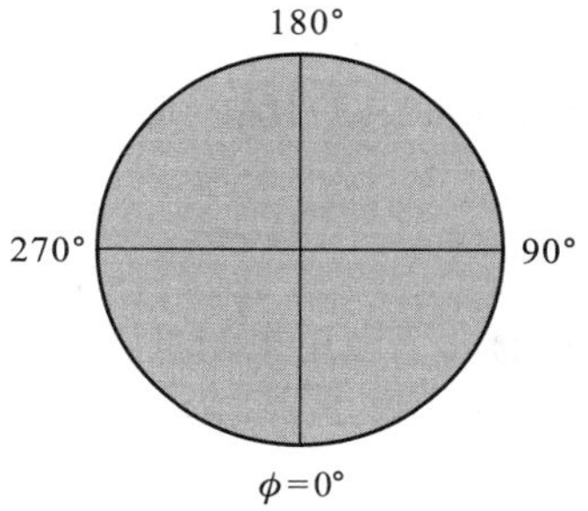

图 8.2.3 电偶极子的 H 面方向图

图 8.2.4 电偶极子的立体方向图

最后讨论电偶极子的辐射功率,它等于平均坡印廷矢量在任意包围电偶极子的球面上的积分,即

$$\begin{aligned} P_{\mathrm{r}} &= \oint_S \boldsymbol{S}_{\mathrm{av}} \cdot \mathrm{d}\boldsymbol{S} = \oint_S \boldsymbol{e}_r \frac{1}{2}\mathrm{Re}[E_\theta H_\phi^*] \cdot \mathrm{d}\boldsymbol{S} \\ &= \int_0^{2\pi}\int_0^{\pi} \boldsymbol{e}_r \frac{1}{2}\eta_0\left(\frac{Il}{2\lambda r}\sin\theta\right)^2 \cdot \boldsymbol{e}_r r^2 \sin\theta \mathrm{d}\theta \mathrm{d}\phi \\ &= \int_0^{2\pi}\mathrm{d}\phi \int_0^{\pi} \frac{15\pi(Il)^2}{\lambda^2}\sin^3\theta \mathrm{d}\theta \\ &= 40\pi^2 I^2\left(\frac{l}{\lambda}\right)^2 \end{aligned} \tag{8.2.13}$$

可见,电偶极子的辐射功率与电长度$\frac{l}{\lambda}$有关。

辐射功率必须由与电偶极子相接的源供给,为分析方便,可以将辐射出去的功率用在一个电阻上消耗的功率来模拟,此电阻称为辐射电阻。辐射电阻上消耗的功率为

$$P_{\mathrm{r}} = \frac{1}{2}I^2 R_{\mathrm{r}}$$

将上式与式(8.2.13)比较,即得电偶极子的辐射电阻

$$R_{\mathrm{r}} = 80\pi^2\left(\frac{l}{\lambda}\right)^2 \tag{8.2.14}$$

辐射电阻的大小可用来衡量天线的辐射能力,是天线的电参数之一。

例 8.2.1 频率 $f=10$ MHz 的功率源馈送给电偶极子的电流为 25 A。设电偶极子的长度 $l=50$ cm,(1) 分别计算赤道平面上离原点 50 cm 和 10 km 处的电场强度和磁场强度;(2) 计算 $r=10$ km 处的平均功率密度;(3) 计算辐射电阻。

解：(1) 在自由空间，$\lambda=\dfrac{v_{P0}}{f}=\dfrac{3\times10^{8}}{10\times10^{6}}=30\ \text{m}$

故 $r=50$ cm 的点属近区，据式(8.2.8)和式(8.2.9)得

$$E_r(\theta=90^\circ)=0$$

$$E_\theta(\theta=90^\circ)=-\mathrm{j}\frac{Il}{4\pi\omega\varepsilon_0 r^3}$$

$$=-\mathrm{j}\frac{25\times50\times10^{-2}}{4\pi\times2\pi\times10\times10^{6}\varepsilon_0\times0.5^{3}}=-\mathrm{j}1.4\times10^{4}\ \text{V/m}$$

$$H_\phi(\theta=90^\circ)=\frac{Il}{4\pi r^2}=\frac{25\times50\times10^{-2}}{4\pi\times0.5^{2}}=3.98\ \text{A/m}$$

而 $r=10$ km 的点属远区，据式(8.2.12)得

$$E_\theta(\theta=90^\circ)=\mathrm{j}\frac{Il}{2\lambda r}\eta_0\mathrm{e}^{-\mathrm{j}kr}$$

$$=\mathrm{j}\frac{25\times50\times10^{-2}}{2\times30\times10\times10^{3}}\times120\pi\,\mathrm{e}^{-\mathrm{j}\frac{2\pi}{30}\times10\times10^{3}}\ \text{V/m}$$

$$=7.854\times10^{-3}\mathrm{e}^{-\mathrm{j}\left(2.1\times10^{3}-\frac{\pi}{2}\right)}\ \text{V/m}$$

$$H_\phi(\theta=90^\circ)=\mathrm{j}\frac{Il}{2\pi r}\mathrm{e}^{-\mathrm{j}kr}=20.83\times10^{-6}\mathrm{e}^{-\mathrm{j}\left(2.1\times10^{3}-\frac{\pi}{2}\right)}\ \text{A/m}$$

(2) $\boldsymbol{S}_{\text{av}}=\dfrac{1}{2}\text{Re}[\boldsymbol{E}\times\boldsymbol{H}^*]$

$$=\frac{1}{2}\text{Re}\left[\boldsymbol{e}_\theta7.854\times10^{-3}\mathrm{e}^{-\mathrm{j}\left(2.1\times10^{3}-\frac{\pi}{2}\right)}\times\boldsymbol{e}_\phi20.83\times10^{-6}\mathrm{e}^{\mathrm{j}\left(2.1\times10^{3}-\frac{\pi}{2}\right)}\right]$$

$$=\boldsymbol{e}_r81.8\times10^{-9}\ \text{W/m}^2$$

(3) $R_{\text{r}}=80\pi^2\left(\dfrac{l}{\lambda}\right)^2=80\pi^2\left(\dfrac{50\times10^{-2}}{30}\right)^2\ \Omega=0.22\ \Omega$

— 8.3 电与磁的对偶性 —

虽然迄今为止在自然界中还没有发现与电荷、电流相对应的真实的磁荷、磁流,但是,如果引入磁荷与磁流的概念,将一部分原来由电荷和电流产生的电磁场用能够产生同样电磁场的等效磁荷和等效磁流来取代,即将“电源”换成等效“磁源”,有时可大大简化问题的分析计算。

引入磁荷和磁流的概念以后,麦克斯韦方程组就以对称的形式出现:

$$\nabla\times\boldsymbol{H}=\varepsilon\frac{\partial\boldsymbol{E}}{\partial t}+\boldsymbol{J}_{\mathrm{e}} \tag{8.3.1}$$

$$\nabla\times\boldsymbol{E}=-\mu\frac{\partial\boldsymbol{H}}{\partial t}-\boldsymbol{J}_{\mathrm{m}} \tag{8.3.2}$$

$$\nabla\cdot\boldsymbol{H}=\rho_{\mathrm{m}}/\mu \tag{8.3.3}$$

$$\nabla\cdot\boldsymbol{E}=\rho_{\mathrm{e}}/\varepsilon \tag{8.3.4}$$

式中下标 m 表示“磁量”,下标 e 表示“电量”。$\boldsymbol{J}_{\mathrm{m}}$是磁流密度,其量纲为 $\mathrm{V/m^2}$(伏/米^2);ρ_{m}是磁荷密度,其量纲为 $\mathrm{Wb/m^3}$(韦伯/米^3)。

式(8.3.1)等式右边用正号,表示电流与磁场之间是右手螺旋关系;式(8.3.2)等式右边用负号,表示磁流与电场之间是左手螺旋关系。

将电场$\boldsymbol{E}$(或磁场$\boldsymbol{H}$)看成是由电源(ρ_{e}、$\boldsymbol{J}_{\mathrm{e}}$)产生的电场$\boldsymbol{E}_{\mathrm{e}}$(或磁场$\boldsymbol{H}_{\mathrm{e}}$)与由磁源($\rho_{\mathrm{m}}$、$\boldsymbol{J}_{\mathrm{m}}$)产生的电场$\boldsymbol{E}_{\mathrm{m}}$(或磁场$\boldsymbol{H}_{\mathrm{m}}$)之和,即

$$\boldsymbol{E}=\boldsymbol{E}_{\mathrm{e}}+\boldsymbol{E}_{\mathrm{m}},\boldsymbol{H}=\boldsymbol{H}_{\mathrm{e}}+\boldsymbol{H}_{\mathrm{m}} \tag{8.3.5}$$

则有

$$\begin{cases}\nabla\times\boldsymbol{E}_{\mathrm{e}}=-\mu\dfrac{\partial\boldsymbol{H}_{\mathrm{e}}}{\partial t}, & \nabla\cdot\boldsymbol{H}_{\mathrm{e}}=0\\[2ex]\nabla\times\boldsymbol{H}_{\mathrm{e}}=\varepsilon\dfrac{\partial\boldsymbol{E}_{\mathrm{e}}}{\partial t}+\boldsymbol{J}_{\mathrm{e}}, & \nabla\cdot\boldsymbol{E}_{\mathrm{e}}=\dfrac{\rho_{\mathrm{e}}}{\varepsilon}\end{cases} \tag{8.3.6}$$

$$\begin{cases}\nabla\times\boldsymbol{E}_{\mathrm{m}}=-\mu\dfrac{\partial\boldsymbol{H}_{\mathrm{m}}}{\partial t}-\boldsymbol{J}_{\mathrm{m}}, & \nabla\cdot\boldsymbol{H}_{\mathrm{m}}=\dfrac{\rho_{\mathrm{m}}}{\mu}\\[2ex]\nabla\times\boldsymbol{H}_{\mathrm{m}}=\varepsilon\dfrac{\partial\boldsymbol{E}_{\mathrm{m}}}{\partial t}, & \nabla\cdot\boldsymbol{E}_{\mathrm{m}}=0\end{cases} \tag{8.3.7}$$

从这些式子可以看出电量与磁量具有对偶性(又称为二重性)。也就是说,如果作如下代换:

$$\boldsymbol{E}_{\mathrm{e}} \leftrightarrow -\boldsymbol{H}_{\mathrm{m}}、\boldsymbol{H}_{\mathrm{e}} \leftrightarrow \boldsymbol{E}_{\mathrm{m}}、\boldsymbol{J}_{\mathrm{e}} \leftrightarrow \boldsymbol{J}_{\mathrm{m}}、\rho_{\mathrm{e}} \leftrightarrow \rho_{\mathrm{m}}、\varepsilon \leftrightarrow \mu、\mu \leftrightarrow \varepsilon \tag{8.3.8}$$

由方程组(8.3.6)即可得到方程组(8.3.7),反之亦然。即通过式(8.3.8)的对偶量代换,就可以由一种源产生的电磁场直接得到另一种源产生的电磁场。

类似地,对应于矢量磁位 $\boldsymbol{A}$ 有矢量电位 $\boldsymbol{A}_{\mathrm{m}}$;对应于标量电位 φ 有标量磁位 φ_{m},即对应于

$$\begin{cases} \boldsymbol{H}_{\mathrm{e}} = \dfrac{1}{\mu} \nabla \times \boldsymbol{A} \\ \boldsymbol{E}_{\mathrm{e}} = -\nabla \varphi - \dfrac{\partial \boldsymbol{A}}{\partial t} \end{cases} \tag{8.3.9}$$

有

$$\begin{cases} \boldsymbol{E}_{\mathrm{m}} = -\dfrac{1}{\varepsilon} \nabla \times \boldsymbol{A}_{\mathrm{m}} \\ \boldsymbol{H}_{\mathrm{m}} = -\nabla \varphi_{\mathrm{m}} - \dfrac{\partial \boldsymbol{A}_{\mathrm{m}}}{\partial t} \end{cases} \tag{8.3.10}$$

当电源量和磁源量同时存在时,总场量应为它们分别产生的场量之和,即

$$\begin{cases} \boldsymbol{E} = -\nabla \varphi - \dfrac{\partial \boldsymbol{A}}{\partial t} - \dfrac{1}{\varepsilon} \nabla \times \boldsymbol{A}_{\mathrm{m}} \\ \boldsymbol{H} = -\nabla \varphi_{\mathrm{m}} - \dfrac{\partial \boldsymbol{A}_{\mathrm{m}}}{\partial t} + \dfrac{1}{\mu} \nabla \times \boldsymbol{A} \end{cases} \tag{8.3.11}$$

此外,在分界面上,相应于

$$\begin{cases} \boldsymbol{J}_S = \boldsymbol{e}_{\mathrm{n}} \times (\boldsymbol{H}_1 - \boldsymbol{H}_2) \\ \rho_S = \boldsymbol{e}_{\mathrm{n}} \cdot (\boldsymbol{D}_1 - \boldsymbol{D}_2) \end{cases} \tag{8.3.12}$$

有

$$\begin{cases} \boldsymbol{J}_{S\mathrm{m}} = -\boldsymbol{e}_{\mathrm{n}} \times (\boldsymbol{E}_1 - \boldsymbol{E}_2) \\ \rho_{S\mathrm{m}} = \boldsymbol{e}_{\mathrm{n}} \cdot (\boldsymbol{B}_1 - \boldsymbol{B}_2) \end{cases} \tag{8.3.13}$$

式中 $\boldsymbol{J}_{S\mathrm{m}}$ 和 $\rho_{S\mathrm{m}}$ 是分界面上的面磁流密度和面磁荷密度。

— 8.4 磁偶极子的辐射 —

磁偶极子又称磁流元,其模型是一个小圆环电流,如图 8.4.1(a)所示,它的

周长远小于波长，且环上载有的时谐电流处处等幅同相，表示为

$$i(t)=I\cos\omega t=\mathrm{Re}[I\mathrm{e}^{\mathrm{j}\omega t}] \tag{8.4.1}$$

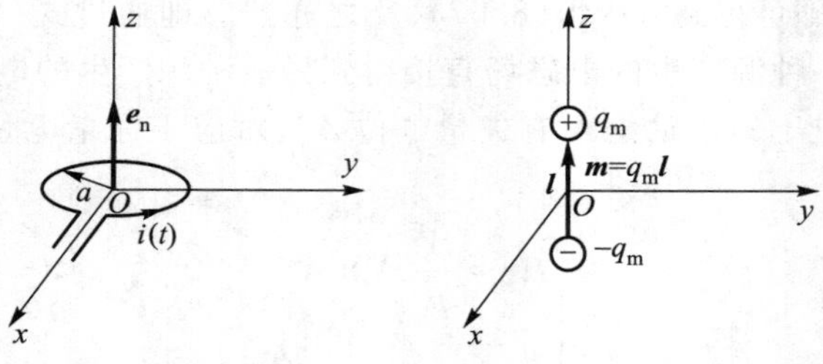

图 8.4.1 小圆环电流及其等效磁偶极子

磁偶极子产生的电磁场可以采用与8.2节类似的方法求得，也可应用电与磁的对偶性直接由电偶极子的电磁场求得。下面就根据电磁对偶性来导出磁偶极子的远区辐射场。

磁偶极子的磁偶极矩 $\boldsymbol{m}$ 与小圆环电流 i 的关系为

$$\boldsymbol{m}=\boldsymbol{S}\mu_0 i \tag{8.4.2}$$

式中的 $\boldsymbol{S}=\boldsymbol{e}_n\pi a^2$ 是小圆环的面积矢量，单位矢量 $\boldsymbol{e}_n$ 的方向与圆环电流 i 成右手螺旋关系。

由于只讨论小圆环电流的远区场，满足 $r\gg a$，故可把小圆环电流看成一个时变的磁偶极子，磁偶极子上的磁荷分别为 $+q_m$ 和 $-q_m$，二者相距为 l，如图8.4.1(b)所示。因此

$$\boldsymbol{m}=q_m\boldsymbol{l}=\boldsymbol{e}_n q_m l \tag{8.4.3}$$

将式(8.4.3)与式(8.4.2)比较，得

$$q_m=\frac{\mu_0 iS}{l} \tag{8.4.4}$$

于是磁荷间的假想磁流为

$$i_m=\frac{\mathrm{d}q_m}{\mathrm{d}t}=\frac{\mu_0 S}{l}\frac{\mathrm{d}i}{\mathrm{d}t} \tag{8.4.5}$$

表示为复数形式

$$I_m=\mathrm{j}\frac{\omega\mu_0 S}{l}I \tag{8.4.6}$$

根据电磁对偶原理,自由空间的磁偶极子与自由空间的电偶极子取如下的对偶关系:

$$\begin{cases} H_{\theta\mathrm{m}} \leftrightarrow E_{\theta\mathrm{e}}, & -E_{\phi\mathrm{m}} \leftrightarrow H_{\phi\mathrm{e}} \\ q_{\mathrm{m}} \leftrightarrow q, & I_{\mathrm{m}} \leftrightarrow I \\ \mu_0 \leftrightarrow \varepsilon_0, & \mu_0 \leftrightarrow \varepsilon_0 \end{cases} \tag{8.4.7}$$

式中的下标 e 和 m 分别对应于电源量和磁源量。

将式(8.2.12)表示的电偶极子的远区场写为

$$E_{\theta\mathrm{e}} = \mathrm{j}\frac{Il}{2\lambda r}\sqrt{\frac{\mu_0}{\varepsilon_0}}\sin\theta \mathrm{e}^{-\mathrm{j}kr}$$

$$H_{\phi\mathrm{e}} = \mathrm{j}\frac{Il}{2\lambda r}\sin\theta \mathrm{e}^{-\mathrm{j}kr}$$

利用式(8.4.7)的对偶关系得出磁偶极子的远区场

$$H_{\theta\mathrm{m}} = \mathrm{j}\frac{I_{\mathrm{m}}l}{2\lambda r}\sqrt{\frac{\varepsilon_0}{\mu_0}}\sin\theta \mathrm{e}^{-\mathrm{j}kr}$$

$$-E_{\phi\mathrm{m}} = \mathrm{j}\frac{I_{\mathrm{m}}l}{2\lambda r}\sin\theta \mathrm{e}^{-\mathrm{j}kr}$$

将式(8.4.6)代入上式,即得

$$\begin{cases} E_{\phi\mathrm{m}} = \dfrac{\omega\mu_0 SI}{2\lambda r}\sin\theta \mathrm{e}^{-\mathrm{j}kr} \\ H_{\theta\mathrm{m}} = -\dfrac{\omega\mu_0 SI}{2\lambda r}\sqrt{\dfrac{\varepsilon_0}{\mu_0}}\sin\theta \mathrm{e}^{-\mathrm{j}kr} \end{cases} \tag{8.4.8}$$

可见,磁偶极子的远区辐射场也是非均匀球面波;波阻抗也等于 120π Ω;辐射也有方向性。

应当注意,磁偶极子的 E 面方向图与电偶极子的 H 面方向图相同,而 H 面方向图与电偶极子的 E 面方向图相同。

磁偶极子的总辐射功率为

$$P_{\mathrm{r}} = \oint_S \boldsymbol{S}_{\mathrm{av}} \cdot \mathrm{d}\boldsymbol{S} = \oint_S \frac{1}{2}\mathrm{Re}[\boldsymbol{E}_{\mathrm{m}} \times \boldsymbol{H}_{\mathrm{m}}^*] \cdot \mathrm{d}\boldsymbol{S}$$

将式(8.4.8)代入上式得

$$P_{\mathrm{r}} = 160\pi^4 I^2\left(\frac{S}{\lambda^2}\right)^2 \ \mathrm{W} \tag{8.4.9}$$

辐射电阻为

$$R_r=\frac{2P_r}{I^2}=320\pi^4\left(\frac{S}{\lambda^2}\right)^2\ \Omega \tag{8.4.10}$$

8.5 天线的基本参数

天线的技术性能是用若干参数来描述的,了解这些参数以便于正确设计或选用天线。通常是以发射天线来定义天线的基本参数的,这些参数将描述天线把高频电流能量转换成电磁波能量并按要求辐射出去的能力。

1. 方向性函数和方向图

天线辐射特性与空间坐标之间的函数关系式称为天线的方向性函数。根据方向性函数绘制的图形则称为天线的方向图。

通常,人们最关心的辐射特性是在半径一定的球面上,随着观察者方位的变化,辐射能量在三维空间分布。因此,可以这样来定义天线的方向性函数:在离开天线一定距离处,描述天线辐射场的相对值与空间方向的函数关系,称为方向性函数,表示为$f(\theta,\phi)$。

为便于比较不同天线的方向特性,通常采用归一化方向性函数。定义为

$$F(\theta,\phi)=\frac{|\boldsymbol{E}(\theta,\phi)|}{|\boldsymbol{E}_{\max}|}=\frac{f(\theta,\phi)}{f(\theta,\phi)|_{\max}} \tag{8.5.1}$$

式中的$|\boldsymbol{E}(\theta,\phi)|$为指定距离上某方向$(\theta,\phi)$的电场强度值,$|\boldsymbol{E}_{\max}|$为同一距离上的最大电场强度值;$f(\theta,\phi)|_{\max}$为方向性函数的最大值。

例如,电偶极子的归一化方向性函数为$F(\theta,\phi)=\sin\theta$。

根据归一化方向性函数可以绘制归一化方向图,如图8.2.2~8.2.4表示的电偶极子的E面方向图、H面方向图和立体方向图。

为了讨论天线的辐射功率的空间分布状况,引入功率方向性函数$F_p(\theta,\phi)$,它与场强方向性函数$F(\theta,\phi)$间的关系为

$$F_p(\theta,\phi)=F^2(\theta,\phi) \tag{8.5.2}$$

实际应用的天线的方向图要比电偶极子的方向图复杂,出现很多波瓣,分别称为主瓣和副瓣,有时还将主瓣正后方的波瓣称为后瓣。图8.5.1所示为某天线的E面功率方向图。

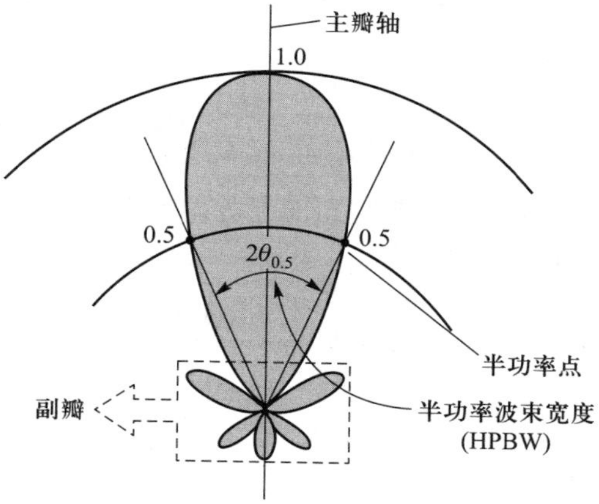

图 8.5.1 典型的功率方向图

在对各种天线的方向图特性进行定量比较时,通常考虑以下几个参数:

(1) 主瓣宽度

主瓣轴线两侧的两个半功率点$\left(\text{即功率密度下降为最大值的一半或场强下降为最大值的}\frac{1}{\sqrt{2}}\right)$的两条矢径之间的夹角,称为主瓣宽度,表示为 $2\theta_{0.5}$(E 面)或 $2\phi_{0.5}$(H 面),如图 8.5.1 所示。主瓣宽度愈小,说明天线辐射的能量愈集中,定向性愈好。电偶极子的主瓣宽度为 90°。

(2) 副瓣电平

最大副瓣的功率密度 S_1 和主瓣功率密度 S_0 之比的对数值,称为副瓣电平,表示为

$$SLL = 10\ \lg\left(\frac{S_1}{S_0}\right)\ \text{dB} \tag{8.5.3}$$

通常要求副瓣电平尽可能低。

(3) 前后比

主瓣功率密度 S_0 与后瓣功率密度 S_b 之比的对数值称为前后比,表示为

$$FB = 10\ \lg\left(\frac{S_0}{S_b}\right)\ \text{dB} \tag{8.5.4}$$

通常要求前后比尽可能大。

2. 方向性系数

在相等的辐射功率下,受试天线在其最大辐射方向上某点产生的功率密度

与一理想的无方向性天线在同一点产生的功率密度的比值,定义为受试天线的方向性系数。表示为

$$D=\left.\frac{S_{\max}}{S_0}\right|_{P_r=P_{r0}}=\left.\frac{E_{\max}^2}{E_0^2}\right|_{P_r=P_{r0}} \tag{8.5.5}$$

式中的 P_r 和 P_{r0} 分别为受试天线和理想的无方向性天线的辐射功率。

受试天线的辐射功率为

$$\begin{aligned}P_r&=\oint_S \boldsymbol{S}_{av}\cdot \mathrm{d}\boldsymbol{S}=\oint_S\frac{1}{2}\frac{E^2(\theta,\phi)}{\eta_0}\mathrm{d}S\\&=\frac{1}{2\eta_0}\int_0^{2\pi}\int_0^{\pi}[E_{\max}F^2(\theta,\phi)]r^2\sin\theta\mathrm{d}\theta\mathrm{d}\phi\\&=\frac{E_{\max}^2r^2}{240\pi}\int_0^{2\pi}\int_0^{\pi}F^2(\theta,\phi)\sin\theta\mathrm{d}\theta\mathrm{d}\phi\end{aligned}$$

故

$$E_{\max}^2=\frac{240\pi P_r}{r^2\int_0^{2\pi}\int_0^{\pi}F^2(\theta,\phi)\sin\theta\mathrm{d}\theta\mathrm{d}\phi}$$

而理想的无方向性天线的辐射功率为

$$P_{r0}=S_0\times 4\pi r^2=\frac{E_0^2}{2\eta_0}\times 4\pi r^2=\frac{E_0^2r^2}{60}$$

故

$$E_0^2=\frac{60P_{r0}}{r^2}$$

则

$$D=\left.\frac{E_{\max}^2}{E_0^2}\right|_{P_r=P_{r0}}=\frac{4\pi}{\int_0^{2\pi}\int_0^{\pi}F^2(\theta,\phi)\sin\theta\mathrm{d}\theta\mathrm{d}\phi} \tag{8.5.6}$$

上式为计算天线方向性系数的公式。

根据式(8.5.5)得

$$E_{\max}^2=DE_0^2=D\times\frac{60P_{r0}}{r^2}$$

即

$$E_{max} = \left. \frac{\sqrt{60DP_r}}{r} \right|_{P_r = P_{r0}} \tag{8.5.7}$$

对于无方向性天线，$D=1$，得

$$E_{max} = \left. \frac{\sqrt{60P_{r0}}}{r} \right|_{P_r = P_{r0}} \tag{8.5.8}$$

比较式(8.5.7)和式(8.5.8)可看出，受试天线的方向性系数表征该天线在其最大辐射方向上比无方向性天线而言将辐射功率增大的倍数。

例 8.5.1 计算电偶极子的方向性系数。

解： 电偶极子的归一化方向性函数为

$$F(\theta,\phi) = \sin\theta$$

故

$$D = \frac{4\pi}{\int_0^{2\pi}\int_0^{\pi} \sin^2\theta \sin\theta \mathrm{d}\theta \mathrm{d}\phi} = 1.5$$

若用分贝表示，则为 $D = 10\ \lg 1.5\ \mathrm{dB} = 1.76\ \mathrm{dB}$。

3. 效率

天线的效率定义为天线的辐射功率 P_r 与输入功率 P_{in} 的比值，表示为

$$\eta_A = \frac{P_r}{P_{in}} = \frac{P_r}{P_r + P_L} \tag{8.5.9}$$

式中的 P_L 为天线的总损耗功率，通常包括天线导体中的损耗和介质材料中的损耗。

与把天线向外辐射的功率看作是被某个电阻吸收的功率一样，把总损耗功率也看作电阻上的损耗功率，该电阻称为损耗电阻 R_L。则有

$$P_r = \frac{1}{2}I^2 R_r, \quad P_L = \frac{1}{2}I^2 R_L$$

故天线的效率可表示为

$$\eta_A = \frac{P_r}{P_r + P_L} = \frac{R_r}{R_r + R_L} \tag{8.5.10}$$

可见，要提高天线的效率，应尽可能增大辐射电阻和降低损耗电阻。

4. 增益系数

在相同的输入功率下，受试天线在其最大辐射方向上某点产生的功率密度

与一理想的无方向性天线在同一点产生的功率密度的比值，定义为该受试天线的增益系数。表示为

$$G = \left.\frac{S_{\max}}{S_0}\right|_{P_{\text{in}} = P_{\text{in0}}} = \left.\frac{E_{\max}^2}{E_0^2}\right|_{P_{\text{in}} = P_{\text{in0}}} \tag{8.5.11}$$

式中的 P_{in} 和 P_{in0} 分别为受试天线和理想的无方向性天线的输入功率。

考虑天线效率的定义，可得

$$G = \eta_A D \tag{8.5.12}$$

以及

$$E_{\max} = \frac{\sqrt{60GP_{\text{in}}}}{r} \tag{8.5.13}$$

对于无方向性天线 $D=1$，若 $\eta_A = 1$，故 $G=1$，则

$$E_{\max} = \frac{\sqrt{60P_{\text{in0}}}}{r} \tag{8.5.14}$$

例如，为了在空间一点 M 处产生某特定值的场强，若采用无方向性天线来发射需输入 10 W 的功率；但采用增益系数 $G=10$ 的天线发射，则只需输入 1 W 的功率。

5. 输入阻抗

天线的输入阻抗定义为天线输入端的电压与电流的比值，表示为

$$Z_{\text{in}} = \frac{U_{\text{in}}}{I_{\text{in}}} = R_{\text{in}} + \text{j}X_{\text{in}} \tag{8.5.15}$$

式中的 R_{in} 表示输入电阻，X_{in} 表示输入电抗。

天线的输入端是指天线通过馈线与发射机（或接收机）相连时，天线与馈线的连接处。天线作为馈线的负载，通常要求达到阻抗匹配。

天线的输入阻抗是天线的一个重要参数，它与天线的几何形状、激励方式、与周围物体的距离等因素有关。只有少数较简单的天线才能准确计算其输入阻抗，多数天线的输入阻抗则需通过实验测定，或进行近似计算。

6. 有效长度

天线的有效长度是衡量天线辐射能力的又一个参数，它的定义是：在保持实际天线最大辐射方向上的场强不变的条件下，假设天线上的电流为均匀分布，电流的大小等于输入端的电流，此假想天线的长度 l_e 即称为实际天线的有效长度，如图 8.5.2 所示。

7. 极化

天线的极化特性是天线在其最大辐射方向上电场矢量的取向随时间变化的

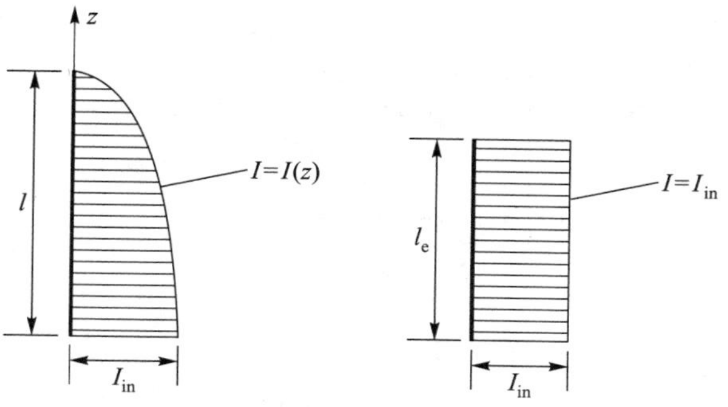

(a) 实际天线　　(b) 假想天线

图 8.5.2　天线的有效长度

规律。正如在波的极化中已讨论过的,极化就是在空间给定上电场矢量的端点随时间变化的轨迹。按轨迹形状分为线极化、圆极化和椭圆极化。

线极化天线又分为水平极化(电场方向与地面平行)和垂直极化(电场方向与地面垂直)天线。圆极化天线又分为右旋圆极化和左旋圆极化天线。通常,偏离最大辐射方向时,天线的极化将随之改变。

8. 频带宽度

天线的所有电参数都与工作频率有关,当工作频率偏离设计的中心频率时,往往要引起电参数的变化。例如,工作频率改变时,将会引起方向图畸变、增益系数降低、输入阻抗改变等。

天线的频带宽度的一般定义是:当频率改变时,天线的电参数能保持在规定的技术要求范围内,将对应的频率变化范围称为该天线的频带宽度,简称带宽。

由于不同用途的电子设备对天线的各个电参数的要求不同,有时又根据各个电参数来定义天线的带宽。例如,阻抗带宽、增益带宽等。

8.6 对称天线

对称天线由两臂长各为 l、半径为 a 的直导线或金属管构成,如图 8.6.1 所示,它的两个内端点为馈电点。对称天线是一种应用广泛的基本线形天线,它既可单独使用,也可作为天线阵的组成单元。

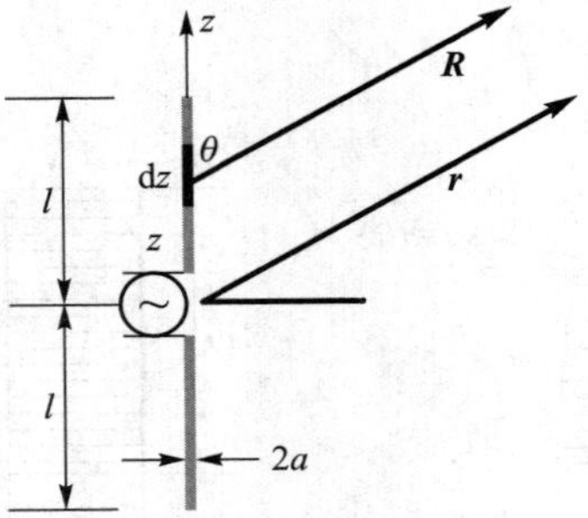

图 8.6.1 对称天线

8.6.1 对称天线上的电流分布

要计算天线的辐射场,需要知道天线上的电流分布,这是一个较为复杂的问题。理论和实践都已证明,对于细导线构成的对称天线,可将其看成是末端张开的平行双线传输线形成的,并用末端开路传输线上的电流分布来近似对称天线上的电流分布,即

$$I(z) = I\sin[k(l - |z|)],\ |z| < l$$
$$= \begin{cases} I\sin[k(l-z)], & 0 < z < l \\ I\sin[k(l+z)], & -l < z < 0 \end{cases} \tag{8.6.1}$$

式中的 $k=\dfrac{2\pi}{\lambda}$ 是相位常数。图 8.6.2 绘出三种不同长度的对称天线上的电流分布,箭头表示电流方向。

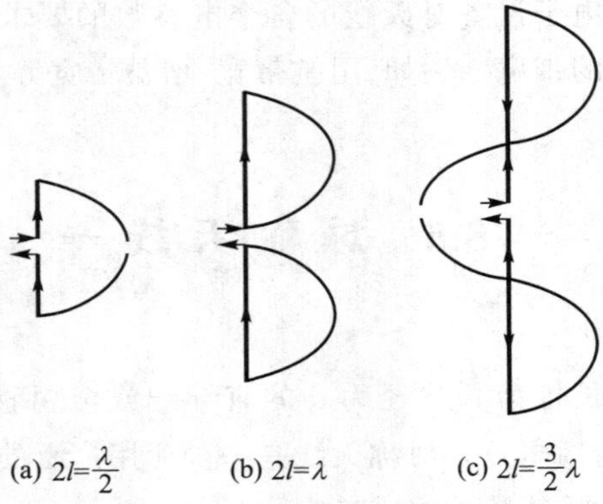

图 8.6.2 对称天线上的电流分布

8.6.2 对称天线的辐射场

将对称天线看成由许多电流元 $I(z)\mathrm{d}z$ 组成，每个电流元就是一个电偶极子。因此，对称天线的辐射场就是这许多电偶极子辐射场的叠加。因为观察点远离天线，故天线上每个电流元至观察点的射线近似平行，各电流元在观察点产生的辐射场也是同方向的。

利用 8.2 节导出的电偶极子辐射场公式(8.2.11)，可得到图 8.6.1 中的电流元 $I(z)\mathrm{d}z$ 在远区观察点产生的辐射电场为

$$\mathrm{d}E_\theta = \mathrm{j}\frac{60\pi I\sin[k(l-|z'|)]\mathrm{d}z'}{\lambda R}\sin\theta \mathrm{e}^{-\mathrm{j}kR} \tag{8.6.2}$$

由于考察点在远区，可将 $\boldsymbol{r}$ 与 $\boldsymbol{R}$ 视为平行，上式振幅项中取 $R\approx r$；相位项 $\mathrm{e}^{-\mathrm{j}kR}$ 中取 $R\approx r-z'\cos\theta$，故对称天线的辐射场为

$$E_\theta = \int_{-l}^{l}\mathrm{d}E_\theta = \mathrm{j}\frac{60\pi I\mathrm{e}^{-\mathrm{j}kr}}{\lambda r}\sin\theta\int_{-l}^{l}\sin[k(l-|z'|)]\mathrm{e}^{\mathrm{j}kz'\cos\theta}\mathrm{d}z'$$

$$= \mathrm{j}\frac{60I}{r}\left[\frac{\cos(kl\cos\theta)-\cos(kl)}{\sin\theta}\right]\mathrm{e}^{-\mathrm{j}kr} \tag{8.6.3}$$

可见，对称天线的归一化方向性函数为

$$F(\theta,\phi) = \frac{\cos(kl\cos\theta)-\cos(kl)}{\sin\theta} \tag{8.6.4}$$

图 8.6.3 绘出不同长度的对称天线的 E 面归一化方向图和立体方向图。由于结构的对称性，方向图与 ϕ 无关，即 H 面方向图是圆。

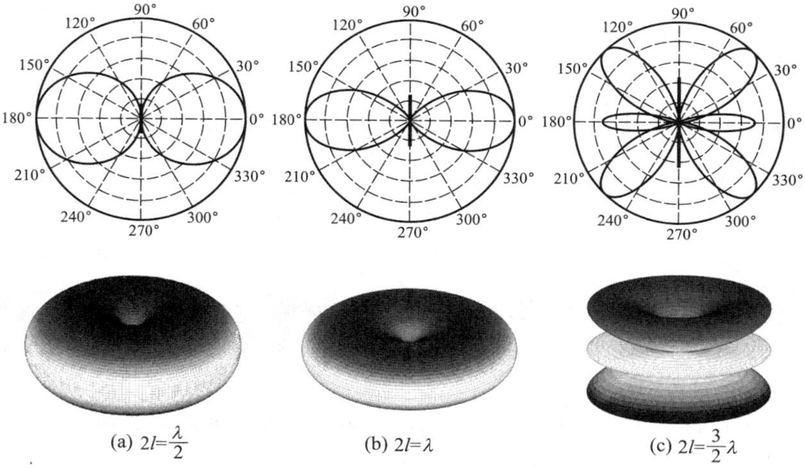

图 8.6.3 对称天线的归一化 E 面方向图和立体方向图

8.6.3 半波对称天线

半波天线是应用最广的对称天线。将 $2l=\dfrac{\lambda}{2}$ 代入式(8.6.4),即得到半波天线的归一化方向性函数

$$F(\theta,\phi)=\frac{\cos\left(\dfrac{\pi}{2}\cos\theta\right)}{\sin\theta} \tag{8.6.5}$$

方向性图如图 8.6.3(a)所示,主瓣宽度为 $2\theta_{0.5}=78^{\circ}$。

半波天线的辐射场可由式(8.6.3)取 $l=\dfrac{\lambda}{4}$ 得到

$$E_{\theta}=\mathrm{j}\,\frac{60I}{r}\,\frac{\cos\left(\dfrac{\pi}{2}\cos\theta\right)}{\sin\theta}\mathrm{e}^{-\mathrm{j}kr} \tag{8.6.6}$$

半波天线的辐射功率为

$$P_{\mathrm{r}}=\oint_{S}\boldsymbol{S}_{\mathrm{av}}\cdot\mathrm{d}\boldsymbol{S}=\frac{1}{2\times120\pi}\int_{0}^{2\pi}\int_{0}^{\pi}|E_{\theta}|^{2}r^{2}\sin\theta\mathrm{d}\theta\mathrm{d}\phi=36.54I^{2}\ \mathrm{W}$$

故得半波天线的辐射电阻为

$$R_{\mathrm{r}}=\frac{2P_{\mathrm{r}}}{I^{2}}=73.1\ \Omega$$

半波天线的方向性系数为

$$D=\frac{4\pi}{\displaystyle\int_{0}^{2\pi}\int_{0}^{\pi}\left[\cos\left(\frac{\pi}{2}\cos\theta\right)/\sin\theta\right]^{2}\sin\theta\mathrm{d}\theta\mathrm{d}\phi}=1.64$$

用分贝表示则为 $D=10\ \lg1.64\ \mathrm{dB}=2.15\ \mathrm{dB}$。

— 8.7 天 线 阵 —

天线阵是将若干个天线按一定规律排列组成的天线系统。利用这种天线系统可以获得所期望的辐射特性,诸如更高的增益、需要的方向性图等。组成天线

阵的独立单元称为阵元,排列的方式有直线阵、平面阵等。

天线阵的辐射特性取决于阵元的形式、数目、排列方式、间距以及各阵元上的电流振幅和相位等。本节只讨论由相似元组成的直线阵。所谓相似元,是指各阵元的类型、尺寸、放置方位都相同。

8.7.1 方向图相乘原理

最简单的天线阵是由两个相距较近、取向一致的阵元组成的二元阵。图 8.7.1表示两个沿 z 轴取向、沿 x 轴排列的对称天线构成的二元阵,间距为 d。设阵元 1 的激励电流为 I_1,阵元 2 的激励电流为

$$I_2 = mI_1 e^{j\xi}$$

式中的 m 是两阵元激励电流的振幅比,ξ 是两阵元激励电流的相位差。

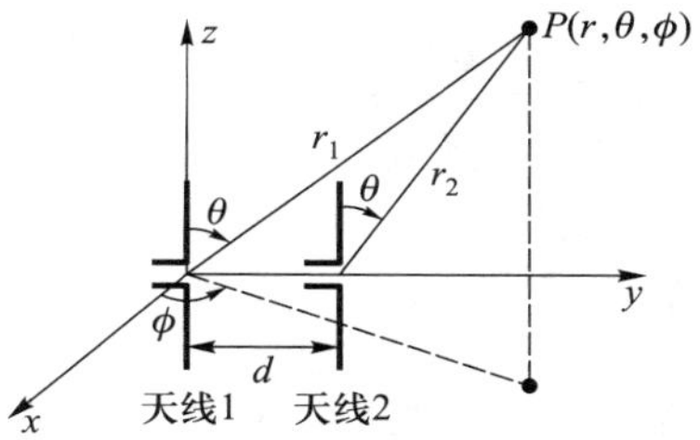

图 8.7.1 对称天线构成的二元阵

这样一个二元阵的辐射场就等于两个阵元的辐射场的矢量和。由于观察点 P 远离阵中心,因而可近似认为矢径 $\boldsymbol{r}_1$ 与 $\boldsymbol{r}_2$ 相互平行。故两个阵元在观察点产生的电场都是沿 $\boldsymbol{e}_\theta$ 方向的,即

$$\boldsymbol{E}_1 = \boldsymbol{e}_\theta \mathrm{j}\frac{60I_1}{r_1}F_1(\theta,\phi)\mathrm{e}^{-\mathrm{j}kr_1} \tag{8.7.1}$$

$$\boldsymbol{E}_2 = \boldsymbol{e}_\theta \mathrm{j}\frac{60I_2}{r_2}F_2(\theta,\phi)\mathrm{e}^{-\mathrm{j}kr_2} \tag{8.7.2}$$

式中

$$F_1(\theta,\phi) = F_2(\theta,\phi) = \frac{\cos(kl\cos\theta) - \cos(kl)}{\sin\theta}$$

另外,只要观察点远离天线阵,就可作如下近似:

$$\frac{1}{r_1} \approx \frac{1}{r_2} \qquad (\text{对振幅项})$$

$$r_2 \approx r_1 - d\sin\theta\cos\phi \qquad (\text{对相位项})$$

因此,式(8.7.2)可表示为

$$\boldsymbol{E}_2 = \boldsymbol{e}_\theta \mathrm{j}\frac{60mI_1\mathrm{e}^{\mathrm{j}\xi}}{r_1}F_1(\theta,\phi)\mathrm{e}^{-\mathrm{j}k(r_1 - d\sin\theta\cos\phi)}$$

$$= \boldsymbol{e}_{\theta} \mathrm{j} \frac{60 I_1 m \mathrm{e}^{\mathrm{j}\xi}}{r_1} F_1(\theta,\phi) \mathrm{e}^{-\mathrm{j}kr_1} \mathrm{e}^{\mathrm{j}kd\sin\theta\cos\phi} = m\boldsymbol{E}_1 \mathrm{e}^{\mathrm{j}\psi} \tag{8.7.3}$$

式中的 $\psi=\xi+kd\sin\theta\cos\phi$，它表示观察点 P 处的电场 $\boldsymbol{E}_1$ 与 $\boldsymbol{E}_2$ 之间的相位差，包括两阵元激励电流的相位差 ξ 以及由两阵元辐射的波程差引起的相位差。

观察点 P 的合成电场为

$$\boldsymbol{E}=\boldsymbol{E}_1+\boldsymbol{E}_2=\boldsymbol{E}_1(1+m\mathrm{e}^{\mathrm{j}\psi})=\boldsymbol{e}_{\theta}\mathrm{j}\frac{60I_1}{r_1}F_1(\theta,\phi)\mathrm{e}^{-\mathrm{j}kr_1}(1+m\mathrm{e}^{\mathrm{j}\psi}) \tag{8.7.4}$$

取其模

$$|\boldsymbol{E}|=\frac{60I_1}{r_1}F_1(\theta,\phi)(1+m^2+2m\cos\psi)^{1/2}=\frac{60I_1}{r_1}F_1(\theta,\phi)\cdot F_{\mathrm{ar}}(\theta,\phi) \tag{8.7.5}$$

式中

$$F_{\mathrm{ar}}(\theta,\phi)=(1+m^2+2m\cos\psi)^{1/2}$$
$$=[1+m^2+2m\cos(\xi+kd\sin\theta\cos\phi)]^{1/2} \tag{8.7.6}$$

称为阵因子，它仅与各阵元的排列、激励电流的振幅和相位有关，而与阵元无关。$F_1(\theta,\phi)$ 称为元因子，它只与阵元本身的结构和取向有关。

式(8.7.5)表明二元阵的方向性函数等于阵因子和元因子的乘积，这就是方向图相乘原理。这个原理对 N 元相似阵也适用。

8.7.2 均匀直线阵

均匀直线阵是指天线阵的各阵元结构相同，并以相同的取向和相等的间距排列成直线，各个阵元的激励电流振幅相等，相位则沿阵的轴线以相同的比例递增或递减的天线阵，如图 8.7.2 所示。

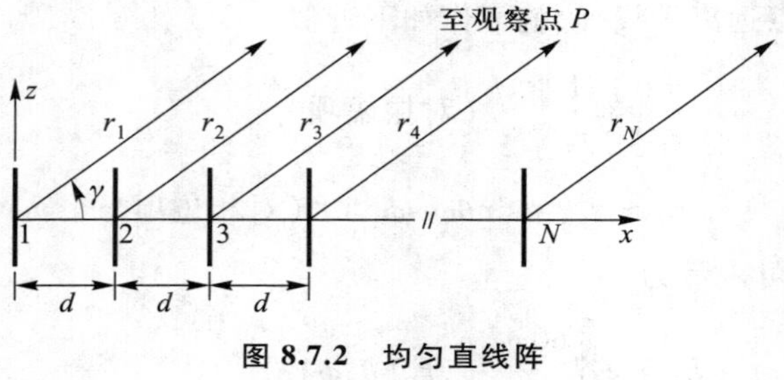

图 8.7.2 均匀直线阵

N 个阵元沿 x 轴排列，两相邻阵元的间距为 d，激励电流相位差为 ξ。图中的 γ 为电波射线与阵轴线之间的夹角。类似于二元阵的分析，相邻两阵元辐射场的相位差为

$$\psi = \xi + kd\cos\gamma \tag{8.7.7}$$

以阵元 1 为参考，则阵元 2 的辐射场的相位差为 ψ，阵元 3 的辐射场的相位差为 2ψ，…，依此类推，天线阵的辐射场为

$$\begin{aligned}\boldsymbol{E} &= \boldsymbol{E}_1 + \boldsymbol{E}_2 + \boldsymbol{E}_3 + \cdots + \boldsymbol{E}_N \\ &= \boldsymbol{E}_1[1 + e^{j\psi} + e^{j2\psi} + e^{j3\psi} + \cdots + e^{j(N-1)\psi}]\end{aligned} \tag{8.7.8}$$

利用等比级数求和公式，式(8.7.8)可表示为

$$|\boldsymbol{E}| = |\boldsymbol{E}_1|\left|\frac{1 - e^{jN\psi}}{1 - e^{j\psi}}\right| = |\boldsymbol{E}_1| f_N(\psi) \tag{8.7.9}$$

式中

$$f_N(\psi) = \frac{\sin\dfrac{N\psi}{2}}{\sin\dfrac{\psi}{2}} \tag{8.7.10}$$

称为 N 元均匀直线阵的阵因子。而

$$f_{N\max} = \lim_{\psi\to 0}\frac{\sin\dfrac{N\psi}{2}}{\sin\dfrac{\psi}{2}} = N$$

故 N 元均匀直线阵的归一化阵因子为

$$F_N(\psi) = \frac{1}{N}\frac{\left|\sin\dfrac{N\psi}{2}\right|}{\left|\sin\dfrac{\psi}{2}\right|} \tag{8.7.11}$$

可见，均匀直线阵的归一化阵因子 $F_N(\psi)$ 是 ψ 的周期函数，周期为 2π。在$0\sim2\pi$ 的区间内，阵因子方向图将出现主瓣和多个副瓣，图 8.7.3 为 $N=5$ 的阵因子方向图。

应用较为广泛的均匀直线阵是边射阵（最大辐射方向垂直于阵的轴线）和端射阵（最大辐射方向沿着阵的轴线）。

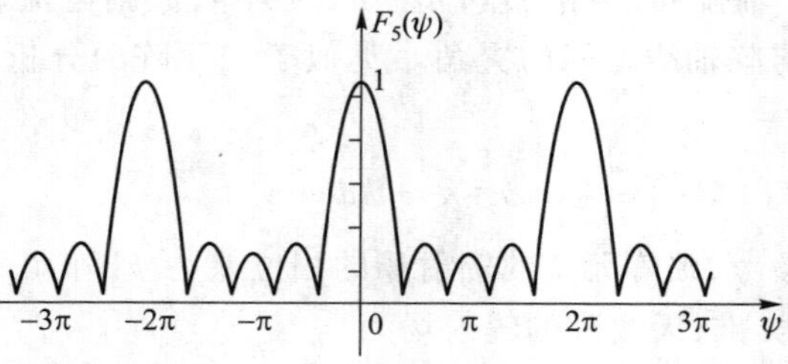

图 8.7.3　$F_5(\psi)$ 曲线

— 8.8　口径场辐射 —

与线形天线不同,面形天线所载的电流是分布在构成天线的金属导体表面上,且天线的口径尺寸远大于波长。对于反射面天线通常由馈源和反射面构成。分析这类天线的辐射场的严格解方法是求解满足麦克斯韦方程组和边界条件的解,这是一个十分复杂的过程。通常采用以下两种近似方法:

感应电流法——先求出在馈源照射下反射面上的感应电流分布,然后计算此电流分布在外部空间产生的辐射场。

口径场法——先作一个包围馈源的封闭面,由给定的馈源求出此封闭面上的场分布(称为解内场问题);然后再利用该封闭面上的场分布求出外部空间的辐射场(称为解外场问题)。

如图 8.8.1 所示,封闭面包括金属反射面 S'' 和虚线表示的口径面 S'。由于在金属面 S'' 的外表面上场量为零,因此求解外场时就可只由 S' 面上的场量来进行计算。为便于计算,一般用平面口径面 S 代替 S'。

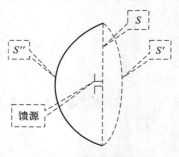

图 8.8.1　面天线示意图

8.8.1　惠更斯元的辐射

惠更斯原理:波在传播过程中,任意等相位面上各点都可以视为新的次级波源。在任意时刻,这些次级波源的子波包络就是新的波阵面。换句话说,可以不知道源分布,只要知道某一等相位面的场分布,仍然可求出空间任意点的场分布。

菲涅尔原理：菲涅尔进一步指出，空间 P 点的场强大小等于各次波源在该点产生的场的叠加，而这些次波源不一定在同一等相位面上，只要计及它们各自的相位即可。

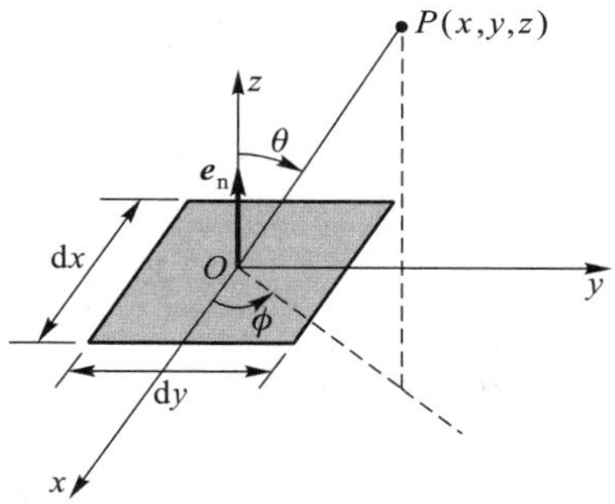

图 8.8.2 惠更斯元及其坐标

惠更斯元是分析面天线的基本辐射元。根据惠更斯原理，将口径面 S 分割成许多面元，这些面元就是惠更斯元。如图 8.8.2 所示，面元 $\mathrm{d}\boldsymbol{S}=\boldsymbol{e}_{\mathrm{n}}\mathrm{d}x\mathrm{d}y$ 位于 xy 平面上，设面元上有均匀分布的切向电场 E_y 和切向磁场 H_x。根据电磁场的等效原理，惠更斯元上的磁场 H_x 可等效为面电流 $\boldsymbol{J}_S$，而电场 E_y 可等效为面磁流 $\boldsymbol{J}_{S\mathrm{m}}$，且

$$\boldsymbol{J}_S=\boldsymbol{e}_{\mathrm{n}}\times\boldsymbol{H}=\boldsymbol{e}_z\times\boldsymbol{e}_xH_x=\boldsymbol{e}_yH_x \tag{8.8.1}$$

$$\boldsymbol{J}_{S\mathrm{m}}=-\boldsymbol{e}_{\mathrm{n}}\times\boldsymbol{E}=-\boldsymbol{e}_z\times\boldsymbol{e}_yE_y=\boldsymbol{e}_xE_y \tag{8.8.2}$$

与面电流 $\boldsymbol{J}_S$ 对应的电偶极子的电流为 $I=H_x\mathrm{d}x$，与面电流 $\boldsymbol{J}_{S\mathrm{m}}$ 对应的磁偶极子的磁流为 $I_{\mathrm{m}}=E_y\mathrm{d}y$。因此，惠更斯元可视为相互垂直的电偶极子和磁偶极子的组合。其中，电偶极子沿 y 轴，长度为 $\mathrm{d}y$，电流大小为 $H_x\mathrm{d}x$；磁偶极子沿 x 轴，长度为 $\mathrm{d}x$，磁流大小为 $E_y\mathrm{d}y$。

利用本章 8.2 节得到的沿 z 轴放置的电偶极子的远区场公式，可得到沿 y 轴放置的电偶极子的远区场为

$$\begin{cases}\boldsymbol{E}_{\mathrm{e}}=-\mathrm{j}\dfrac{I\mathrm{d}y}{2\lambda r}\eta(\boldsymbol{e}_\theta\cos\theta\sin\phi+\boldsymbol{e}_\phi\cos\phi)\mathrm{e}^{-\mathrm{j}kr}\\[2ex]\boldsymbol{H}_{\mathrm{e}}=-\mathrm{j}\dfrac{I\mathrm{d}y}{2\lambda r}(-\boldsymbol{e}_\theta\cos\phi+\boldsymbol{e}_\phi\cos\theta\sin\phi)\mathrm{e}^{-\mathrm{j}kr}\end{cases} \tag{8.8.3}$$

同样，利用本章 8.4 节的结果得到沿 x 轴的磁偶极子的远区场为

$$\begin{cases}\boldsymbol{E}_{\mathrm{m}}=\mathrm{j}\dfrac{I_{\mathrm{m}}\mathrm{d}x}{2\lambda r}(\boldsymbol{e}_\theta\sin\phi+\boldsymbol{e}_\phi\cos\theta\cos\phi)\mathrm{e}^{-\mathrm{j}kr}\\[2ex]\boldsymbol{H}_{\mathrm{m}}=-\mathrm{j}\dfrac{I_{\mathrm{m}}\mathrm{d}x}{2\eta\lambda r}(\boldsymbol{e}_\theta\cos\theta\cos\phi-\boldsymbol{e}_\phi\sin\phi)\mathrm{e}^{-\mathrm{j}kr}\end{cases} \tag{8.8.4}$$

式中的 $I=H_x\mathrm{d}x$，$I_{\mathrm{m}}=E_y\mathrm{d}y$ 并考虑到 $\dfrac{E_y}{H_x}=-\eta$，则由式(8.8.3)和式(8.8.4)叠加即得

惠更斯元的远区辐射场

$$\boldsymbol{E}=\mathrm{j}\frac{E_y\mathrm{d}S}{2\lambda r}[\boldsymbol{e}_\theta\sin\phi(1+\cos\theta)+\boldsymbol{e}_\phi\cos\phi(1+\cos\theta)]\mathrm{e}^{-\mathrm{j}kr} \tag{8.8.5}$$

在 E 面(即 yOz 平面)上,$\phi=90°$,由式(8.8.5)得惠更斯元的辐射场

$$\boldsymbol{E}\big|_E=\boldsymbol{e}_\theta\mathrm{j}\frac{E_y\mathrm{d}S}{2\lambda r}(1+\cos\theta)\mathrm{e}^{-\mathrm{j}kr} \tag{8.8.6}$$

在 H 面(即 xOz 平面)上,$\phi=0°$,由式(8.8.5)得惠更斯元的辐射场

$$\boldsymbol{E}\big|_H=\boldsymbol{e}_\phi\mathrm{j}\frac{E_y\mathrm{d}S}{2\lambda r}(1+\cos\theta)\mathrm{e}^{-\mathrm{j}kr} \tag{8.8.7}$$

从式(8.8.6)和式(8.8.7)可看出,惠更斯元的两个主平面上的归一化方向性函数均为

$$F(\theta)=\frac{1}{2}(1+\cos\theta) \tag{8.8.8}$$

根据上式画出归一化方向性图,如图 8.8.3 所示。可见,惠更斯元的最大辐射方向与面元相垂直。

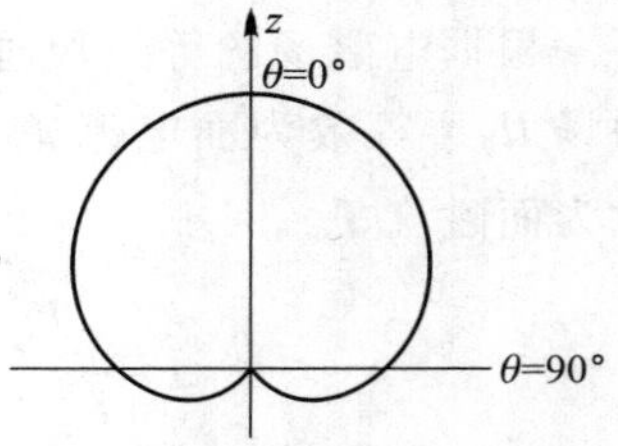

图 8.8.3 惠更斯元的归一化方向性图

8.8.2 平面口径的辐射

实际应用中的面天线,其口径面多为平面,例如喇叭天线、抛物面天线等,所以有必要讨论平面口径的辐射。

如图 8.8.4 所示,平面口径面位于 xOy 平面上,口径面积为 S。远区观察点为 $P(r,\theta,\phi)$,面元 $\mathrm{d}\boldsymbol{S}'$至观察点的距离为 R。将式(8.8.5)在整个口径面积分,即得到平面口径面在远区的辐射场

$$\boldsymbol{E}=\int_S\frac{\mathrm{j}E_y}{2\lambda R}[\boldsymbol{e}_\theta\sin\phi(1+\cos\theta)+\boldsymbol{e}_\phi\cos\phi(1+\cos\theta)]\mathrm{e}^{-\mathrm{j}kR}\mathrm{d}S' \tag{8.8.9}$$

对于远区的观察点 P(即 r 远远大于口径尺寸),可以认为 $\boldsymbol{R}$ 与 $\boldsymbol{r}$ 近似平行,则 $1/R\approx1/r$,且

$$kR\approx k(r-x'\sin\theta\cos\phi-y'\sin\theta\sin\phi) \tag{8.8.10}$$

在 E 面(即 yOz 平面)上,$\phi=90°$,$kR\approx kr-ky'\sin\theta$,由式(8.8.9)可得

$$\boldsymbol{E}\big|_E=\boldsymbol{e}_\theta\mathrm{j}\frac{1}{2\lambda r}(1+\cos\theta)\mathrm{e}^{-\mathrm{j}kr}\int_S E_y\mathrm{e}^{\mathrm{j}ky'\sin\theta}\mathrm{d}S' \tag{8.8.11}$$

在 H 面(即 xOz 平面)上,$\phi=0°$,$kR\approx kr-kx'\sin\theta$,由式(8.8.9)可得

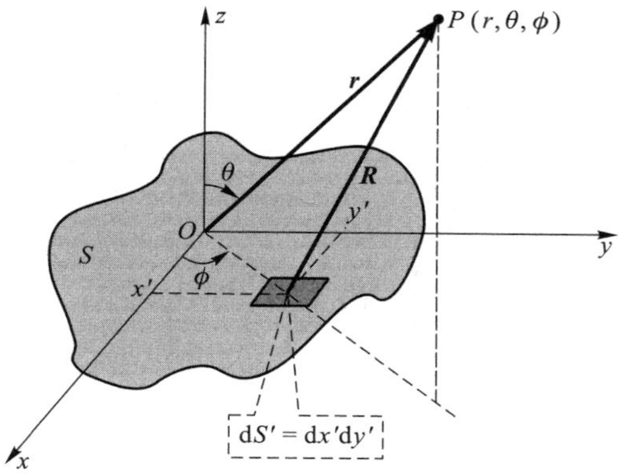

图 8.8.4 平面口径面

$$\boldsymbol{E}\big|_H = \boldsymbol{e}_\phi \mathrm{j}\frac{1}{2\lambda r}(1+\cos\theta)\,\mathrm{e}^{-\mathrm{j}kr}\int_S E_y \mathrm{e}^{\mathrm{j}kx'\sin\theta}\mathrm{d}S' \tag{8.8.12}$$

利用式(8.8.11)和式(8.8.12),就可根据给定的口径面形状及口径面上的场分布计算出远区辐射场。下面讨论矩形口径面和圆形口径面两种常见情形。

1. 矩形口径面

如图 8.8.5 所示,矩形口径面的尺寸为 $a\times b$。设口径面上的电场沿 y 轴方向且均匀分布(即 $E_y=E_0$),则由式(8.8.11)得 E 面辐射场为

$$\begin{aligned}\boldsymbol{E}\big|_E &= \boldsymbol{e}_\theta \mathrm{j}\frac{E_0}{2\lambda r}(1+\cos\theta)\,\mathrm{e}^{-\mathrm{j}kr}\int_{-a/2}^{a/2}\mathrm{d}x'\int_{-b/2}^{b/2}\mathrm{e}^{\mathrm{j}ky'\sin\theta}\mathrm{d}y' \\ &= \boldsymbol{e}_\theta \mathrm{j}\frac{abE_0}{2\lambda r}\mathrm{e}^{-\mathrm{j}kr}(1+\cos\theta)\,\sin\frac{[(kb/2)\sin\theta]}{(kb/2)\sin\theta}\end{aligned} \tag{8.8.13}$$

同样,由式(8.8.12)得 H 面辐射场为

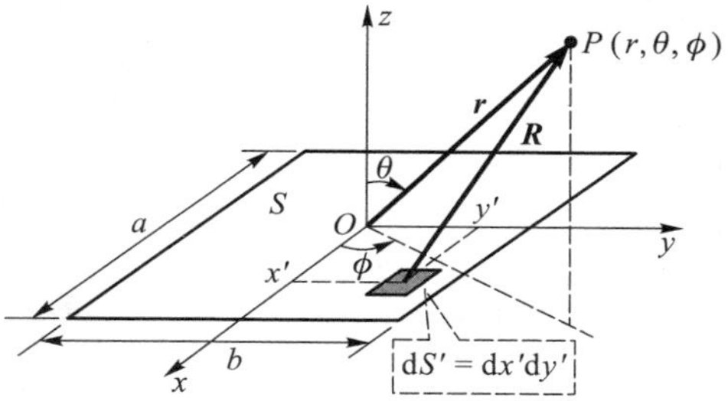

图 8.8.5 矩形口径面

$$\boldsymbol{E}\big|_H=\boldsymbol{e}_\phi \mathrm{j}\frac{abE_0}{2\lambda r}\mathrm{e}^{-\mathrm{j}kr}(1+\cos\theta)\sin\frac{[(ka/2)\sin\theta]}{(ka/2)\sin\theta} \tag{8.8.14}$$

从式(8.8.13)和式(8.8.14)可得到均匀矩形口径面辐射场的归一化方向性函数分别为

$$F_E(\theta)=\frac{(1+\cos\theta)}{2}\frac{\sin\psi_1}{\psi_1} \tag{8.8.15}$$

$$F_H(\theta)=\frac{(1+\cos\theta)}{2}\frac{\sin\psi_2}{\psi_2} \tag{8.8.16}$$

式中

$$\psi_1=\frac{kb\sin\theta}{2},\quad \psi_2=\frac{ka\sin\theta}{2} \tag{8.8.17}$$

图 8.8.6 表示 $\frac{\sin\psi}{\psi}$ 随 ψ 变化的曲线，可见，最大辐射方向在 $\psi=0$ 处(即在 $\theta=0°$ 处)。可以证明，当 $\frac{a}{\lambda}$ 和 $\frac{b}{\lambda}$ 都较大时，均匀矩形口径面辐射场能量集中在 θ 角较小的圆锥形区域内。

2. 圆形口径面

如图 8.8.7 所示，面元 $\mathrm{d}S'$ 的坐标 (x',y') 换成极坐标变量表示

$$\begin{cases} x'=\rho'\cos\phi' \\ y'=\rho'\sin\phi' \\ \mathrm{d}S'=\mathrm{d}x'\mathrm{d}y'=\rho'\mathrm{d}\phi'\mathrm{d}\rho' \end{cases} \tag{8.8.18}$$

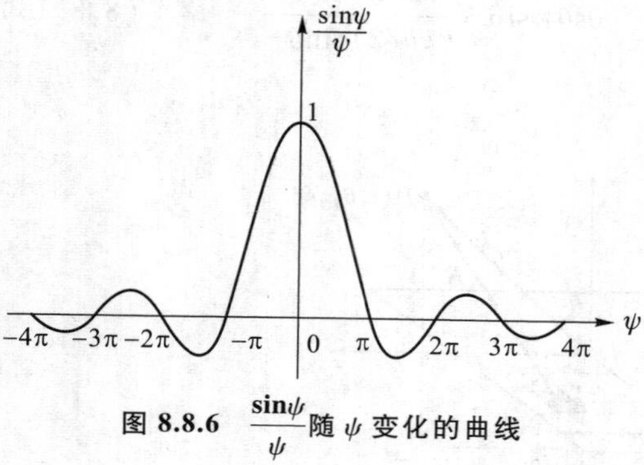

图 8.8.6 $\frac{\sin\psi}{\psi}$ 随 ψ 变化的曲线

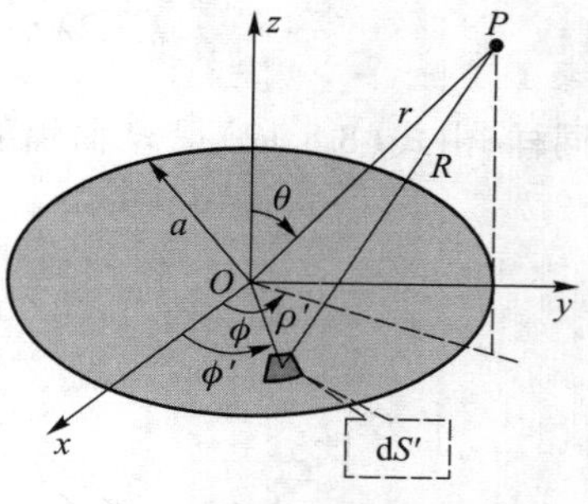

图 8.8.7 圆形口径面

将式(8.8.18)代入式(8.8.10)得

$$kR = kr - k\rho'\sin\theta(\cos\phi\cos\phi' + \sin\phi\sin\phi') \tag{8.8.19}$$

在式(8.8.9)中，取 $\phi=90°$、$1/R\approx 1/r$、$kR\approx kr-k\rho'\sin\theta\sin\phi'$，即得到 E 面的远区辐射场

$$\boldsymbol{E}|_E = \boldsymbol{e}_\theta \mathrm{j}\frac{1}{2\lambda r}(1+\cos\theta)\int_0^a\int_0^{2\pi} E_y \mathrm{e}^{-\mathrm{j}k\rho'\sin\theta\sin\phi'}\rho'\mathrm{d}\phi'\mathrm{d}\rho' \tag{8.8.20}$$

在式(8.8.9)中，取 $\phi=0°$、$1/R\approx 1/r$、$kR\approx kr-k\rho'\sin\theta\cos\phi'$，即得到 H 面的远区辐射场

$$\boldsymbol{E}|_H = \boldsymbol{e}_\phi \mathrm{j}\frac{1}{2\lambda r}(1+\cos\theta)\int_0^a\int_0^{2\pi} E_y \mathrm{e}^{-\mathrm{j}k\rho'\sin\theta\cos\phi'}\rho'\mathrm{d}\phi'\mathrm{d}\rho' \tag{8.8.21}$$

这里仍然假设口径面上的电场沿 y 轴方向。若再假设在半径为 a 的圆面积上场均匀分布，即 $E_y=E_0$，则

$$\boldsymbol{E}|_E = \boldsymbol{e}_\theta \mathrm{j}\frac{1}{2\lambda r}(1+\cos\theta)\ E_0\int_0^a\int_0^{2\pi} \mathrm{e}^{-\mathrm{j}k\rho'\sin\theta\sin\phi'}\rho'\mathrm{d}\phi'\mathrm{d}\rho' \tag{8.8.22}$$

$$\boldsymbol{E}|_H = \boldsymbol{e}_\phi \mathrm{j}\frac{1}{2\lambda r}(1+\cos\theta)\ E_0\int_0^a\int_0^{2\pi} \mathrm{e}^{-\mathrm{j}k\rho'\sin\theta\cos\phi'}\rho'\mathrm{d}\phi'\mathrm{d}\rho' \tag{8.8.23}$$

利用关系式

$$\int_0^{2\pi} \mathrm{e}^{-\mathrm{j}k\rho'\sin\theta\sin\phi'}\mathrm{d}\phi' = \int_0^{2\pi} \mathrm{e}^{-\mathrm{j}k\rho'\sin\theta\cos\phi'}\mathrm{d}\phi' = 2\pi J_0(k\rho'\sin\theta)$$

$$\int_0^a \rho' J_0(k\rho'\sin\theta)\ \mathrm{d}\rho' = \frac{a}{k\sin\theta}J_1(ka\sin\theta)$$

式中的 $J_0(u)$ 和 $J_1(u)$ 分别为零阶和一阶贝塞尔函数。由此得到

$$\boldsymbol{E}|_E = \boldsymbol{e}_\theta \mathrm{j}\frac{\pi a^2 E_0}{2\lambda r}(1+\cos\theta)\ \frac{2J_1(ka\sin\theta)}{ka\sin\theta} \tag{8.8.24}$$

$$\boldsymbol{E}|_H = \boldsymbol{e}_\phi \mathrm{j}\frac{\pi a^2 E_0}{2\lambda r}(1+\cos\theta)\ \frac{2J_1(ka\sin\theta)}{ka\sin\theta} \tag{8.8.25}$$

由于 $\lim\limits_{u\to 0}\frac{J_1(u)}{u}=\frac{1}{2}$，由式(8.8.24)和式(8.8.25)可得到均匀圆形口径面辐射场的归一化方向性函数

$$F_E(\theta) = F_H(\theta) = \frac{1+\cos\theta}{2}\cdot\frac{2J_1(\psi_3)}{\psi_3} \tag{8.8.26}$$

式中的 $\psi_3=ka\sin\theta$。

思 考 题

8.1 写出滞后位的表达式,并解释滞后位的意义。

8.2 试述天线近区和远区的定义。

8.3 分别写出电偶极子辐射的近区场和远区场,并说明其特性。

8.4 磁偶极子辐射场与电偶极子辐射场有哪些不同?分别画出它们 E 面和 H 面的方向图。

8.5 天线的基本参数有哪些?分别说明其定义。

8.6 何谓对称天线?试画出半波对称天线 E 面和 H 面的方向图。

8.7 电偶极子天线和半波对称天线的主瓣宽度及方向性系数分别为多少?

8.8 试述方向图相乘原理。

习 题

8.1 设电偶极子天线的轴线沿东西方向放置,在远方有一移动接收台停在正南方而收到最大电场强度,当电台沿以元天线为中心的圆周在地面移动时,电场强度渐渐减小,问当电场强度减小到最大值的$\dfrac{1}{\sqrt{2}}$时,电台的位置偏离正南多少度?

8.2 上题中如果接收台不动,将元天线在水平面内绕中心旋转,结果如何?如果接收天线也是元天线,讨论收发两天线的相对方位对测量结果的影响。

8.3 如图题 8.3 所示的半波天线,其上电流分布为 $I=I_{\mathrm{m}}\cos(kz)\left(-\dfrac{l}{2}<z<\dfrac{l}{2}\right)$

(1) 当 $r_0\gg l$ 时,证明:$A_z=\dfrac{\mu_0 I_{\mathrm{m}}\mathrm{e}^{-\mathrm{j}kr_0}}{2\pi kr_0}\cdot\dfrac{\cos\left(\dfrac{\pi}{2}\cos\theta\right)}{\sin^2\theta}$

(2) 求远区的磁场和电场;

(3) 求坡印廷矢量;

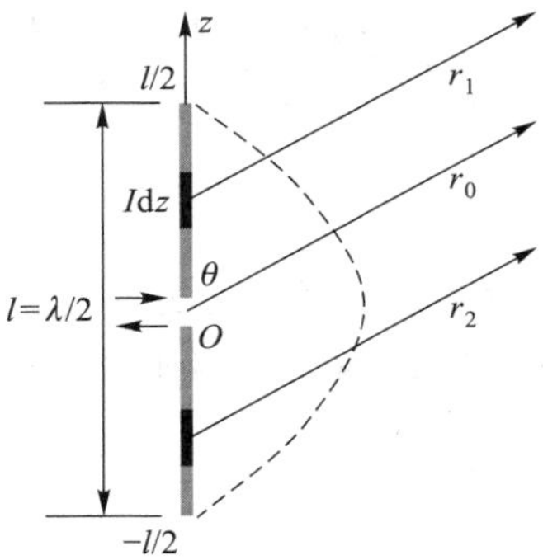

图题 8.3

（4）已知 $\int_0^{2\pi}\frac{\cos\left(\frac{\pi}{2}\cos\theta\right)}{\sin^2\theta}\mathrm{d}\theta=0.609$，求辐射电阻；

（5）求方向性系数。

8.4　半波天线的电流振幅为 1 A，求离开天线 1 km 处的最大电场强度。

8.5　由三个间距为$\frac{\lambda}{2}$的各向同性元组成的三元阵，各单元天线上电流的相位相同，振幅为 1∶2∶1，试画出该天线阵的方向图。

8.6　在二元天线阵中，设 $d=\frac{\lambda}{4}$，$\xi=90°$，求阵因子方向图。

8.7　两个半波天线平行放置，相距$\frac{\lambda}{2}$，它们的电流振幅相等，同相激励。试用方向图乘法草绘出三个主平面的方向图。

8.8　均匀直线式天线阵的元间距 $d=\frac{\lambda}{2}$，如要求它的最大辐射方向在偏离天线阵轴线±60°的方向，问单元之间的相位差应为多少？

8.9　求半波天线的主瓣宽度。

8.10　已知某天线的辐射功率为 100 W，方向性系数为 3。

（1）试求 $r=10$ km 处最大辐射方向上的电场强度振幅；

（2）若保持辐射功率不变，要使 $r_2=20$ km 处的场强等于原来 $r_1=10$ km 处的场强，应选用方向性系数 D 等于多少的天线？

8.11　用方向图乘法求图题 8.11 所示的由半波天线组成的四元侧射式天线阵在垂直于半波天线轴线平面内的方向图。

8.12　求波源频率 $f=1$ MHz，线长 $l=1$ m 的导线的辐射电阻。

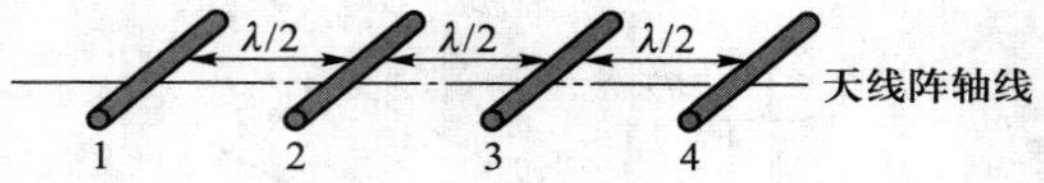

图题 8.11

8.13 为了在垂直于赫兹偶极子轴线的方向上,距离偶极子 100 km 处得到电场强度的有效值大于 100 μV/m,赫兹偶极子必须至少辐射多大功率?

第 8 章部分习题答案

附录
重要的矢量公式

1. 矢量恒等式

$$\boldsymbol{A}\cdot(\boldsymbol{B}\times\boldsymbol{C})=\boldsymbol{B}\cdot(\boldsymbol{C}\times\boldsymbol{A})=\boldsymbol{C}\cdot(\boldsymbol{A}\times\boldsymbol{B}) \tag{A1.1}$$

$$\boldsymbol{A}\times(\boldsymbol{B}\times\boldsymbol{C})=\boldsymbol{B}(\boldsymbol{A}\cdot\boldsymbol{C})-\boldsymbol{C}(\boldsymbol{A}\cdot\boldsymbol{B}) \tag{A1.2}$$

$$\nabla(uv)=u\,\nabla v+v\,\nabla u \tag{A1.3}$$

$$\nabla\cdot(u\boldsymbol{A})=u\,\nabla\cdot\boldsymbol{A}+\boldsymbol{A}\cdot\nabla u \tag{A1.4}$$

$$\nabla\times(u\boldsymbol{A})=u\,\nabla\times\boldsymbol{A}+\nabla u\times\boldsymbol{A} \tag{A1.5}$$

$$\nabla\cdot(\boldsymbol{A}\times\boldsymbol{B})=\boldsymbol{B}\cdot\nabla\times\boldsymbol{A}-\boldsymbol{A}\cdot\nabla\times\boldsymbol{B} \tag{A1.6}$$

$$\nabla(\boldsymbol{A}\cdot\boldsymbol{B})=(\boldsymbol{A}\cdot\nabla)\boldsymbol{B}+(\boldsymbol{B}\cdot\nabla)\boldsymbol{A}+\boldsymbol{A}\times\nabla\times\boldsymbol{B}+\boldsymbol{B}\times\nabla\times\boldsymbol{A} \tag{A1.7}$$

$$\nabla\times(\boldsymbol{A}\times\boldsymbol{B})=\boldsymbol{A}\,\nabla\cdot\boldsymbol{B}-\boldsymbol{B}\,\nabla\cdot\boldsymbol{A}+(\boldsymbol{B}\cdot\nabla)\boldsymbol{A}-(\boldsymbol{A}\cdot\nabla)\boldsymbol{B} \tag{A1.8}$$

$$\nabla\times(\nabla u)=0 \tag{A1.9}$$

$$\nabla\cdot(\nabla\times\boldsymbol{A})=0 \tag{A1.10}$$

$$\nabla\cdot(\nabla u)=\nabla^2 u \tag{A1.11}$$

$$\nabla\times(\nabla\times\boldsymbol{A})=\nabla(\nabla\cdot\boldsymbol{A})-\nabla^2\boldsymbol{A} \tag{A1.12}$$

$$\int_V \nabla\cdot\boldsymbol{A}\,\mathrm{d}V=\oint_S \boldsymbol{A}\cdot\mathrm{d}\boldsymbol{S} \tag{A1.13}$$

$$\int_S \nabla\times\boldsymbol{A}\cdot\mathrm{d}\boldsymbol{S}=\oint_C \boldsymbol{A}\cdot\mathrm{d}\boldsymbol{l} \tag{A1.14}$$

$$\int_V \nabla\times\boldsymbol{A}\,\mathrm{d}V=\oint_S \boldsymbol{e}_\mathrm{n}\times\boldsymbol{A}\,\mathrm{d}S \tag{A1.15}$$

$$\int_V \nabla u\,\mathrm{d}V=\oint_S \boldsymbol{e}_\mathrm{n}u\,\mathrm{d}S \tag{A1.16}$$

$$\int_S \boldsymbol{e}_\mathrm{n}\times\nabla u\,\mathrm{d}S=\oint_C u\,\mathrm{d}\boldsymbol{l} \tag{A1.17}$$

$$\int_V (u\,\nabla^2 v+\nabla u\cdot\nabla v)\,\mathrm{d}V=\oint_S u\frac{\partial v}{\partial n}\mathrm{d}S \tag{A1.18}$$

$$\int_V (u\,\nabla^2 v-v\,\nabla^2 u)\,\mathrm{d}V=\oint_S\left(u\frac{\partial v}{\partial n}-v\frac{\partial u}{\partial n}\right)\mathrm{d}S \tag{A1.19}$$

2. 三种坐标系的梯度、散度、旋度和拉普拉斯运算

(1) 直角坐标系

$$\nabla u=\boldsymbol{e}_x\frac{\partial u}{\partial x}+\boldsymbol{e}_y\frac{\partial u}{\partial y}+\boldsymbol{e}_z\frac{\partial u}{\partial z} \tag{A1.20}$$

$$\nabla\cdot\boldsymbol{A}=\frac{\partial A_x}{\partial x}+\frac{\partial A_y}{\partial y}+\frac{\partial A_z}{\partial z} \tag{A1.21}$$

$$\nabla\times\boldsymbol{A}=\begin{vmatrix}\boldsymbol{e}_x & \boldsymbol{e}_y & \boldsymbol{e}_z\\ \dfrac{\partial}{\partial x} & \dfrac{\partial}{\partial y} & \dfrac{\partial}{\partial z}\\ A_x & A_y & A_z\end{vmatrix} \tag{A1.22}$$

$$\nabla^2 u=\frac{\partial^2 u}{\partial x^2}+\frac{\partial^2 u}{\partial y^2}+\frac{\partial^2 u}{\partial z^2} \tag{A1.23}$$

(2) 圆柱坐标系

$$\nabla u=\boldsymbol{e}_\rho\frac{\partial u}{\partial\rho}+\boldsymbol{e}_\phi\frac{\partial u}{\rho\partial\phi}+\boldsymbol{e}_z\frac{\partial u}{\partial z} \tag{A1.24}$$

$$\nabla\cdot\boldsymbol{A}=\frac{1}{\rho}\frac{\partial}{\partial\rho}(\rho A_\rho)+\frac{1}{\rho}\frac{\partial A_\phi}{\partial\phi}+\frac{\partial A_z}{\partial z} \tag{A1.25}$$

$$\nabla\times\boldsymbol{A}=\frac{1}{\rho}\begin{vmatrix}\boldsymbol{e}_\rho & \rho\boldsymbol{e}_\phi & \boldsymbol{e}_z\\ \dfrac{\partial}{\partial\rho} & \dfrac{\partial}{\partial\phi} & \dfrac{\partial}{\partial z}\\ A_\rho & \rho A_\phi & A_z\end{vmatrix} \tag{A1.26}$$

$$\nabla^2 u=\frac{1}{\rho}\frac{\partial}{\partial\rho}\left(\rho\frac{\partial u}{\partial\rho}\right)+\frac{1}{\rho^2}\frac{\partial^2 u}{\partial\phi^2}+\frac{\partial^2 u}{\partial z^2} \tag{A1.27}$$

(3) 球坐标系

$$\nabla u=\boldsymbol{e}_r\frac{\partial u}{\partial r}+\boldsymbol{e}_\theta\frac{1}{r}\frac{\partial u}{\partial\theta}+\boldsymbol{e}_\phi\frac{1}{r\sin\theta}\frac{\partial u}{\partial\phi} \tag{A1.28}$$

$$\nabla\cdot\boldsymbol{A}=\frac{1}{r^2}\frac{\partial}{\partial r}(r^2A_r)+\frac{1}{r\sin\theta}\frac{\partial}{\partial\theta}(\sin\theta A_\theta)+\frac{1}{r\sin\theta}\frac{\partial A_\phi}{\partial\phi} \tag{A1.29}$$

$$\nabla\times\boldsymbol{A}=\frac{1}{r^2\sin\theta}\begin{vmatrix}\boldsymbol{e}_r & r\boldsymbol{e}_\theta & r\sin\theta\boldsymbol{e}_\phi\\ \dfrac{\partial}{\partial r} & \dfrac{\partial}{\partial\theta} & \dfrac{\partial}{\partial\phi}\\ A_r & rA_\theta & r\sin\theta A_\phi\end{vmatrix} \tag{A1.30}$$

$$\nabla^2 u=\frac{1}{r^2}\frac{\partial}{\partial r}\left(r^2\frac{\partial u}{\partial r}\right)+\frac{1}{r^2\sin\theta}\frac{\partial}{\partial\theta}\left(\sin\theta\frac{\partial u}{\partial\theta}\right)+\frac{1}{r^2\sin^2\theta}\frac{\partial^2 u}{\partial\phi^2} \tag{A1.31}$$

索引

参考文献

[1] David K.Cheng 著.赵姚同,黎滨洪译.电磁场与波.上海:上海交通大学出版社,1984

[2] 毕德显.电磁场理论.北京:电子工业出版社,1985

[3] Liang Chi Shen, Jin Au Kong., Applied Electromagnetism. Second Edition, PWS Publishing Company, 1987

[4] 全泽松.电磁场理论.成都:电子科技大学出版社,1995

[5] 赵家升,杨显清,王园,胡皓全.电磁场与波.成都:电子科技大学出版社,1997

[6] 冯慈璋,马西奎主编.工程电磁场导论.北京:高等教育出版社,2000

[7] John D. Kraus, Daniel A. Fleisch., Electromagnetics With Applications. Fifth Edition(影印版),北京:清华大学出版社,2001

[8] Jin Au Kong 著.吴季等译.电磁波理论.北京:电子工业出版社,2003

[9] 杨显清,赵家升,王园.电磁场与电磁波.北京:国防工业出版社,2003

[10] Kenneth R.Demarest 著.Engineering Electromagnetics.(英文影印版).北京:科学出版社,2003

[11] 冯林,杨显清,王园等编著.电磁场与电磁波.北京:机械工业出版社,2004

[12] Bhag Singh Guru, Hüseyin R.Hiziroglu 著.周克定等译.电磁场与电磁波.(第2版).北京:机械工业出版社,2006

[13] 杨显清,王园,赵家升.电磁场与电磁波(第4版)教学指导书.北京:高等教育出版社,2006

[14] 杨儒贵.电磁场与电磁波(第2版).北京:高等教育出版社,2007

[15] 陈抗生.电磁场与电磁波(第2版).北京:高等教育出版社,2007

[16] 王园,杨显清,赵家升.电磁场与电磁波基础教程.北京:高等教育出版社,2008

[17] 苏东林,陈爱新等编著.电磁场与电磁波.北京:高等教育出版社,2009

[18] 倪光正主编.工程电磁场原理(第二版).北京:高等教育出版社,2009

[19] 叶齐正,陈德智编.电磁场教程.北京:高等教育出版社,2012

[20] William H.Hayt, Jr. John A. Buck 著.赵彦珍等译.工程电磁学(第8版).西安:西安交通大学出版社,2013

网络增值服务使用说明

一、注册/登录

访问 http://abook.hep.com.cn/1241601,点击“注册”,在注册页面输入用户名、密码及常用的邮箱进行注册。已注册的用户直接输入用户名和密码登录即可进入“我的课程”页面。

二、课程绑定

点击“我的课程”页面右上方“绑定课程”,正确输入教材封底防伪标签上的 20 位密码,点击“确定”完成课程绑定。

三、访问课程

在“正在学习”列表中选择已绑定的课程,点击“进入课程”即可浏览或下载与本书配套的课程资源。刚绑定的课程请在“申请学习”列表中选择相应课程并点击“进入课程”。

如有账号问题,请发邮件至:abook@ hep.com.cn。